Graduation Design of Architecture in 2013&2014,School of Architecture, HIT

哈尔滨工业大学建筑学院建筑学专业
2013&2014届学生毕业设计选集

Graduation Design of Architecture in 2013&2014, School of Architecture, HIT

哈尔滨工业大学建筑学院建筑学专业毕业设计教研组　编著
孙澄　主审

哈爾濱工業大學出版社
HARBIN INSTITUTE OF TECHNOLOGY PRESS

前 言

毕业设计是学生走向社会参与实践前的最后一课，它是综合性与实践性并重的教学内容。毕业设计的教学目标是全面提高学生的专业综合能力。它不但要求学生能够创新地提出设计思路，而且能够综合运用所学的基本理论、基本知识和基本技能解决设计中所涉及的技术、经济、社会等实际问题。毕业设计成果是学生毕业及学位资格认证的重要依据，也是体现5年学业水准的最佳载体。完成一份优秀的毕业设计作品理应成为每一名毕业生的基本追求，从而为本科阶段的学习画上一个美妙的休止符。

国外高水平建筑专业的毕业设计不但时间更长，而且学校和学生对它的重视程度也最高，既把毕业设计作品视为本科阶段最重要的一项成果，又非常注重通过学习过程来提高学生的专业能力。对比来看，国内的毕业设计在过程和成果两方面都存在一定的差距。这其中的客观原因是一方面由于我们的毕业设计时间比国外多数建筑院校少了一半；另一方面是在毕业设计期间学生还要忙于找工作、考研、出国等诸多个人事务。然而，我们很多优秀的作业成果说明这些因素并不是降低毕业设计水准的主因。影响毕业设计水准的最主要原因在于：一是很多同学对毕业设计不够重视，学习过程拖沓，设计成果当然不会理想；二是学习目标把握不好，尤其是过于标新立异，以至于设计思想脱离现实，无法达到结合实践训练的要求；三是忽视创意，偏重制图，认为毕业设计只要达到建筑扩初图的深度就可以了。这三类设计倾向都是不符合当前建筑学专业发展趋势的。

本书展示了哈尔滨工业大学建筑学专业2013年和2014年40余位同学的优秀毕业设计作品。这两届毕业设计不仅与国内外优秀建筑院校进行联合教学，为学生提供更广泛的对外交流机会，每组题目各具特色，而且学生可根据个人喜好自由选组。毕业设计能帮助学生检验本科阶段专业课学习成果，并在指导教师的帮助下对自身不足进行补救。从作业成果来看，无论设计本身还是最终成果表达的完整性都有所提升，好多学生借此机会学习了其他建筑类辅助软件进行相关分析，有意识地综合考虑建筑设计中的问题。在师生的共同努力下，这两年毕业设计取得了较好的成果，在国内外毕业设计优秀作业竞赛中共获得近30项奖项。

当然，这其中也有一部分学生作品并不完美，甚至还存在比较明显的问题，但是作为老师，我们都希望这些问题能给予在校同学一定的提示和注意。希望各位建筑学专业的同学能够明确毕业设计的定位与要求，建立正确的学习目标，能更好地完成这一学习过程。

本书的出版是抛砖引玉，希望未来的毕业设计作品集一年比一年更优秀。

哈尔滨工业大学建筑学院 院长 梅洪元

Foreword

Graduation design is the last class for students to participate in before the social participation practice, and it pays equal attention to comprehensive and practical teaching process. The teaching goal is not only to put forward innovative design ideas, but also to improve students' using of professional ability comprehensively , and requirements to the integrated use of what they have learned in the basic theory, basic knowledge and basic skills to solve the technological , economic and social practical problems that involved in the design. Graduation design achievement is the important basis for the graduation and degree certification, and it is the best carrier to reflect the highest level for the five years' studies. To complete a good graduation design work should be a basic pursuit for each graduate student, thus for painting undergraduate study a wonderful rest.

The graduation design of foreign high–level architecture education is not only longer than domestic designs, but also pays the highest attention from the school to the student. The graduation design is one of the most important achievements for undergraduates, and it also needs much attention through the learning process to improve the professional ability for students. By contrast, the domestic design has a certain gap in the process and results .The reasons for these gaps are: We have less time than most of the foreign architectural schools; there are students having to deal with looking for a job, going abroad and many other personal affairs during the graduation design. However, we have many excellent graduation results to show that these objective factors are not the cause of reducing the graduation design level. The main reason is that: first, many students did not attach enough importance to the graduation design, because of the learning procrastination, of course their designs are not ideal; The grasp for the learning is not good, so that the designing idea is far from reality, and it cannot suit the requirements of practice training, or ignore the originality, that some students lay particular stress on drawings whether the graduation design is mainly to achieve building expansion graph at the beginning. These two kinds of design tendency are not in conformity with the current development trend of architecture.

This book shows more than 40 outstanding graduation designs of Architecture school of HIT in 2013 and 2014. The two sessions of graduation design not only get joint graduation design teaching with outstanding universities domestic and abroad, but also have their own characteristics in each group. The students can choose group they prefer, which provides a wider range of opportunities for students to communicate. Graduation design can help students to examine the courses during the undergraduate stages, and remedied their insufficiency under the help of teachers. From the point of operation results, no matter architectural design itself or expressions of the final designs are improved. A lot of students take this opportunity to learn some auxiliary software to analyze related construction, and consider many architectural problems consciously. The two sessions of graduation design achieve good results under the joint efforts of students and teachers. Some of the graduation designs achieved nearly 30 awards in the competition of excellent work at home and abroad.

Although a lot of work is not perfect, and there are even more obvious questions, but we still hope that it can give students some hints and attentions. We hope each student of architecture can clear the requirements and orientation of graduation design, and establish correct learning goals to complete the learning process better.

The publication of the book is to break the ice, hoping the graduation design portfolios in the future will be a year of outstanding.

Dean of the school of architecture, HIT

Mei Hongyuan

目 录

CONTENTS

2013设计题目 & 指导教师 Project & Director of 2013

第一组：北京望京昆泰大厦设计
Group1：Beijing Kun Tai mansion design in Wang Jing area

李桂文
Li Guiwen

教授 Professor

研究方向：人居建筑与环境，生态城市与建筑，可持续的城市与建筑

Research direction: Residential architecture and the environment, Ecological city and architecture, Sustainable city and buildings

第二组：哈尔滨市第一老年养护院策划与设计
Group2：Harbin No.1 Elder care hospital planning and design

邹广天
Zou Guangtian

教授 Professor

研究方向：建筑计划学，人居环境安全学，建筑设计创新学，可拓建筑学

Research direction: Architectural planning, Residential environment safety science, The architectural design innovation, Architectural extenics

连菲
Lian Fei

讲师 Lecturer

研究方向：建筑策划，可拓建筑策划，年长者建筑设施

Research direction: Architectural planning, Extension Architectural Programming, The elder's buildings and equipment

第三组：白城市体育中心规划及主要单体建筑设计
Group3: Baicheng Sports Center planning and single building design

罗鹏
Luo Peng

副教授 Associate Professor

研究方向：大空间公共建筑设计及其理论，体育建筑，建筑教育

Research direction:Large space public architectural design and theory, Sports building, Architectural education

刘莹
liu Ying

讲师 Lecturer

研究方向：建筑模拟，安全疏散，体育建筑

Research direction:Building simulation, Safety evacuation, Sports building

第四组：桂林市叠彩区游泳馆建筑设计
Group4: Natatorium Design of Diecai District in Guilin

史立刚
Shi Ligang

讲师 Lecturer

研究方向：体育建筑设计及其理论，大空间建筑生态设计

Research direction: Sports architectural design and theory, Ecologic design of large space building

席天宇
Xi Tianyu

讲师 Lecturer

研究方向：室外微气候制御和人体热舒适研究

Research direction: Outdoor micro climate control and thermal comfort of human body

第五组：莲塘 / 香园围口岸联检大楼建筑设计
Group5: Building design of Liantang / Heung Yuen Wai Port Combination Examination

于戈
Yu Ge
副教授 Associate Professor

研究方向：日本现代建筑，建筑设计创新学，可拓建筑学，老人居住设施与环境

Research direction: Japanese modern architecture, Architectural design innovation, Architectural extenics, The elderly living facilities and the environment

唐征征
Tang Zhengzheng
讲师 Lecturer

研究方向：建筑及环境声学，城市声景观

Research direction: The architectural and environmental acoustics, Sound landscape of city

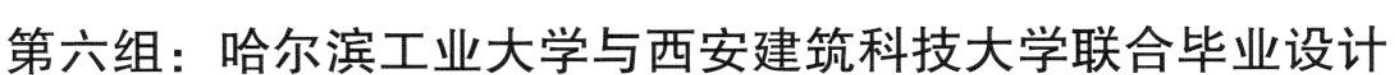

第六组：哈尔滨工业大学与西安建筑科技大学联合毕业设计
Group6: Harbin Institute of Technology and Xi'an University of Architecture And Technology Joint Graduation Design

吴健梅
Wu Jianmei
副教授 Associate Professor

研究方向：地域建筑创作及其理论，木建筑创作及其技术，儿童建筑空间和环境设计研究，建筑教育比较研究

Research direction: Regional architecture creation and theory, Creation and technology of wood architecture, Design of architecture space and environment for children, Comparative study on architectural education

刘滢
Liu Ying
讲师 Lecturer

研究方向：体育建筑，大空间公共建筑设计及其理论

Research direction: Sports buildings, Large space public architectural design and theory

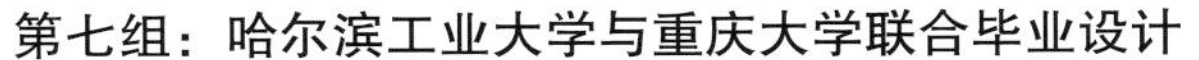

第七组：哈尔滨工业大学与重庆大学联合毕业设计
Group7: Harbin Institute of Technology and Chongqing University Joint Graduation Design

陆诗亮
Lu Shiliang
副教授 Associate Professor

研究方向：大型体育场馆建筑设计

Research direction: Architecture design of gymnasium

张宇
Zhang Yu
讲师 Lecturer

研究方向：建筑设计节能策略研究，建筑设计节能评估方法，低碳城市 / 智慧城市设计方法研究

Research direction: Research of energy saving strategy of architecture design, Evaluation methods of building energy saving design, Research of low carbon city / wisdom city design method

第八组：寒地四校联合毕业设计
Group8: The four Northeast University Joint Graduation Design

徐洪澎
Xu Hongpeng
副教授 Associate Professor

研究方向：绿色与地域建筑创作及其理论，木建筑创作及其理论

Research direction: Green and regional architectural creation and theory, Wood architectural creation and theory

朱莹
Zhu Ying
讲师 Lecturer

研究方向：建筑历史及理论

Research direction: Regional architecture Design and theory

毕若琛
Bi Ruochen

桂林市叠彩区国奥城游泳馆及水上活动中心设计

Guilin Diecai District international city swimming pool and the water activities centre design

指导教师：史立刚　席天宇

本设计立足于人文自然环境，体现桂林地区的风貌文化，步步推进，突出两个关键词——山和水。

山——山有棱，个性分明，刚毅顽强，根植于当地人的骨髓中，体现在蓬勃的发展中，也无形地影响着人们的行为模式。

水——水无状，随遇而安，乐观旷达，渗透于当地人的性格中，体现在处事的原则中，也间接地左右着人们的生活状态。

本设计立足于人文自然环境，提取桂林的山水意向。用山之硬朗，实现建筑形态与结构的有机结合，空间与功能的高效利用；以索拱结构为原型，经过一系列优化完善，其表面采用双层膜结构，不但表现了桂林水的飘逸质感，同时由于结构利用膜间层通风隔热、PEFE 膜透光性，实现了由建筑的结构产生建筑的形象、文化、技术的构思方法，并且最终实现完美的结合。

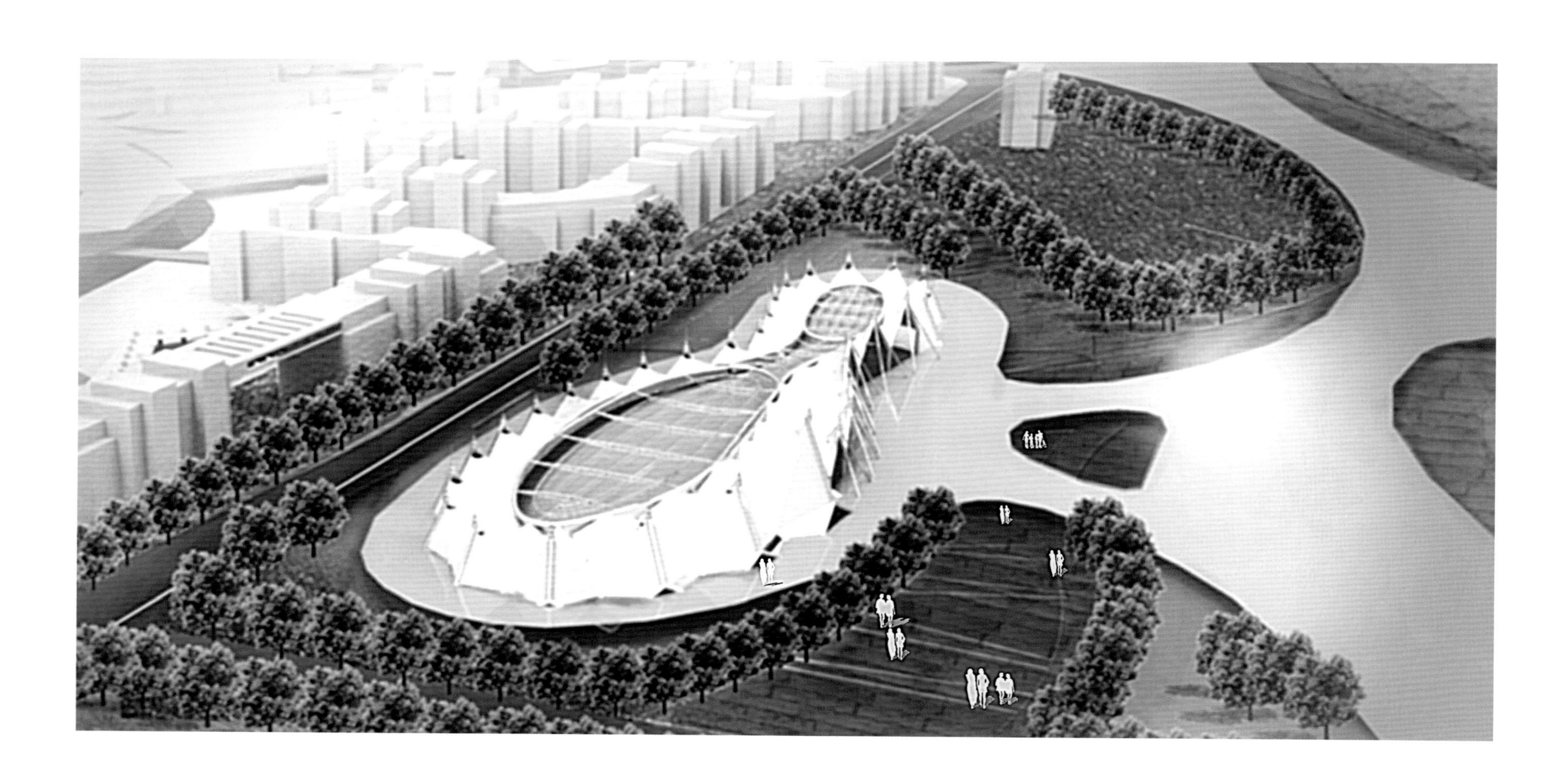

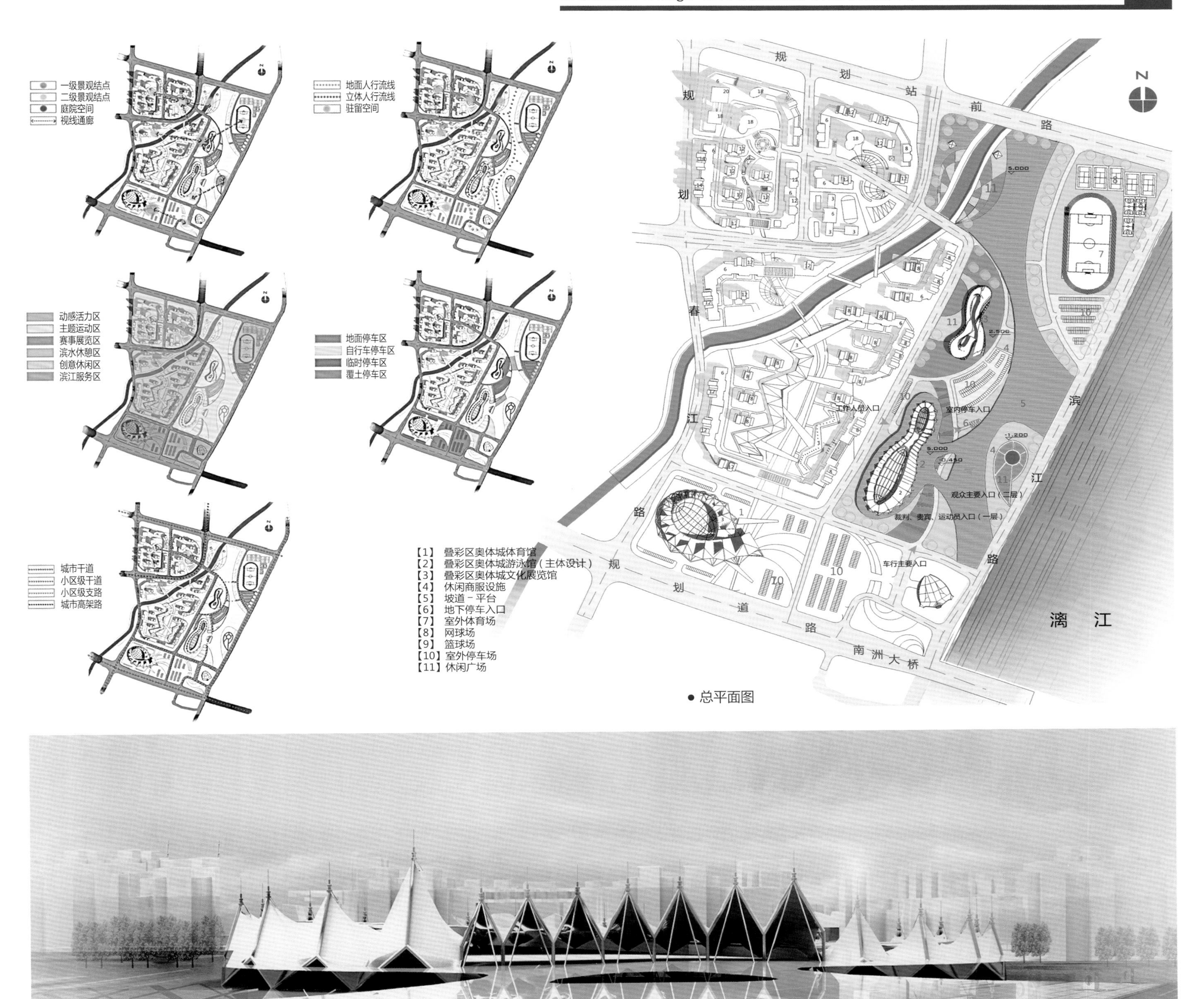
一级景观结点
二级景观结点
庭院空间
视线通廊
地面人行流线
立体人行流线
驻留空间
动感活力区
主题运动区
赛事展览区
滨水休憩区
创意休闲区
滨江服务区
地面停车区
自行车停车区
临时停车区
覆土停车区
城市干道
小区级干道
小区级支路
城市高架路
规划站前路
规划春江路
滨江路
规划道路
南洲大桥
漓江
工作人员入口
室内停车入口
观众主要入口（二层）
裁判、贵宾、运动员入口（一层）
车行主要入口
【1】 叠彩区奥体城体育馆
【2】 叠彩区奥体城游泳馆（主体设计）
【3】 叠彩区奥体城文化展览馆
【4】 休闲商服设施
【5】 坡道－平台
【6】 地下停车入口
【7】 室外体育场
【8】 网球场
【9】 篮球场
【10】 室外停车场
【11】 休闲广场

● 总平面图

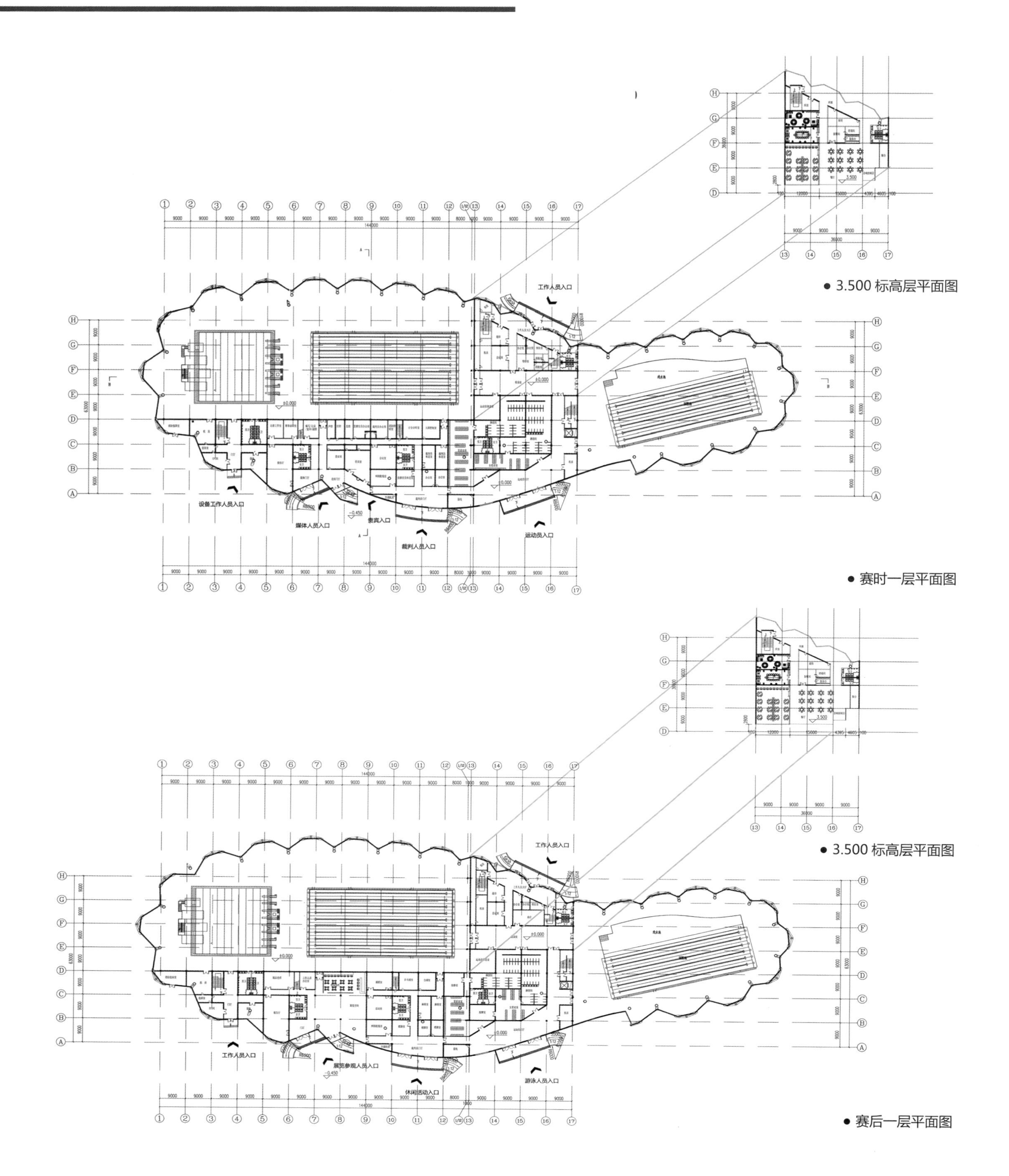

● 3.500 标高层平面图

● 赛时一层平面图

● 3.500 标高层平面图

● 赛后一层平面图

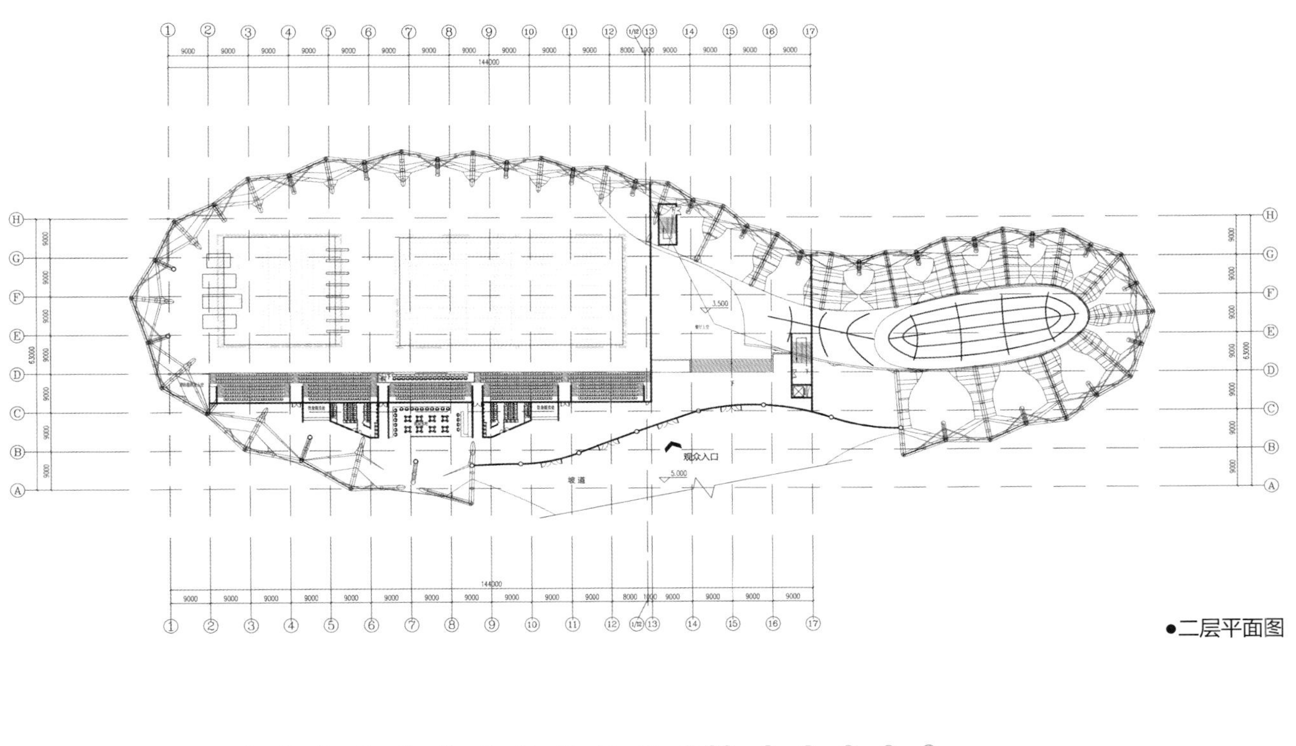

●二层平面图

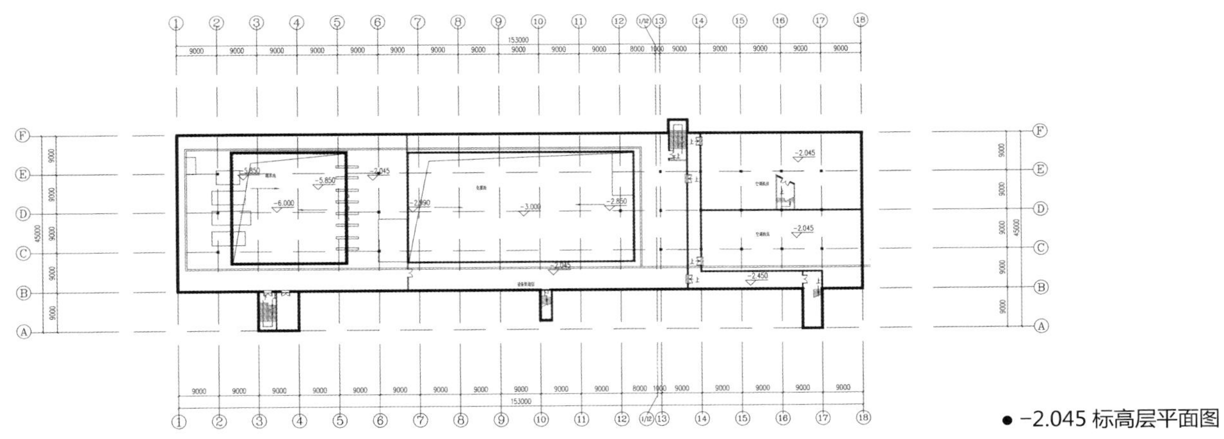

● −2.045 标高层平面图

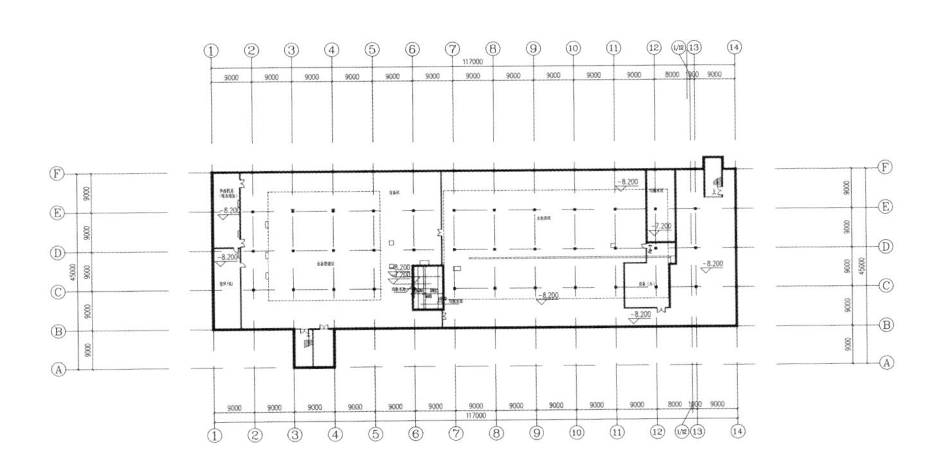

● −8.200 标高层平面图

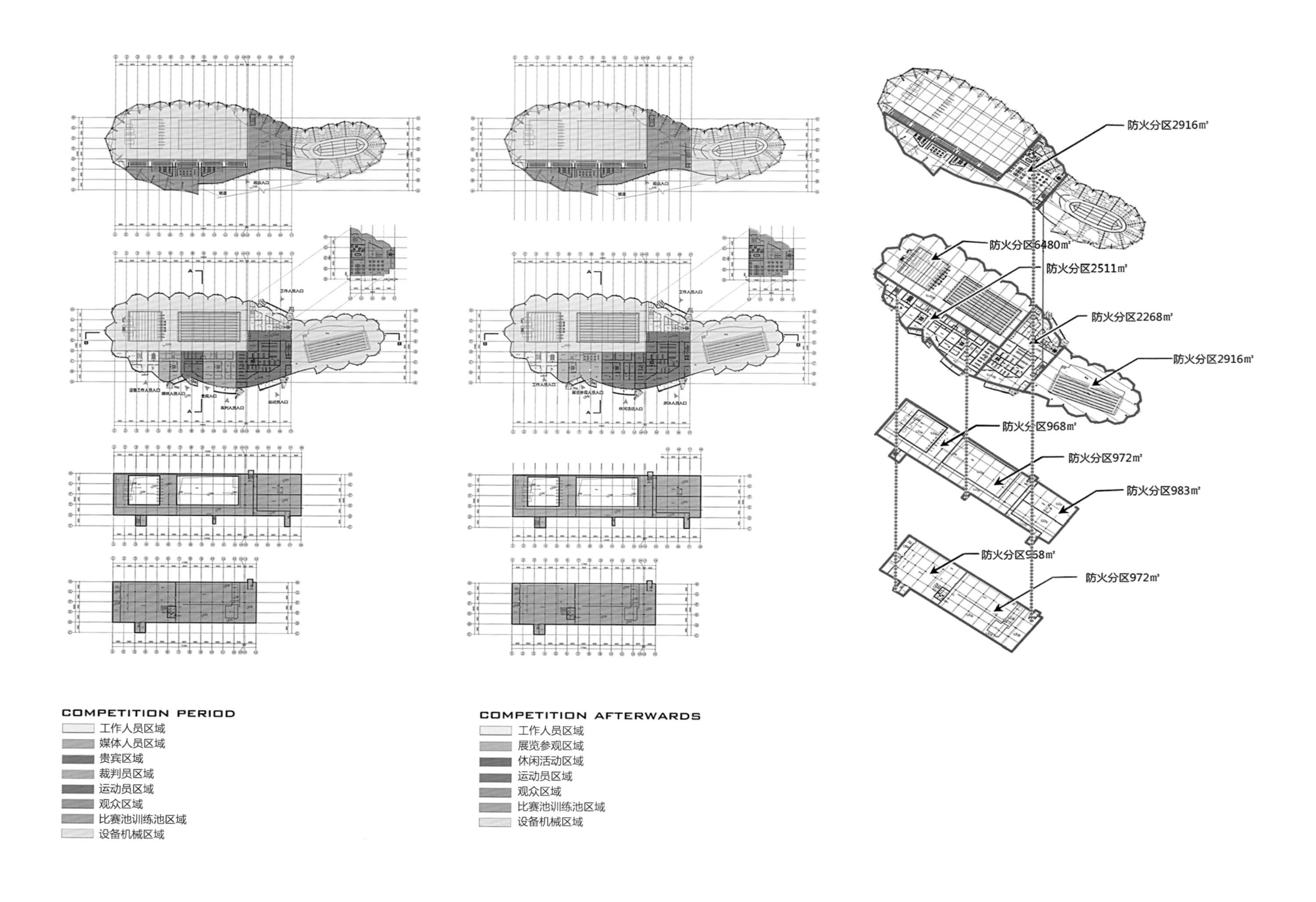
防火分区2916㎡
防火分区6480㎡
防火分区2511㎡
防火分区2268㎡
防火分区2916㎡
防火分区968㎡
防火分区972㎡
防火分区983㎡
防火分区972㎡
COMPETITION PERIOD
工作人员区域
媒体人员区域
贵宾区域
裁判员区域
运动员区域
观众区域
比赛池训练池区域
设备机械区域
COMPETITION AFTERWARDS
工作人员区域
展览参观区域
休闲活动区域
运动员区域
观众区域
比赛池训练池区域
设备机械区域

● 建筑立体结构

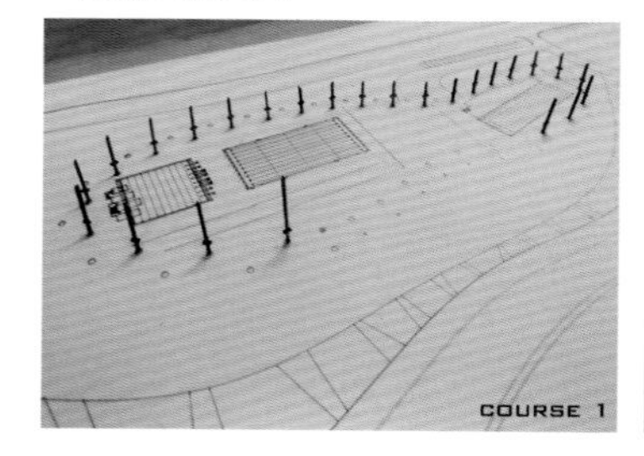
COURSE 1

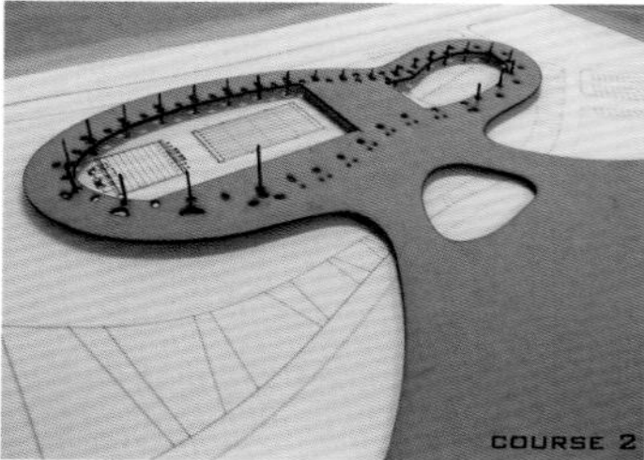
COURSE 2

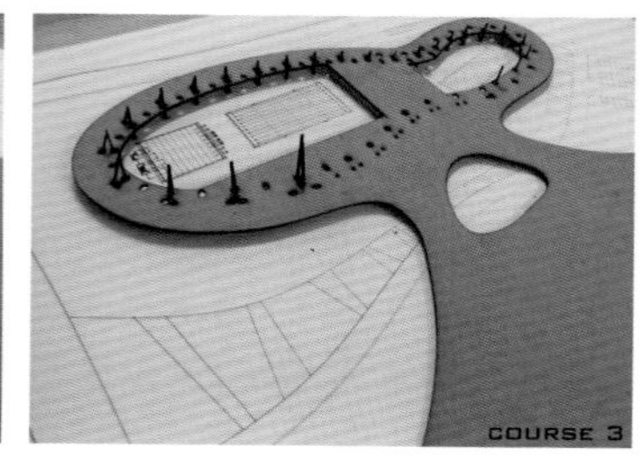
COURSE 3

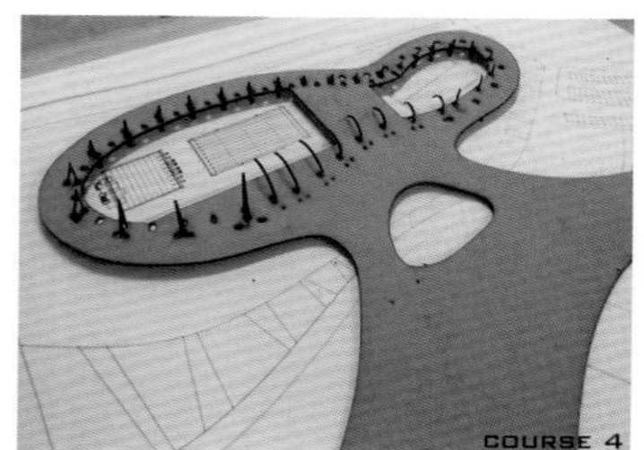
COURSE 4

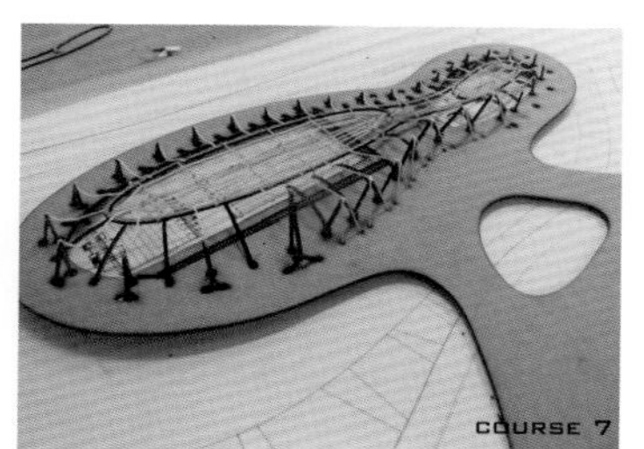
COURSE 7

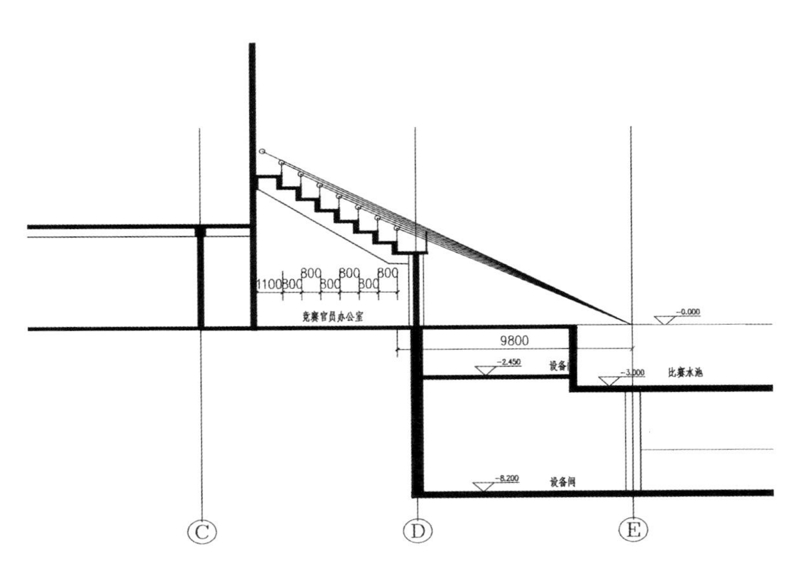

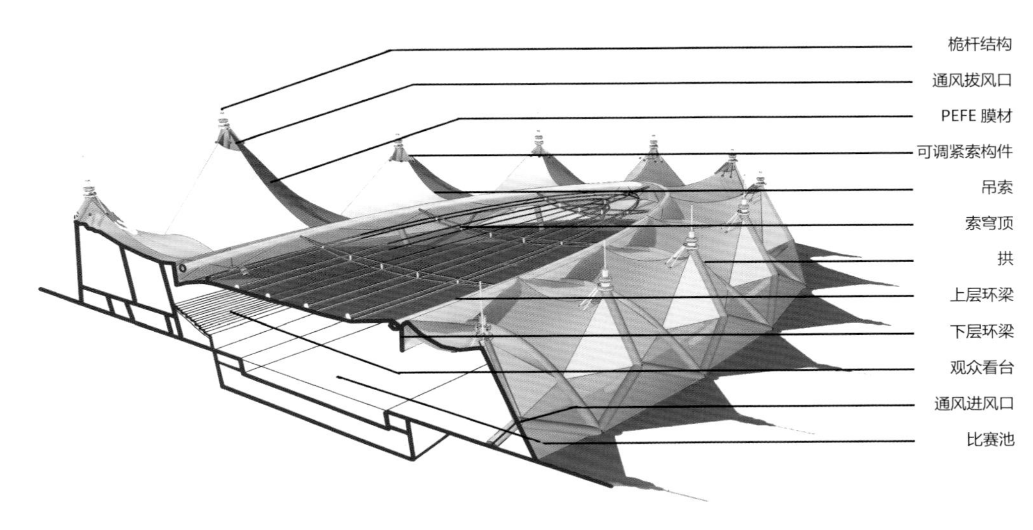

● 看台视线分析图

$$Y_N=(Y_{N-1}+C)*X_N/X_{N-1}$$

N——观众席阶梯平台个数
X_N——n 排至视点水平距离
Y_N——n 排座位眼高
H_N——n 排阶梯垂直高度
C_N——视线升高差
a_N——n 排视线与地面夹角

DATE STATISTICS

N	X_N	Y_N	H_N	C_N	a_N	VIEW
1	9800	4800	3600	——	26.1°	DISTINCT
2	10600	5322	4122	522	2 6.7°	DISTINCT
3	11400	5853	4653	531	27.2°	DISTINCT
4	12200	6392	5192	539	27.8°	DISTINCT
5	13000	6939	5739	547	28.1°	DISTINCT
6	13800	7493	6293	554	28.5°	DISTINCT
7	14600	8054	6854	561	28.9°	DISTINCT
8	15400	8621	7421	567	29.2°	DISTINCT

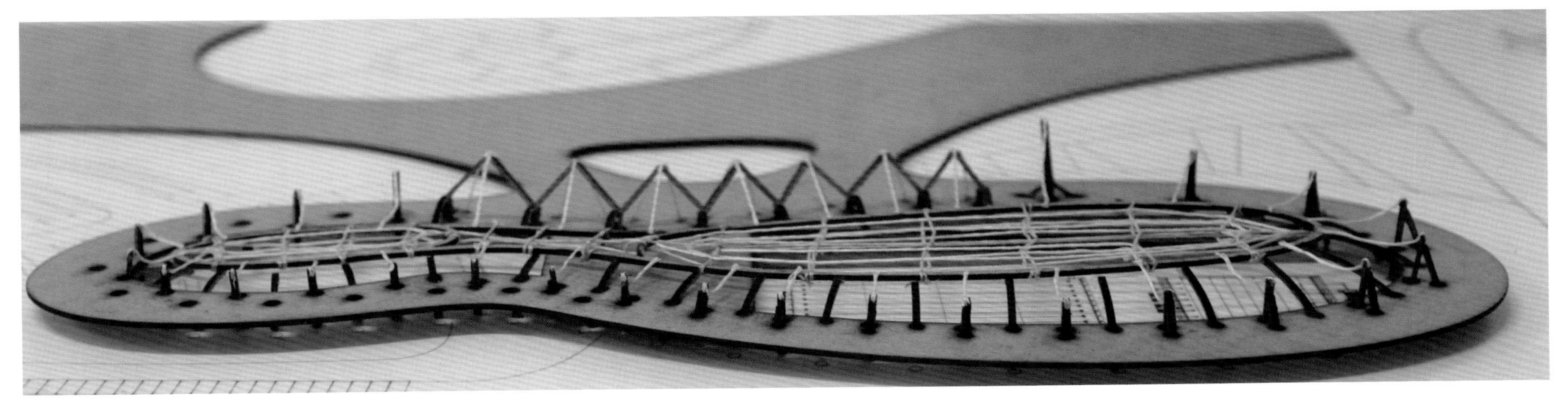

陈欣
Chen Xin

北京望京昆泰大厦设计
Beijing Kun Tai mansion design in Wang Jing area

指导教师：李桂文

本设计为北京市望京地区昆泰五星级酒店设计，建筑整体布局中规中矩，功能符合要求，交通流线顺畅，无混乱现象，动静分区适宜，保证各功能之间互不影响。建筑立面采用玻璃幕墙及金属穿孔板双层幕墙技术，在保证建筑通风采光的同时，既降低了外环境的噪声影响，又解决了玻璃幕墙的光污染问题。

基地周边车流分析 Traffic analysis around the base

基地周边视线分析 Line of sight analysis around the base

基地周边主导方向 Dominant wind around the base

基地周边交通节点 Traffic node around the base

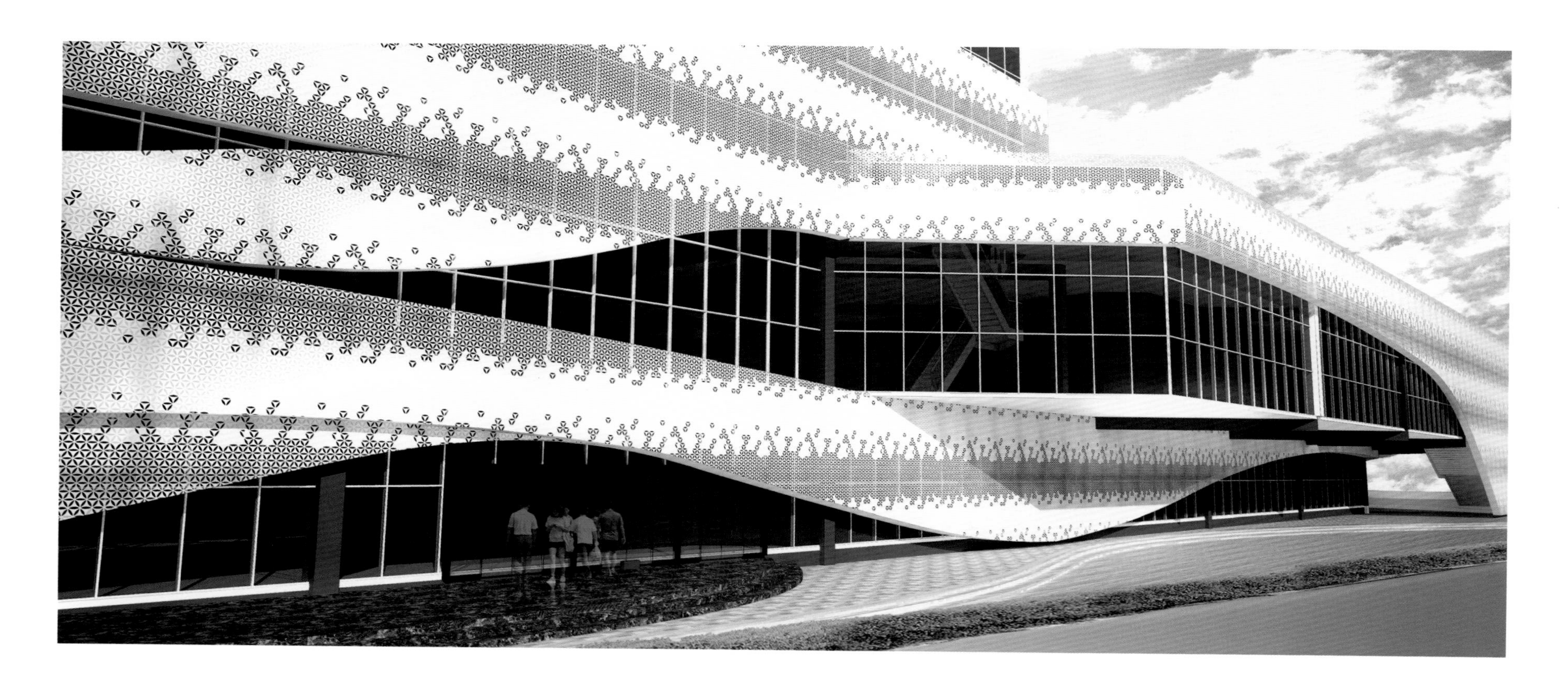

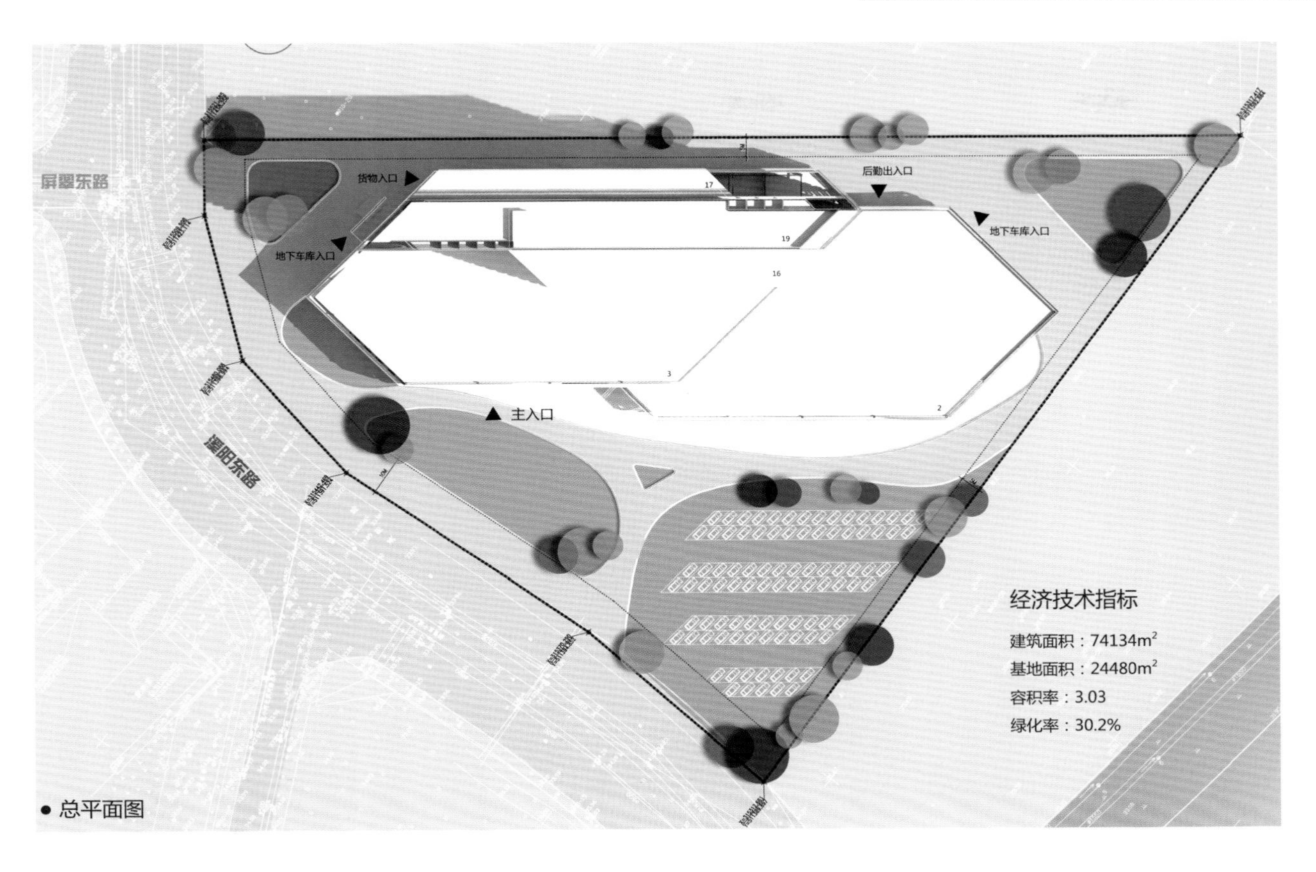

● 总平面图

基地位置 Base site

周边道路 Surrounding roads

河流走向 River direction

周边绿化 Surrounding Green

● 基地环境分析

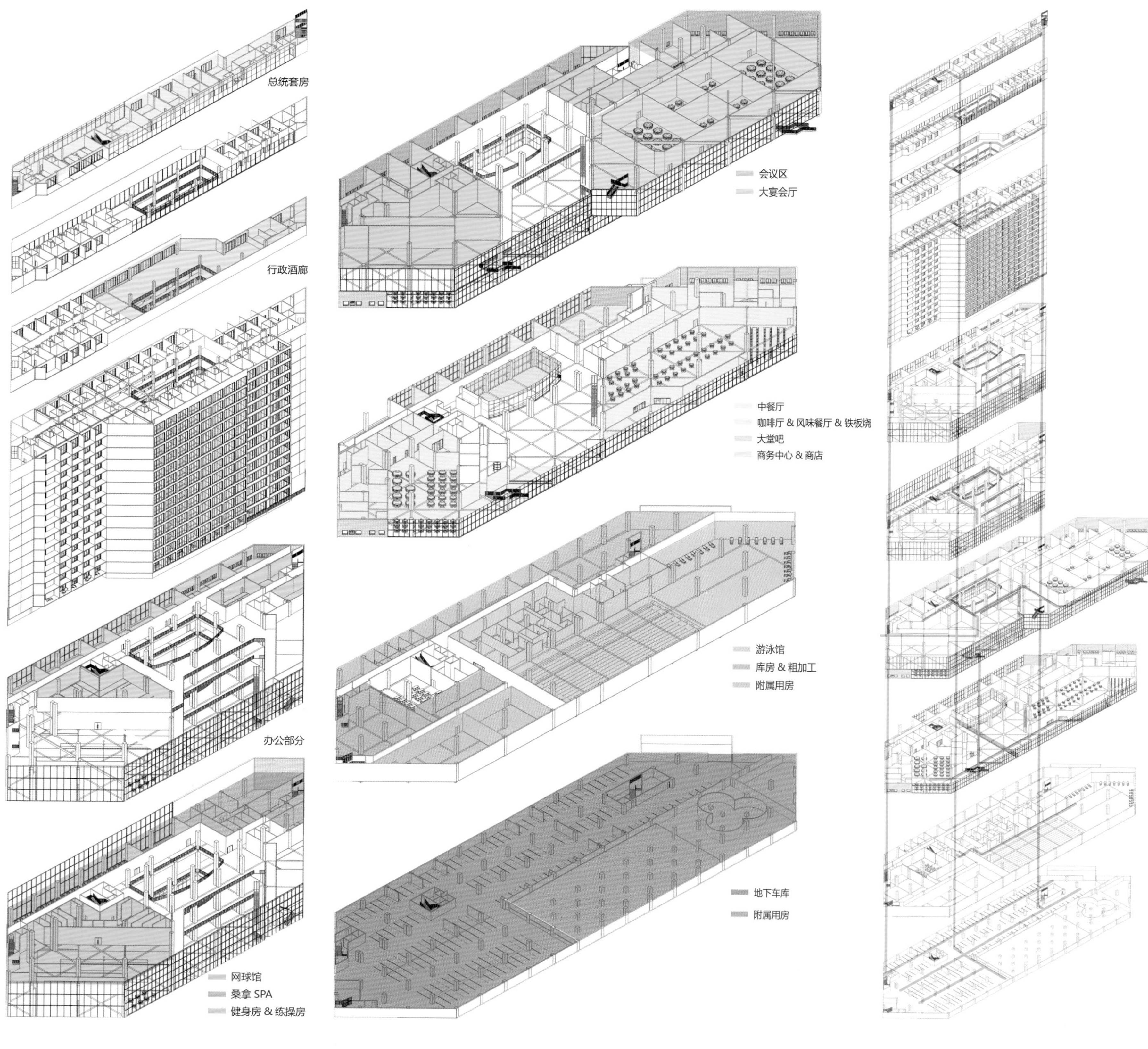
总统套房
行政酒廊
办公部分
网球馆
桑拿 SPA
健身房 & 练操房
会议区
大宴会厅
中餐厅
咖啡厅 & 风味餐厅 & 铁板烧
大堂吧
商务中心 & 商店
游泳馆
库房 & 粗加工
附属用房
地下车库
附属用房

● 功能分布

● 顾客交通流线

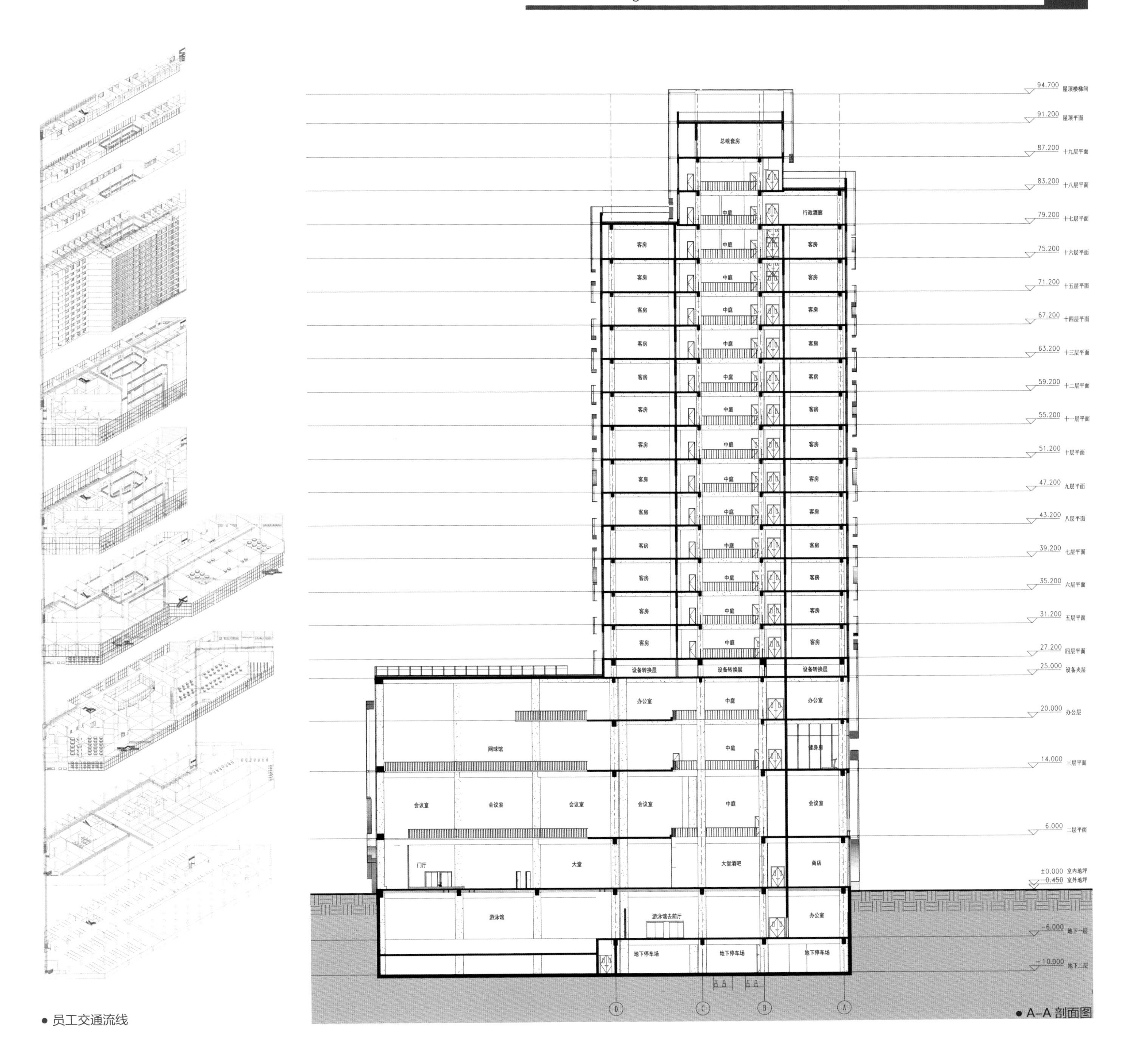

• 员工交通流线

• A–A 剖面图

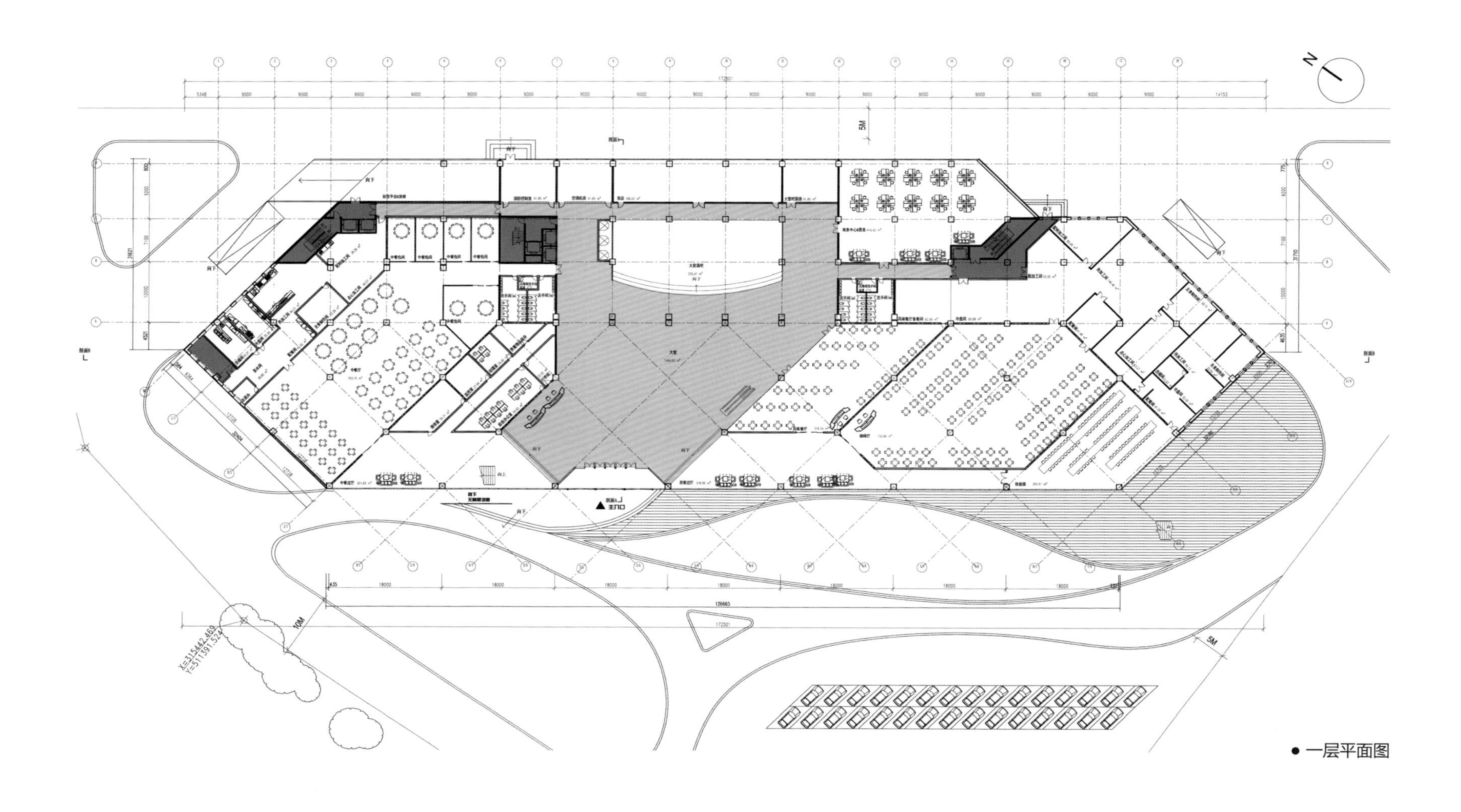

● 一层平面图

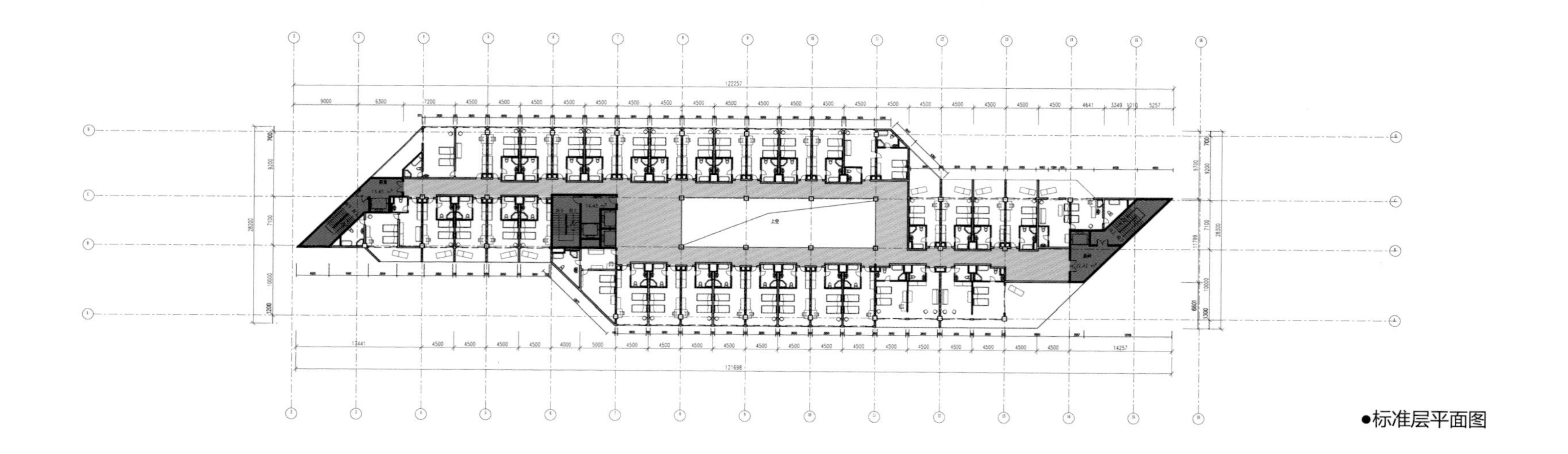

●标准层平面图

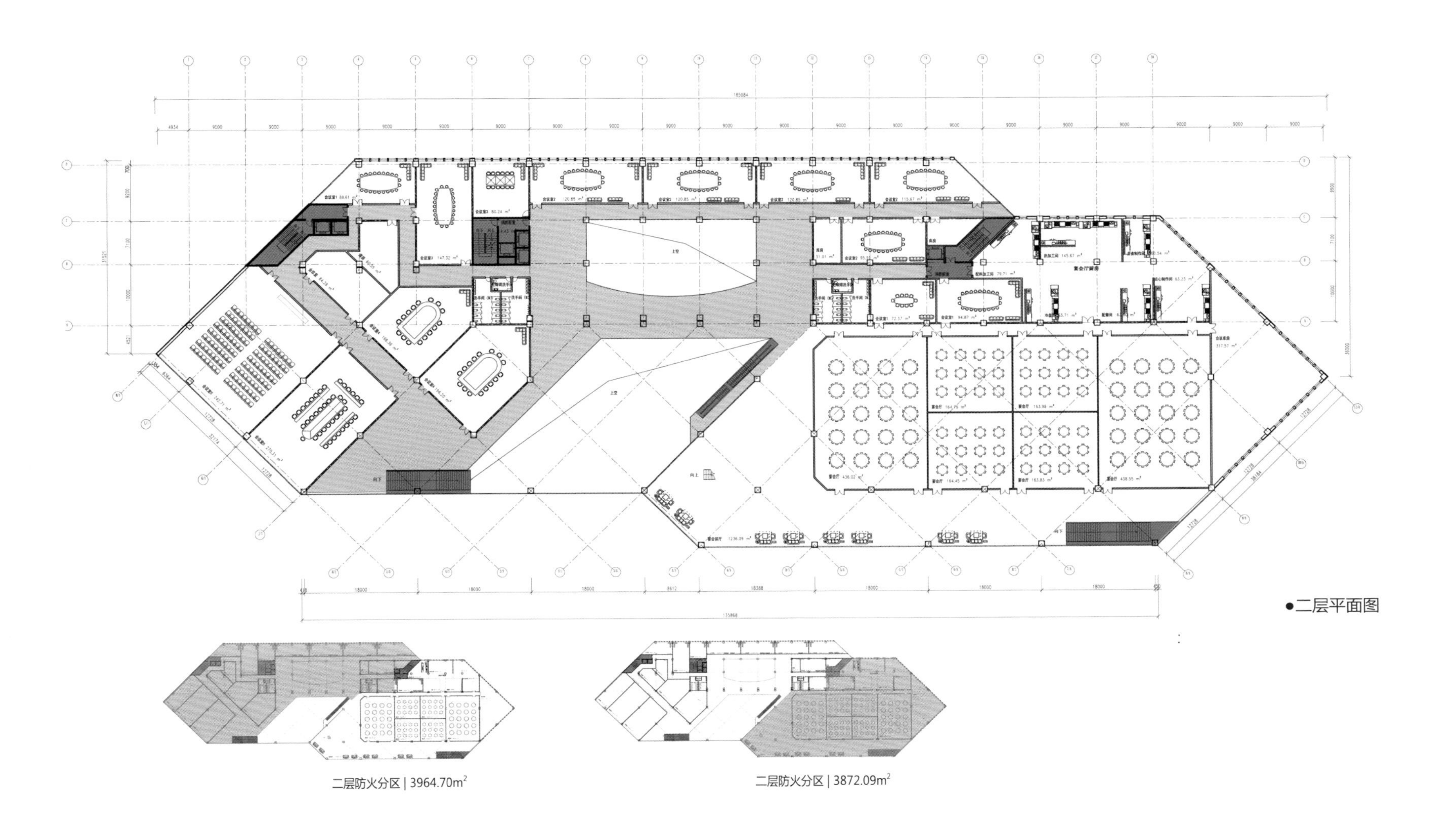

●二层平面图

二层防火分区 | 3964.70m^2

二层防火分区 | 3872.09m^2

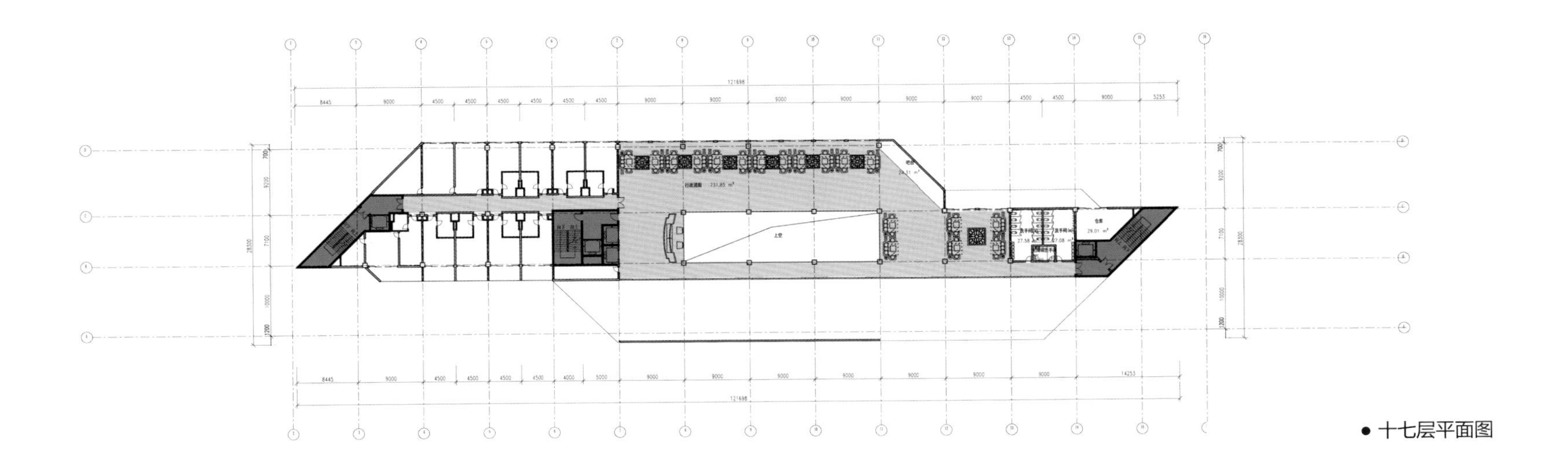

● 十七层平面图

嵇珂
Ji Ke

莲塘 / 香园围口岸联检大楼建筑设计

Building design of Liantang/ Heung Yuen Wai Port Combination Examination

指导教师：于戈　唐征征

将“结晶”作为主题，希望横跨港深两地的联检大楼能够成为相互联系的纽带，建筑形象亦犹如相互连结的晶体一样， 承载着两地沟通良好、合作发展的希冀。“结晶”是一种依单位空间相互连结来慢慢扩大、生长的过程。本设计采用模数化的设计思想，对建筑和场地进行模数化设计，使建筑与场地具有统一性，为此片区域未来发展设定母题。

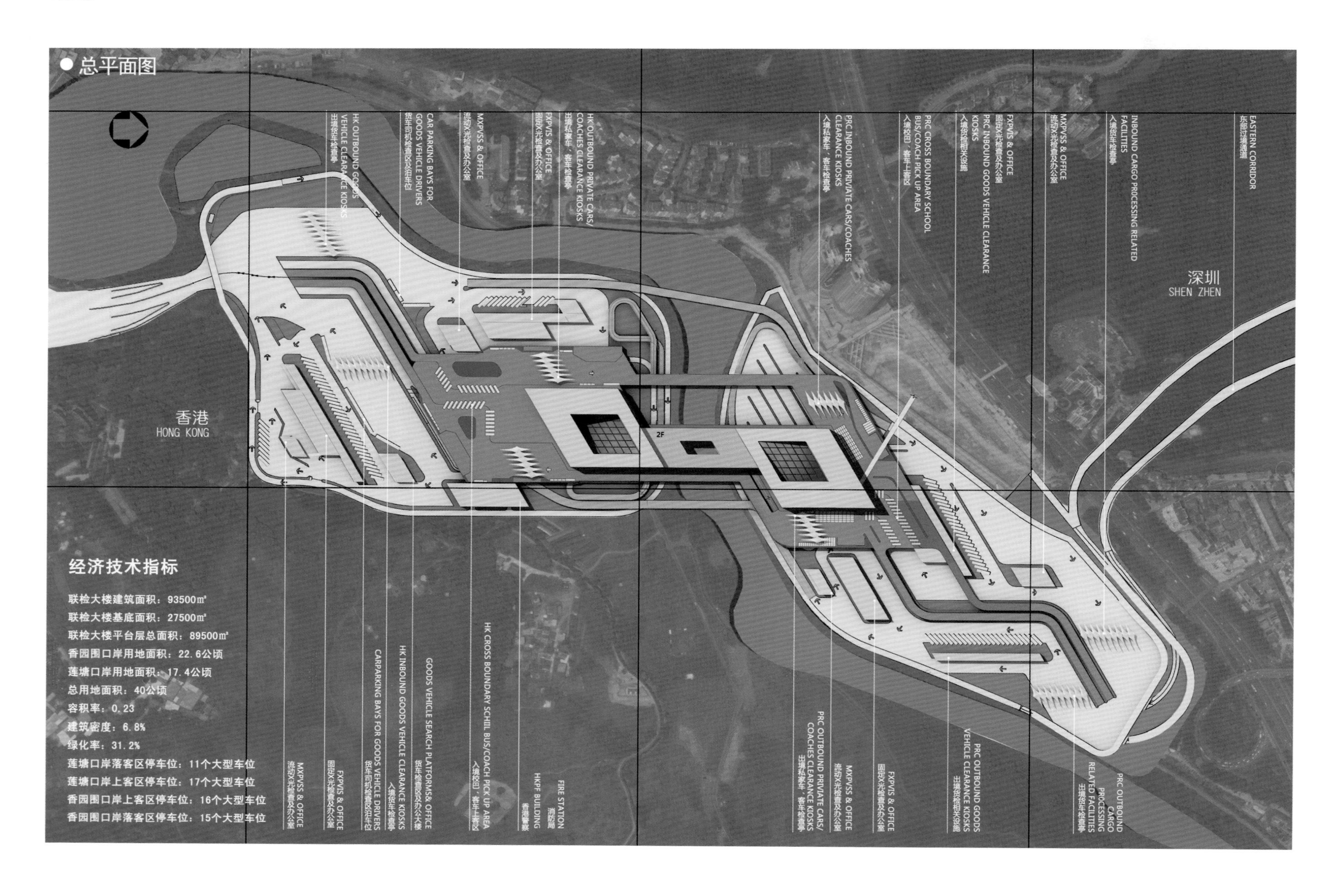

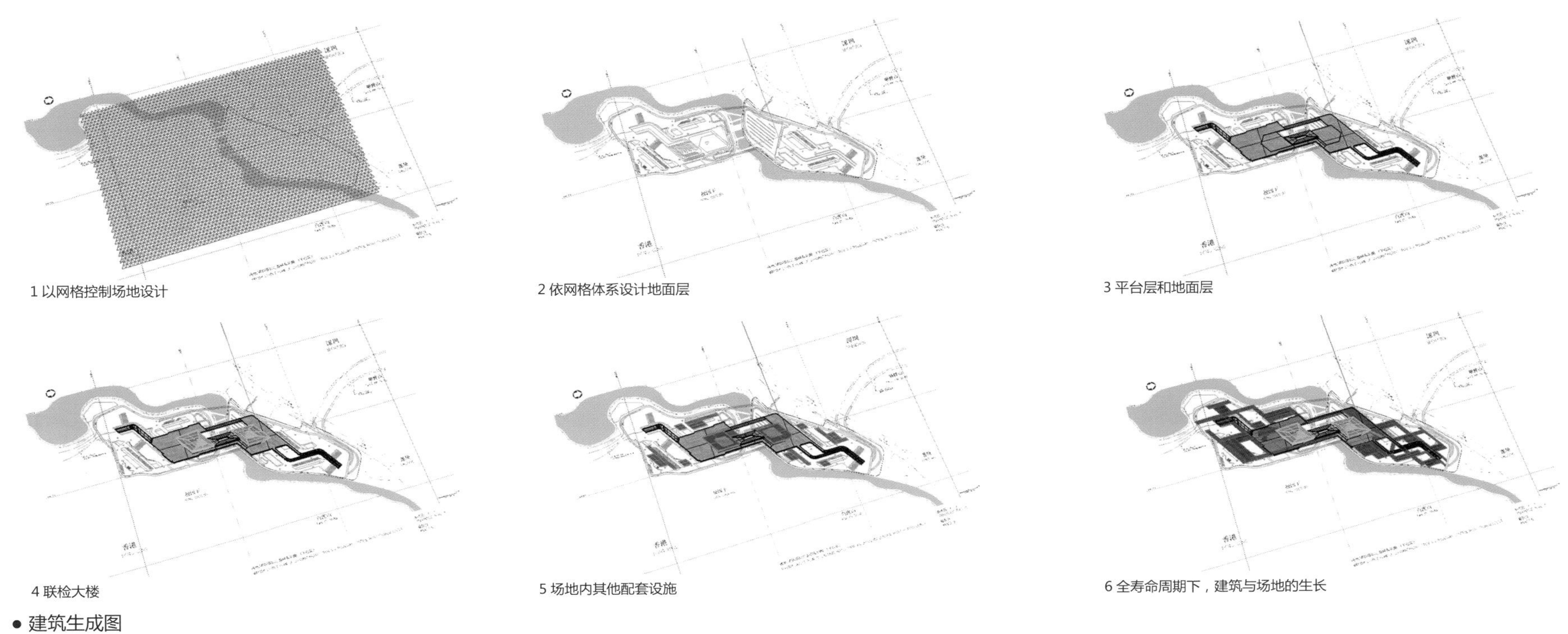

1 以网格控制场地设计

2 依网格体系设计地面层

3 平台层和地面层

4 联检大楼

5 场地内其他配套设施

6 全寿命周期下，建筑与场地的生长

● 建筑生成图

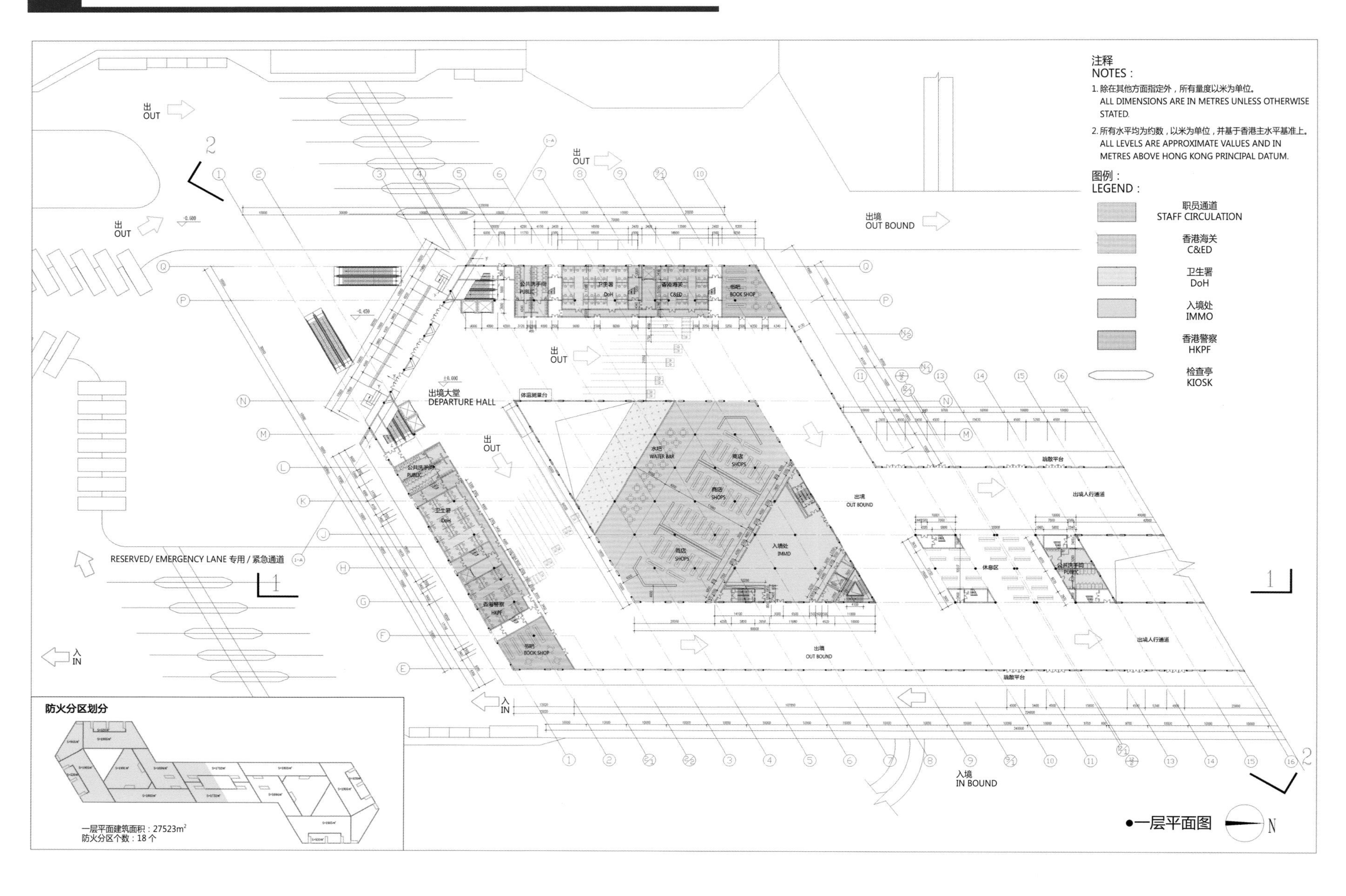
注释
NOTES：
1. 除在其他方面指定外，所有量度以米为单位。
ALL DIMENSIONS ARE IN METRES UNLESS OTHERWISE STATED.
2. 所有水平均为约数，以米为单位，并基于香港主水平基准上。
ALL LEVELS ARE APPROXIMATE VALUES AND IN METRES ABOVE HONG KONG PRINCIPAL DATUM.
图例：
LEGEND：
职员通道 STAFF CIRCULATION
香港海关 C&ED
卫生署 DoH
入境处 IMMO
香港警察 HKPF
检查亭 KIOSK
出 OUT
出境 OUT BOUND
出境大堂 DEPARTURE HALL
水吧 WATER BAR
商店 SHOPS
入境处 IMMO
书店 BOOK SHOP
卫生署 DoH
香港警察 HKPF
RESERVED/ EMERGENCY LANE 专用 / 紧急通道
入 IN
入境 IN BOUND
防火分区划分
一层平面建筑面积：27523m²
防火分区个数：18 个
一层平面图

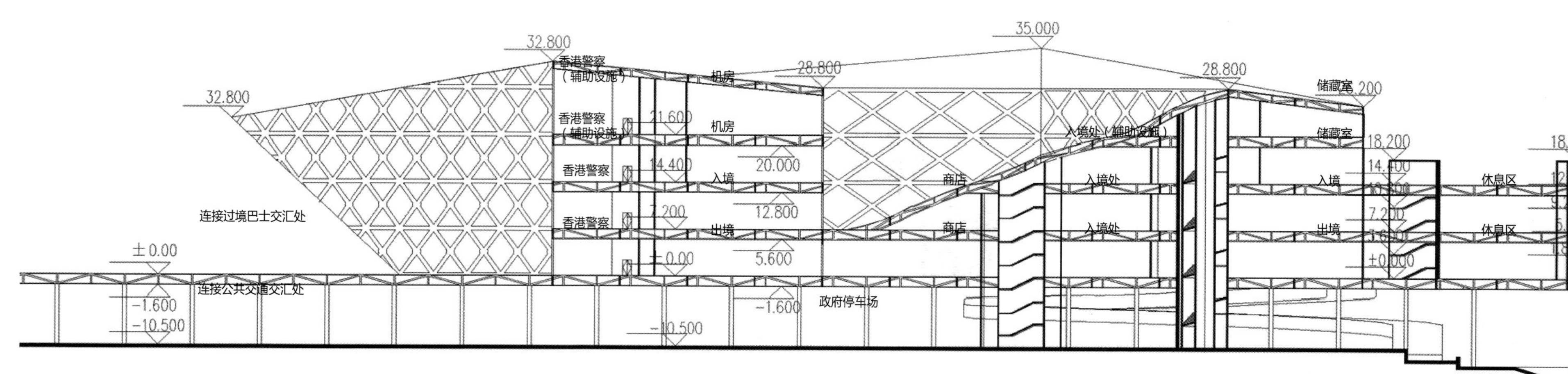
32.800
35.000
28.800
香港警察（辅助设施）
机房
储藏室
入境处（辅助设施）
香港警察
入境
商店
入境处
出境
休息区
连接过境巴士交汇处
连接公共交通交汇处
政府停车场
±0.00
-1.600
-10.500

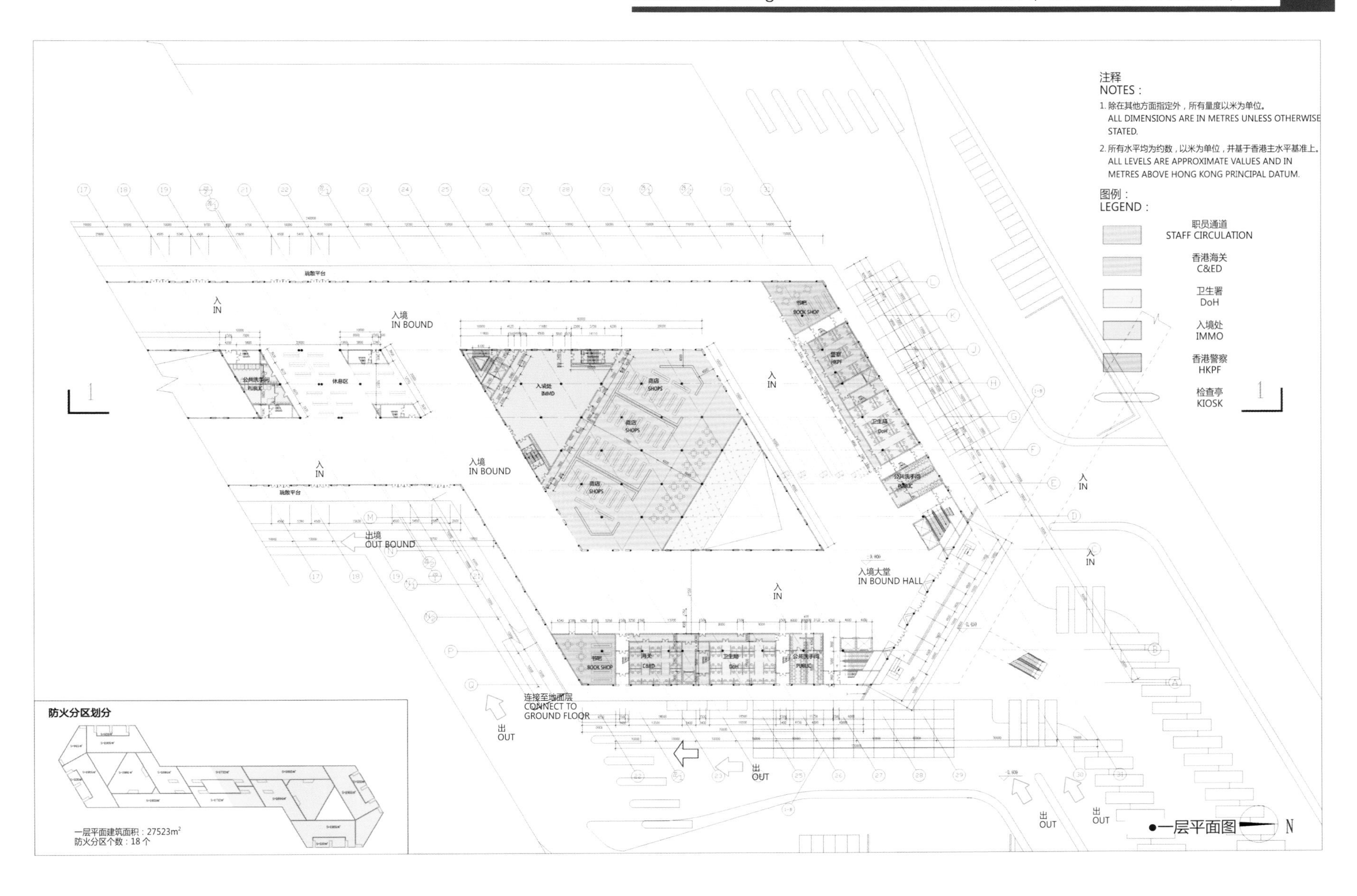
注释
NOTES：
1. 除在其他方面指定外，所有量度以米为单位。
ALL DIMENSIONS ARE IN METRES UNLESS OTHERWISE STATED.
2. 所有水平均为约数，以米为单位，并基于香港主水平基准上。
ALL LEVELS ARE APPROXIMATE VALUES AND IN METRES ABOVE HONG KONG PRINCIPAL DATUM.
图例：
LEGEND：
职员通道
STAFF CIRCULATION
香港海关
C&ED
卫生署
DoH
入境处
IMMO
香港警察
HKPF
检查亭
KIOSK
入
IN
入境
IN BOUND
出境
OUT BOUND
入境大堂
IN BOUND HALL
连接至地面层
CONNECT TO GROUND FLOOR
出
OUT
防火分区划分
一层平面建筑面积：27523m²
防火分区个数：18 个
N
●一层平面图

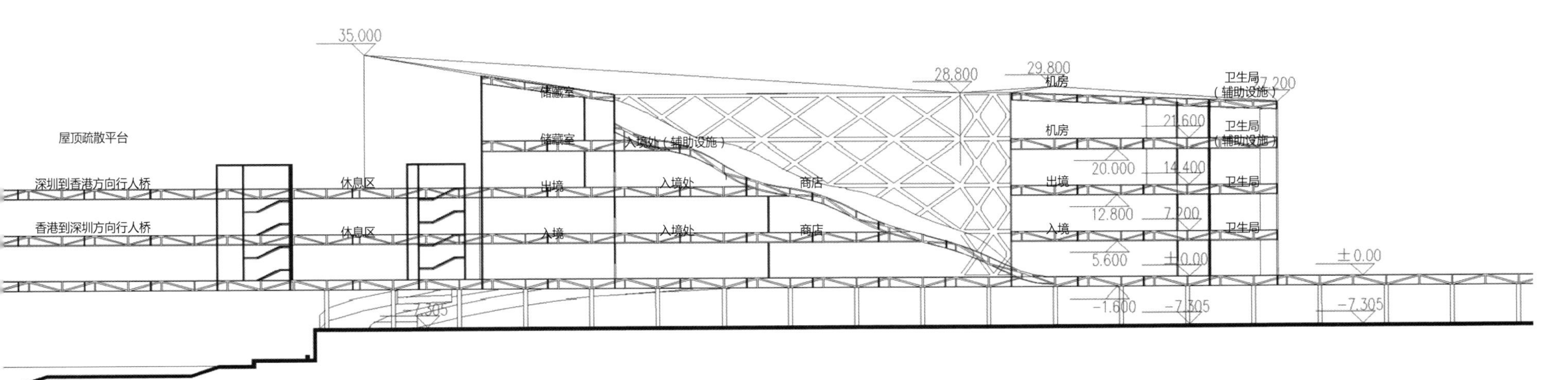
35.000
28.800
29.800
机房
卫生局
（辅助设施）
7.200
屋顶疏散平台
储藏室
入境处（辅助设施）
21.600
深圳到香港方向行人桥
休息区
出境
入境处
商店
20.000
14.400
卫生局
香港到深圳方向行人桥
入境
12.800
7.200
5.600
±0.00
-7.305
-1.600
● 1-1 剖面

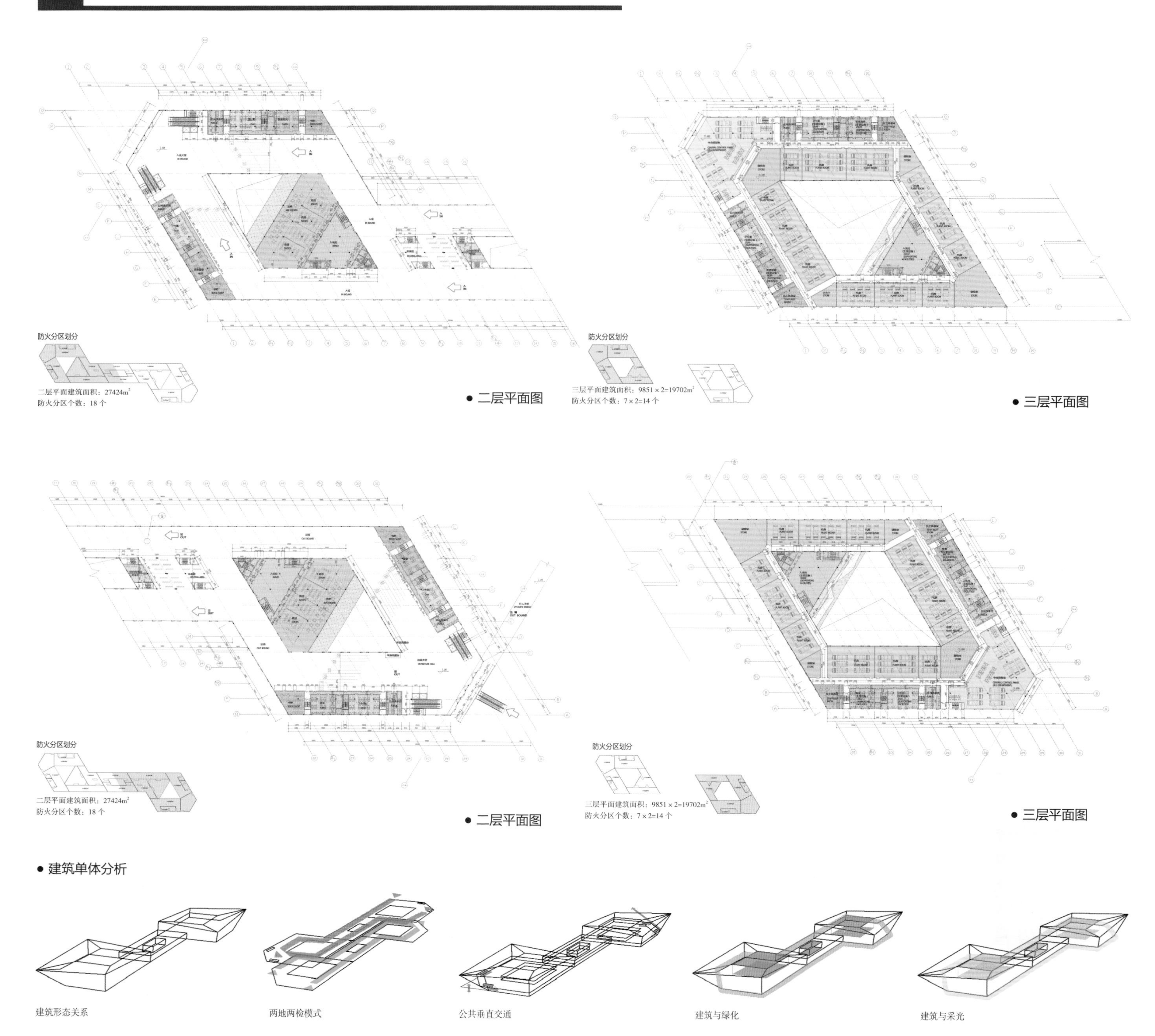

防火分区划分
二层平面建筑面积：27424m²
防火分区个数：18 个
● 二层平面图
防火分区划分
三层平面建筑面积：9851×2=19702m²
防火分区个数：7×2=14 个
● 三层平面图
防火分区划分
二层平面建筑面积：27424m²
防火分区个数：18 个
● 二层平面图
防火分区划分
三层平面建筑面积：9851×2=19702m²
防火分区个数：7×2=14 个
● 三层平面图
● 建筑单体分析
建筑形态关系
两地两检模式
公共垂直交通
建筑与绿化
建筑与采光

• 建筑分层图示

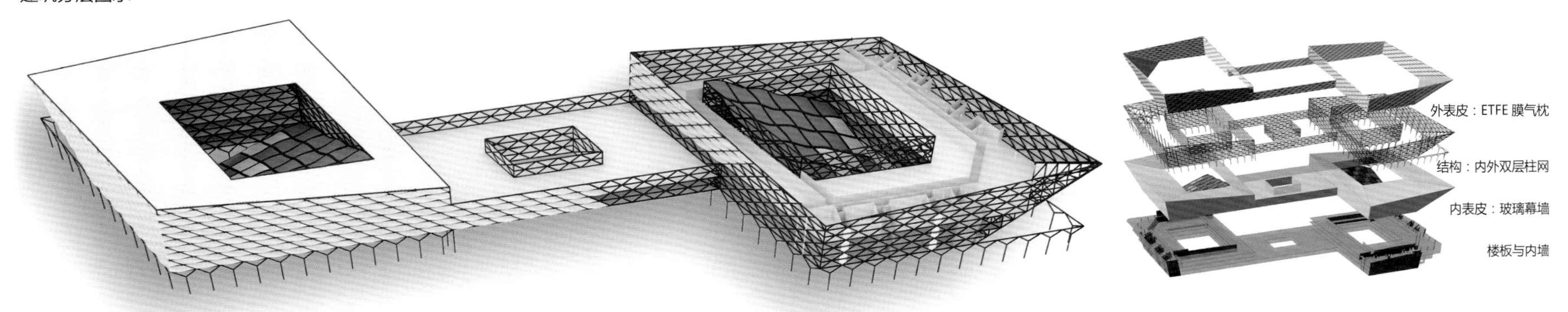
外表皮：ETFE 膜气枕
结构：内外双层柱网
内表皮：玻璃幕墙
楼板与内墙

將"結晶"作爲主題，希望横跨兩地的聯檢大樓能够成爲港深兩地相互聯系的紐帶，
建築形象亦猶如相互連結的晶體一樣，承載着兩岸溝通良好，合作發展的希冀。

金盈盈
Jin Yingying

重庆特钢厂片区空间城市设计与建筑设计

Urban design and architectural design of Chongqing Special Steel Plant Area

指导教师：陆诗亮　张宇

本设计空间位于重庆市沙坪坝区特钢厂内，设计定位为特钢工业区文化中心，是提供图文查阅及展览、展示等功能的建筑室内场所。建筑立面上裸露设备管道，增强建筑的工业感。内部空间则通过漂浮的片状处理来模糊各层之间的界限，营造出大环境下的一个个非匀质的微环境。宽敞自由的空间为周边居民提供了一种独特的环境氛围，让人们体验到一种在家里或一般公共场所无法享有的安静微环境。

● 总平面图

停车场
停车场入口
次入口
主入口
3F
3F

经济技术指标：
总用地面积：5915m²
总建筑面积：12950m²
容积率：2.19
绿地率：18%
停车位：52（地上）

● 生成分析

a. 保留厂房柱子及标志性符号烟囱

a. 保证厂房大空间的完整性

b. 对柱子及烟囱进行加固

b. 内部空间用片状空间创造宁静微环境

图文中心
展厅

c. 增加新的结构桁架

c. 周围布置规整集中大空间

电子阅览
普通阅览　开架书库　报刊阅览
专业阅览

d. 裸露设备管线，解放内部空间，节省墙体材料，并体现建筑的工业感．

d. 图文中心采用书库在中间的布置方式

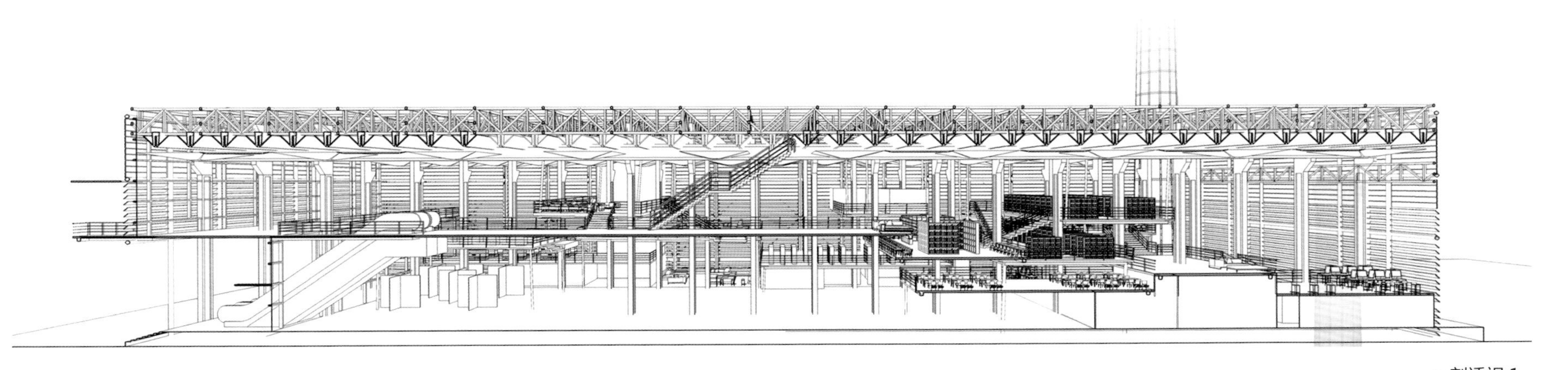

● 剖透视 1

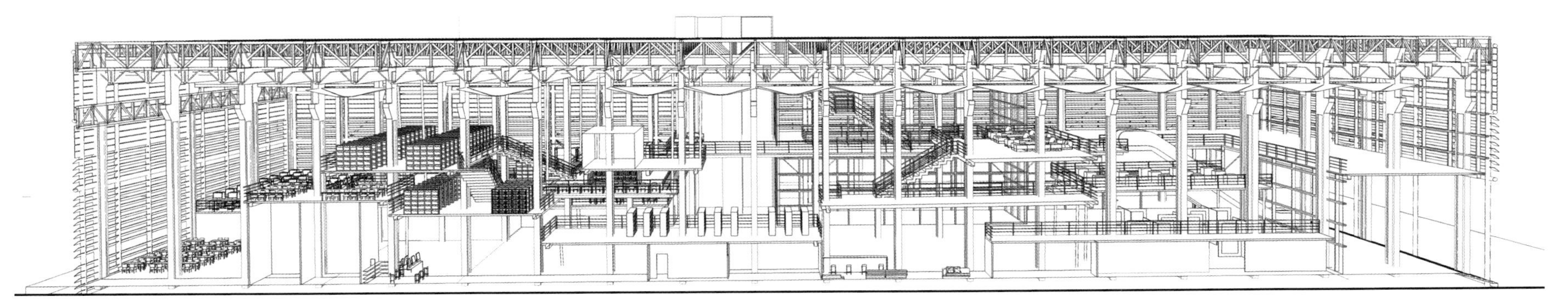

● 剖透视 2

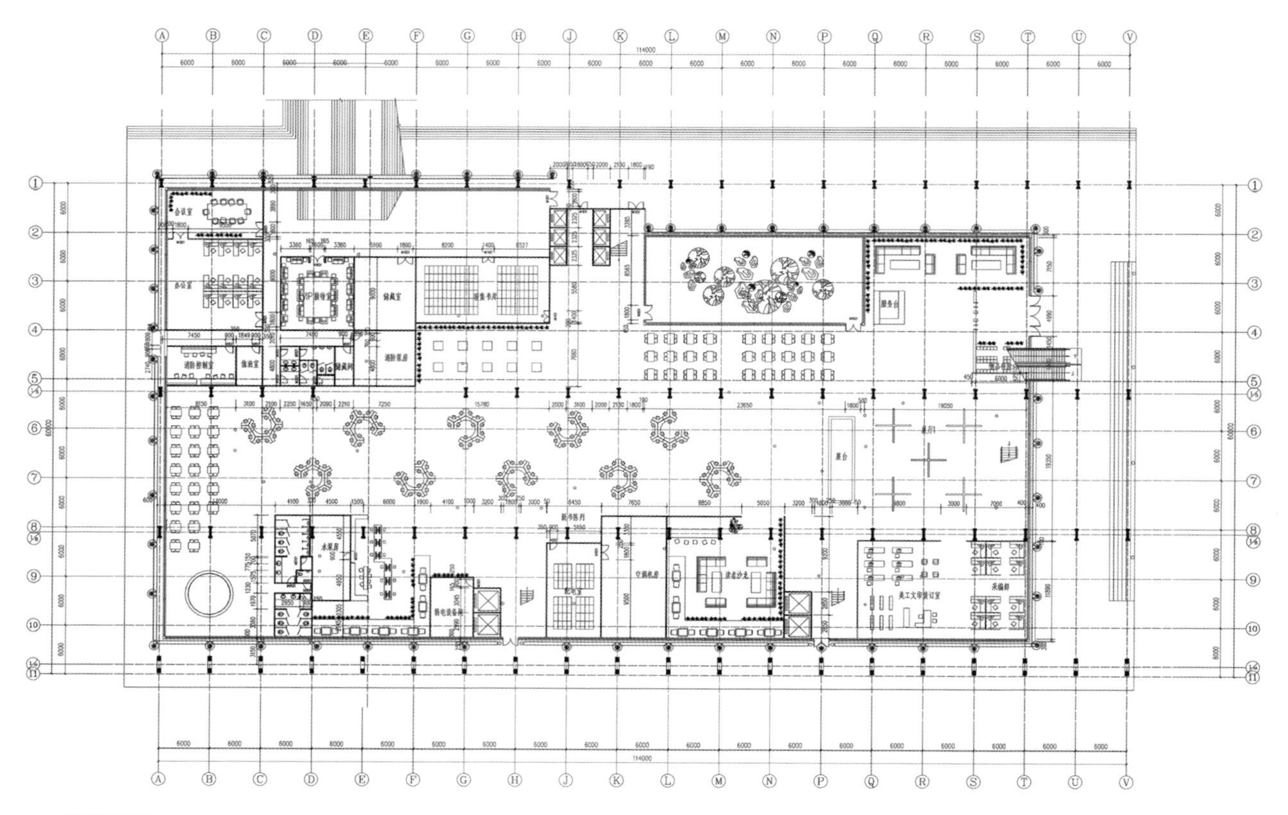

• 一层平面图

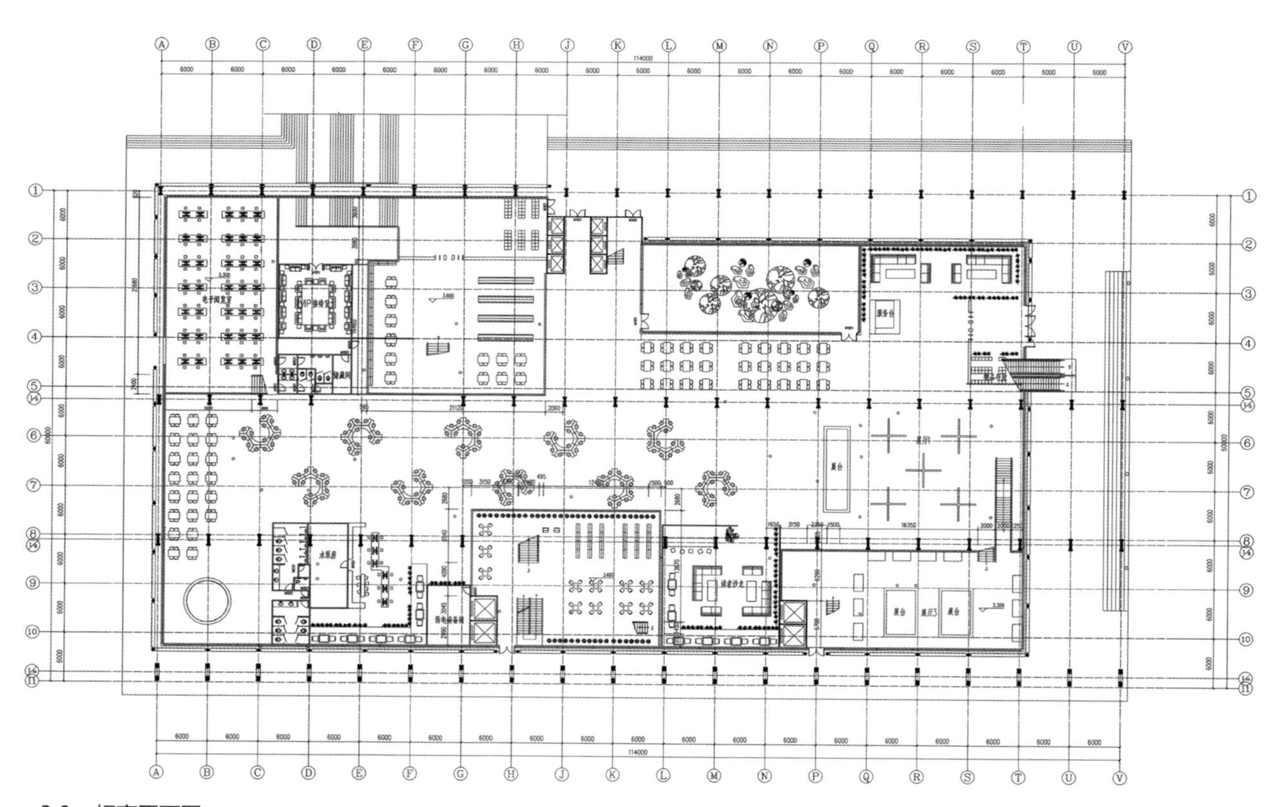

• 3.6m 标高平面图

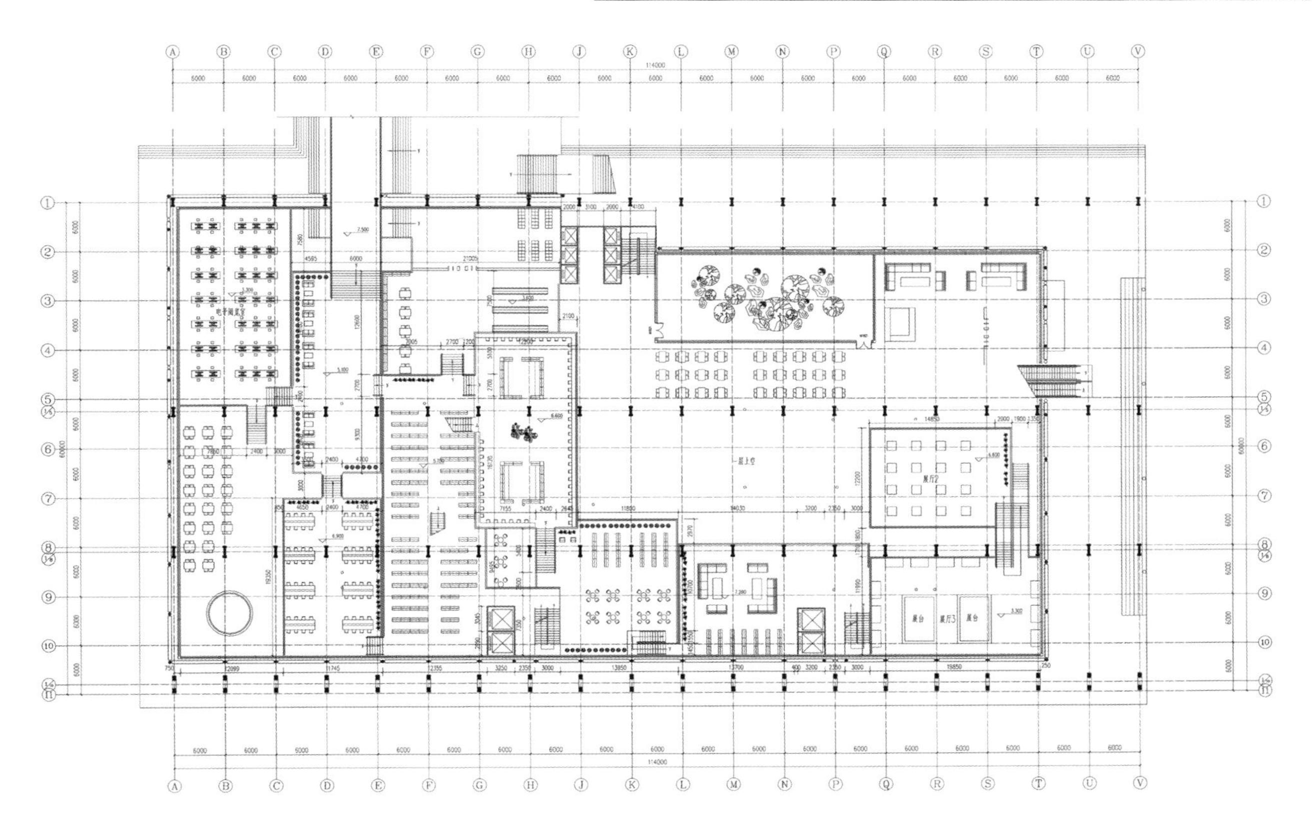

• 7.2m 标高平面图

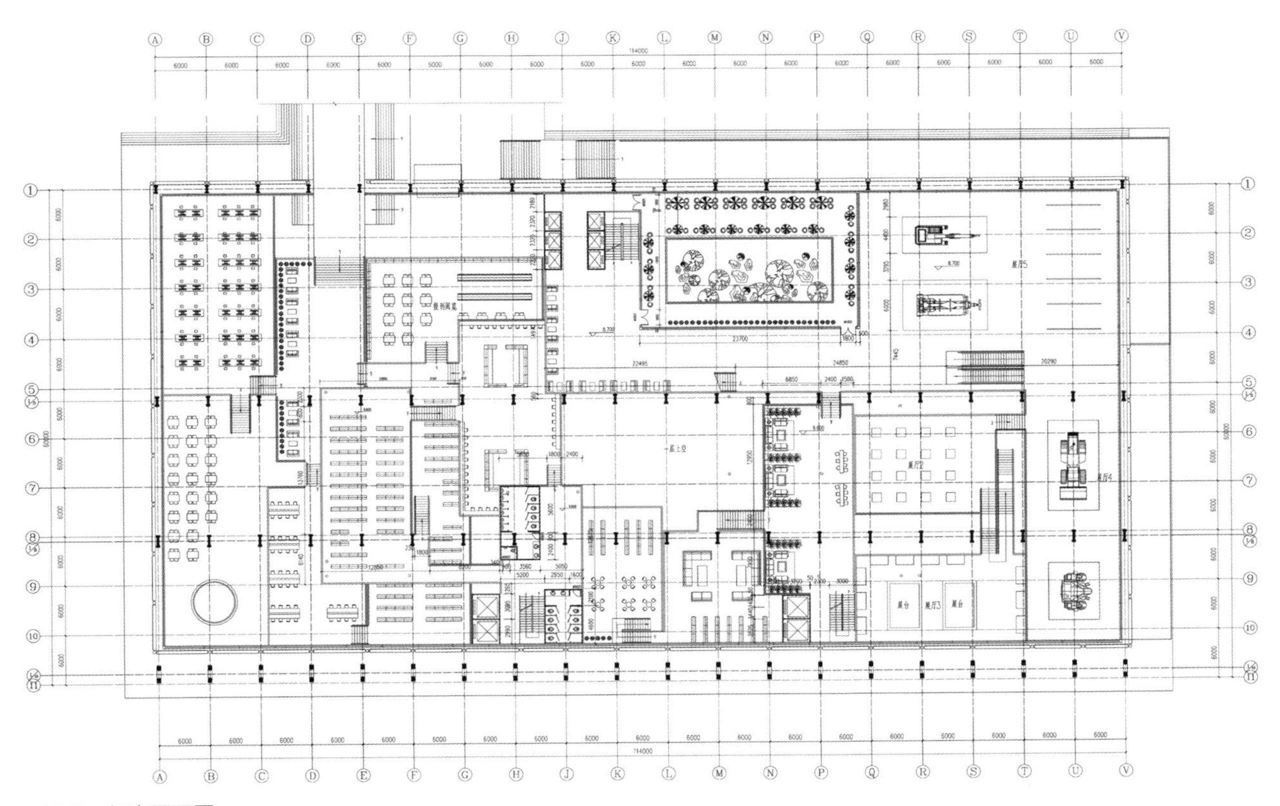

• 10.8m 标高平面图

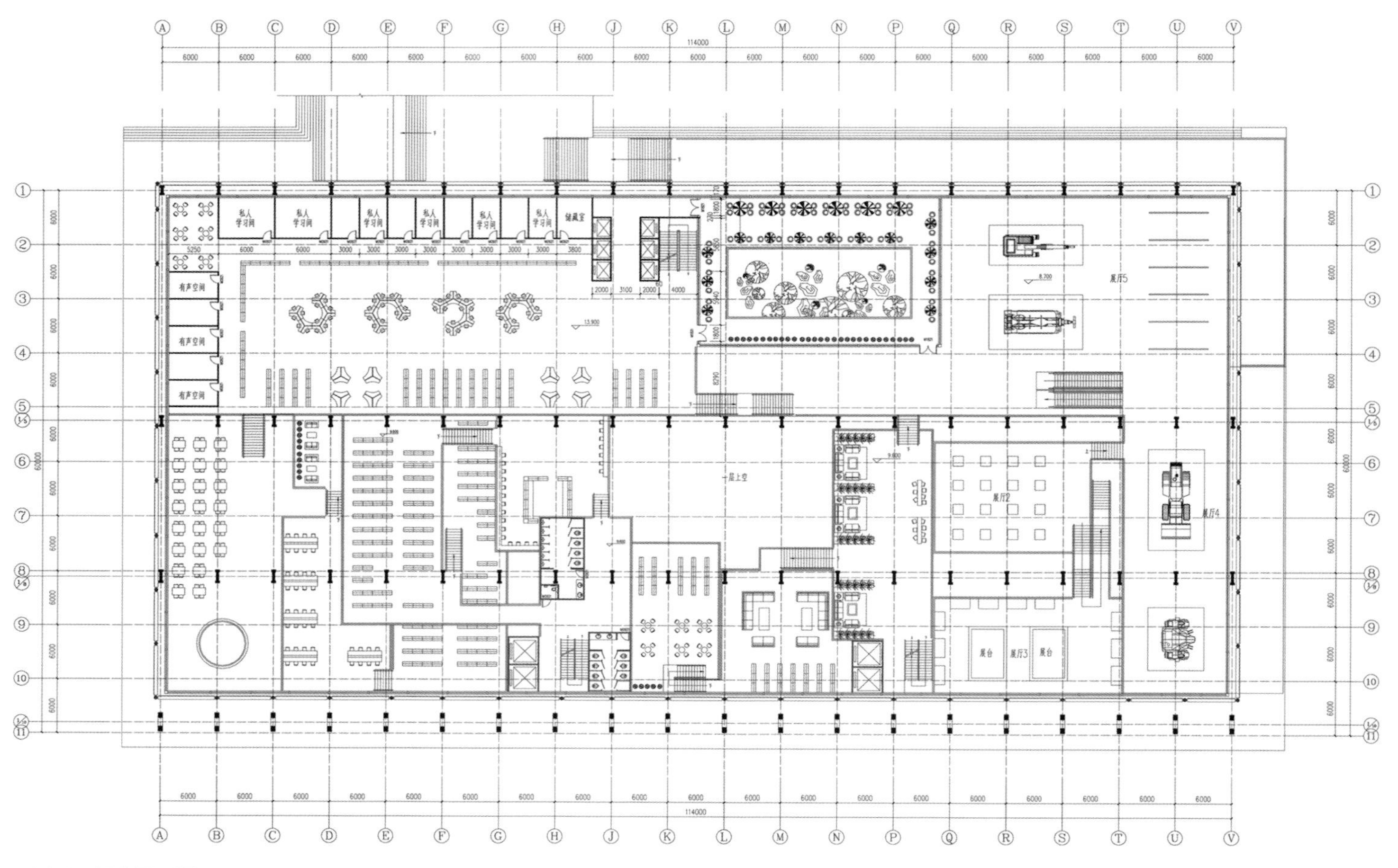

● 14.4m 标高平面图

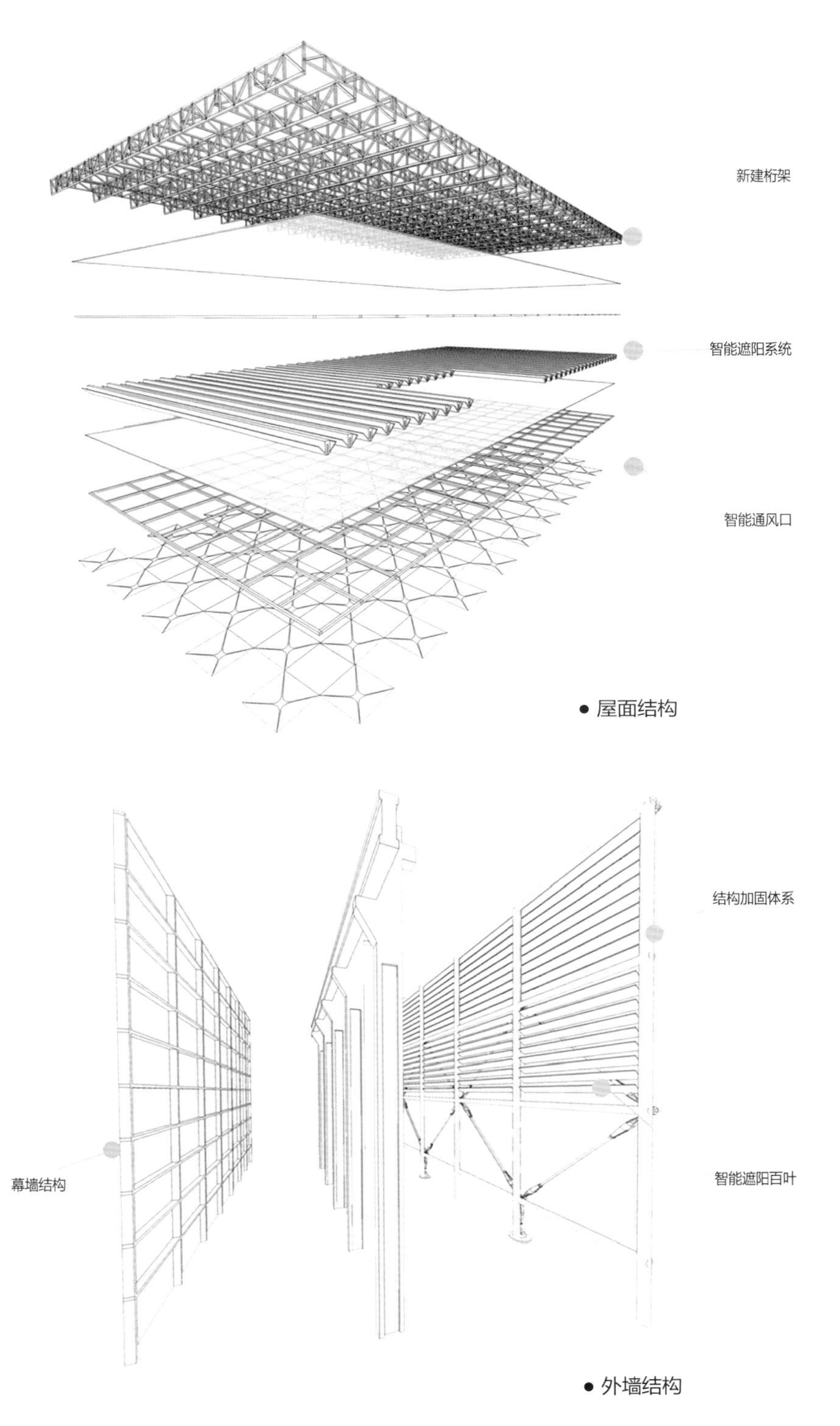
新建桁架
智能遮阳系统
智能通风口
● 屋面结构
结构加固体系
幕墙结构
智能遮阳百叶
● 外墙结构

李晶
Li Jing

黑龙江省国际博览中心·内部空间外部环境更新设计

Heilongjiang Province International Expo Center–Interior space and the external environment update design

指导教师：吴健梅　刘滢

本设计地段位于哈尔滨西大直街与海关街交叉口西南侧，原为黑龙江省国际博览中心，是三类保护建筑。此次设计主要针对 2004 年该建筑改造为商业建筑后，遗留的防火疏散、空间利用及环境品质下降等问题进行内部空间梳理、外部环境提升的设计，以适应花园街区整体改造，全方位提高商业定位和更高标准的服务功能。

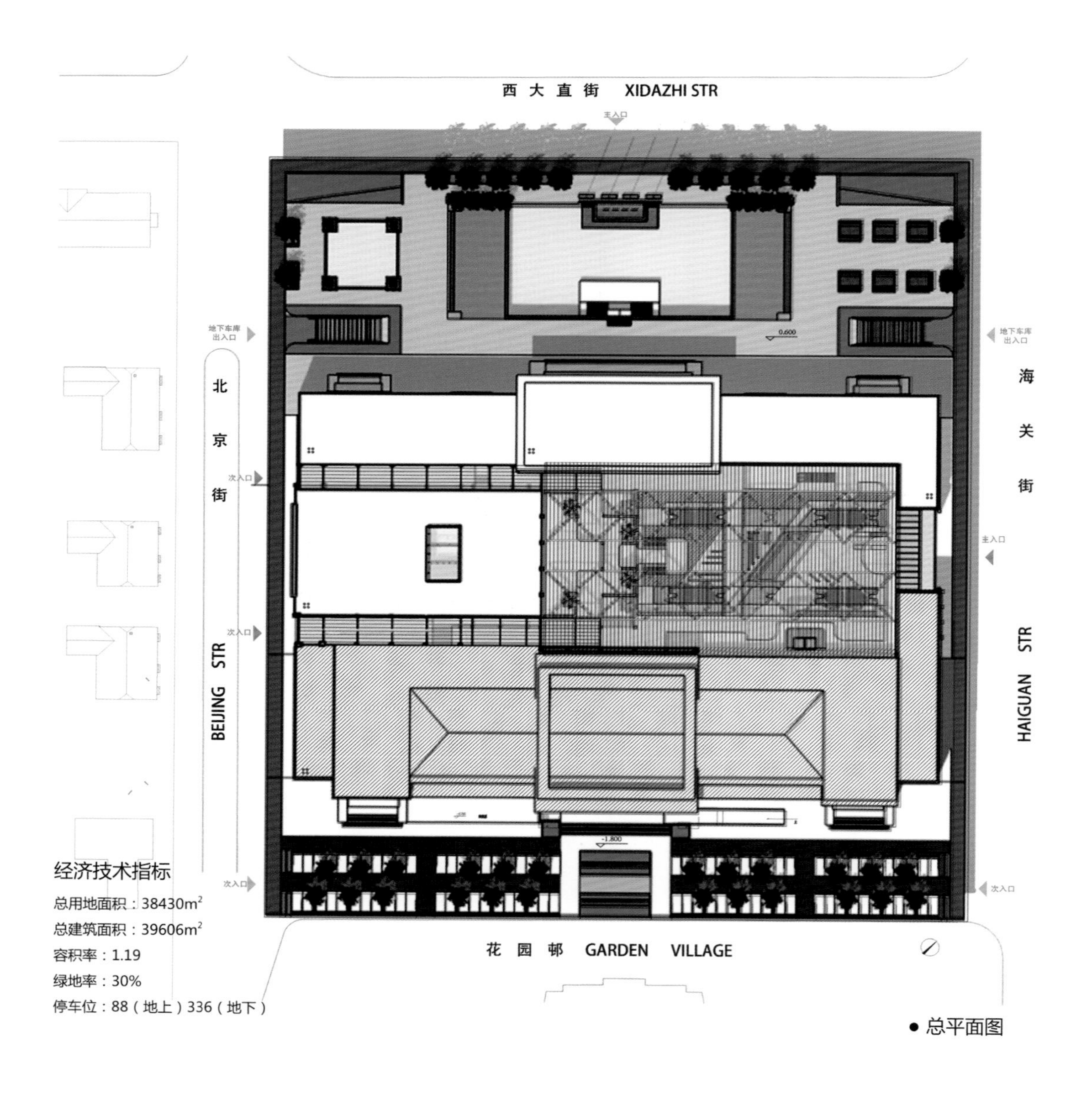

经济技术指标

总用地面积：38430m²
总建筑面积：39606m²
容积率：1.19
绿地率：30%
停车位：88（地上）336（地下）

● 总平面图

● 现建筑平面轮廓线

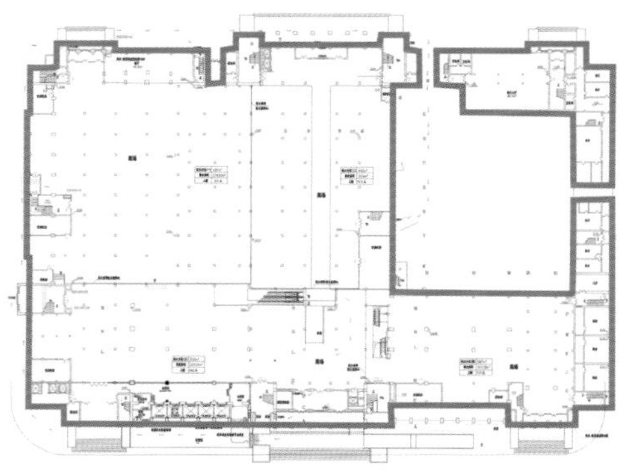

● 公共空间分析

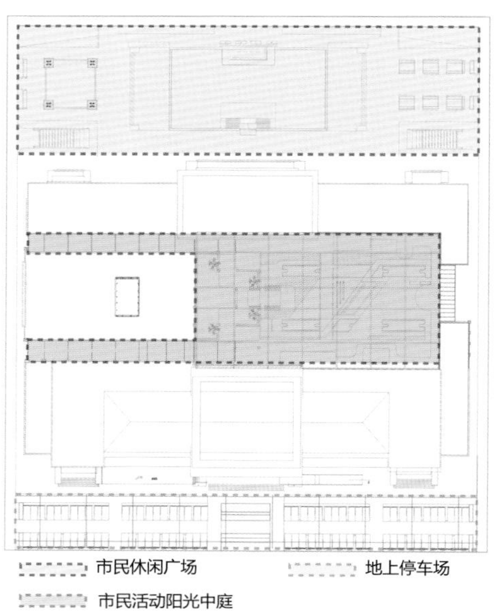

183000
210000
76000
168060

基地红线
二期建筑改造图
建筑改造范围线

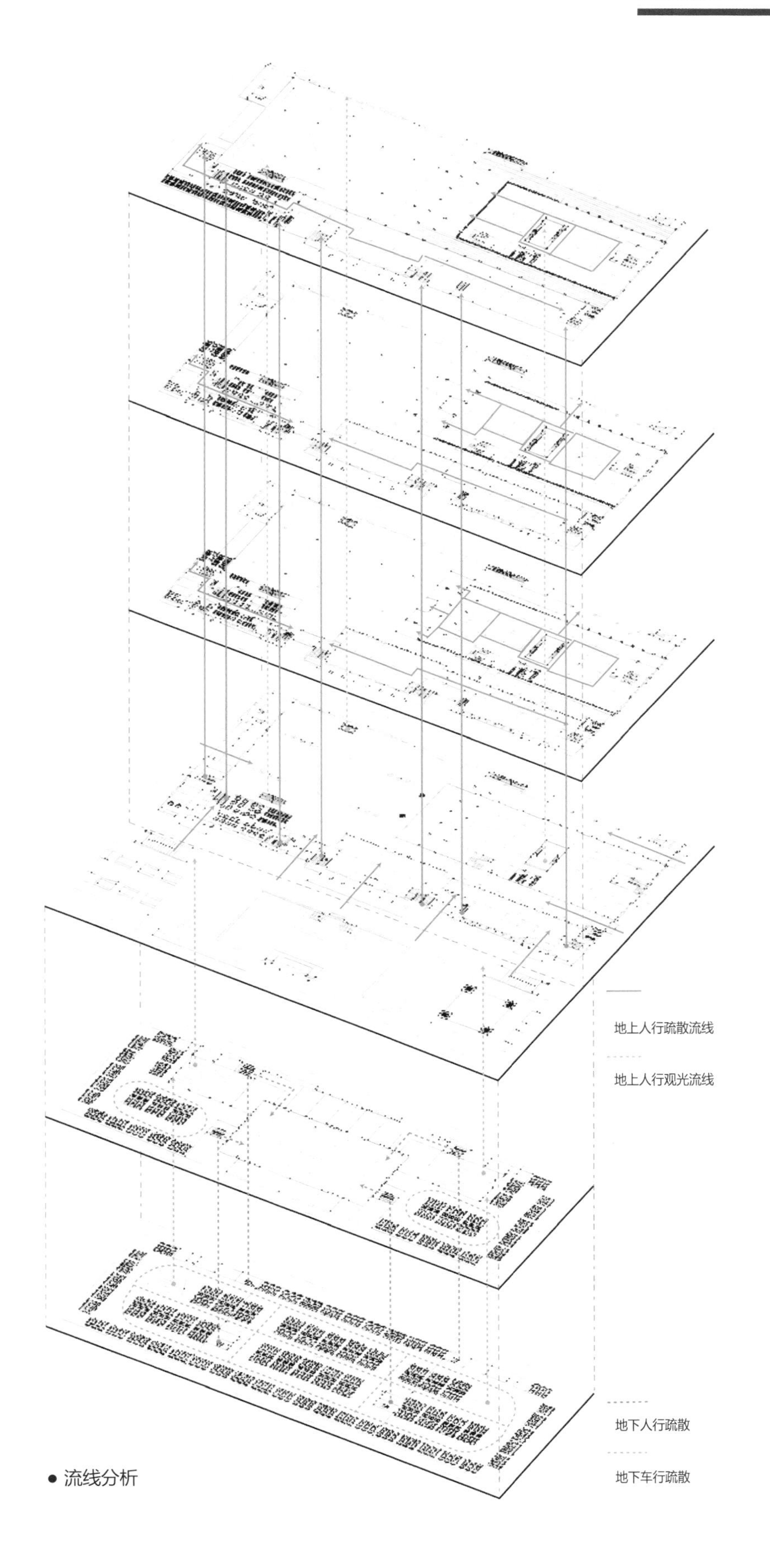

● 流线分析

● 更新设计建筑平面轮廓线

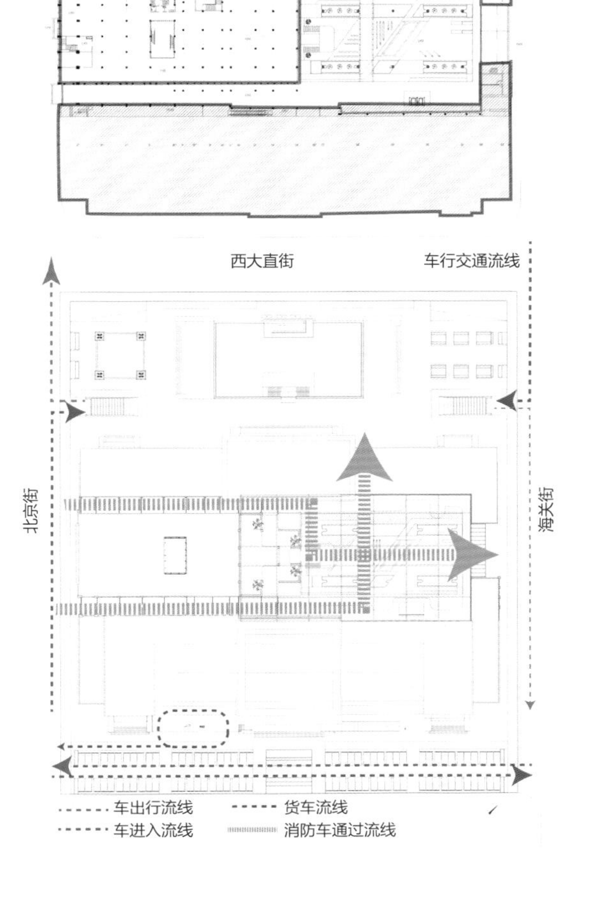

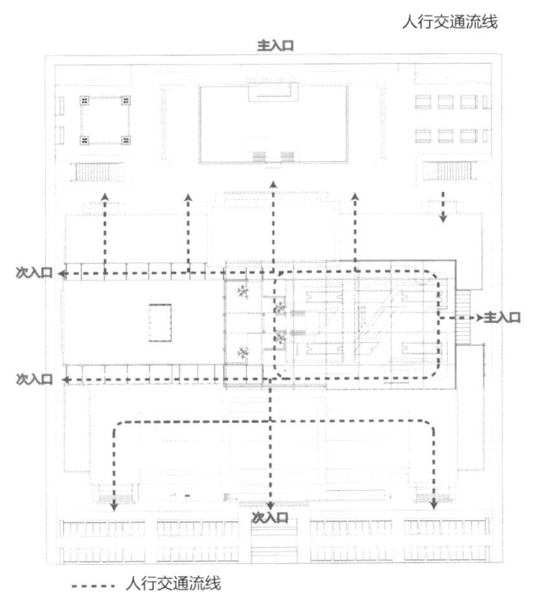

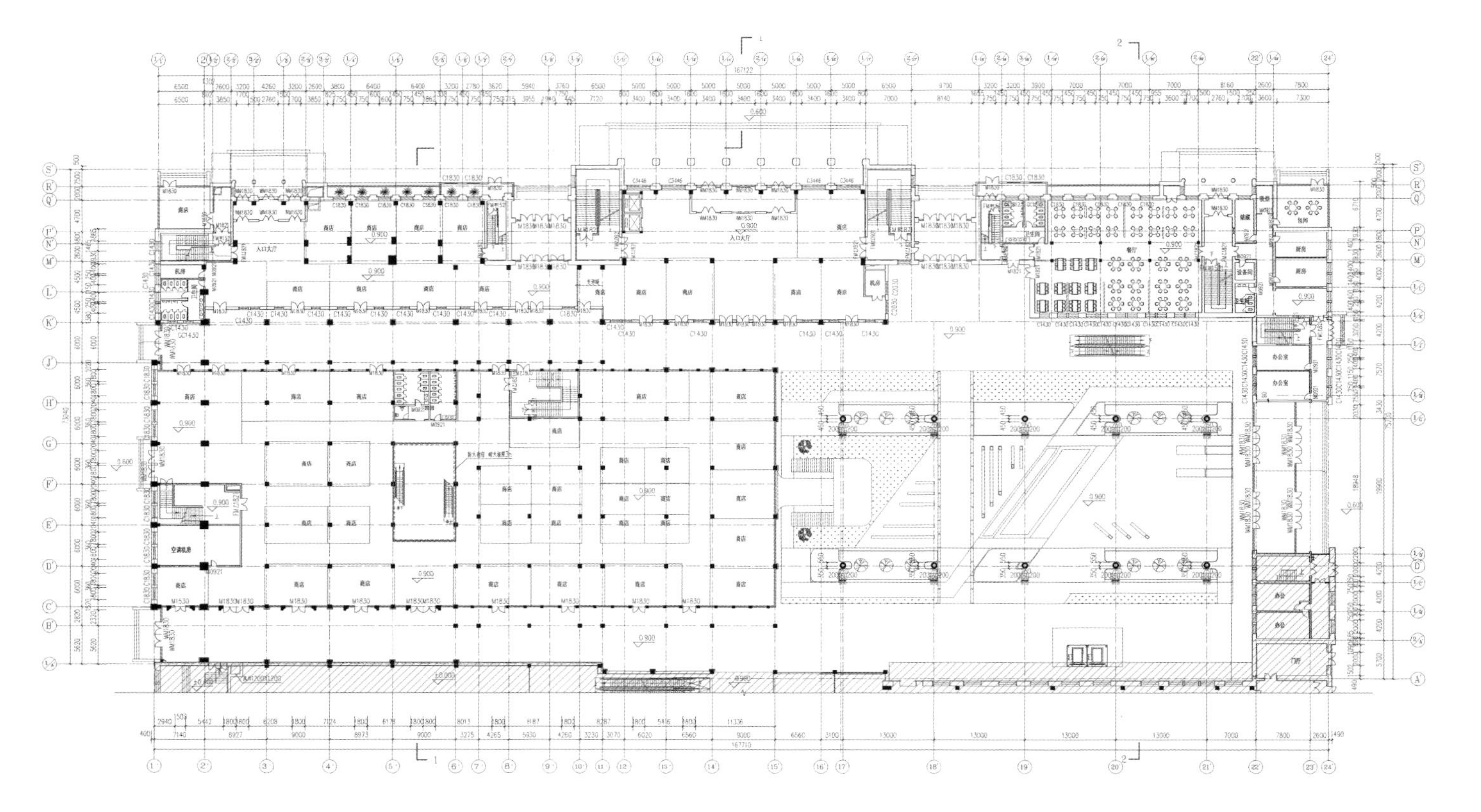

● 一层平面图

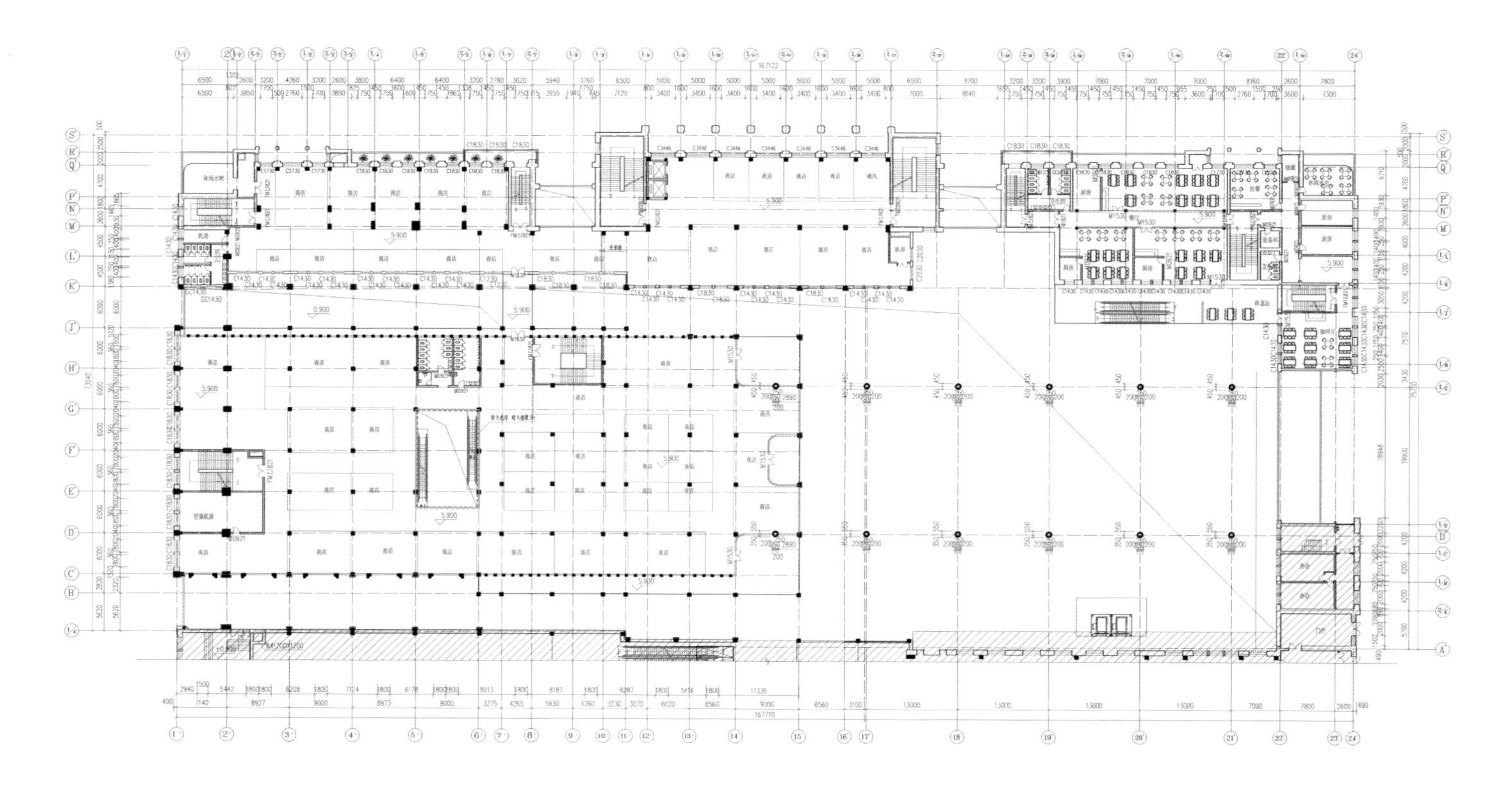

● 二层平面图

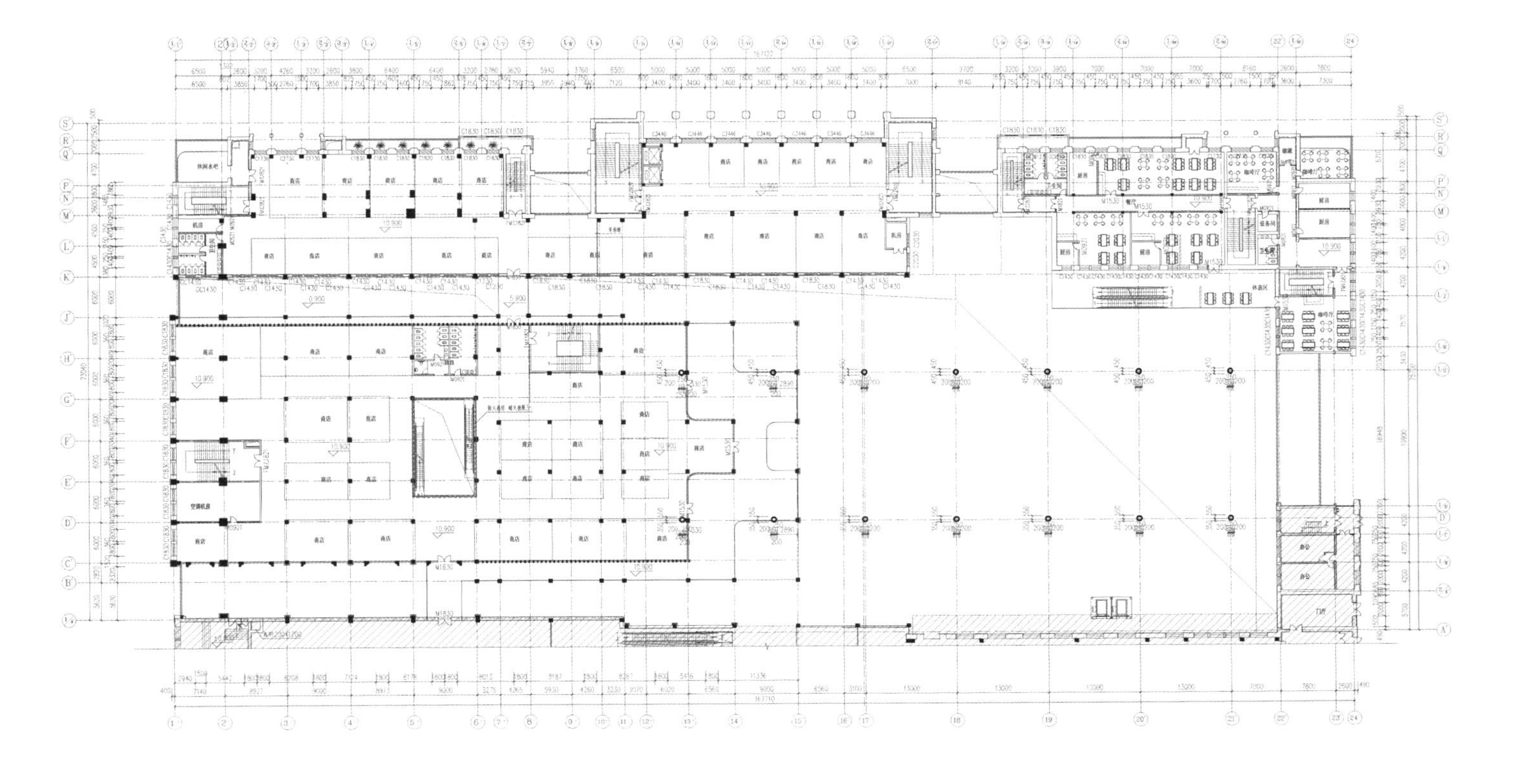

● 三层平面图

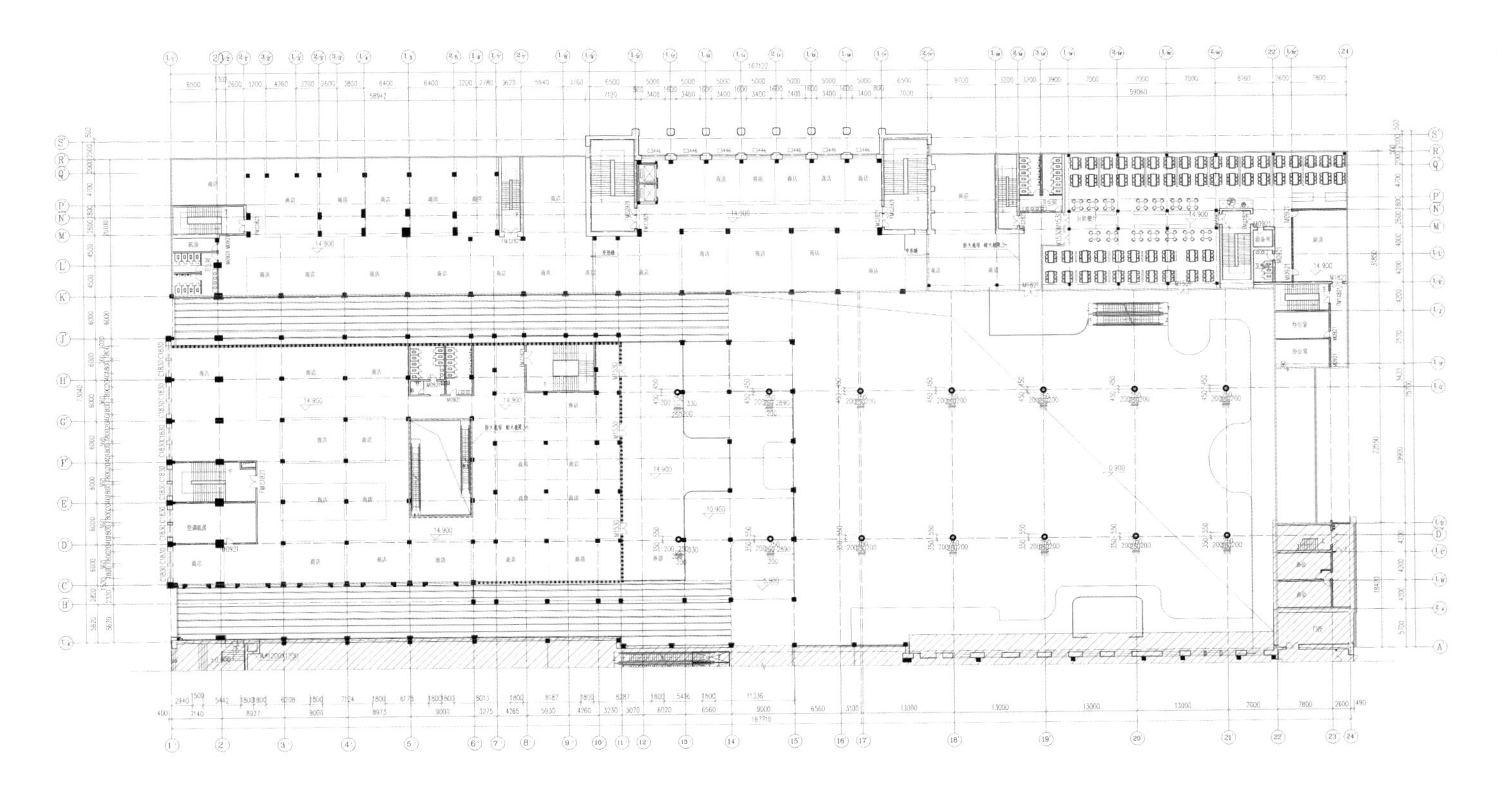

● 四层平面图

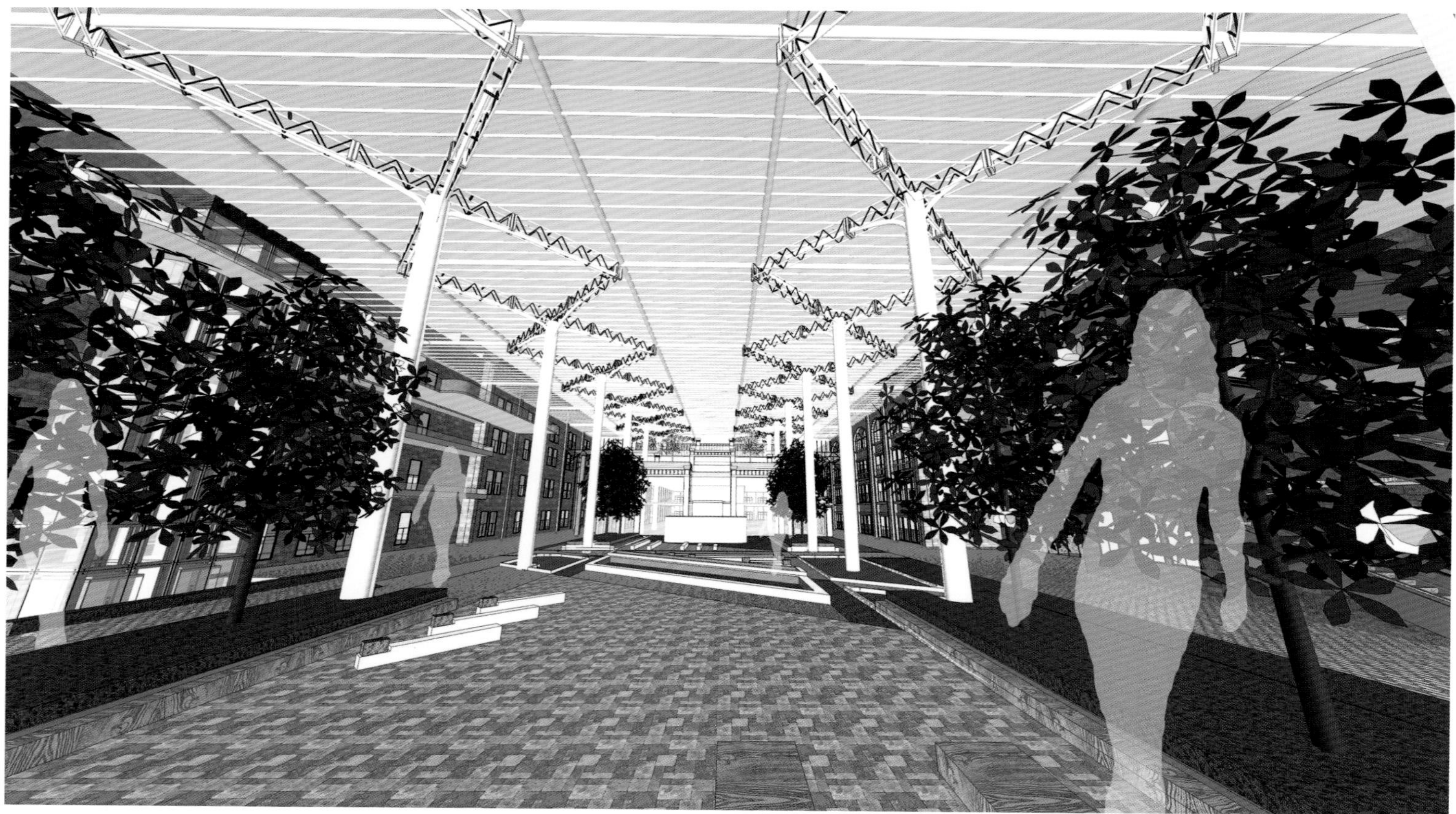

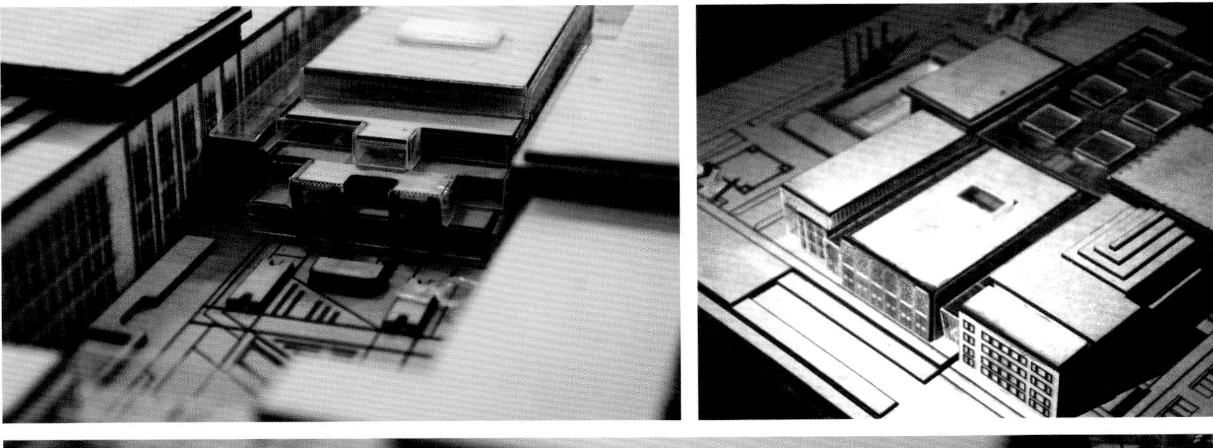

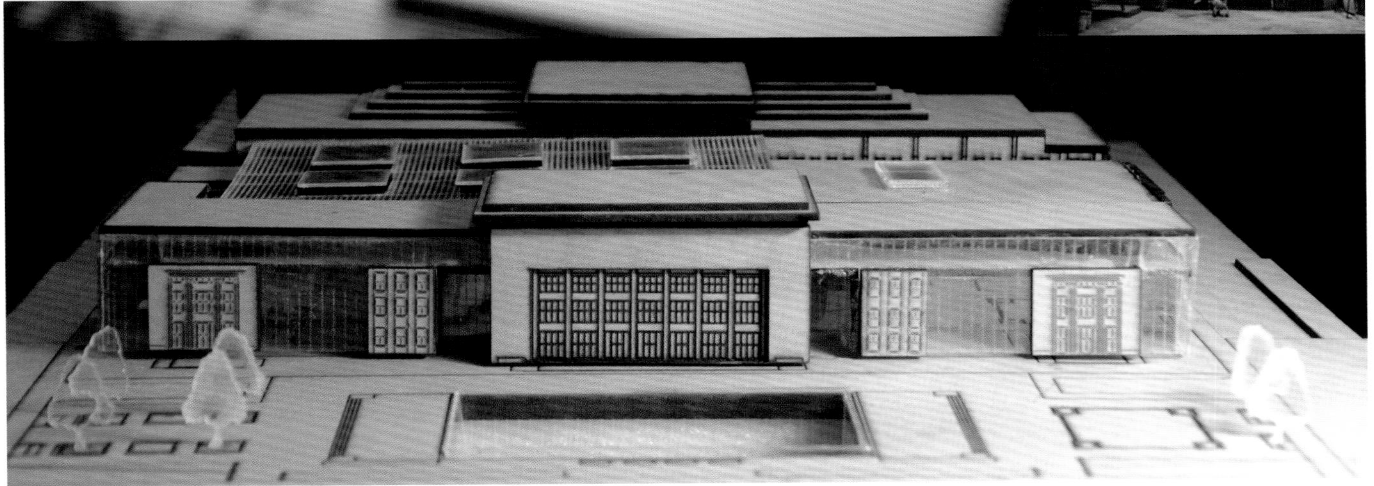

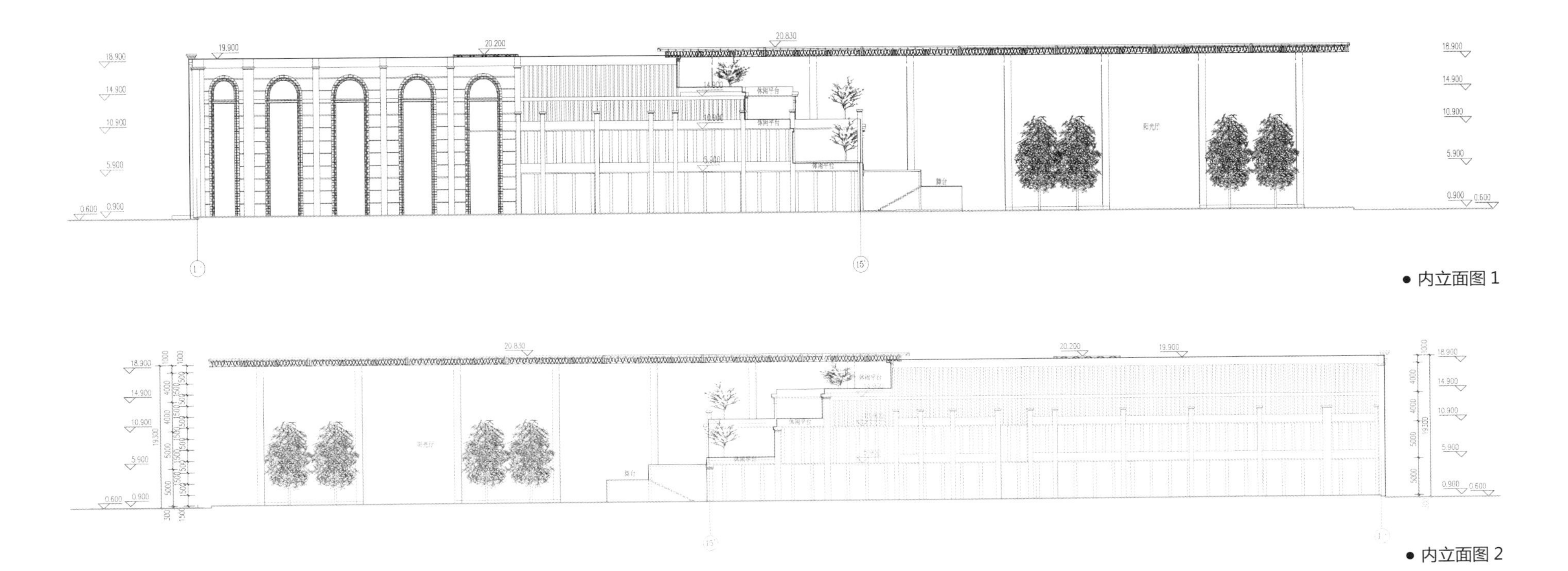

• 内立面图 1

• 内立面图 2

刘明
Liu Ming

桂林市叠彩区游泳馆建筑设计

Natatorium design of Diecai District in Guilin

指导教师：史立刚　席天宇

设计灵感来源于桂林的人文特点“轻盈灵秀”，建筑形体类似船体，仿佛小船自由飘荡在漓江江面上。为了顺应狭长的基地，建筑平面形式为游泳池－戏水池－训练池一字排列。运动员用房、赛事组织用房、后勤工作人员用房、新闻媒体用房、商业康乐用房以游泳池－戏水池－训练池为核心，沿其外围布置。各股人流流线清晰明确，互不交叉。建筑选用斜拉悬索结构恰当地表现了主题。

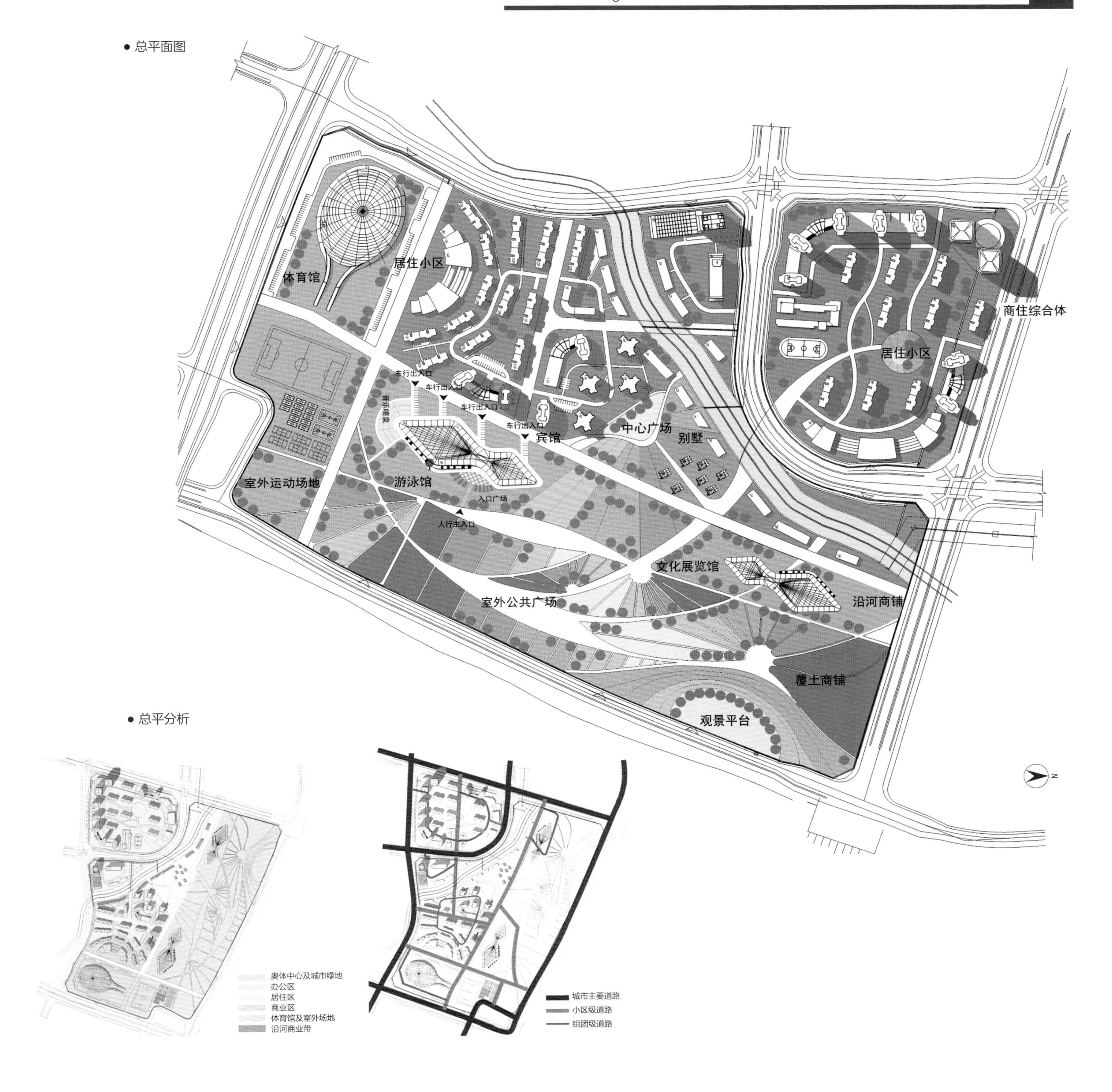
• 总平面图
体育馆
居住小区
车行出入口
车行出入口
车行出入口
车行出入口
音乐喷泉
宾馆
中心广场
别墅
游泳馆
入口广场
人行主入口
室外运动场地
文化展览馆
沿河商铺
室外公共广场
覆土商铺
观景平台
居住小区
商住综合体
N
• 总平分析
奥体中心及城市绿地
办公区
居住区
商业区
体育馆及室外场地
沿河商业带
城市主要道路
小区级道路
组团级道路

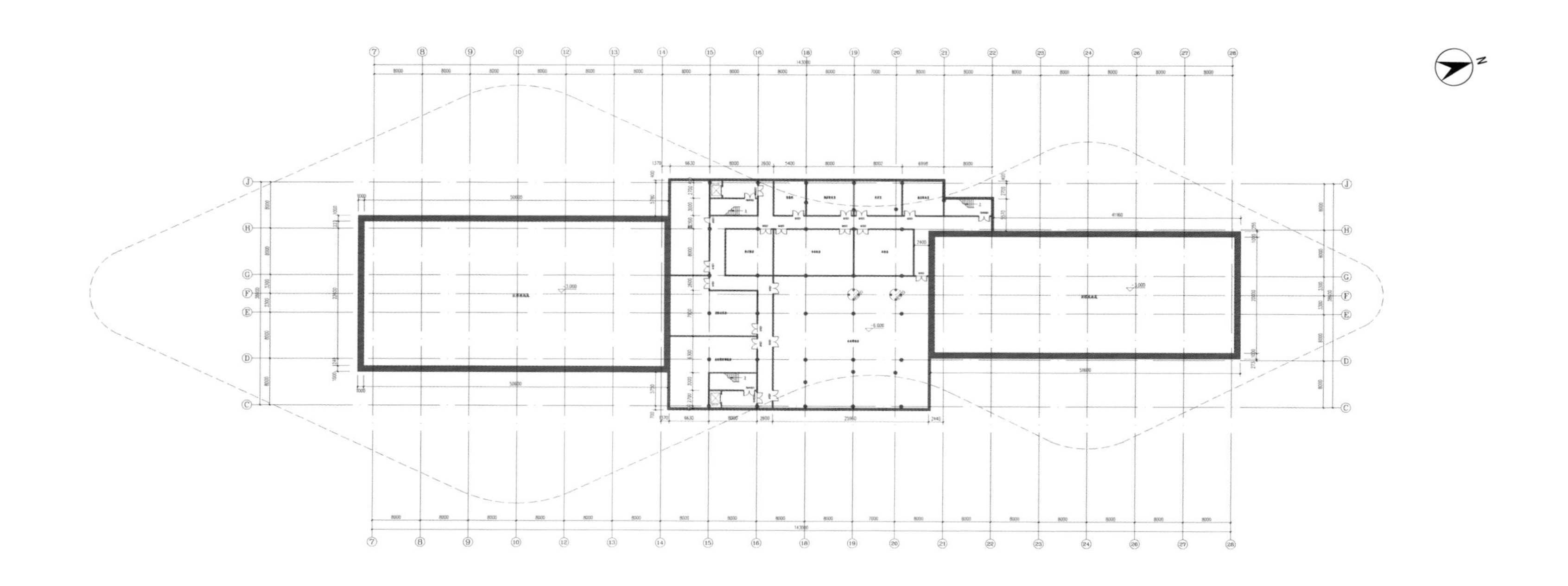

● 地下一层平面图

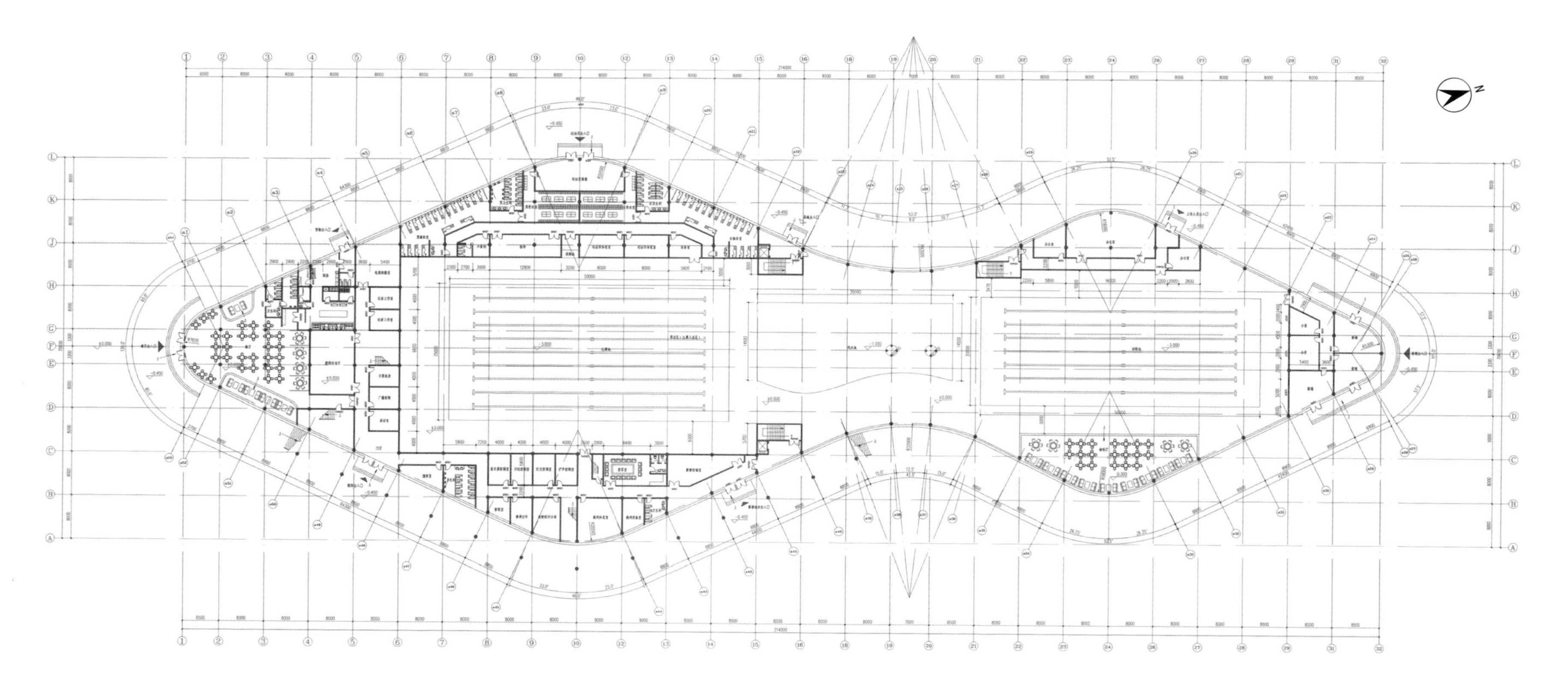

● 一层平面图

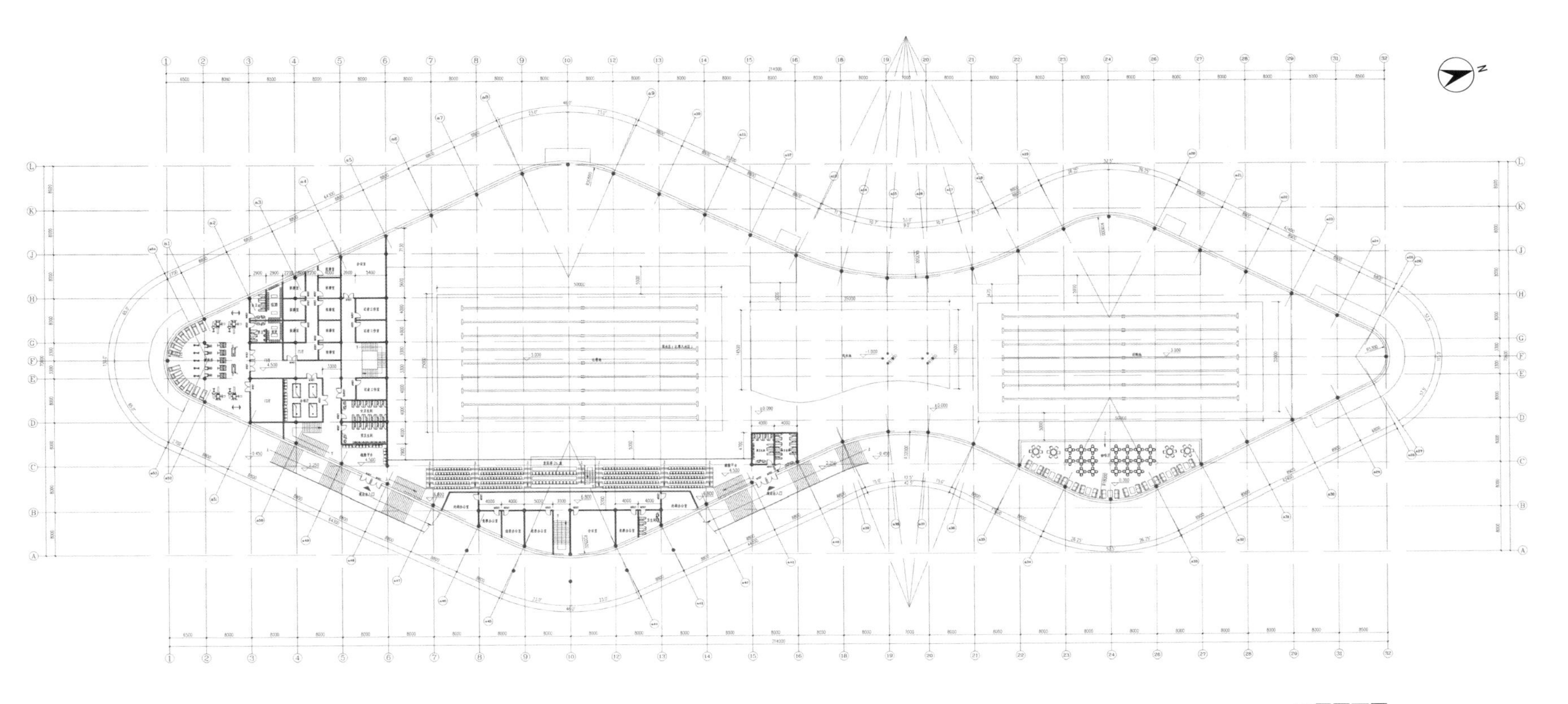

● 二层平面图

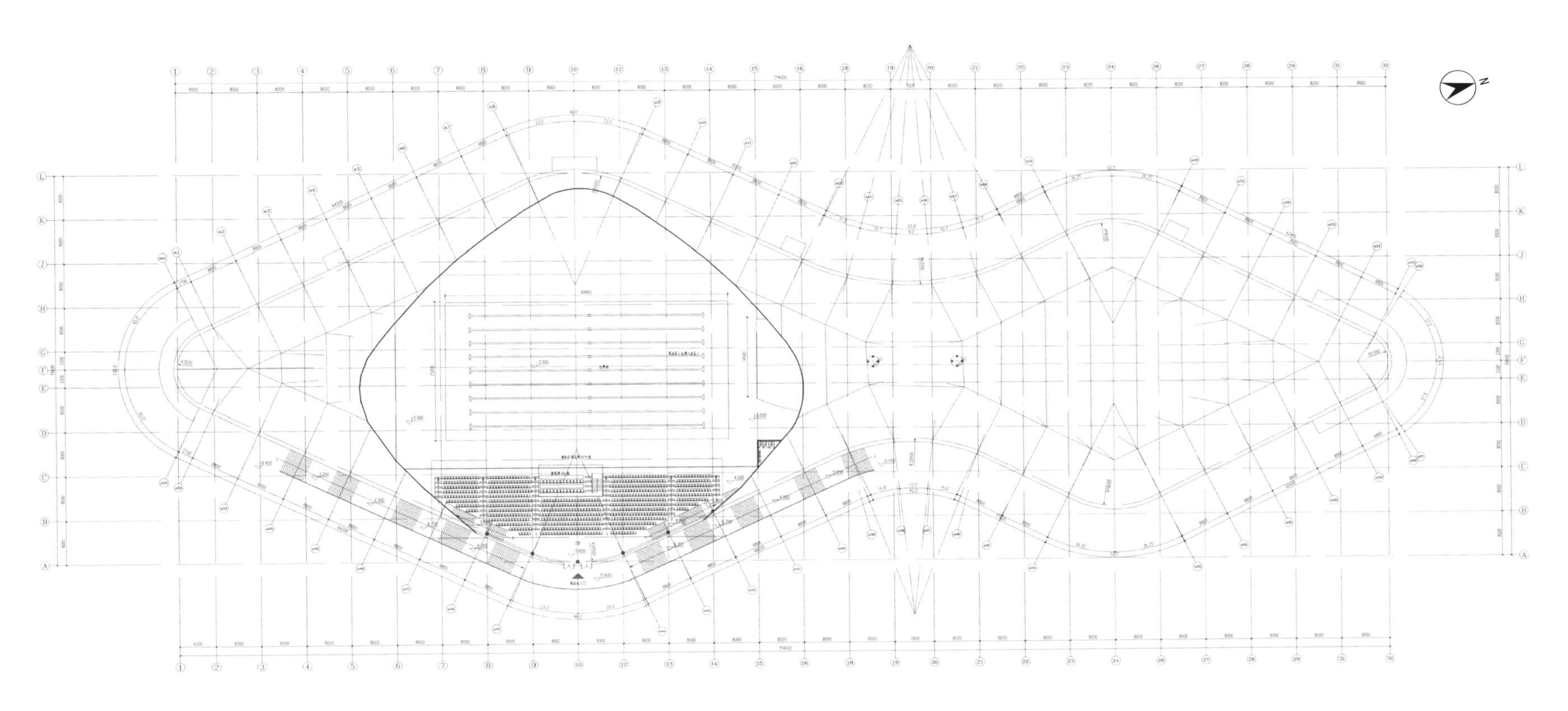

● 三层平面图

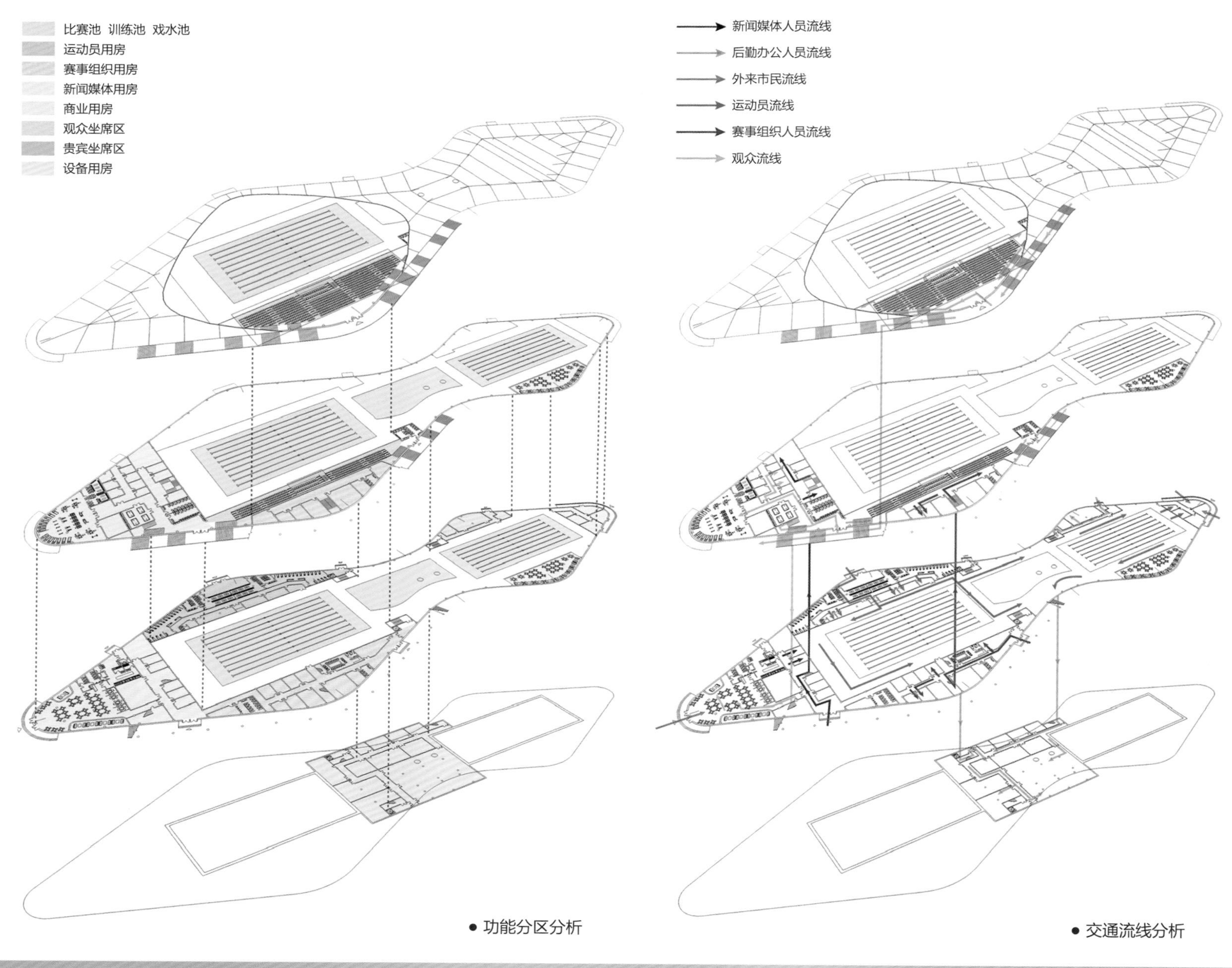

● 功能分区分析

● 交通流线分析

● 东立面图

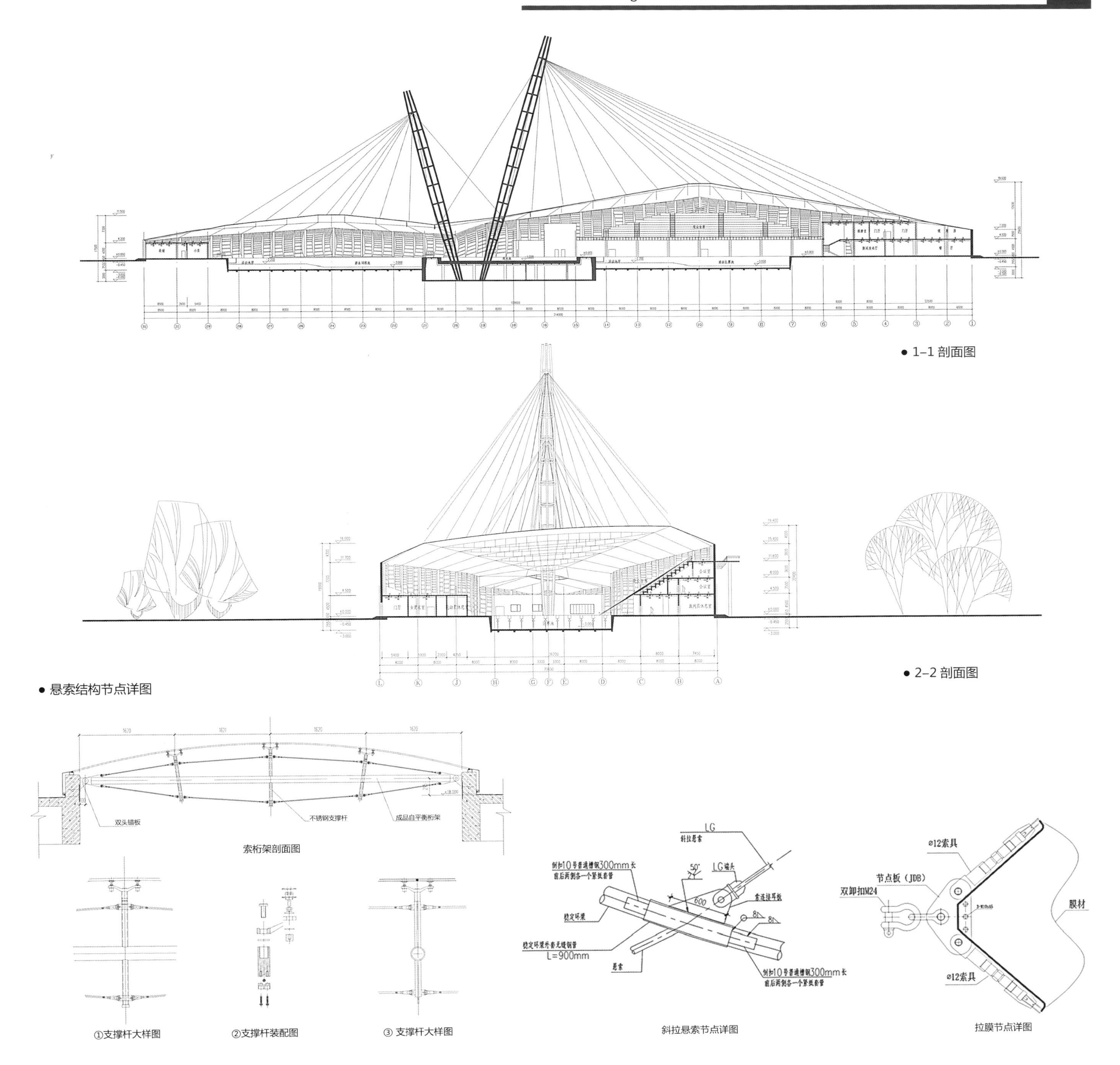

• 1–1 剖面图

• 2–2 剖面图

• 悬索结构节点详图

索桁架剖面图

①支撑杆大样图

②支撑杆装配图

③ 支撑杆大样图

斜拉悬索节点详图

拉膜节点详图

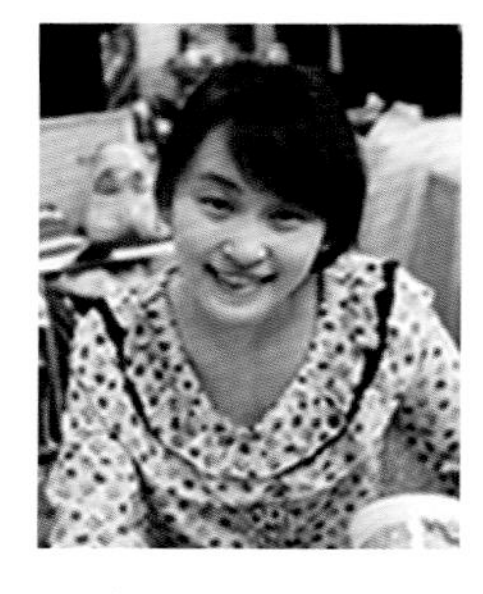

刘琦
Liu Qi

重庆特钢厂片区空间城市设计与建筑设计

Urban design and architectural design of Chongqing Special Steel Plant Area

指导教师：陆诗亮　张宇

巴渝地区大地舞动般的独有地貌特征是巴渝文化的本源所在，设计中以当地连绵起伏山水相融的地形为依托，通过模拟巴渝地区地形地貌创造本土文化的空间体验感。为使场所实现博物馆和景观公园双重功能属性，融合多维度建筑空间与景观空间，打造区域对外文化交流的窗口和市民休闲娱乐的开放平台。由此提升区域品质，带动周边地区与城市的发展。

● 场地生成　　● 场地环境

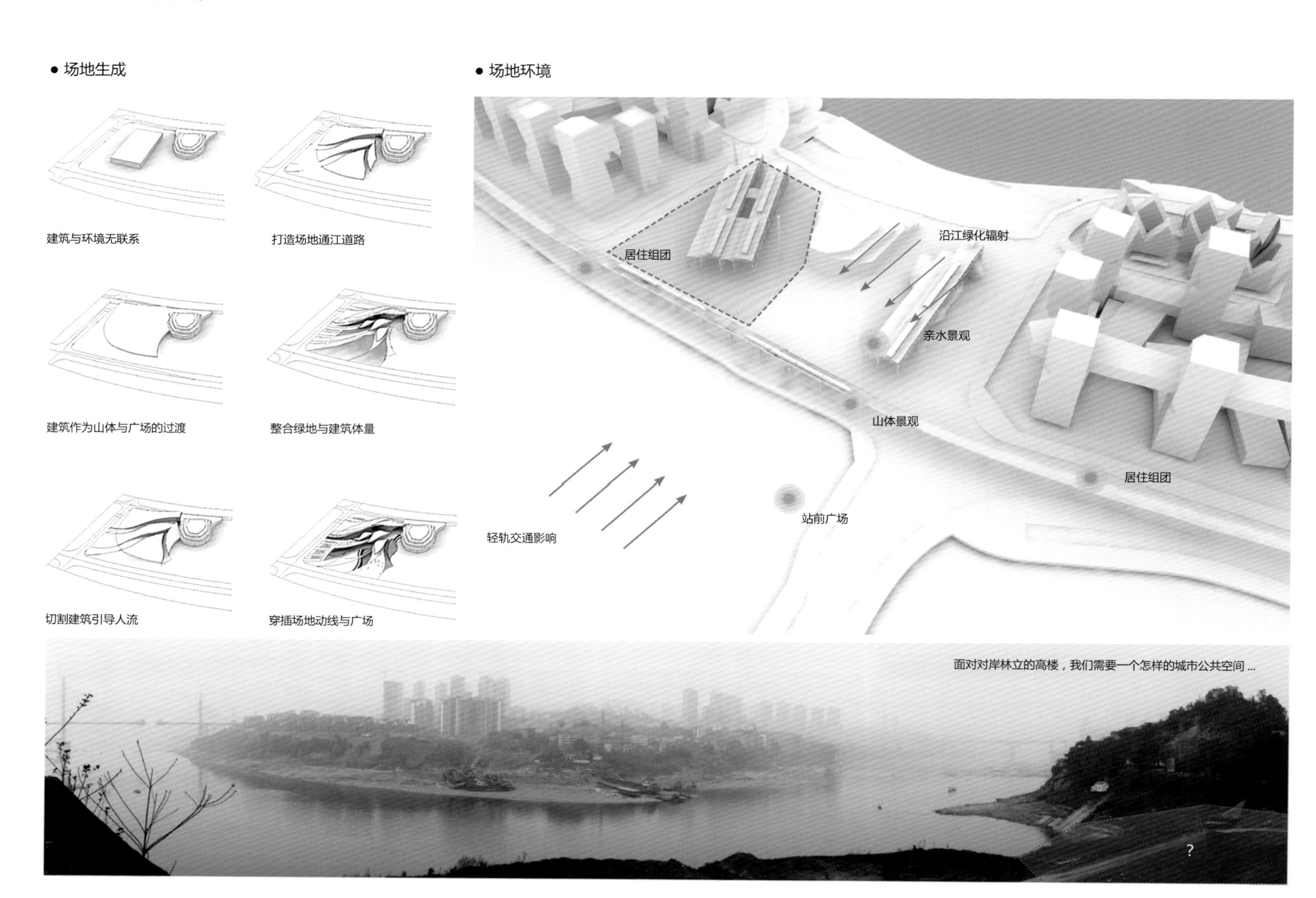

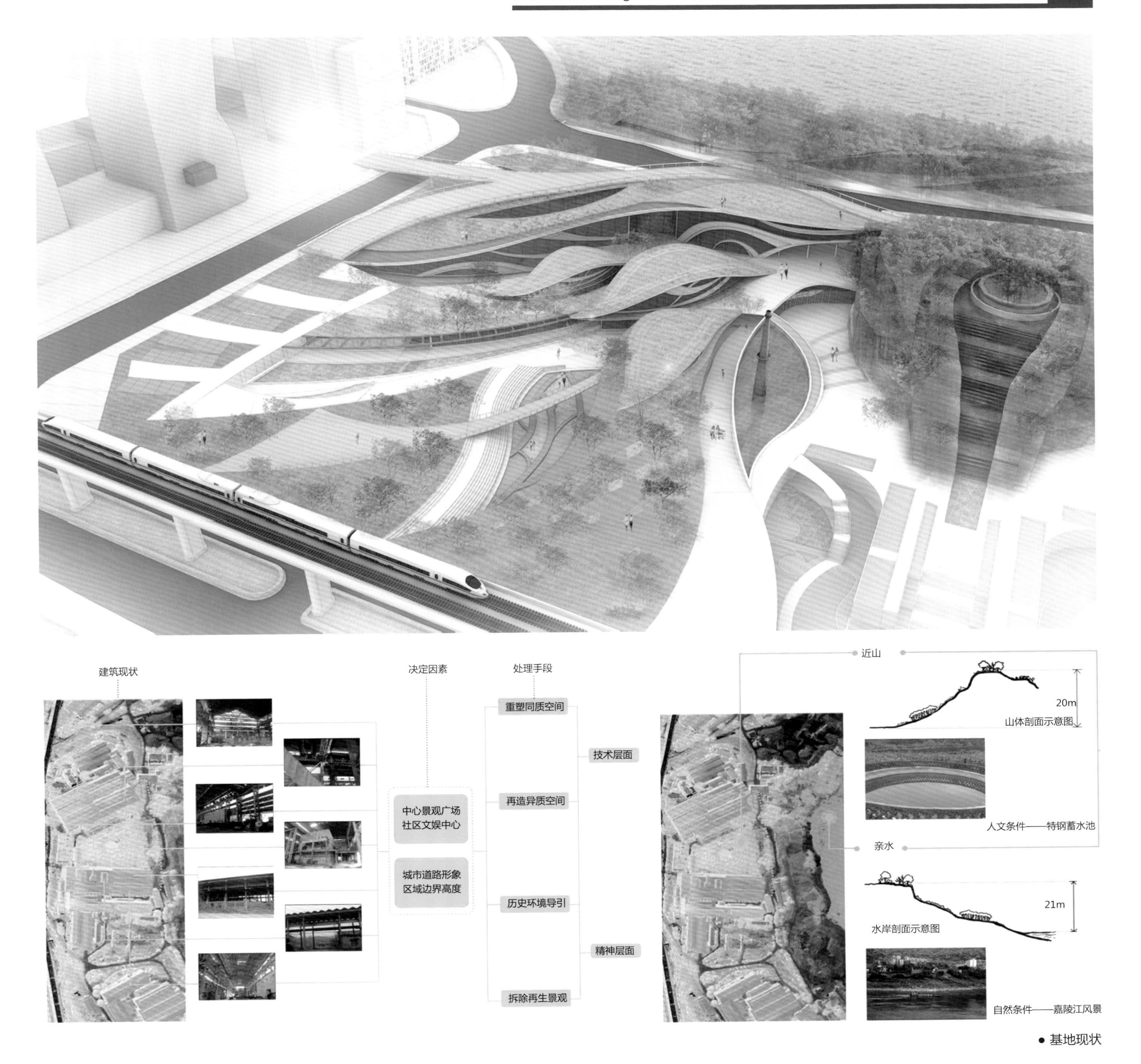
建筑现状
决定因素
处理手段
重塑同质空间
技术层面
中心景观广场
社区文娱中心
再造异质空间
城市道路形象
区域边界高度
历史环境导引
精神层面
拆除再生景观
近山
20m
山体剖面示意图
人文条件——特钢蓄水池
亲水
21m
水岸剖面示意图
自然条件——嘉陵江风景

● 基地现状

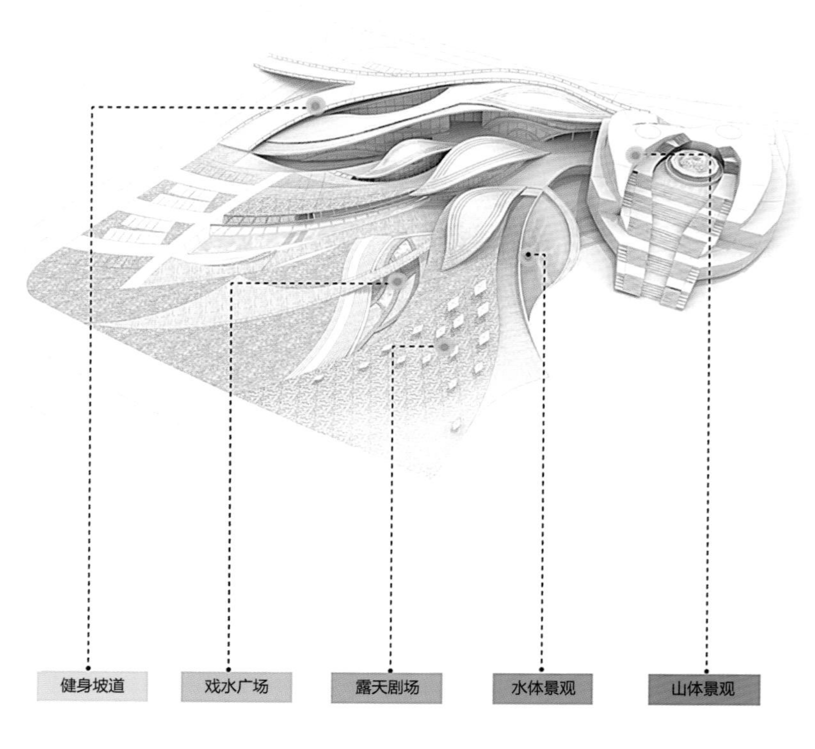

● 景观体系设计

● 场地流线设计

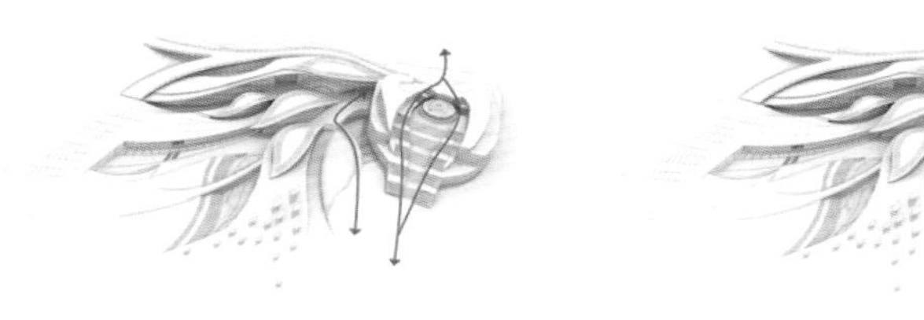

游客休闲流线

游客参观流线

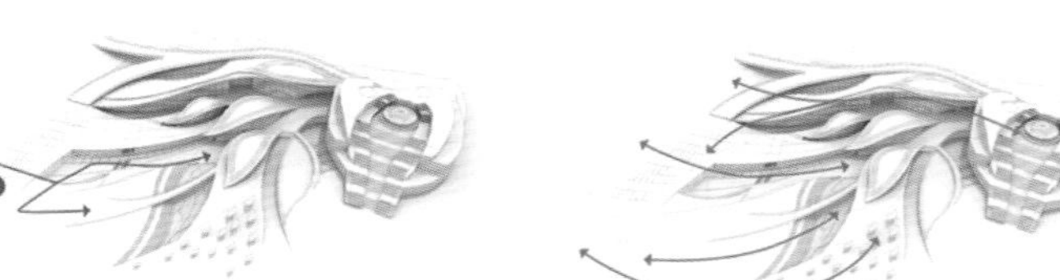

行车参观流线

居民休闲流线

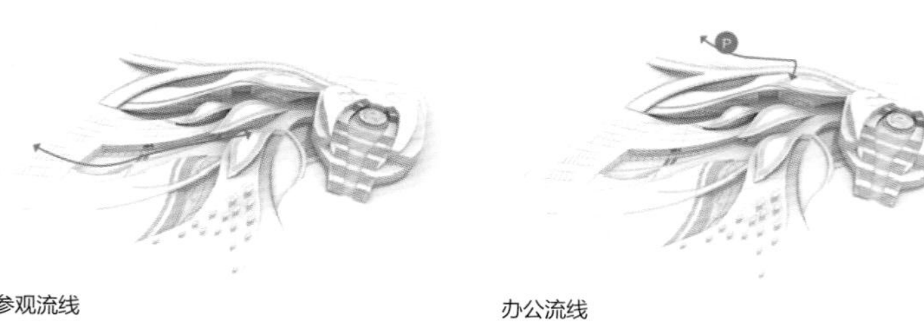

居民参观流线

办公流线

● 概念一：建筑的消融

在城市公共空间中，我们不需要巨大的建筑体进，建筑作为山体和绿化广场的过渡，让位自然，消隐自身

为创造从轻轨站到江边景观公园的视觉通廊，本案选择了对旧厂房的整体拆除，用一个呼应山体的建筑体坦，将建筑隐匿与场地之中，同时结合山体景观创造出一个巨大的城市景观广场，成为整个区域公共活动的中心

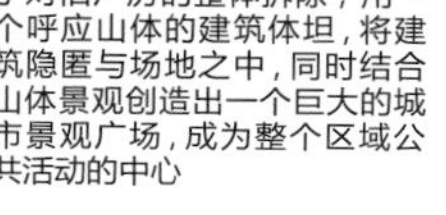

STEP 1

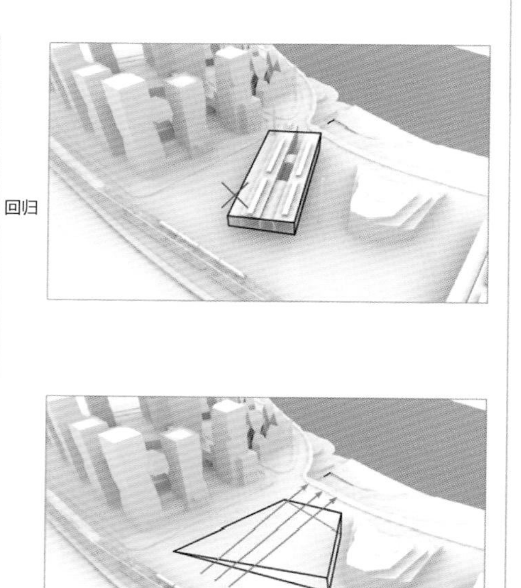

● 总平面图

技术经济指标

基地面积：	30668m^2
规划总建筑面积：	11007m^2
其中地上建筑面积：	5226m^2
地下建筑面积：	5781m^2
容积率：	0.18
建筑密度：	7.5%
绿地率：	45%
规划停车数量：	32 辆

面积计算表

项目	面积
展厅	1930 m^2
阅览	1098 m^2
餐饮商业	1632 m^2
娱乐休闲	733 m^2
办公及辅助用房	2052 m^2

概念二：巴蜀文化的环境体验

巴瑜地区大山大川、沟壑纵横塑造了当地特有的文化特点，而当地建筑依山而建，高低错落的布局形态创造了独特的建筑空间。

本案通过模拟巴渝地区环境地貌，塑造高低错落的建筑体量、动态柔和的建筑造型，同时融入了巷道、阶梯等当地环境元素，使博物馆自身成为当地文化特色的象征。

巴渝地形地貌

三峡风光

依山而建的建筑

磁器口风貌

概念三：城市景观、生活阳台

水塔、铁轨等历史符号的引入增加了区域的历史价值，同时成为很好的景观元素，而屋面绿化结合山体景观的处理是建筑成为一个远眺嘉陵江的城市阳台

在景观设计上，结合建筑造型，创造对层次的立体景观，同时引入景观水塔，景观水系，结合山体景观的制高点效应和江边景观的动态走势，使本案成为区域的景观中心。

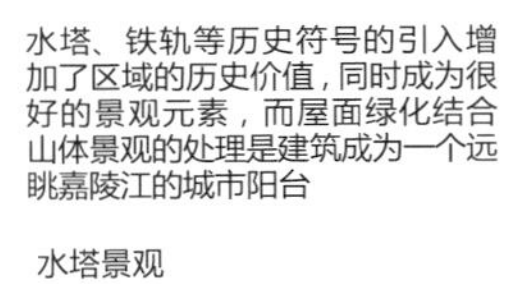

水塔景观

铁轨景观

屋面绿化设计

钱江新城城市阳台景观

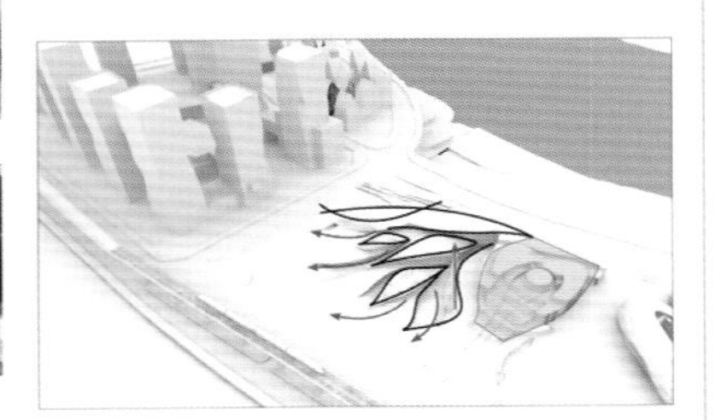

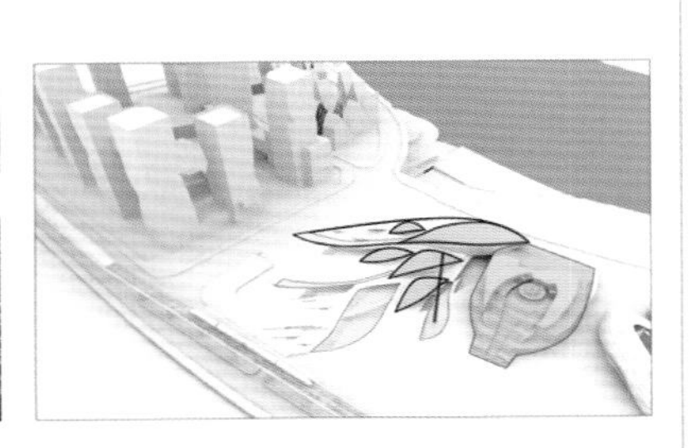

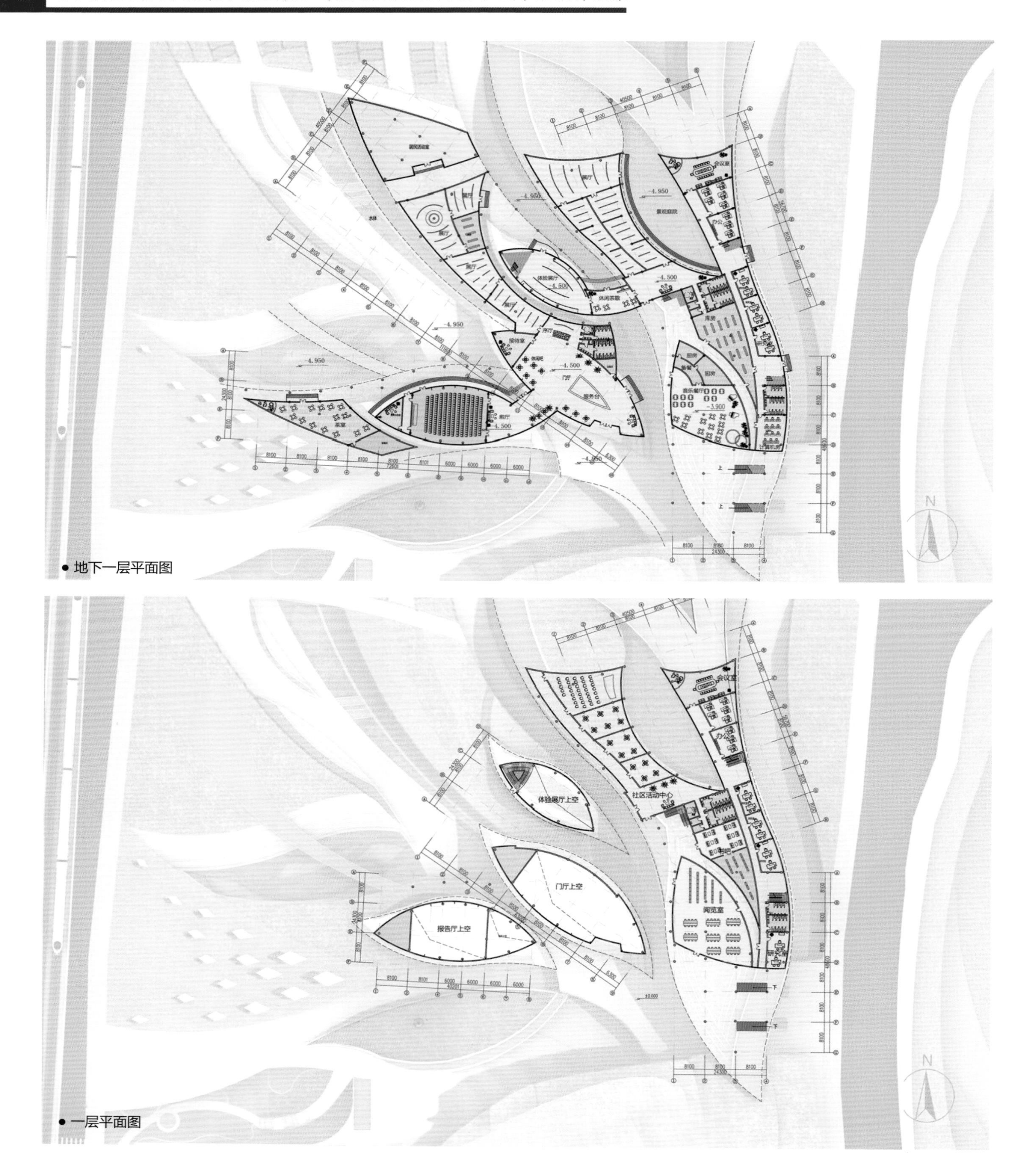

● 地下一层平面图

● 一层平面图

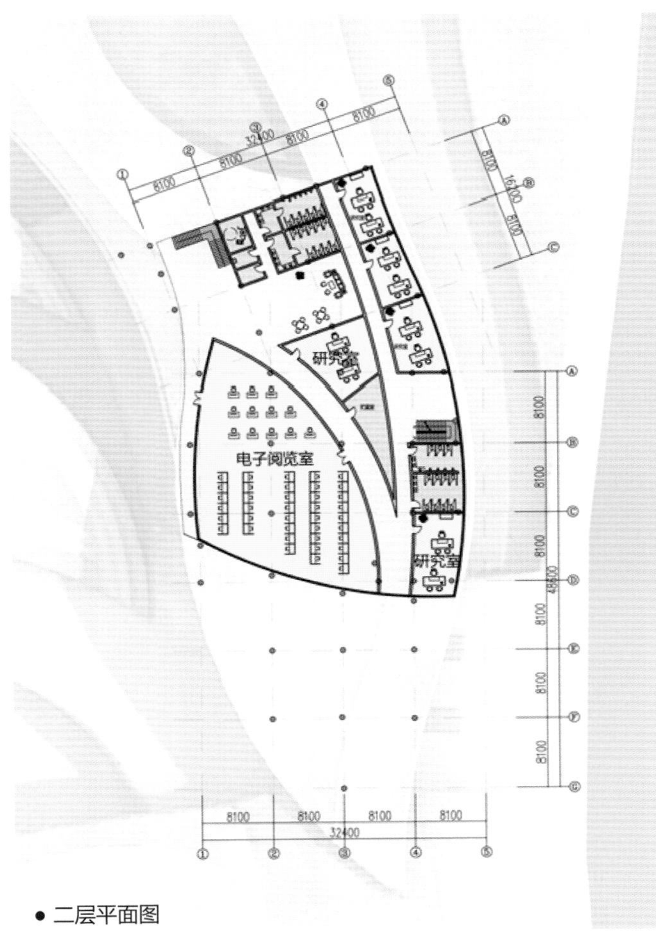

• 二层平面图

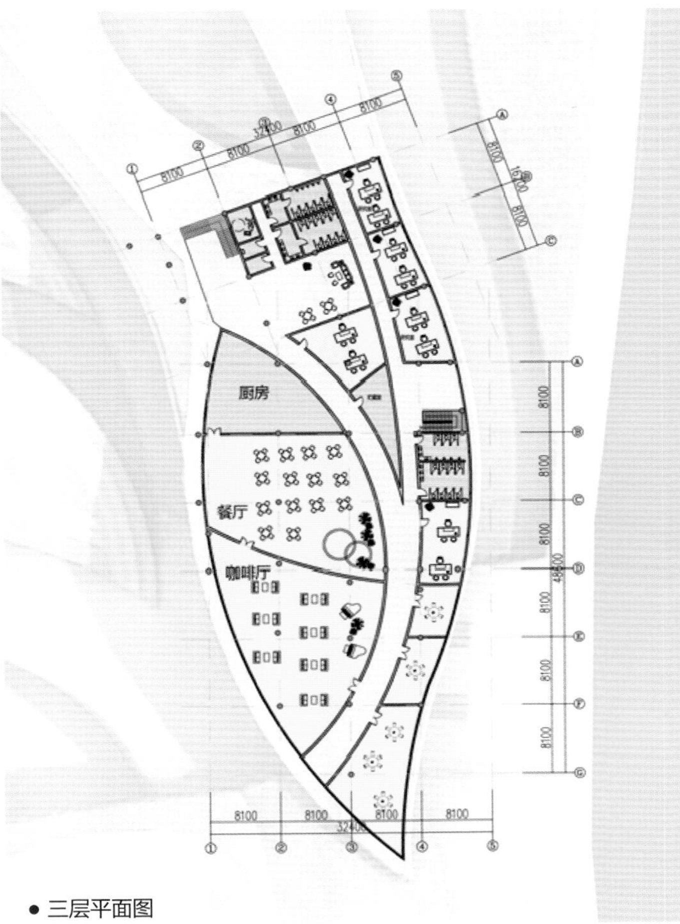

• 三层平面图

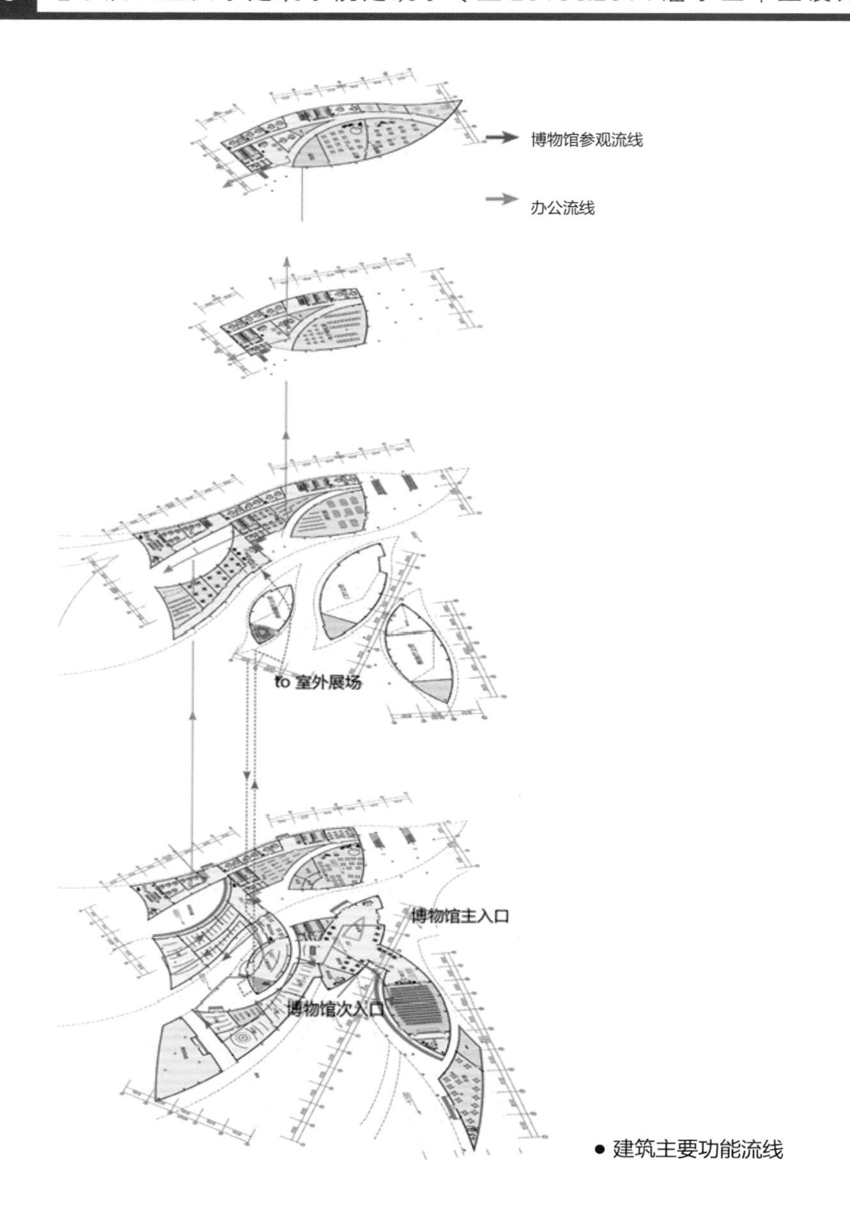

● 建筑主要功能流线

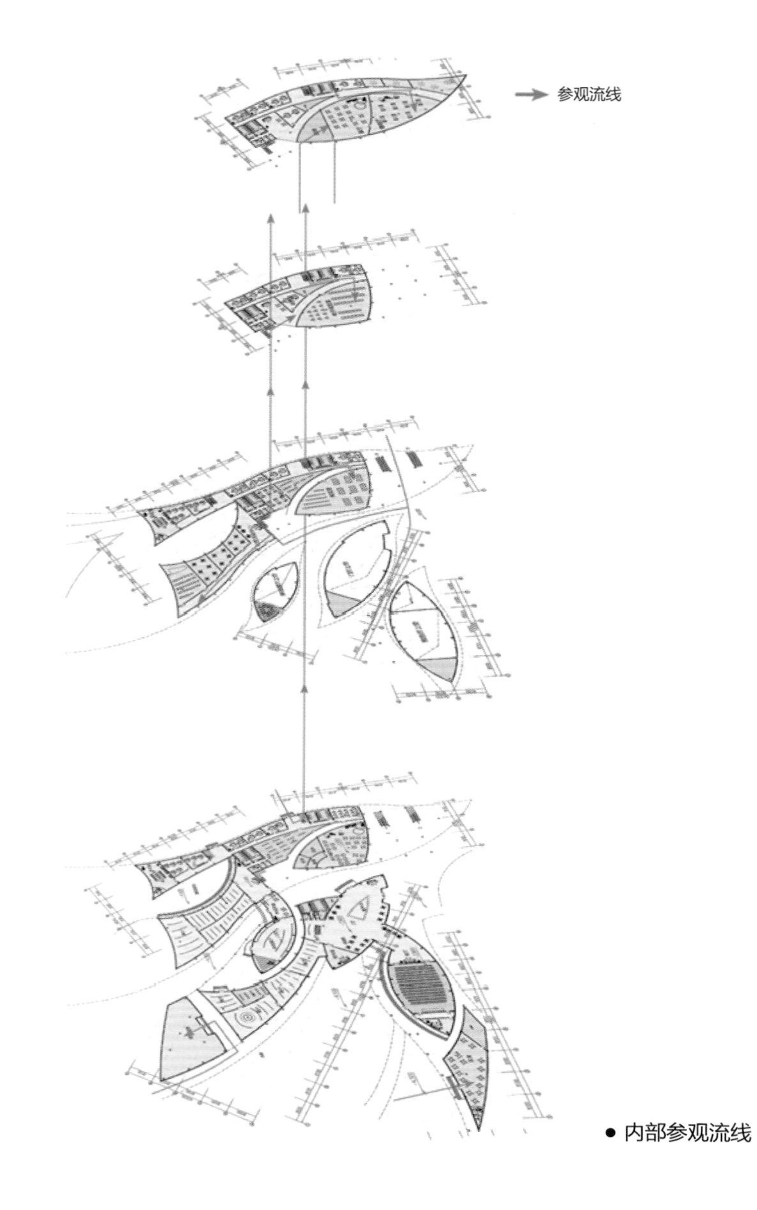

● 内部参观流线

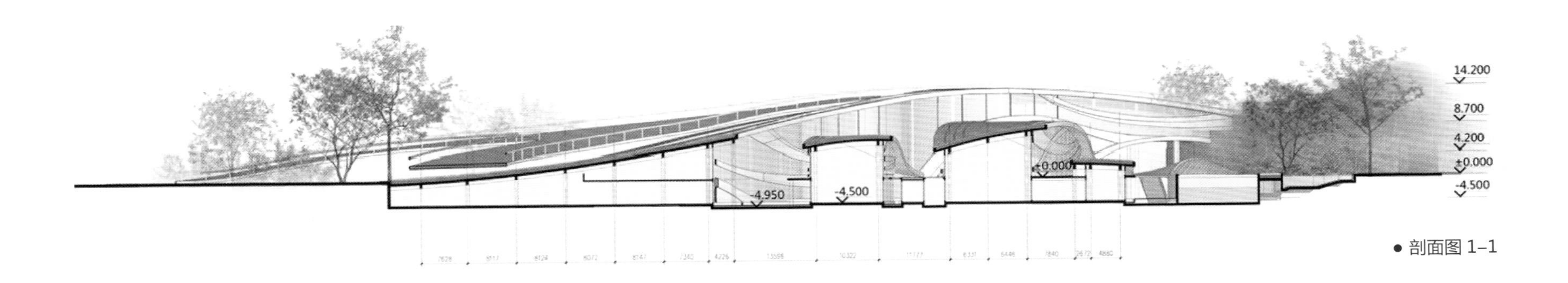
14.200
8.700
4.200
±0.000
-4.500
-4.950
-4.500
±0.000

● 剖面图 1–1

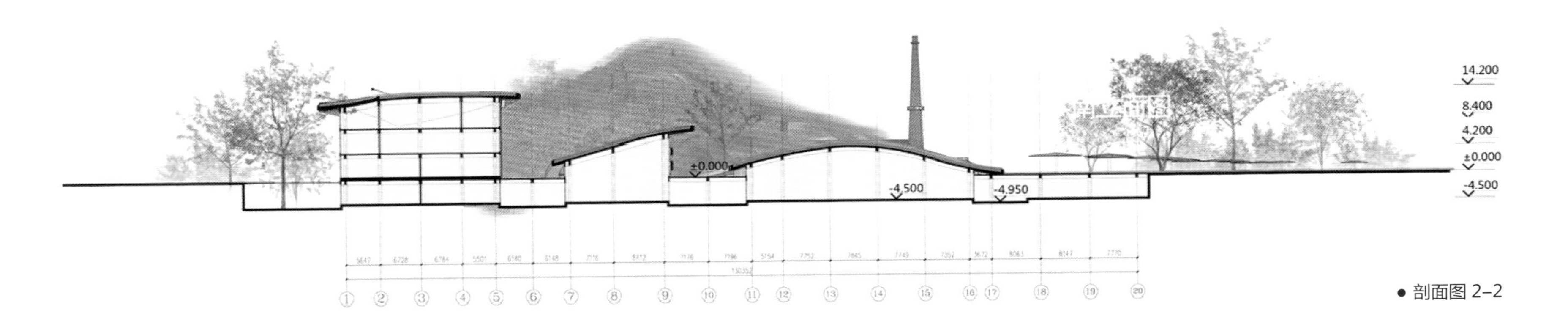
14.200
8.400
4.200
±0.000
-4.500
±0.000
-4.500
-4.950

● 剖面图 2–2

林雨青
Lin Yuqing

寒地老城区滨水空间与建筑特色再创造

Waterfront space reconstruction and architecture design in old town in cold region

指导教师：徐洪澎　朱莹

由周边环境入手分析，将“数字”、“未来”定为购物中心设计的着眼点，提出以“便捷省时”、“个性定制”、“交流互动”为未来商业模式的关键词，创造新型商业与传统商业并存的空间。空间组织上延续城市设计中的规划结构——以第一级节点汇集区域内的人流，通过路径引入下一级公共空间，逐级发展，最终目的是将人流聚集到中心积极的公共活动与交流空间。

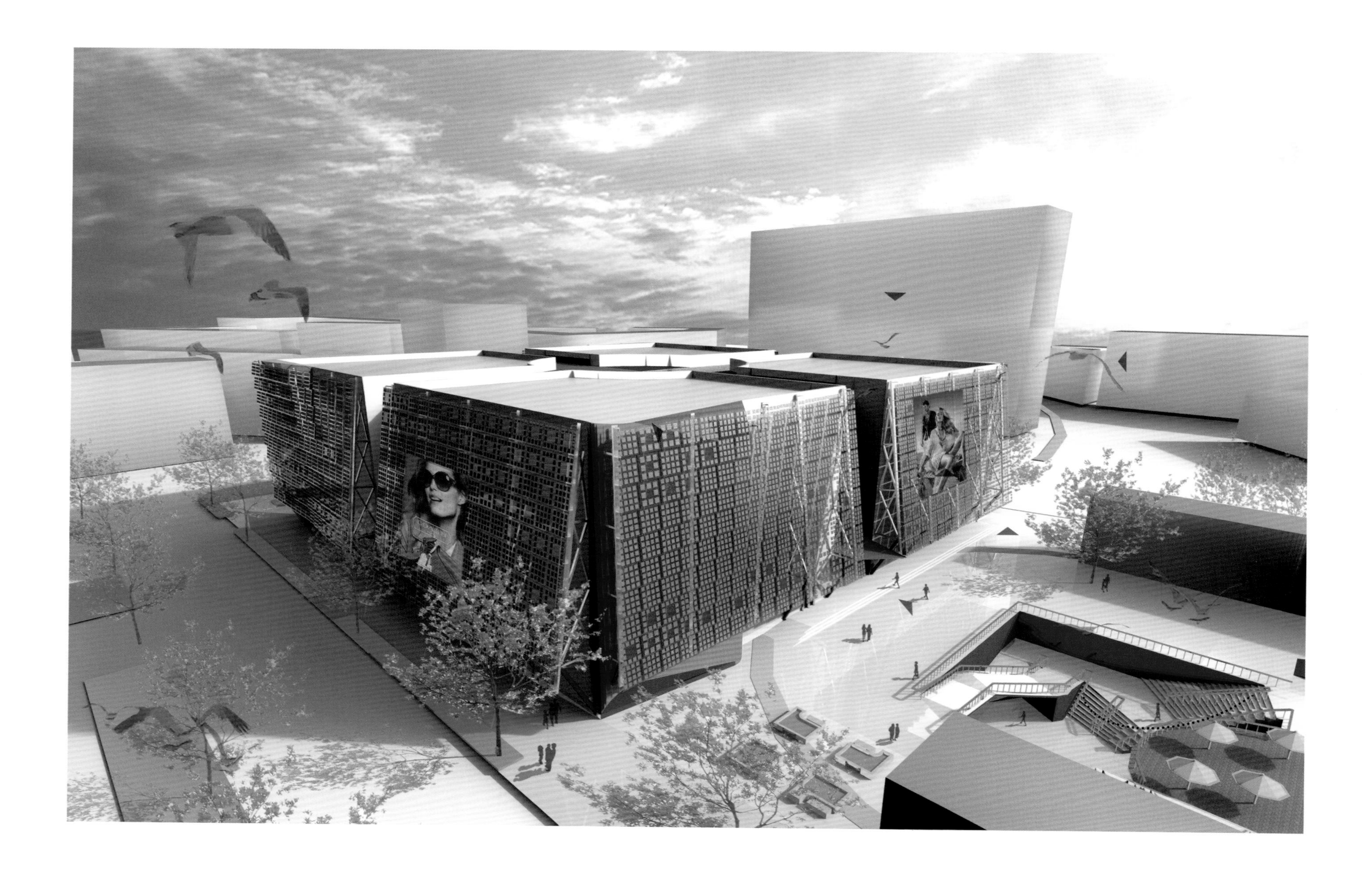

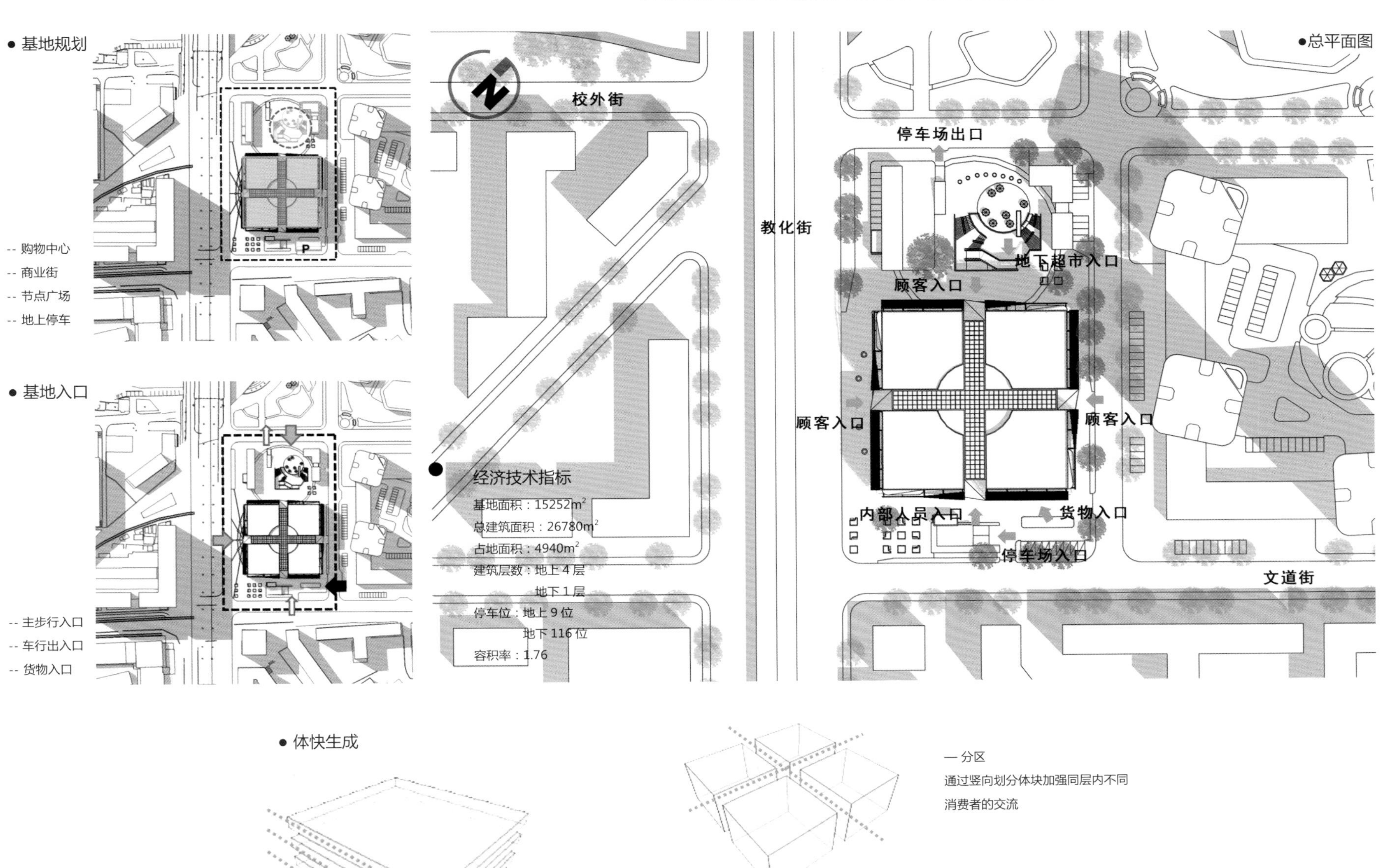

● 体快生成

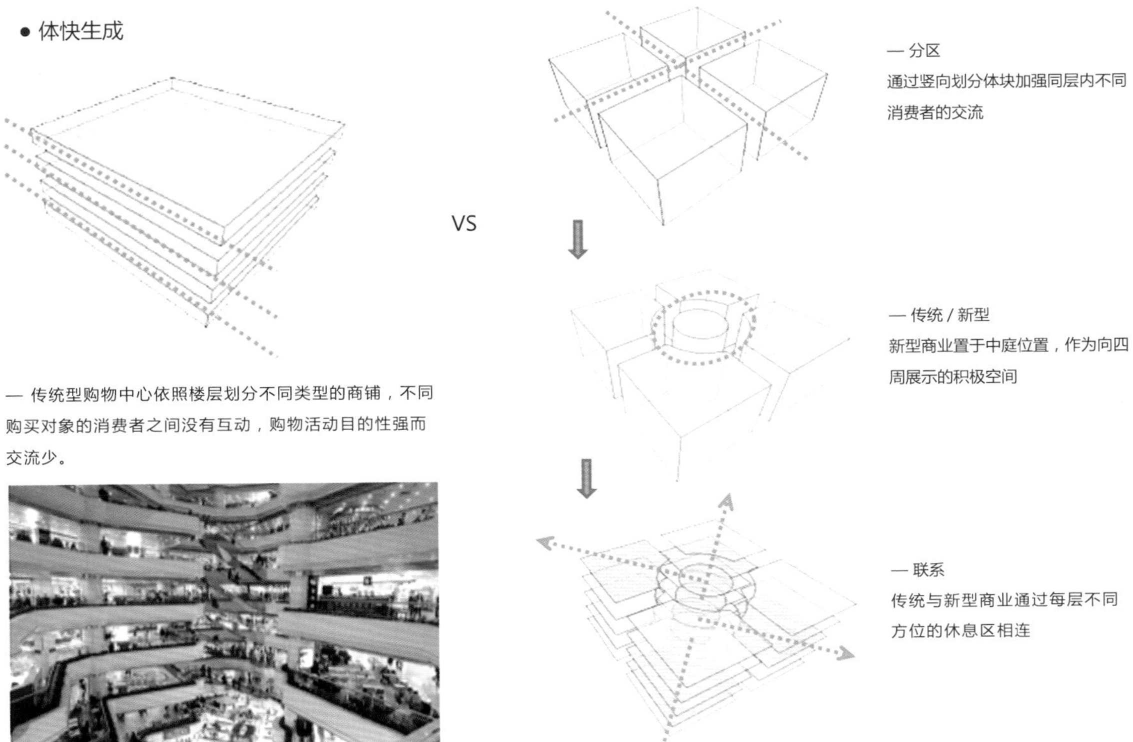

— 传统型购物中心依照楼层划分不同类型的商铺，不同购买对象的消费者之间没有互动，购物活动目的性强而交流少。

— 分区
通过竖向划分体块加强同层内不同消费者的交流

— 传统 / 新型
新型商业置于中庭位置，作为向四周展示的积极空间

— 联系
传统与新型商业通过每层不同方位的休息区相连

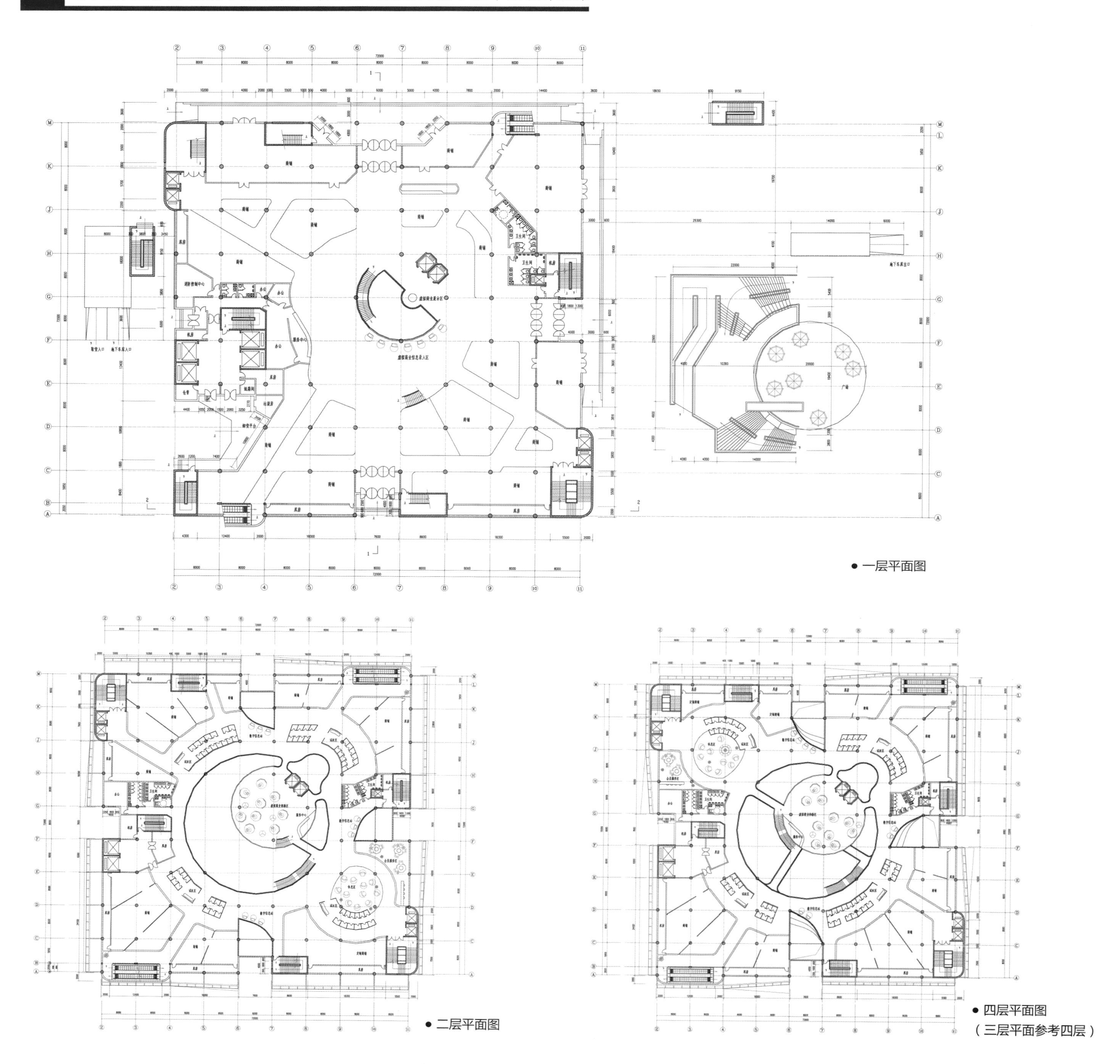

● 一层平面图

● 二层平面图

● 四层平面图
（三层平面参考四层）

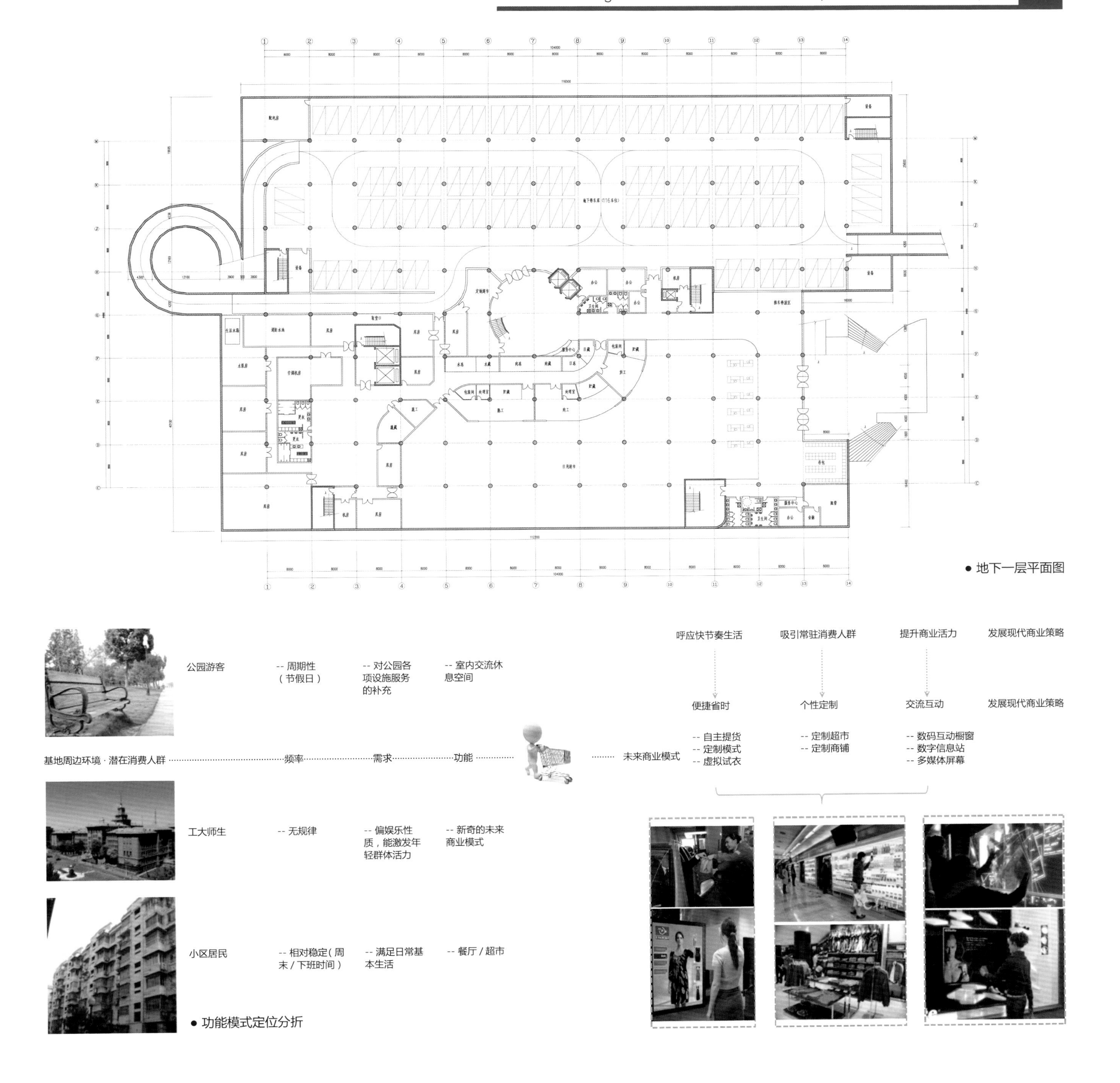

● 地下一层平面图

● 功能模式定位分析

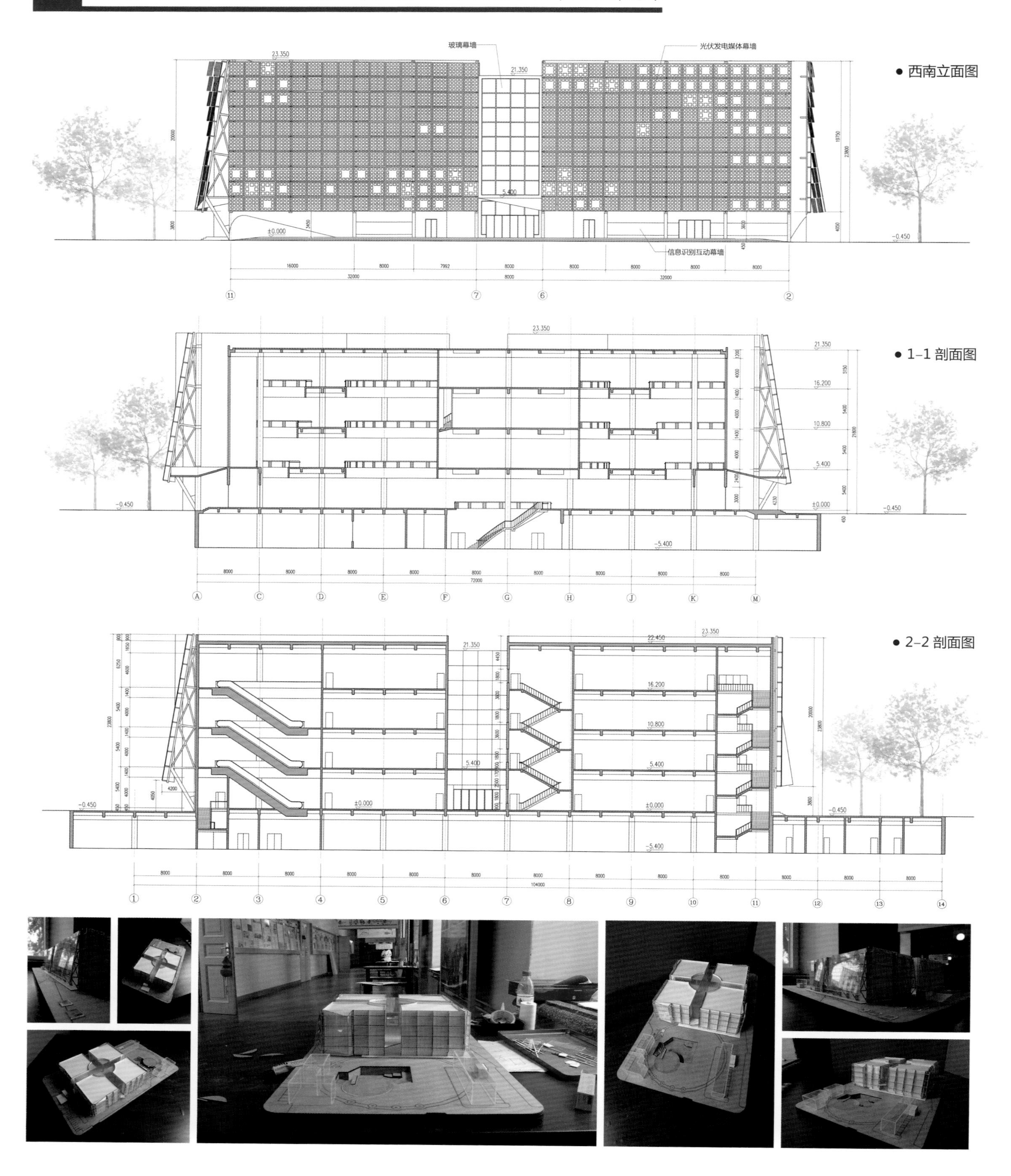
玻璃幕墙
光伏发电媒体幕墙
信息识别互动幕墙
● 西南立面图
● 1-1 剖面图
● 2-2 剖面图

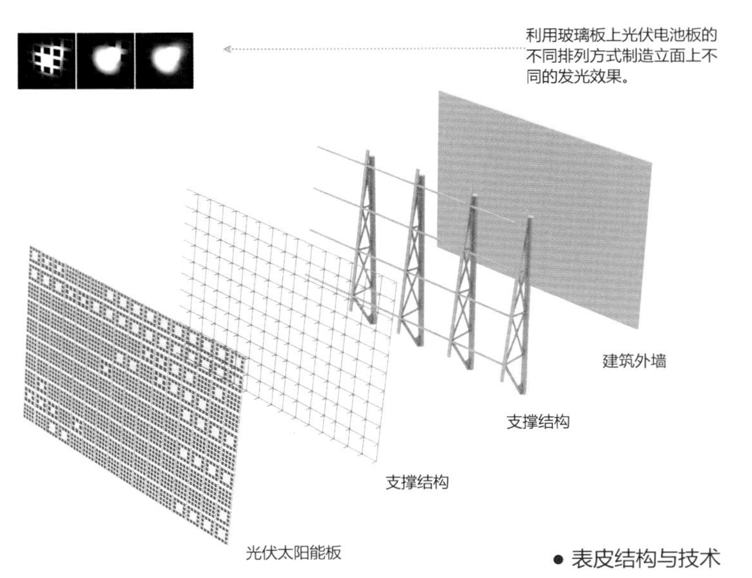

● 表皮结构与技术

● 单元功能生成

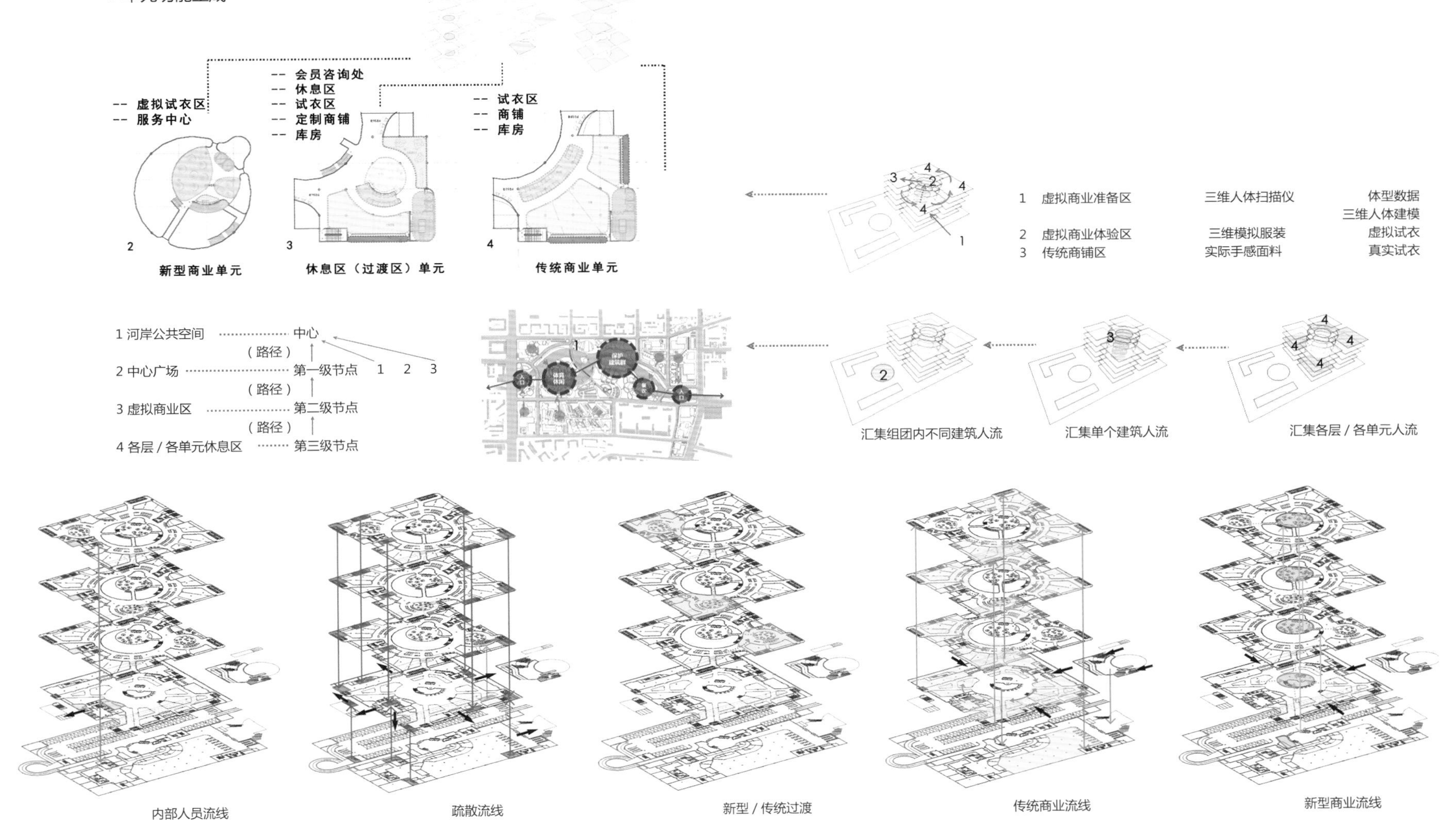

彭仲萍
Peng Zhongping

白城市体育中心规划及主要单体建筑设计

Baicheng Sports Center planning and single building design

指导教师：罗鹏　刘莹

因地而生，是本设计的基本理念，是源自白城能源及气候特征、场地规划秩序、观演建筑发展及对体育建筑的畅想。在体育馆的功能流线设计方面满足建筑设计规范需求，结构上采用边缘构件单层索网承重结构，并在屋面设置太阳能板以及覆土建筑来提升建筑生态能源利用效率。

● 总平面图

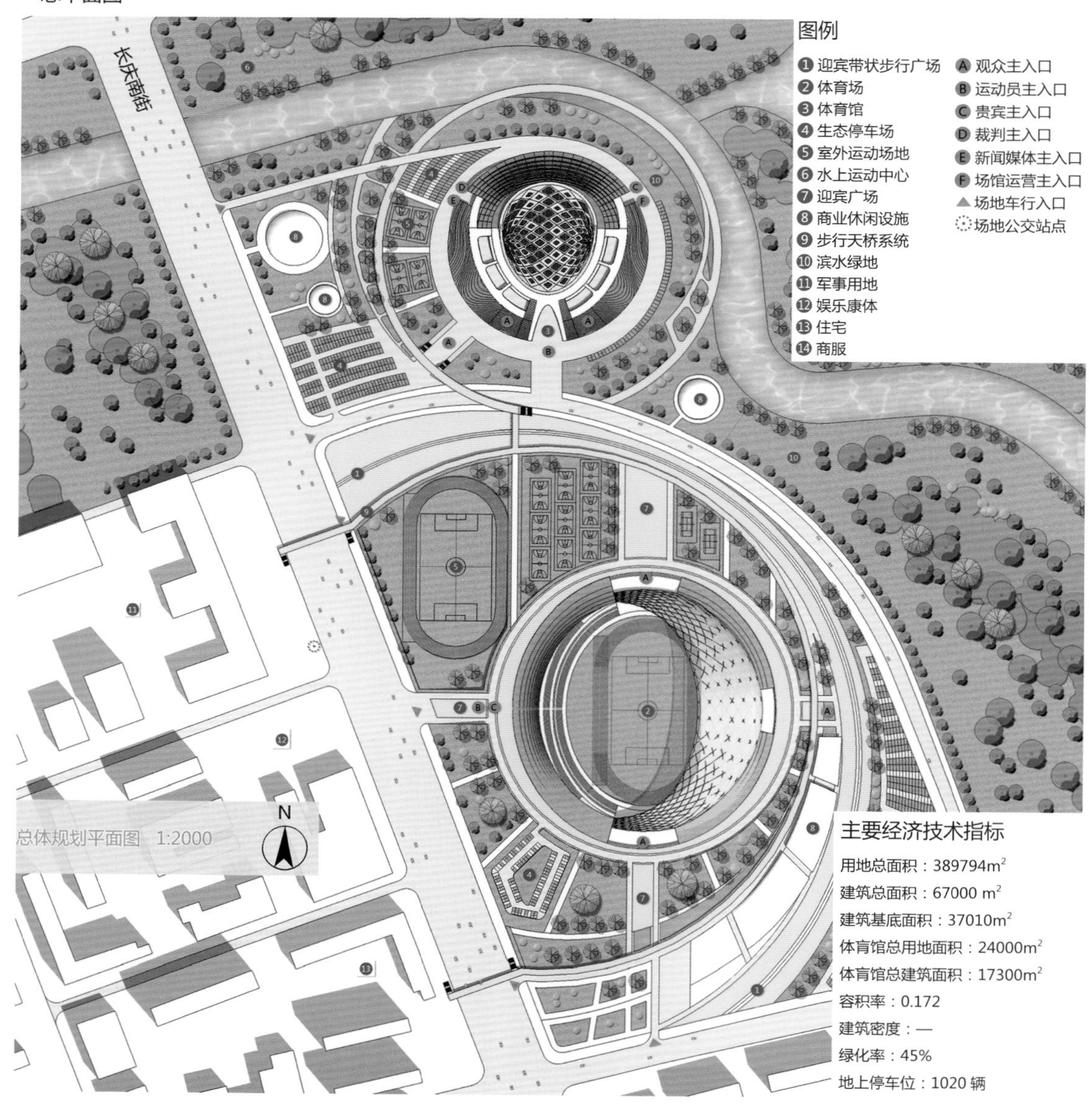

● 生成分析

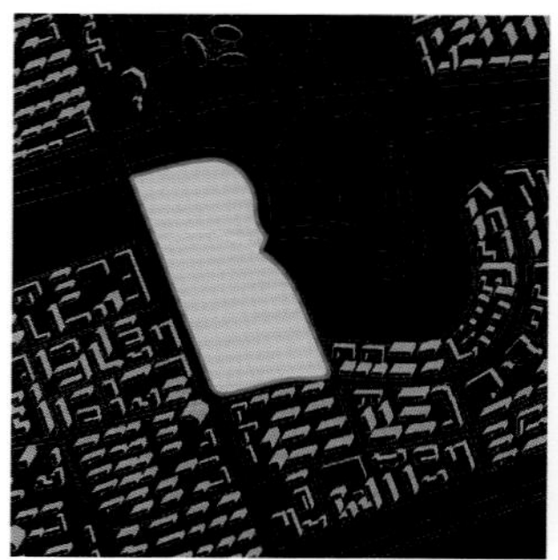

基地位于图乌路与重庆南路交叉口，右临鹤鸣湖，周边多为商业、居住用地，总用地面积 24.88 公顷。其中将对其进行 5000 人体育馆、30000 人体育场及其相关景观商业设施设计。

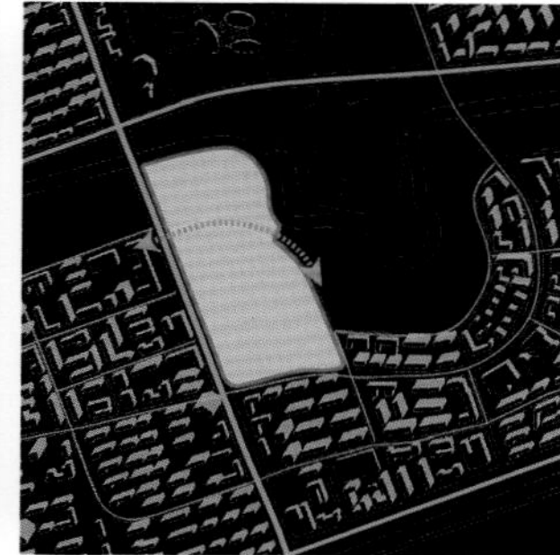

基地内部被一交通道路隔断，形成两个与周围环境互相影响的引力场。

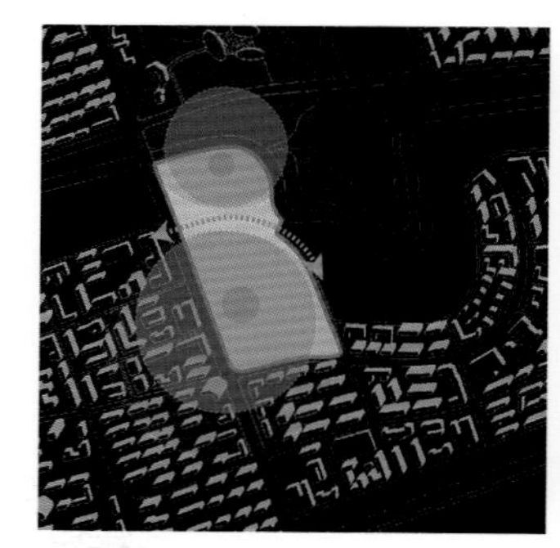

在两个大小不一的引力场作用下，来自城市的车流在内部道路的引导下汇至于此，并进行较好的疏散。

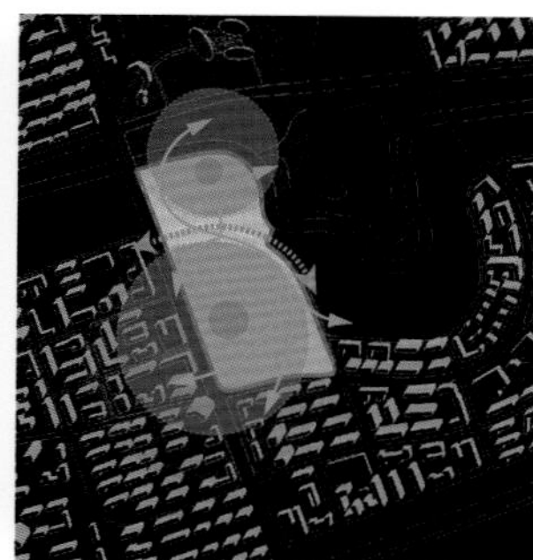

在两个大小不一的引力场作用下，来自城市的步行人员在基地内部可进行自由穿行，到达并经历想要的场景或意境。

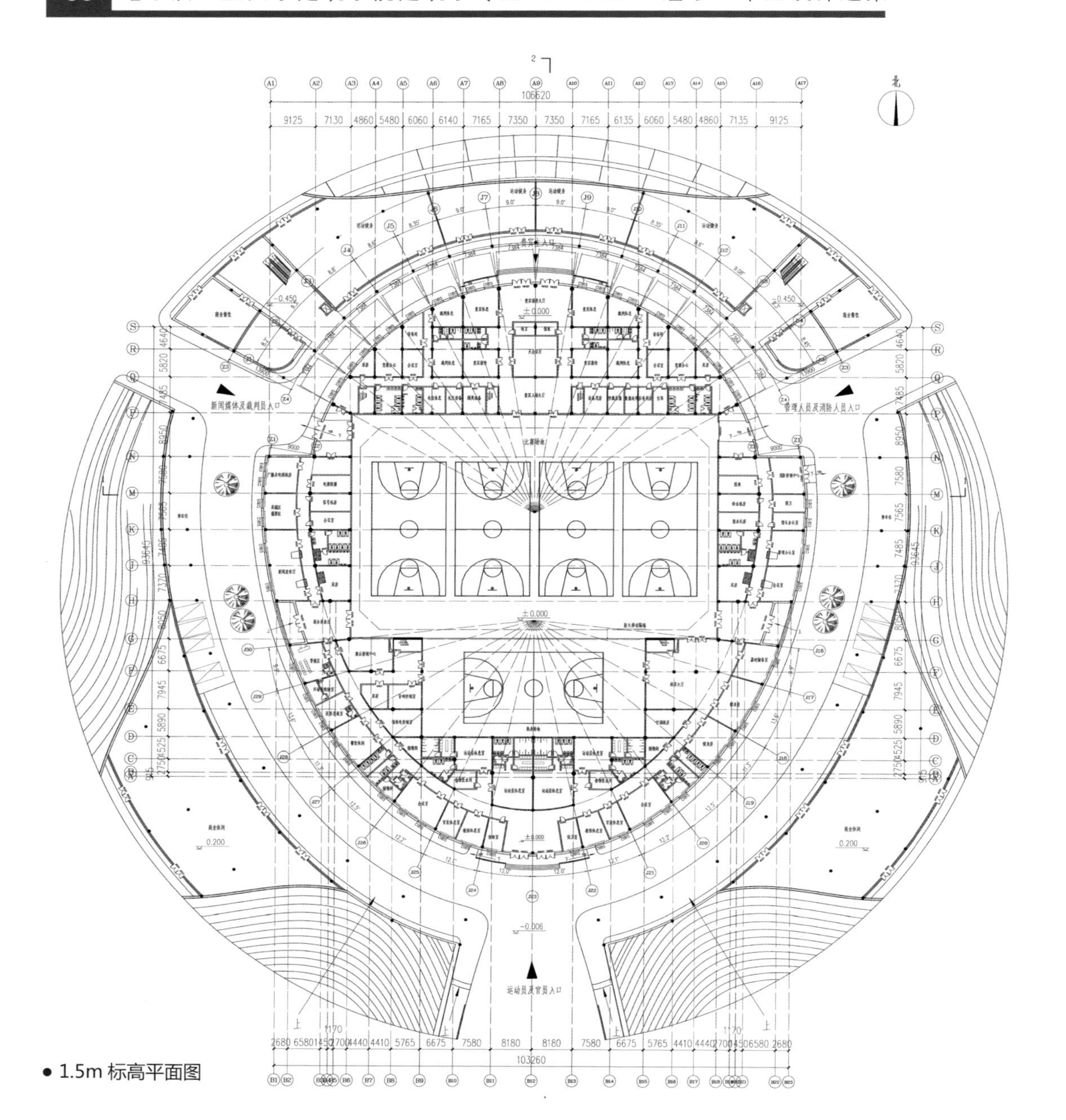

● 1.5m 标高平面图

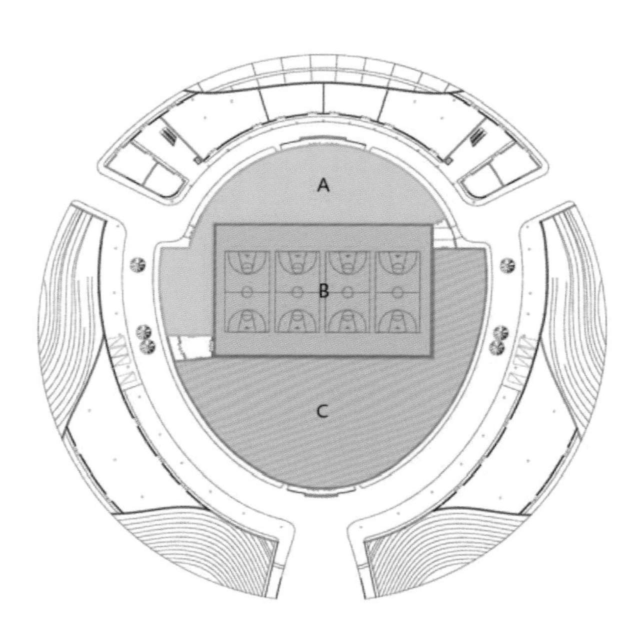

1.5m 标高防火分区示意图

防火分区	面积（m^2）
A	2065
B	2940
C	3614

● 1–1 剖面图

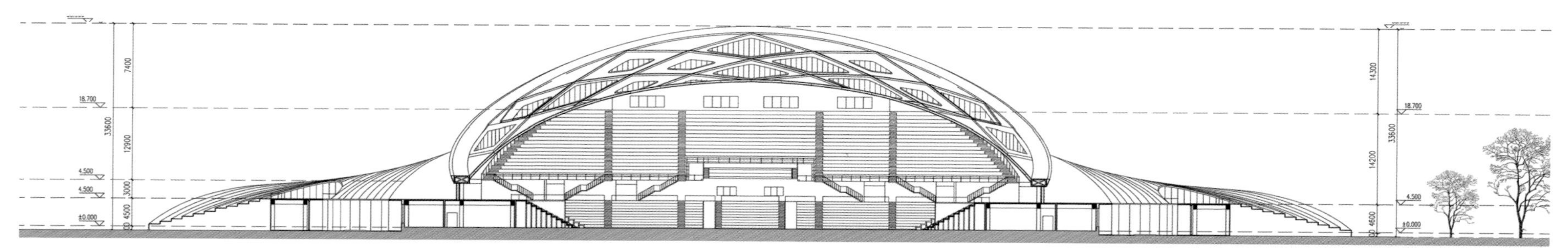

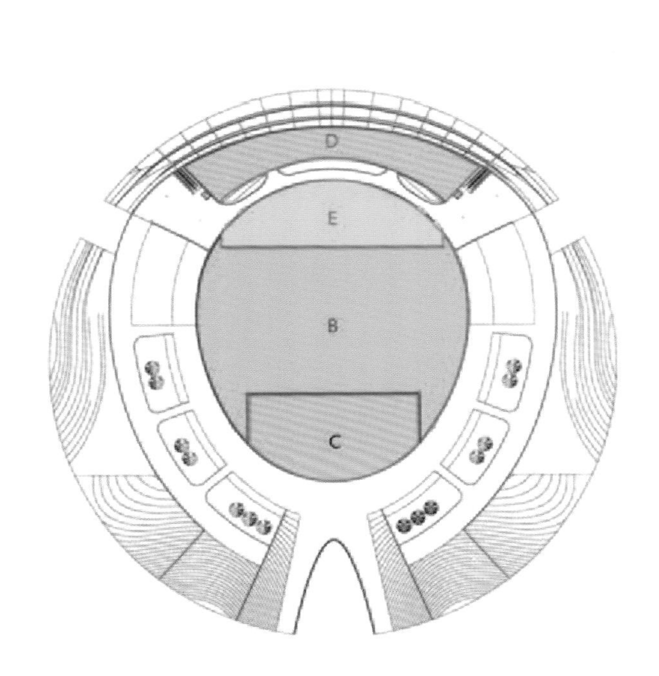

6.0m 标高防火分区示意图

防火分区	面积（m^2）
D	1198
B	4410
E	1507
C	1523

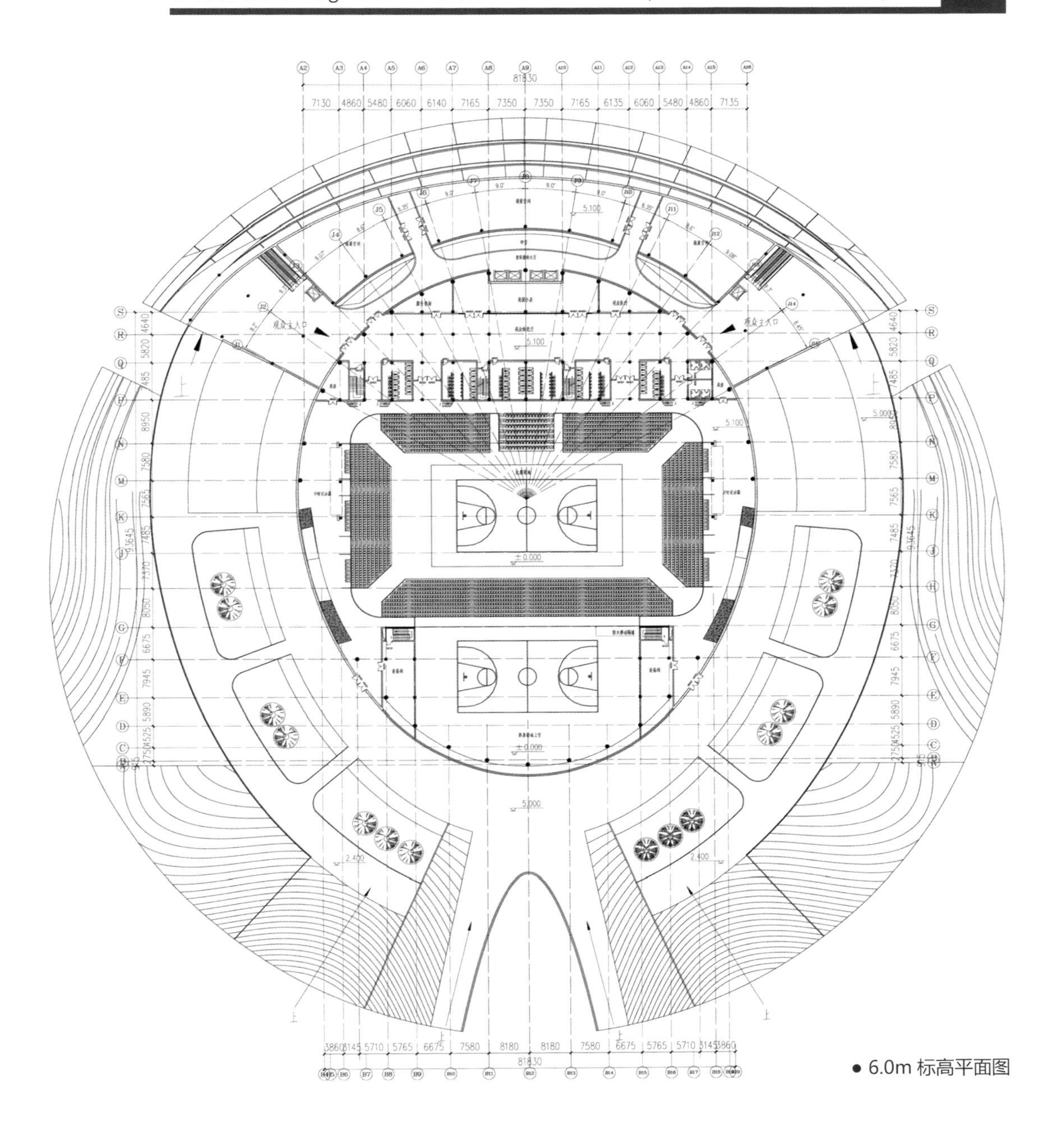

● 6.0m 标高平面图

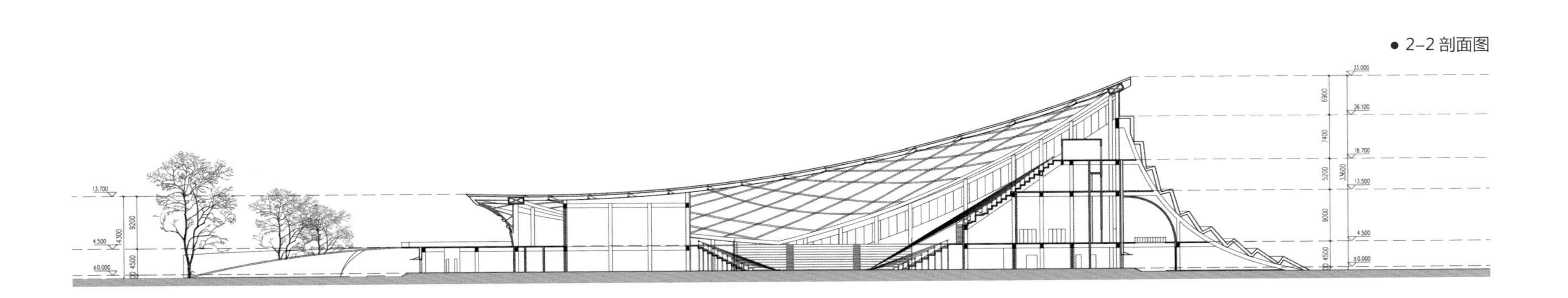

● 2–2 剖面图

坐席统计：5608 席

活动坐席：2580 席
固定坐席：2718 席
裁判坐席：42 席
贵宾坐席：98 席
残疾人坐席：36 席
运动员坐席：38 席
新闻媒体坐席：96 席

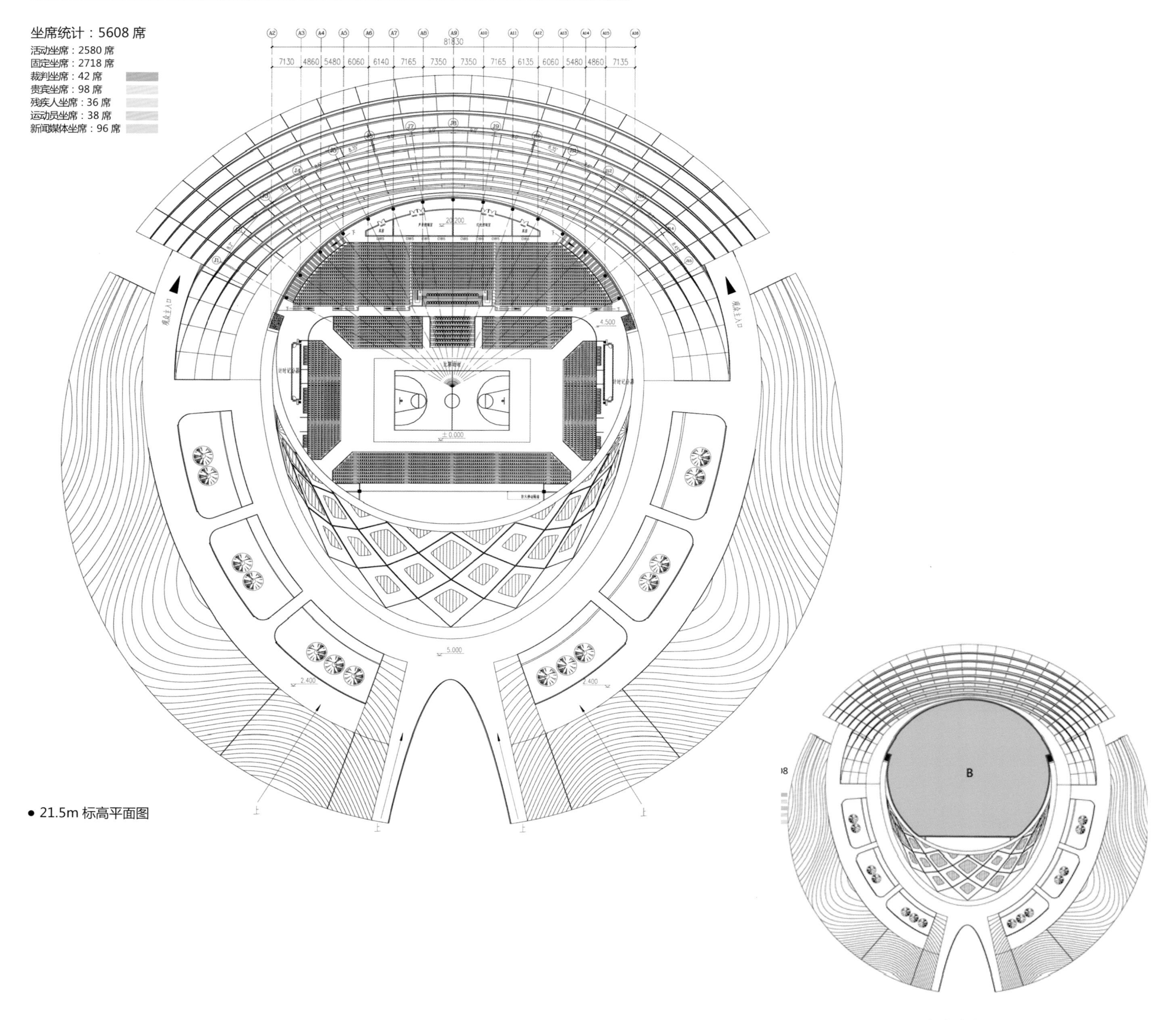

● 21.5m 标高平面图

21.5m 标高防火分区示意图

防火分区	面积（m^2）
B	5254

- 赛时交通流线分析

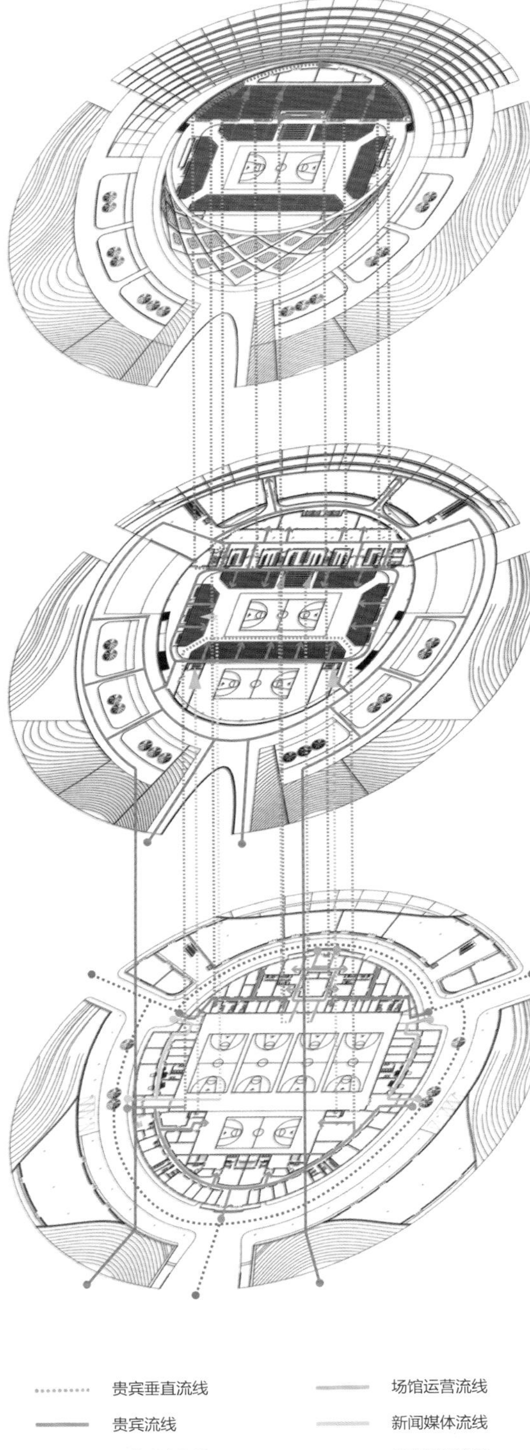

- 大跨屋面太阳能辐射量分析

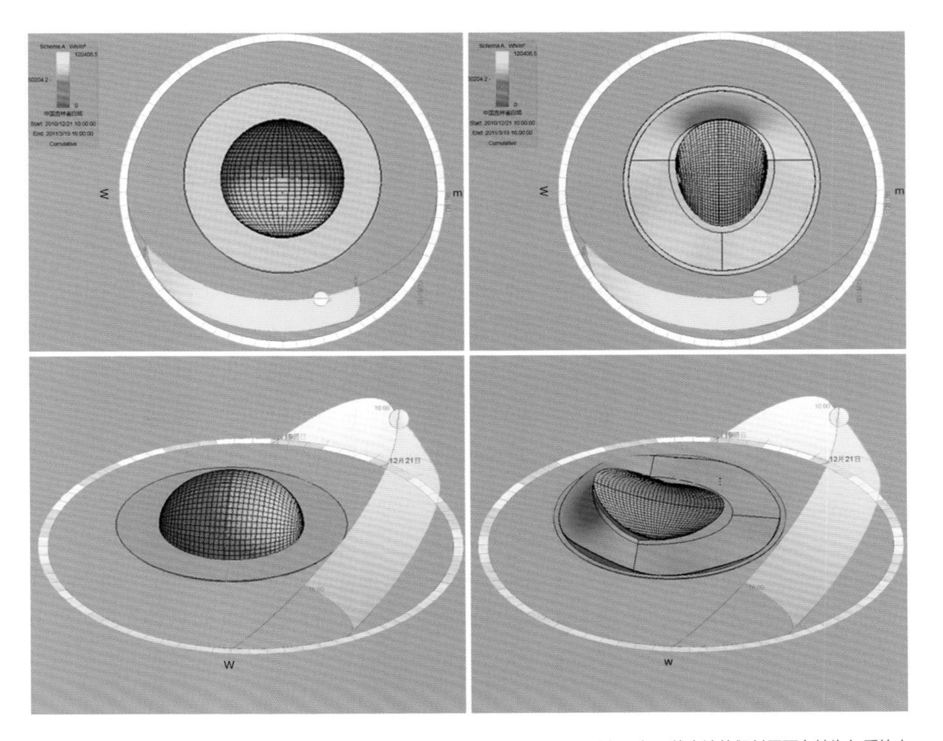

通过对建筑倾斜屋面与普通网壳屋面进行白城冬季累计太阳辐射能 ecotect 数据分析可得，体育馆的倾斜屋面有较为匀质的太阳能辐射量分布，可通过设置屋面太阳能板加以利用，实现生态场馆能源收集与利用的最大化。

- 视线分析

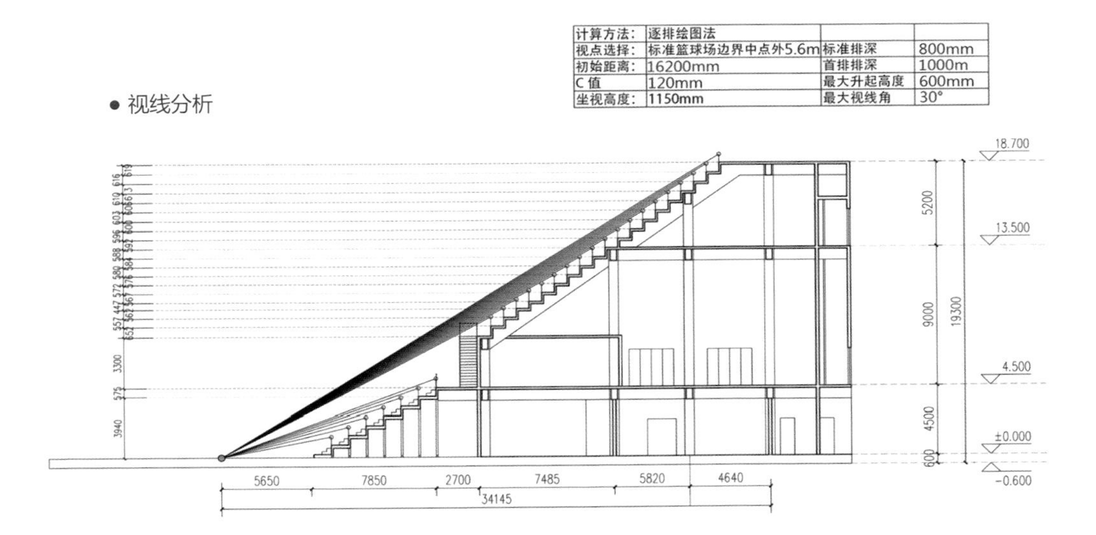

计算方法：	逐排绘图法		
视点选择：	标准篮球场边界中点外5.6m	标准排深	800mm
初始距离：	16200mm	首排排深	1000m
C 值	120mm	最大升起高度	600mm
坐视高度：	1150mm	最大视线角	30°

● 形体生成

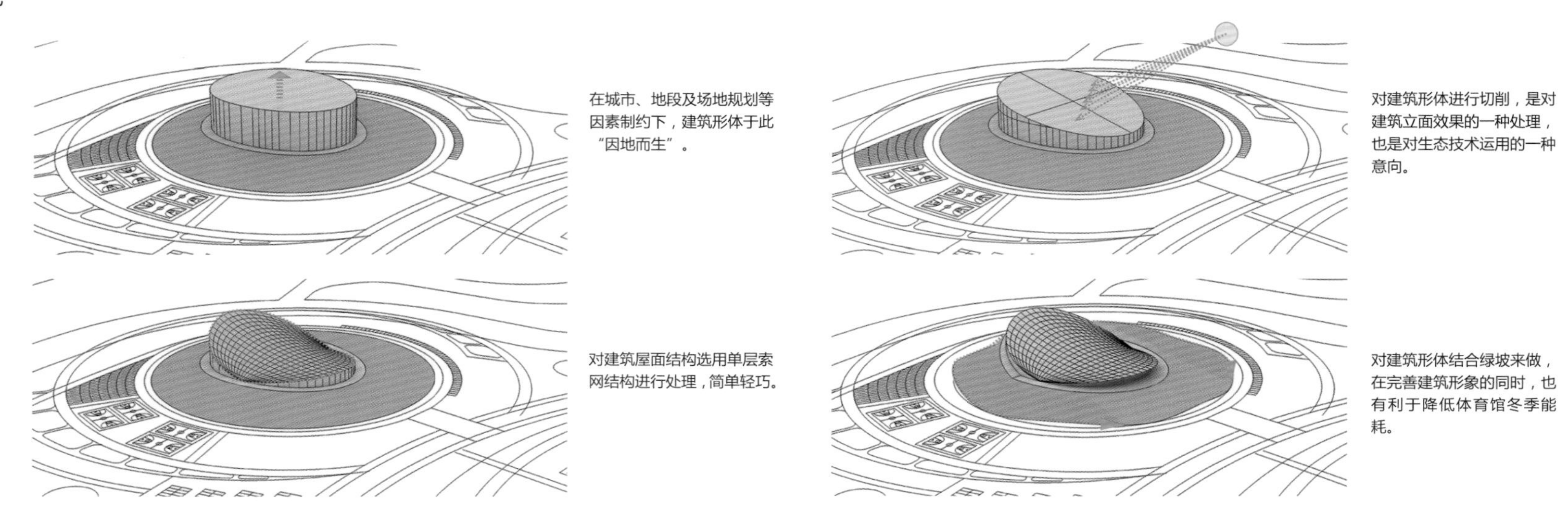

● 多功能观演空间转换

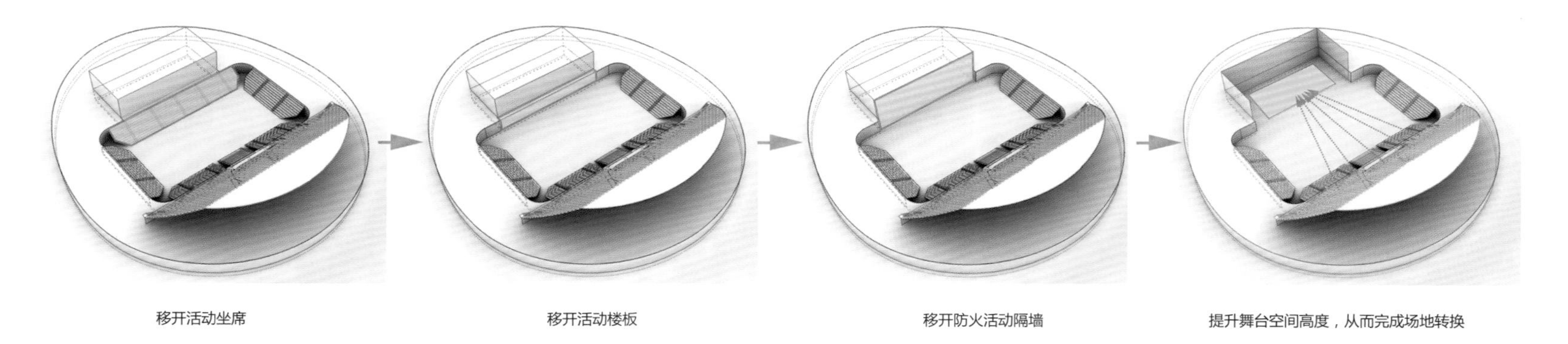

● 多功能场心设计

选择 42m×70m 矩形平面为场心，由 8 排 4 圈活动座椅围合而成，以满足体育馆赛后多功能使用需求。

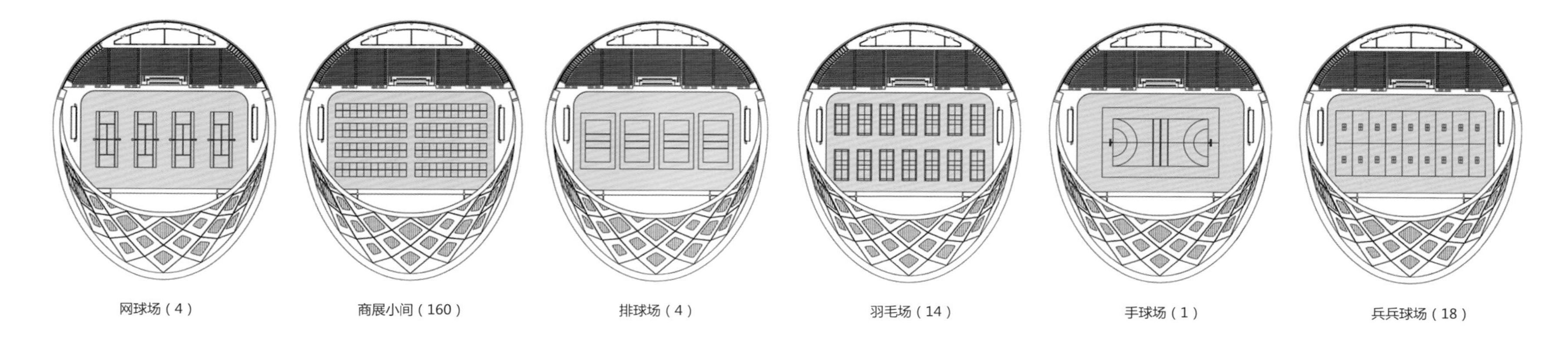

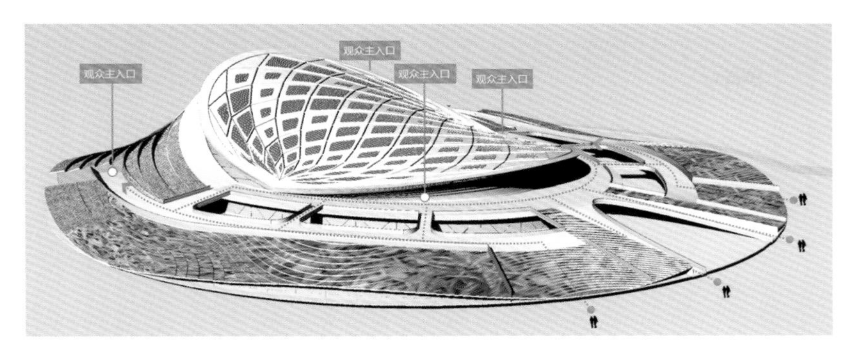

建筑北侧高南侧低，在冬季可以形成天然的围合屏障，带给建筑南入口以较为理想的冬季风环境。而在夏季，建筑内部的通风环境则可通过建筑形体所形成的风压得到促进，在降低能耗的同时，实现较为理想的室内风环境。以下通过软件对建筑夏季冬季风环境进行模拟，得到建筑形态确实能较好的促进室内室外风环境的改善。

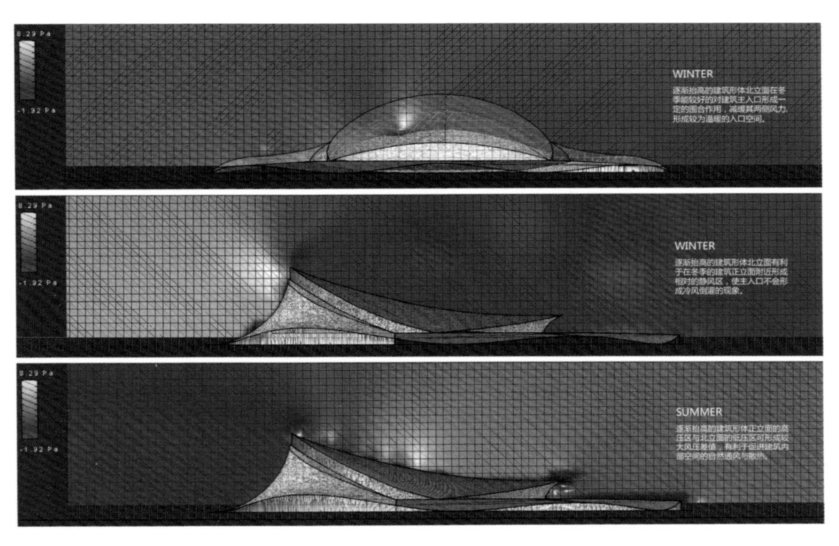

• 建筑形体风环境分析

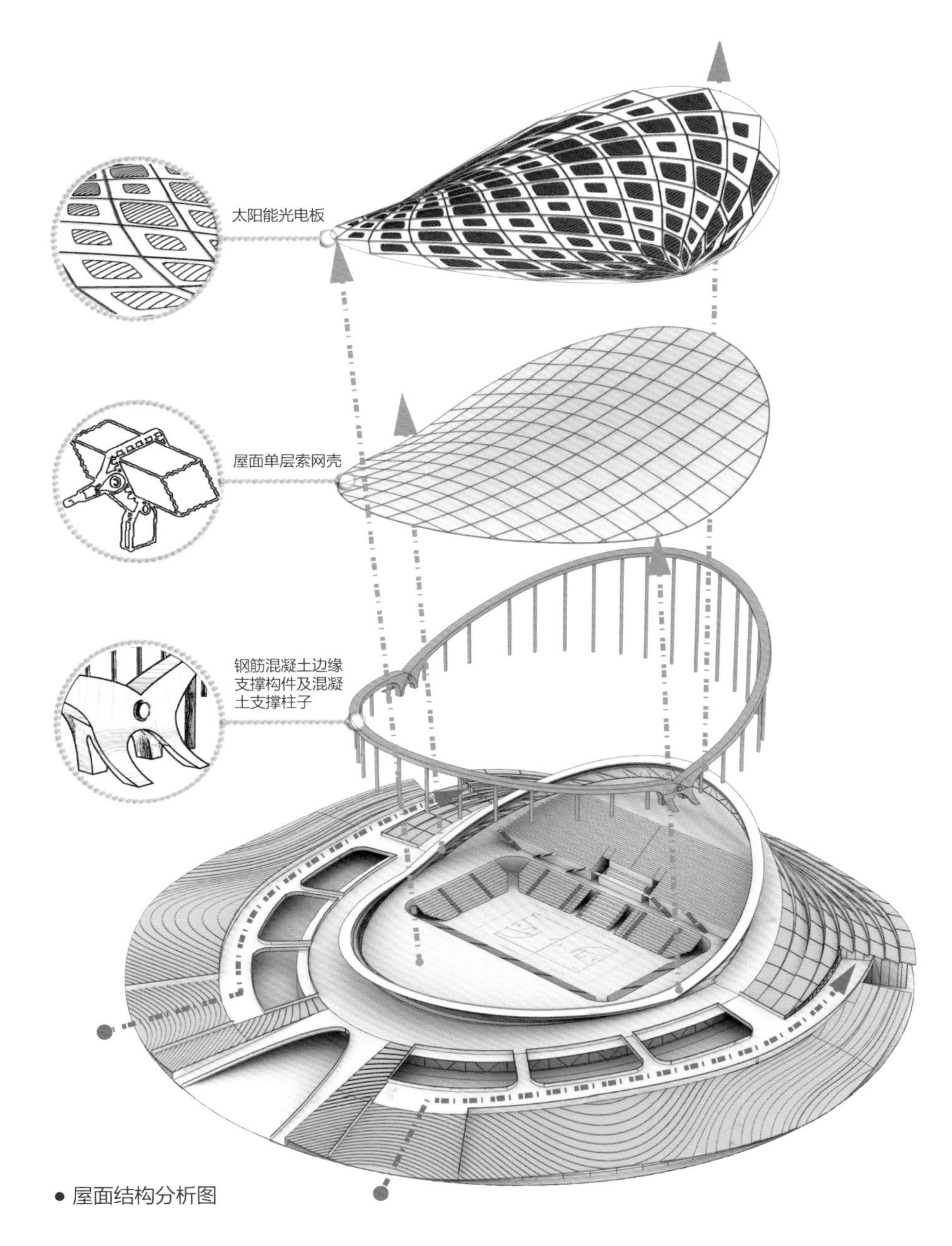

• 屋面结构分析图

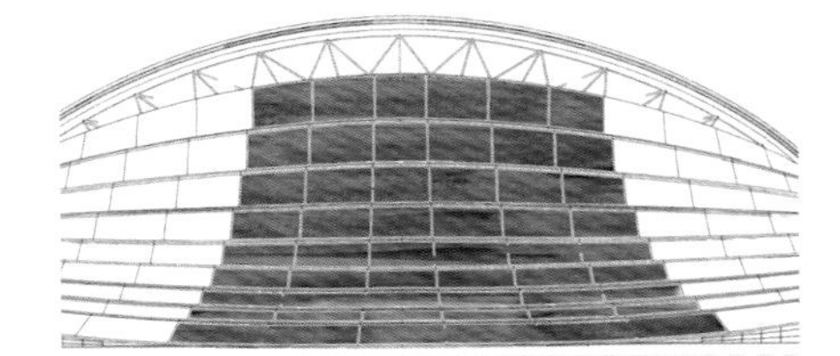

• 植被表皮四季视觉景观分析

钱文韵
Qian Wenyun

延伸·哈尔滨火车站站前综合体设计

Stretching-Urban complex in front of the Harbin railway station

指导教师：吴健梅　刘滢

哈尔滨火车站是“中东铁路”最重要的车站，其周边城市环境的营建将对这一重要建筑产生重要影响。在设计初期通过对地段城市层面、行政区级层面进行宏观分析可以得出，火车站及站前广场周围的新建建筑与改造项目应考虑到火车站未来的功能及交通流线发展。基地目前所处位置具有极高的商业价值，新建筑的功能设置不仅要符合现阶段的社会需求，还应契合长远发展的需要。

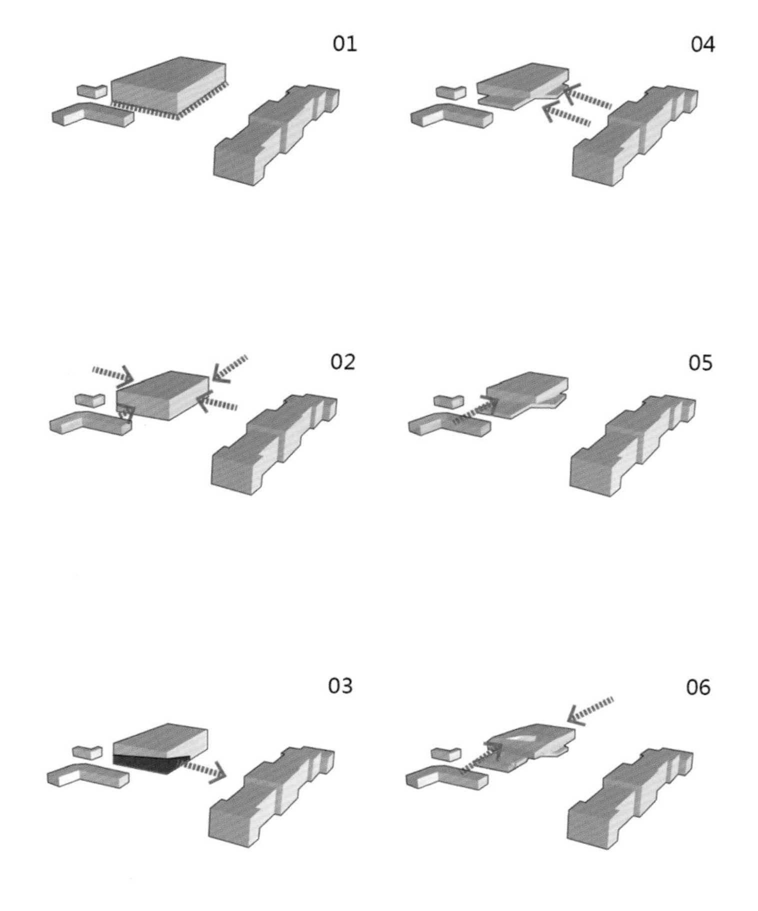

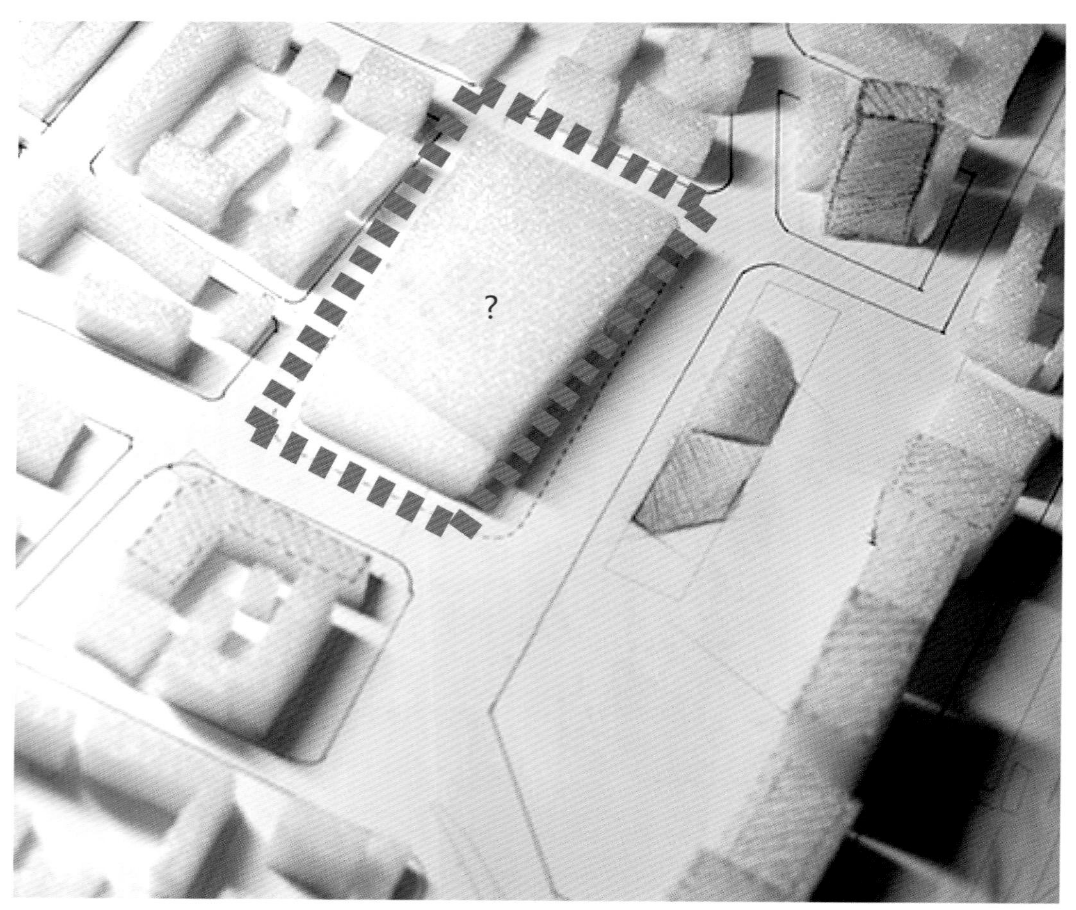

● 体块生成

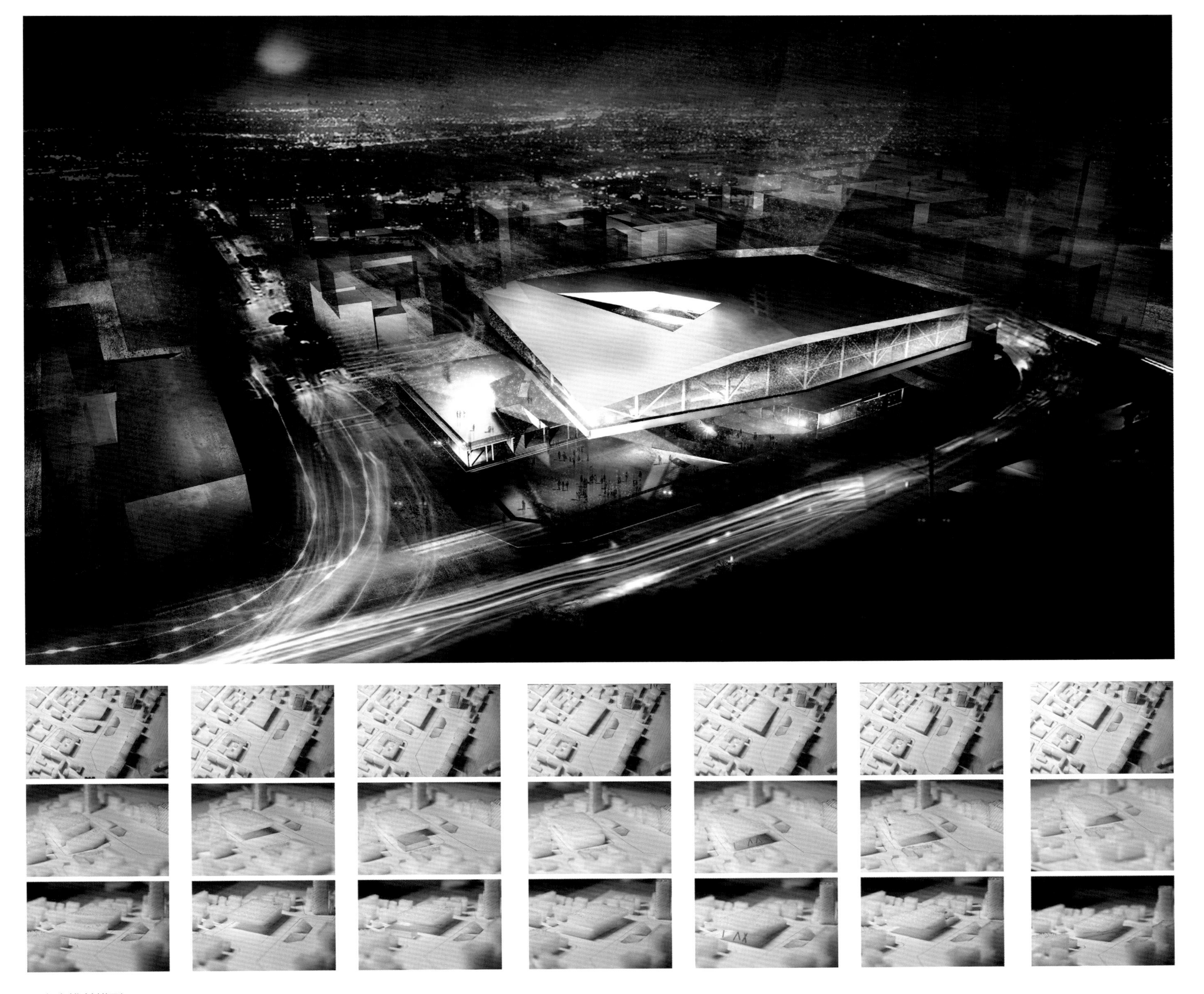

● 方案推敲模型

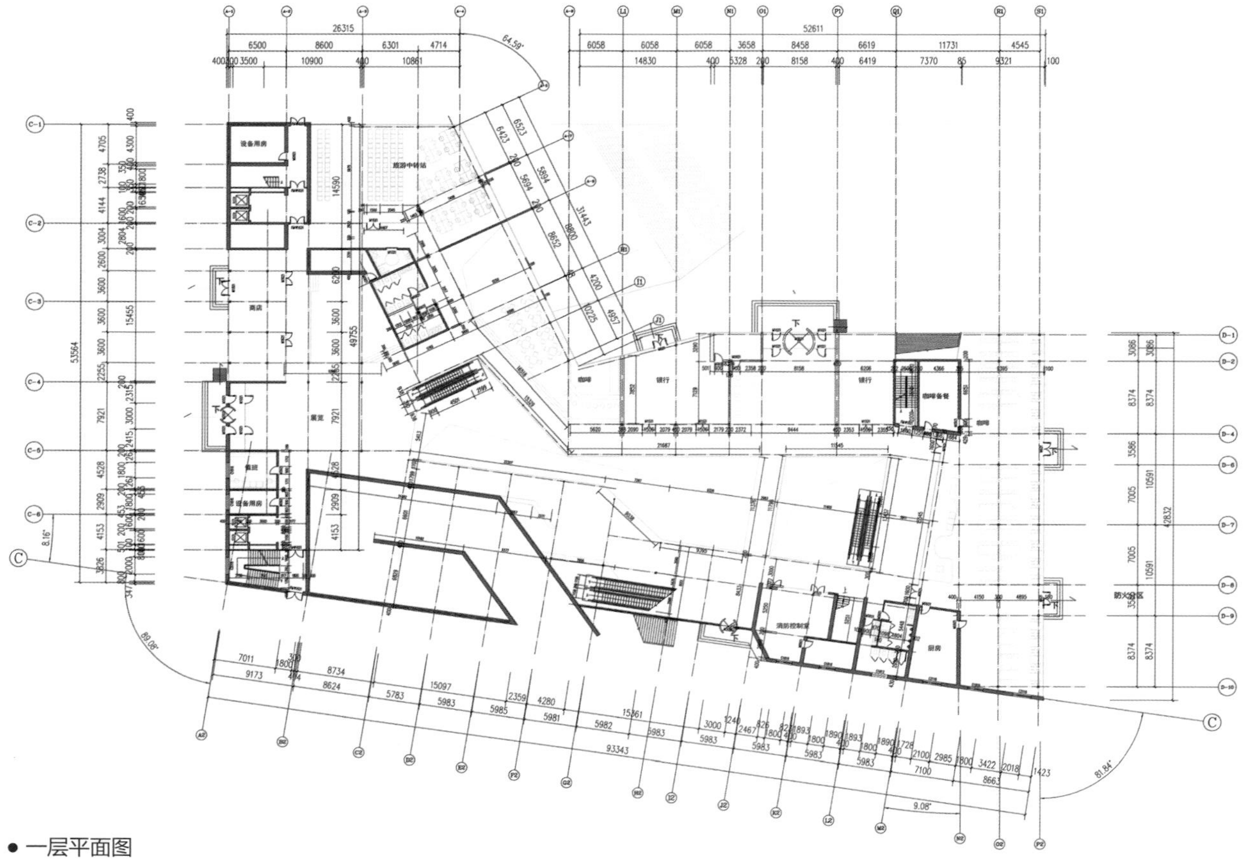

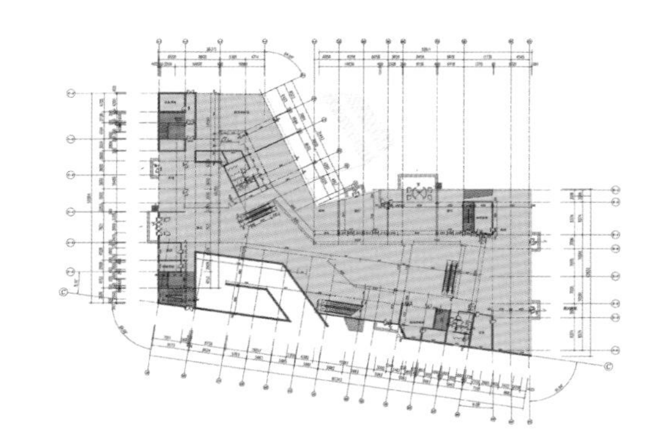

● 一层平面图

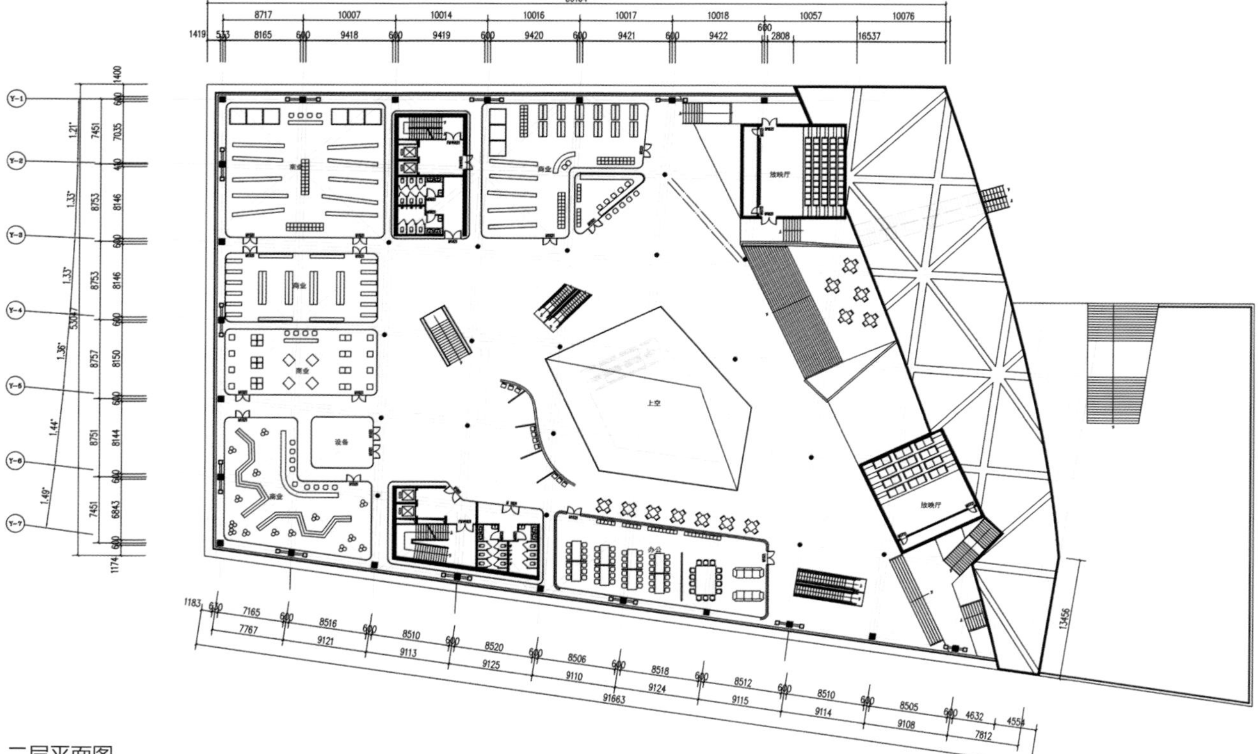

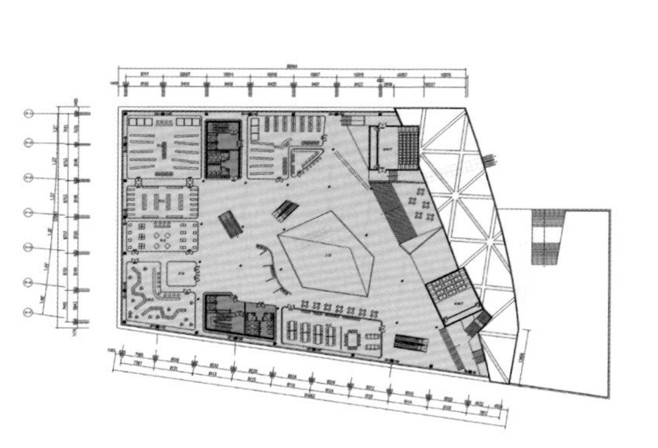

● 二层平面图

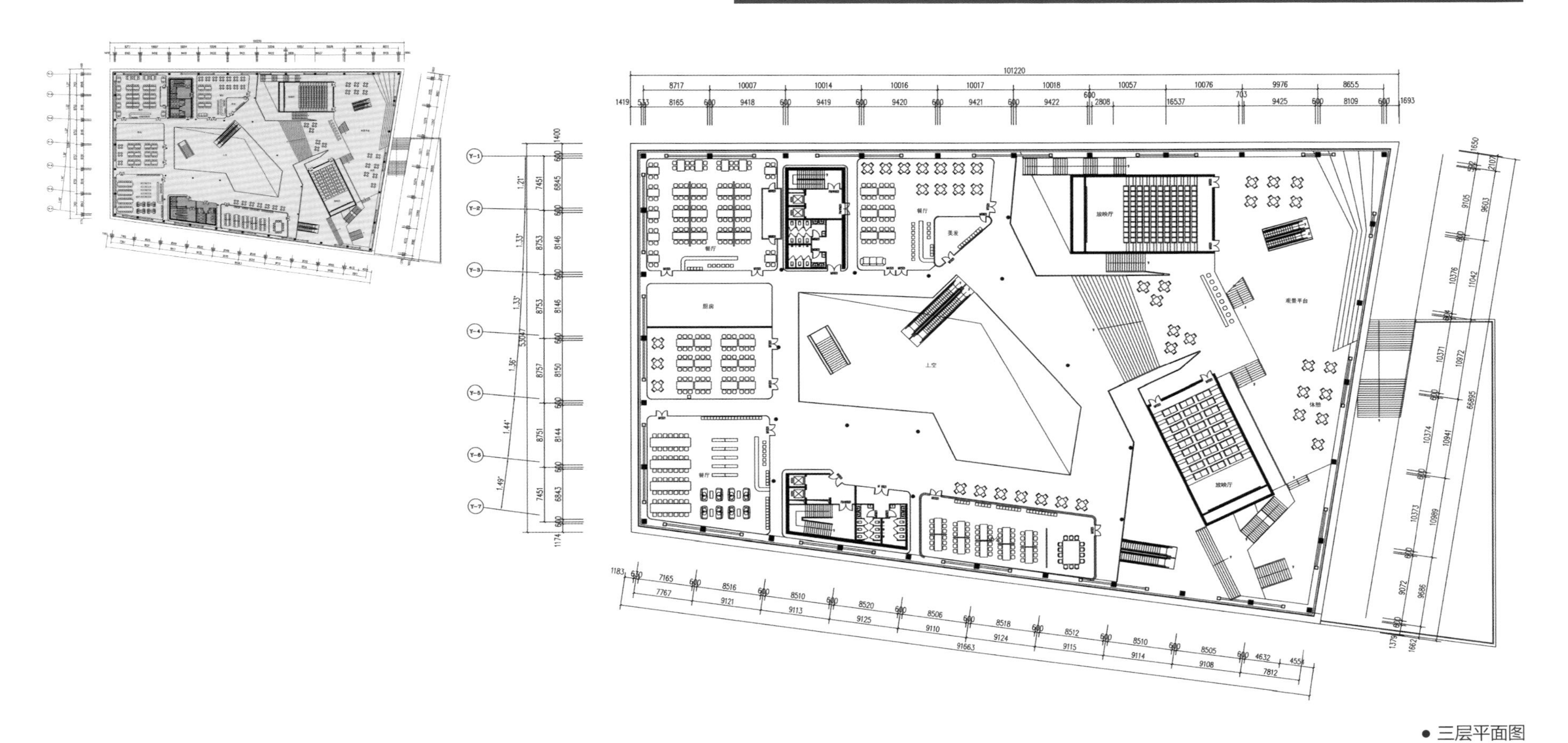

● 三层平面图

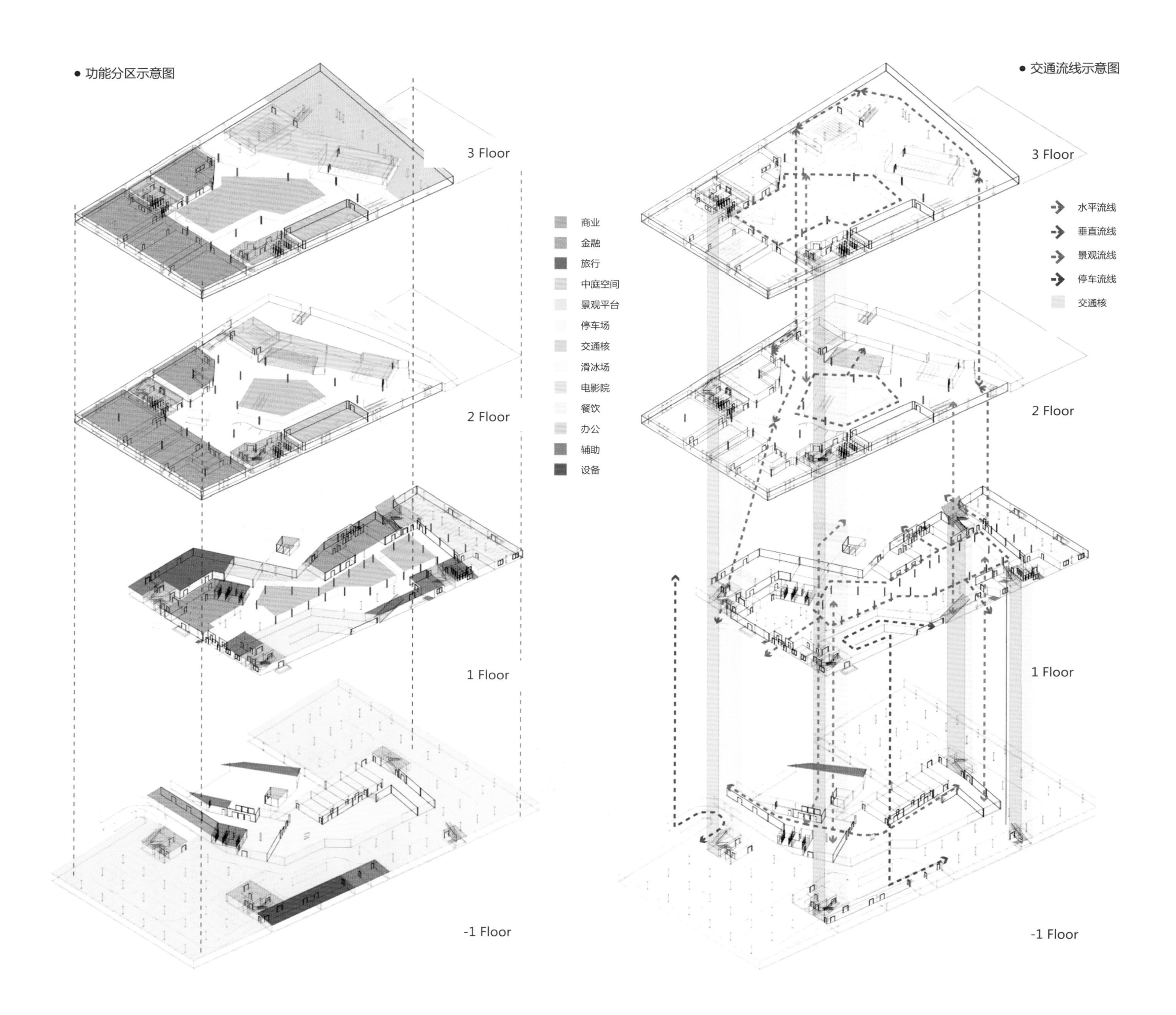

● 功能分区示意图
3 Floor
2 Floor
1 Floor
-1 Floor
商业
金融
旅行
中庭空间
景观平台
停车场
交通核
滑冰场
电影院
餐饮
办公
辅助
设备
● 交通流线示意图
3 Floor
2 Floor
1 Floor
-1 Floor
水平流线
垂直流线
景观流线
停车流线
交通核

● 东北立面图

● 北立面图

● 东立面图

● 东南立面图

曲大刚
Qu Dagang

重庆特钢厂片区空间城市设计与建筑设计

Urban design and architectural design of Chongqing Special Steel Plant Area

指导教师：陆诗亮　张宇

老城区（特别是废旧工业区）的改造与更新问题已成为城市发展的首要任务。在设计中运用绿色生态节能设计手段，并结合对地段及其周边环境的回应与延续而展开，创造出更符合时代要求、具有领先性的节能型建筑作品。把对地域风环境的研究运用到设计中，在满足建筑功能的基本要求的同时能更好地实现建筑自身节能、低碳的目的，以呼应“发展与延续”这一主题。

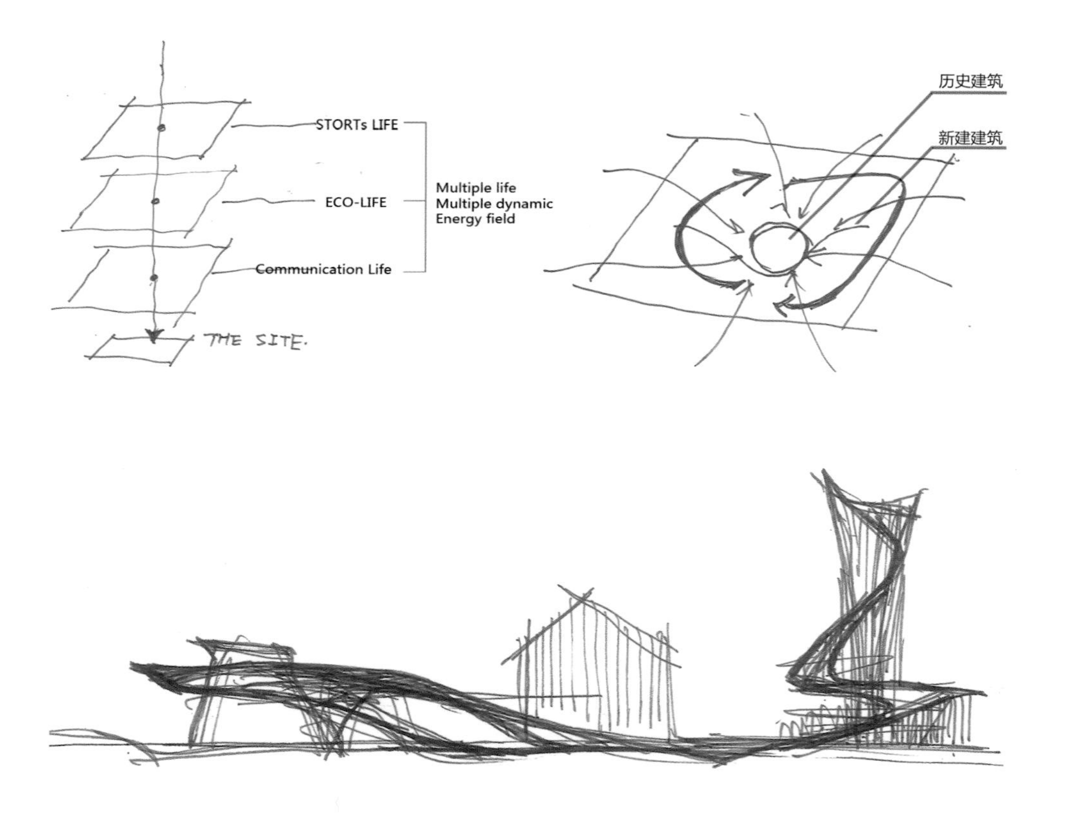

	容积率	停车（辆）	体育面积（m^2）	展览面积（m^2）	工作室面积（m^2）	管理用房面积（m^2）	停车面积（m^2）
指标	1.3	118	3921	1198	1160	523.2	4000

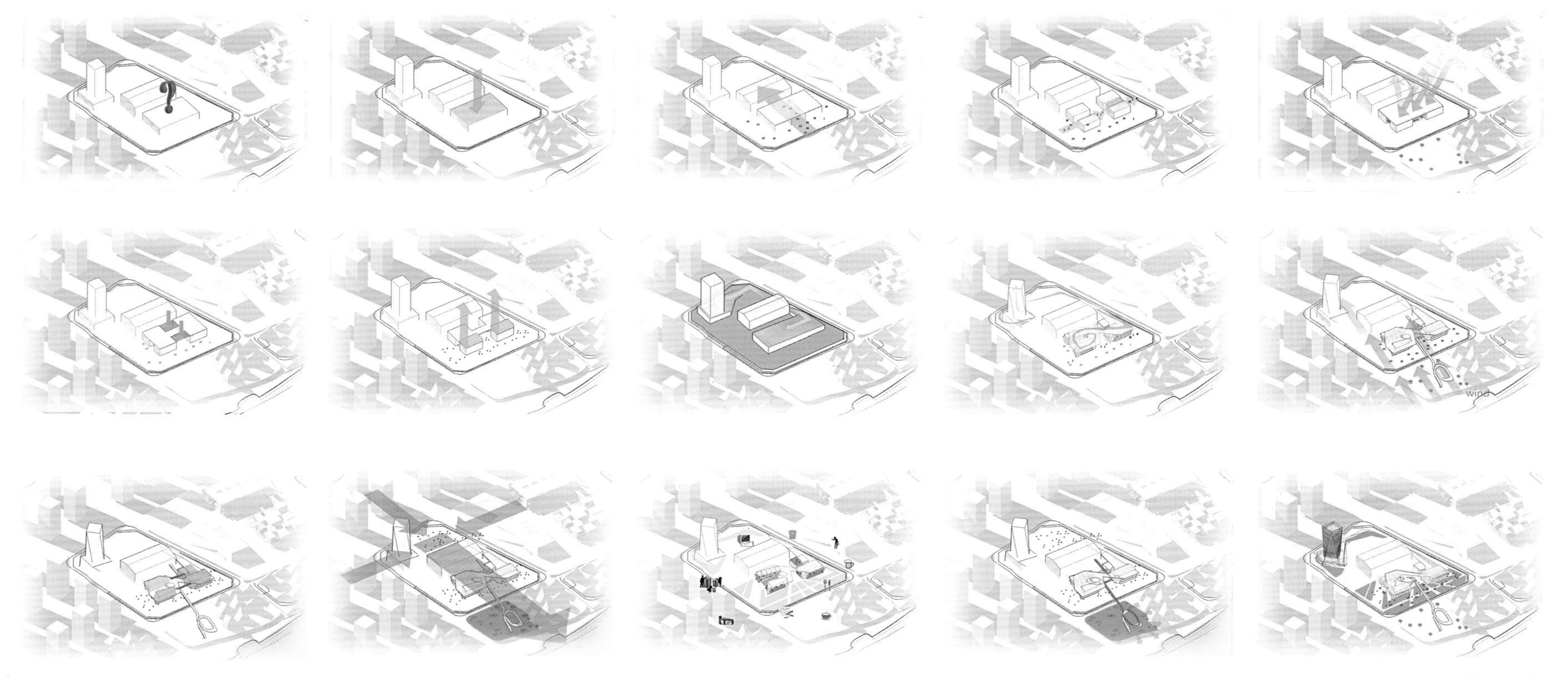
wind

● 总平面分析

● 总平面图

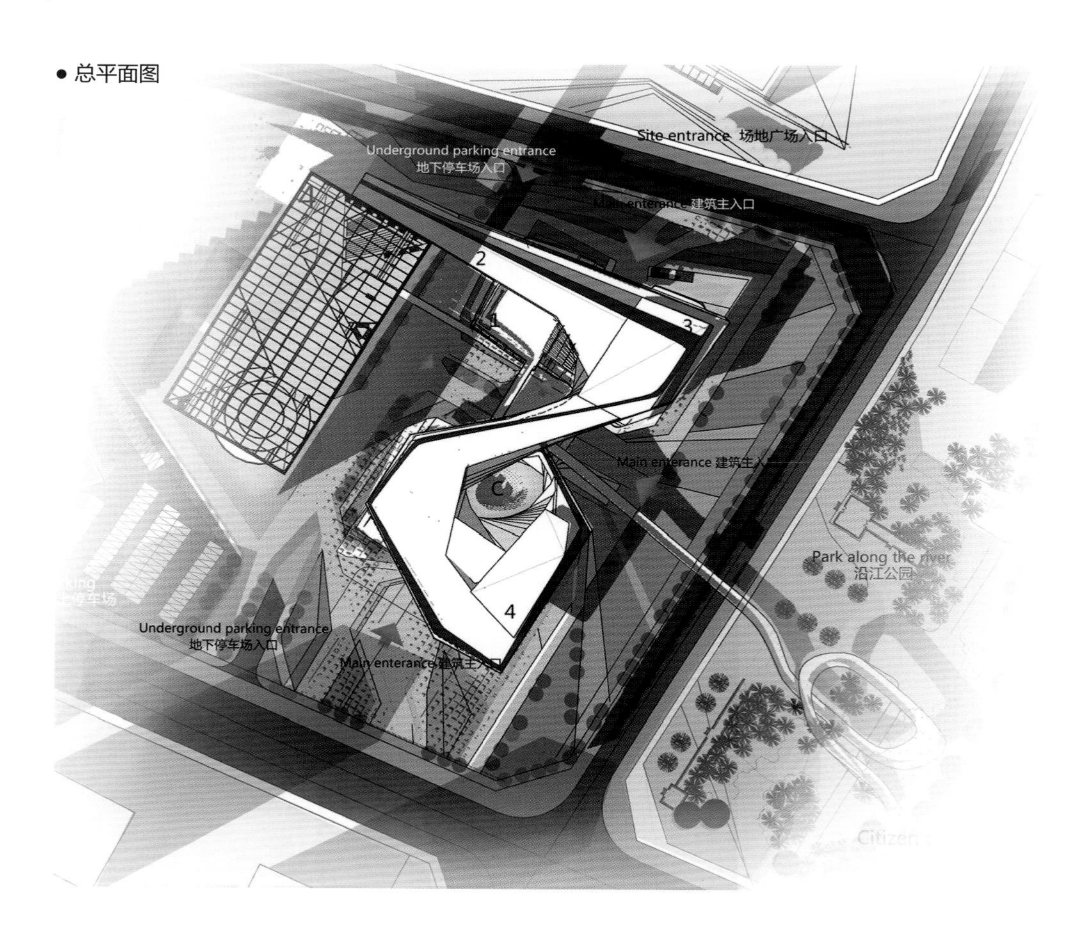
Site entrance 场地广场入口
Underground parking entrance
地下停车场入口
Main entrance 建筑主入口
2
3
Main enterance 建筑主入口
Park along the river
沿江公园
4
Underground parking entrance
地下停车场入口
Main enterance 建筑主入口

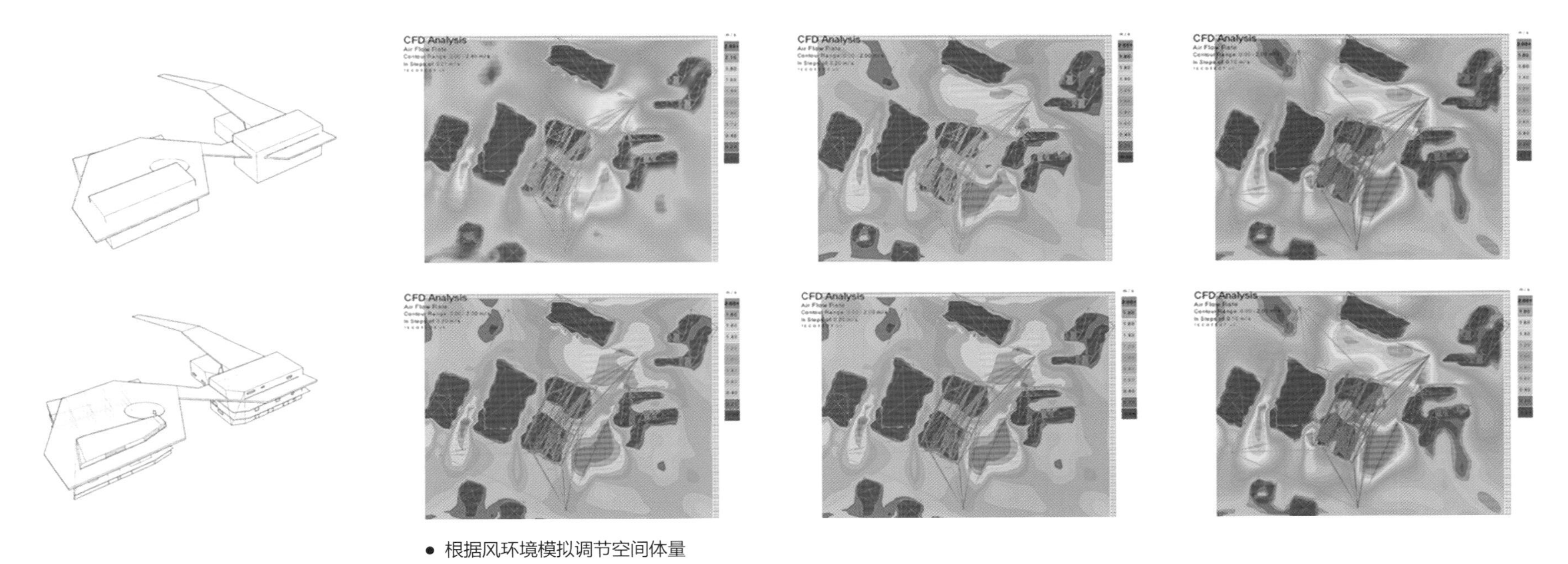

● 根据风环境模拟调节空间体量

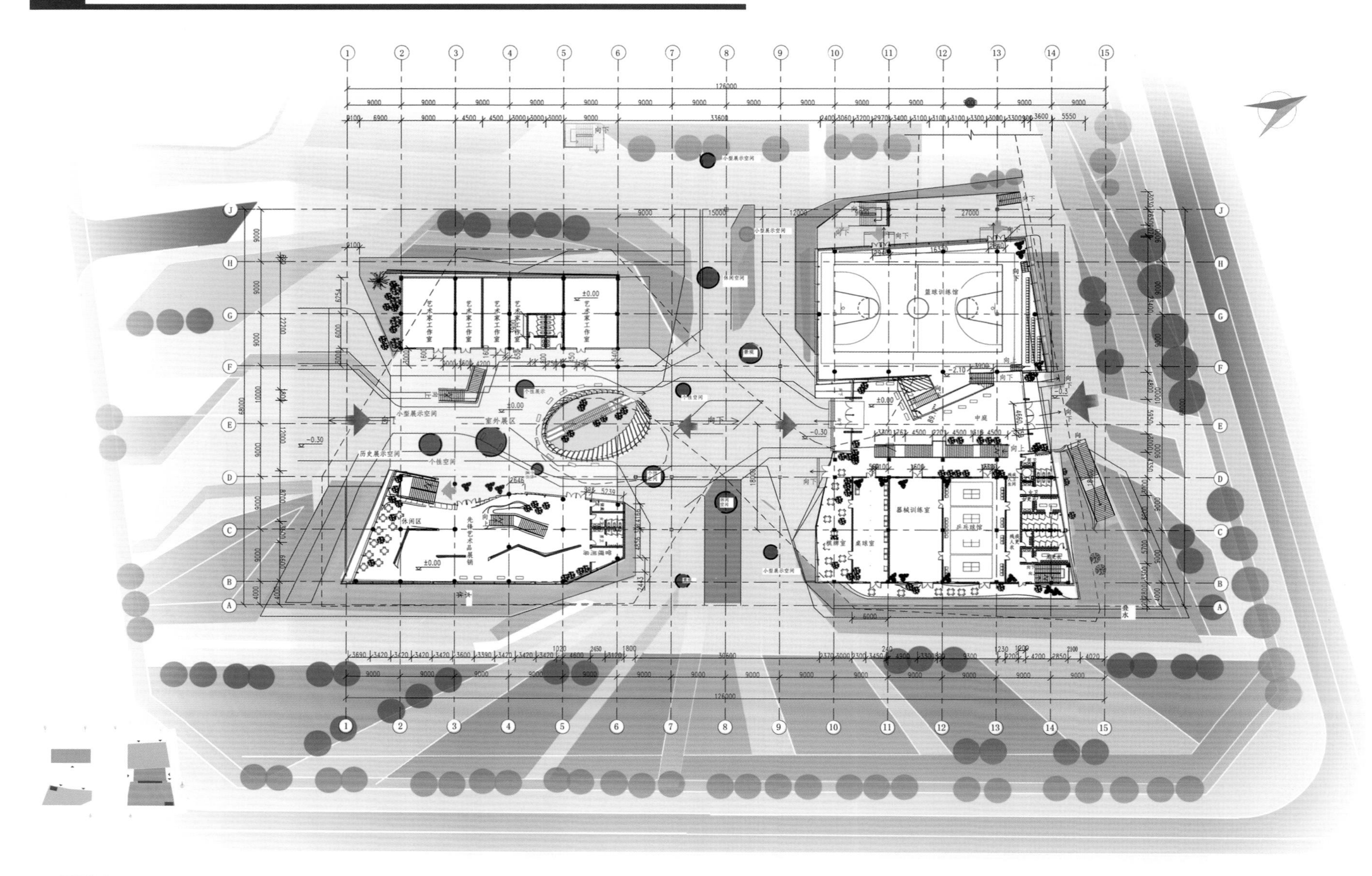

● 一层平面

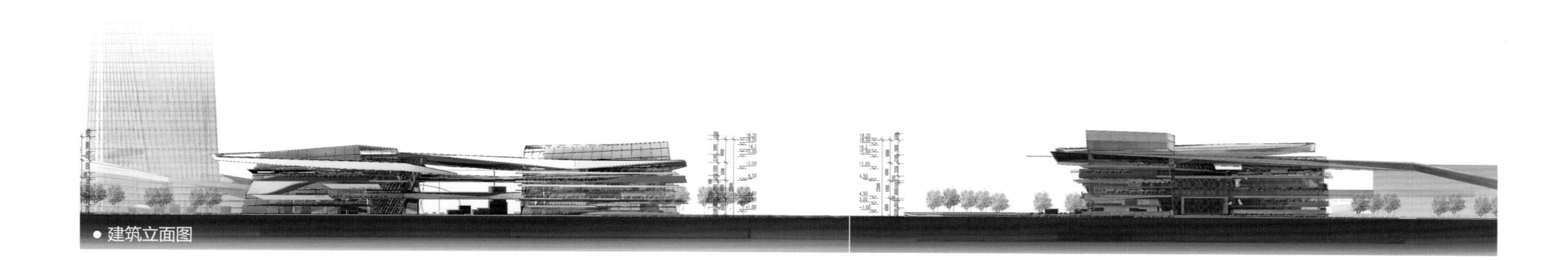

● 建筑立面图

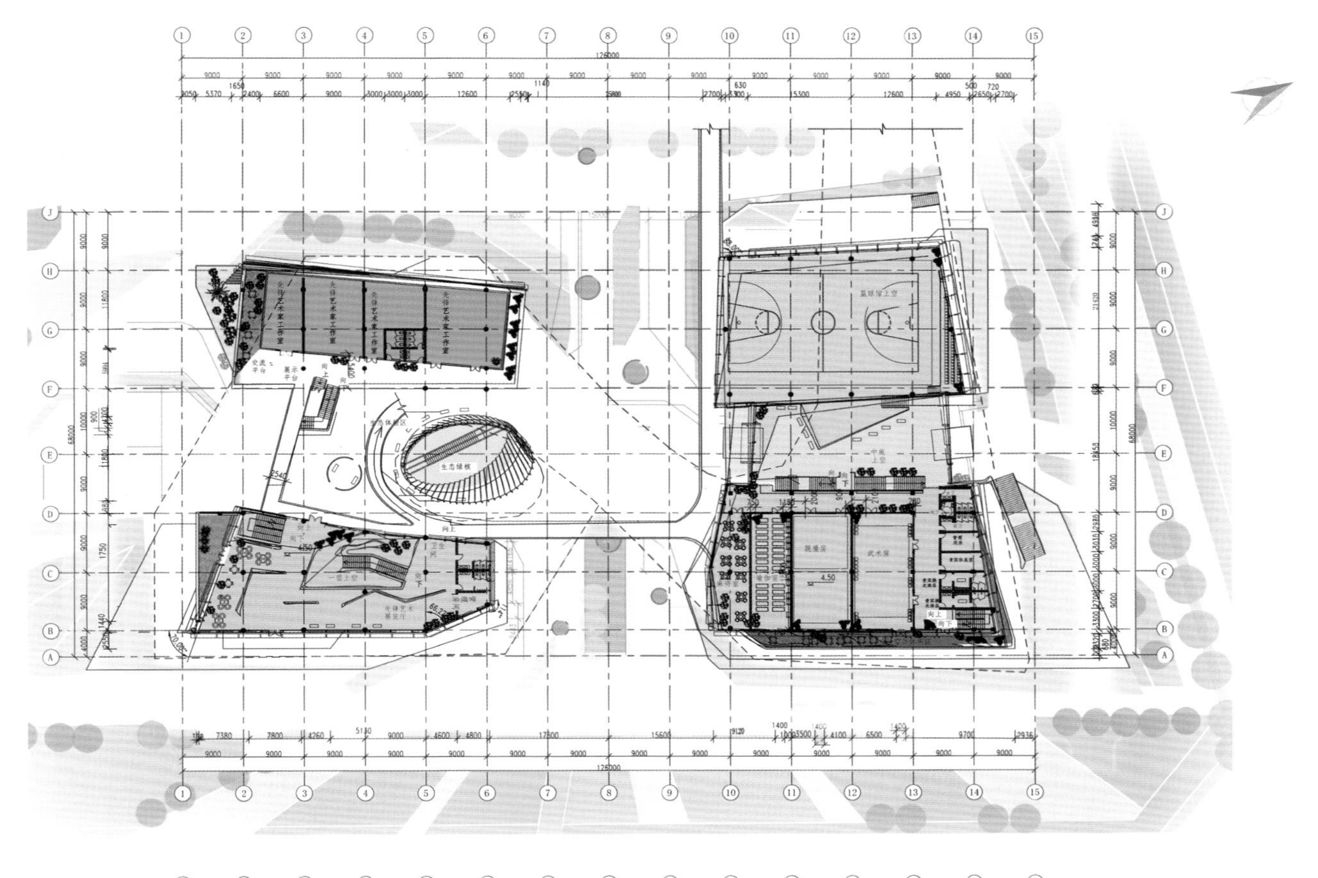

• 二层平面

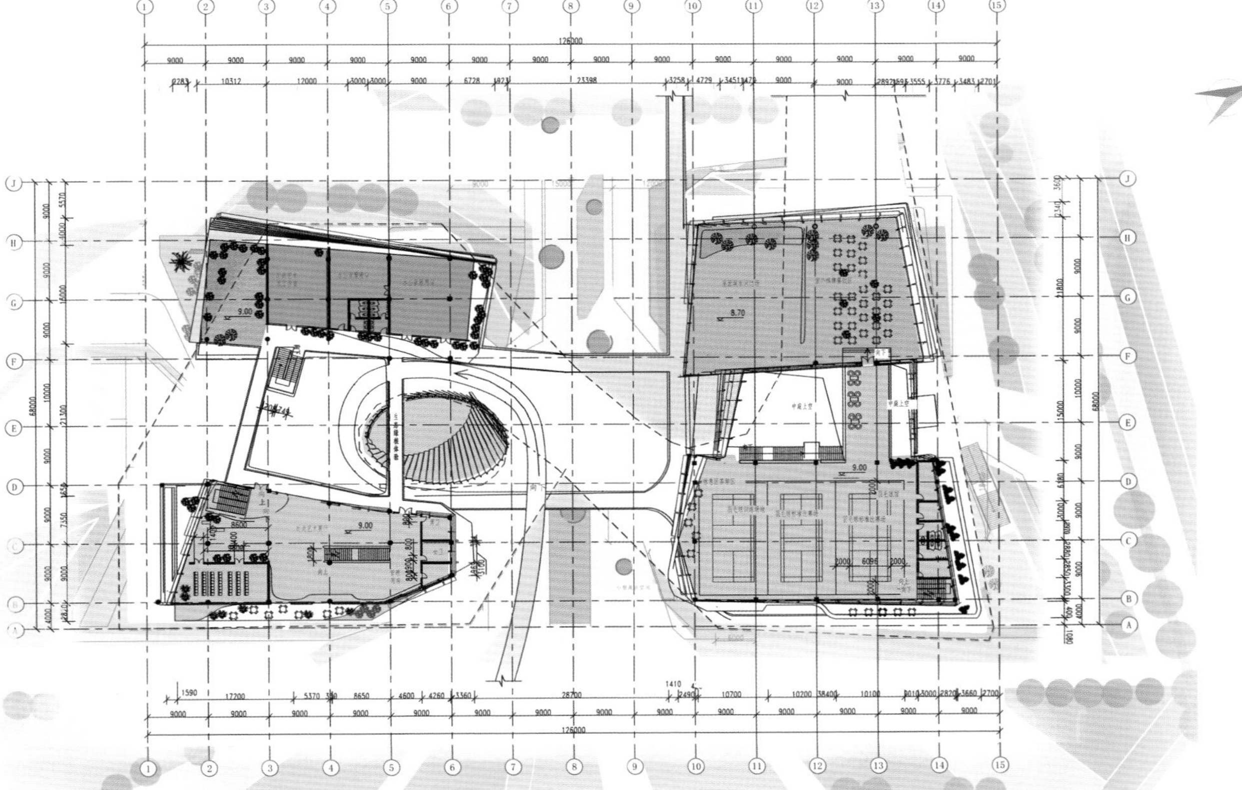

• 三层平面

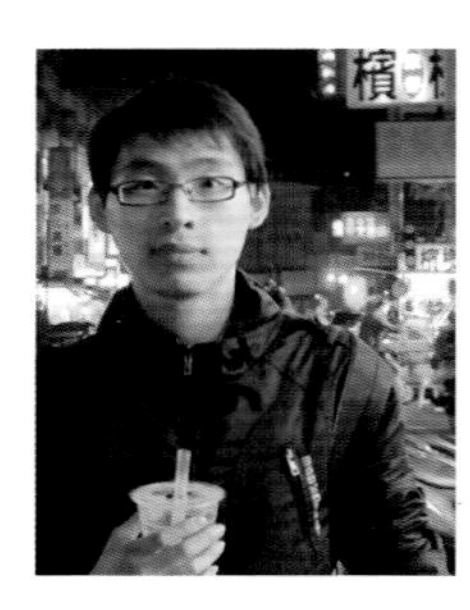

宋冬白
Song Dongbai

白城市体育中心规划及主要单体建筑设计

Baicheng Sports Center planning and single building design

指导教师：罗鹏　刘莹

本方案突出城市与自然景观的双重界面，使体育中心成为城市走向自然的过渡桥梁。基地的东北侧被包围在自然环境中，具有极好的景观视角，而西北侧则是突出的城市特性，双重界面的塑造顺应了不同层面的景观需求，从而满足鹤鸣湖自然景观湿地公园的景观需求，以及城市公共体育比赛和全民健身的需求。

● 规划分析

车行流线分析

人行流线分析

人行车行入口分析

消防通道分析

场馆分布分析

停车场位置分析

● 总平面图

经济技术指标

用地总面积：255483m²
体育馆占地面积：14320m²
体育馆总建筑面积：16876m²
训练馆占地面积：2239m²
训练馆总建筑面积：2239m²
总绿化面积：185400m²
绿化率：72.57%
容积率：0.1842
室外停车位：462个

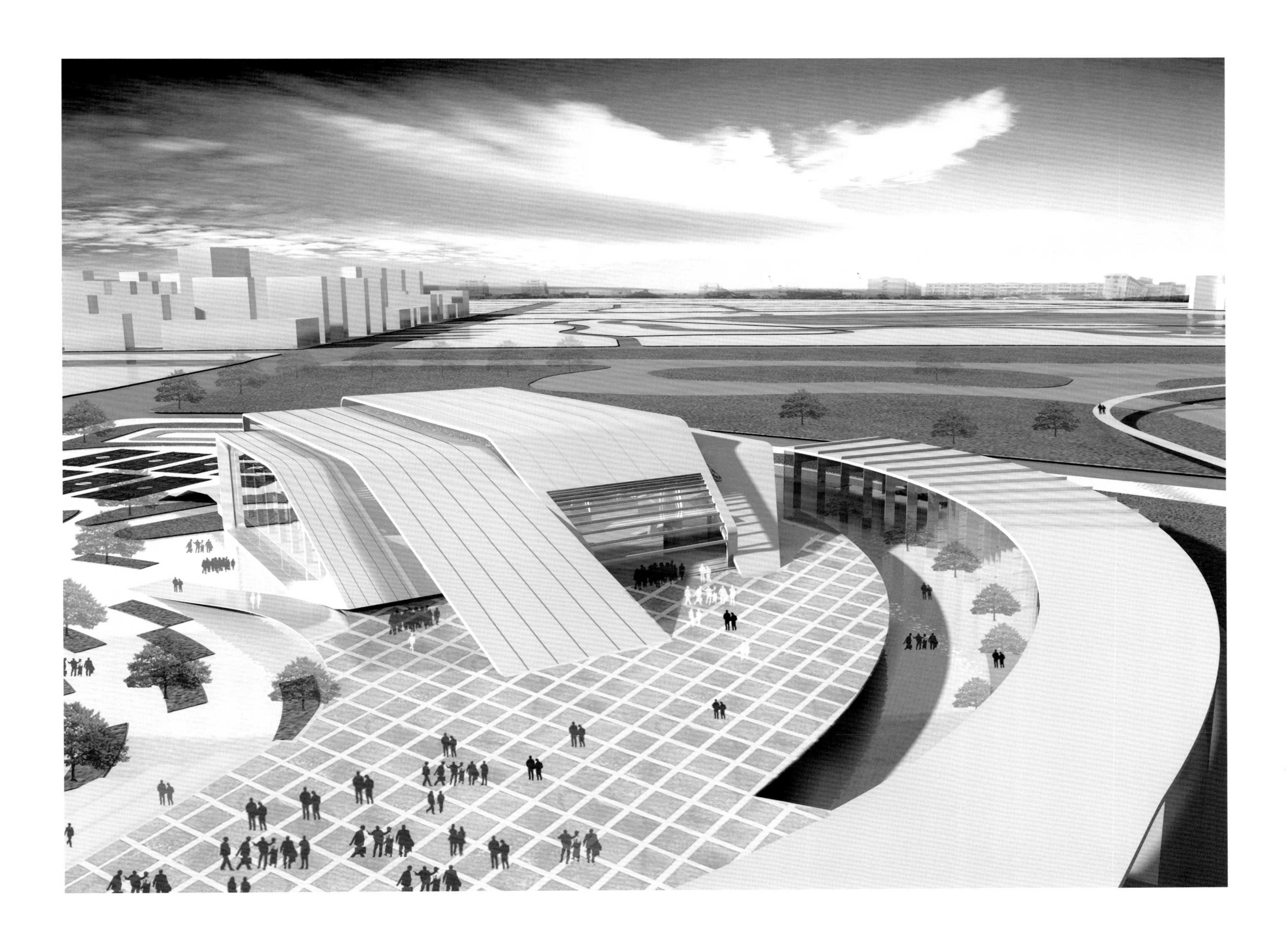

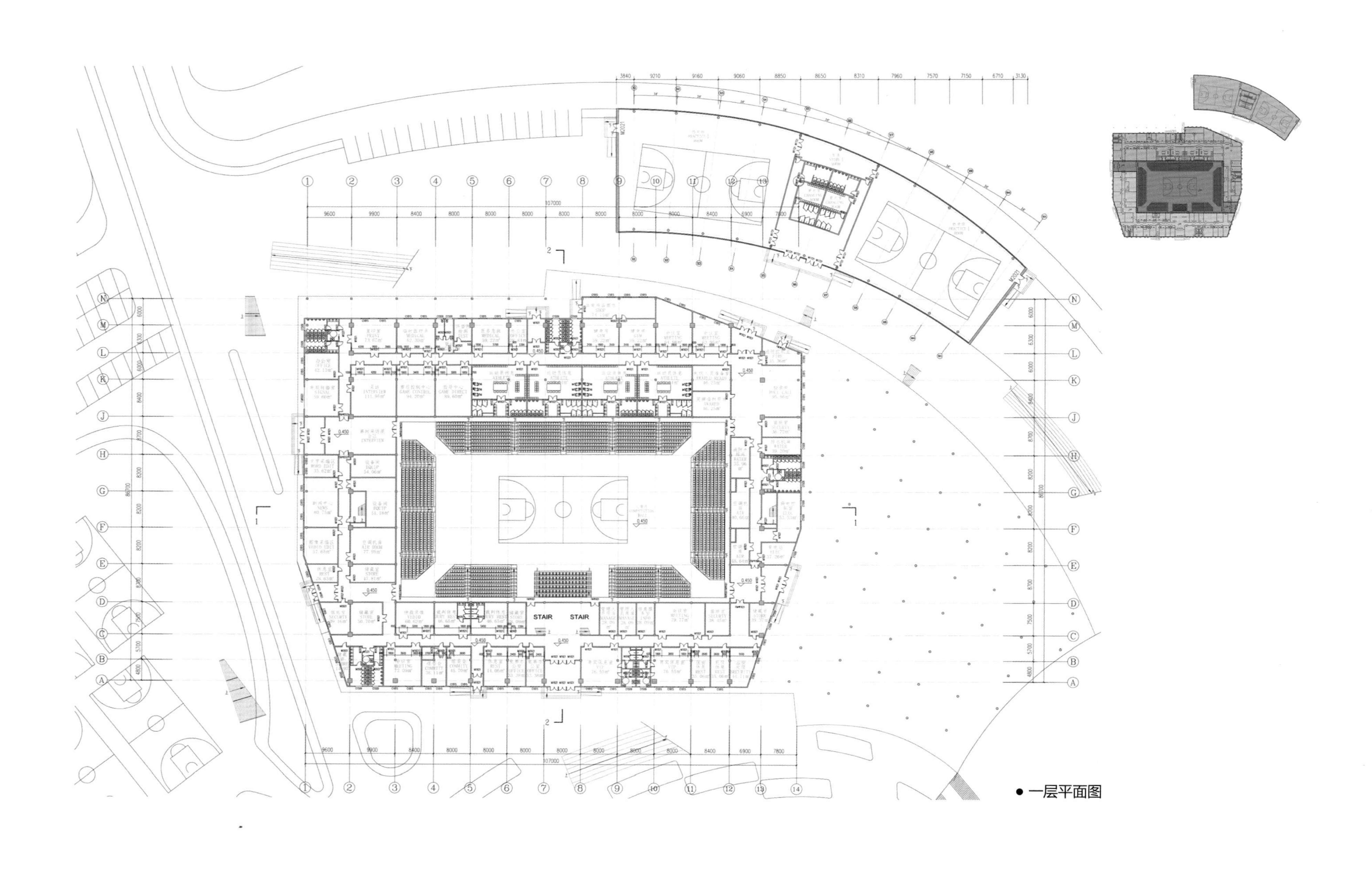

● 一层平面图

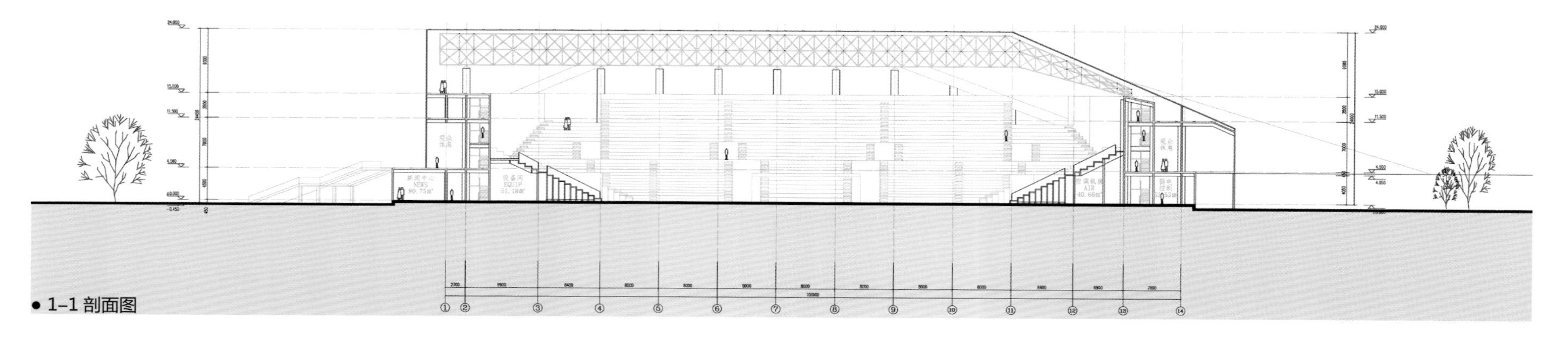

● 1-1 剖面图

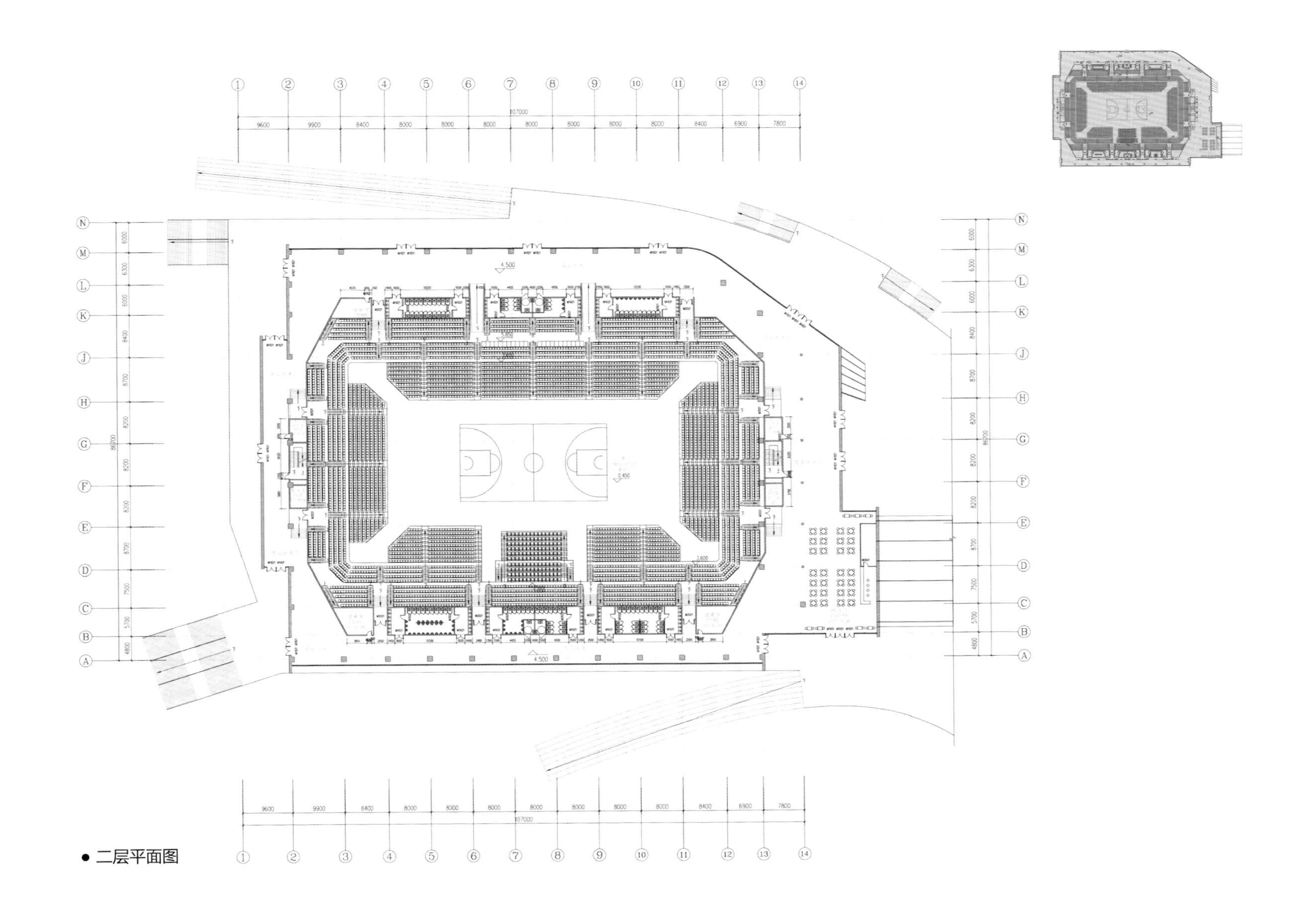

● 二层平面图

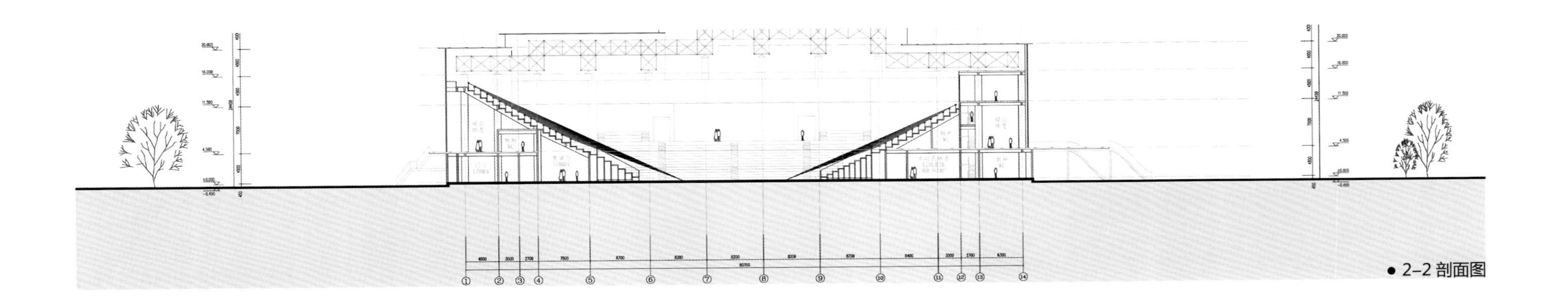

● 2–2 剖面图

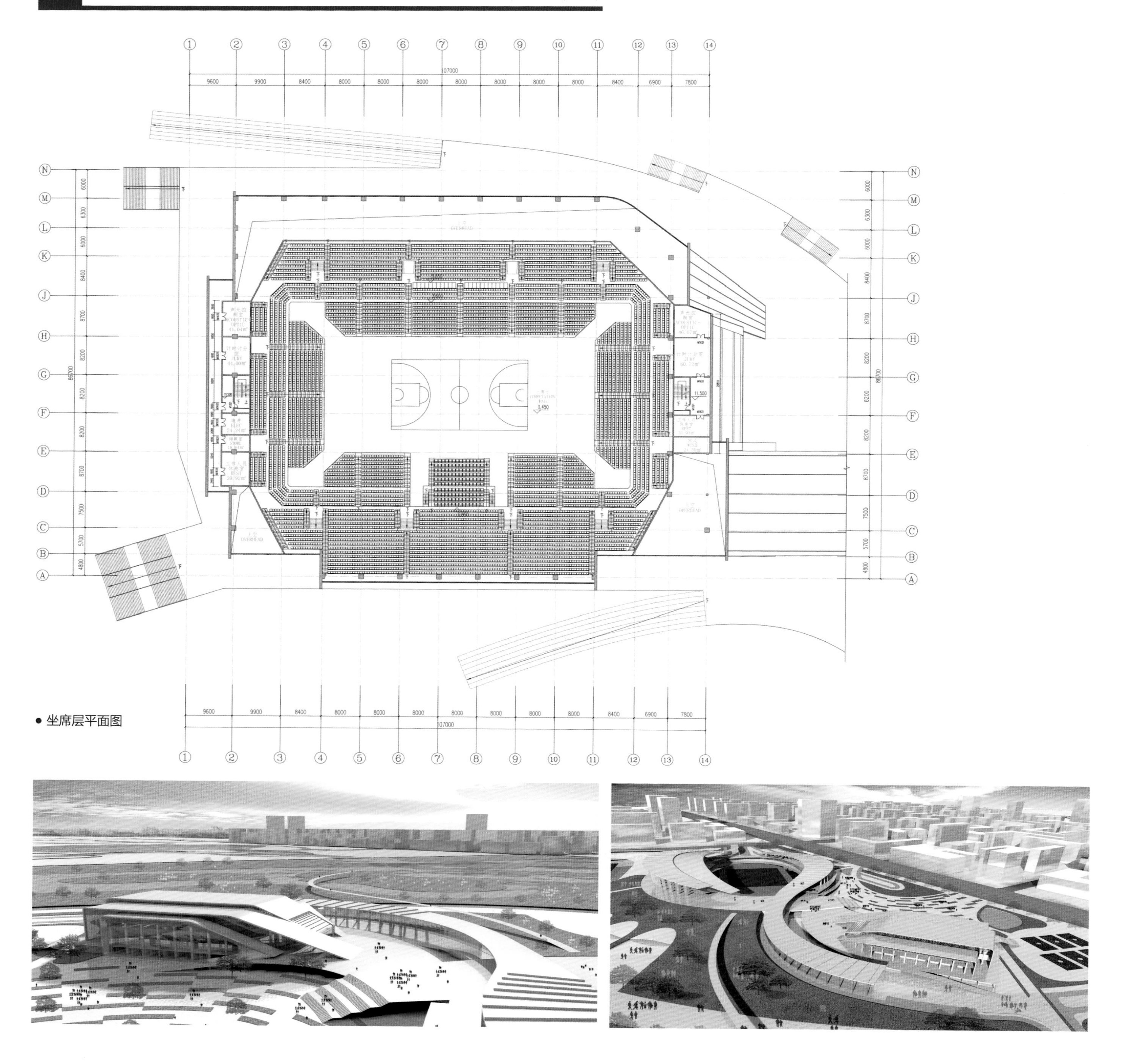

● 坐席层平面图

● 功能分区示意图

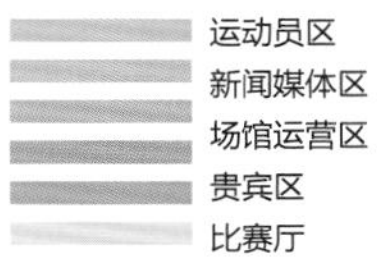

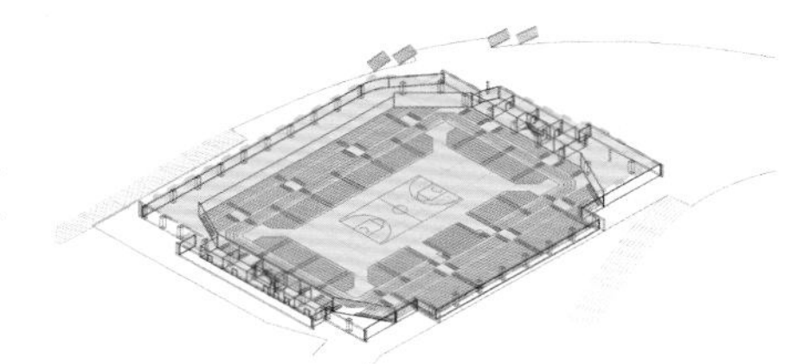

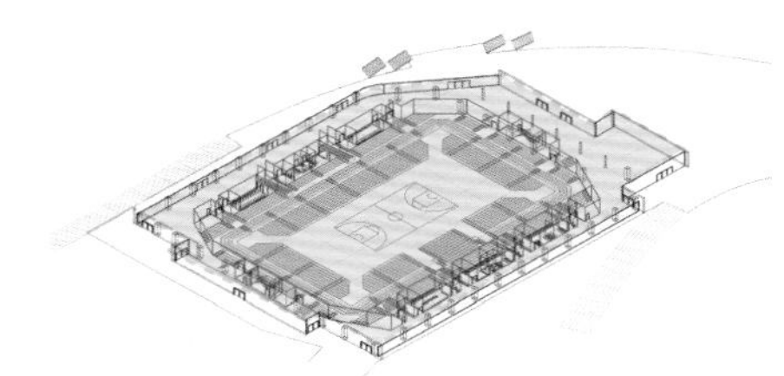

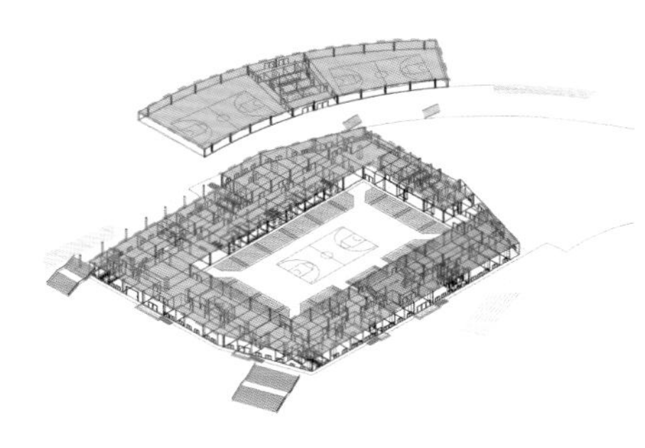

● 交通流线示意图

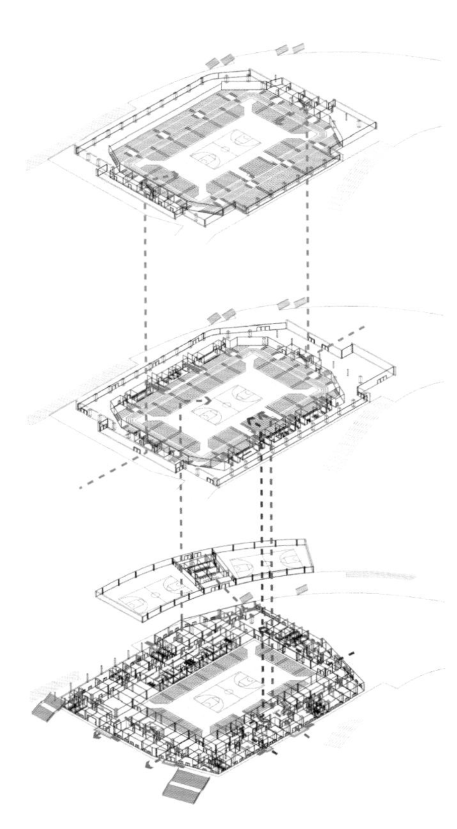

● 建筑结构爆炸图

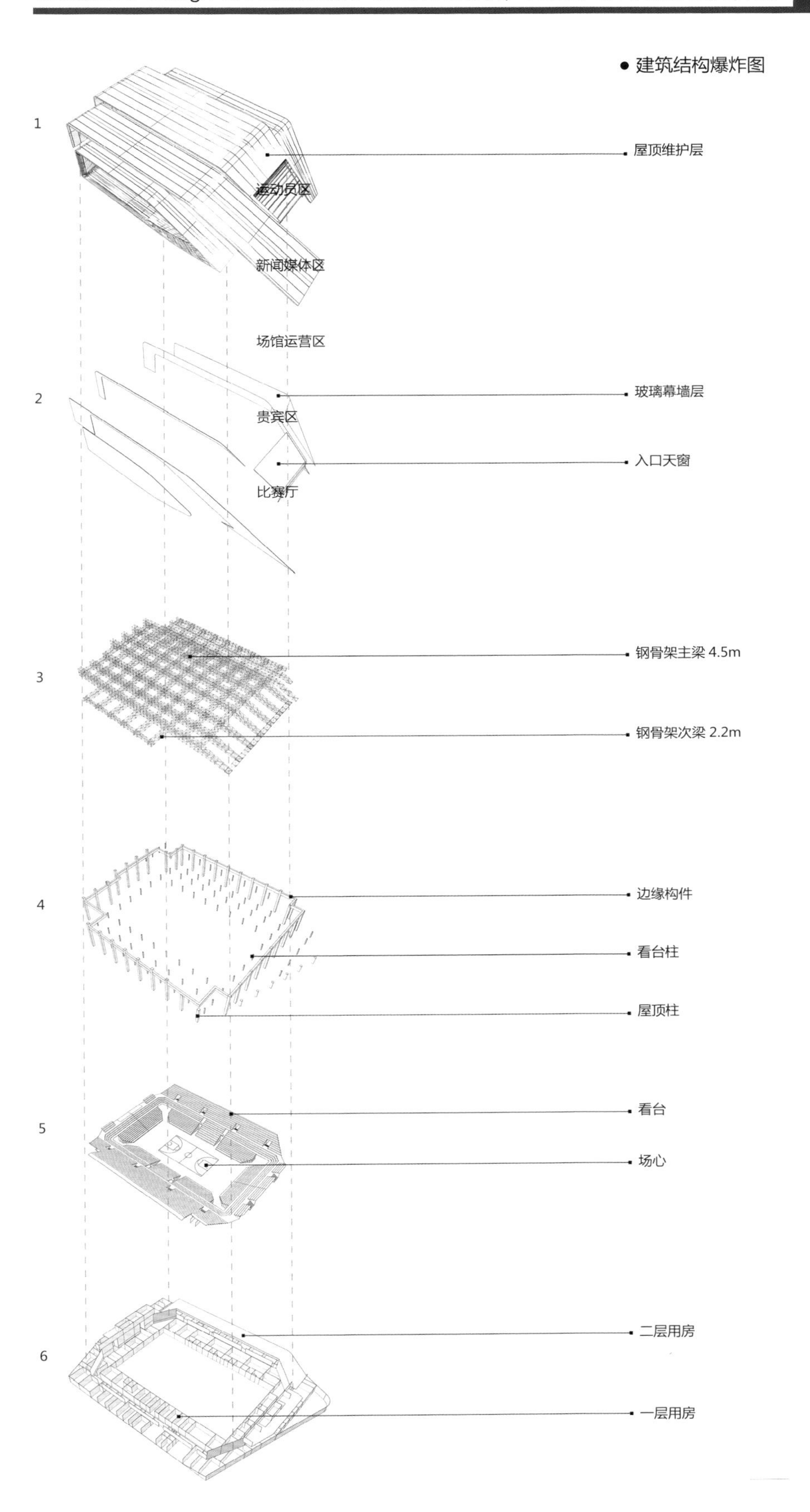

王辉
Wang Hui

哈尔滨花园街历史街区更新改造设计

Reconstruction design and renewal of Harbin Garden Street

指导教师：吴健梅　刘滢

方案选址于哈尔滨市南岗区花园街历史街区，从尊重历史出发，一方面保护原有历史风貌，重新利用原有老建筑；另一方面植入商业、市民活动空间，激发原有场地的潜力。

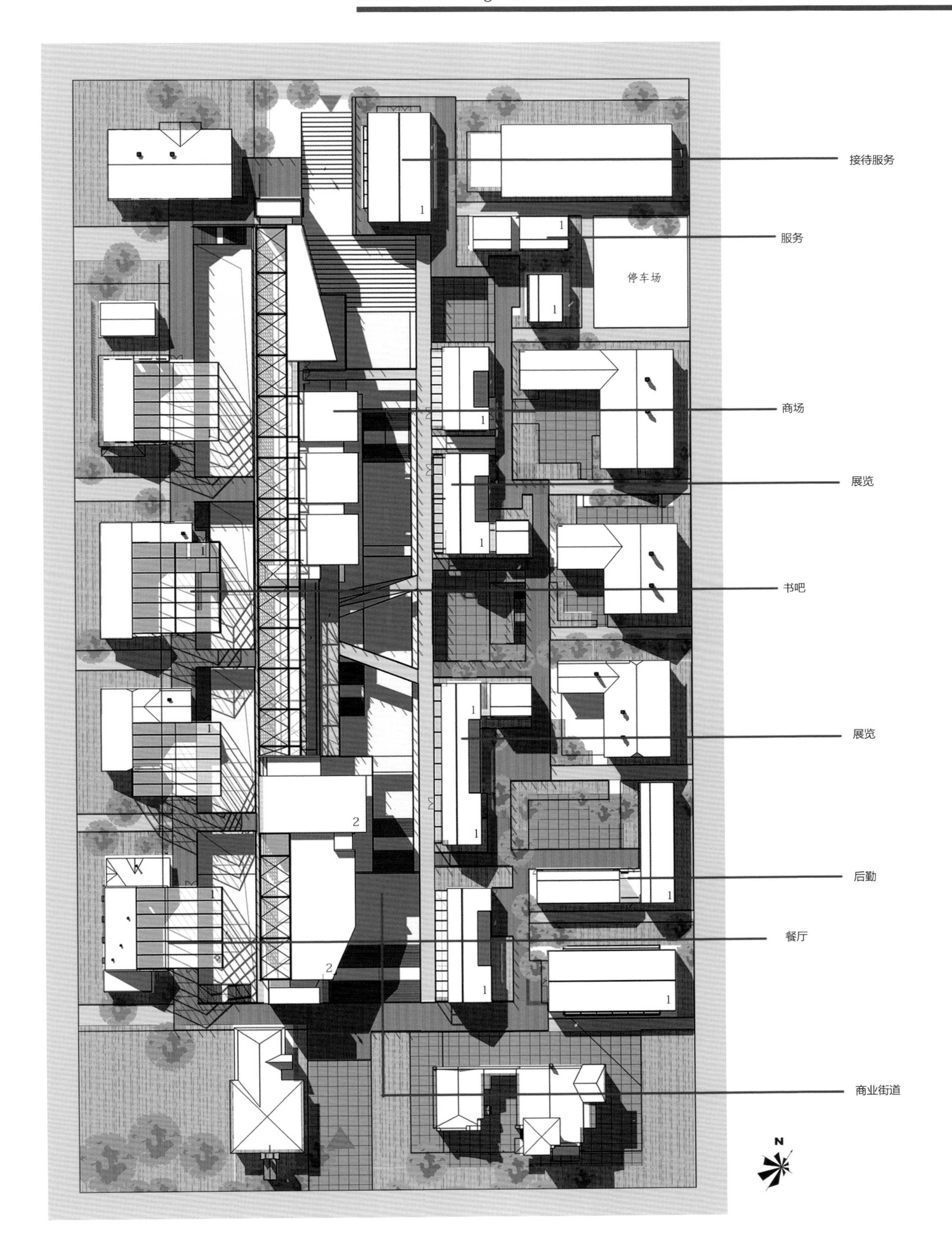

● 总平面图

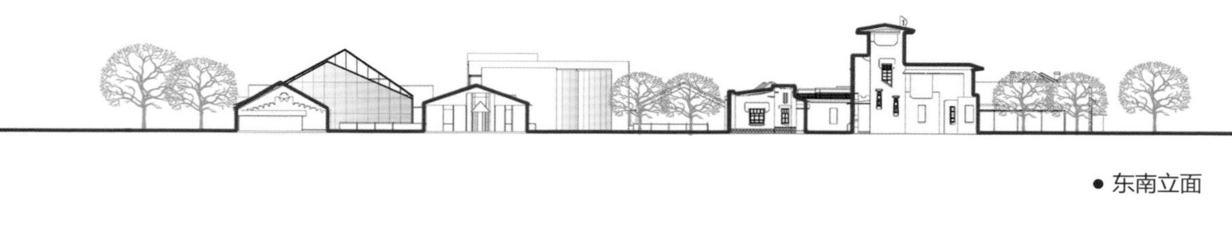

● 东南立面

● 西北立面

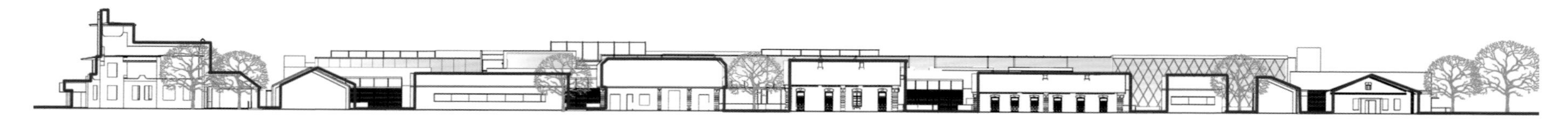

● 东北立面

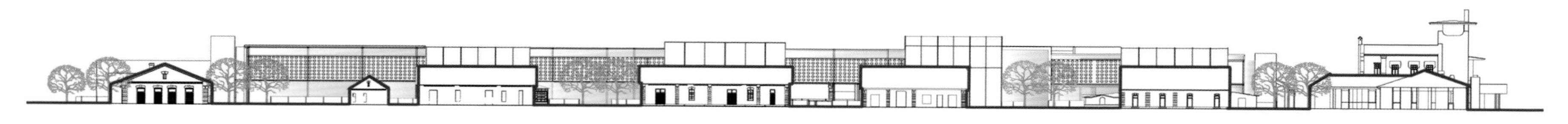

● 西南立面

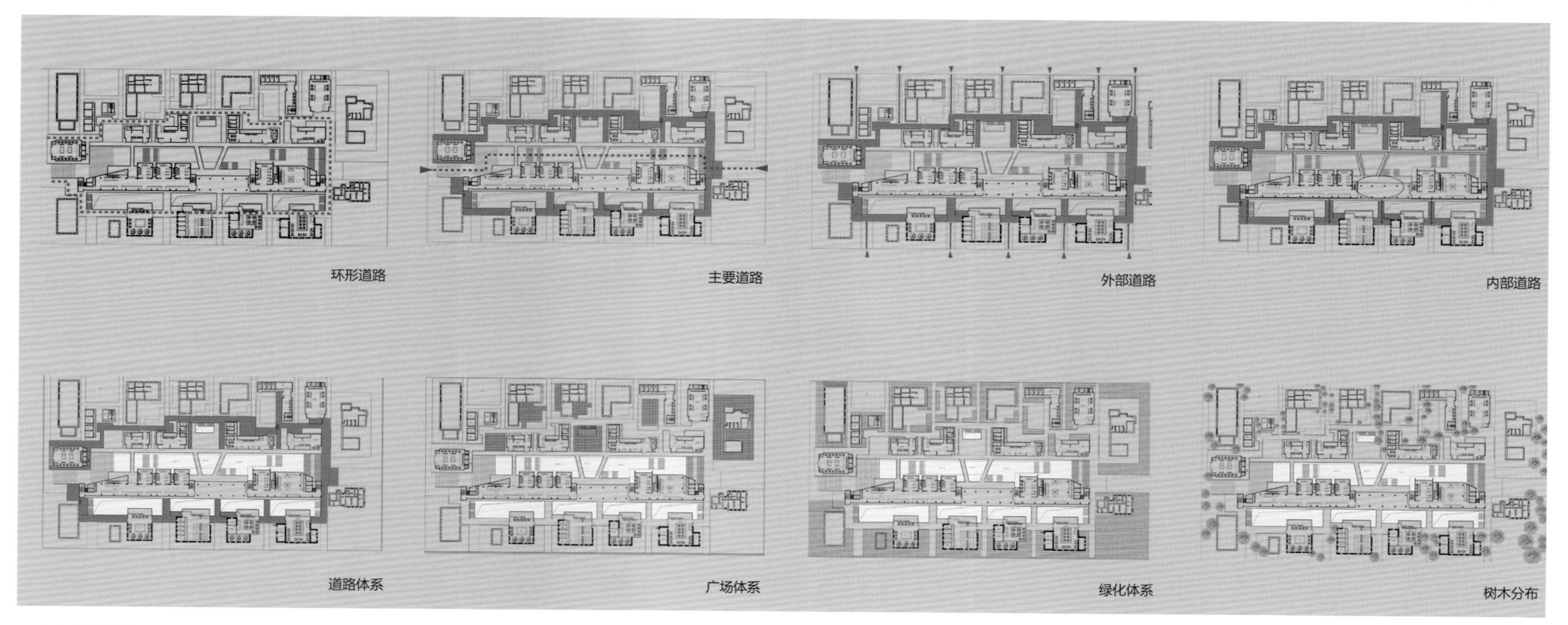

● 方案基地分析

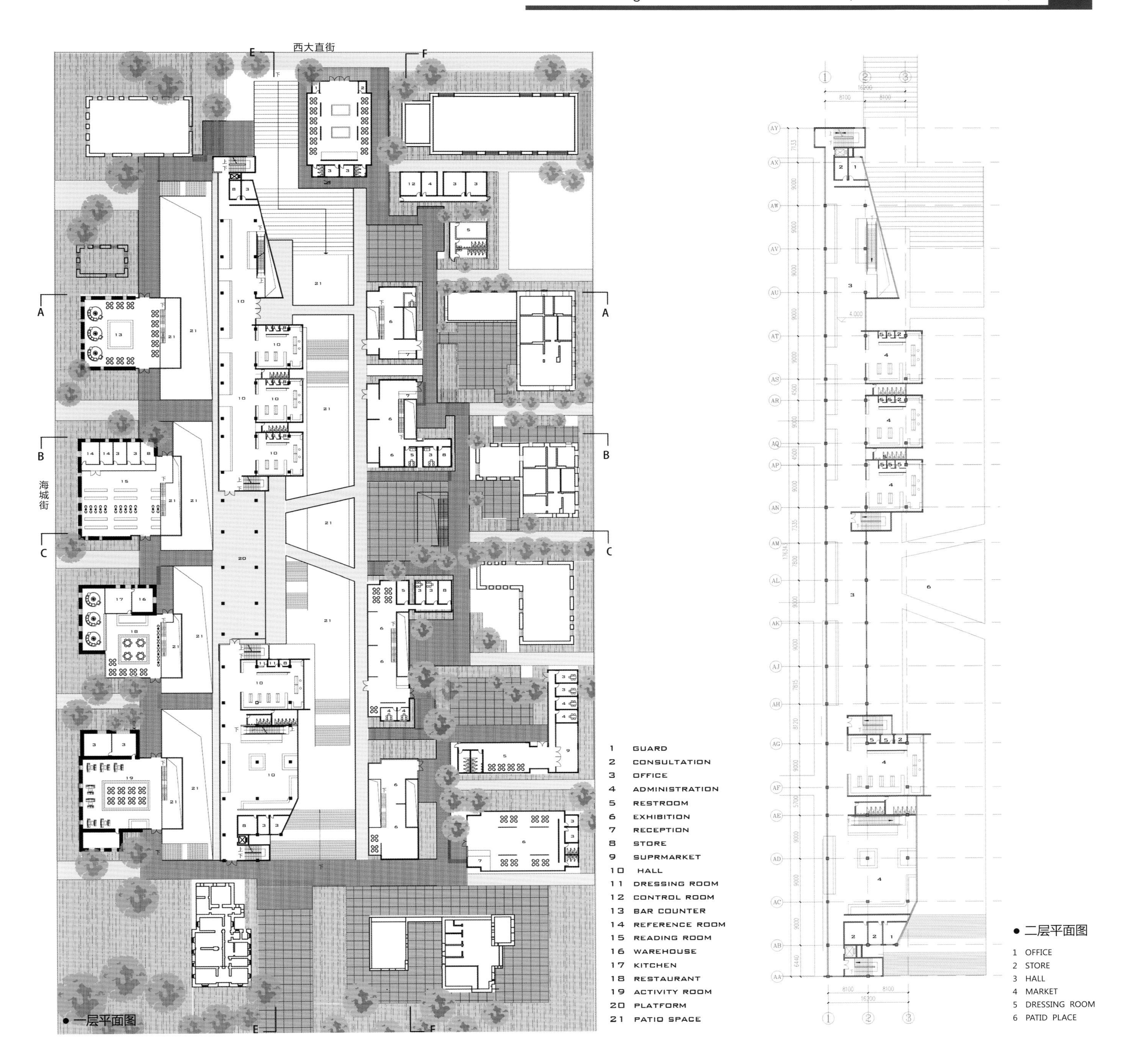
西大直街
海城街
1 GUARD
2 CONSULTATION
3 OFFICE
4 ADMINISTRATION
5 RESTROOM
6 EXHIBITION
7 RECEPTION
8 STORE
9 SUPRMARKET
10 HALL
11 DRESSING ROOM
12 CONTROL ROOM
13 BAR COUNTER
14 REFERENCE ROOM
15 READING ROOM
16 WAREHOUSE
17 KITCHEN
18 RESTAURANT
19 ACTIVITY ROOM
20 PLATFORM
21 PATIO SPACE
1 OFFICE
2 STORE
3 HALL
4 MARKET
5 DRESSING ROOM
6 PATID PLACE

● 一层平面图

● 二层平面图

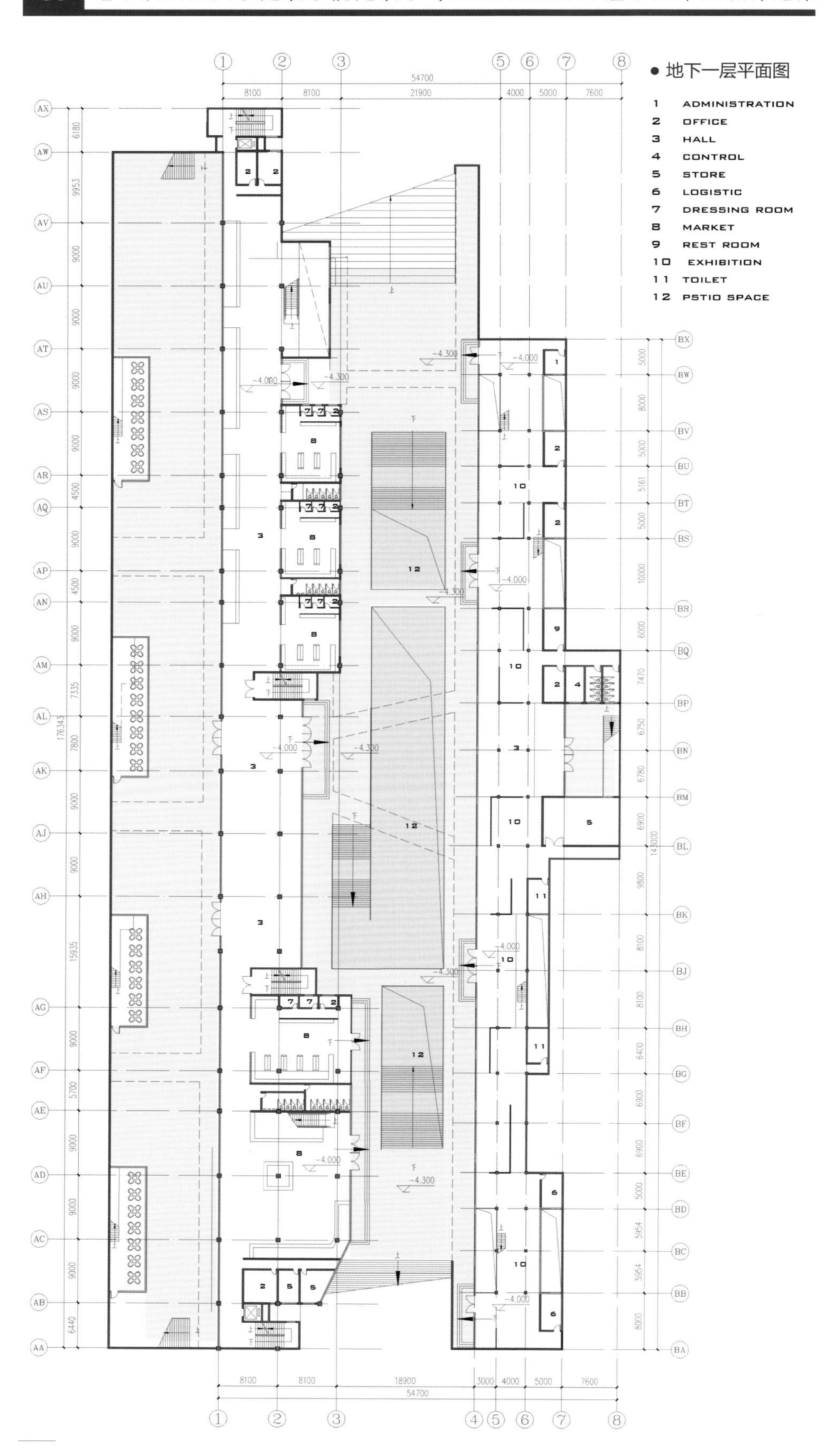
● 地下一层平面图
1 ADMINISTRATION
2 OFFICE
3 HALL
4 CONTROL
5 STORE
6 LOGISTIC
7 DRESSING ROOM
8 MARKET
9 REST ROOM
10 EXHIBITION
11 TOILET
12 PSTIO SPACE

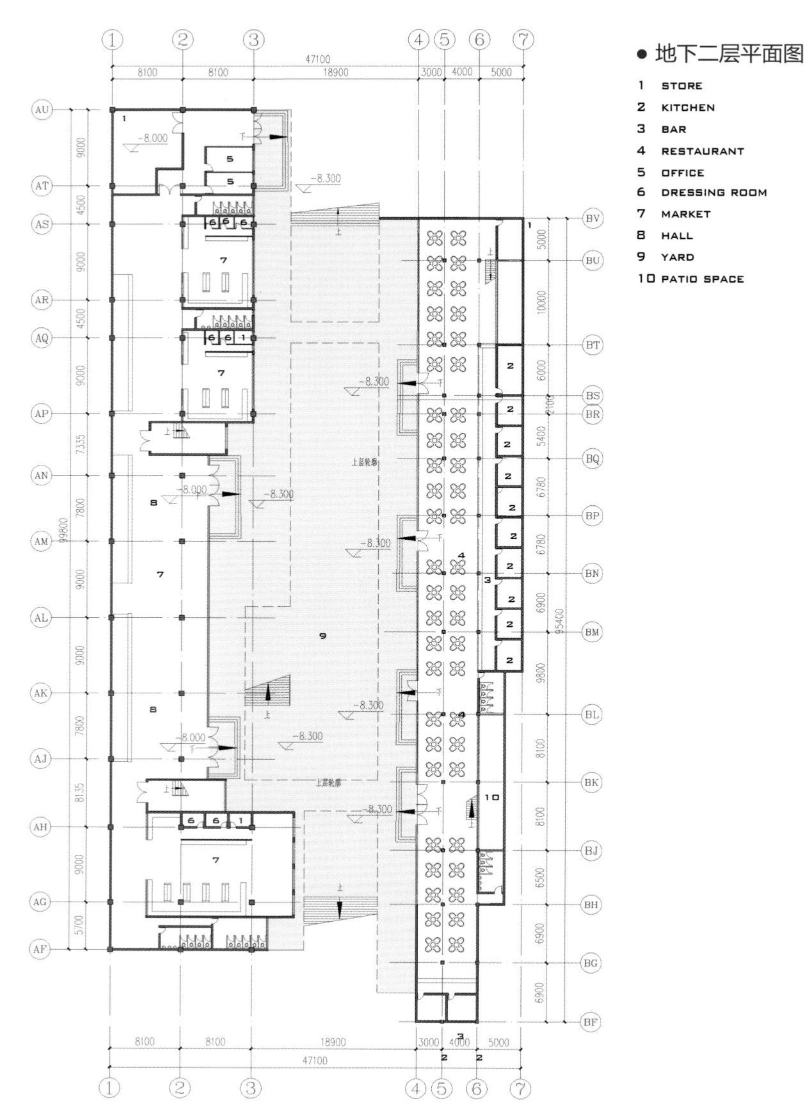
● 地下二层平面图
1 STORE
2 KITCHEN
3 BAR
4 RESTAURANT
5 OFFICE
6 DRESSING ROOM
7 MARKET
8 HALL
9 YARD
10 PATIO SPACE

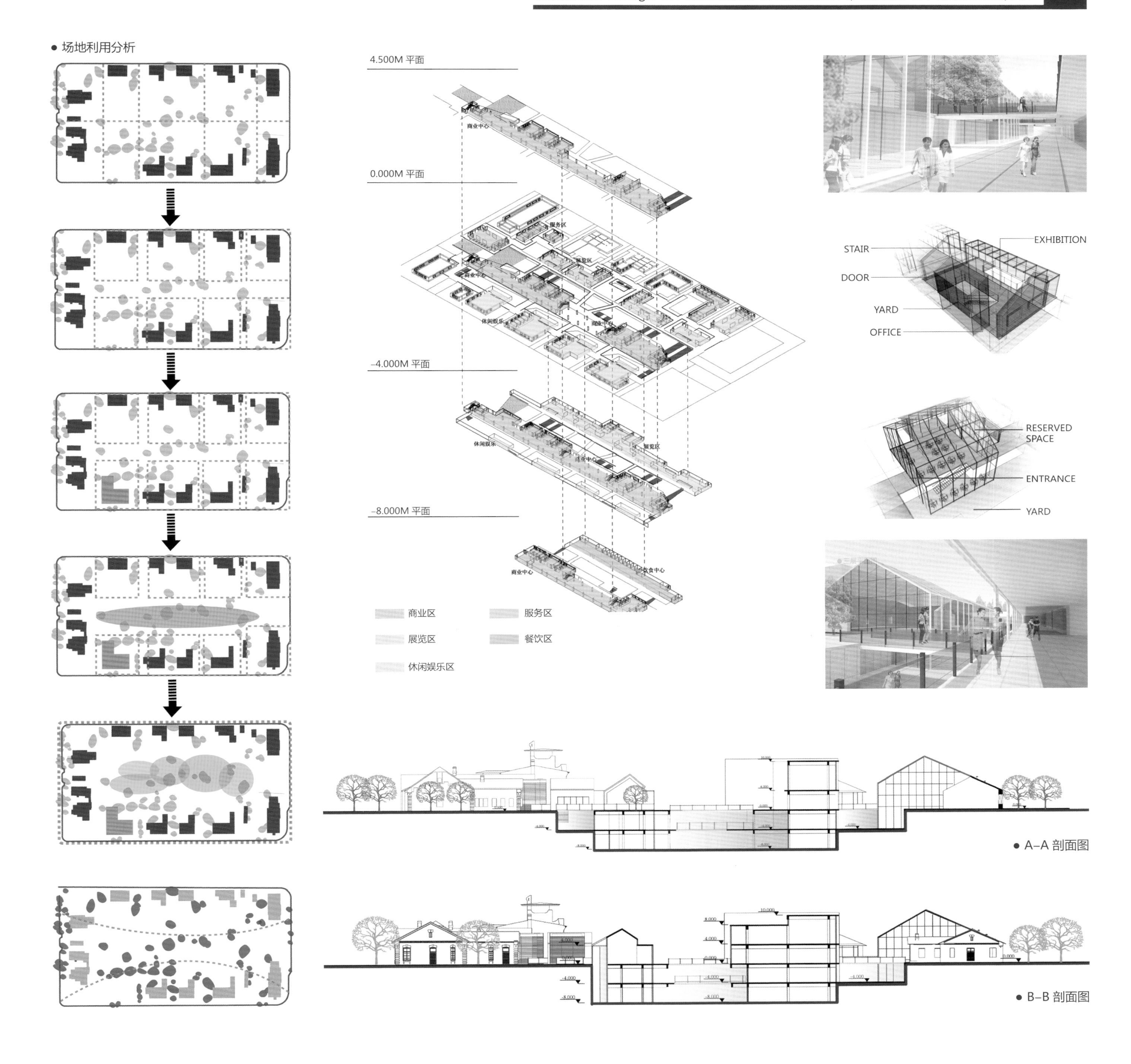
● 场地利用分析
4.500M 平面
0.000M 平面
-4.000M 平面
-8.000M 平面
商业区
服务区
展览区
餐饮区
休闲娱乐区
STAIR
DOOR
YARD
OFFICE
EXHIBITION
RESERVED SPACE
ENTRANCE
YARD
● A-A 剖面图
● B-B 剖面图

王鲁丽
Wang Luli

莲塘 / 香园围口岸联检大楼建筑设计

Building design of Liantang/ Heung Yuen Wai Port Combination Examination

指导教师：于戈　唐征征

莲塘 / 香园围口岸联检大楼的设计包括横跨深圳河的两条行人通道及四条行车桥。口岸的设计“以人为本”，并力求展示出在两地两检模式下，港深两地紧密合作的关系。建筑形象以两只相握的手为原型，希望能够架起两地沟通的桥梁，进一步促进两地的经济与文化繁荣，寓意两地能够商者无域，相融共生。

提出“两地两检”客货分层的双层方案，即客货运功能分层设计（下层是货运，上层是客运，上层将下层部分覆盖）。这个方案的优点之一是确保了港深双方的设施均在各自的行政边界内布设，而且减少了结构工程上的难度。

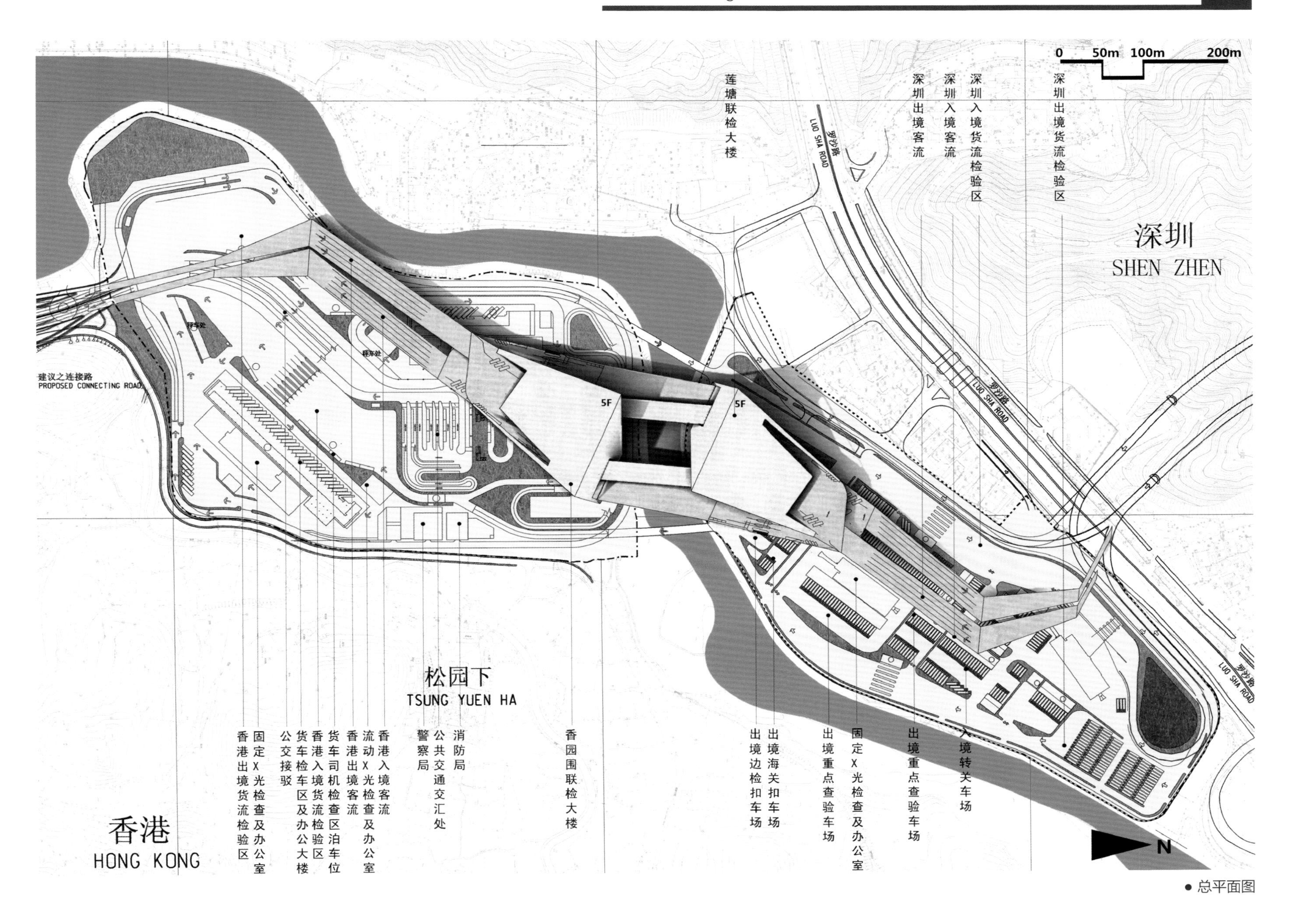
0 50m 100m 200m
莲塘联检大楼
深圳出境客流
深圳入境客流
深圳入境货流检验区
深圳出境货流检验区
深圳
SHEN ZHEN
LUO SHA ROAD
罗沙路
建议之连接路
PROPOSED CONNECTING ROAD
5F
5F
松园下
TSUNG YUEN HA
香港
HONG KONG
香港出境货流检验区
固定X光检查及办公室
公交接驳
货车检车区及办公大楼
香港入境货流检验区
货车司机检查区泊车位
香港出境客流
流动X光检查及办公室
香港入境客流
警察局
公共交通交汇处
消防局
香园围联检大楼
出境边检扣车场
出境海关扣车场
出境重点查验车场
固定X光检查及办公室
出境重点查验车场
入境转关车场
N

● 总平面图

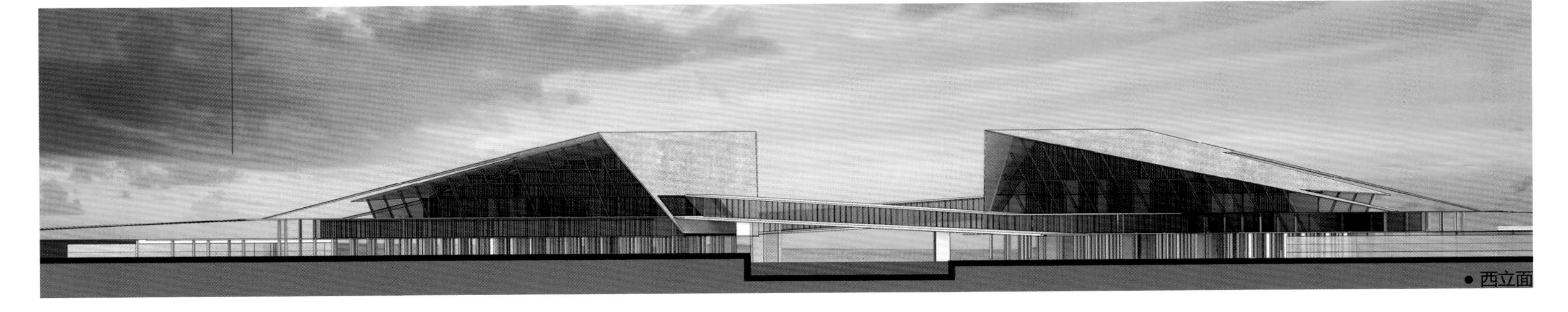

● 西立面

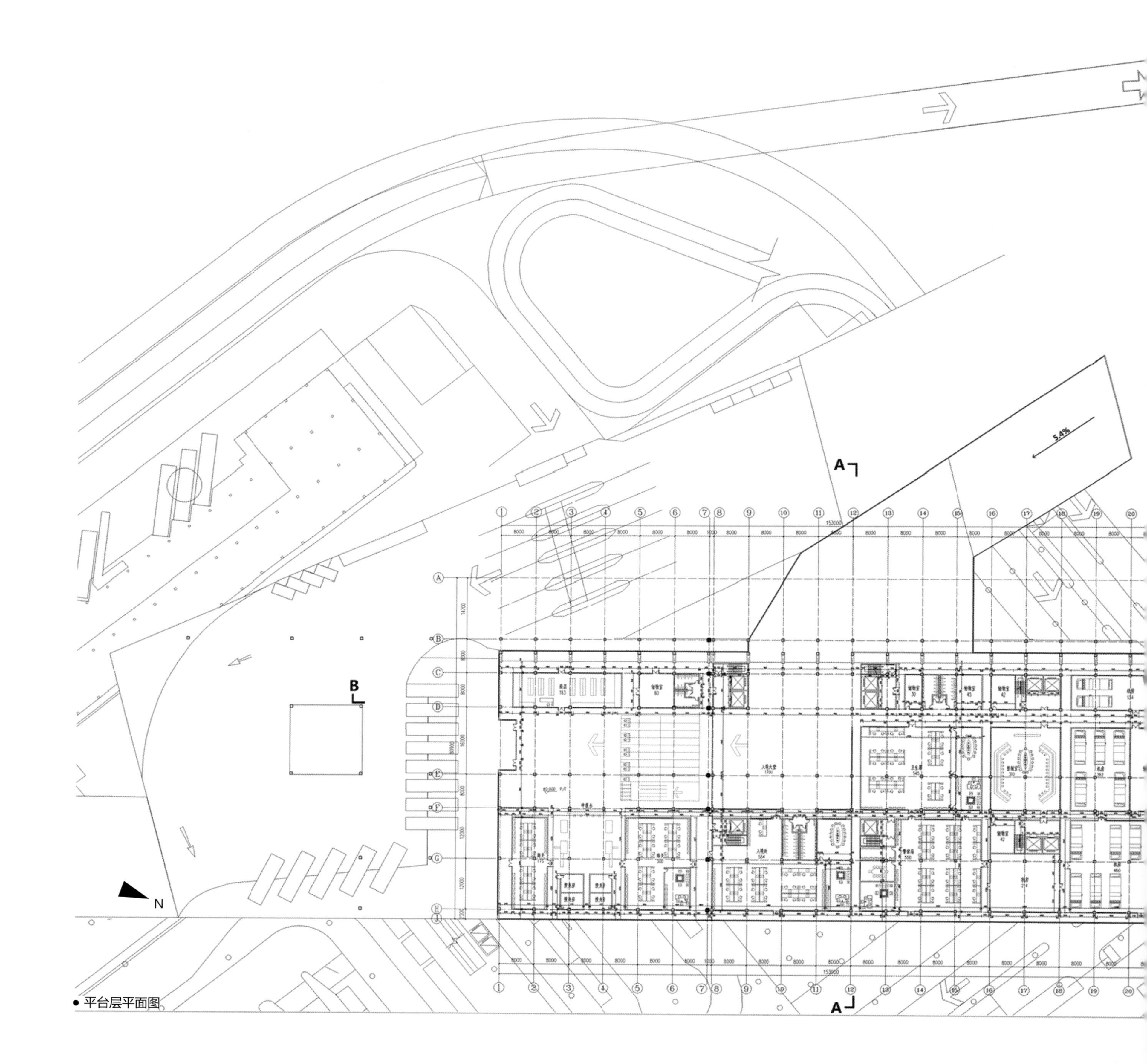

● 平台层平面图

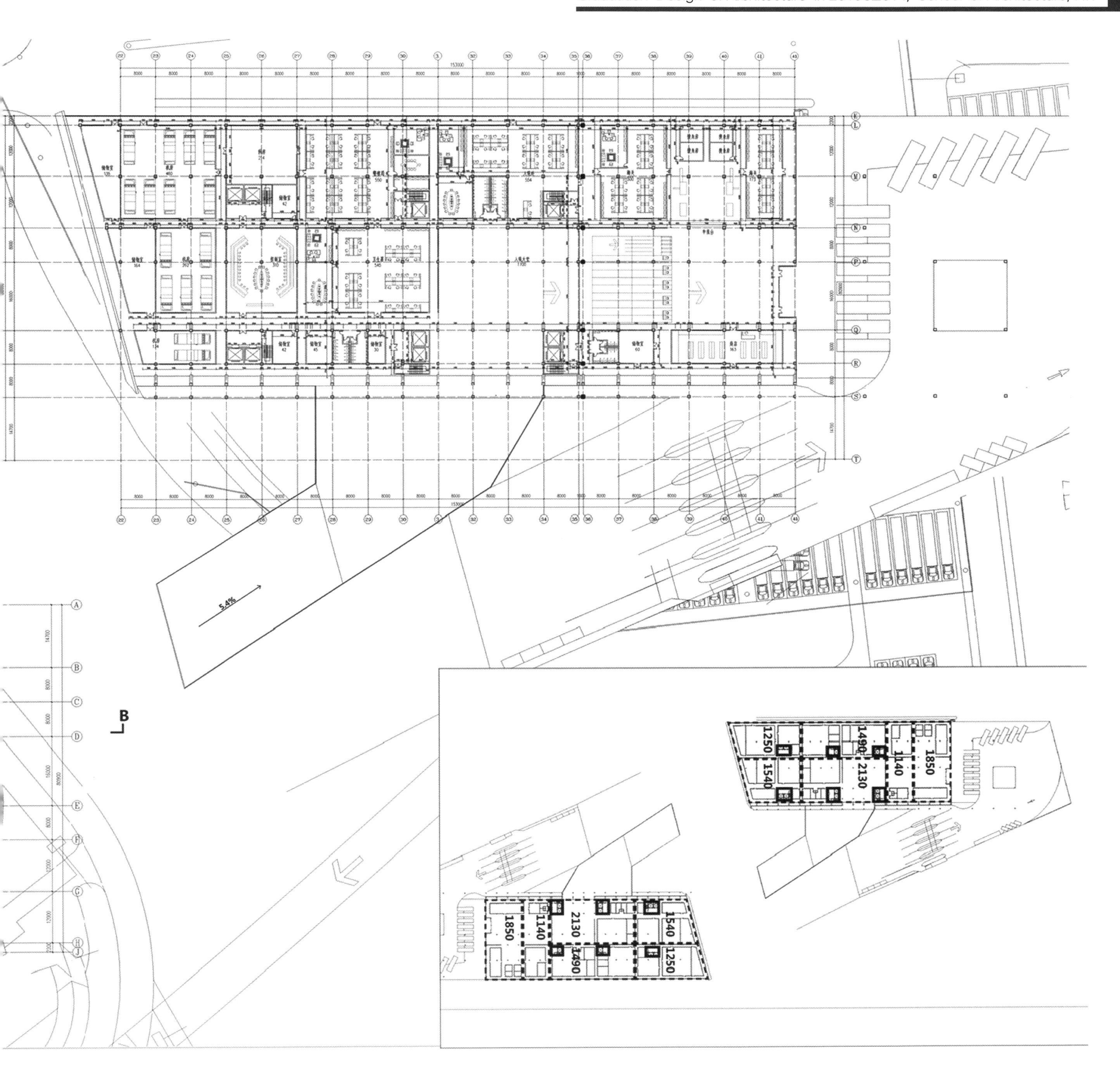

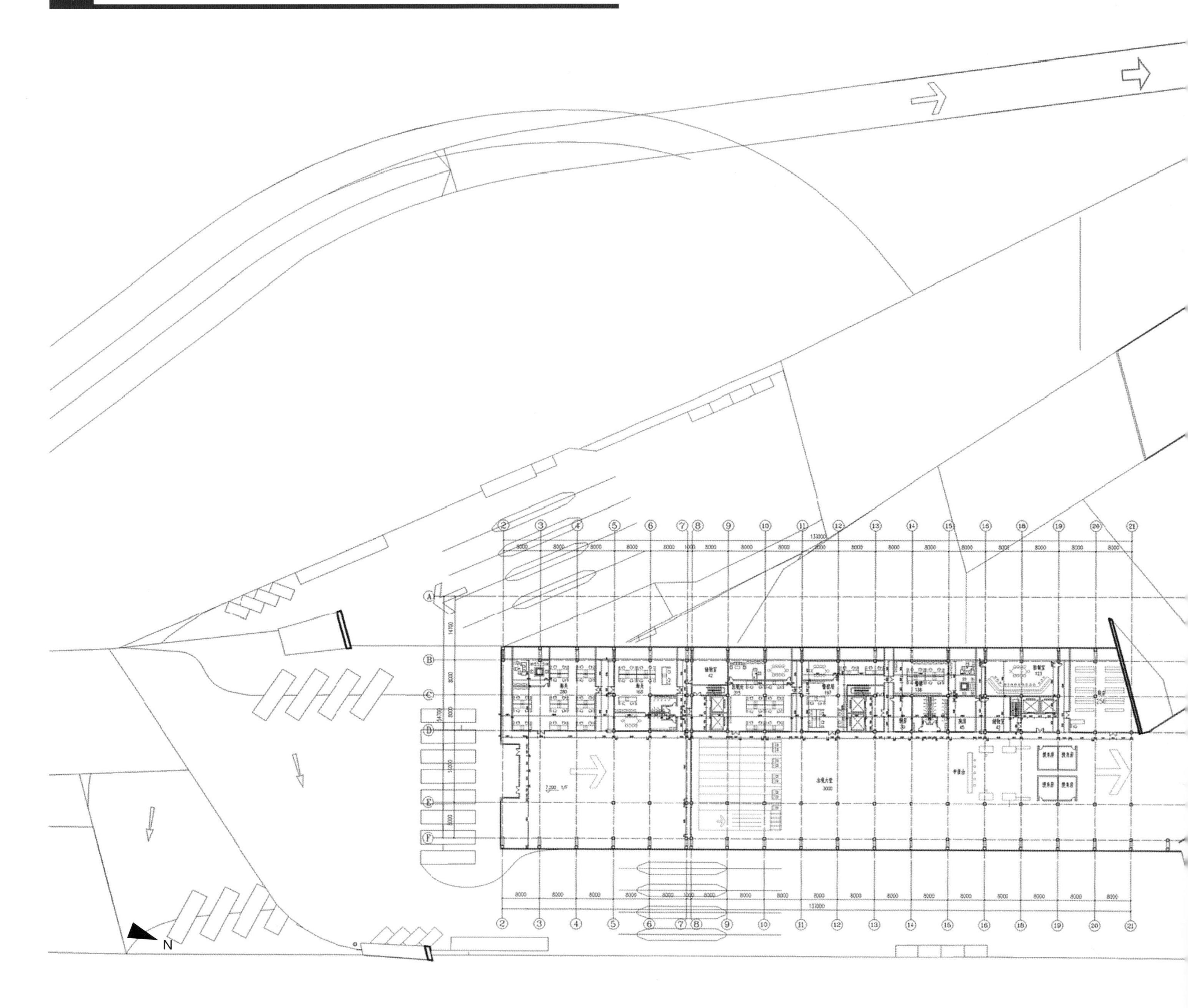

● 一层平面图

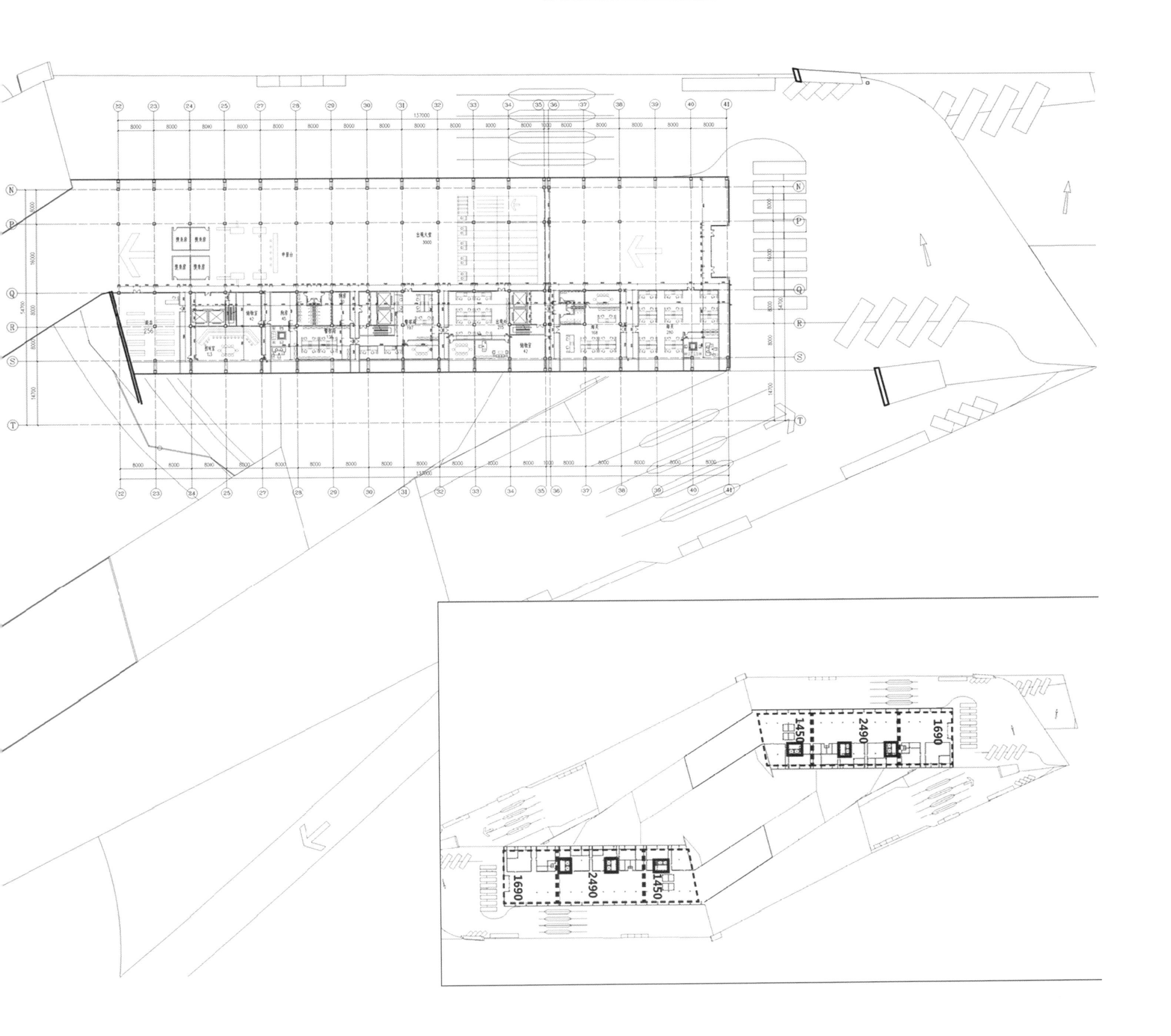

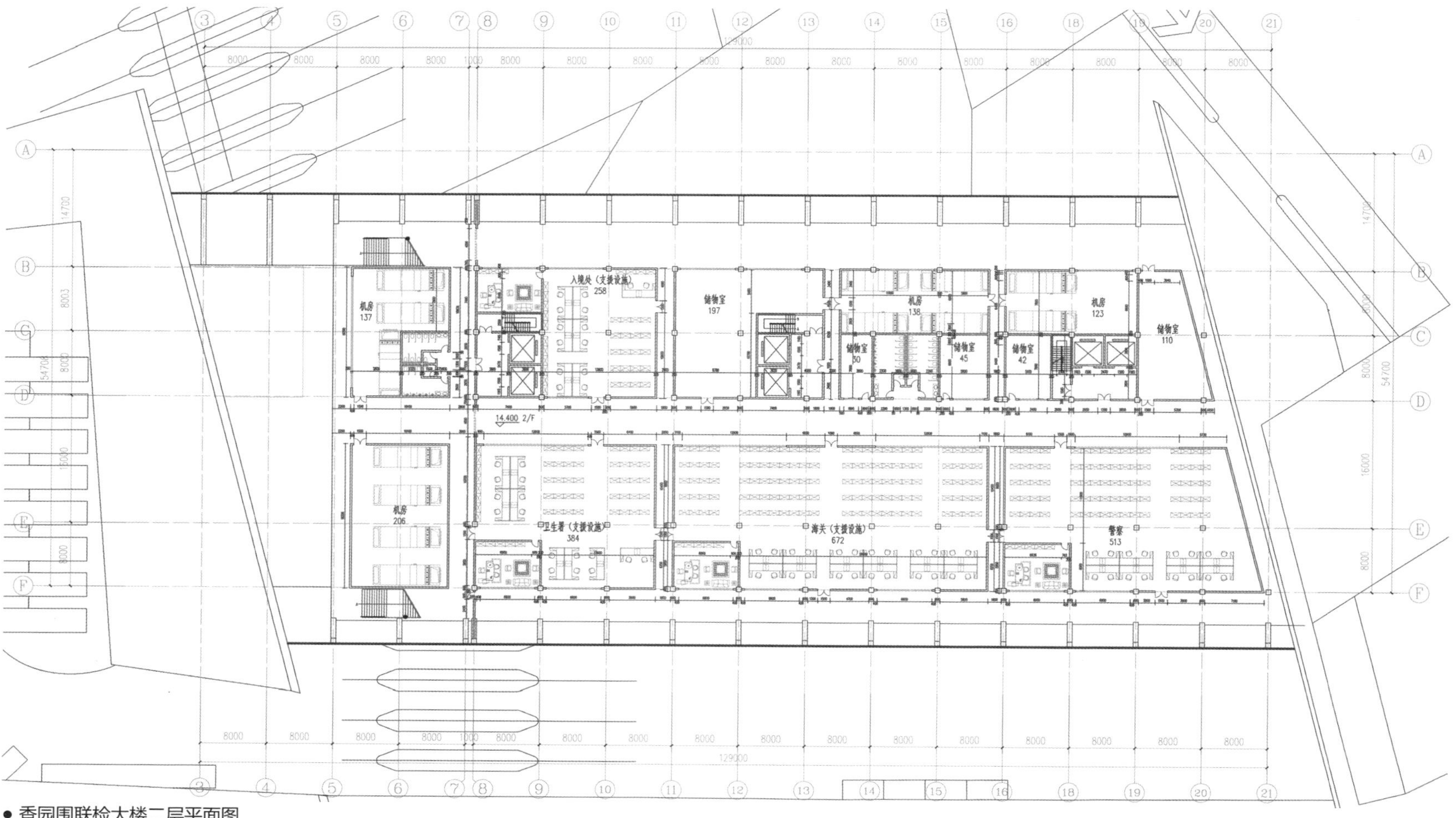

• 香园围联检大楼二层平面图

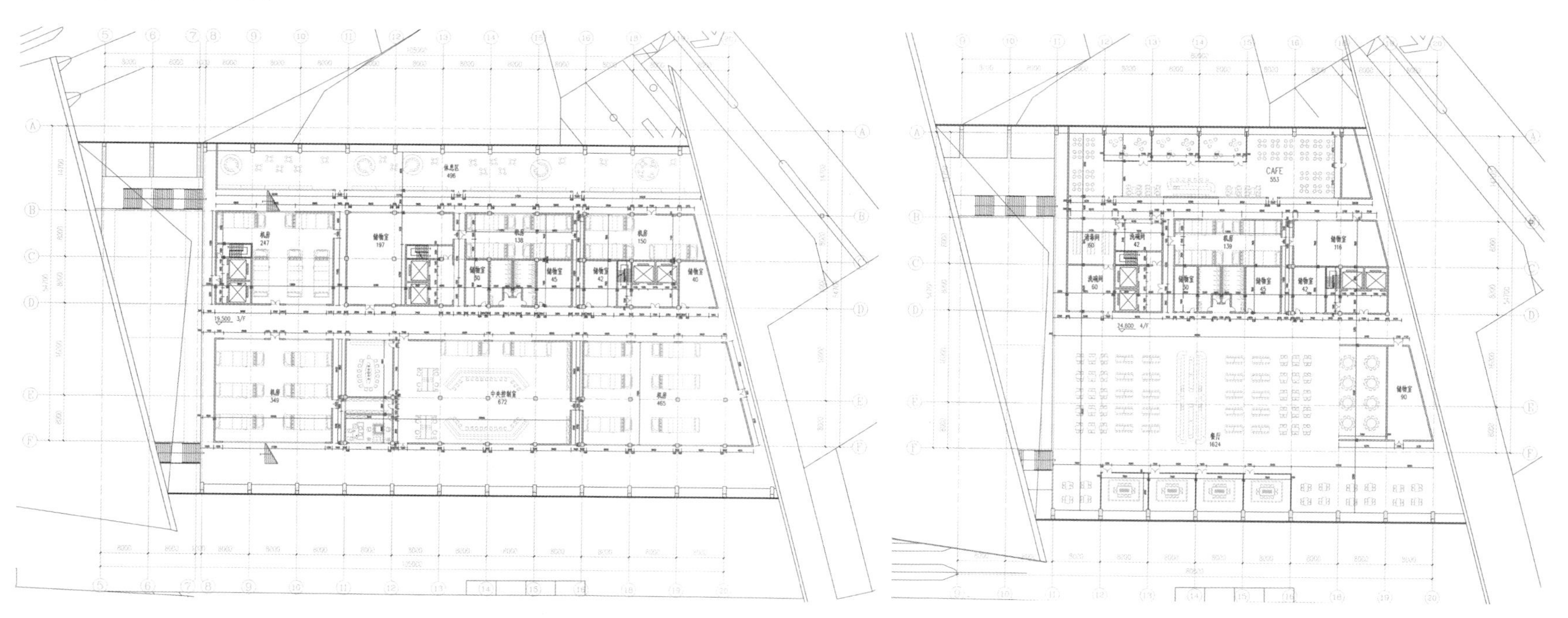

• 香园围联检大楼三层平面图

• 香园围联检大楼四层平面图

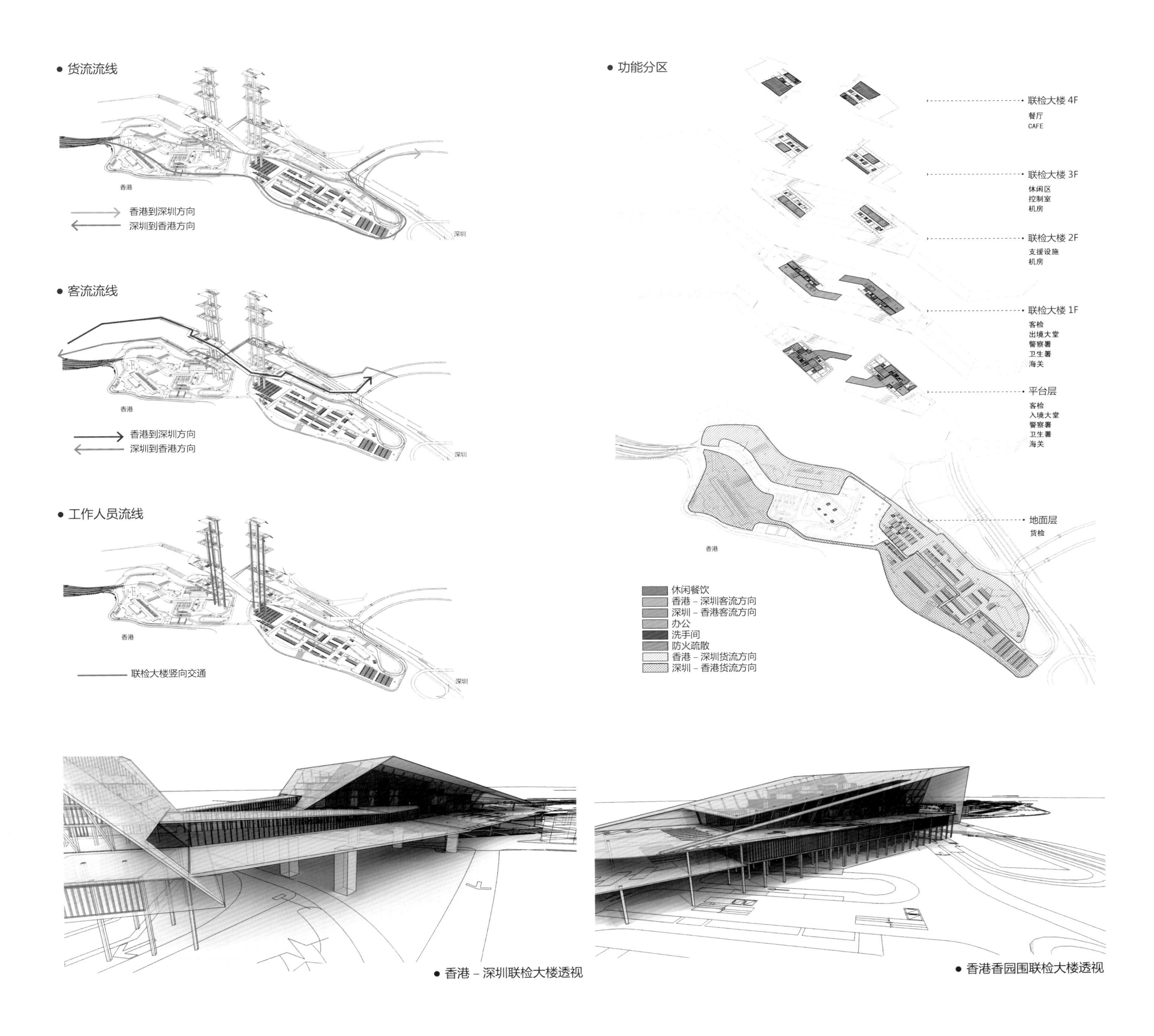

● 香港－深圳联检大楼透视

● 香港香园围联检大楼透视

王墨涵
Wang Mohan

寒地老城区滨水空间与建筑特色再创造

Waterfront space reconstruction and architecture design in old town in cold region

指导教师：徐洪澎　朱莹

本设计首先对马家沟河滨水空间改造区域进行实地调研，提取 SWOT 分析的基本要素对基地加以分析，得出调研报告。

在可行性探讨的基础之上重新规划区块功能、道路交通系统、公共空间节点，整理城市工业和文化遗产，建立新的地标和天际线关系，探讨城市中心休闲区的密度与开发强度，使新的城市功能趋于合理化，激活整个城市空间。

通过实际的分析和建筑设计，探讨文化建筑和历史建筑的关系问题，得到一种较合理的解决问题的方法。通过建筑的形体关系和空间秩序，创造与历史建筑的时间与空间的对话关系。

● 历史建筑改建入口透视

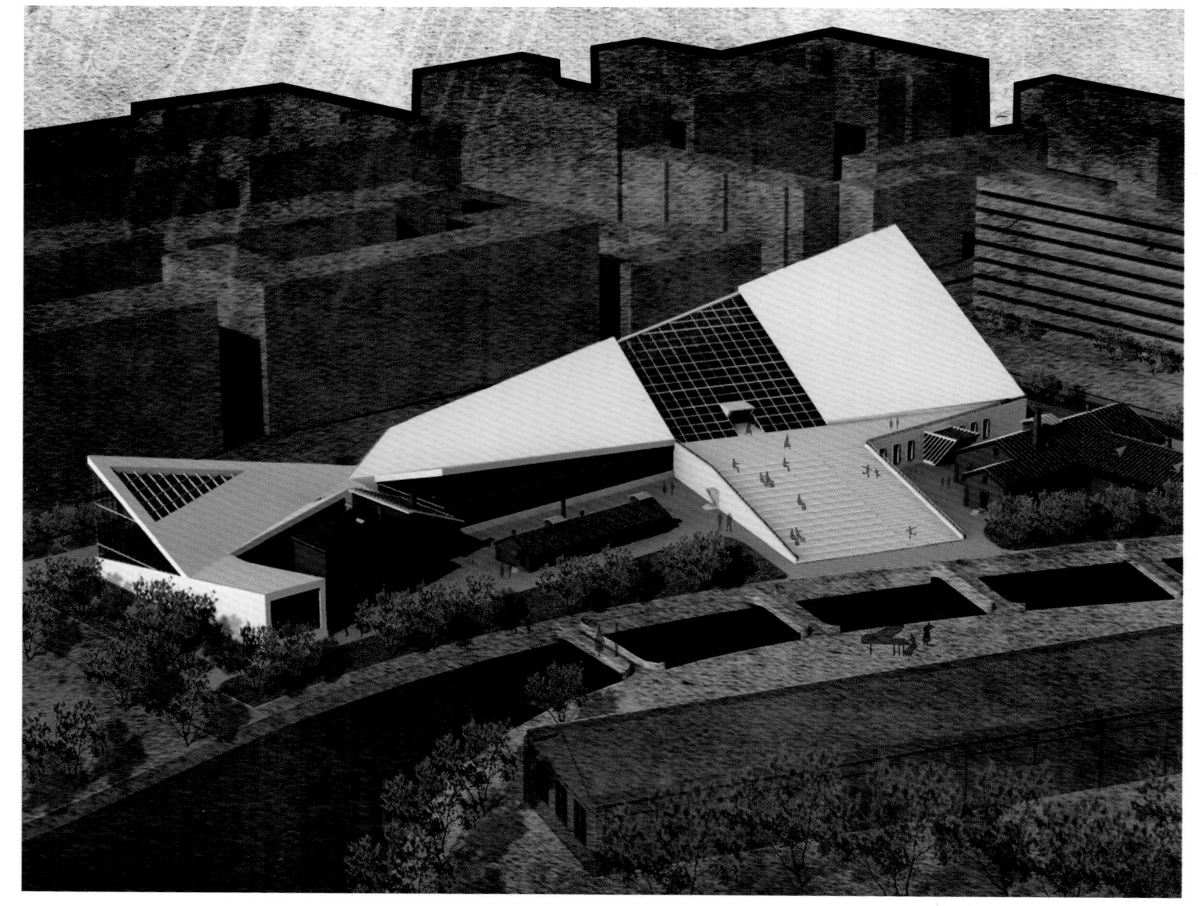

● 形体生成

平行与对位关系

体块下降消隐

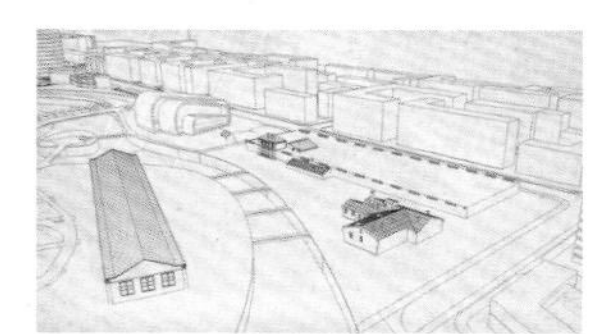

轴线垂直与体块拉伸

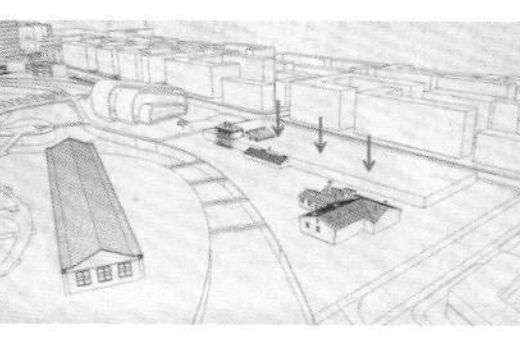

斜向的对位与界面控制

新建筑退让历史建筑轮廓

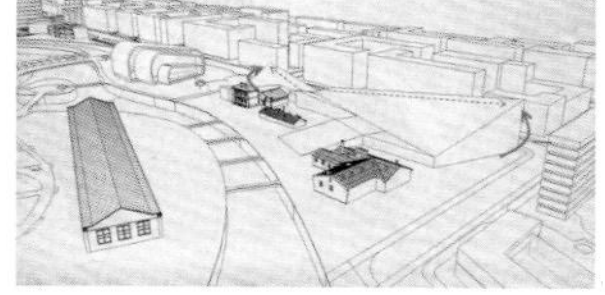

临街起角 保证新老建筑连续性

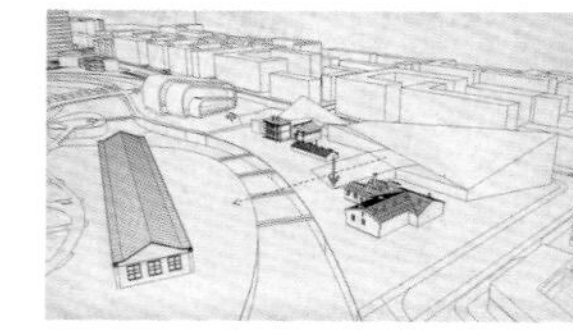

活动设计需求 体块下降

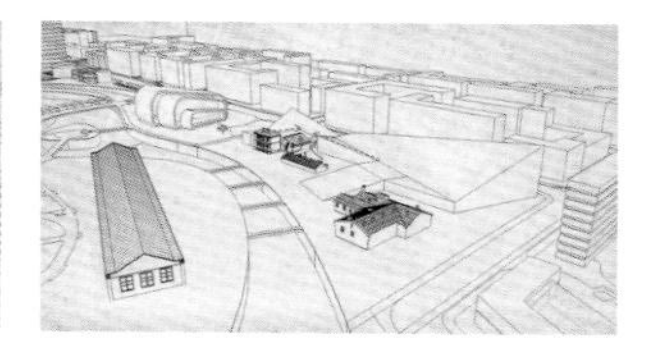

历史建筑一侧起角 对位

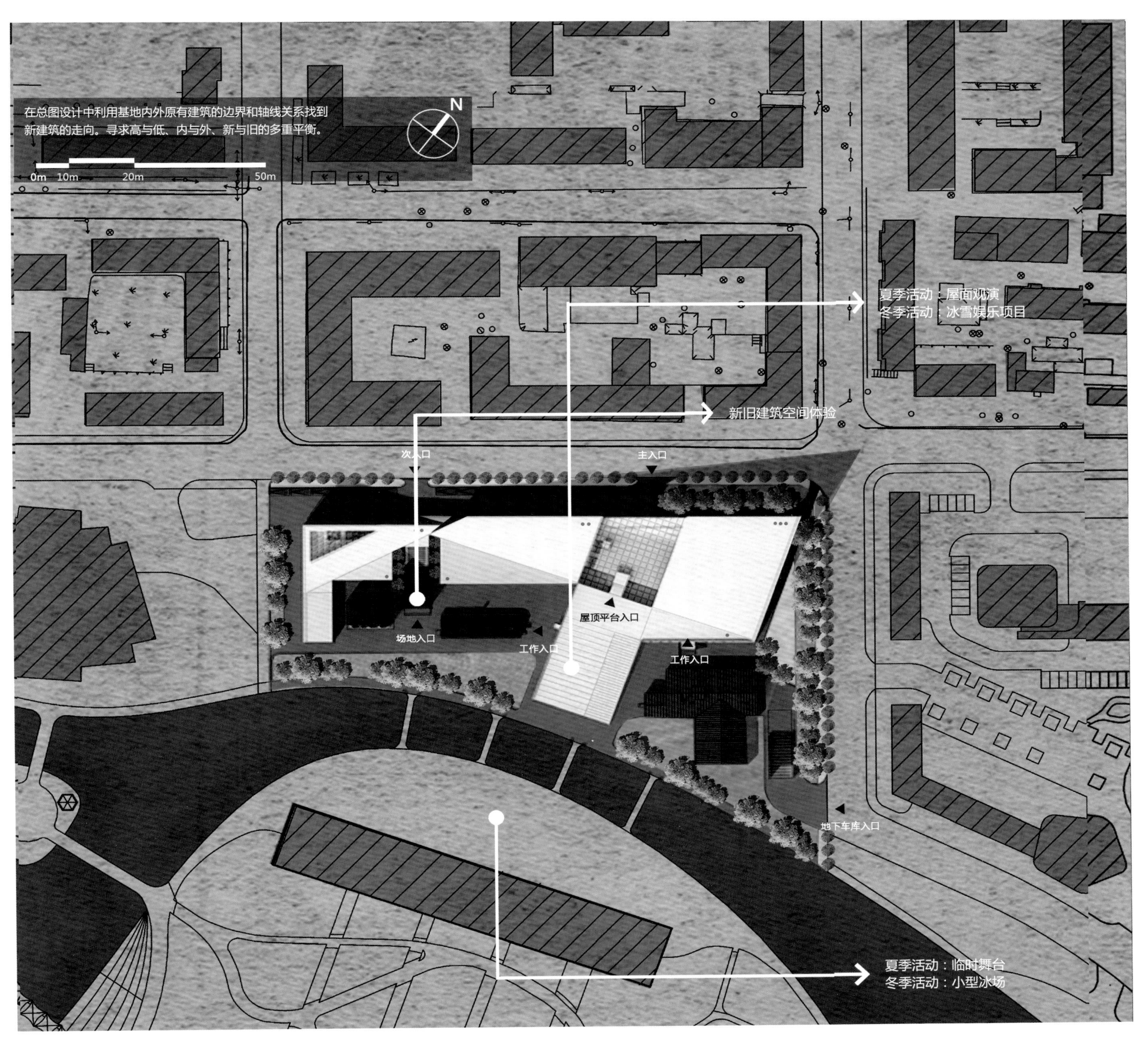
在总图设计中利用基地内外原有建筑的边界和轴线关系找到新建筑的走向。寻求高与低、内与外、新与旧的多重平衡。
N
0m 10m 20m 50m
夏季活动：屋面观演
冬季活动：冰雪娱乐项目
新旧建筑空间体验
次入口
主入口
屋顶平台入口
场地入口
工作入口
工作入口
地下车库入口
夏季活动：临时舞台
冬季活动：小型冰场

● 总平面图

经济技术指标

基地面积：13800m²
建筑占地面积：5461m²
建筑面积：13756m²
容积率：0.59
停车位：77

● 前期分析

功能——老城区
　　　　寒地
　　　　滨水
　　　　文化建筑
区位——老住宅
　　　　新商业
　　　　古建筑
界面——重要车行道
　　　　城市内河边

● 基地分析

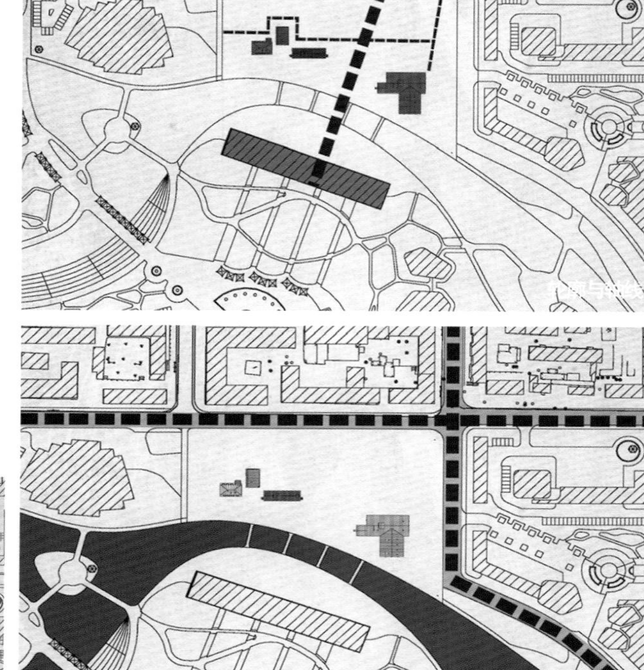

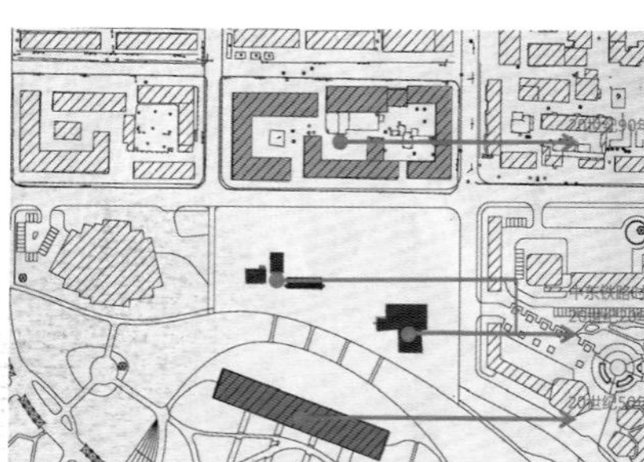

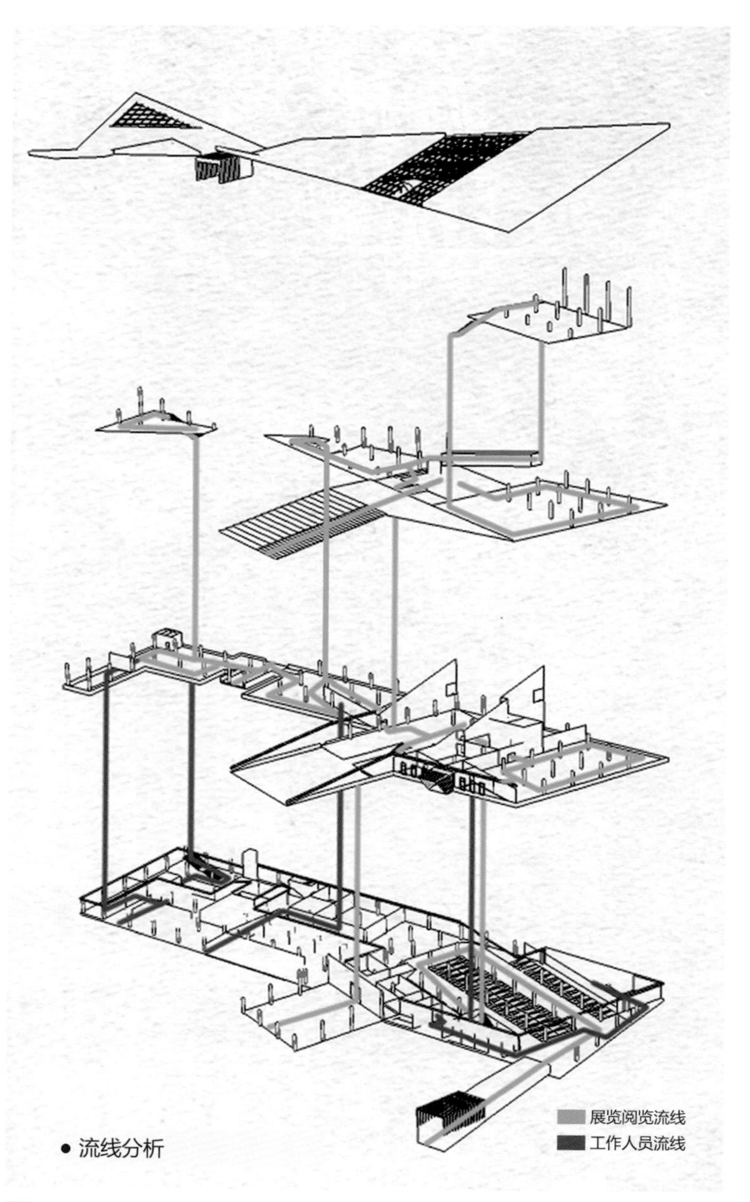

● 流线分析

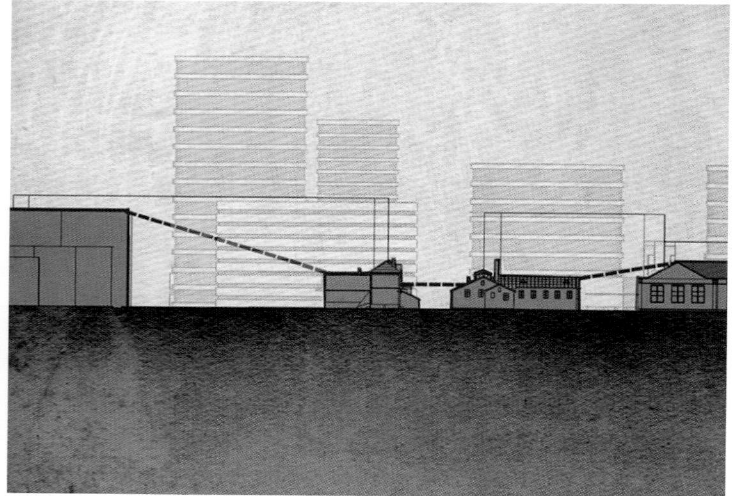

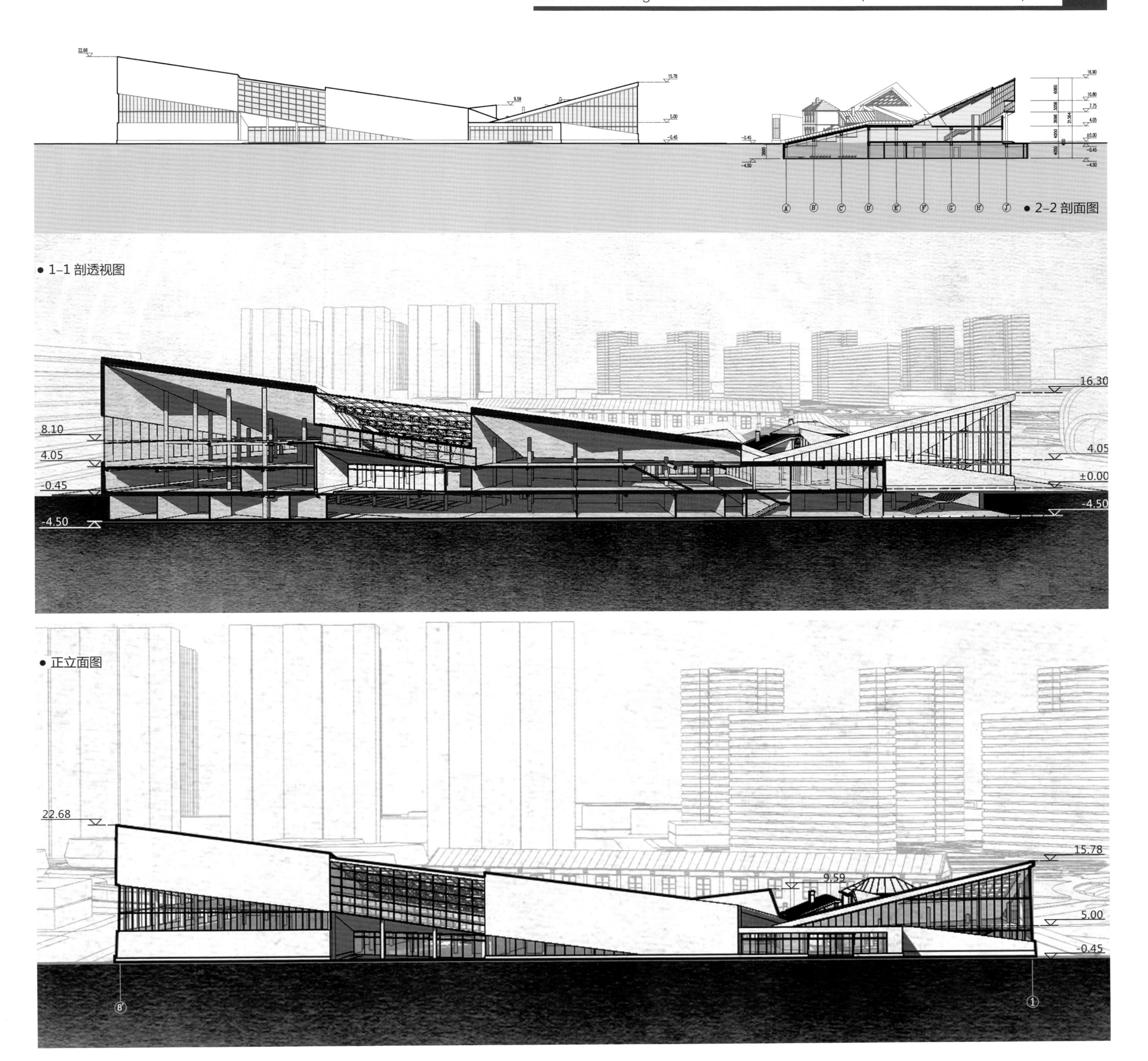
22.68
15.78
9.59
5.00
-0.45
16.90
10.80
7.75
4.05
±0.00
-0.45
-4.50
2-2 剖面图
1-1 剖透视图
16.30
8.10
4.05
-0.45
4.05
±0.00
-4.50
-4.50
正立面图
22.68
15.78
9.59
5.00
-0.45

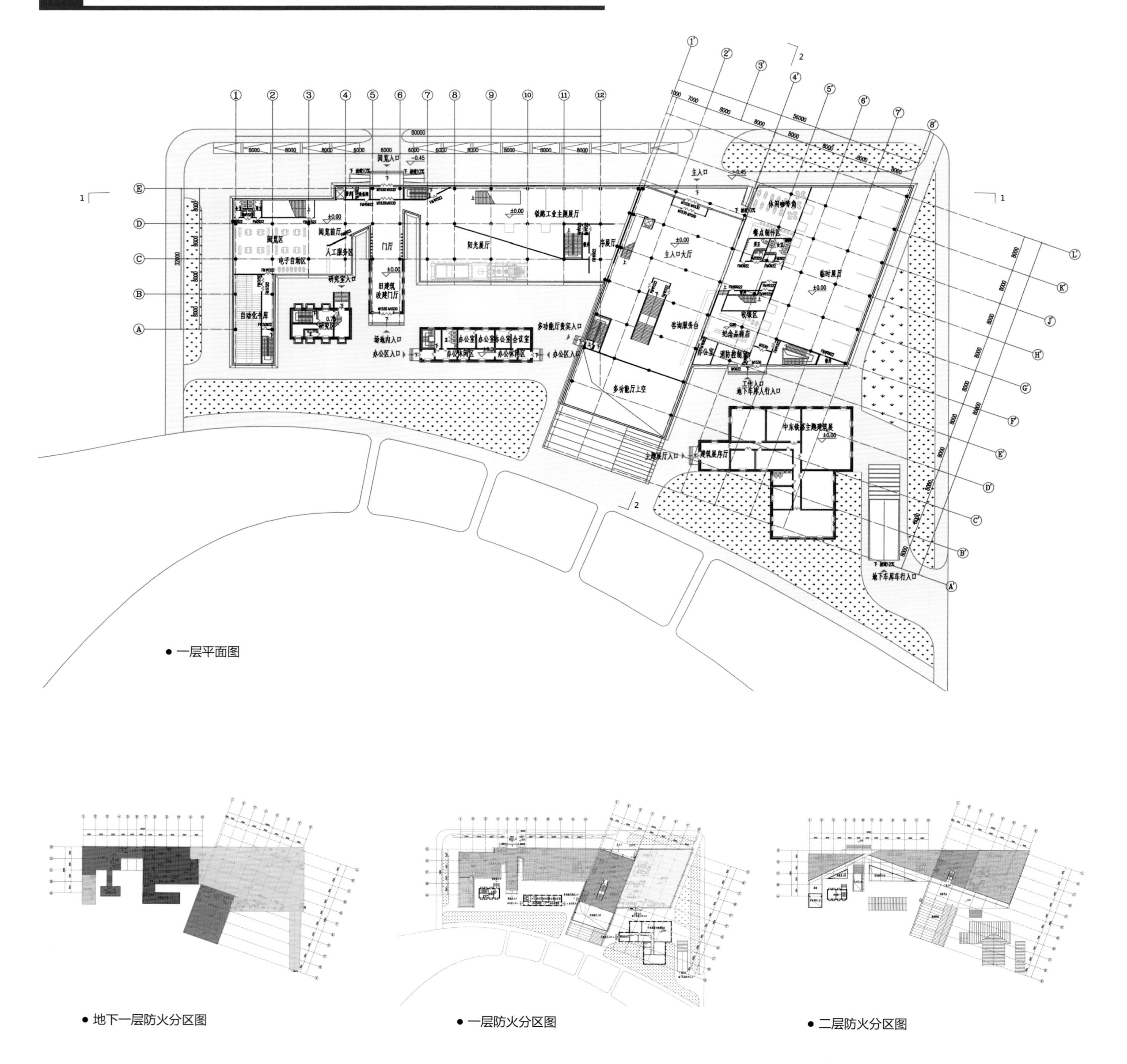

● 一层平面图

● 地下一层防火分区图

● 一层防火分区图

● 二层防火分区图

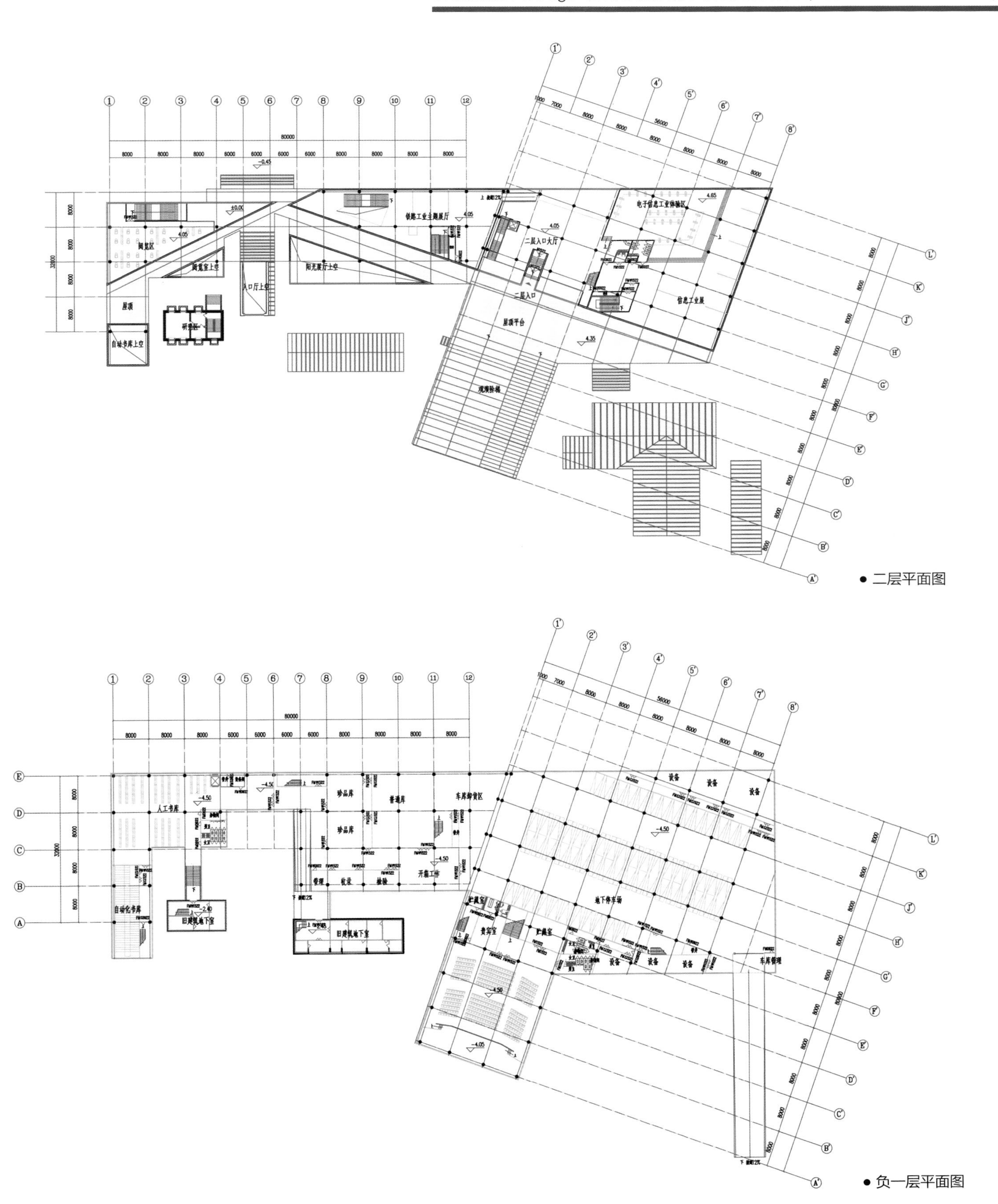

● 二层平面图

● 负一层平面图

王思涵
Wang Sihan

白城市体育中心规划及主要单体建筑设计

Baicheng Sports Center planning and single building design

指导教师：罗鹏　刘莹

白城市体育中心需要满足举办中型体育赛事的能力，同时也要考虑到赛后的综合利用以及场馆的多功能性。场地位处鹤鸣湖湖畔，景色秀美。为使建筑以及体育公园与地景的巧妙结合，方案以鹤和风为建筑意向进行场地规划，将自然的线条融入场地及建筑单体设计当中，同时以巧妙的结构层编制出诗意的室内空间。

● 总平面图

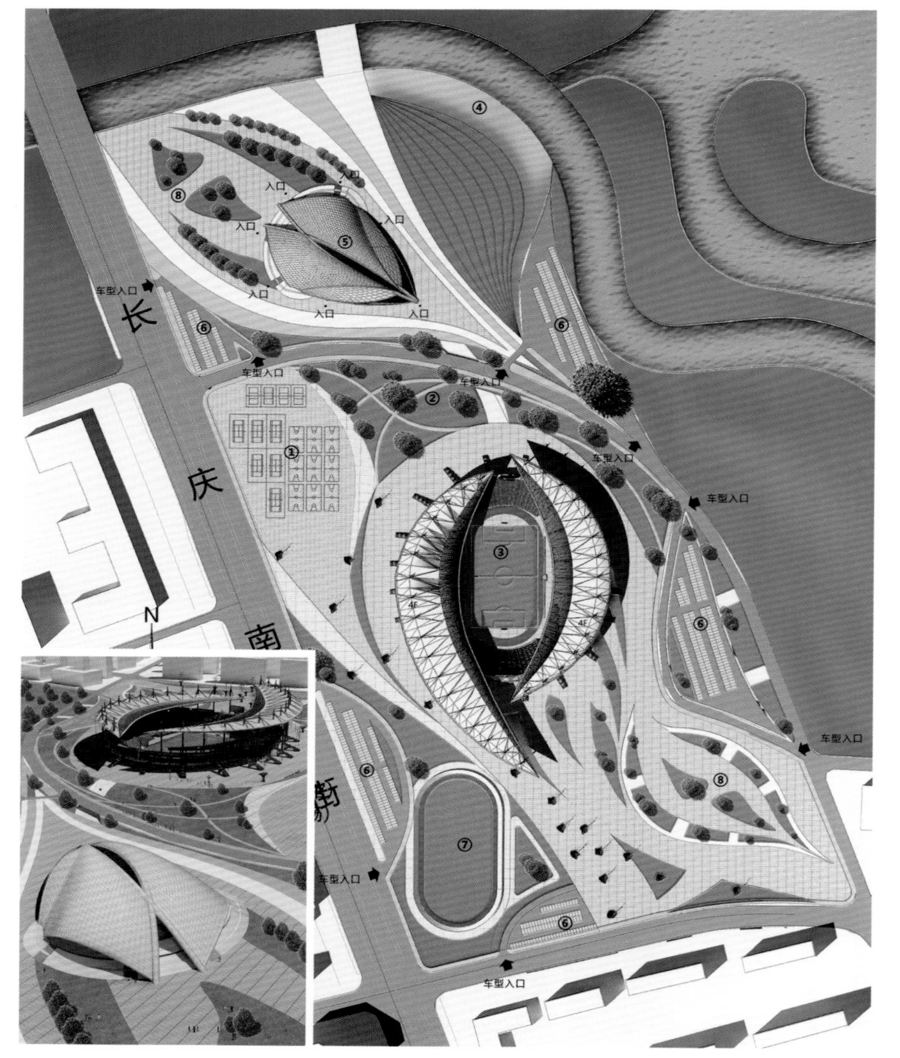

● 生成分析

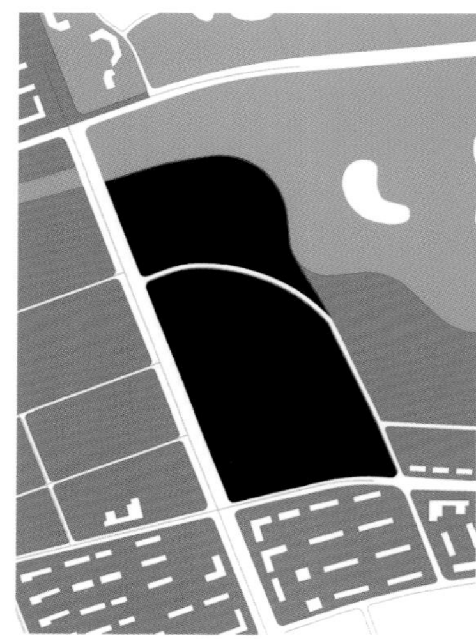

地段处于城市环境与自然环境的交界地带

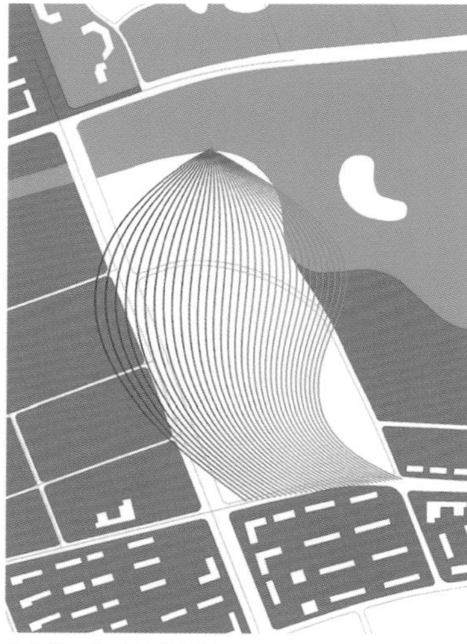

将自然环境引入基地内部

以风的形象分割出绿地

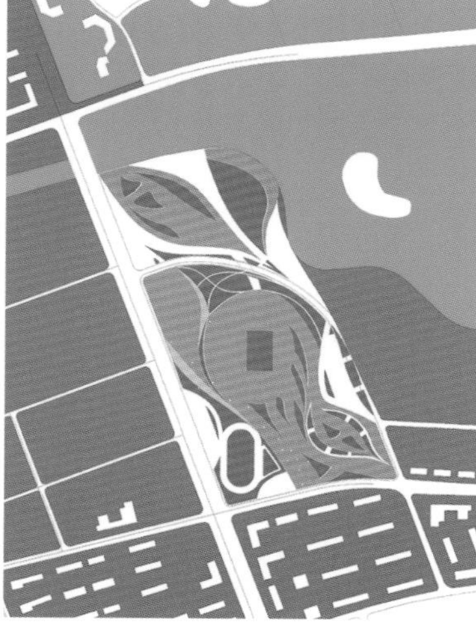

用绿地围合出广场

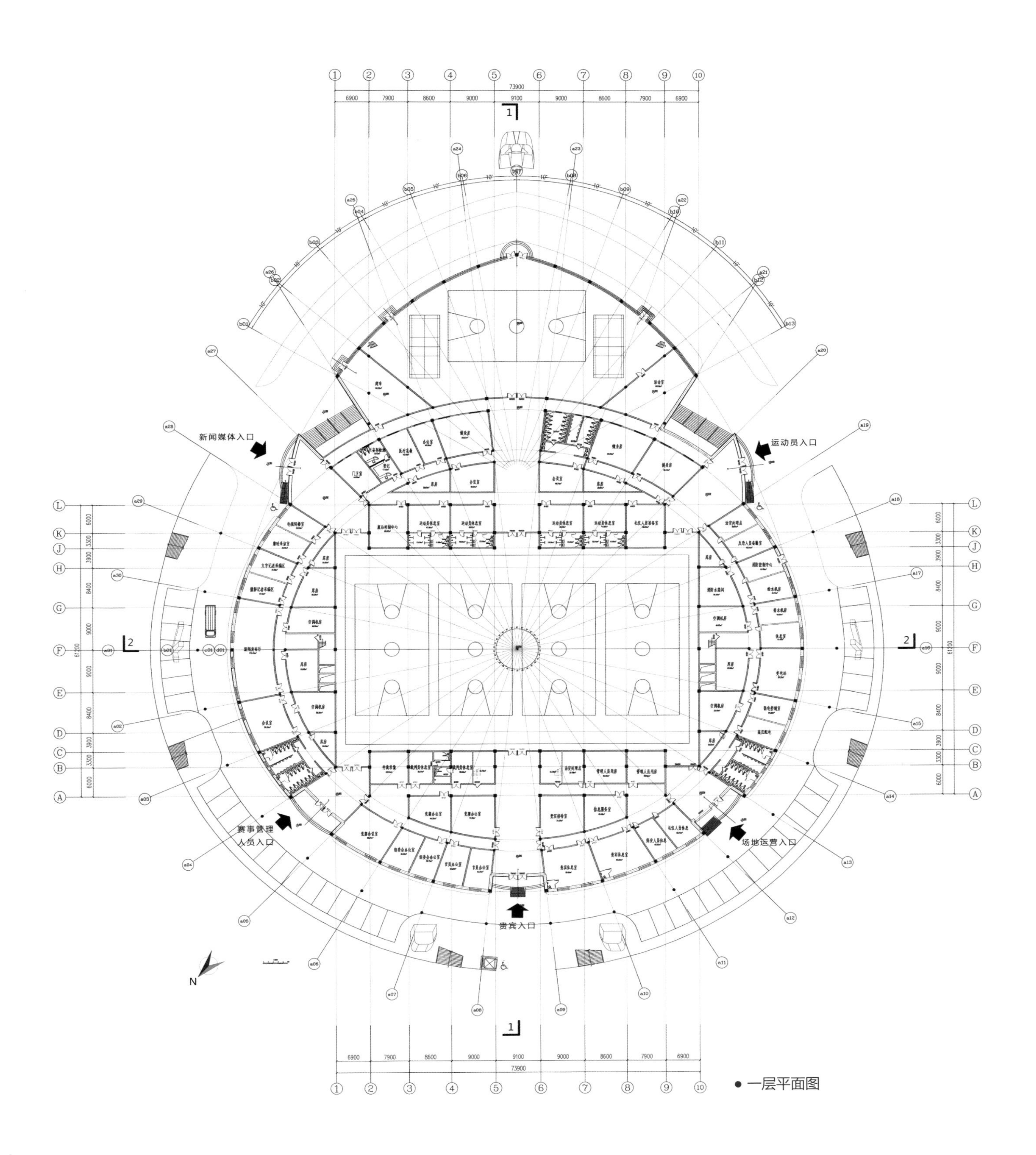

● 一层平面图

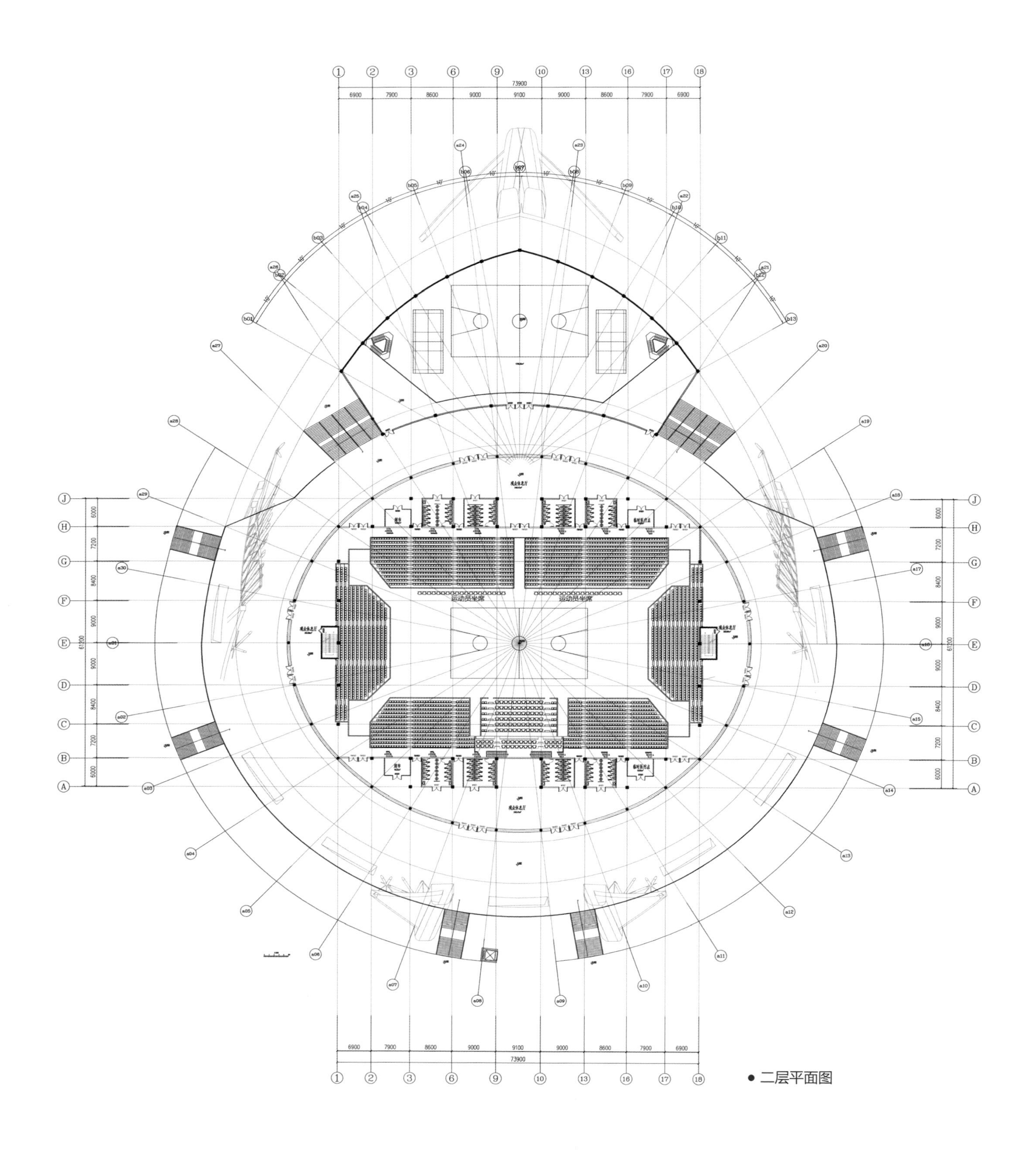

● 二层平面图

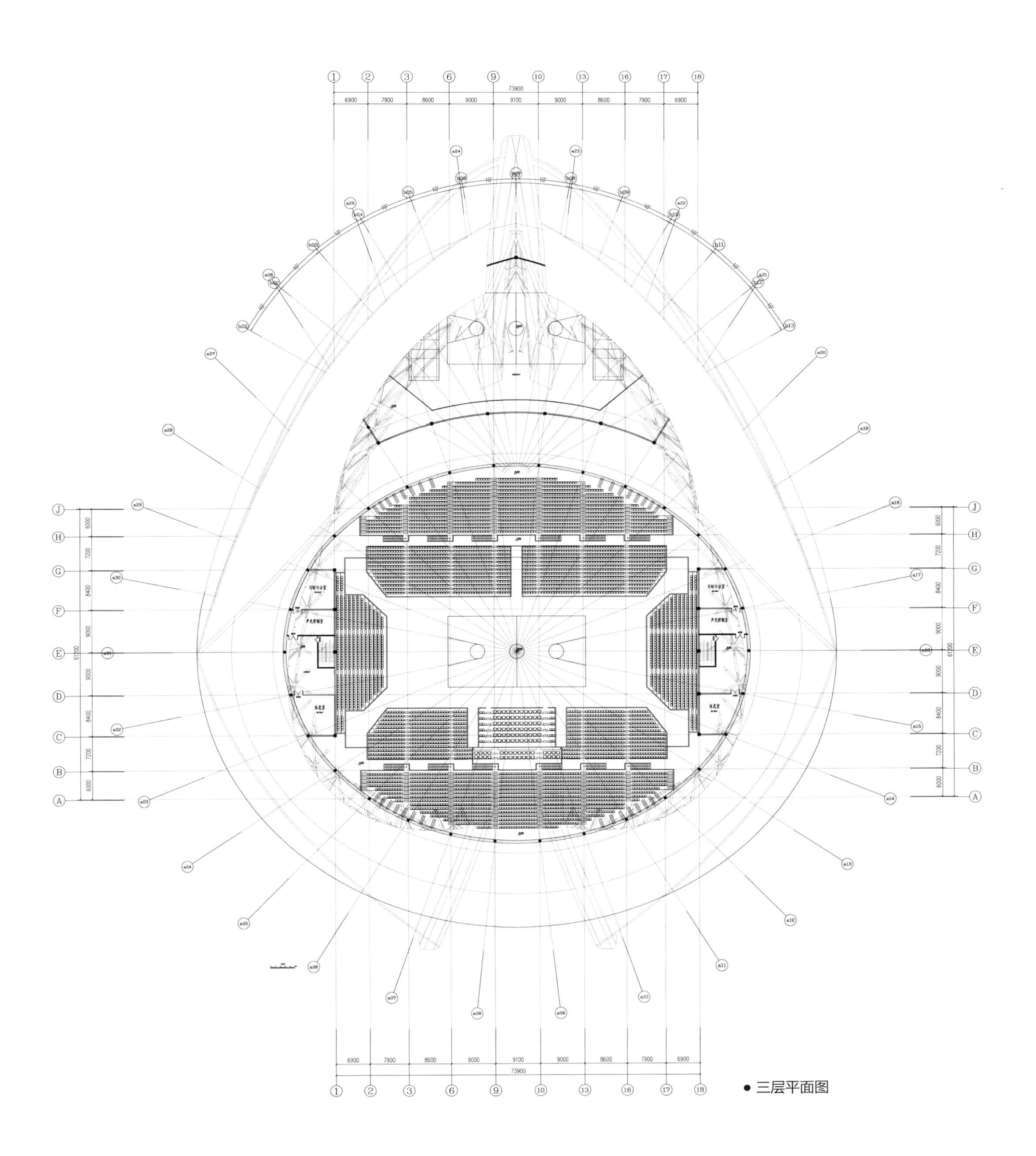

● 三层平面图

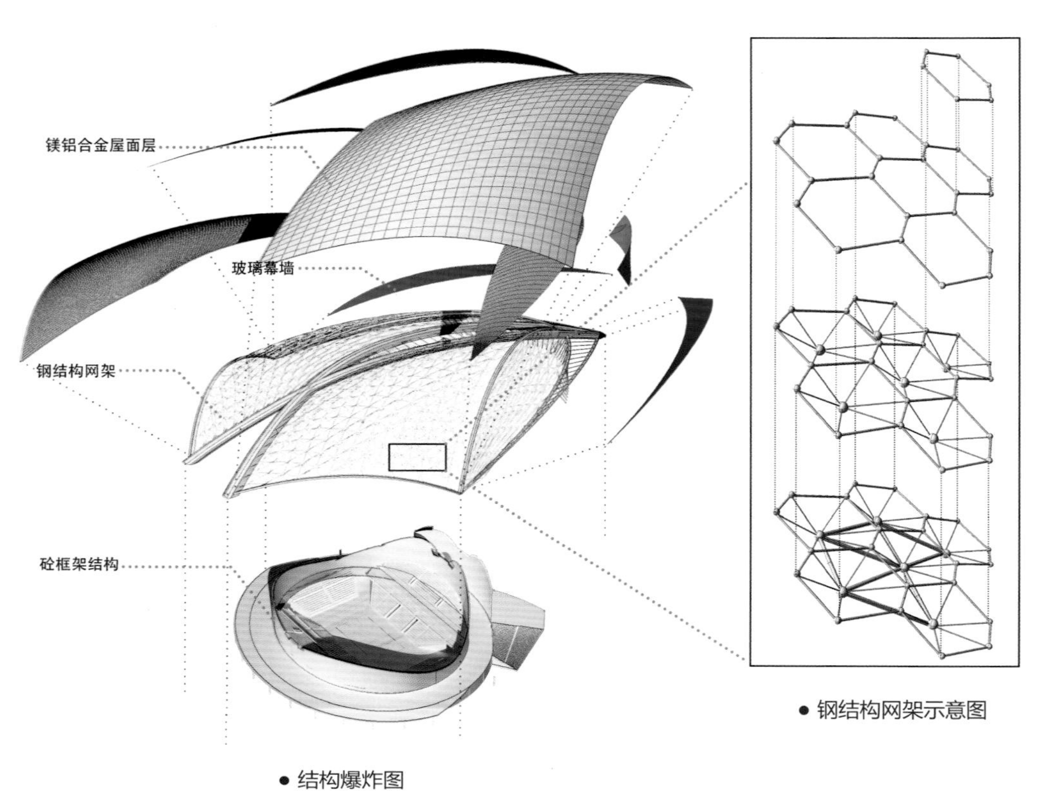

● 钢结构网架示意图

● 结构爆炸图

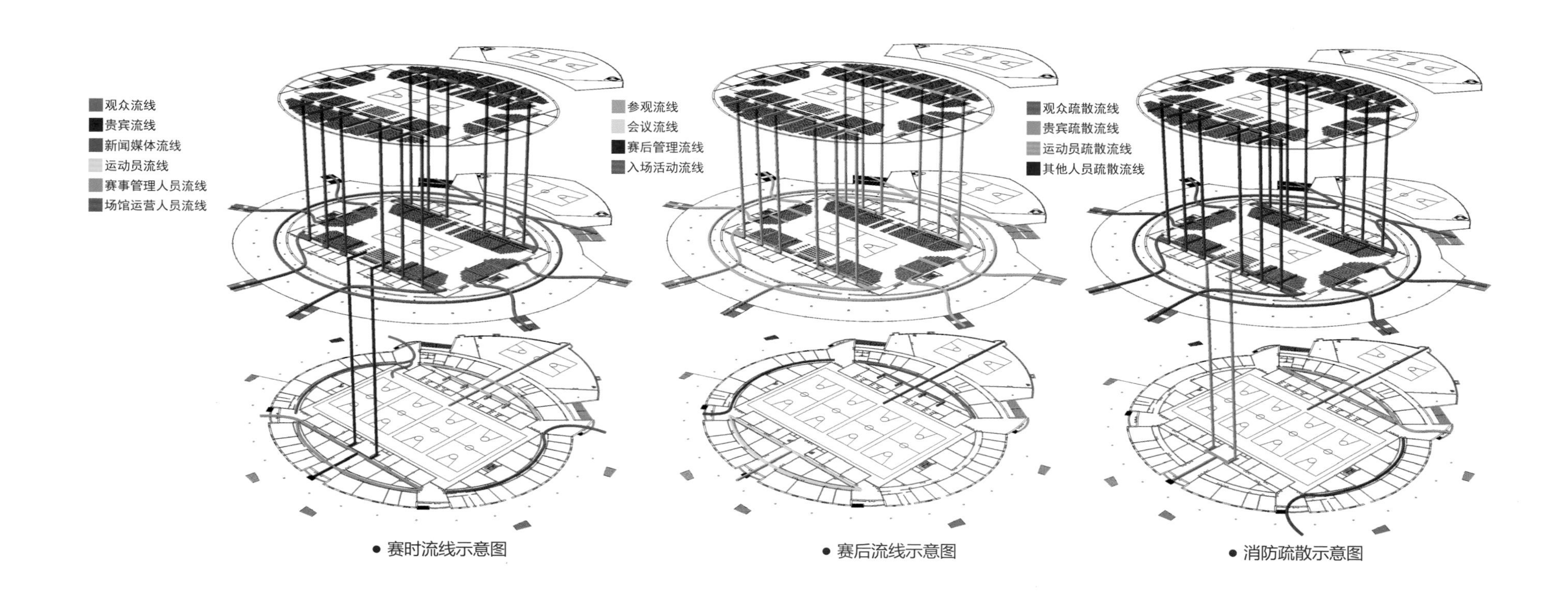

● 赛时流线示意图 ● 赛后流线示意图 ● 消防疏散示意图

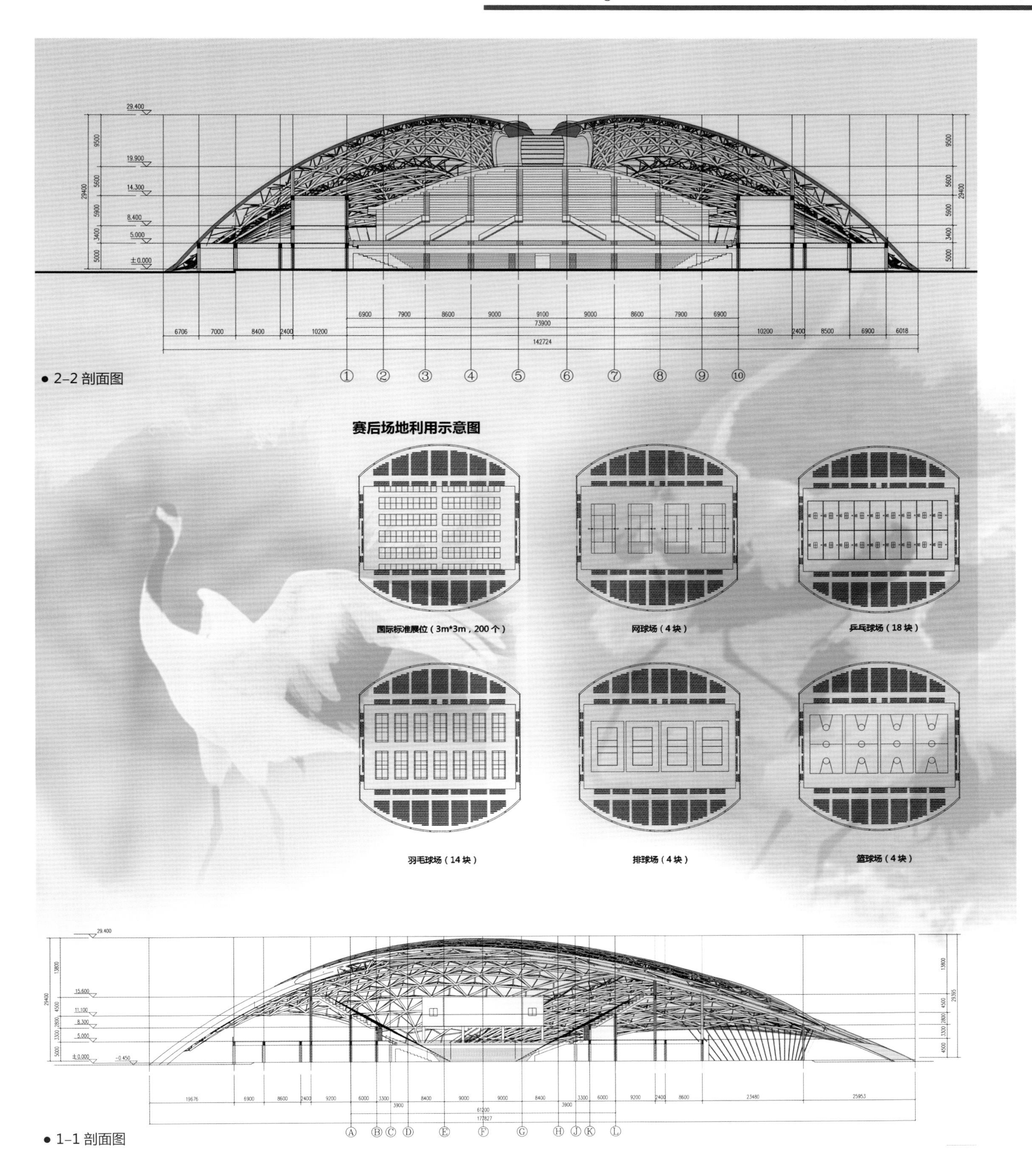
赛后场地利用示意图
国际标准展位（3m*3m，200个）
网球场（4块）
乒乓球场（18块）
羽毛球场（14块）
排球场（4块）
篮球场（4块）

• 2-2 剖面图

• 1-1 剖面图

王宇
Wang Yu

重庆特钢厂片区空间城市设计与建筑设计

Urban design and architectural design of Chongqing Special Steel Plant Area

指导教师：陆诗亮　张宇

“四维反应场”是本次城市设计的主题，文化娱乐场、文化艺术工场与生态展览场三座建筑相互依存产生“反应”，并在时间与空间上对历史文脉做出了多维度的诠释。作为反应场“催化剂”的文化艺术工场是一个故事，在设计中探索“弱建筑”的质，营造一个公平自由的平台，没有束缚与羁绊，你走进这个故事并留下你的故事。

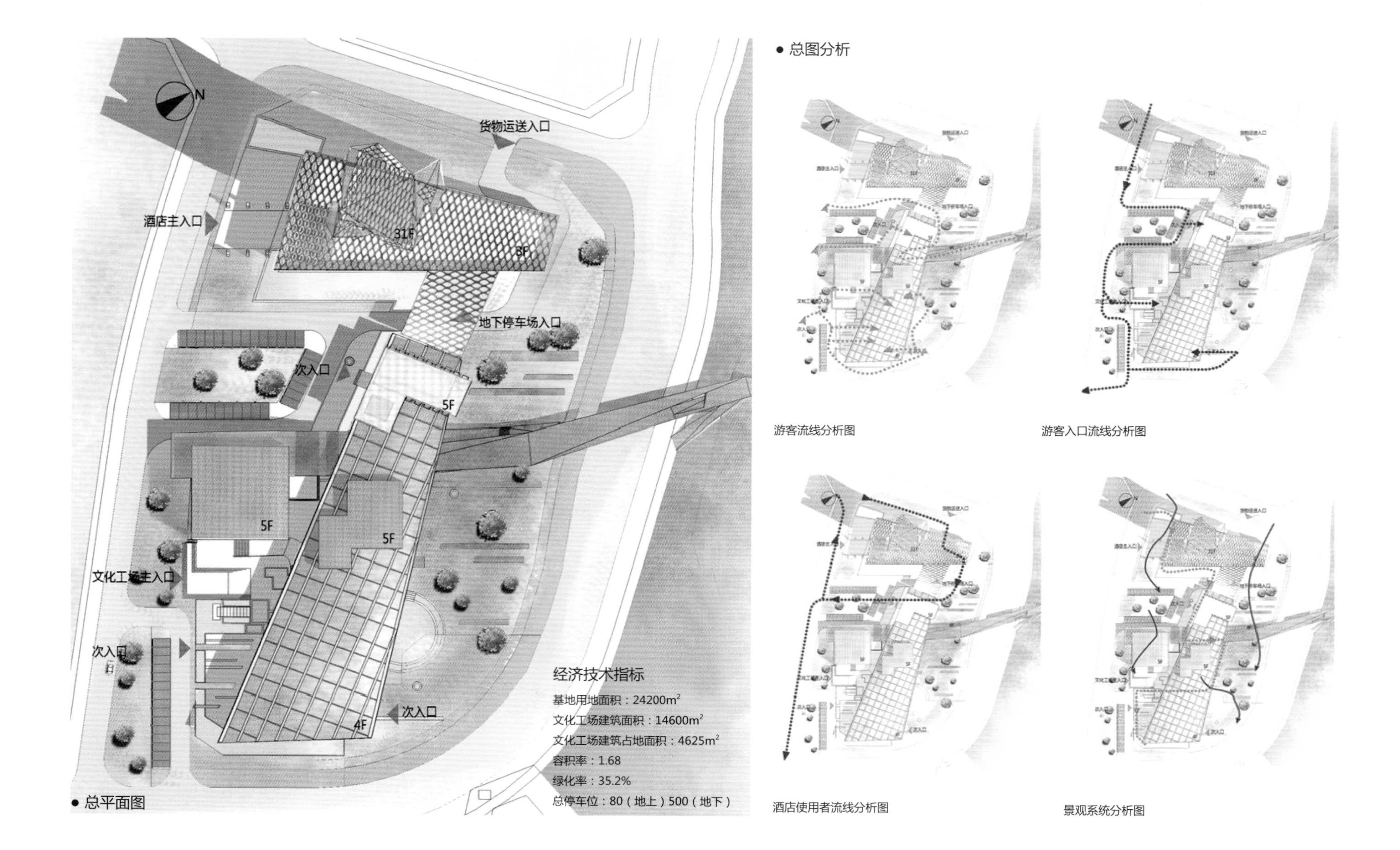

● 总平面图

● 总图分析

游客流线分析图

游客入口流线分析图

酒店使用者流线分析图

景观系统分析图

● 1.5m 标高处平面图

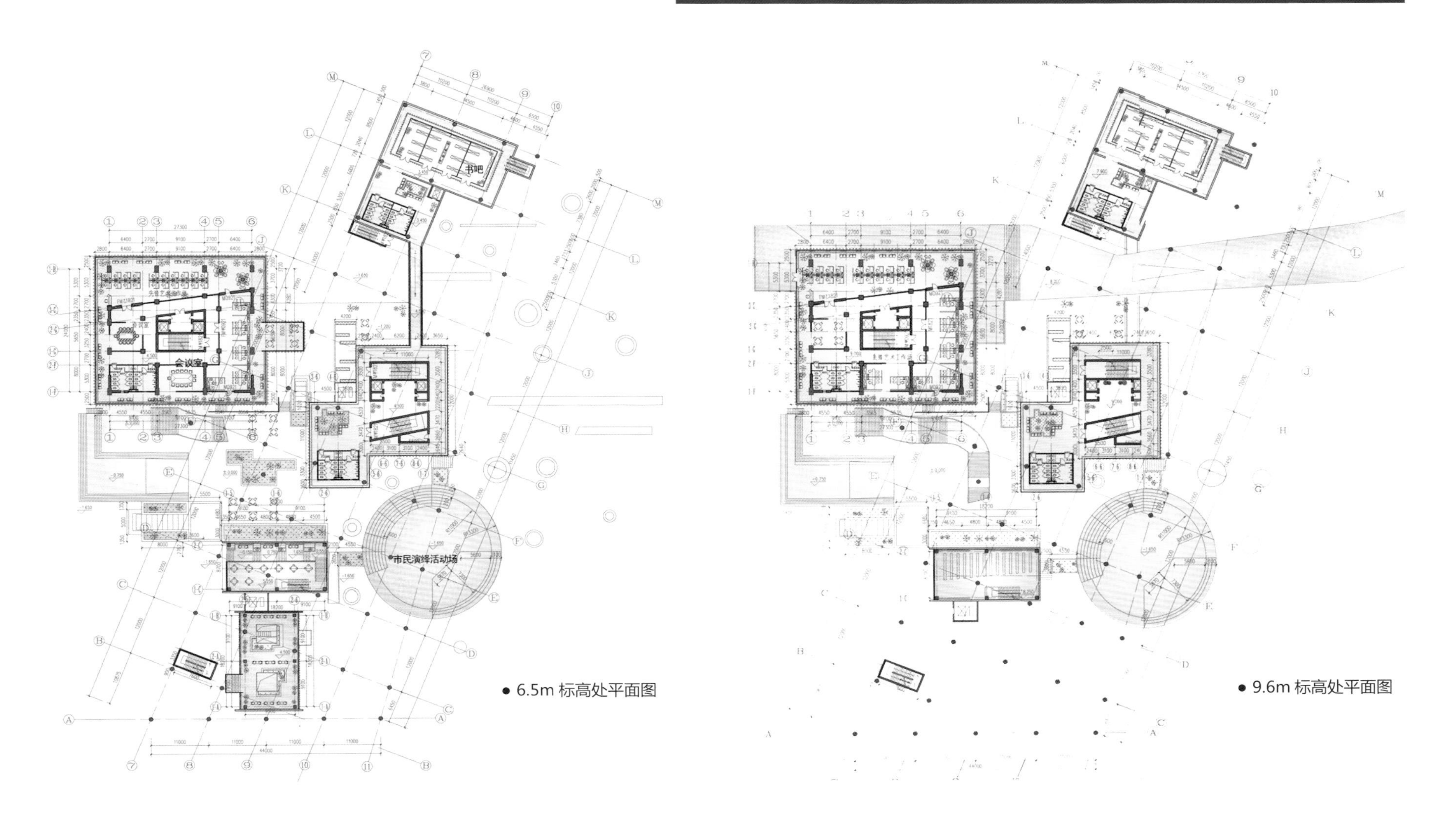

● 6.5m 标高处平面图

● 9.6m 标高处平面图

● 13.5m 标高处平面图

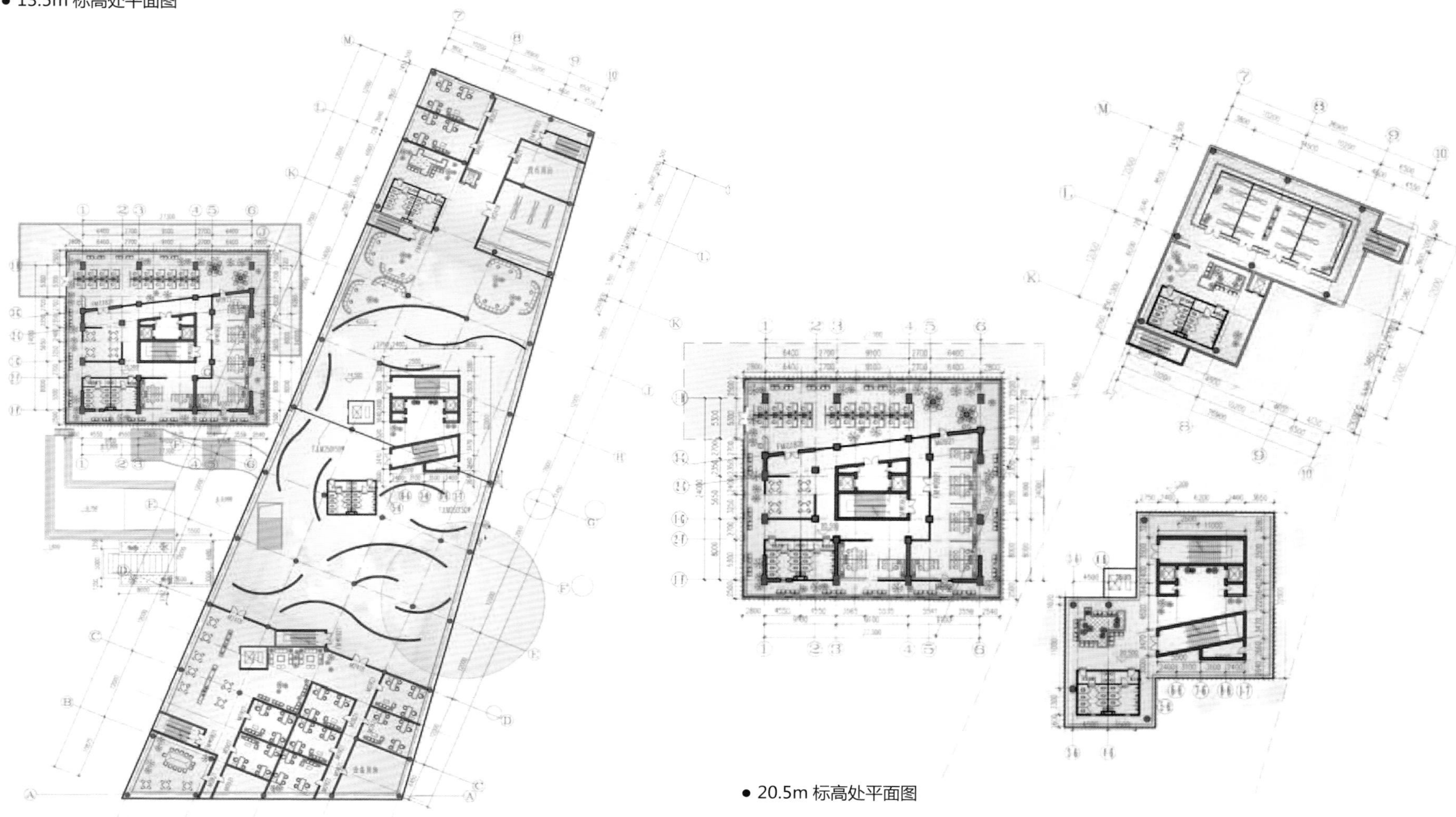

● 20.5m 标高处平面图

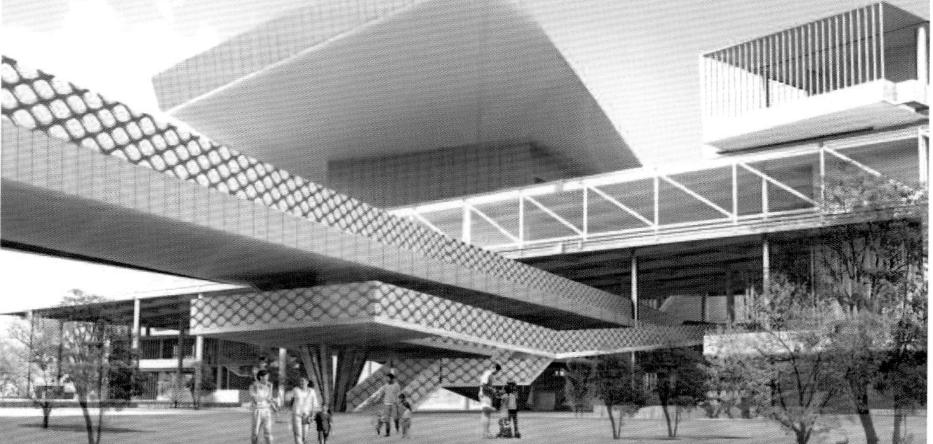

● 结构支撑体系分析

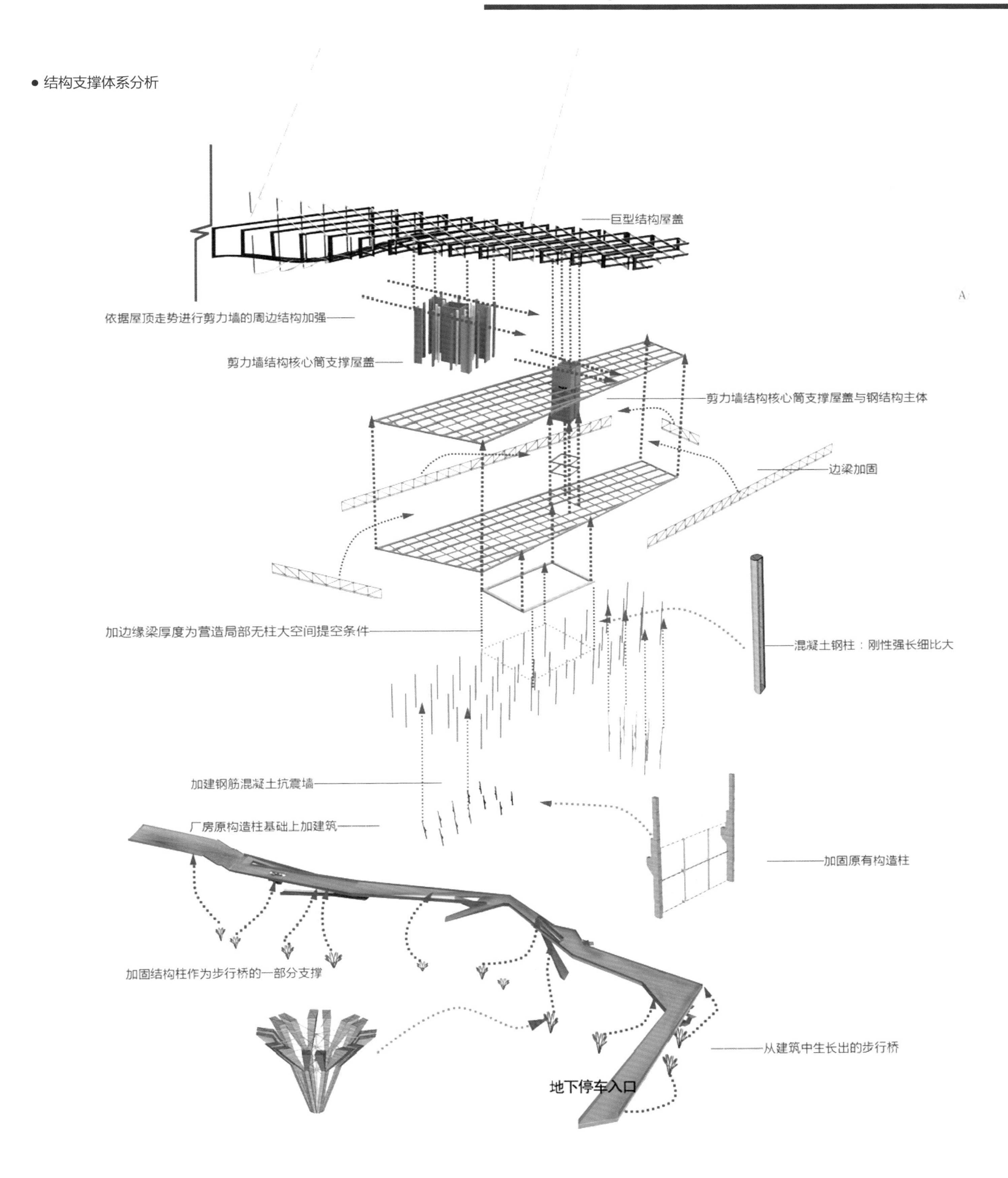
巨型结构屋盖
依据屋顶走势进行剪力墙的周边结构加强
剪力墙结构核心筒支撑屋盖
剪力墙结构核心筒支撑屋盖与钢结构主体
边梁加固
加边缘梁厚度为营造局部无柱大空间提空条件
混凝土钢柱：刚性强长细比大
加建钢筋混凝土抗震墙
厂房原构造柱基础上加建筑
加固原有构造柱
加固结构柱作为步行桥的一部分支撑
从建筑中生长出的步行桥
地下停车入口

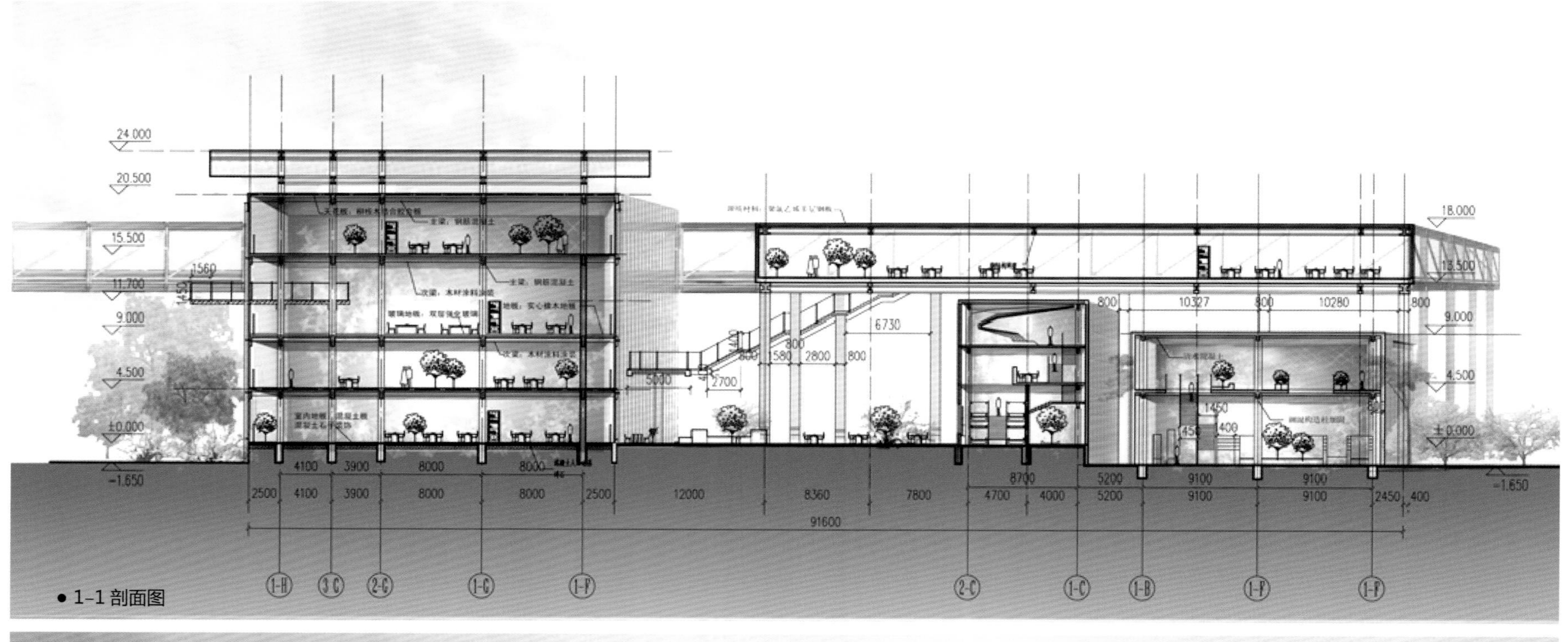
● 1-1 剖面图

立面图

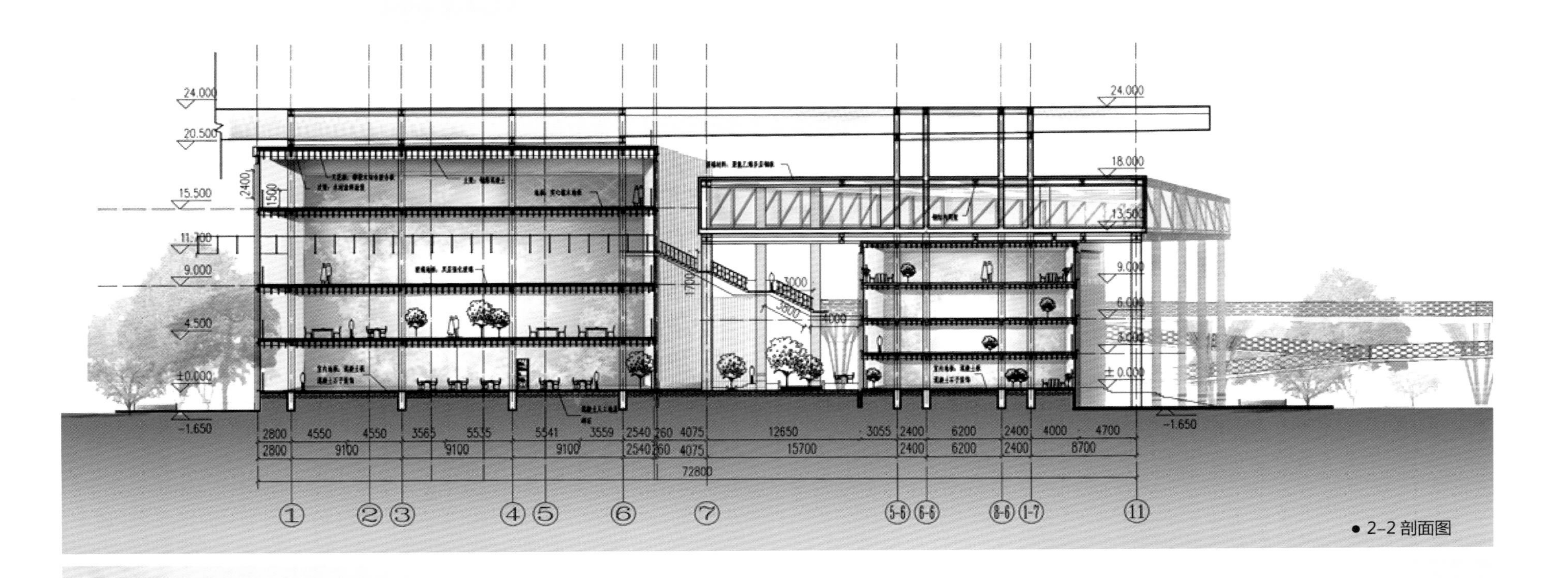

• 2-2 剖面图

杨原
Yang Yuan

莲塘 / 香园围口岸联检大楼建筑设计

Building design of Liantang/ Heung Yuen Wai Port Combination Examination

指导教师：于戈　唐征征

建筑与结构的关系是这次设计主要探讨的问题，旨在通过建构来实现结构的视觉表达。设计由一个灵活的空间框架体系和一个自然的人造地形体系叠合而成。我们把公共空间和办公空间交错布置，办公空间向上或向下半层即可到达公共空间，形成办公、休闲等空间的相互穿插，增加公共空间的可达性、利用率，形成高质量的办公空间环境。

● 总平面图

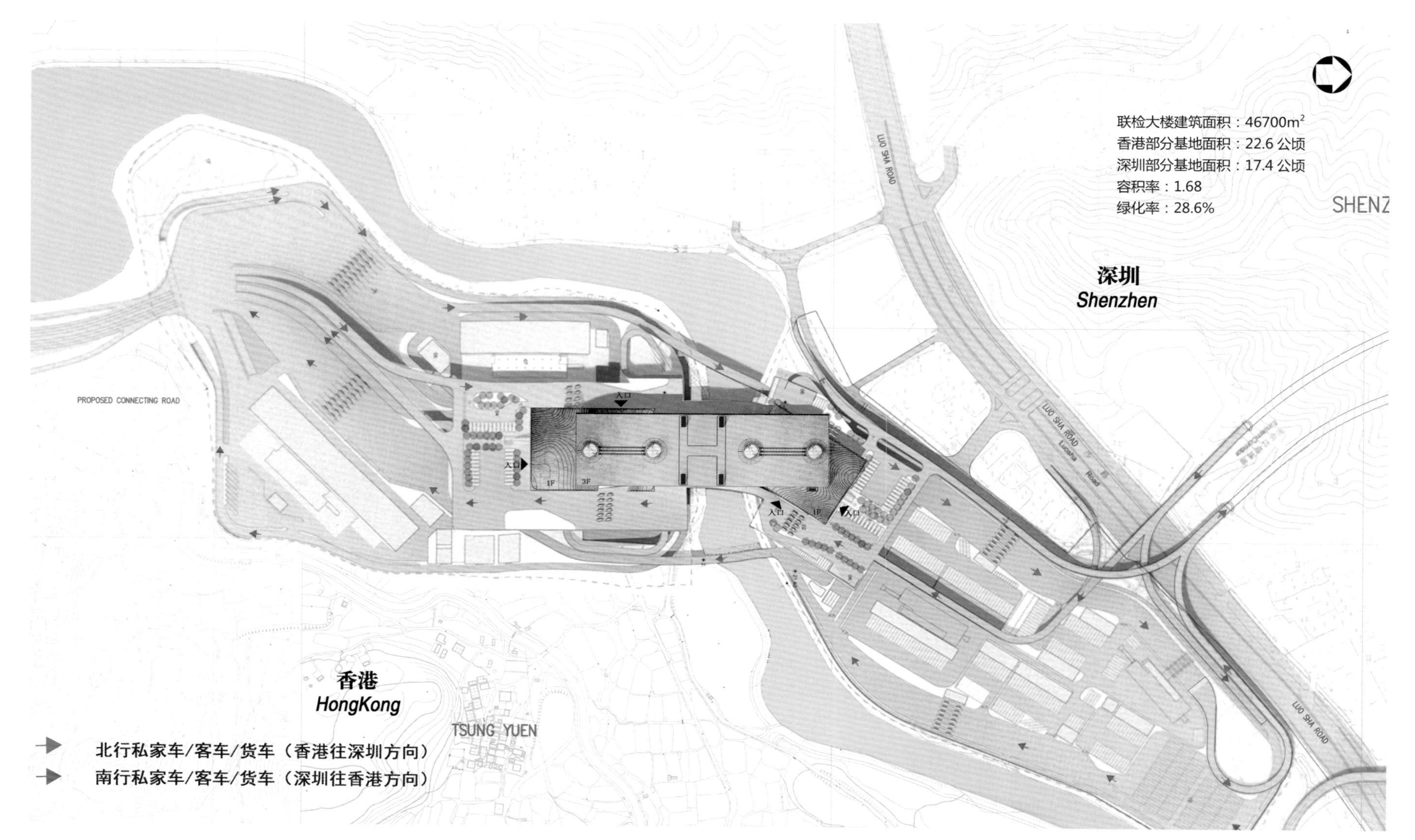

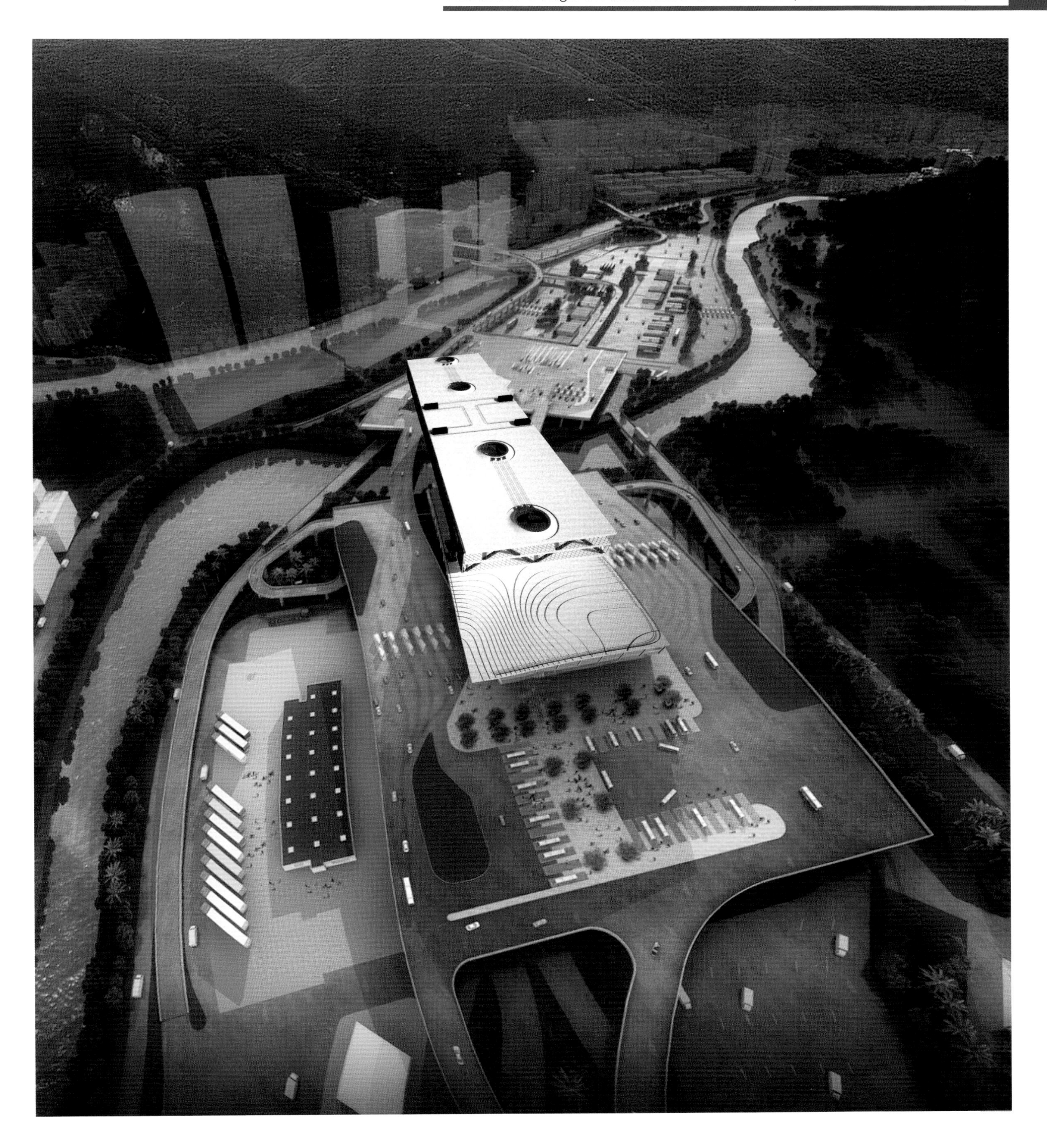

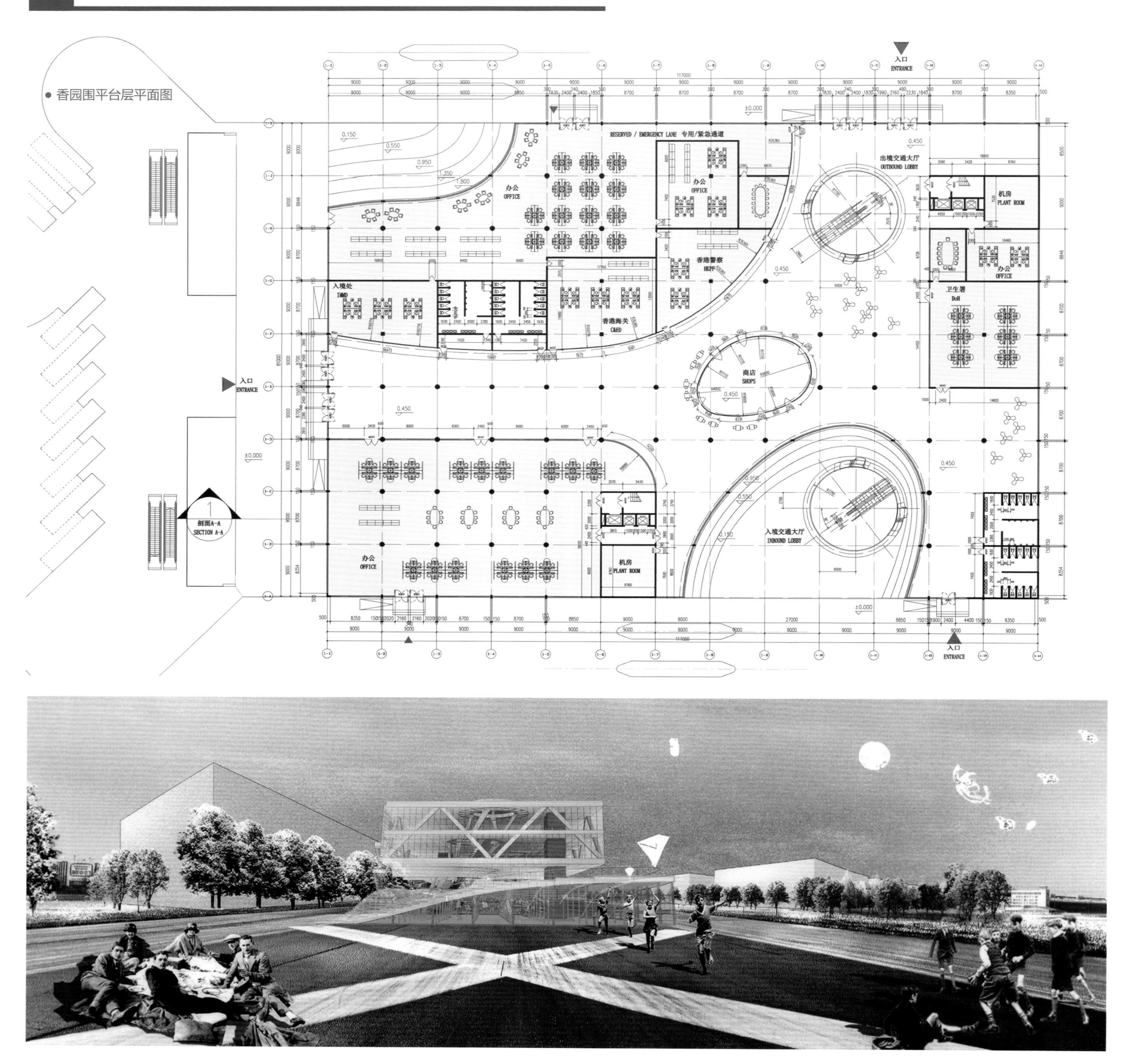
入口
ENTRANCE
RESERVED / EMERGENCY LANE 专用/紧急通道
办公
OFFICE
出境交通大厅
OUTBOUND LOBBY
机房
PLANT ROOM
香港警察
HKPF
入境处
IMMD
香港海关
C&ED
卫生署
DoH
商店
SHOPS
入境交通大厅
INBOUND LOBBY
剖面A-A
SECTION A-A

● 香园围平台层平面图

● 莲塘平台层平面图

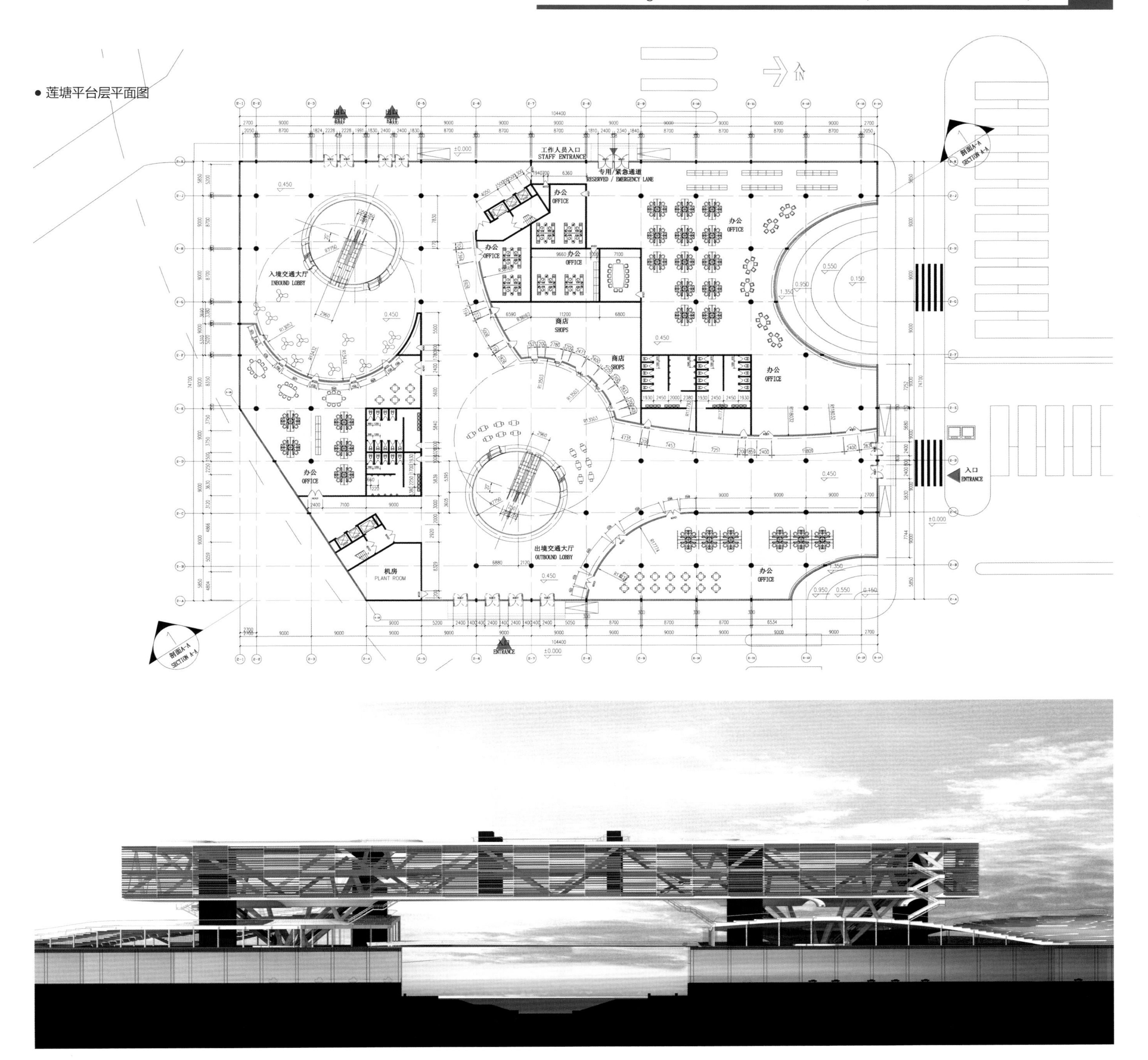
入境交通大厅
INBOUND LOBBY
出境交通大厅
OUTBOUND LOBBY
工作人员入口
STAFF ENTRANCE
专用/紧急通道
RESERVED / EMERGENCY LANE
办公
OFFICE
商店
SHOPS
机房
PLANT ROOM
入口
ENTRANCE
剖面A-A
SECTION A-A

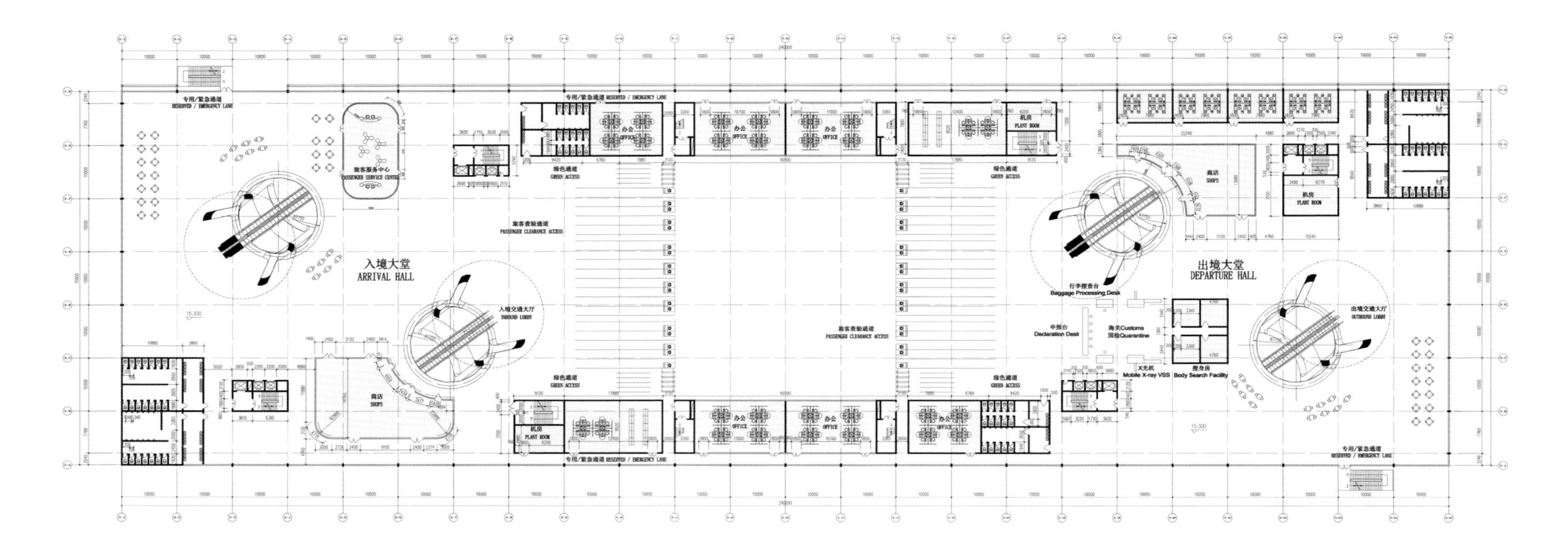

● 二层平面图

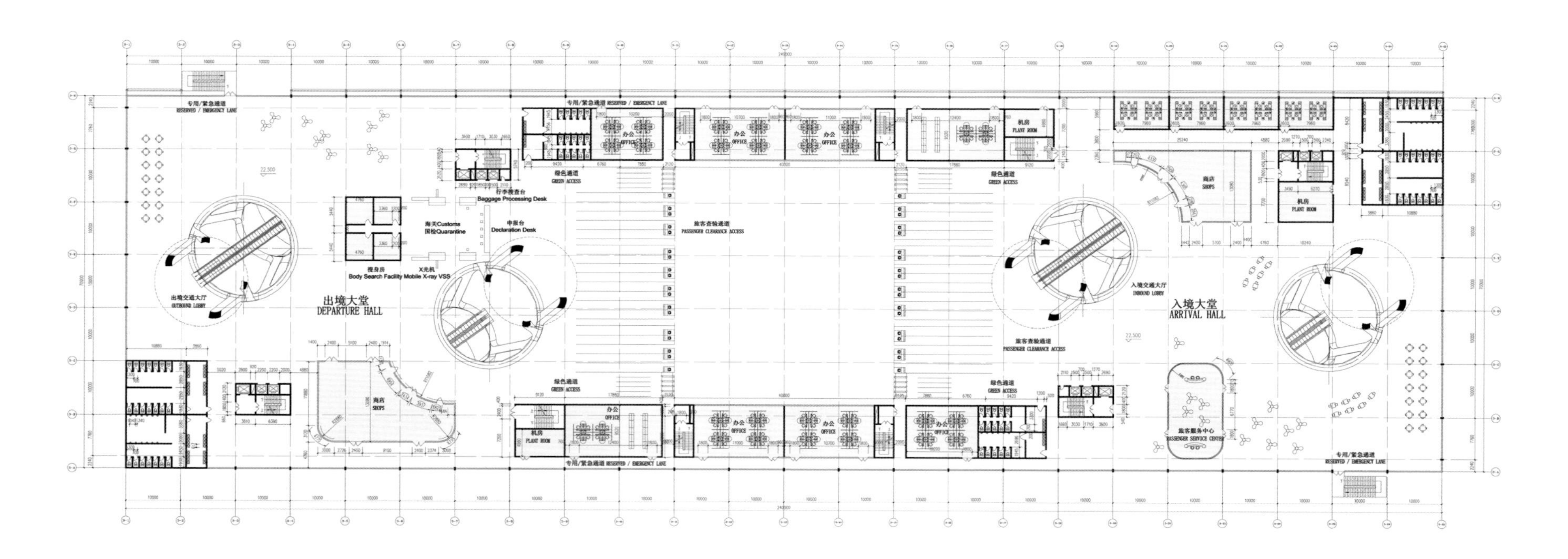

● 三层平面图

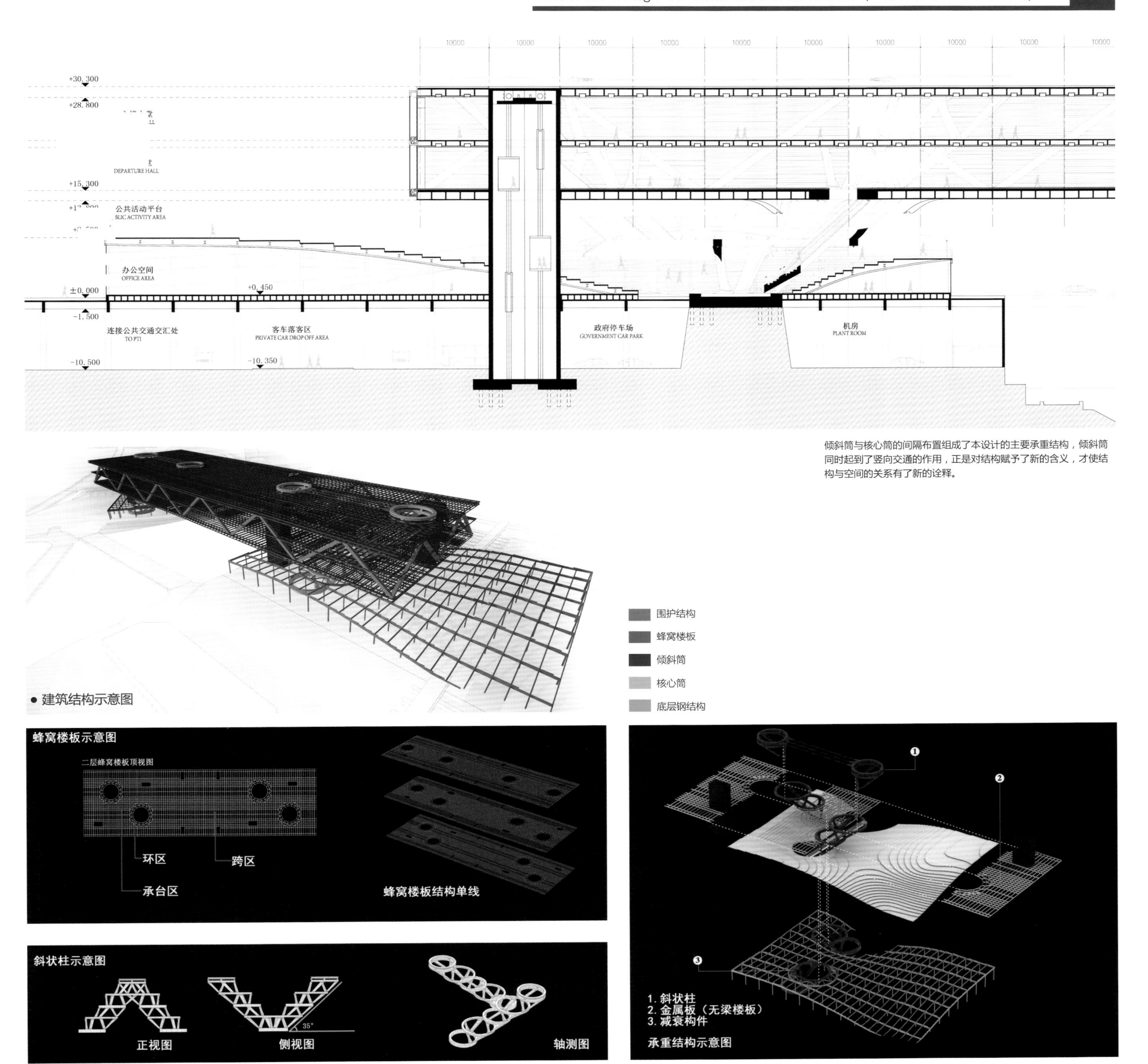

倾斜筒与核心筒的间隔布置组成了本设计的主要承重结构，倾斜筒同时起到了竖向交通的作用，正是对结构赋予了新的含义，才使结构与空间的关系有了新的诠释。

● 建筑结构示意图

张立
Zhang Li

莲塘 / 香园围口岸联检大楼建筑设计

Building design of Liantang/ Heung Yuen Wai Port Combination Examination

指导教师：于戈　唐征征

本设计为大型口岸建筑，设计中探索了新颖设计手段及“纪念性空间之于交通建筑的课题”，并能展示出在两地联检模式下，港深两地紧密合作的关系。从物质和精神两方面分析影响口岸建筑这一特殊交通建筑的因素，确定功能布置及设计手法。同时，反思“大逃港”这一历史事件，利用建筑手法反映建筑师的个人诉求。

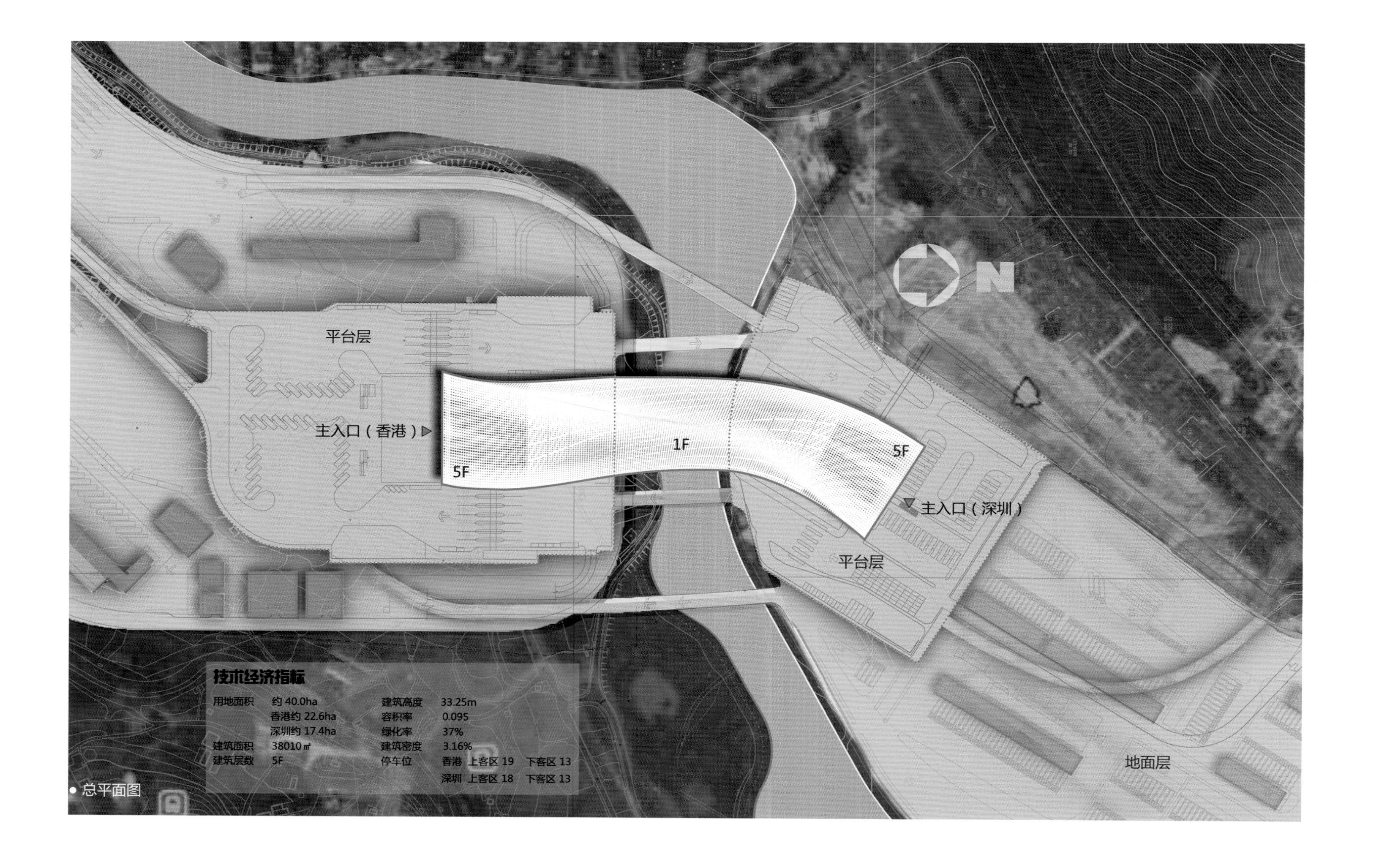

技术经济指标

用地面积	约 40.0ha	建筑高度	33.25m
	香港约 22.6ha	容积率	0.095
	深圳约 17.4ha	绿化率	37%
建筑面积	38010㎡	建筑密度	3.16%
建筑层数	5F	停车位	香港 上客区 19 下客区 13
			深圳 上客区 18 下客区 13

● 总平面图

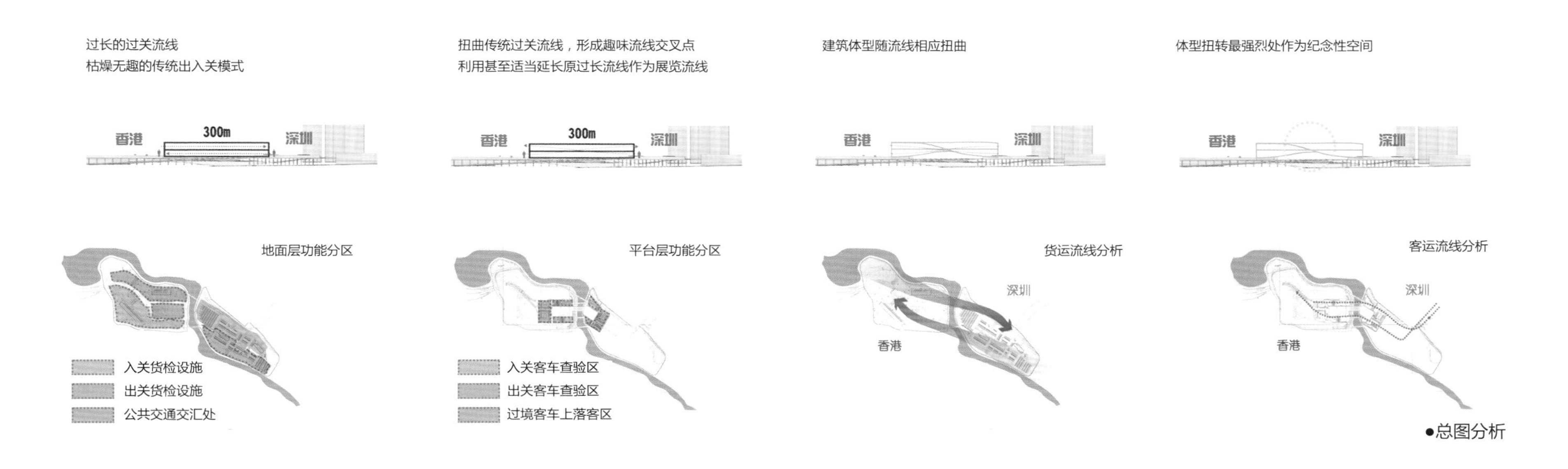
过长的过关流线
枯燥无趣的传统出入关模式
扭曲传统过关流线，形成趣味流线交叉点
利用甚至适当延长原过长流线作为展览流线
建筑体型随流线相应扭曲
体型扭转最强烈处作为纪念性空间
香港
300m
深圳
地面层功能分区
入关货检设施
出关货检设施
公共交通交汇处
平台层功能分区
入关客车查验区
出关客车查验区
过境客车上落客区
货运流线分析
客运流线分析

●总图分析

鸟瞰图

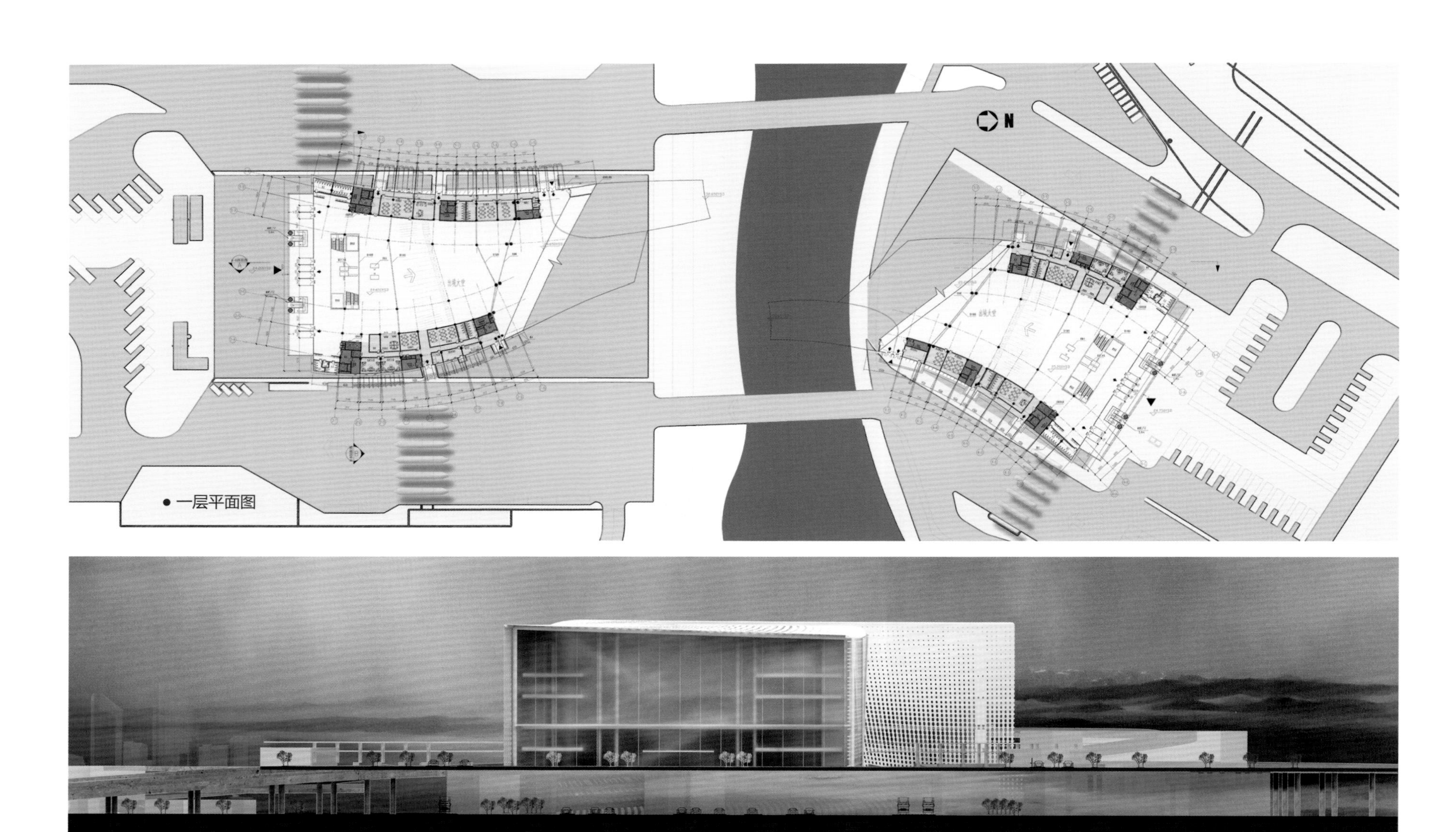

● 一层平面图

● 南立面图

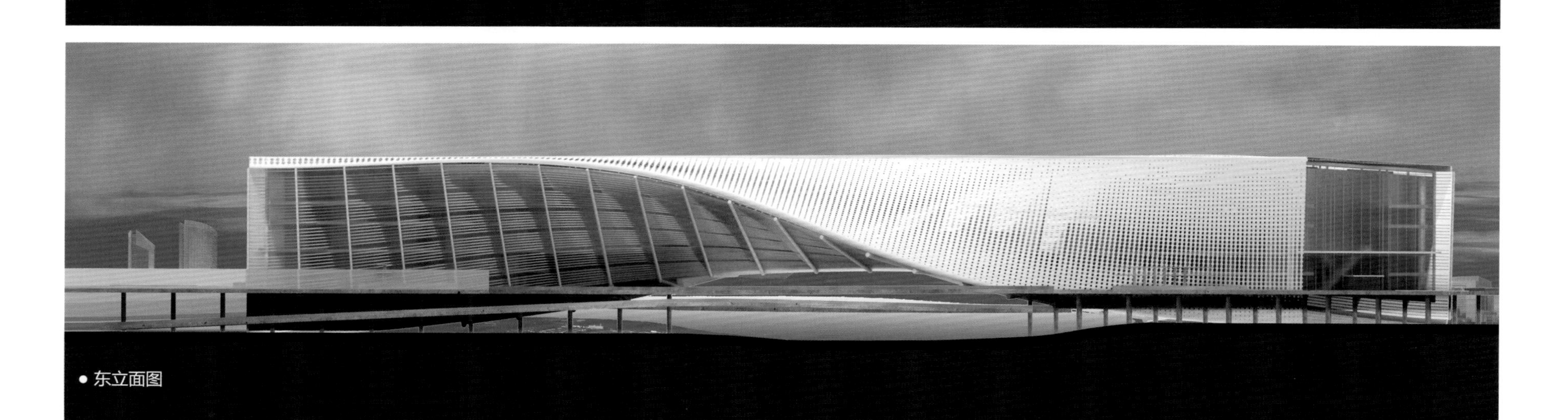

● 东立面图

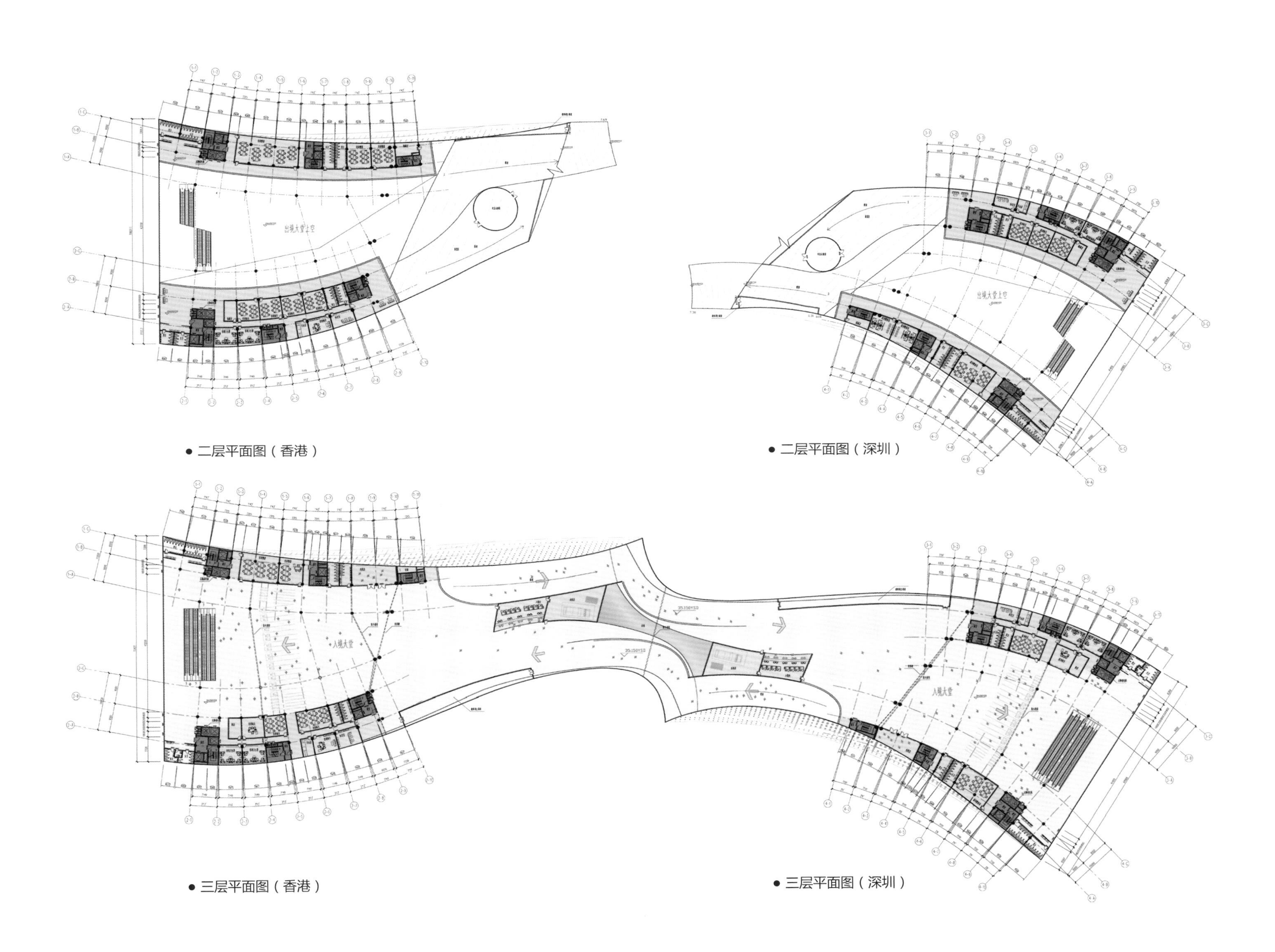

● 二层平面图（香港）

● 二层平面图（深圳）

● 三层平面图（香港）

● 三层平面图（深圳）

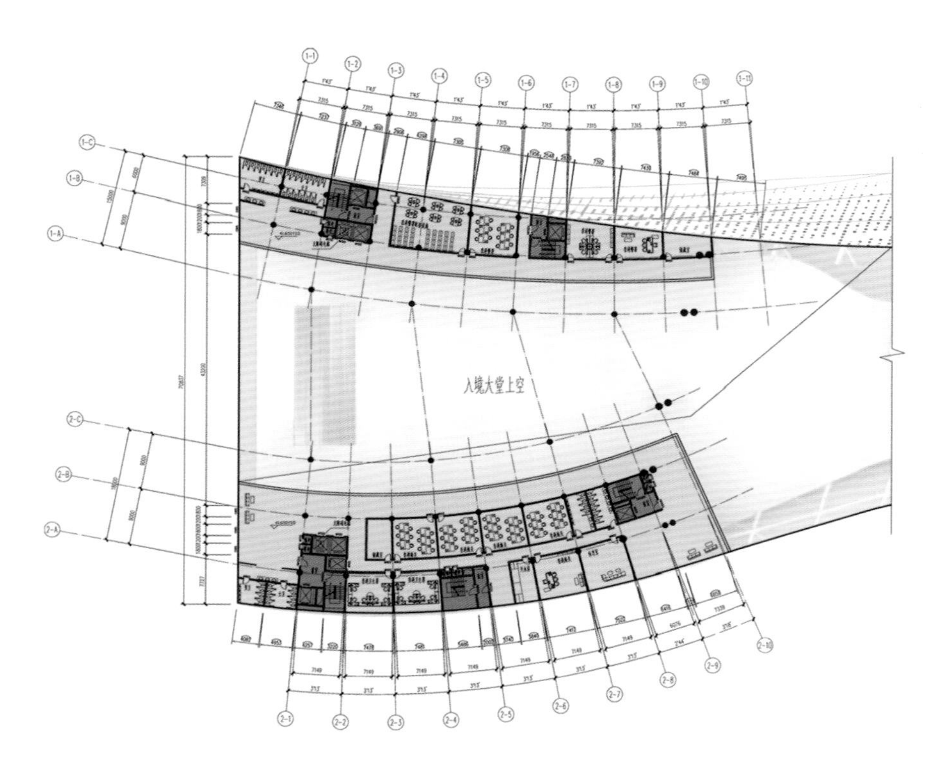

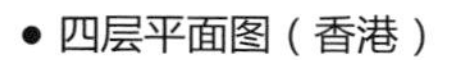

• 四层平面图（香港）

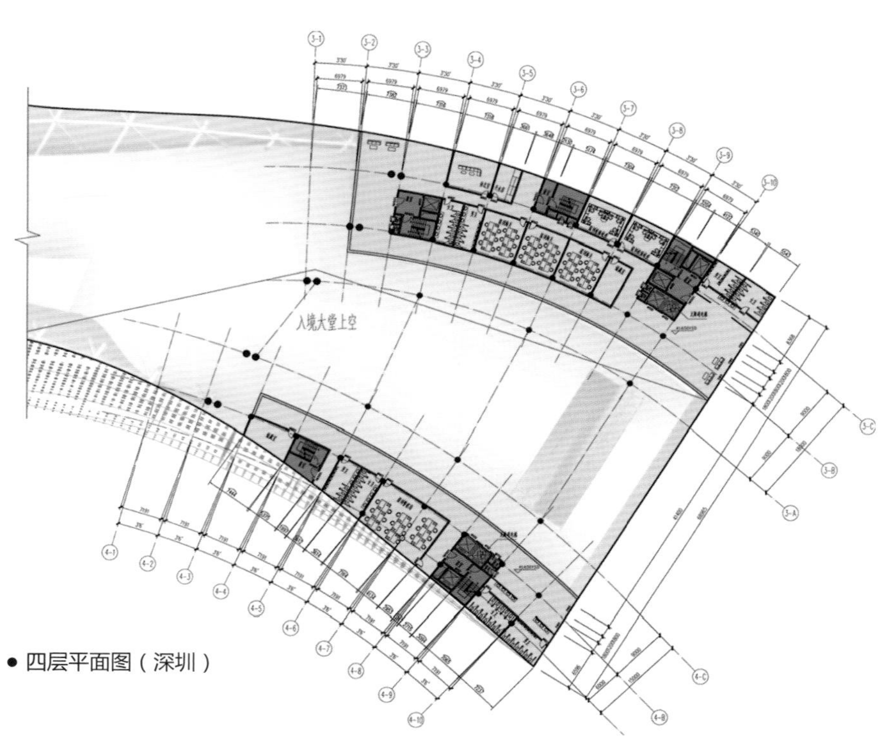

• 四层平面图（深圳）

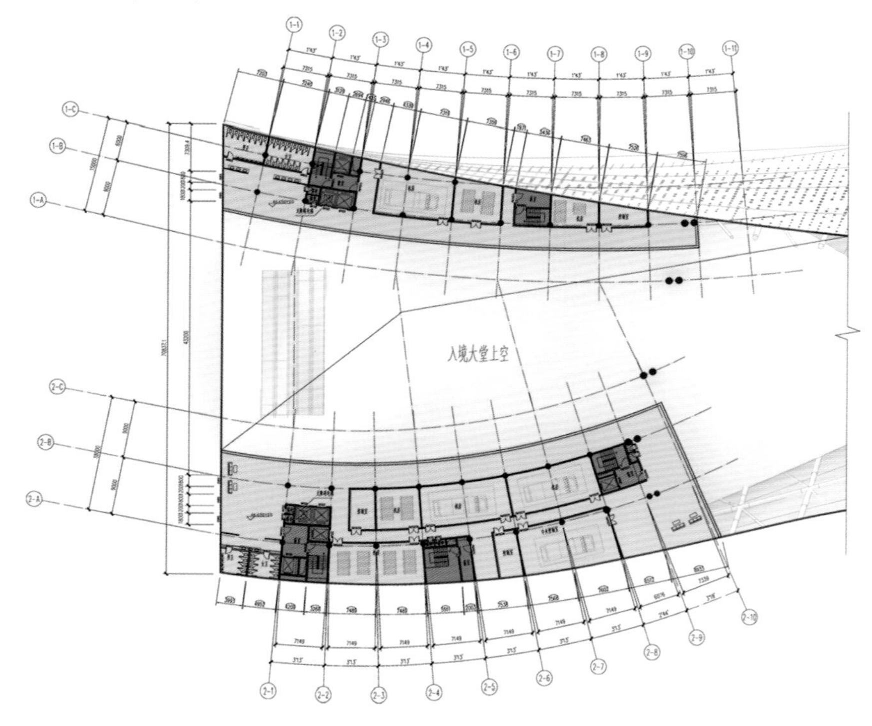

• 五层平面图（香港）

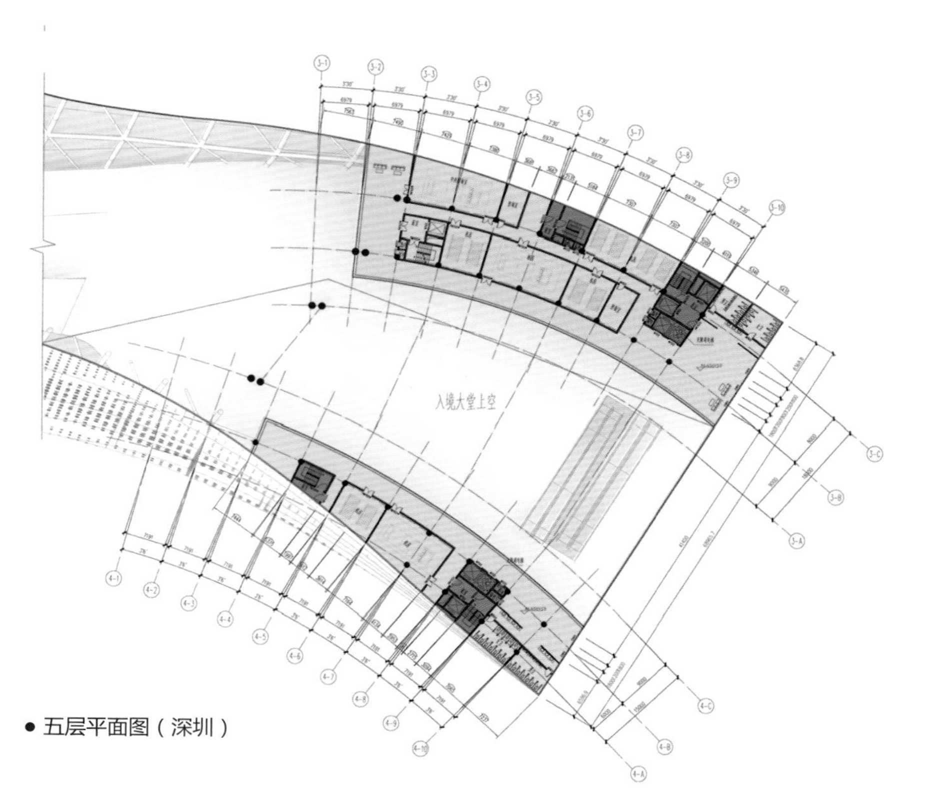

• 五层平面图（深圳）

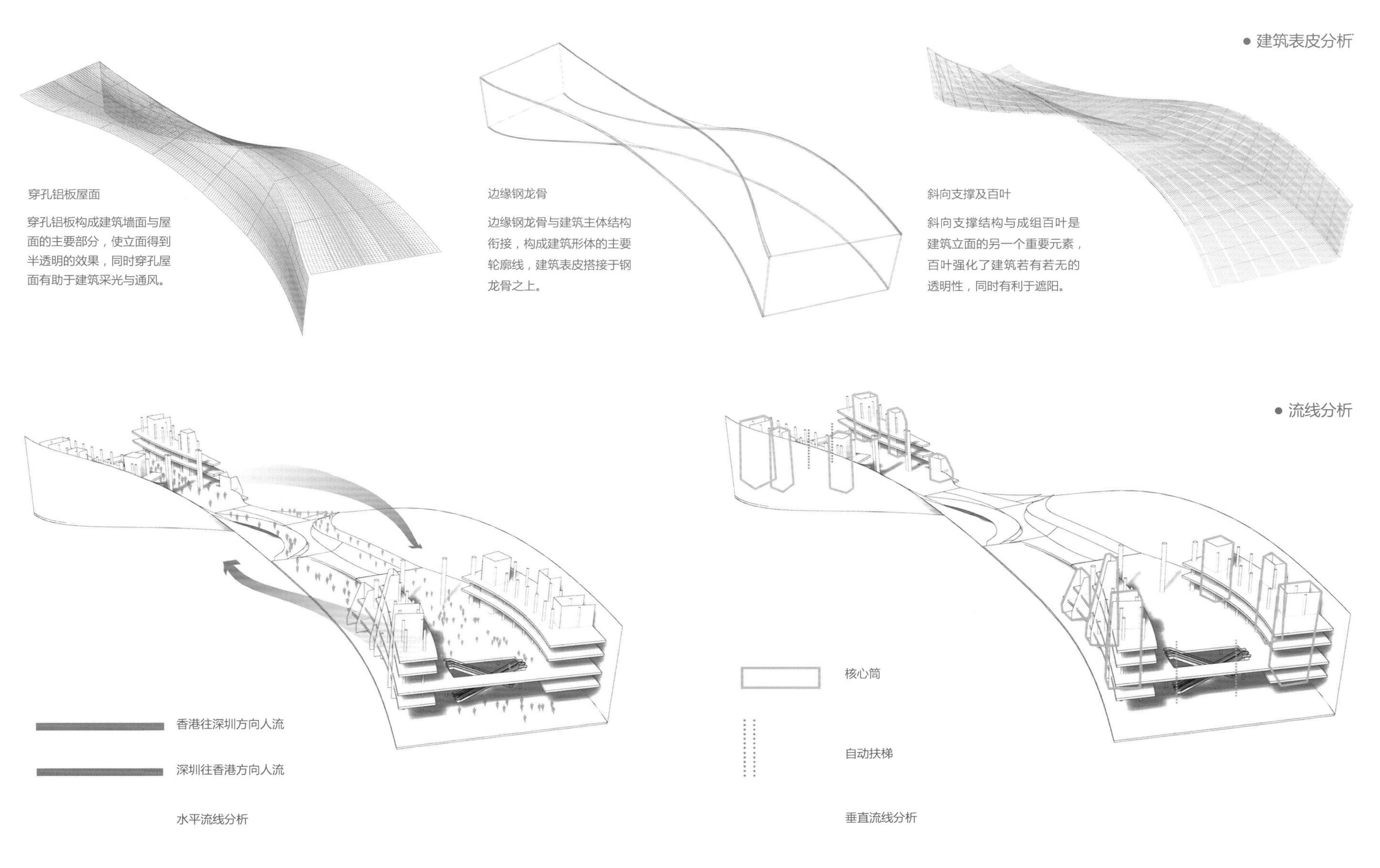
● 建筑表皮分析
穿孔铝板屋面
穿孔铝板构成建筑墙面与屋面的主要部分，使立面得到半透明的效果，同时穿孔屋面有助于建筑采光与通风。
边缘钢龙骨
边缘钢龙骨与建筑主体结构衔接，构成建筑形体的主要轮廓线，建筑表皮搭接于钢龙骨之上。
斜向支撑及百叶
斜向支撑结构与成组百叶是建筑立面的另一个重要元素，百叶强化了建筑若有若无的透明性，同时有利于遮阳。
● 流线分析
香港往深圳方向人流
深圳往香港方向人流
水平流线分析
核心筒
自动扶梯
垂直流线分析

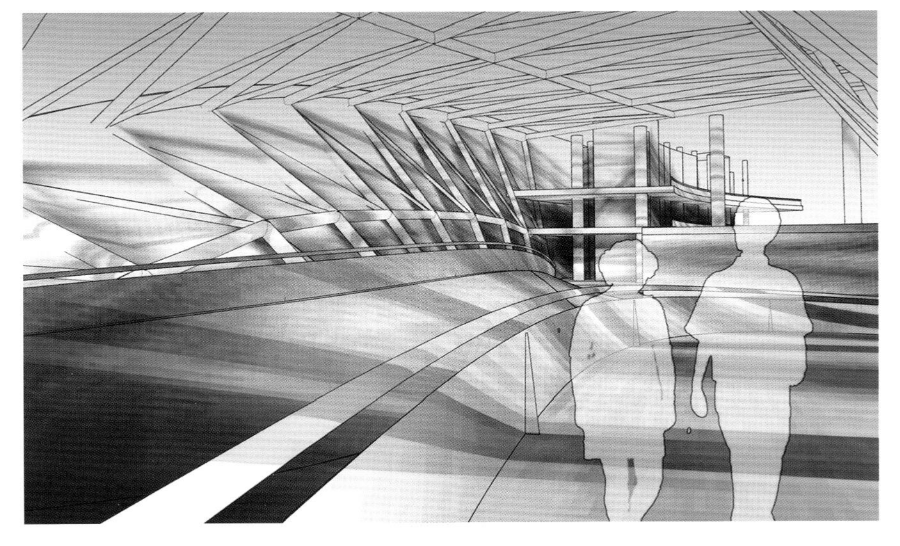

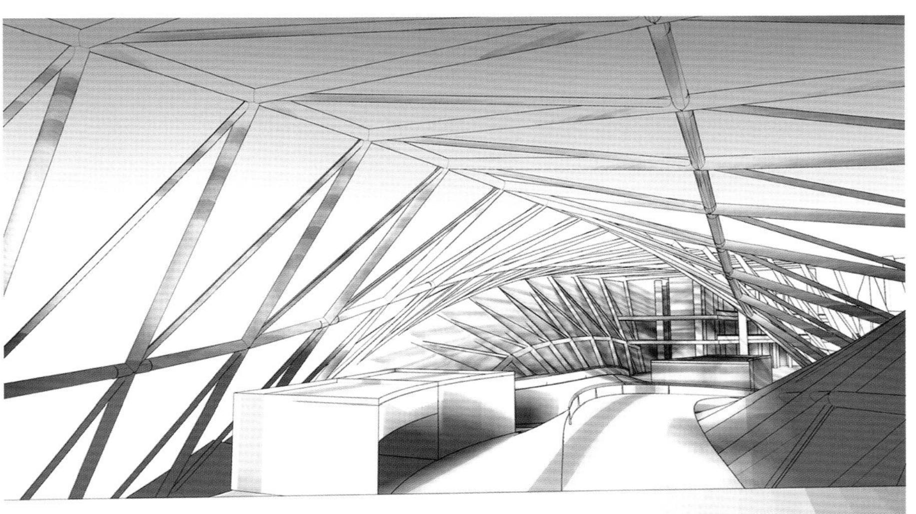

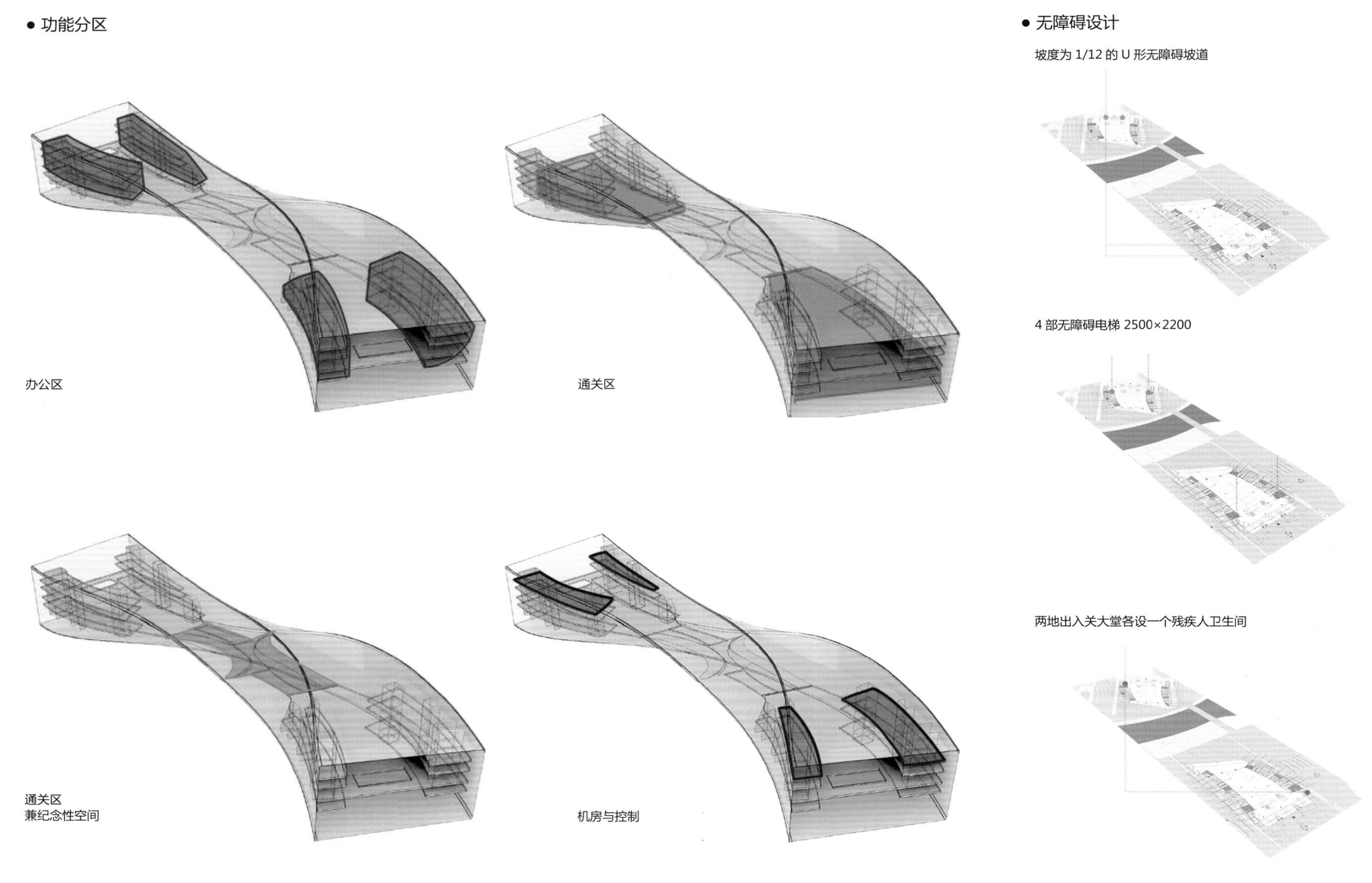
● 功能分区
办公区
通关区
通关区
兼纪念性空间
机房与控制
● 无障碍设计
坡度为 1/12 的 U 形无障碍坡道
4 部无障碍电梯 2500×2200
两地出入关大堂各设一个残疾人卫生间

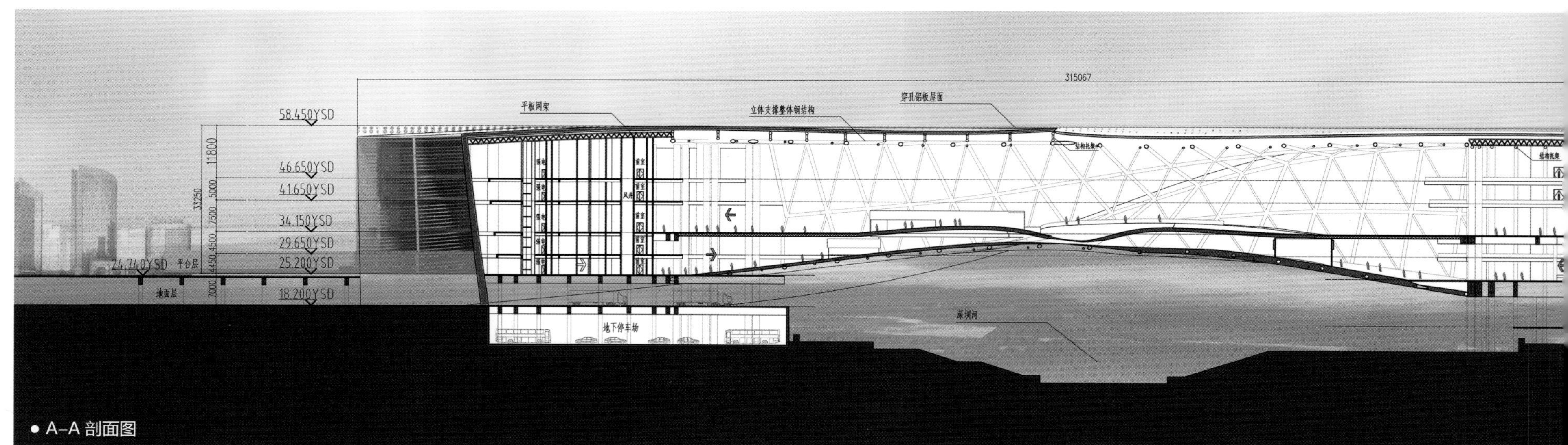
315067
平板网架
立体支撑整体钢结构
穿孔铝板屋面
58.450YSD
46.650YSD
41.650YSD
34.150YSD
29.650YSD
25.200YSD
24.740YSD
18.200YSD
11800
5000
7500
4500
4450
7000
33250
平台层
地面层
地下停车场
深圳河

● A–A 剖面图

传统框架结构

平台层上办公等小空间采用传统框架结构，既能够节约建设成本，又给中间的整体结构提供有力的侧向推力支持。

整体预应力钢结构

过关通道这样的大空间，由于建筑造型需要，使用较为新颖的整体预应力钢结构，以获得最大的使用空间且使结构合理可行。

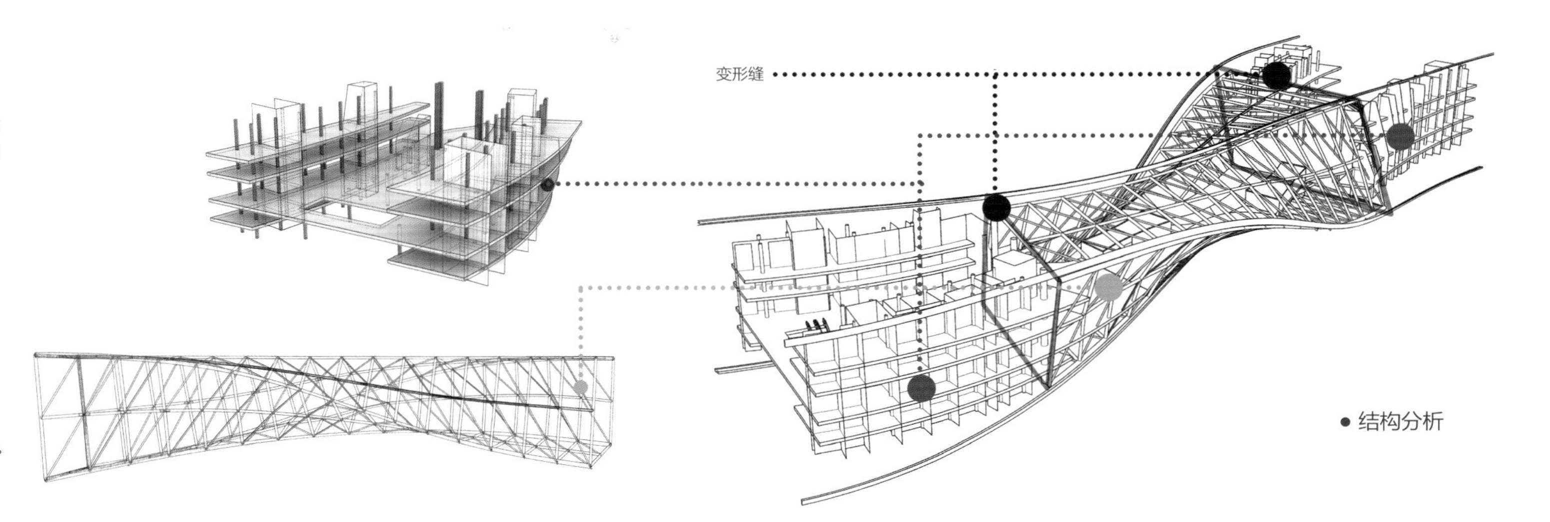

● 结构分析

透视图

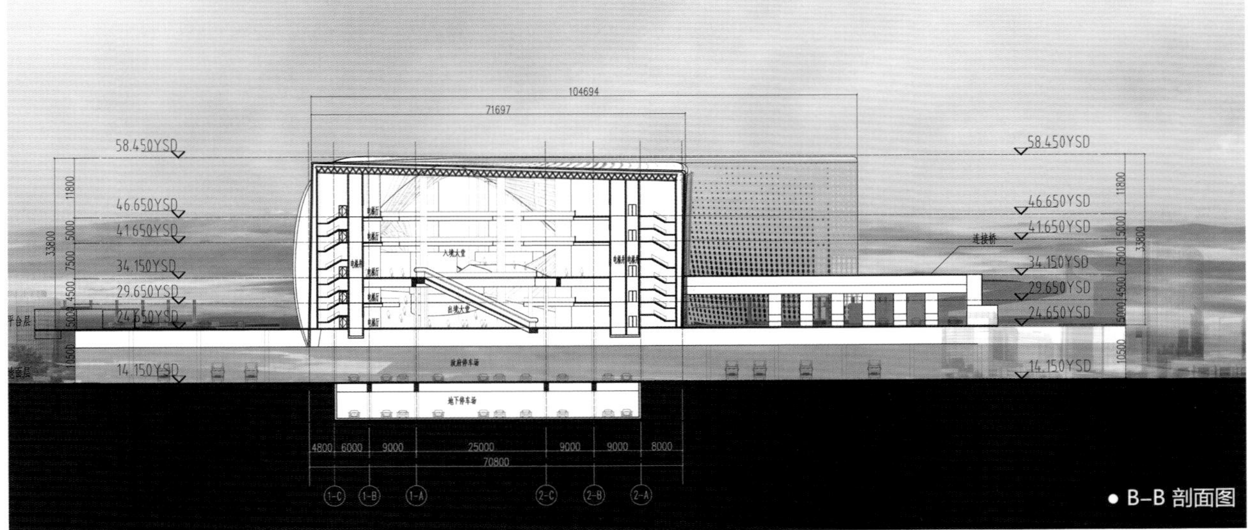

● B–B 剖面图

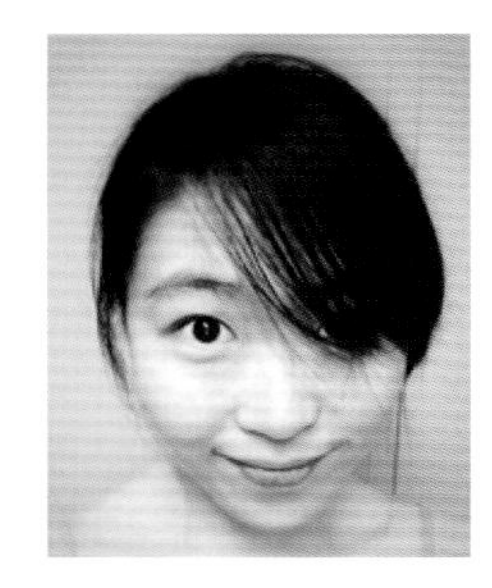

张弥弘
Zhang Mihong

重庆特钢厂片区空间城市设计与建筑设计

Urban design and architectural design of Chongqing Special Steel Plant Area

指导教师：陆诗亮　张宇

所选城市设计区域紧邻古镇磁器口，对磁器口文化有吸纳作用，同时，所设计的全新区域，在延续历史文化的基础上又有着不同于原特钢厂及磁器口的全新特点。城市设计及建筑单体设计，以广场设计为开端；场地、建筑、景观密不可分，将区域整体设计与人们的行为串联；文娱活动场单体建筑采用巨型结构，形象及空间上的创新使它成为新区的标志，是新时代建筑的突出体现。

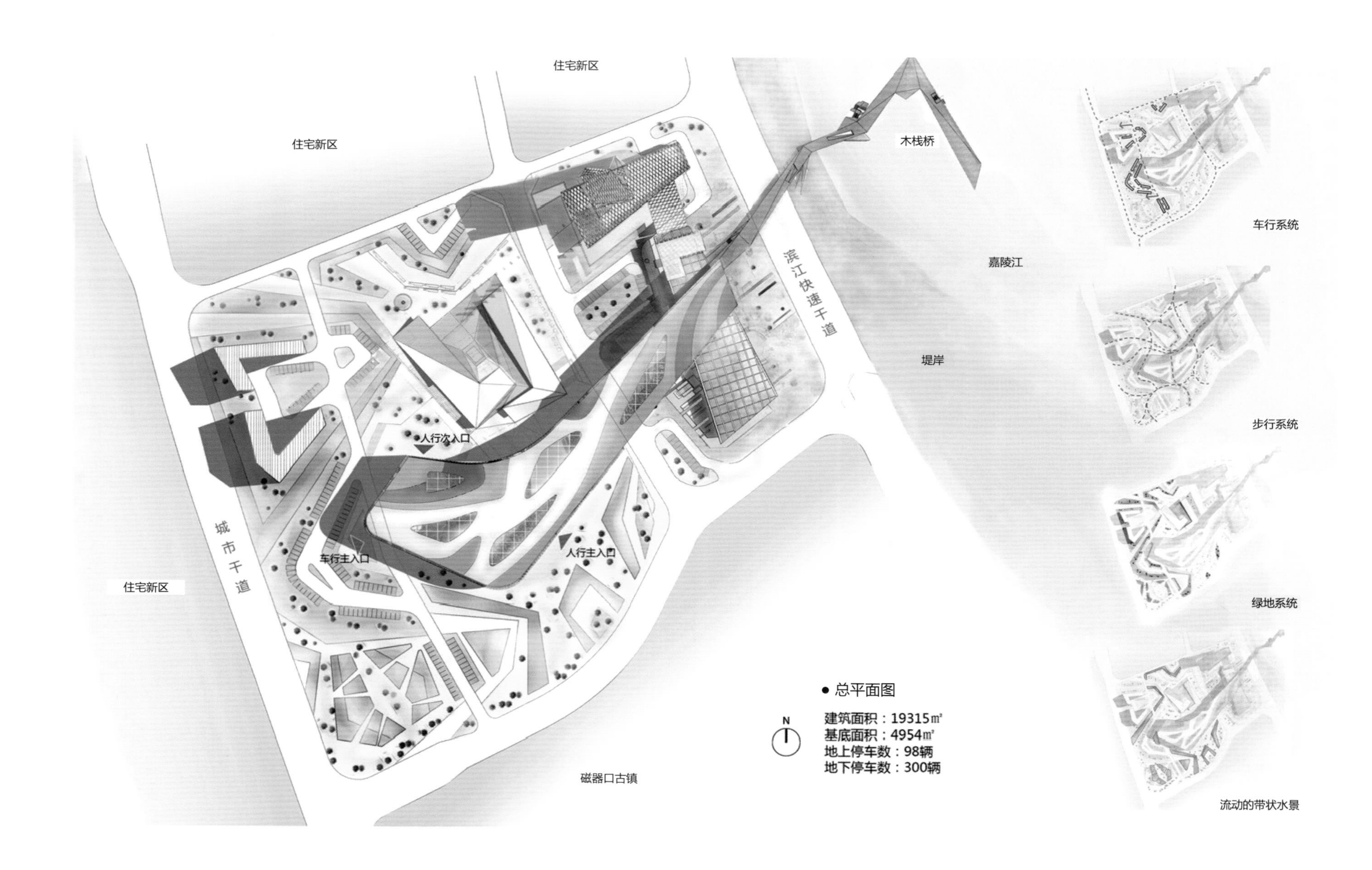

● 总平面图

建筑面积：19315㎡
基底面积：4954㎡
地上停车数：98辆
地下停车数：300辆

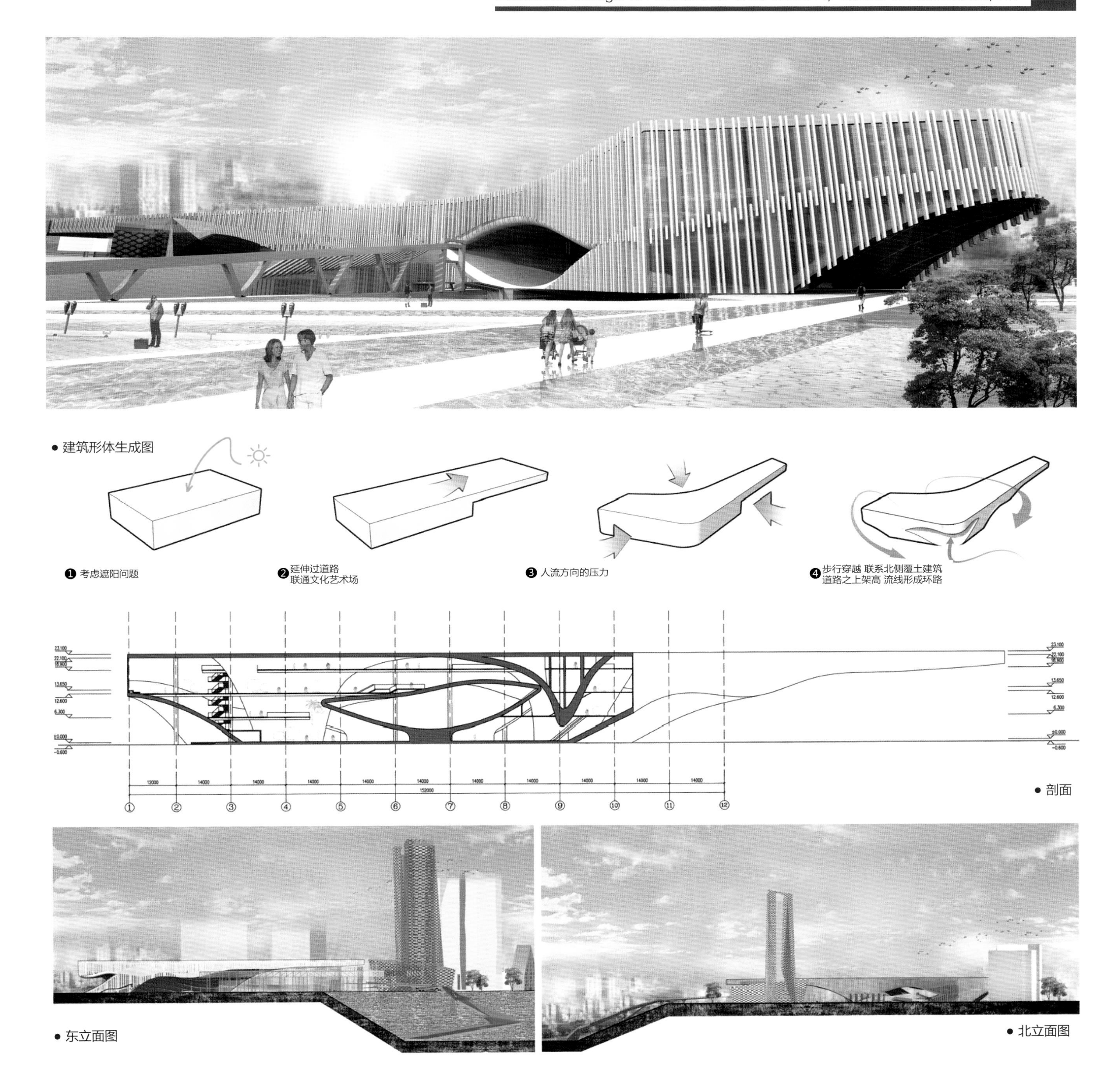
● 建筑形体生成图
❶ 考虑遮阳问题
❷ 延伸过道路
联通文化艺术场
❸ 人流方向的压力
❹ 步行穿越 联系北侧覆土建筑
道路之上架高 流线形成环路
● 剖面
● 东立面图
● 北立面图

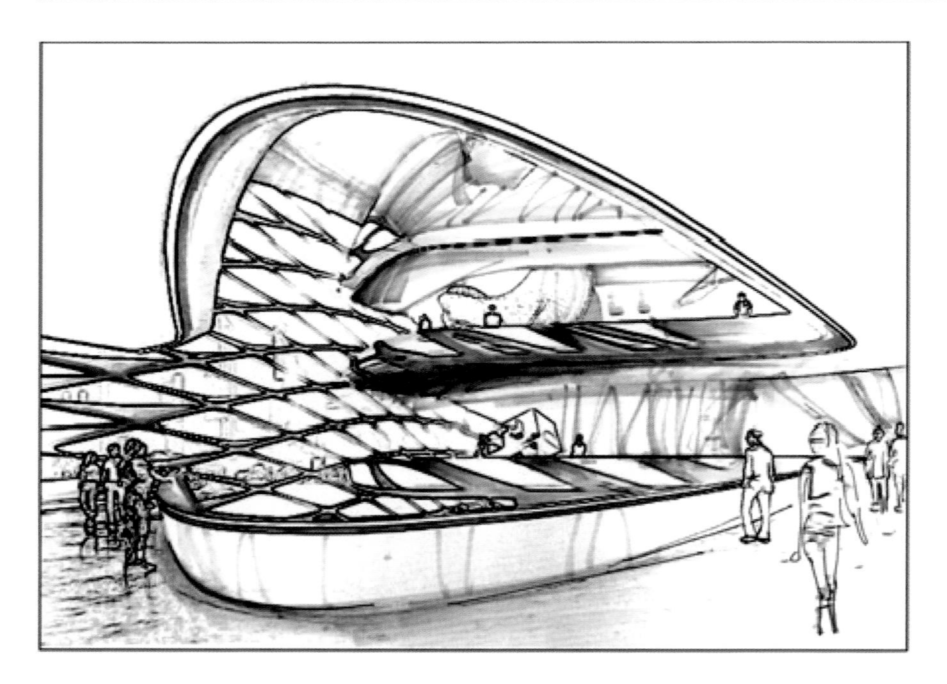

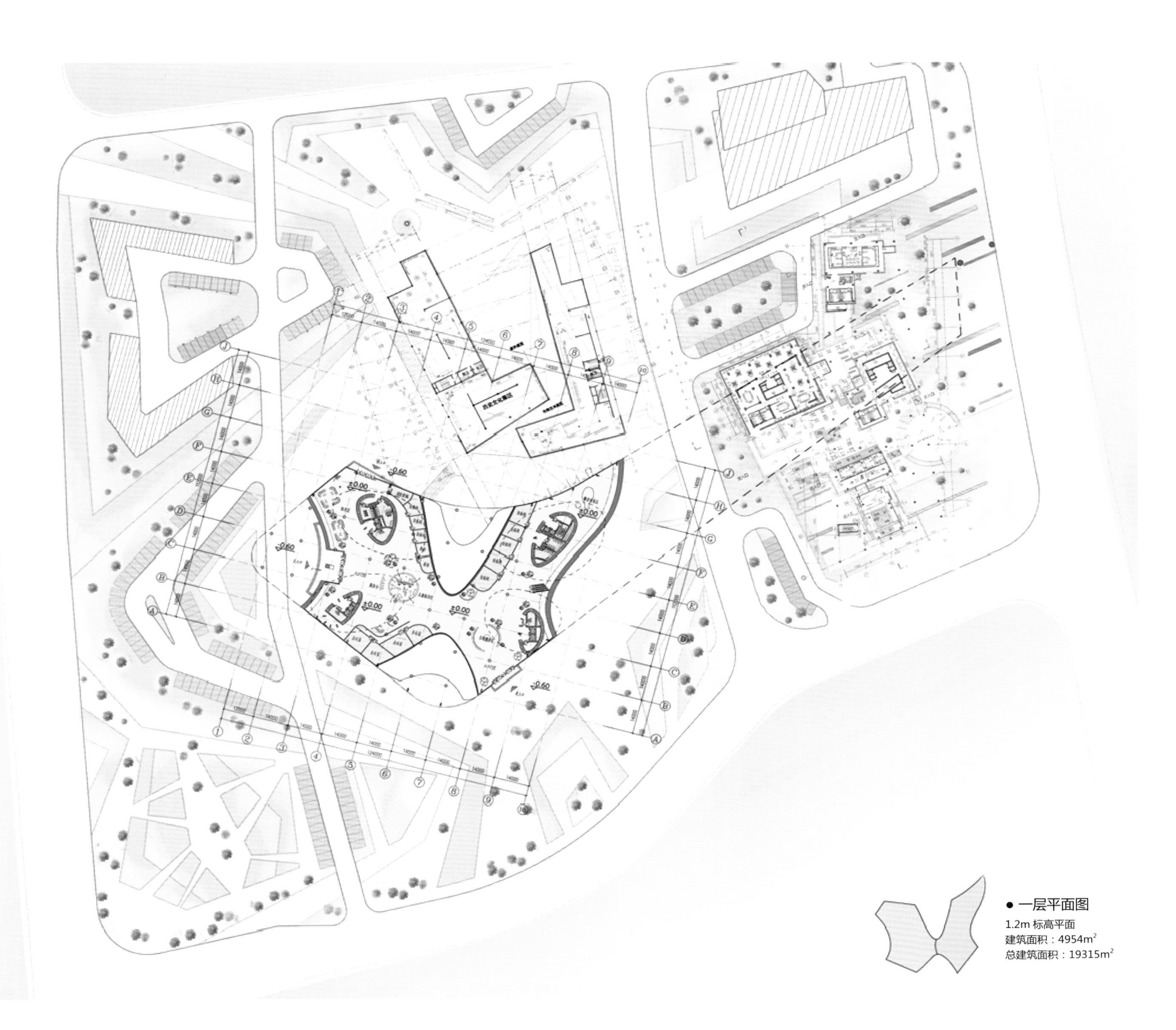

● 一层平面图

1.2m 标高平面

建筑面积：4954m^2

总建筑面积：19315m^2

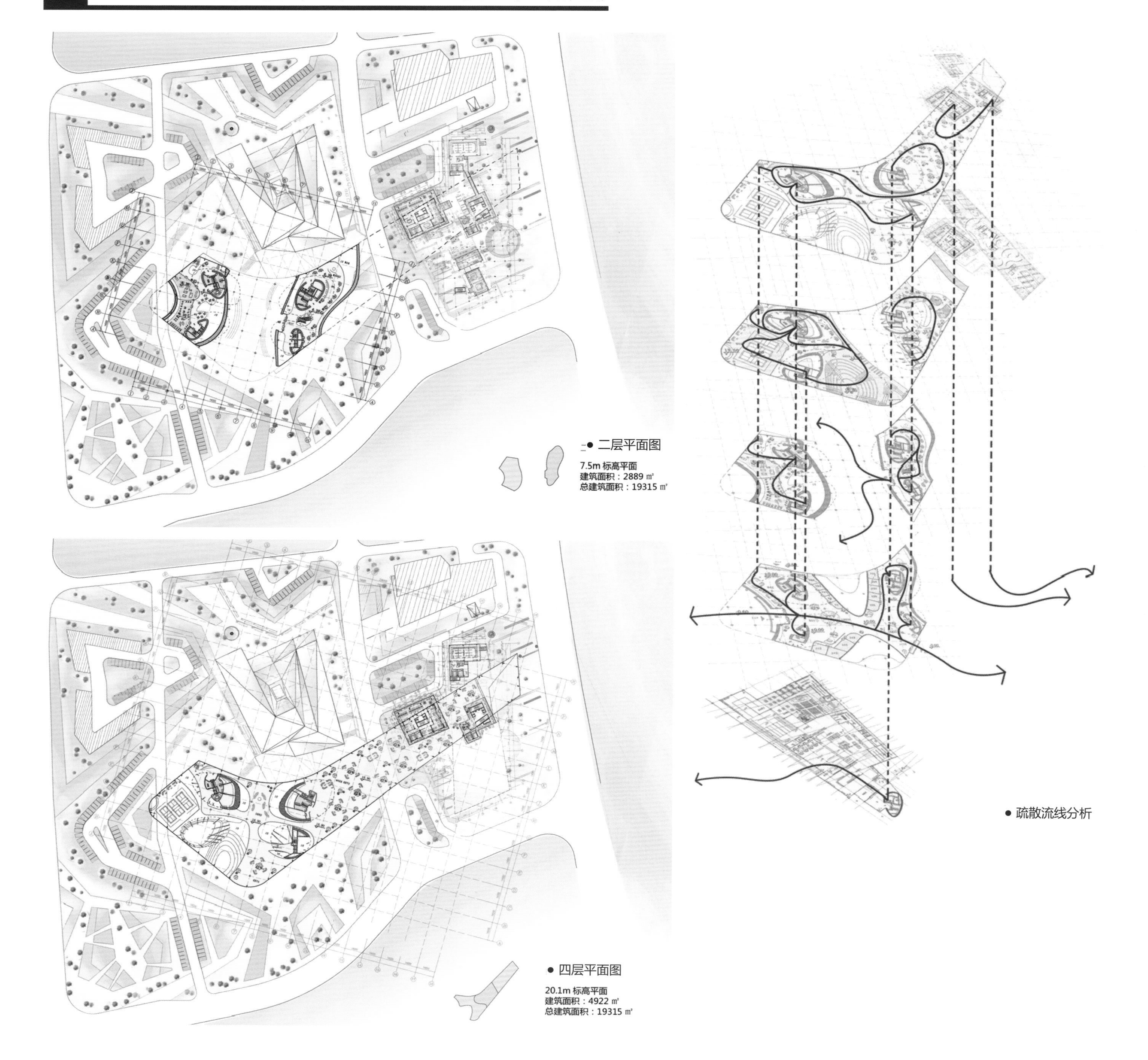
二层平面图
7.5m 标高平面
建筑面积：2889 ㎡
总建筑面积：19315 ㎡
四层平面图
20.1m 标高平面
建筑面积：4922 ㎡
总建筑面积：19315 ㎡
疏散流线分析

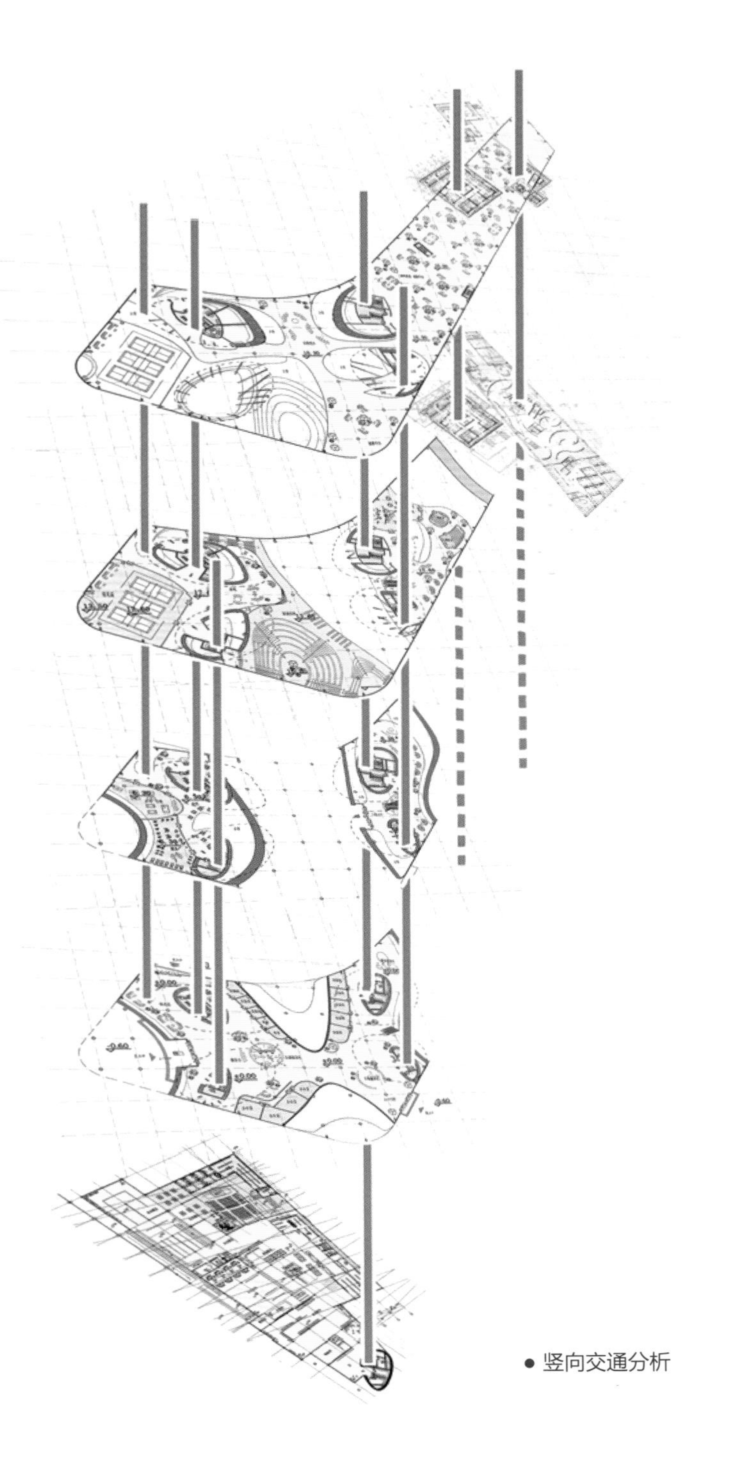

● 竖向交通分析

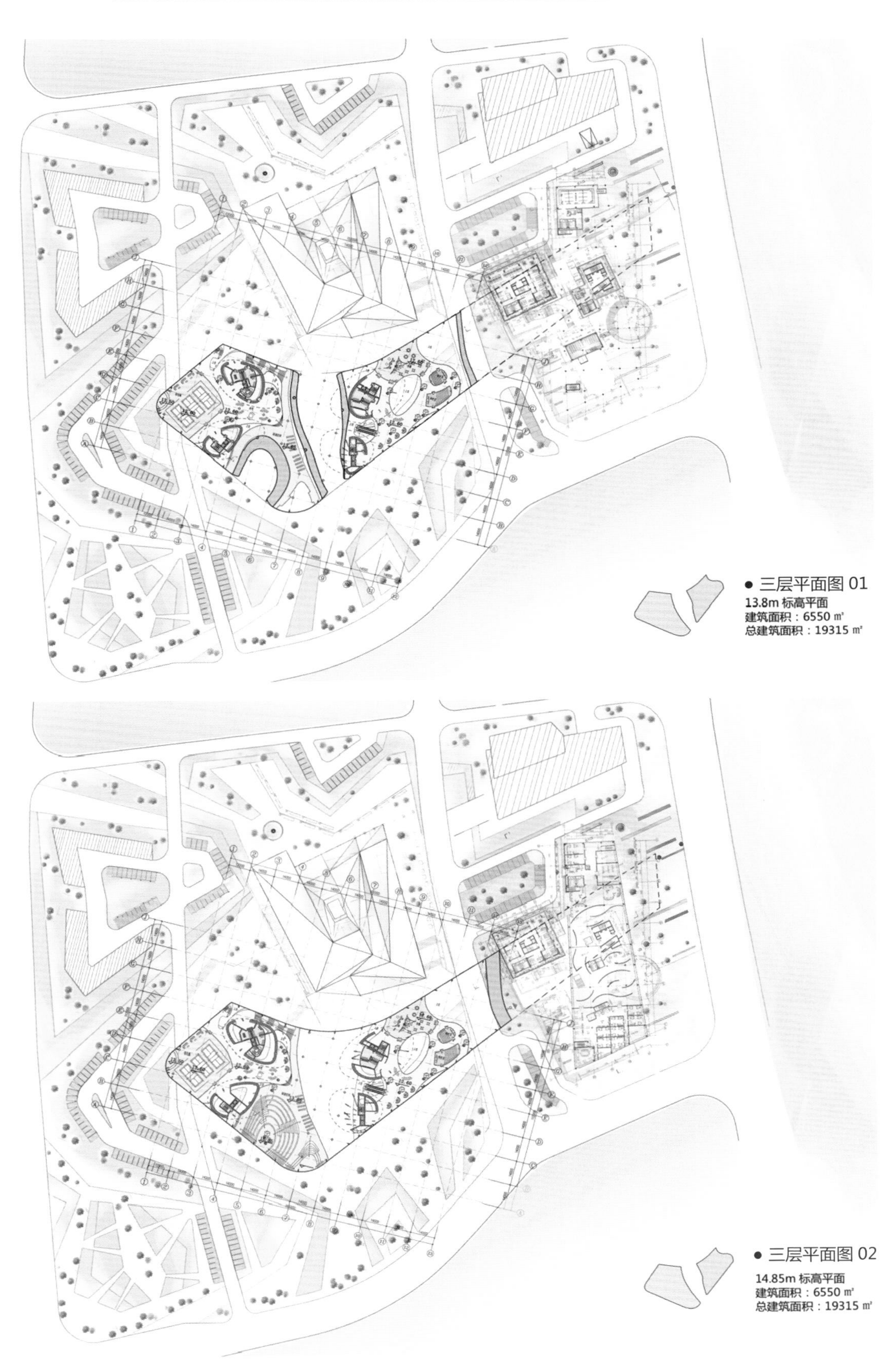

● 三层平面图 01

13.8m 标高平面
建筑面积：6550 ㎡
总建筑面积：19315 ㎡

● 三层平面图 02

14.85m 标高平面
建筑面积：6550 ㎡
总建筑面积：19315 ㎡

• 南立面图

• 西立面图

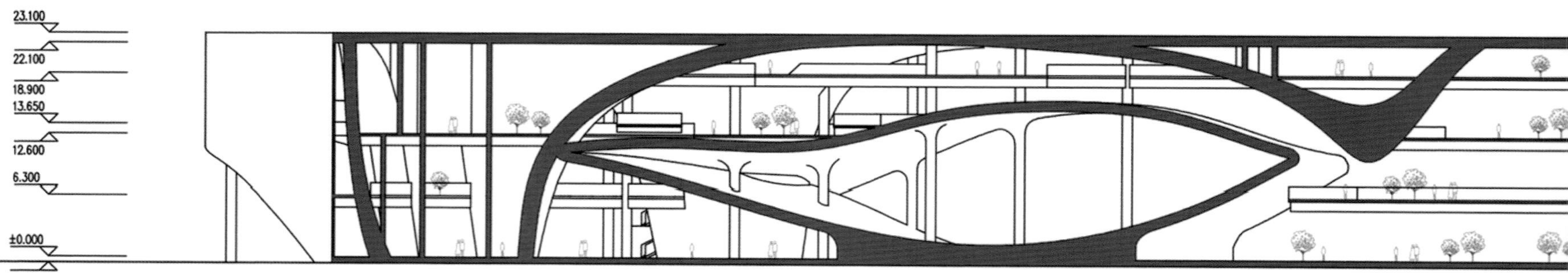

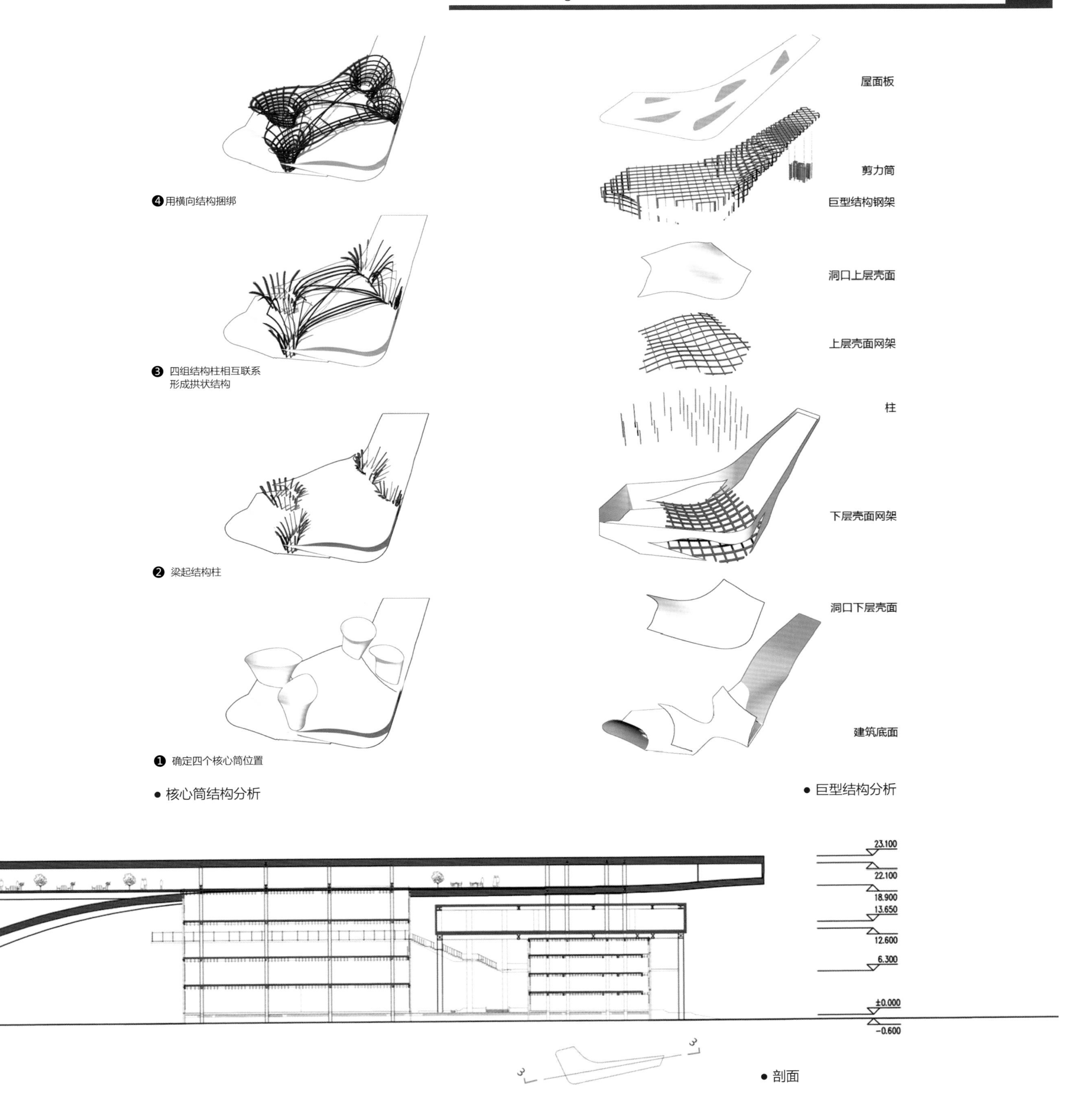

● 核心筒结构分析

● 巨型结构分析

● 剖面

张彤
Zhang Tong

哈尔滨市第一老年养护院策划与设计

Harbin No.1 Elder care hospital planning and design

指导教师：邹广天 连菲

我国在不久的将来会步入老龄化社会，而老年养护机构的建设在我国还处于发展阶段，建设规模有限、机构设施不完善，不能满足所有老年人对养老机构的需求。设计结合我国老年养护中心设计的相关规定，分析了失能老人的行为特征与心理需求等方面的因素，尝试设计出适宜为失能老人服务的福利设施。

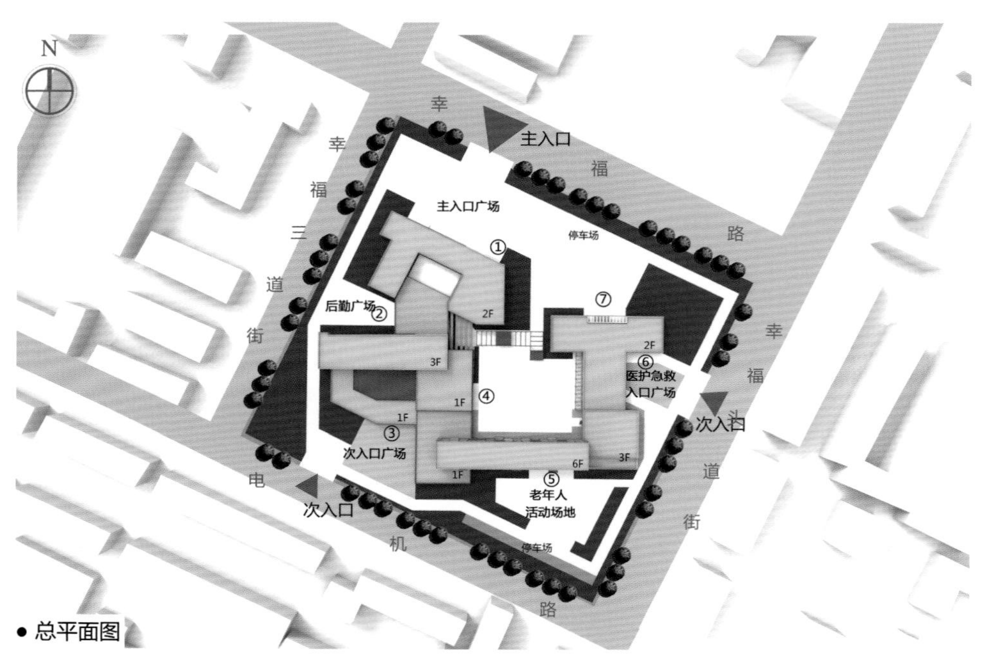

• 总平面图

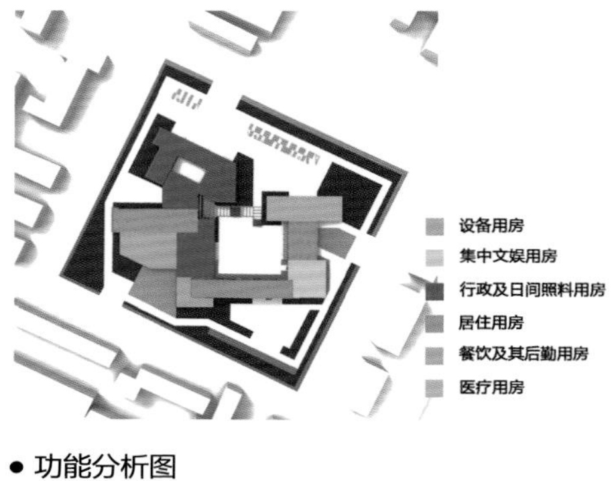

• 功能分析图

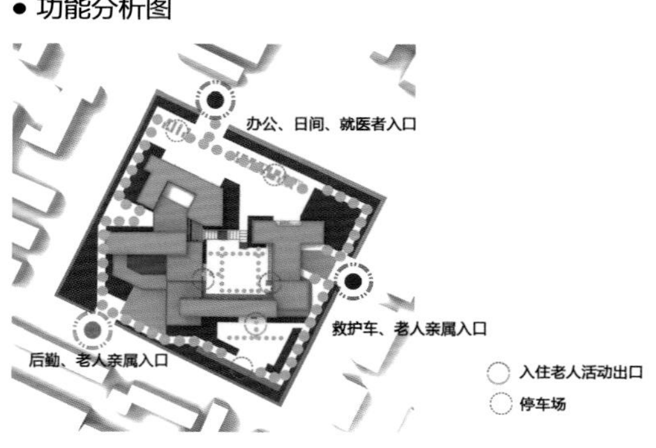

• 交通流线分析图

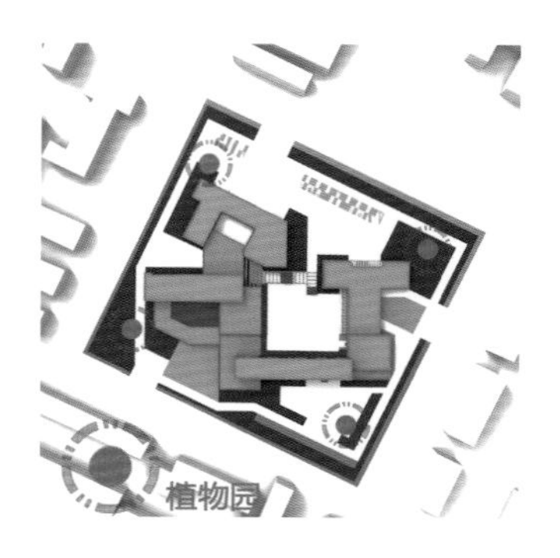

• 景观绿化分析图

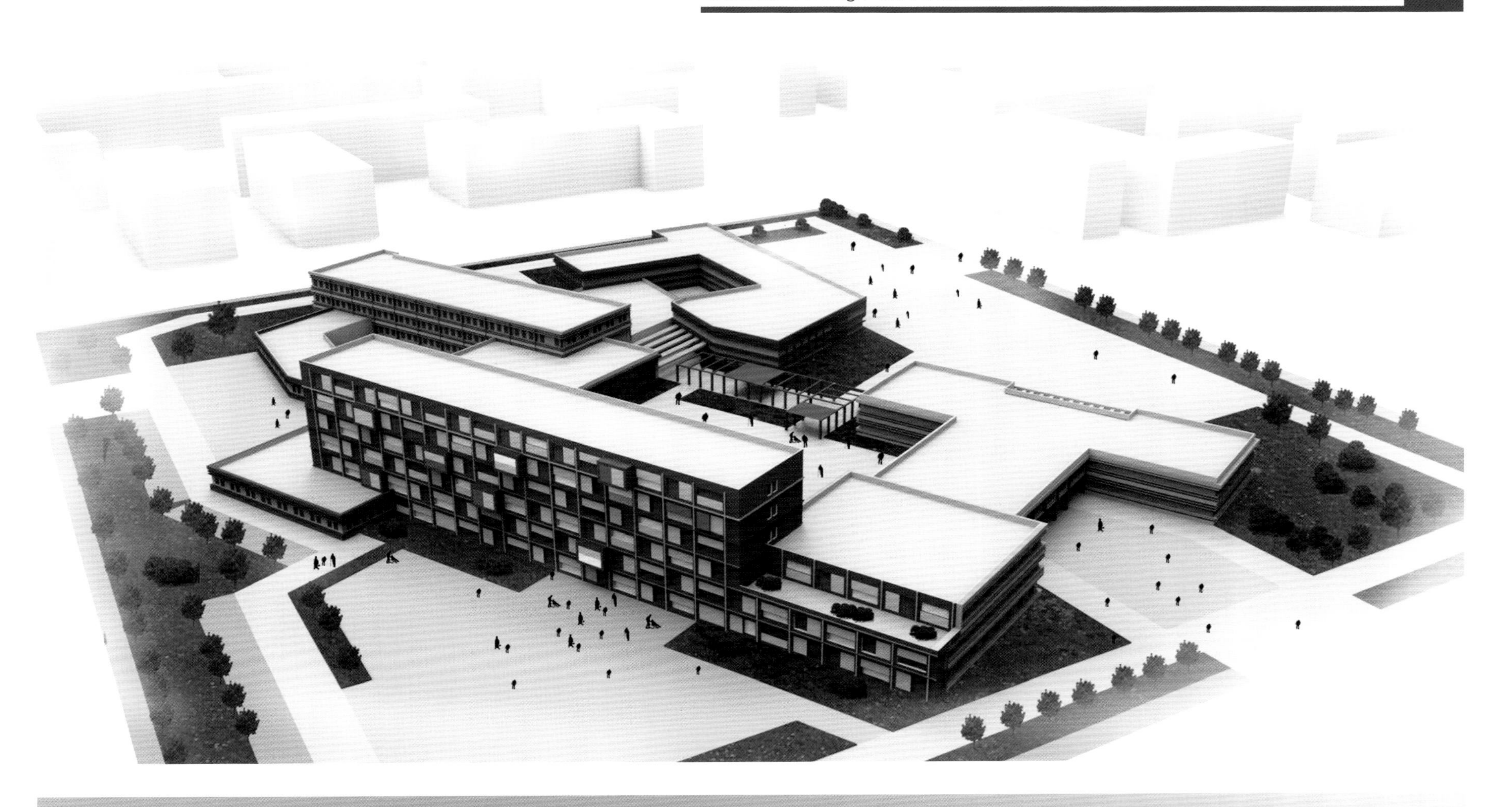

● 一层平面图

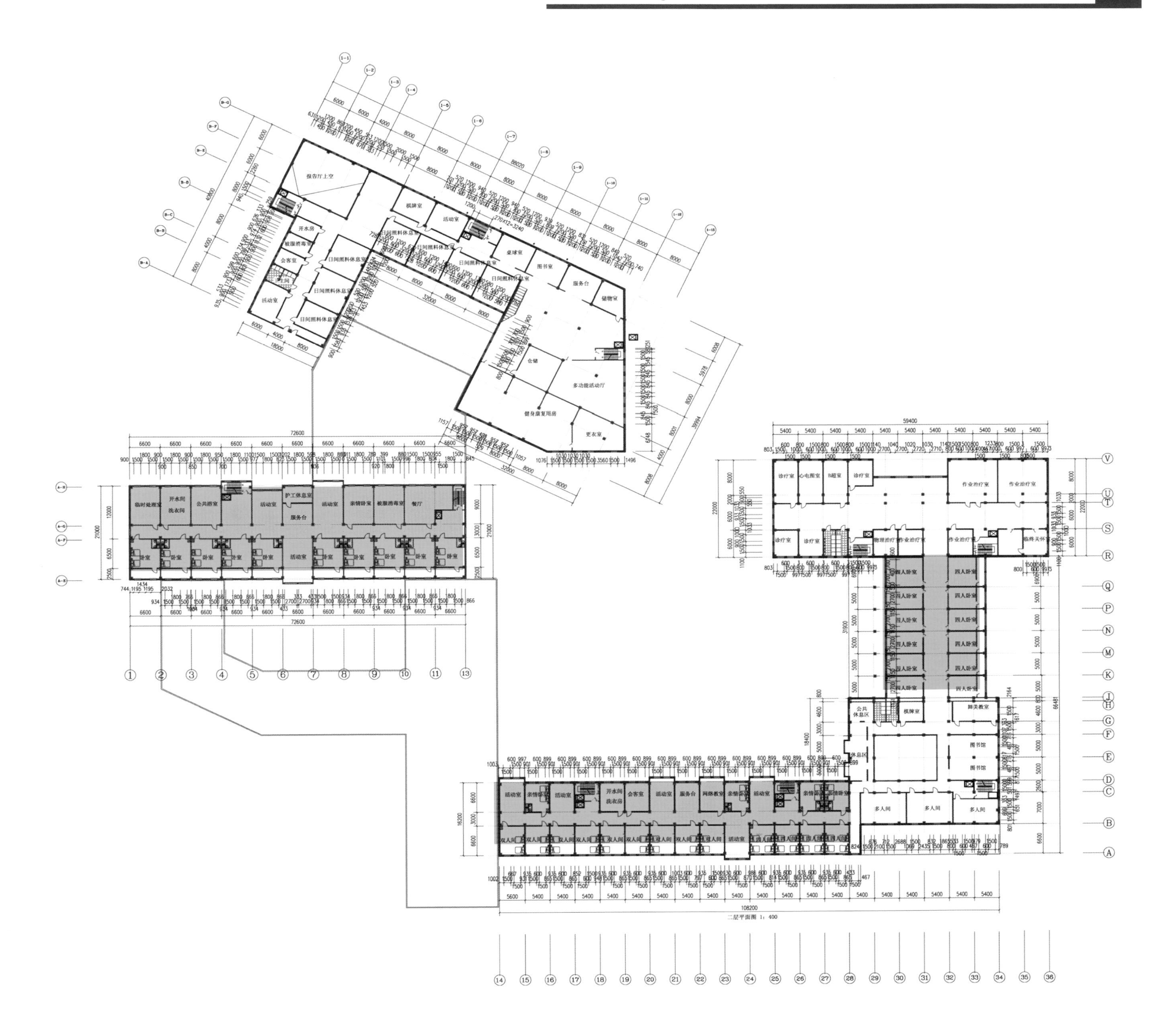
报告厅上空
多功能活动厅
健身康复用房
更衣室
图书室
服务台
活动室
四人卧室
多人间
图书馆
作业治疗室
二层平面图 1:400

● 二层平面图

张岩
Zhang Yan

重庆特钢厂片区空间城市设计与建筑设计

Urban design and architectural design of Chongqing Special Steel Plant Area

指导教师：陆诗亮　张宇

基地位于重庆沙坪坝区特钢厂内，功能定位为体育活动中心。通过折线的立面手法体现体育建筑的力量感。同时，用不同高程的交通选择达到立体空间高度可达性。

● **建筑生成分析**

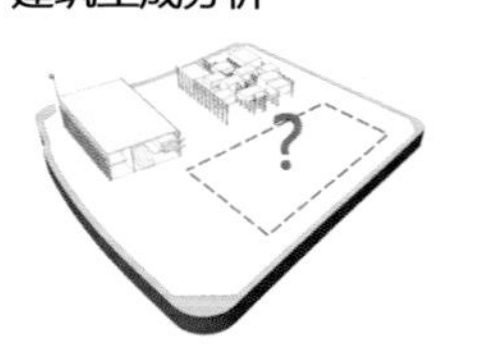

需要一个什么样的体育中心？

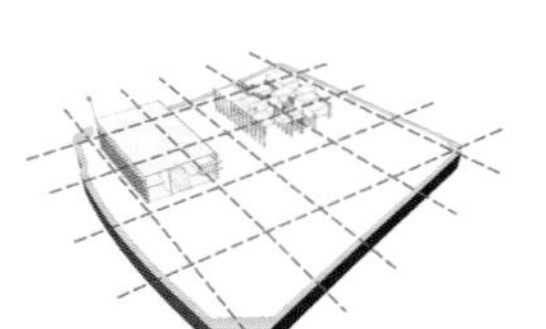

基地中现有厂房产生轴线

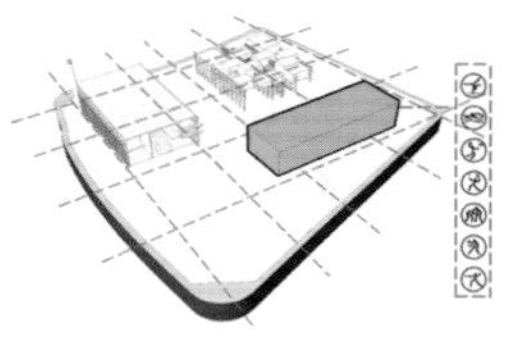

更具功能产生原始尺寸

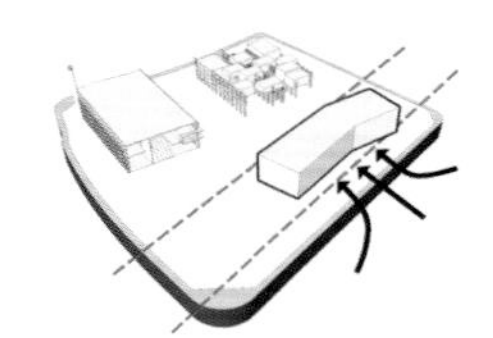

周边建筑压力使建筑体量变形

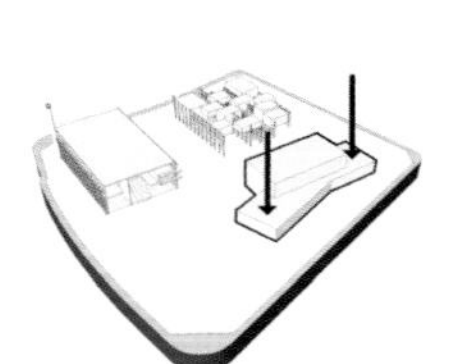

入口空间产生压力使体量再变形

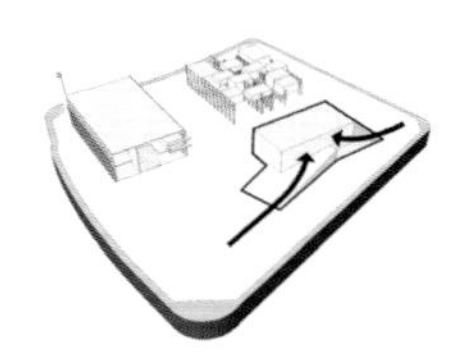

建筑与场地顺接，引导人群进入

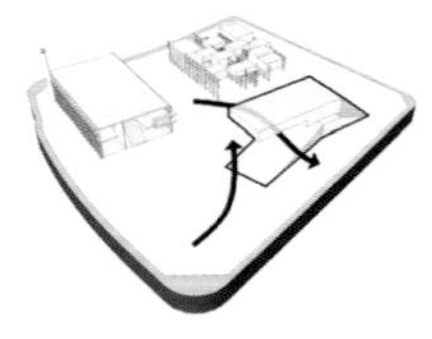

主体部分抬高，增加冲击力

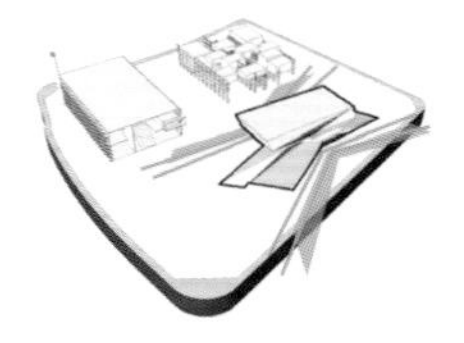

折线的立面处理，体现建筑力量

● **总平面图**

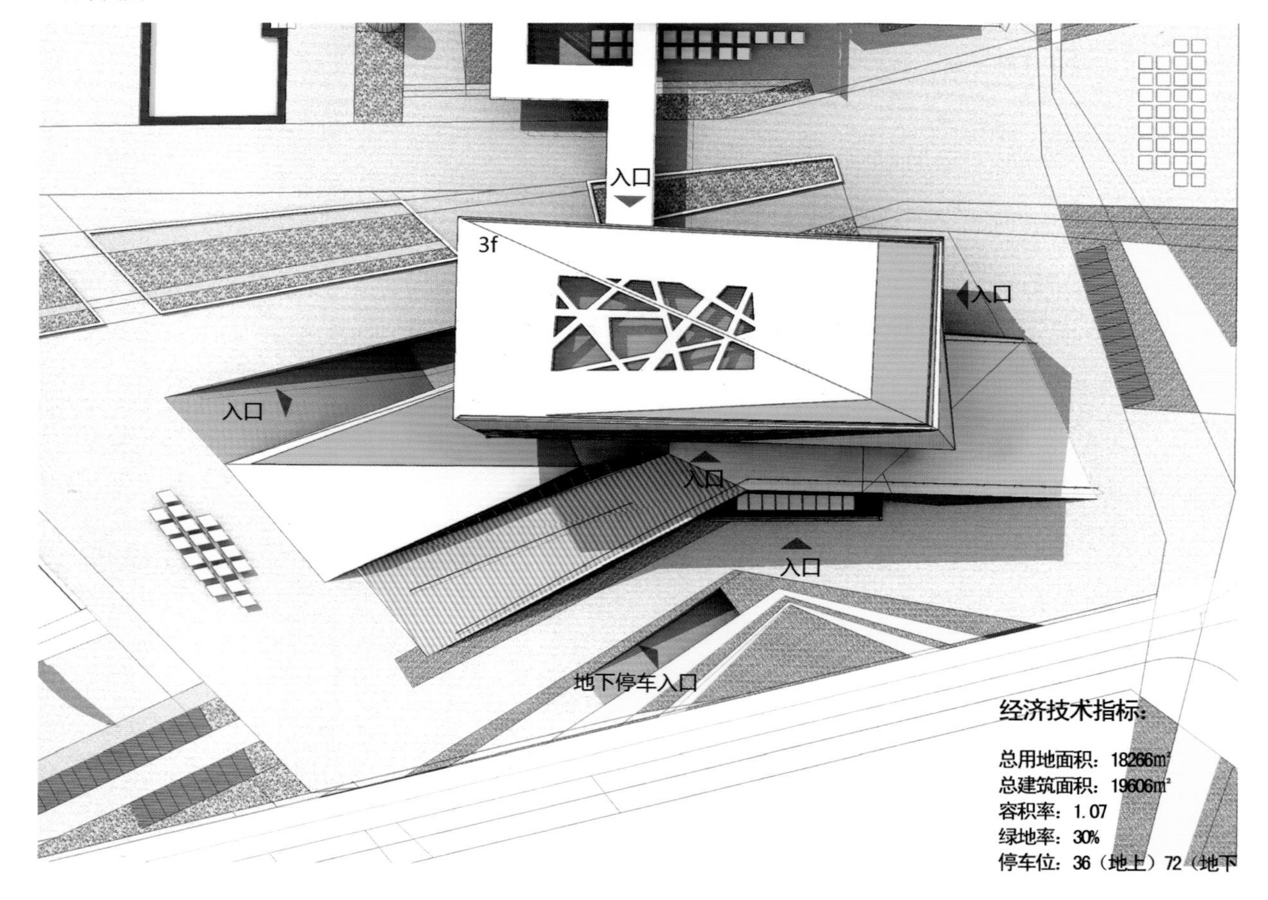

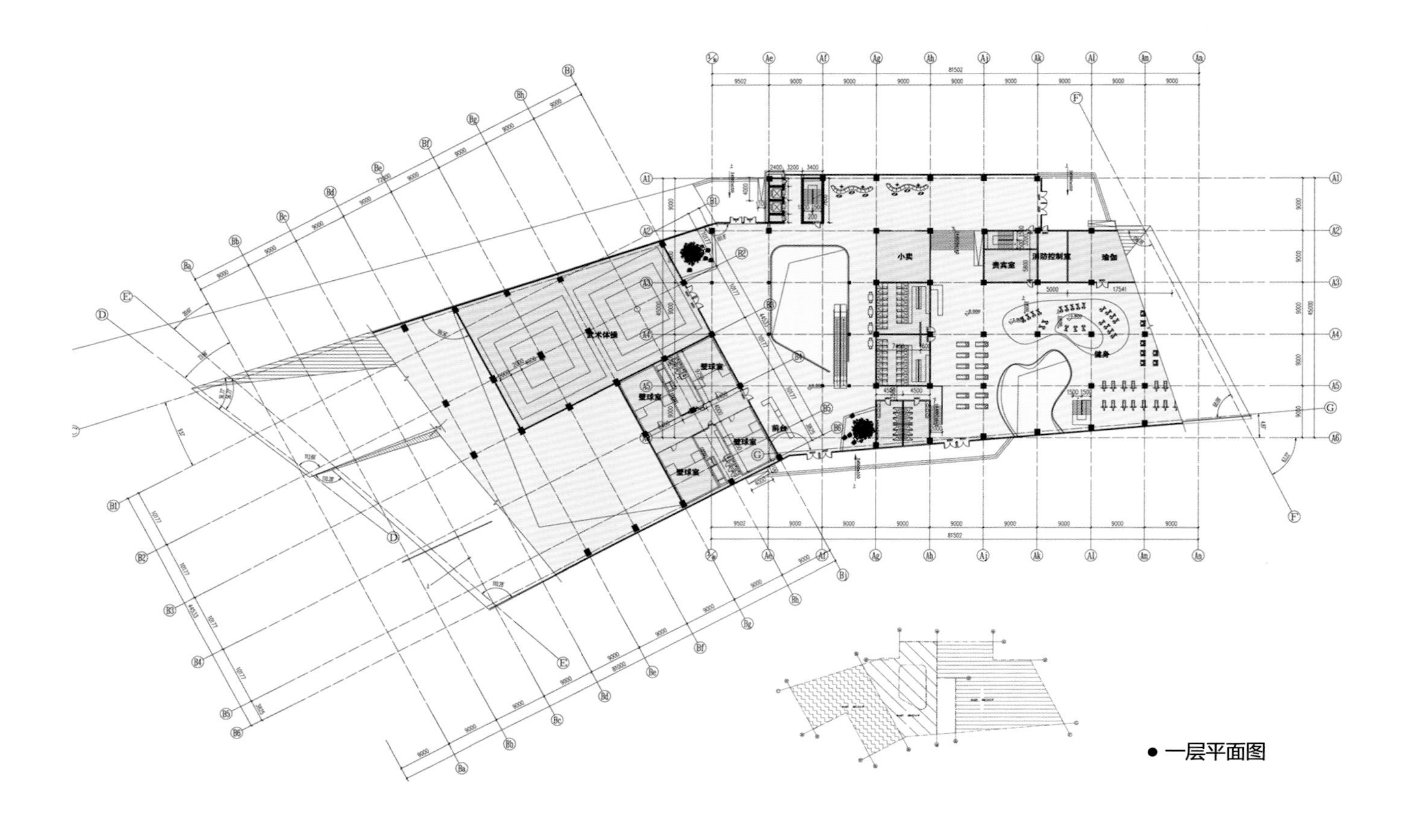

● 一层平面图

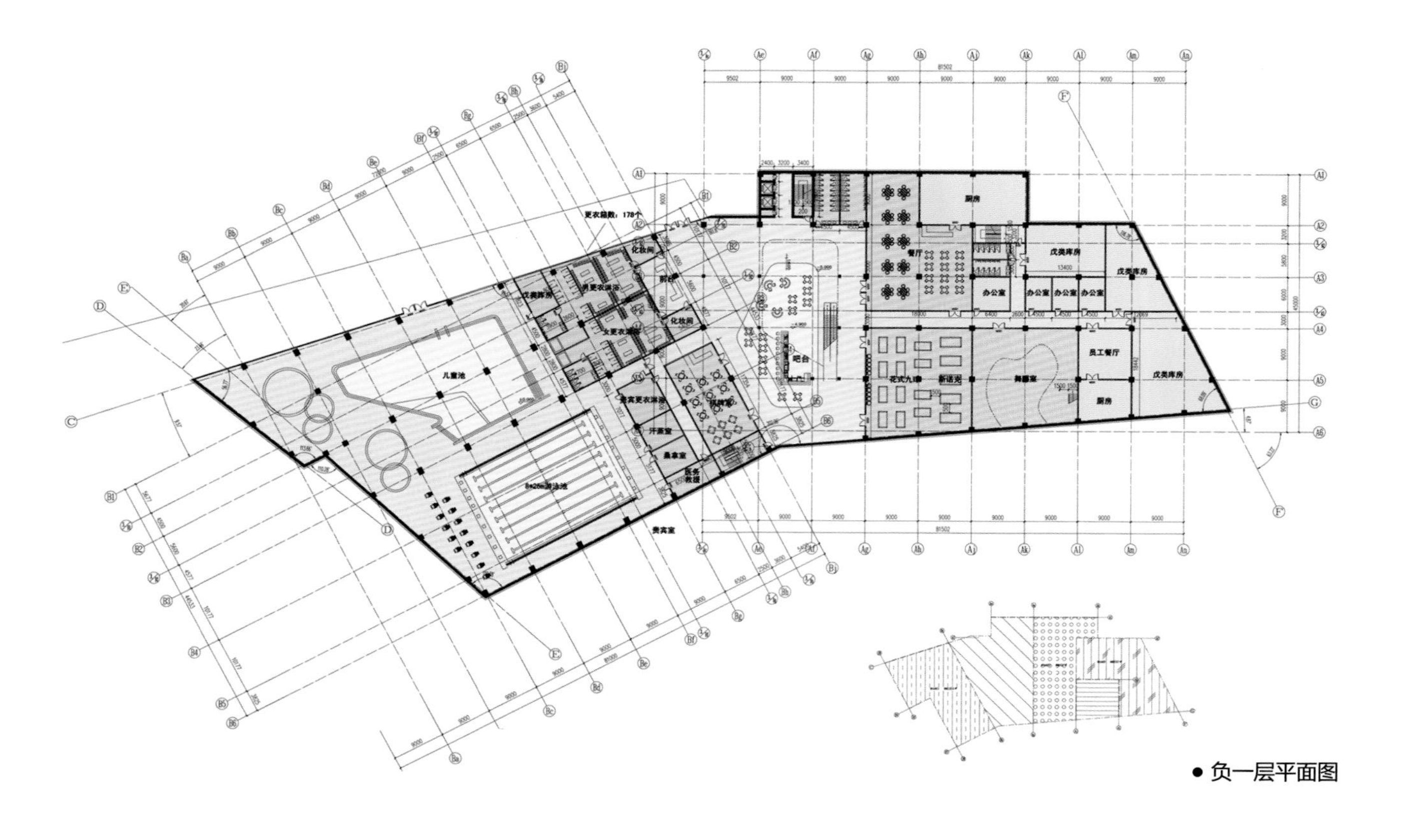

● 负一层平面图

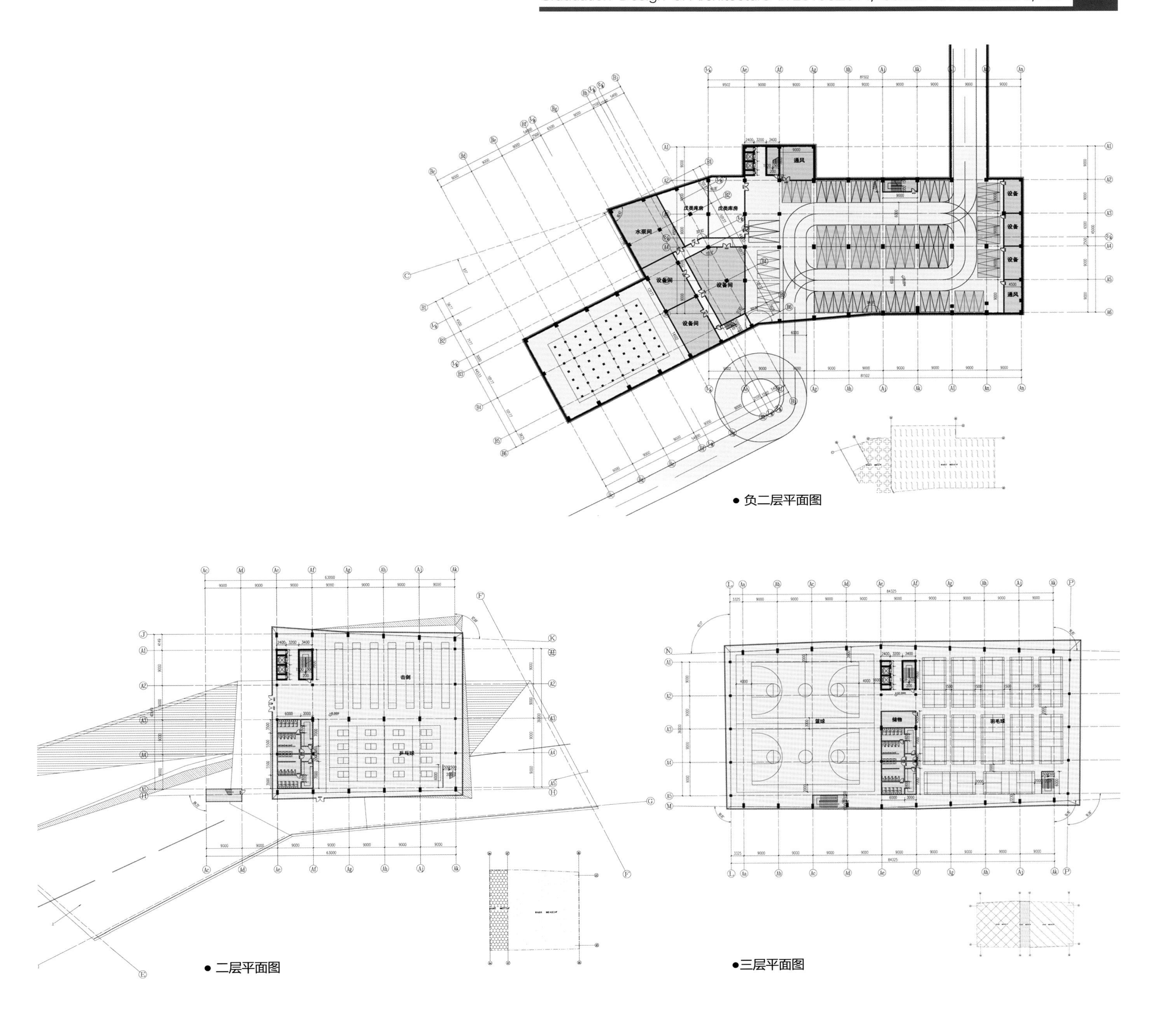

● 负二层平面图

● 二层平面图

●三层平面图

● 建筑入口分析

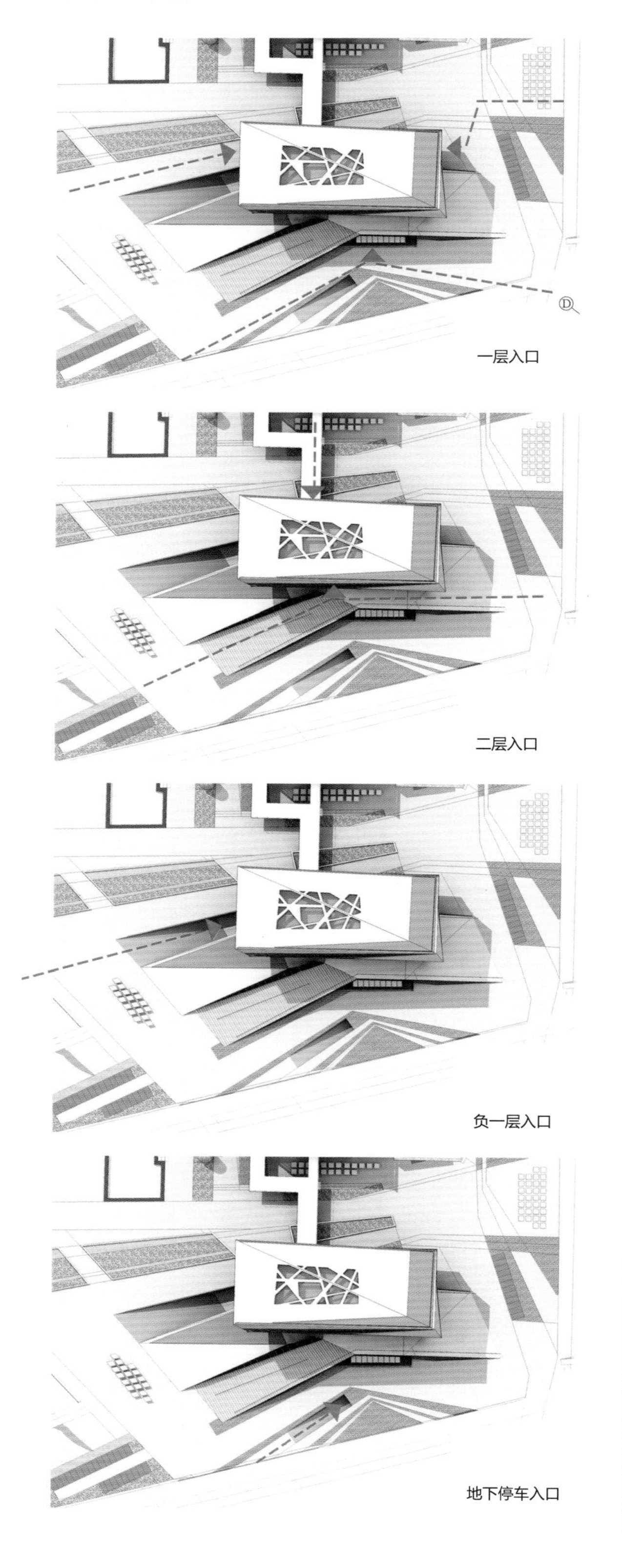

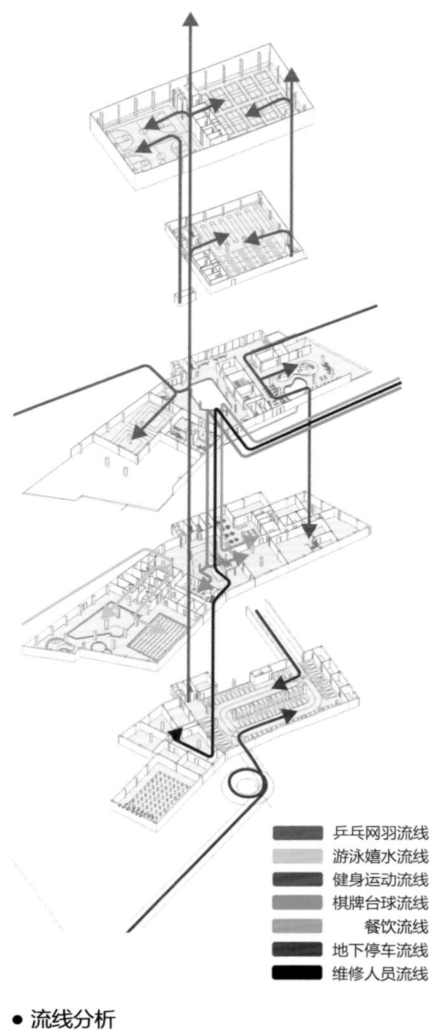

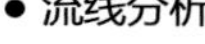
• 流线分析

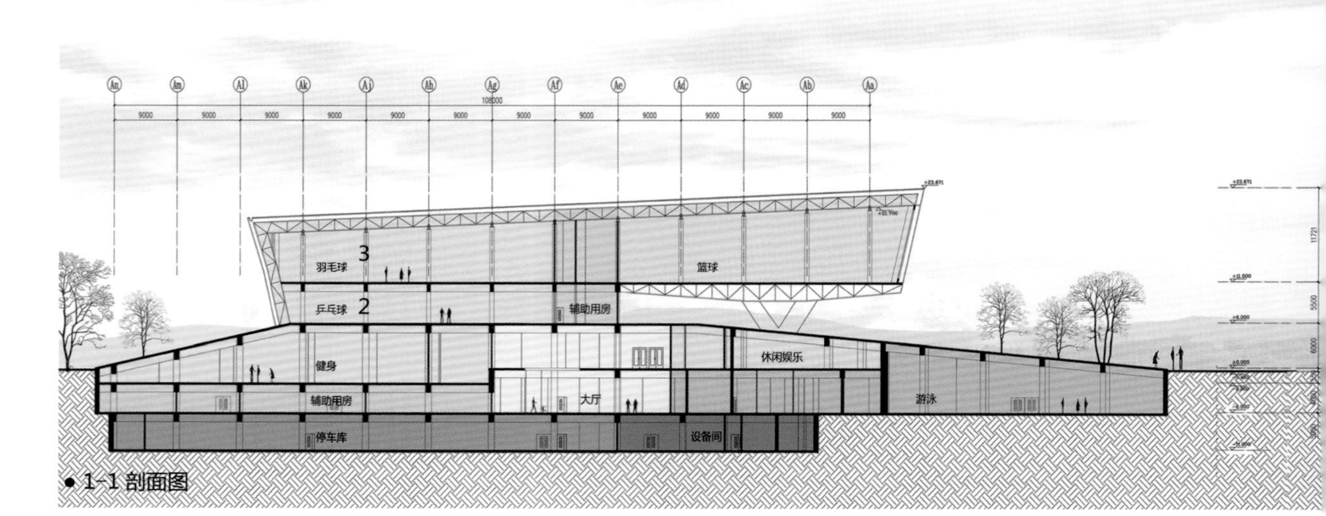

• 1-1 剖面图

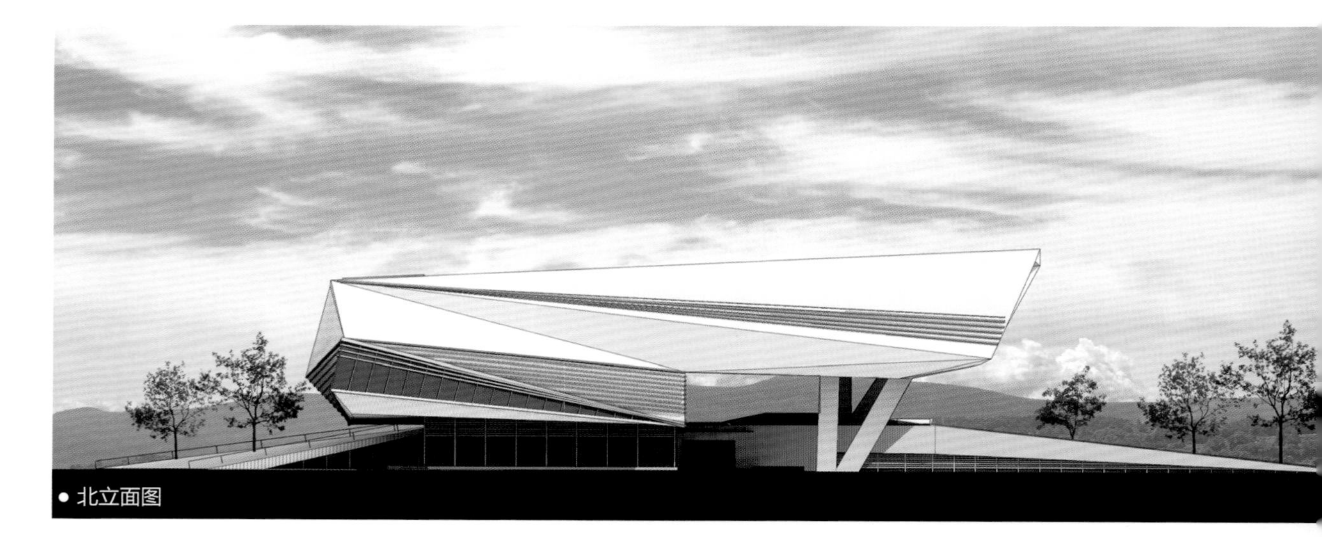
• 北立面图

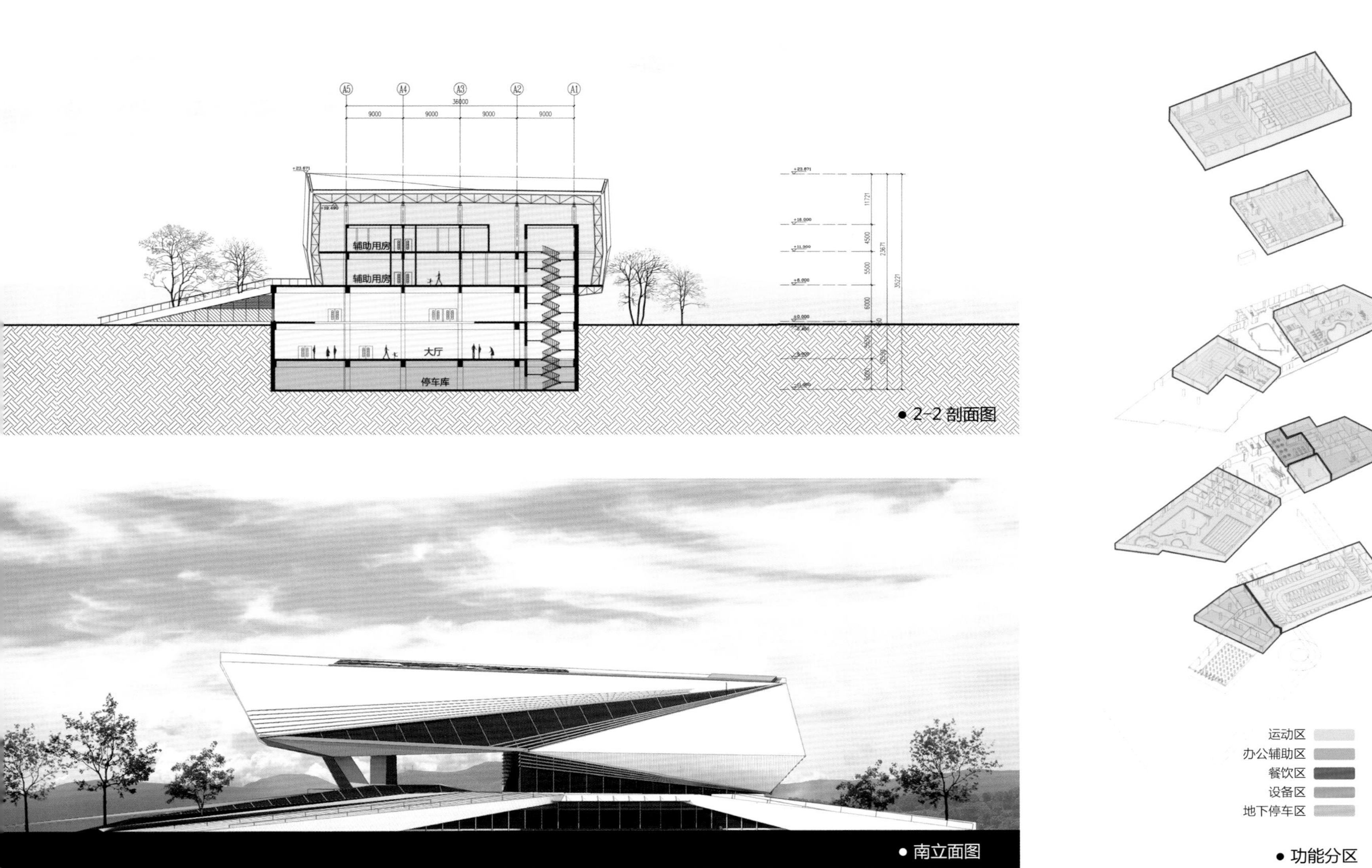

● 2-2 剖面图

● 南立面图

● 功能分区

郑植
Zheng Zhi

桂林市叠彩区游泳馆建筑设计

Natatorium design of Diecai District in Guilin

指导教师：史立刚　席天宇

从基地特征的角度出发，提出回应当地自然人文环境的设计思路，产生了富有变化的体量分隔，利用膜机构表达对游泳馆空间的理解，并从结构角度解决建筑的采光、排水等问题。

● 总平面图

● 基地分析

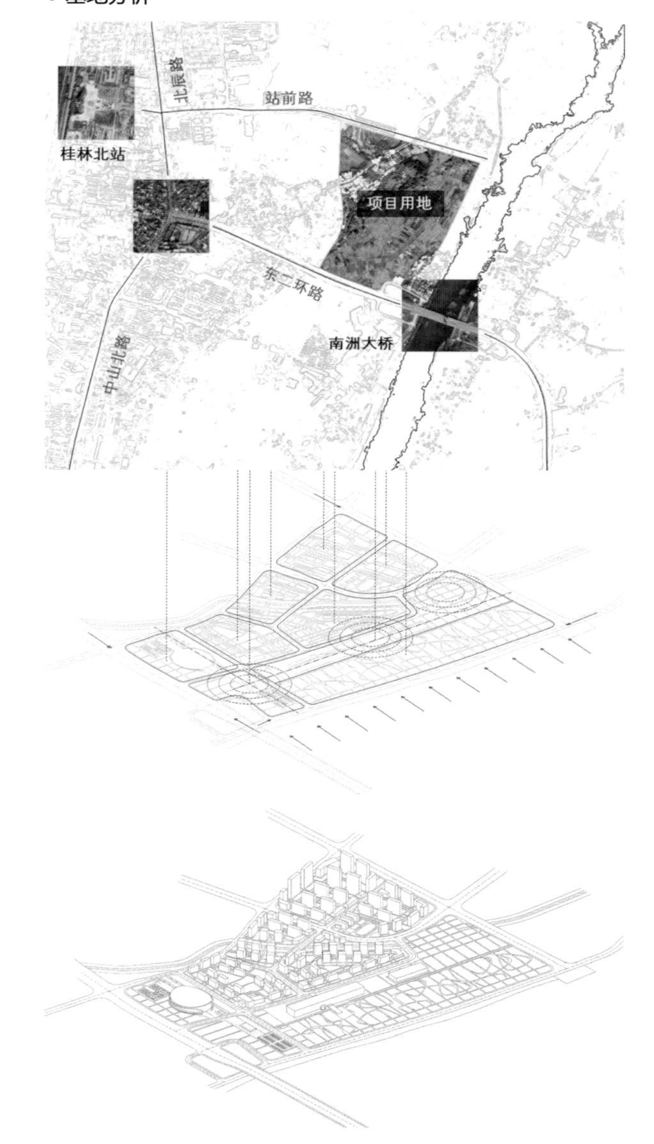

N
规划站前路
江路
住宅小区
住宅小区
小学
住宅小区
住宅小区
文化中心
城市公园
住宅小区
主入口
水上运动中心
地下停车入口
体育馆
地下停车入口
地下广场入口
停车场
滨江路
漓江
规划道路
南洲大桥

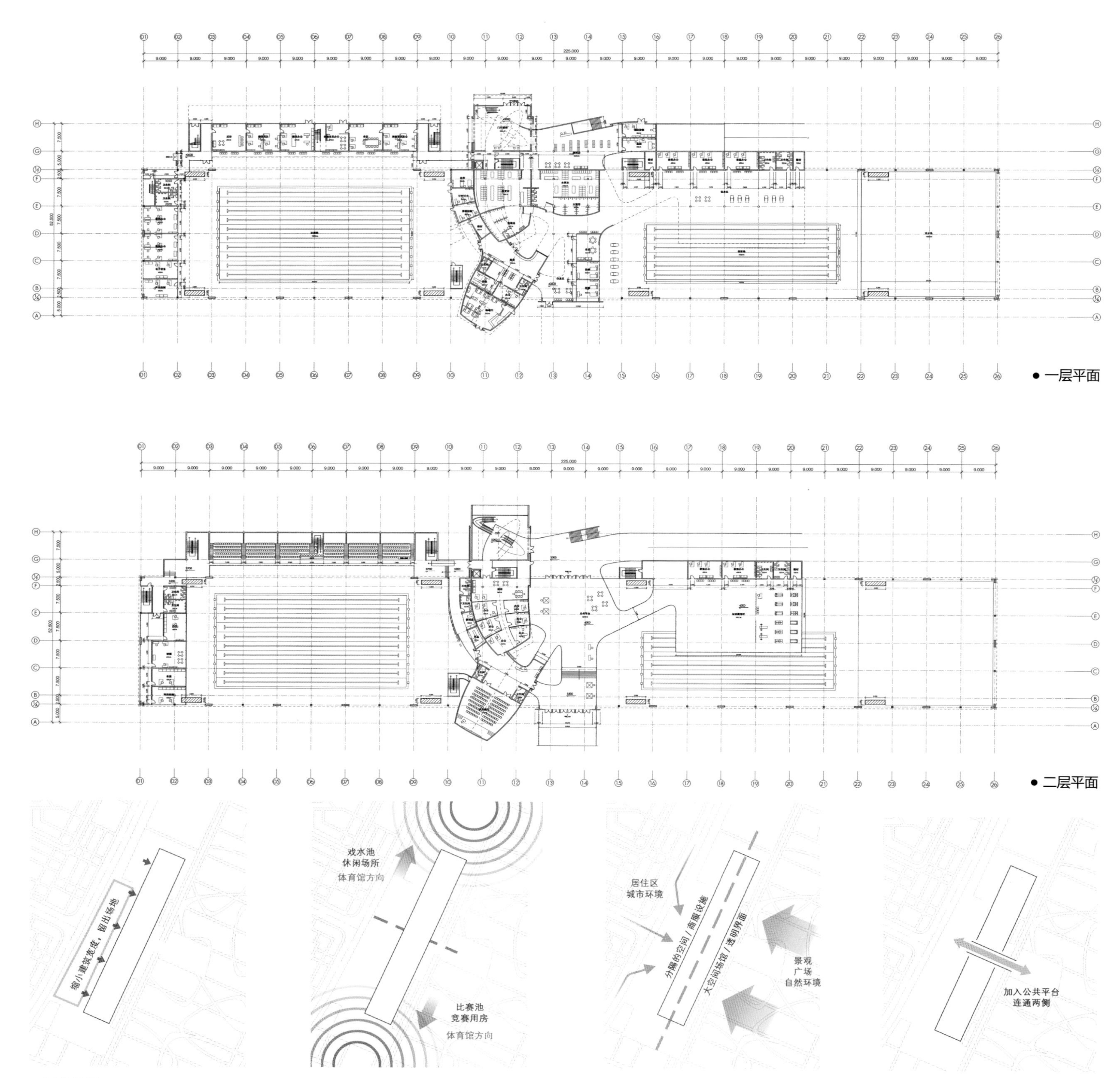

• 一层平面

• 二层平面

• 场地分析

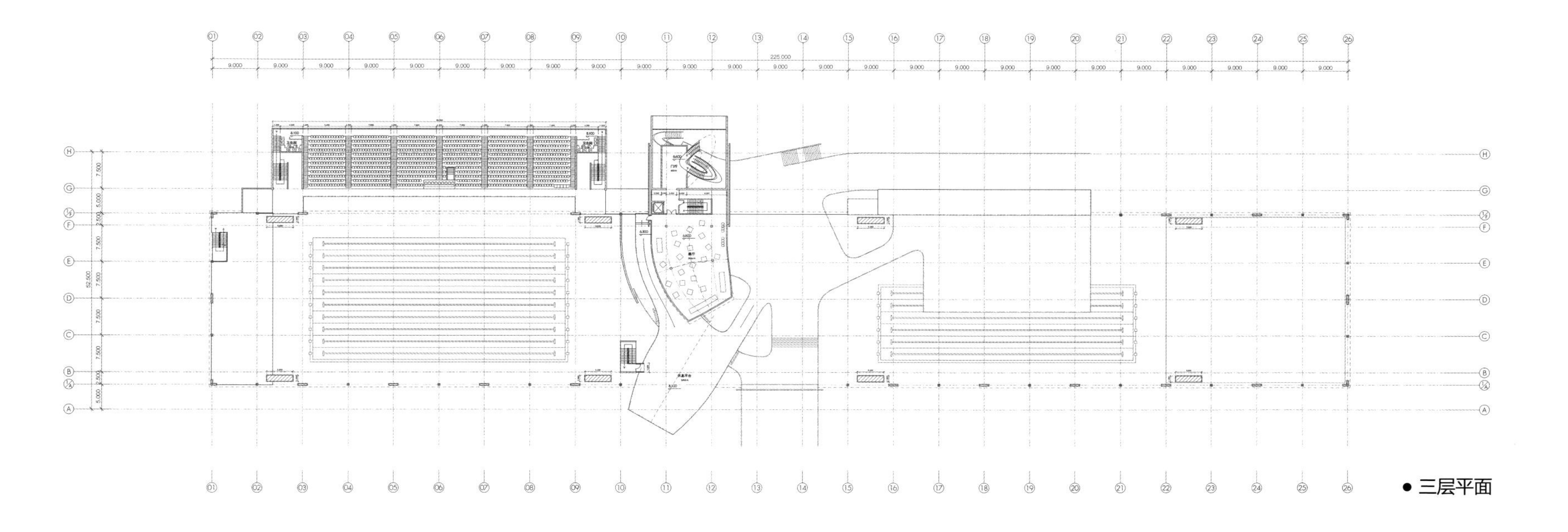

● 三层平面

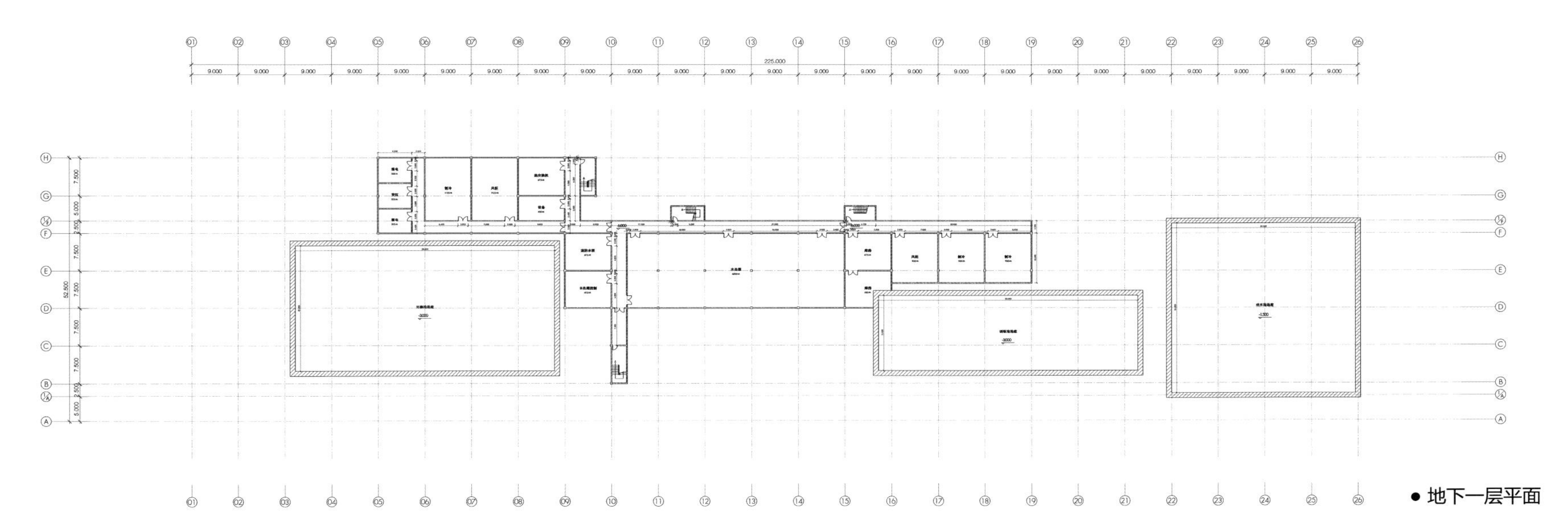

● 地下一层平面

● 功能分区示意图

A 设备功能　B 水处理室　C 比赛池　D 辅助用房　E 训练池

● 节点构造生成图

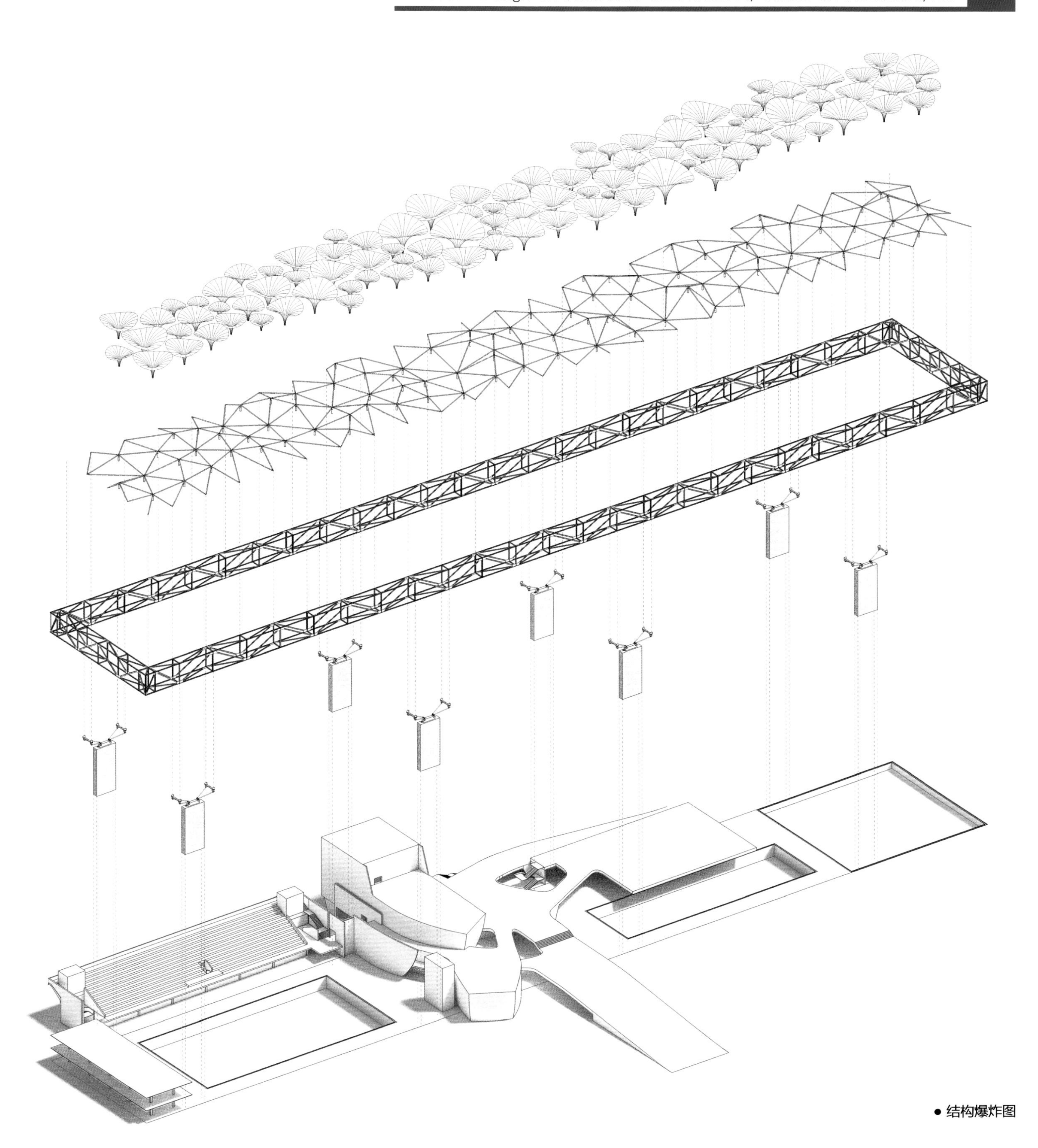

● 结构爆炸图

朱丽玮
Zhu Liwei

西大直街跨铁路地段商业中心设计

Commercial center design across railway at West Bridge

指导教师：吴健梅　刘滢

本整体设计任务是将哈尔滨市南岗区西大直街沿线的老城区进行重新规划设计。建筑设计则选取西大直街与铁路支线夹角（西大桥）处，约 2.58 公顷的用地进行重新的建筑群组规划，并对东侧的商业中心进行细化。

设计以联通铁路两侧用地为主要目的，为周边的人群提供更多的交流休息活动空间。同时，结合绿地景观与屋面绿化，提高用地的绿化率，以改善高密度建设的老城区中人们的生活质量，同时也提高本用地的使用价值。

● 总平面图

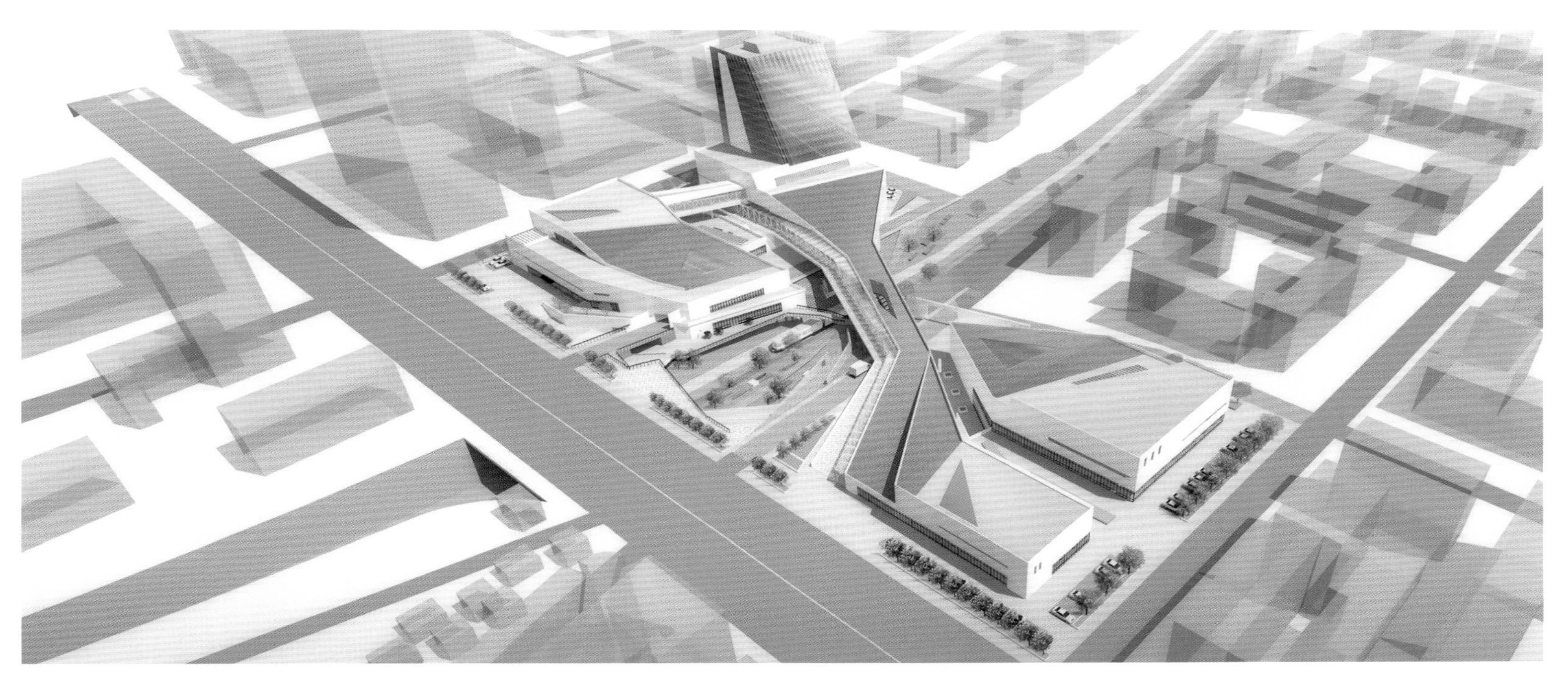

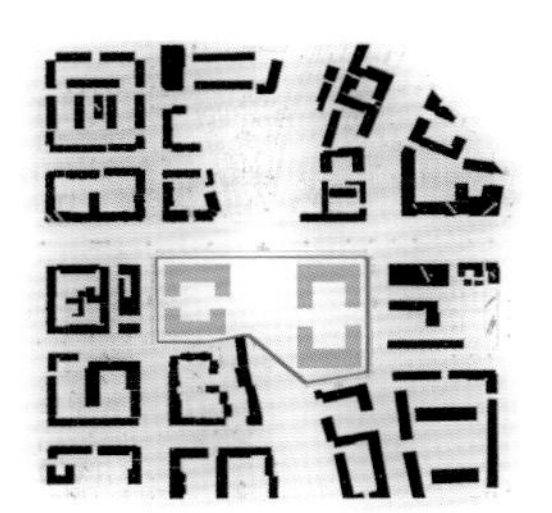

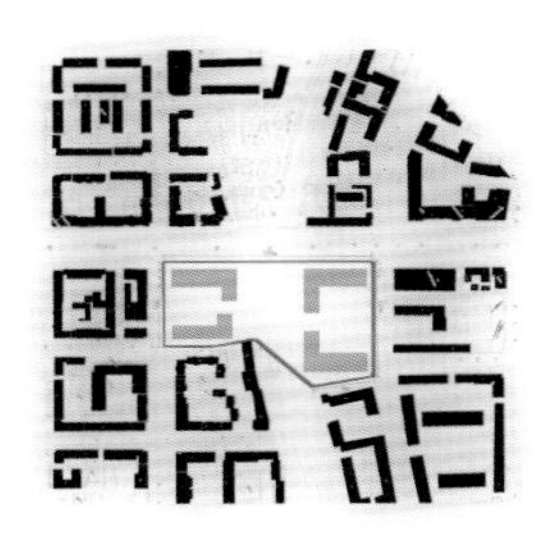

● 平面的基本形态生成

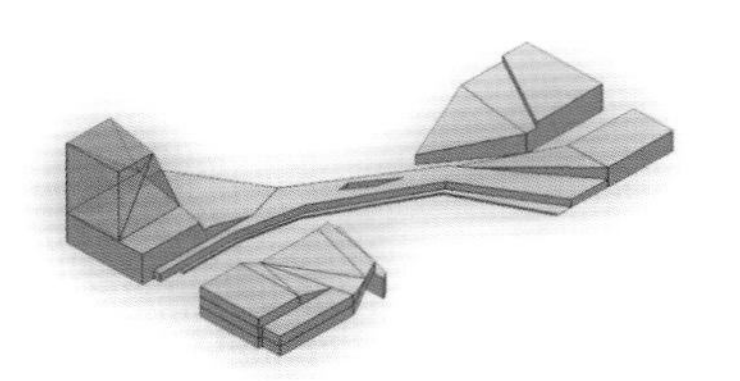

● 体量生成过程

车辆交通路线

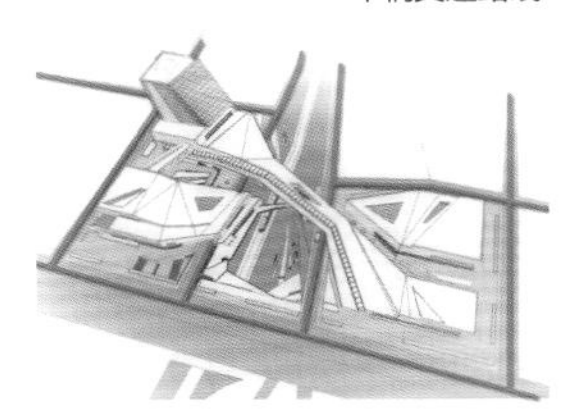

停车场位置示意

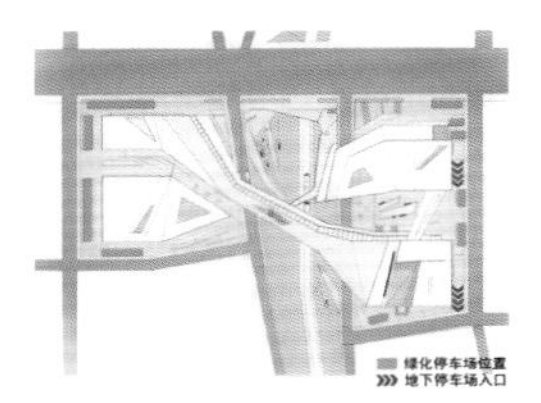

人行交通路线

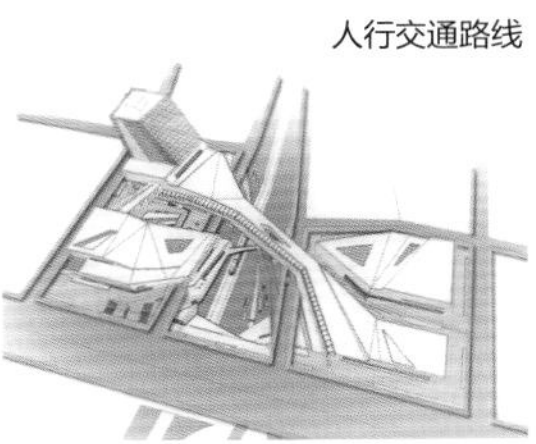

主要人流与场地切入口

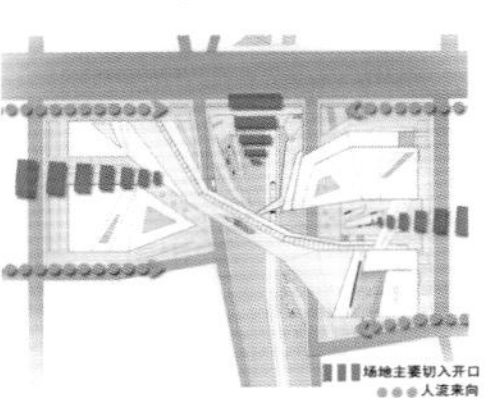

景观轴线示意

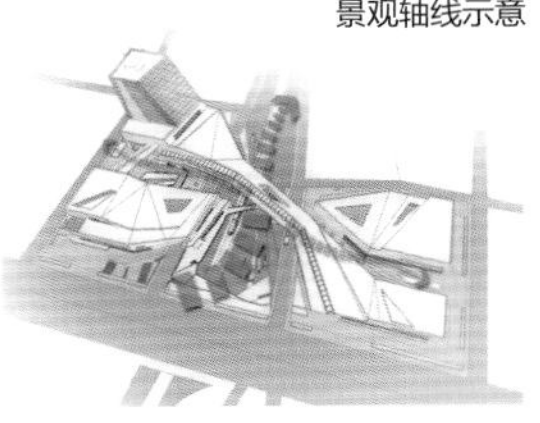

绿化广场示意

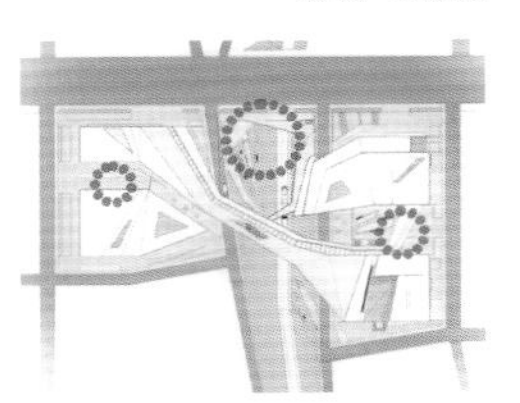

视线分析

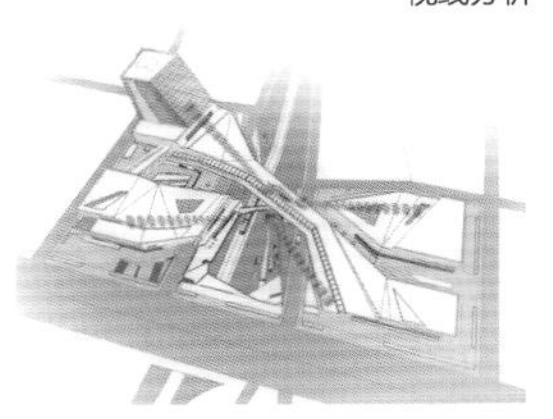

建筑功能示意

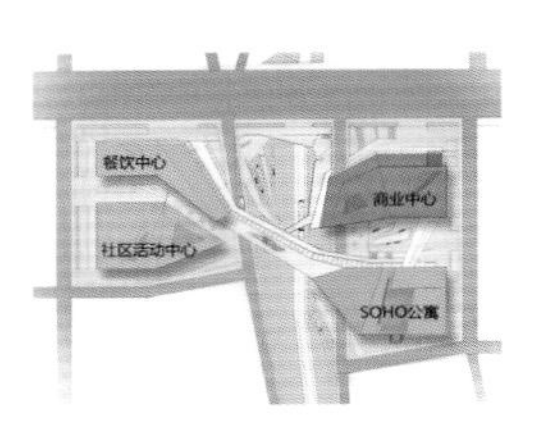

● 基地分析图

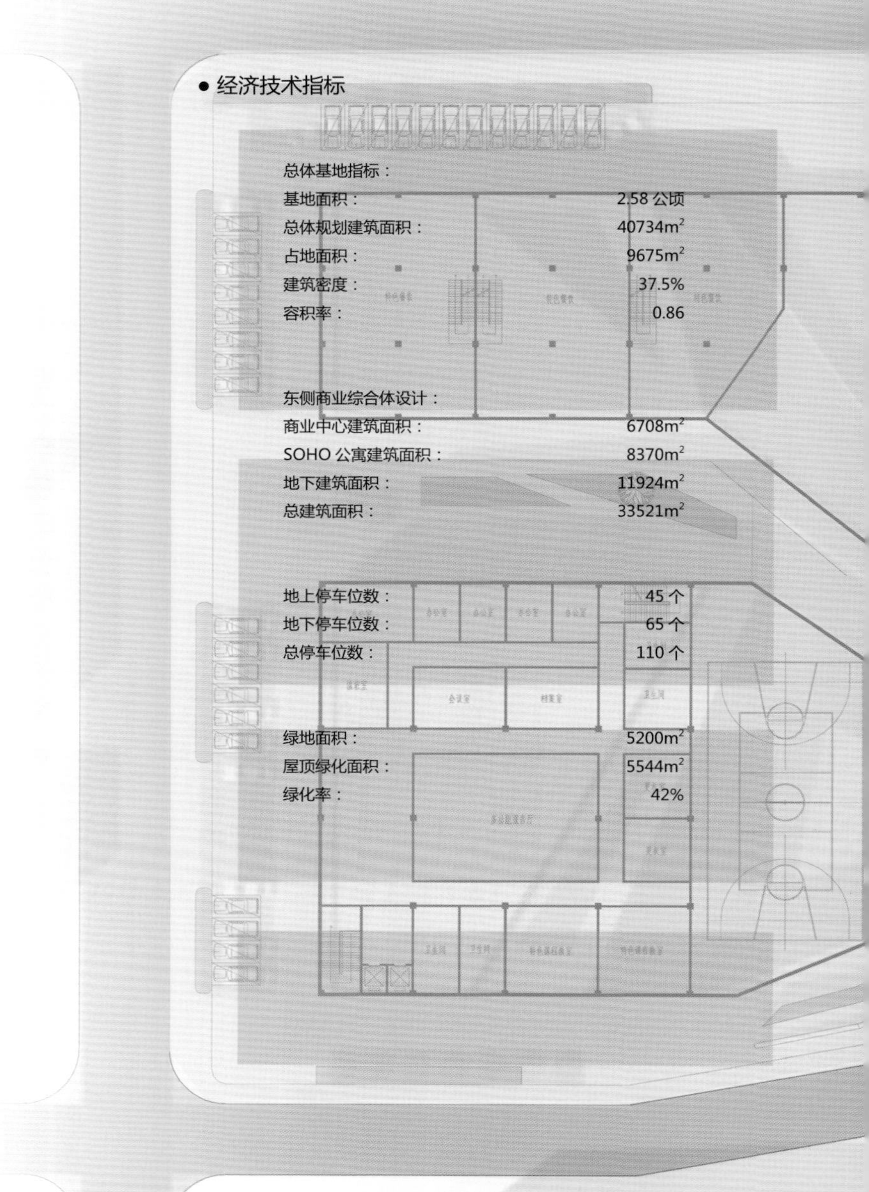

首层经济技术指标：

商业中心一层面积： $3043m^2$
营业厅计算面积： $1552m^2$
疏散人数： 1319 人
SOHO 裙房一层面积： $2952m^2$

防火分区示意

分区面积：
Ⅰ区：$2155m^2$
Ⅱ区：$888m^2$
Ⅲ区：$2952m^2$

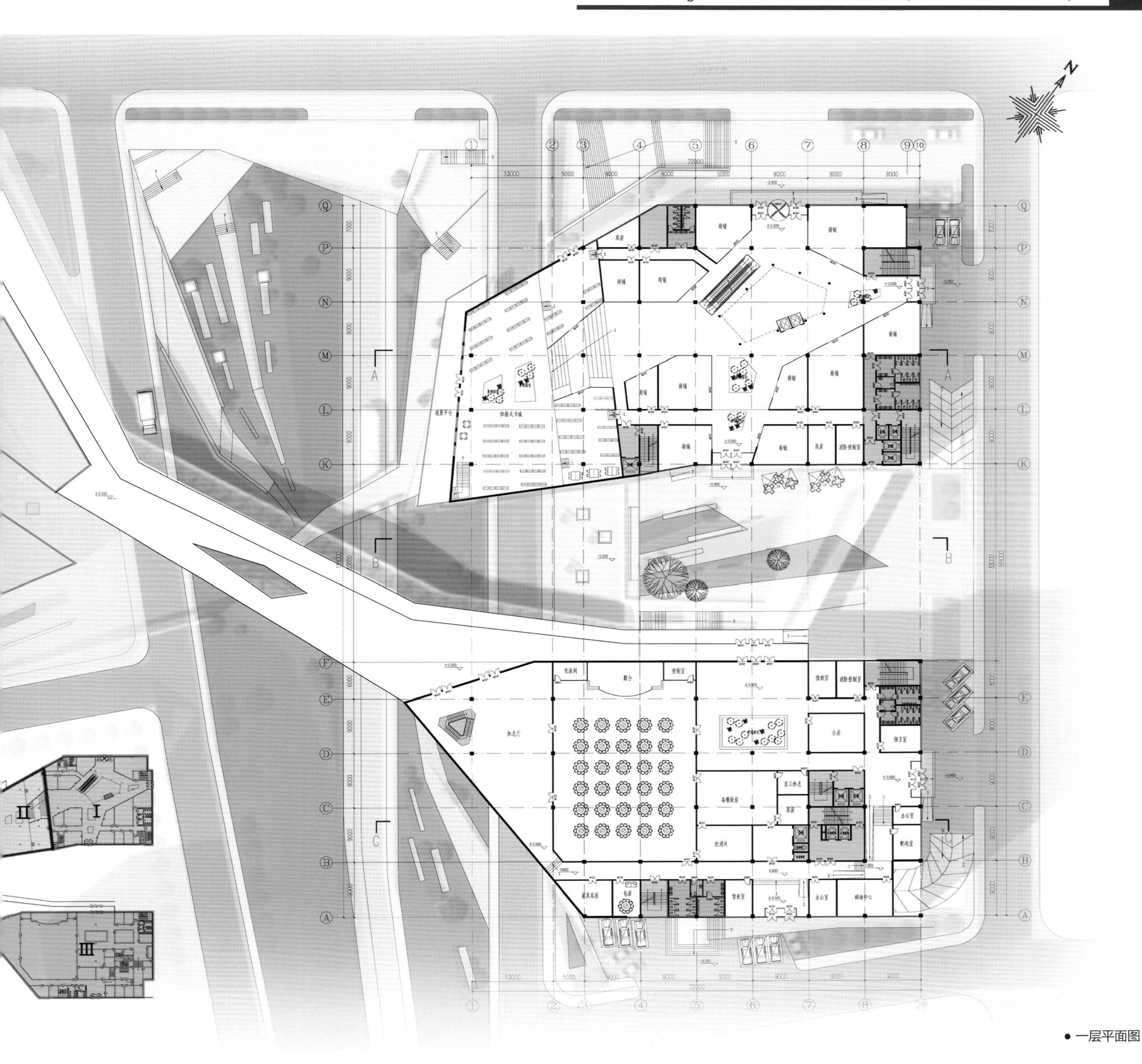

● 一层平面图

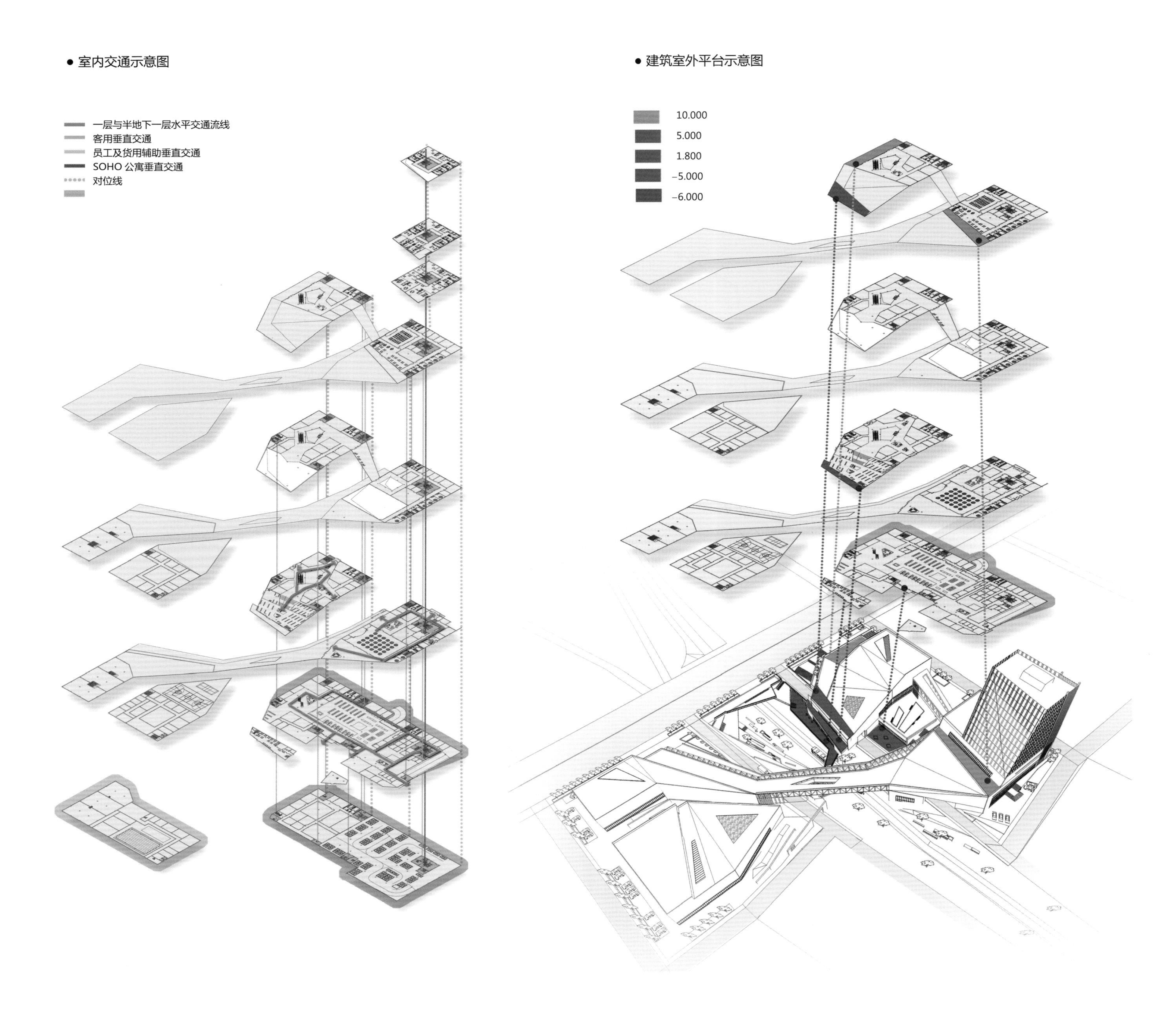
● 室内交通示意图
一层与半地下一层水平交通流线
客用垂直交通
员工及货用辅助垂直交通
SOHO 公寓垂直交通
对位线
● 建筑室外平台示意图
10.000
5.000
1.800
–5.000
–6.000

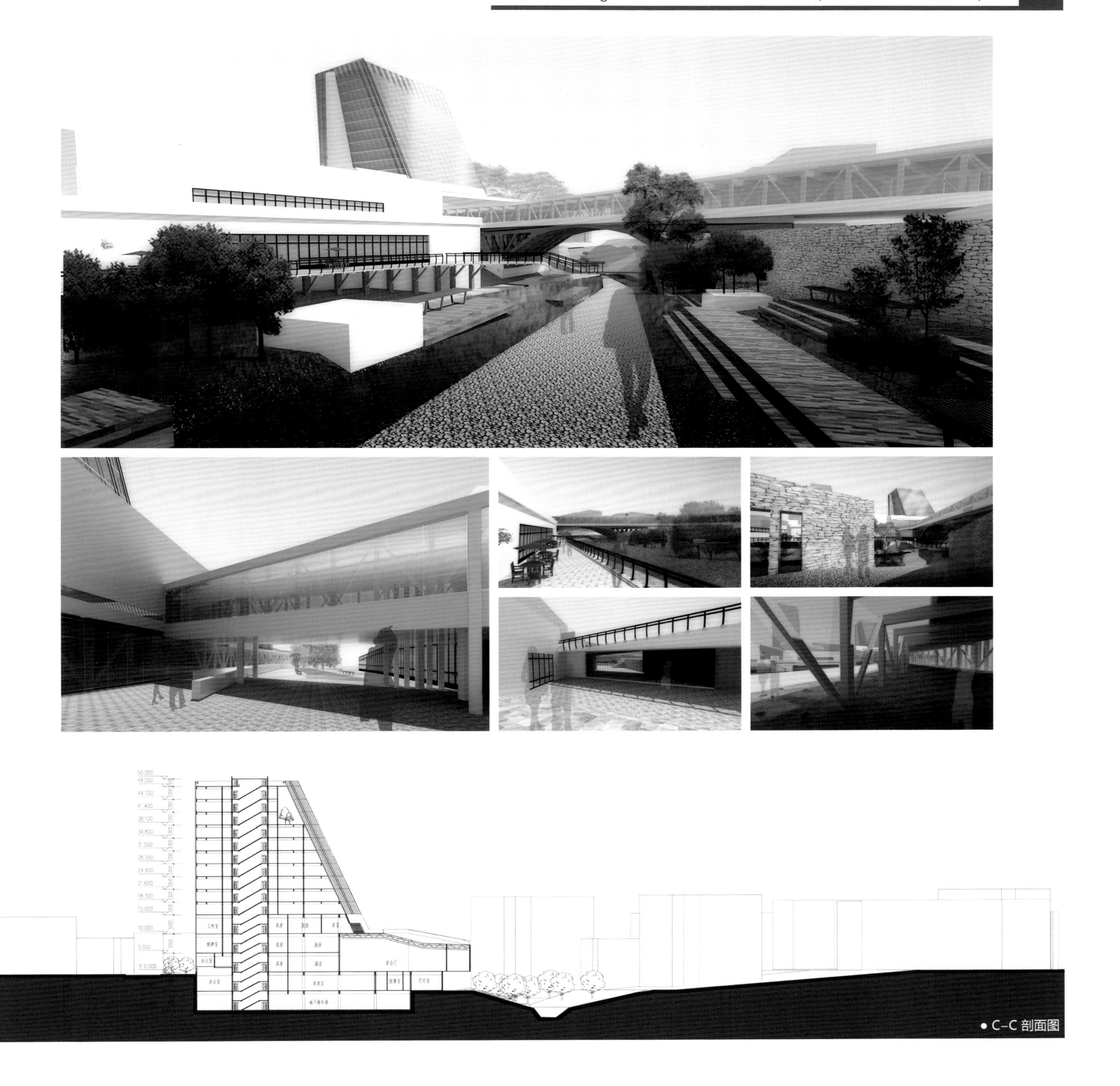

• C–C 剖面图

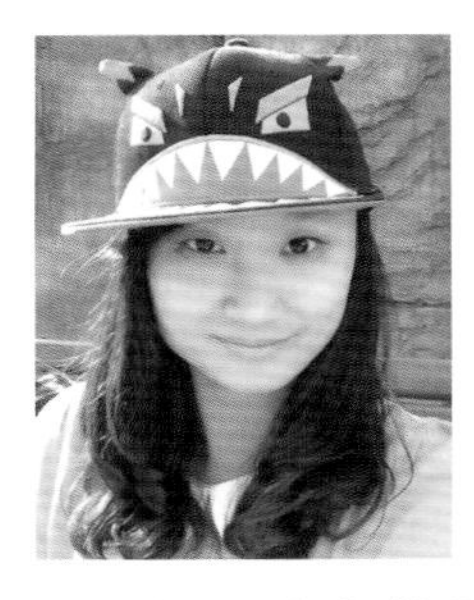

邹航
Zou Hang

桂林市叠彩区游泳馆建筑设计

Natatorium design of Diecai District in Guilin

指导教师：史立刚　席天宇

本设计采用钢拱结构，力在表现游泳馆端庄优美的造型，经设计的钢拱在满足大跨度的同时用材省、自重轻，拱的柱端做造型处理，产生富有韵律的有趣空间。平面功能合理，流线清晰无交叉，室内空间连贯畅通，馆内采用可以拆卸的轻质墙二次划分使用空间，使之成为室外泳池。充分考虑赛后的持续运营。

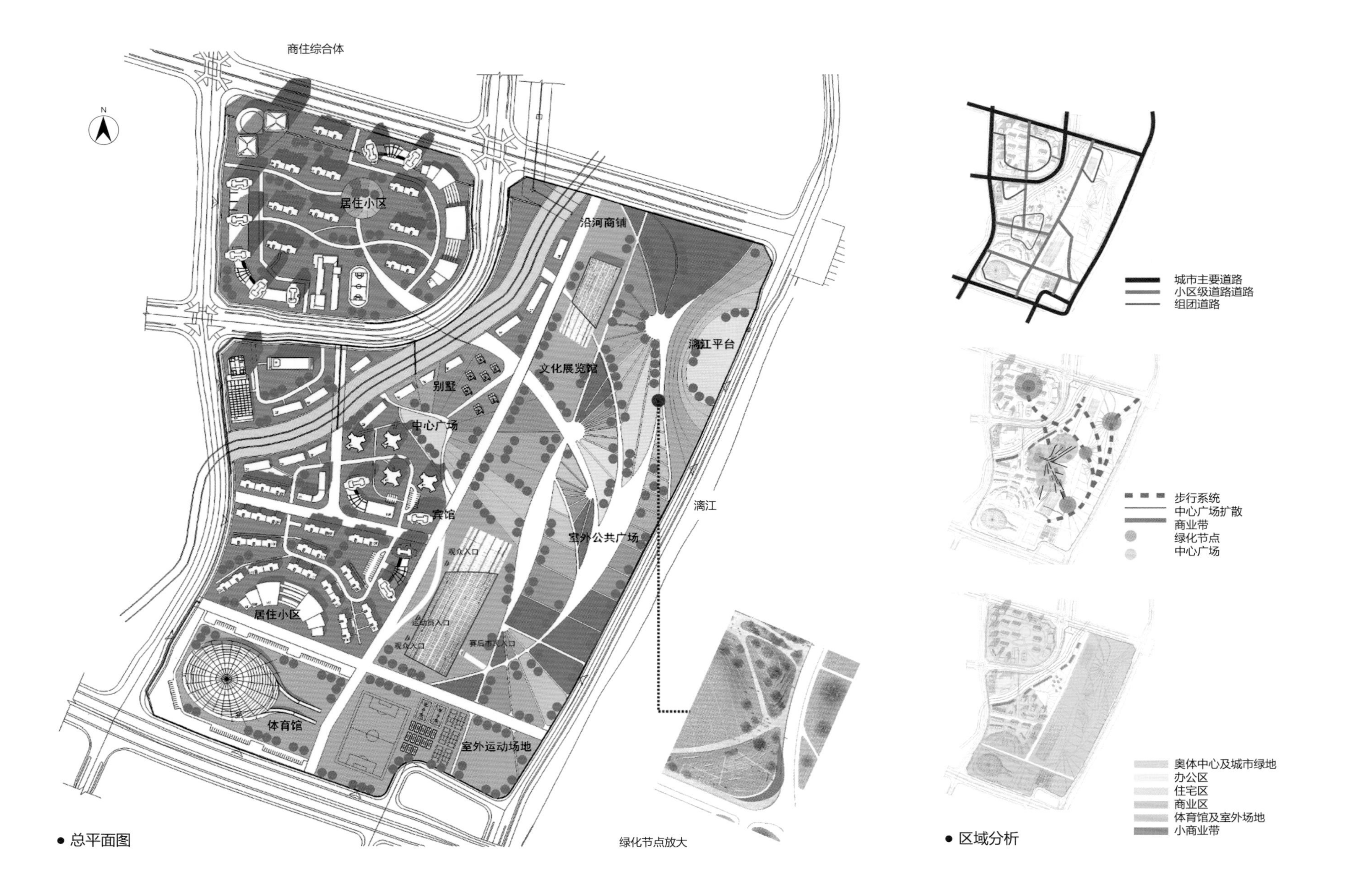

● 总平面图　　绿化节点放大　　● 区域分析

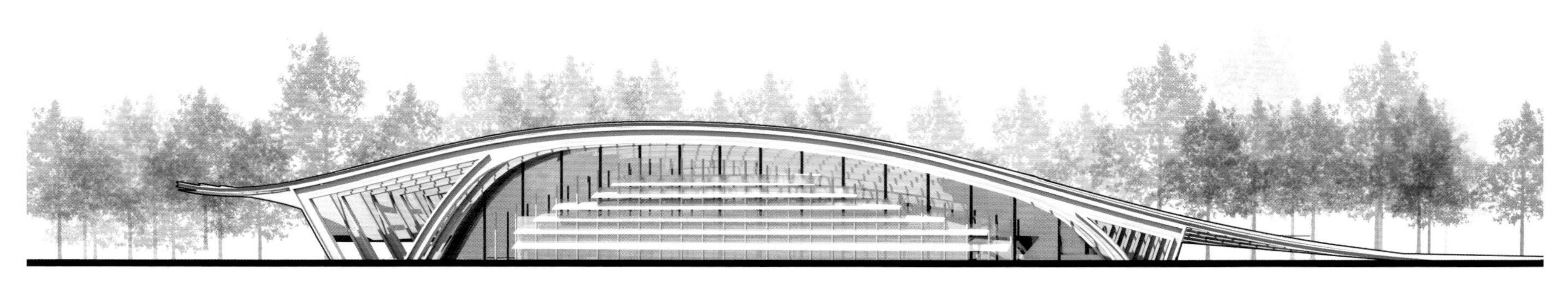

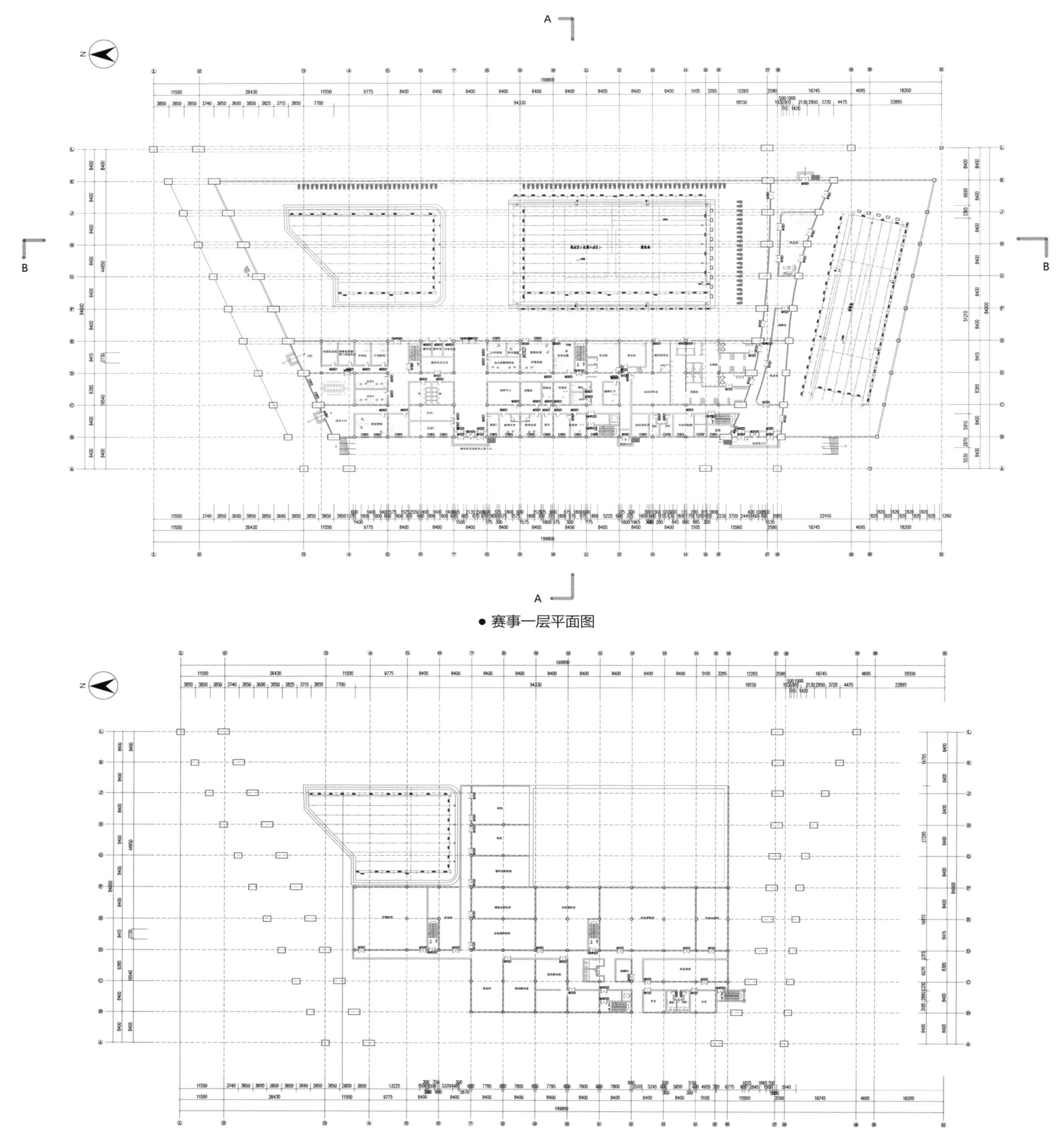

● 赛事一层平面图

● 负一层平面

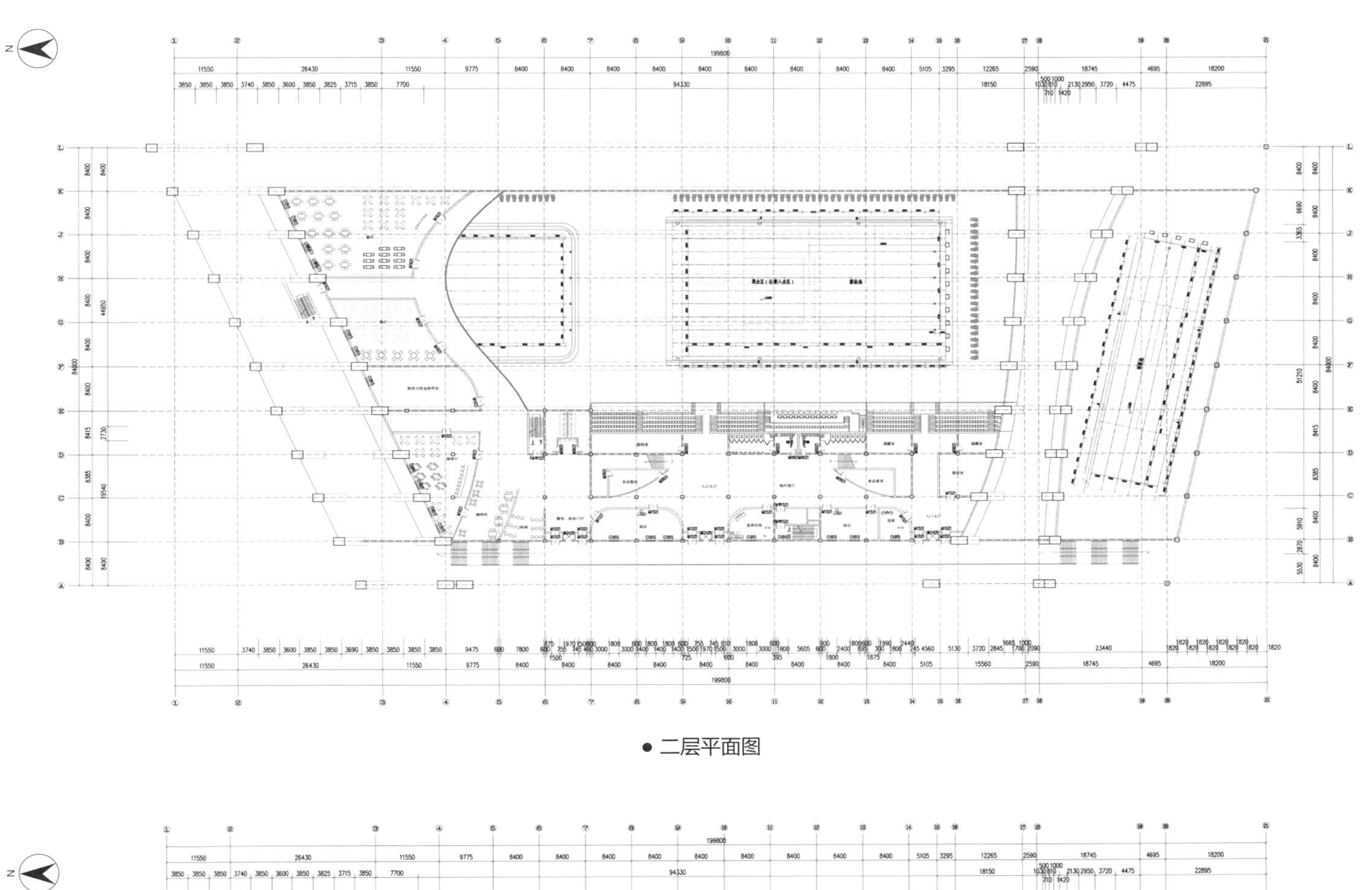

● 二层平面图

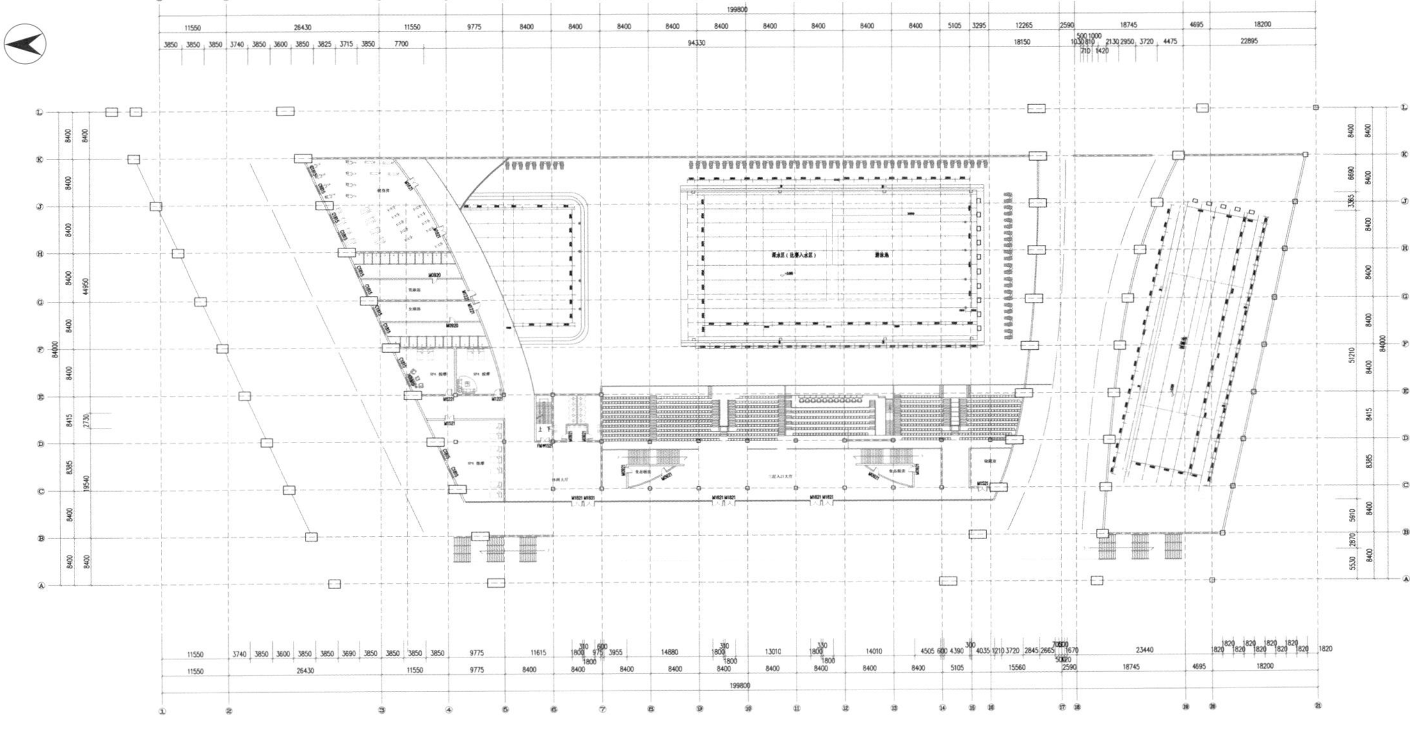

● 三层平面图

2014 设计题目 & 指导教师 **Project & Director of 2014**

第一组：西班牙维戈市 La Artistica 旧厂区改建设计
Group1：Update of La Artistica old industry area in Vigo, Spain

周立军
Zhou Lijun

教授　Professor

研究方向：传统民居建筑，旧建筑再利用，文化建筑设计研究

Research direction: Traditional domestic architecture, Reuse of old building, Design research on cultural building

吴健梅
Wu Jianmei

副教授　Associate Professor

研究方向：地域建筑创作及其理论，木建筑创作及其技术，儿童建筑空间和环境设计研究，建筑教育比较研究

Research direction: Regional architecture creation and theory, Creation and technology of wood architecture, Design of architecture space and environment for children, Comparative study on architectural education

第二组：西安幸福林带核心区城市设计及建筑单体设计
Group2：Urban design and building design of core center area in Xi'an

陆诗亮
Lu Shiliang

副教授　Associate Professor

研究方向：大型体育场馆建筑设计

Research direction: Architecture design of gymnasium

张宇
Zhang Yu

讲师　Lecturer

研究方向：建筑设计节能策略研究，建筑设计节能评估方法，低碳城市 / 智慧城市设计方法研究

Research direction: Study on energy saving strategy of architecture design, Evaluation methods of building energy saving design, Research on low carbon city/ wisdom city design method

第三组：寒地四校联合设计
Group3：The four Northeast University Joint Graduation Design

徐洪澎
Xu Hongpeng

副教授　Associate Professor

研究方向：绿色与地域建筑创作及其理论，木建筑创作及其理论

Research direction: Green and regional architectural creation and theory, Wood architectural creation and theory

唐家骏
Tang Jiajun

讲师　Lecturer

研究方向：公共建筑创作，建筑室内环境创作

Research direction: Public building design, Creation of indoor environment

第四组：文化综合体设计
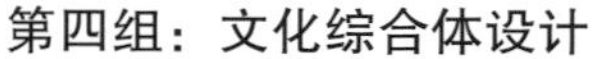
Group4：Design of cultural complex building

卫大可
Wei Dake

副教授　Associate Professor

研究方向：建筑形态学理论及其设计应用研究，既有建筑改造研究

Research direction: Architectural morphology theory and its design application research, Modification of existing building

梁静
Liang Jing

讲师　Lecturer

研究方向：高层建筑创作及其理论

Research direction: High–rise building creation and theory

第五组：黑龙江省旅游集散中心设计
Group5：Architectural design of tourism center of Heilongjiang Province

孙清军
Sun Qingjun

教授　Professor

研究方向：建筑形式理论，工业建筑

Research direction: Theory of architectural form, Industrial architecture

第六组：医疗康复中心设计
Group6：Architectural design of medical rehabilitation center

张姗姗
Zhang Shanshan

教授　Professor

研究方向：公共建筑创作理论与方法，医疗建筑，教育建筑

Research direction: The theory and method of public building, Medical building, Educational building

薛名辉
Xue Minghui

讲师　Lecturer

研究方向：建筑设计方法论，建筑环境心理学，可拓建筑设计

Research direction: Methodology of architecture design, Architectural environment psychology, Architectural extenics

第七组：黑龙江省历史文化地段博物馆设计
Group7：Museum design of Heilongjiang Province in historical culture area

卜冲
Bu Chong

副教授　Associate Professor

研究方向：建筑设计及其理论

Research direction: Architectural design and theory

宋敏琦
Song Minqi

APB 长春艺术工作展览小集

APB Changchun Art Studio and Exhibition Hall

指导教师：徐洪澎　唐家骏

本设计任务为长春市拖拉机厂工业建筑遗址保护性改造。从城市设计层面是将此改造成艺术、商业、公园三片区结合式的新区，使商业和艺术相辅相成，并为大众提供近距离接触艺术与休闲娱乐的场所。同时，也为艺术家提供工作与展示的平台。公园绿化区则将商业区与艺术区有机连通。新区主题为“艺术与梦想”，核心建筑位于厂房区中心，改造后成为长春艺术工作展览小集。本设计的宗旨是以保护为目的、以艺术为灵魂，重新赋予这个历经辉煌与衰落的工业遗址以新的生命。

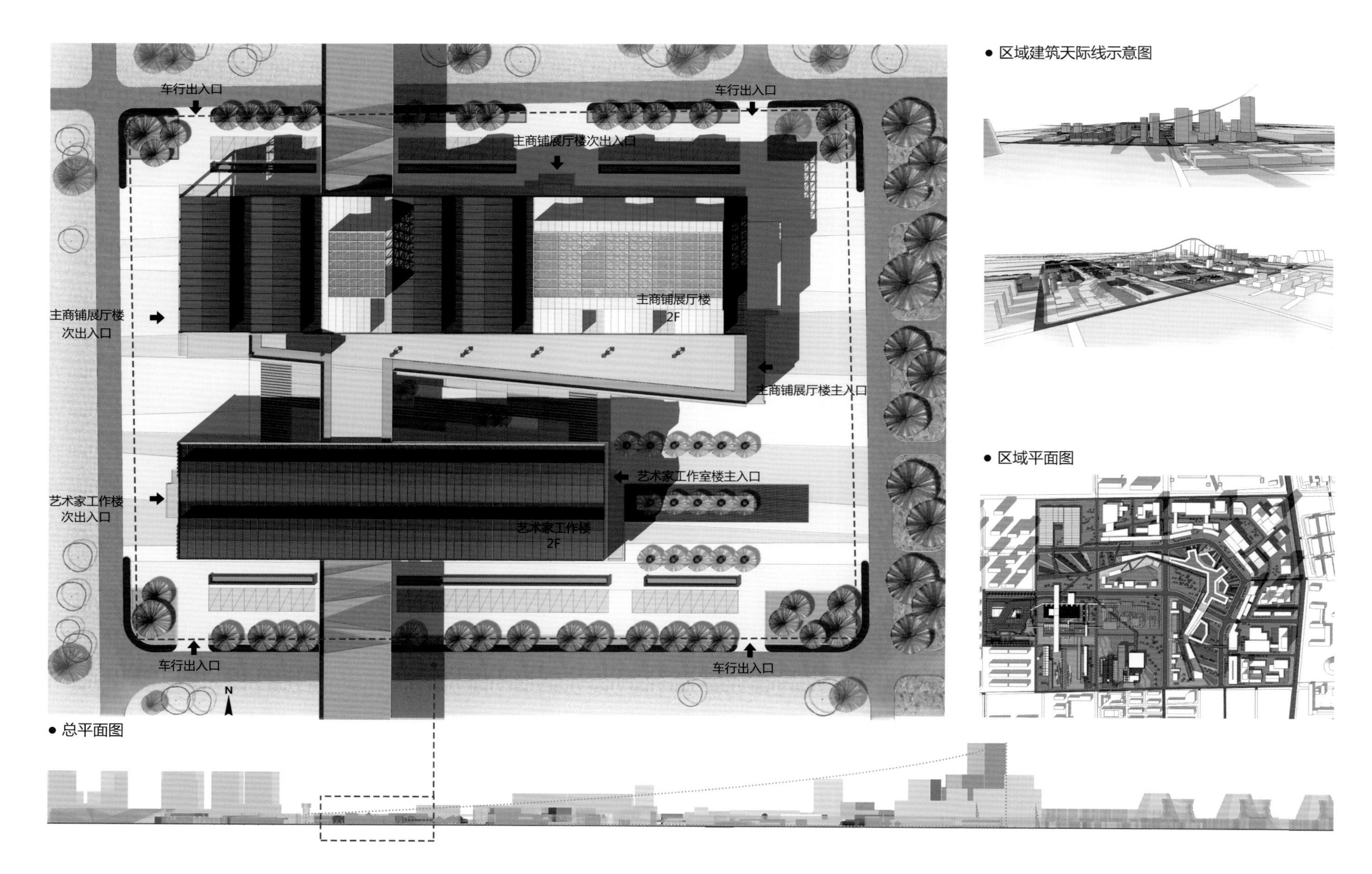

• 区域建筑天际线示意图

• 区域平面图

• 总平面图

• 建筑现状

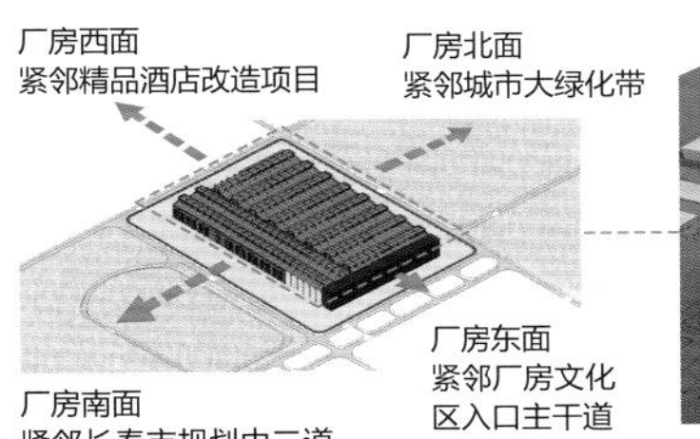
厂房西面
紧邻精品酒店改造项目
厂房北面
紧邻城市大绿化带
厂房东面
紧邻厂房文化
区入口主干道
厂房南面
紧邻长春市规划中二道
区的未来主要商业街

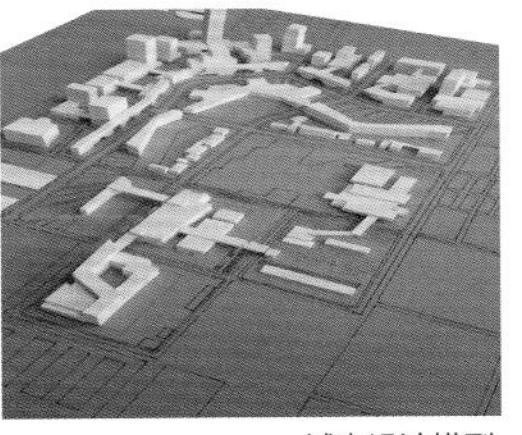
城市设计模型

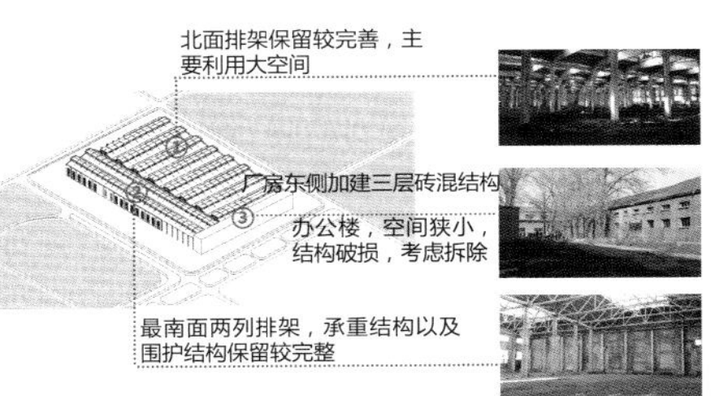
北面排架保留较完善，主
要利用大空间
厂房东侧加建三层砖混结构
办公楼，空间狭小，
结构破损，考虑拆除
最南面两列排架，承重结构以及
围护结构保留较完整

厂房长期处于荒废状态，门窗结构基本遭到破坏，部分窗户可见后期砖块填补痕迹。

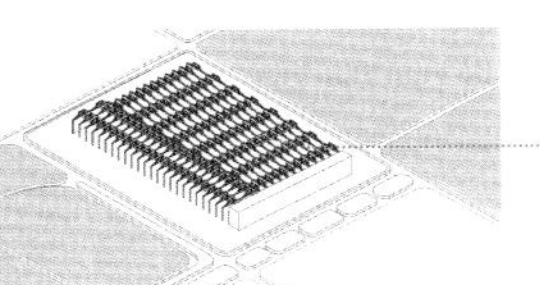

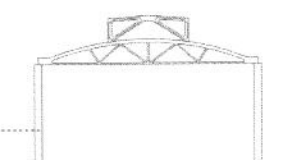

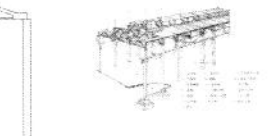

外墙等围和结构，根据现状适当进行保留，南面临街，考虑多保留。拆除砖混办公楼之后，剩余可利用结构为厂房排架，大空间净高 10 米，到排架顶端为 14 米左右。净高考虑利用大空间，排架之间可利用小空间。

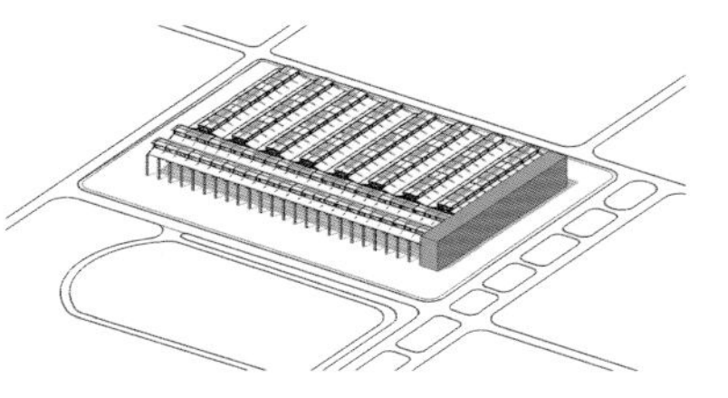

原厂房为八列南北向桁架，两列东西向桁架，以及依附于厂房东侧的三层砖砌办公楼组成。

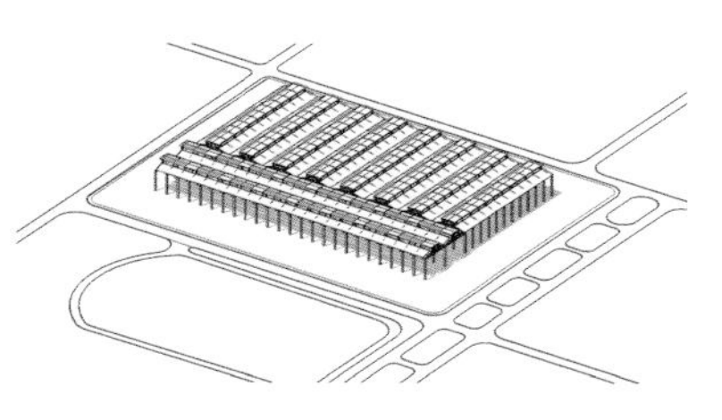

依附于厂房东侧的三层砖砌办公楼损坏较为严重，结构不稳固且空间低矮，建筑形式也不能体现工业感，所以完全拆除。

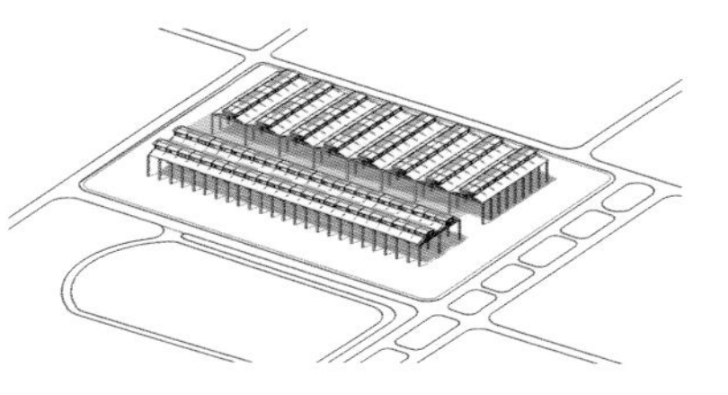

两种方向桁架相接处屋顶老化较为严重，有明显破损以及缝隙。而原厂房建筑体量过大，考虑分割建筑，设置步行用穿行内街。所以，南北向桁架拆除三排柱子以及三品桁架。

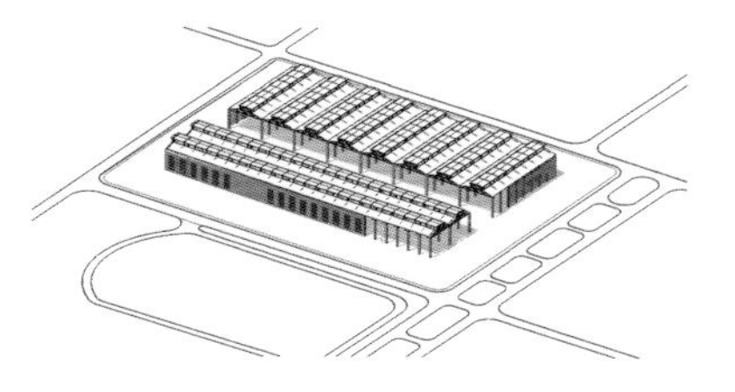

原厂房外墙有一定破损，进行适当的保留和修补。由于老拖拉机厂的厂房有独特且重要的历史意义，希望尽量保存其外观，将新建部分包裹其内。

原厂房面积过大，划分为两个主要的建筑区域，空中廊道将两个区域连接到一起，为人们提供舒适便捷的步行空间。同时，建筑内部的廊道让人们在寒冷的冬季可以从室内通往其他建筑，使建筑不再是一个单体，而是和城市产生关系。

利用原厂房的大空间，在建筑内部设置内街和小绿化温室，为人们在草木凋零的严寒冬季提供有绿色和阳光的去处，调节心情。 同时，温室、内街、中庭等带有玻璃屋盖的空间，考虑设置自动挡板，及时调节。

两边散落各种小商铺的街道，新奇热闹的集市，树木花草阳光，这些都是能使人心情愉快的生活的一部分。利用两部分建筑体量之间的尺度适宜的室外空间，针对寒地加设可调整的可动玻璃屋盖，以及植被绿化，形成尺度宜人，充满活力的小内街。希望能在出行不便的寒地城市的冬季，为人们提供一个好的公共空间，同时，希望形成艺术家与访客之间的充分互动。

● 模型照片

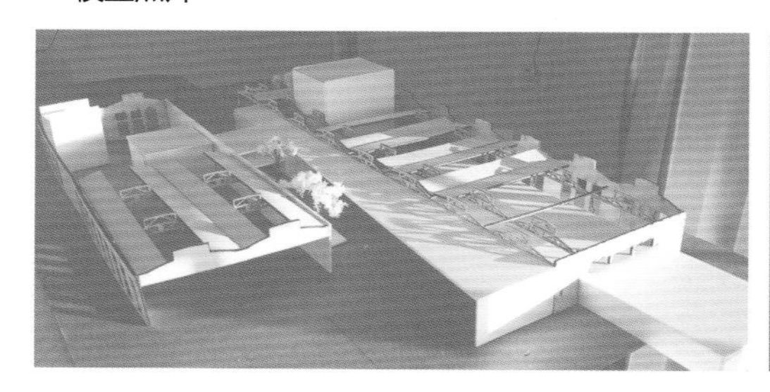

● 采光分析

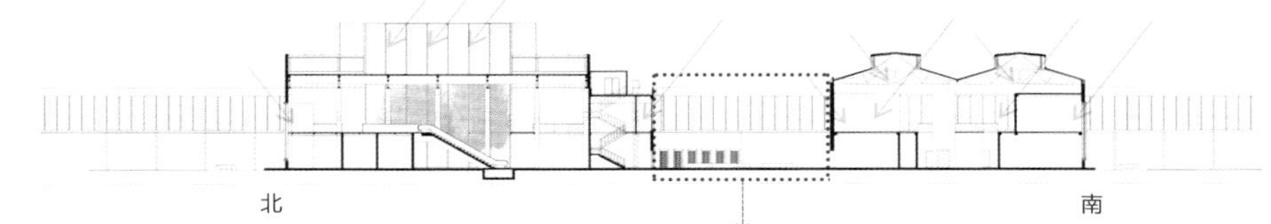

原厂房体量巨大，中间结构衔接处损坏较严重。
剖切内街，划分单层面积，在保证结构安全、优化区域步行交通、丰富空间的同时，起到优化采光的作用。

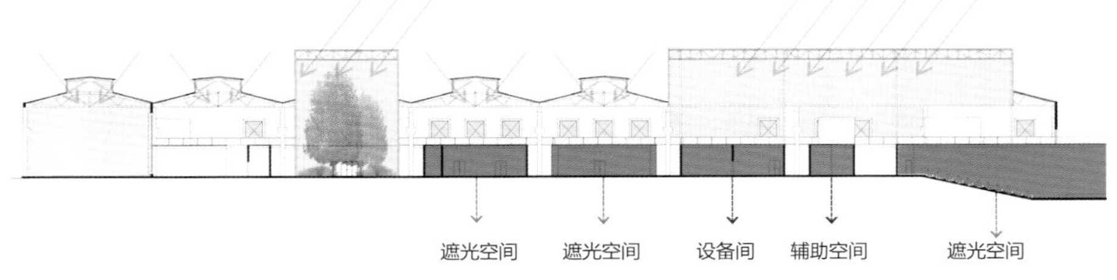

新的体块插入原有厂房，在中间形成岛状平台，为二层提供空间感较好的展览空间的同时，在新体块里形成了一定面积的"黑房间"。这些黑房间集中布置设备间和辅助空间（卫生间等），但位于厂房中心积极地理位置的"黑房间"，变消极为积极，提供特殊展览空间，另外报告厅也无自然光干扰。

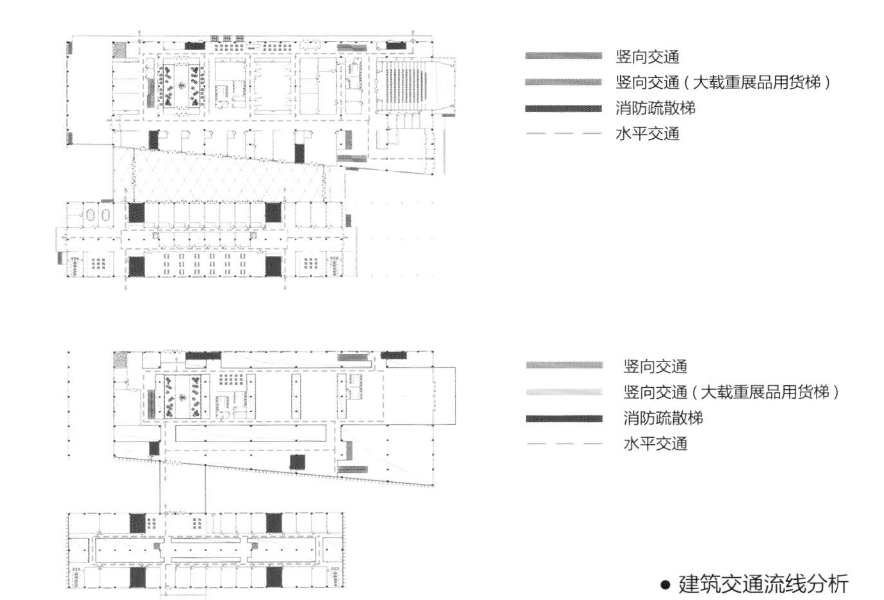

● 建筑交通流线分析

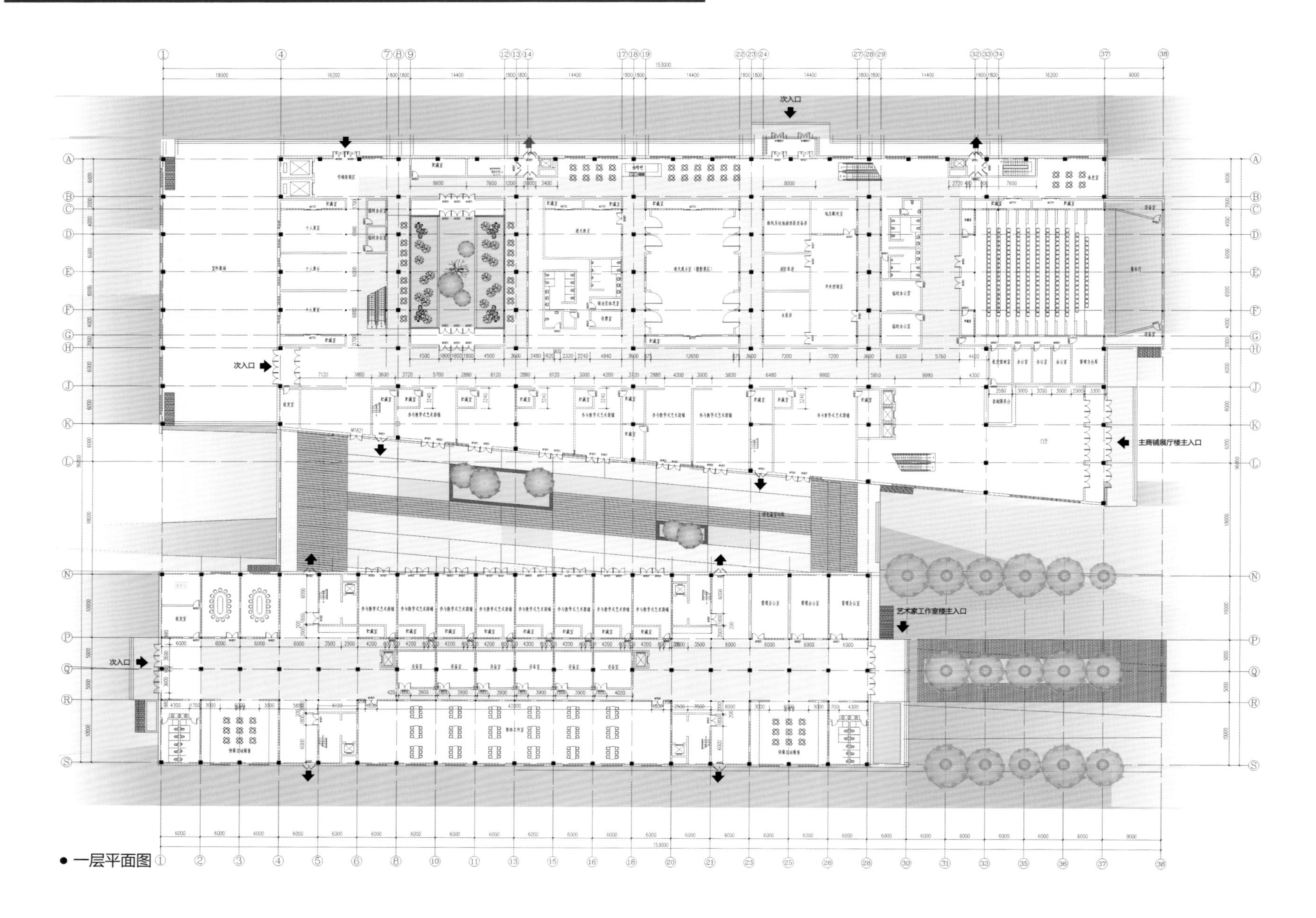

● 一层平面图

● 南立面图

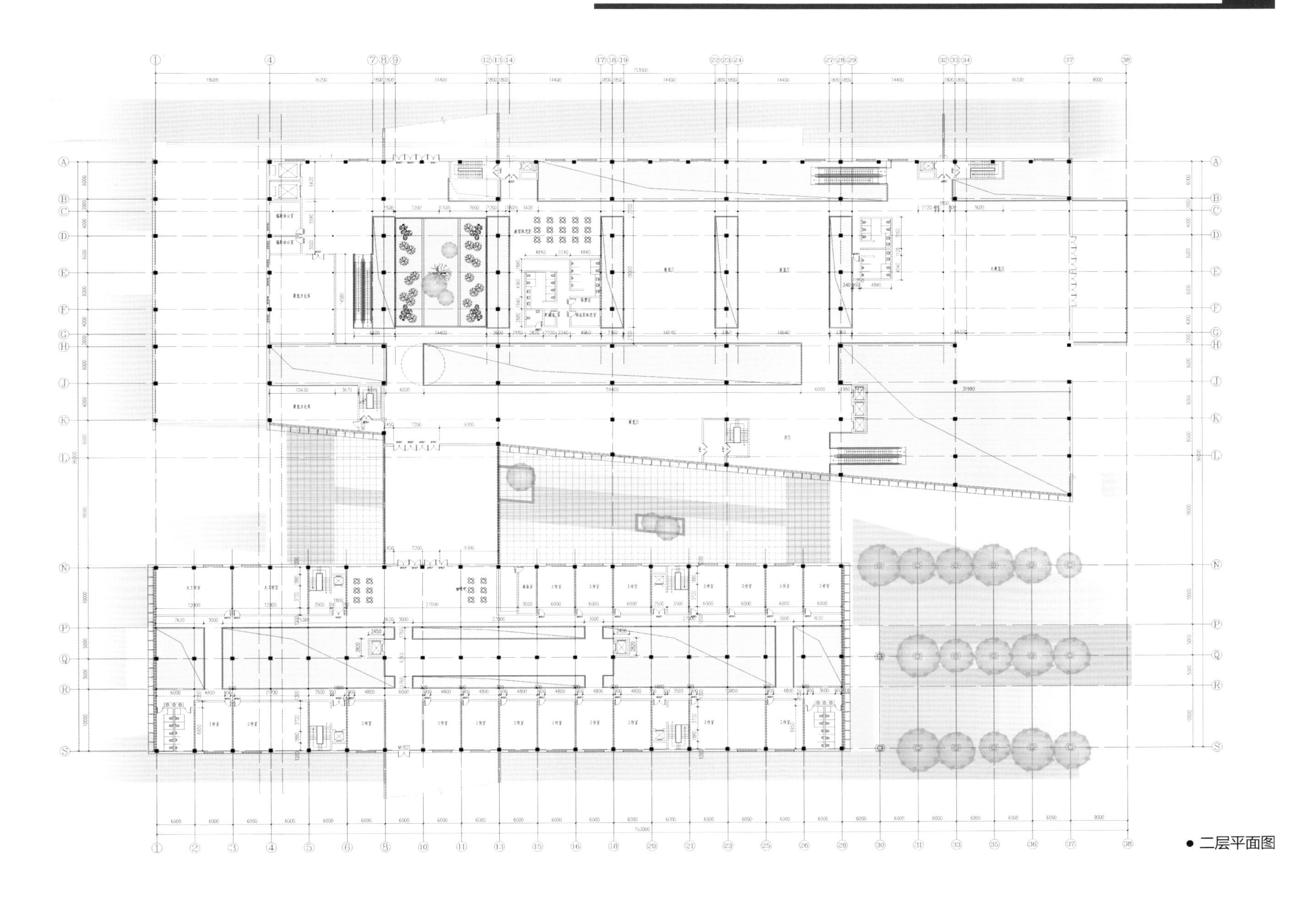

● 二层平面图

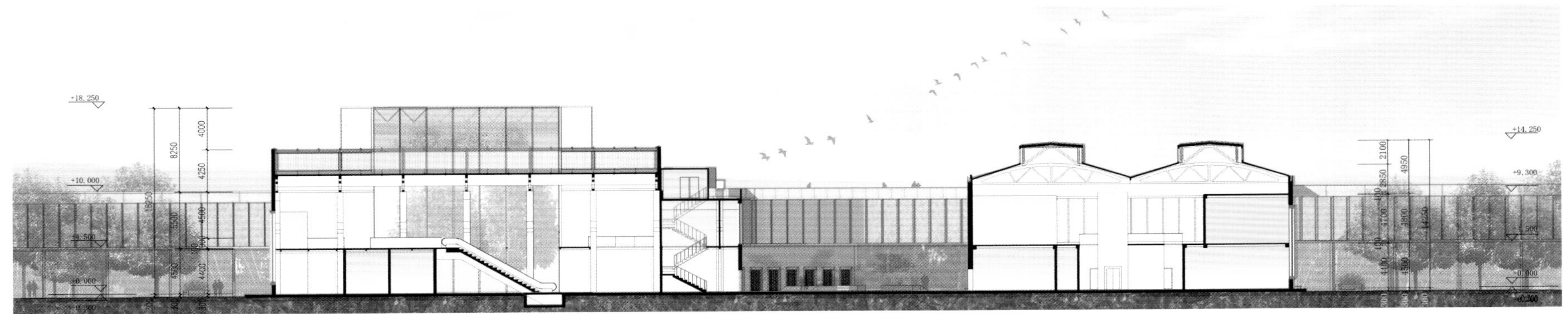

● A–A 剖面图

王静辉
Wang Jinghui

幸福林带核心区城市设计及休闲商业综合体设计

Urban design and building design of core center area in Xi'an xingfulin district

指导教师：陆诗亮　张宇

城市设计中，尝试着用建筑师的视角去思考问题，去反思现在城市发展过程中的一些问题。试着用12个微创介入的方式去解决城市问题，通过对俄勒冈实验的渐进式手法的一个实验，一步步解决现有地域内的矛盾。在建筑单体的设计中，尝试将休闲商业综合体与体验式消费相结合，通过一些建筑室内外空间一体化的设计实现休闲和体验的结合，吸引消费者的关注，引起他们对于某项活动的兴趣，激发购买的欲望，从而带动周边相关产业的发展。

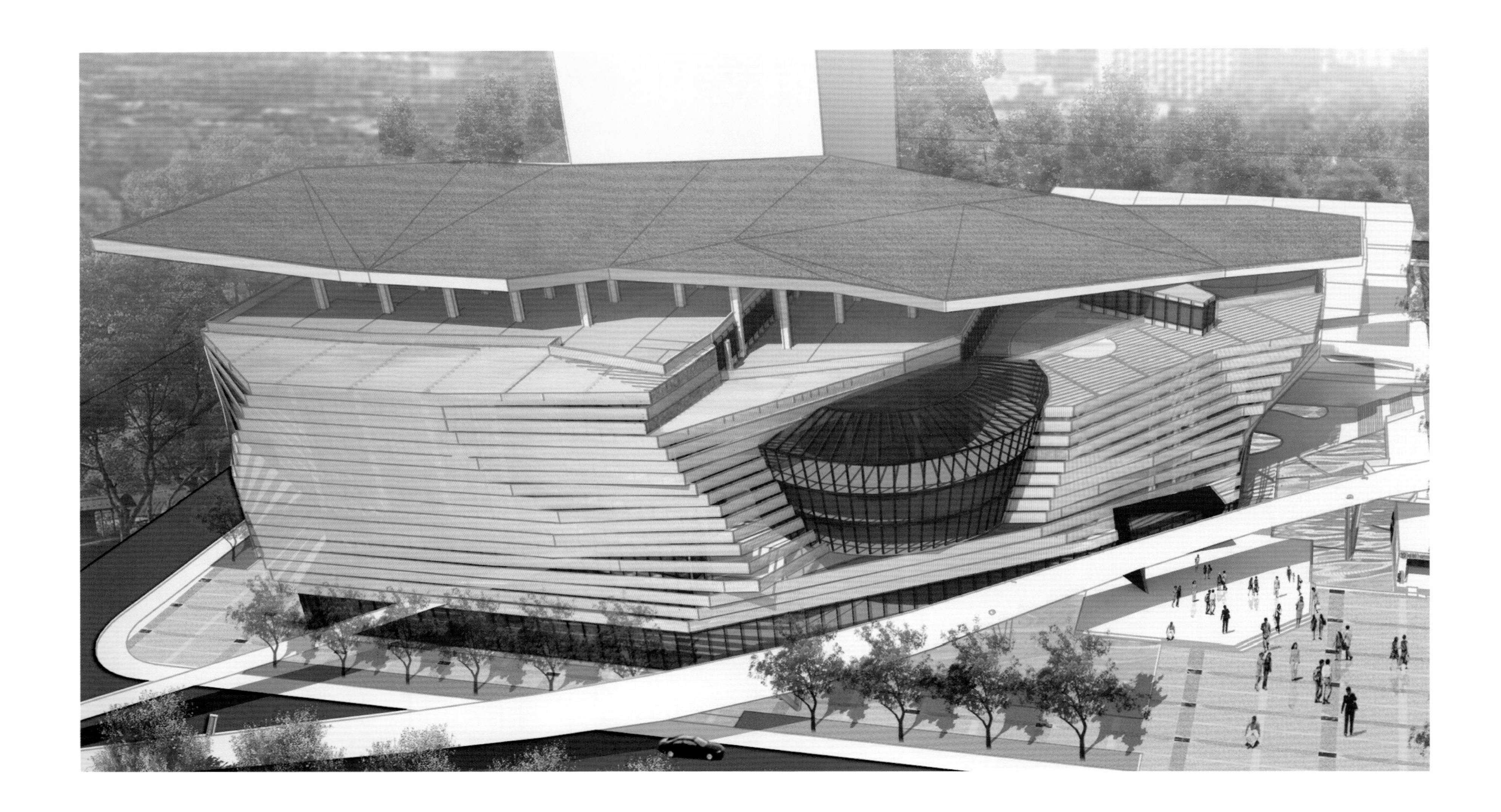

● 交通 Transptation

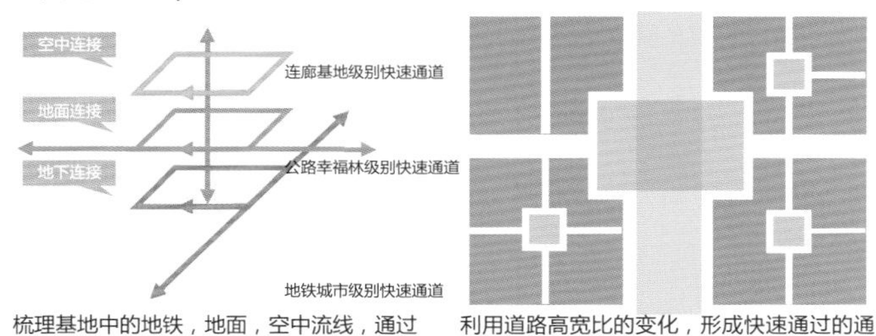

梳理基地中的地铁，地面，空中流线，通过竖向交通连接，引入大量人流的同时引导人流方向。

利用道路高宽比的变化，形成快速通过的通道和停留缓行的广场，来引导人流的流向，同时增加趣味性。

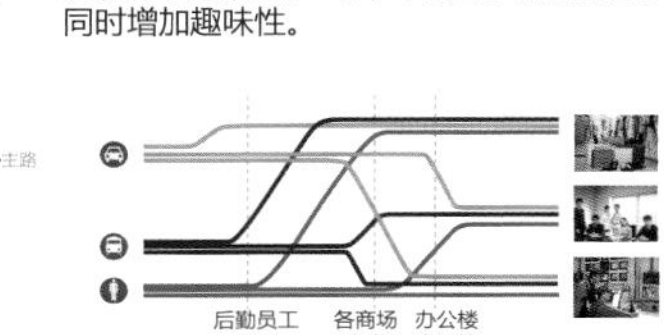

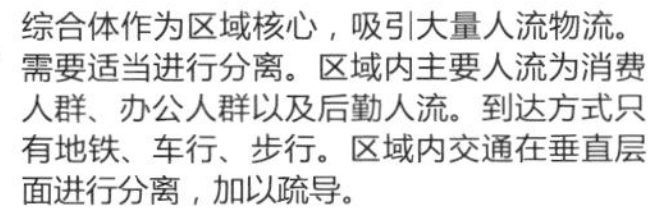

综合体作为区域核心，吸引大量人流物流。需要适当进行分离。区域内主要人流为消费人群、办公人群以及后勤人流。到达方式只有地铁、车行、步行。区域内交通在垂直层面进行分离，加以疏导。

通过地铁综合体，将地铁与其他交通联系起来，产生丰富的流线，激活空间活力

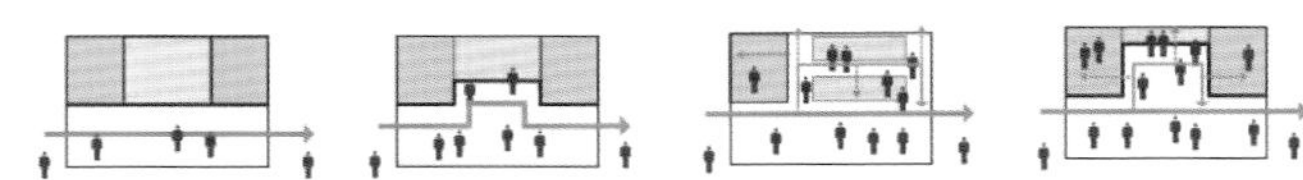

商业行为取决于商业空间界面的丰富性，在流线设计时应尽可能考虑多种子功能， 流线经过丰富的界面， 能满足人群的多种体验。购物路径能串联餐饮、 咖啡、公益活动、展览、表演等等活动空间，极大丰富流线的趣味，吸引市民参与，降低购物疲倦感。

● 混合 Hybridize

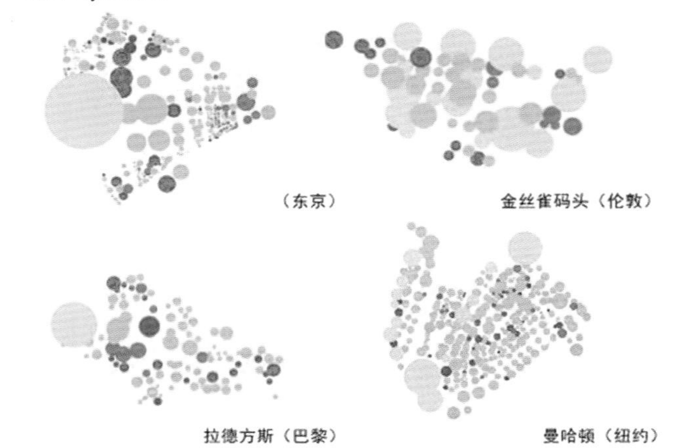

城市是人们相遇的场所。诸如居住、工作和休闲这样的人类活动不能彼此割裂，而应在一个密切的和谐体中加以混合，与自然景观、城市风景线、道路系统及公共空间相结合。

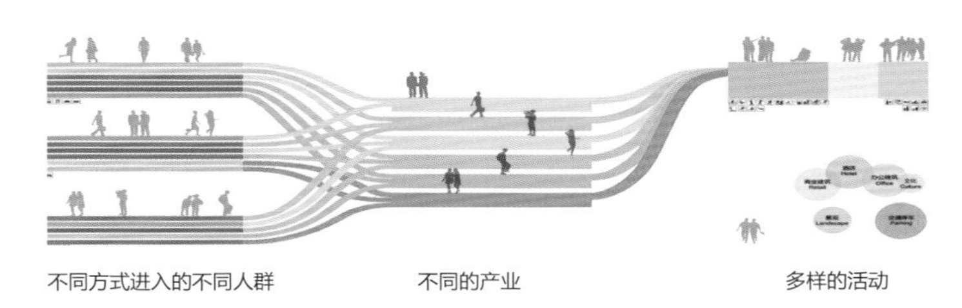

● 生态 Ecology

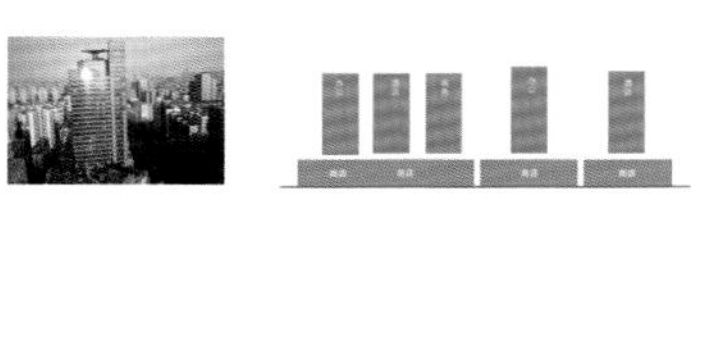

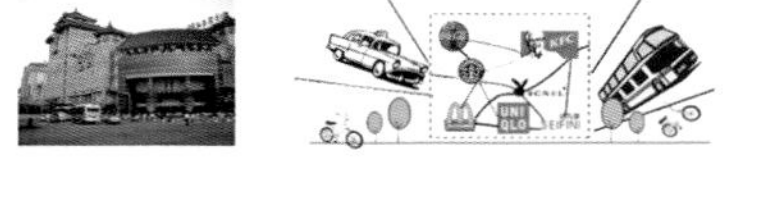

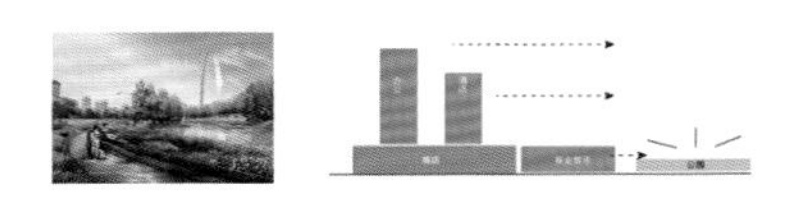

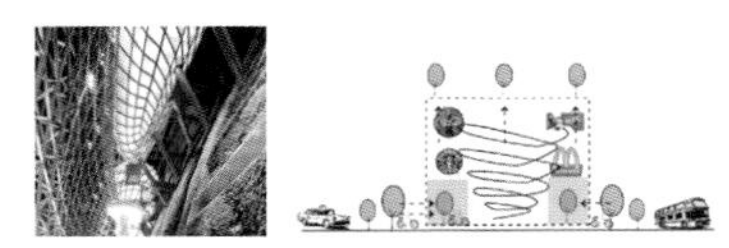

我们的方案选择合适的密度，考虑周边已有的环境，对周围有利条件加以利用，增加人和环境的互动，同时感受自然环境的亲切舒适。

将绿化引入室内、屋顶等各个层面，真正让顾客在购物的同时，休憩享受，自行车穿行其中，隔离机动车，更加亲近的感受。

● 与地铁的流线关系

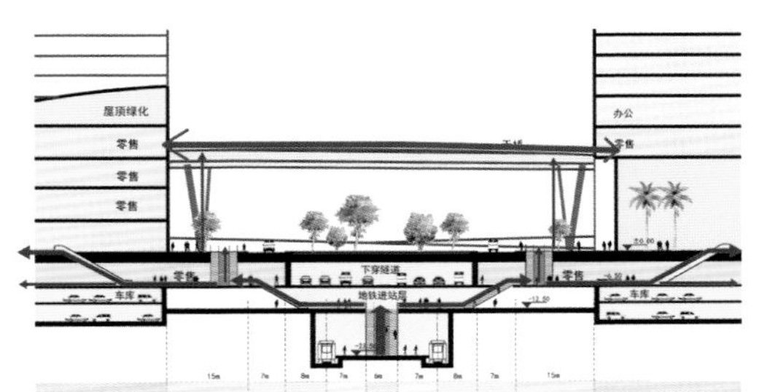

● 形体生成

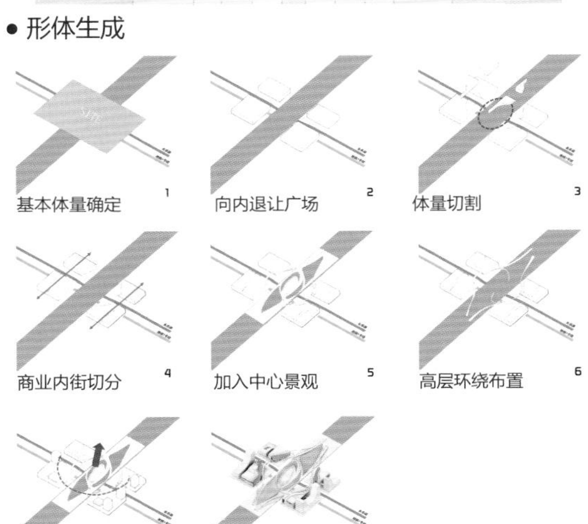

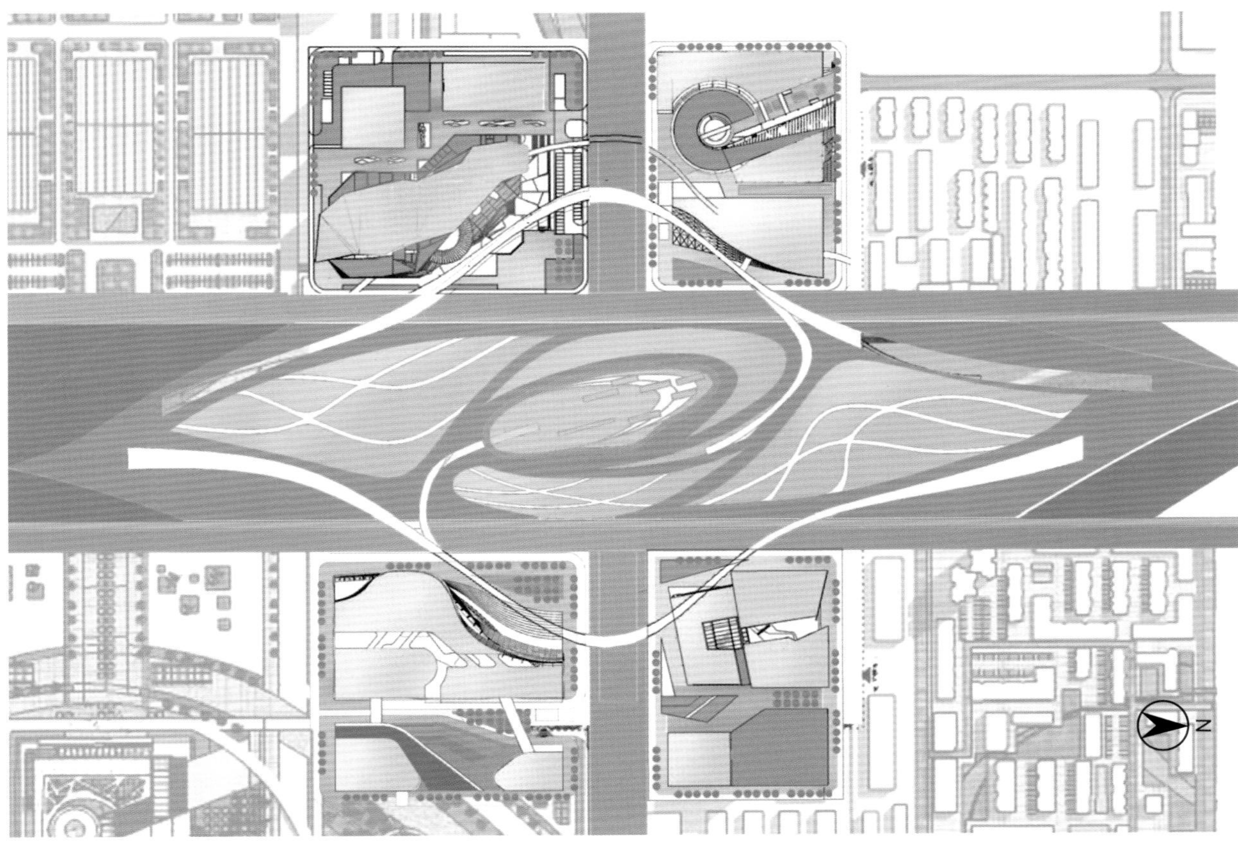

● 形体生成

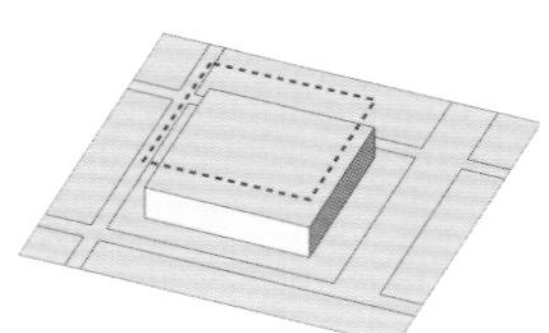

①建筑退界，退红线。形成体量。

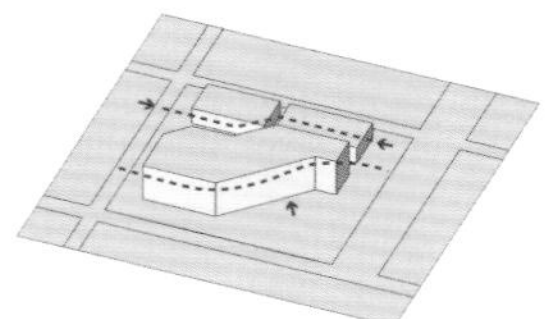

②城市设计的控制线控制下的扭曲，与城市发生回应。

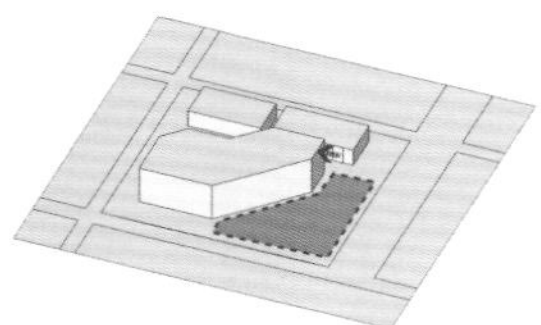

③再次后退，形成前广场，适应地铁出入口的人流。

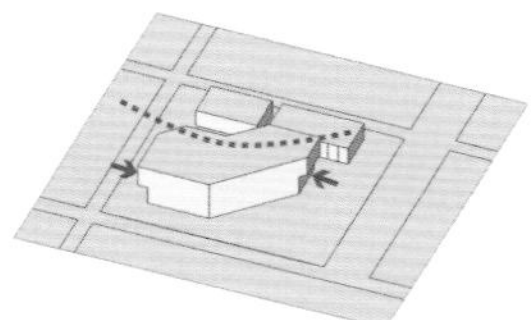

④左右底端收进，形成下沉广场。

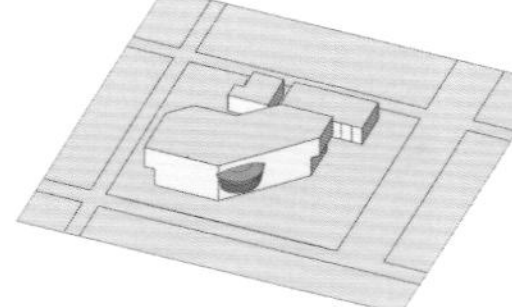

⑤中心中庭形成圆台体量。

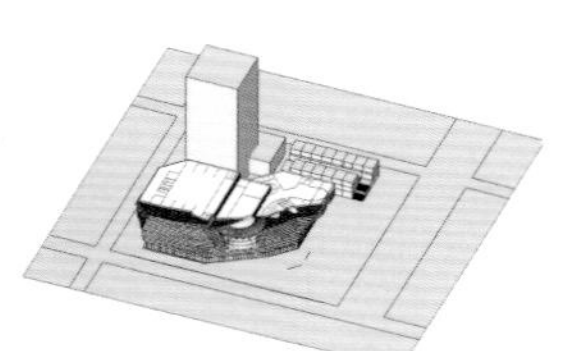

⑥通过折面的扭曲形成表皮，并与城市设计相适应。

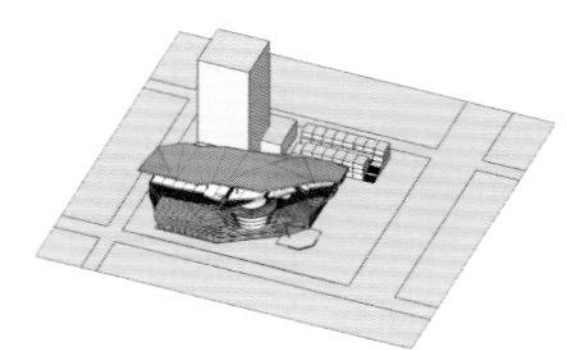

⑦加上顶盖，对顶部的退台空间进行遮盖，有利于屋顶人们的活动。

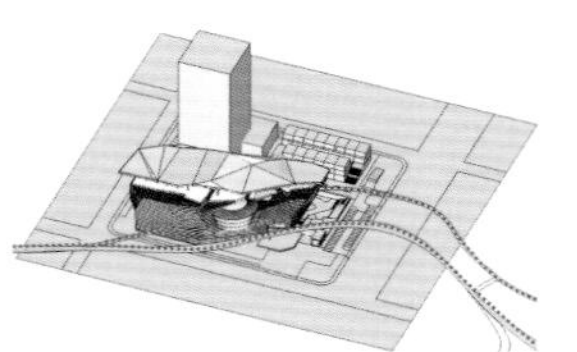

⑧对场地进行设计，加入两道人行步道，与周边街区相联通。

● 组团流线分析

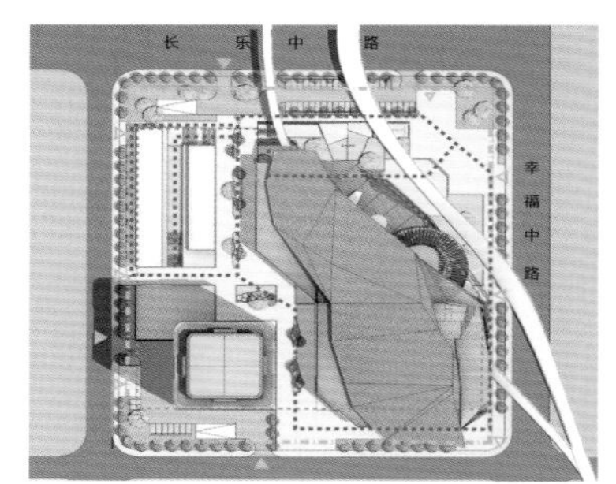

在场地内，可以实现绕着场地的步行，其主要的通道即商业通道和景观通道，也是步行购物或者观景的最佳道路。

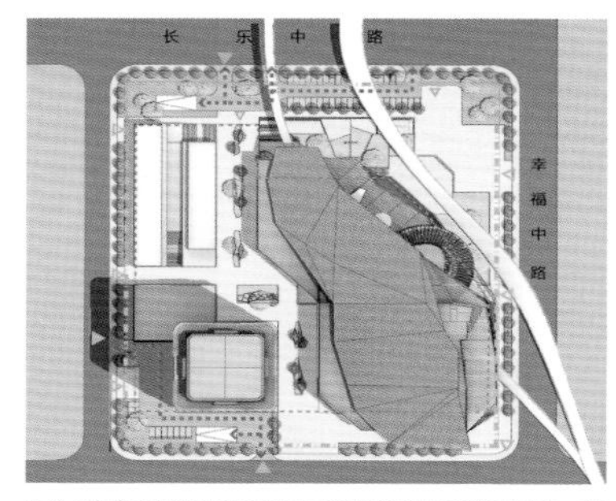

车行道路主要是通向地面停车场和地下停车位，并使其在场地内经过的路程尽可能的短，不干扰人行的流线。

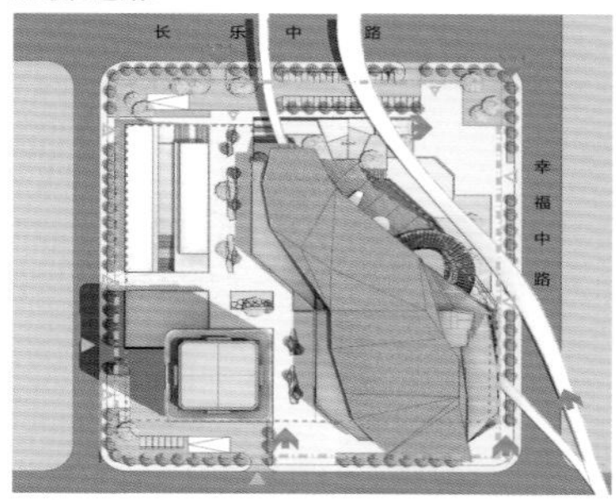

人群的主要来向可以作为设置出入口及场地内道路的重要依据。场地主要人流来自于六个方向。

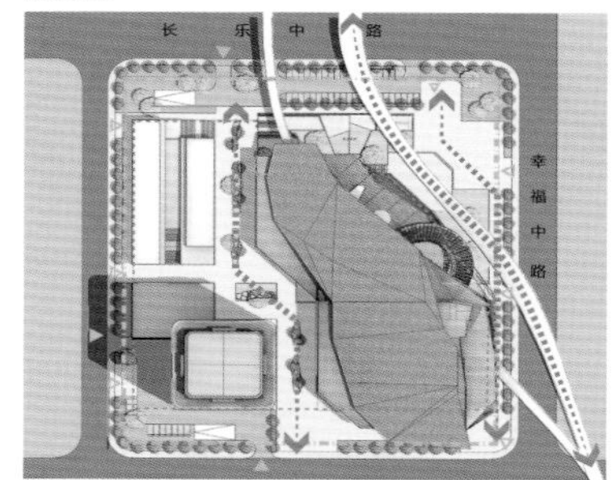

根据人的来向，确定场地内的穿行道路，既给穿行带来便利，又增加了商业街的人气。

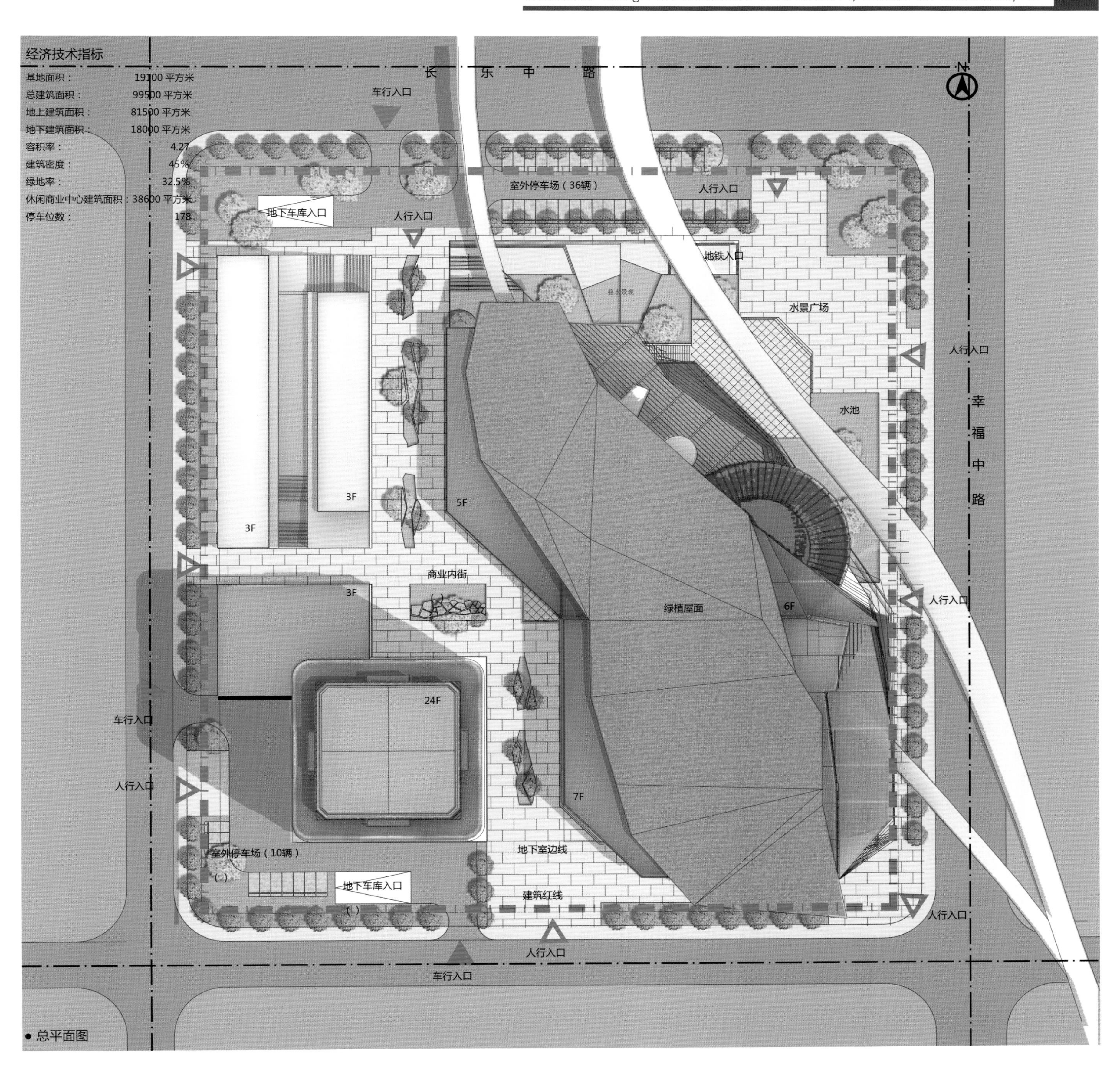
经济技术指标
基地面积： 19100 平方米
总建筑面积： 99500 平方米
地上建筑面积： 81500 平方米
地下建筑面积： 18000 平方米
容积率： 4.27
建筑密度： 45%
绿地率： 32.5%
休闲商业中心建筑面积：38600 平方米
停车位数： 178
长乐中路
车行入口
室外停车场（36辆）
人行入口
地下车库入口
人行入口
地铁入口
水景广场
人行入口
幸福中路
水池
3F
3F
5F
商业内街
3F
绿植屋面
6F
人行入口
24F
车行入口
人行入口
7F
室外停车场（10辆）
地下室边线
地下车库入口
建筑红线
人行入口
人行入口
车行入口
● 总平面图

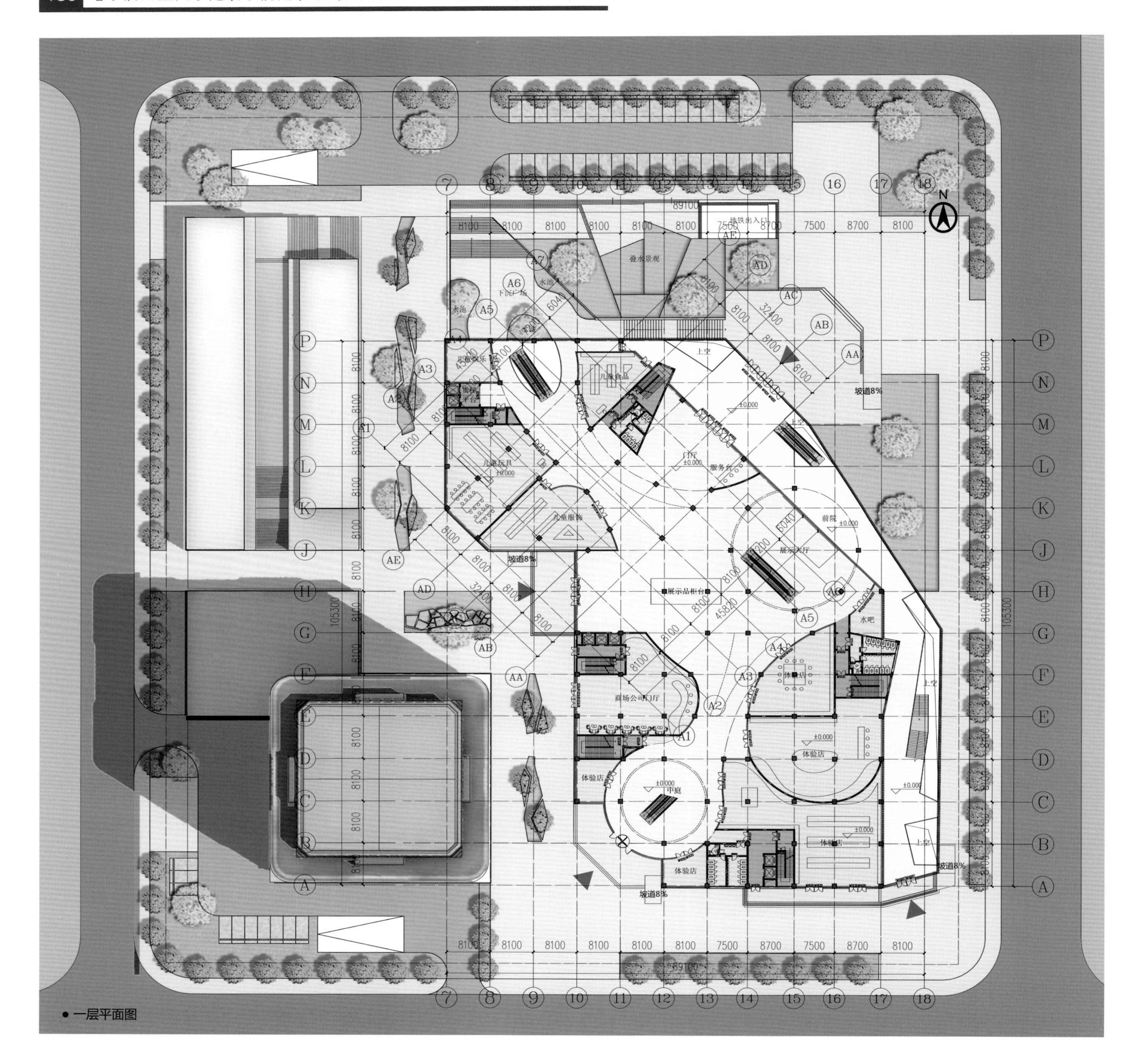

● 一层平面图

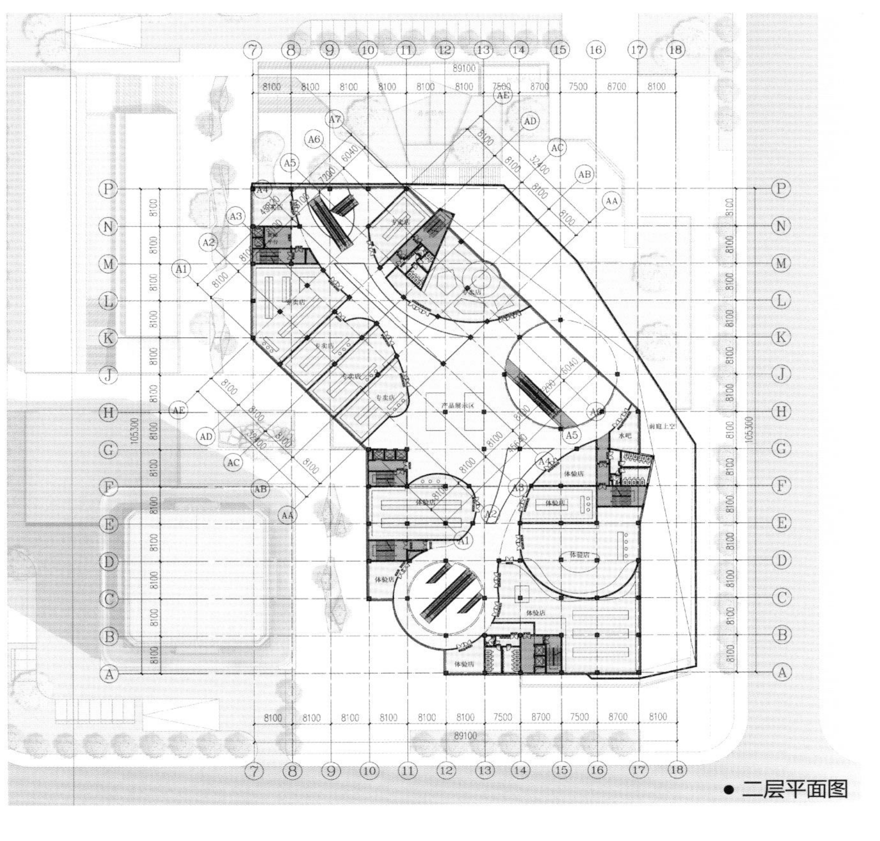

● 二层平面图

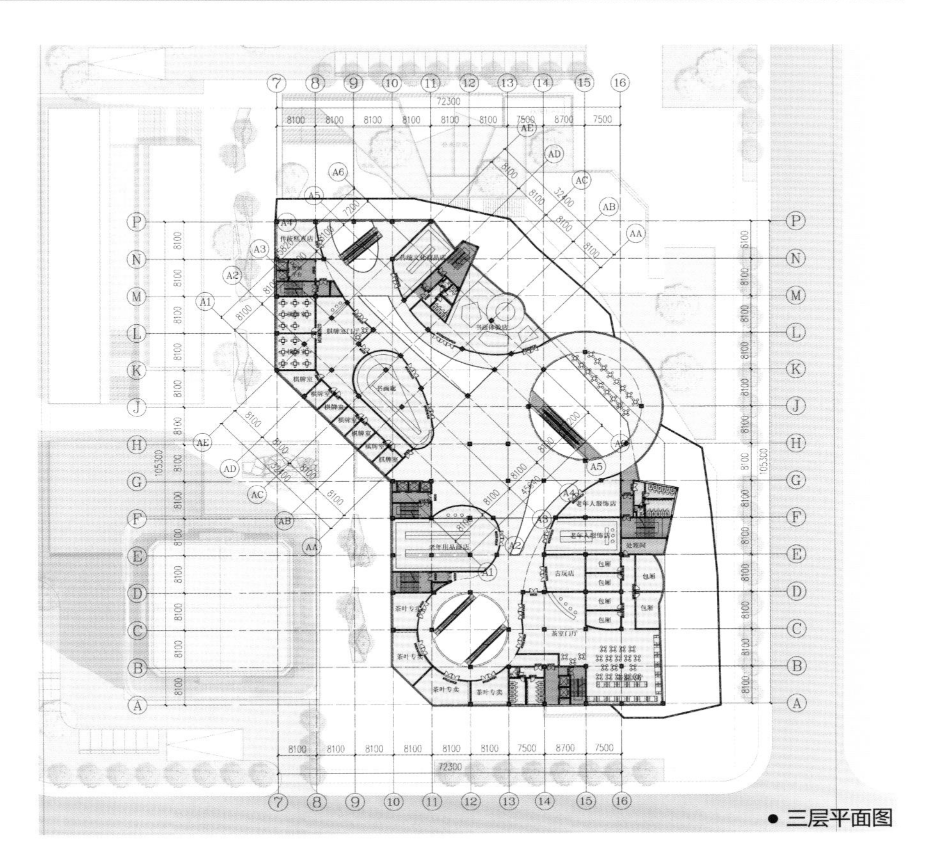

● 三层平面图

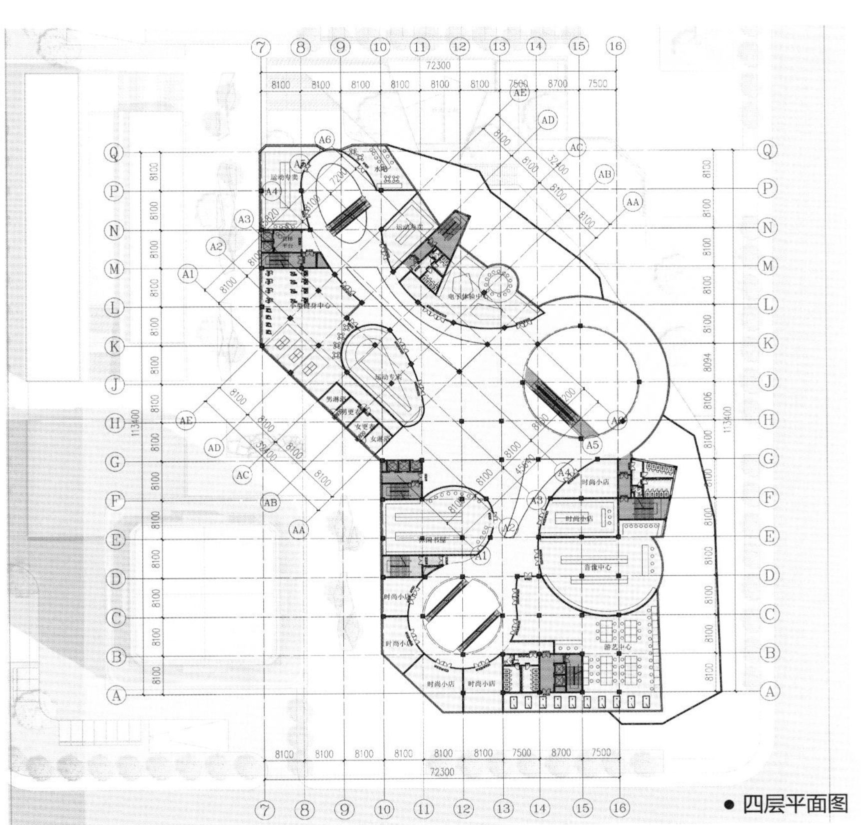

● 四层平面图

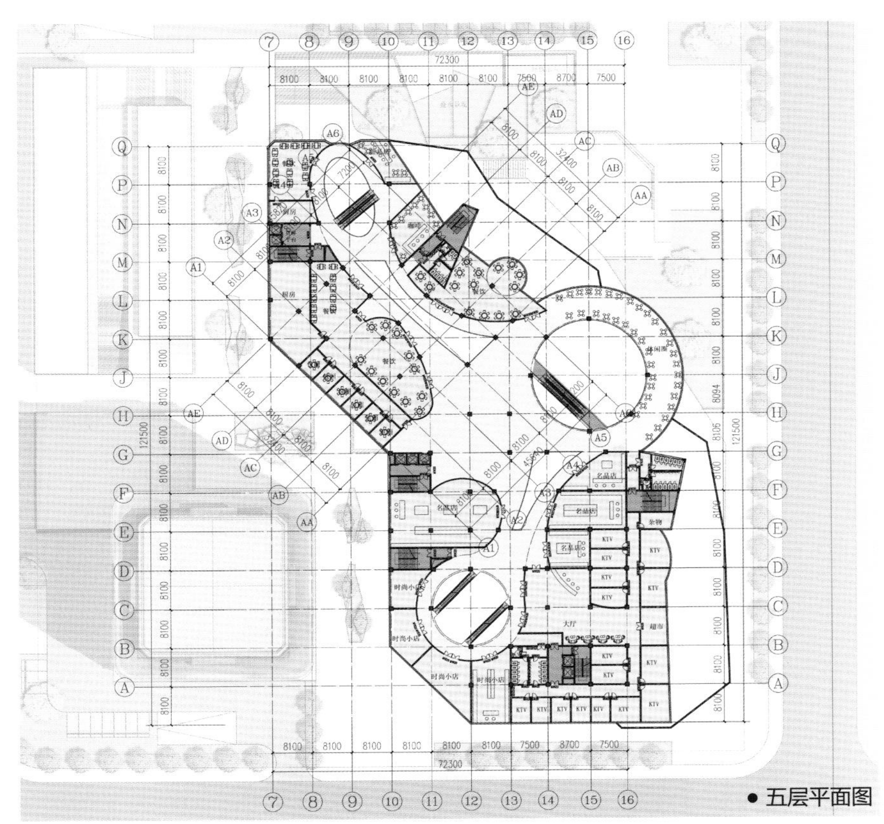

● 五层平面图

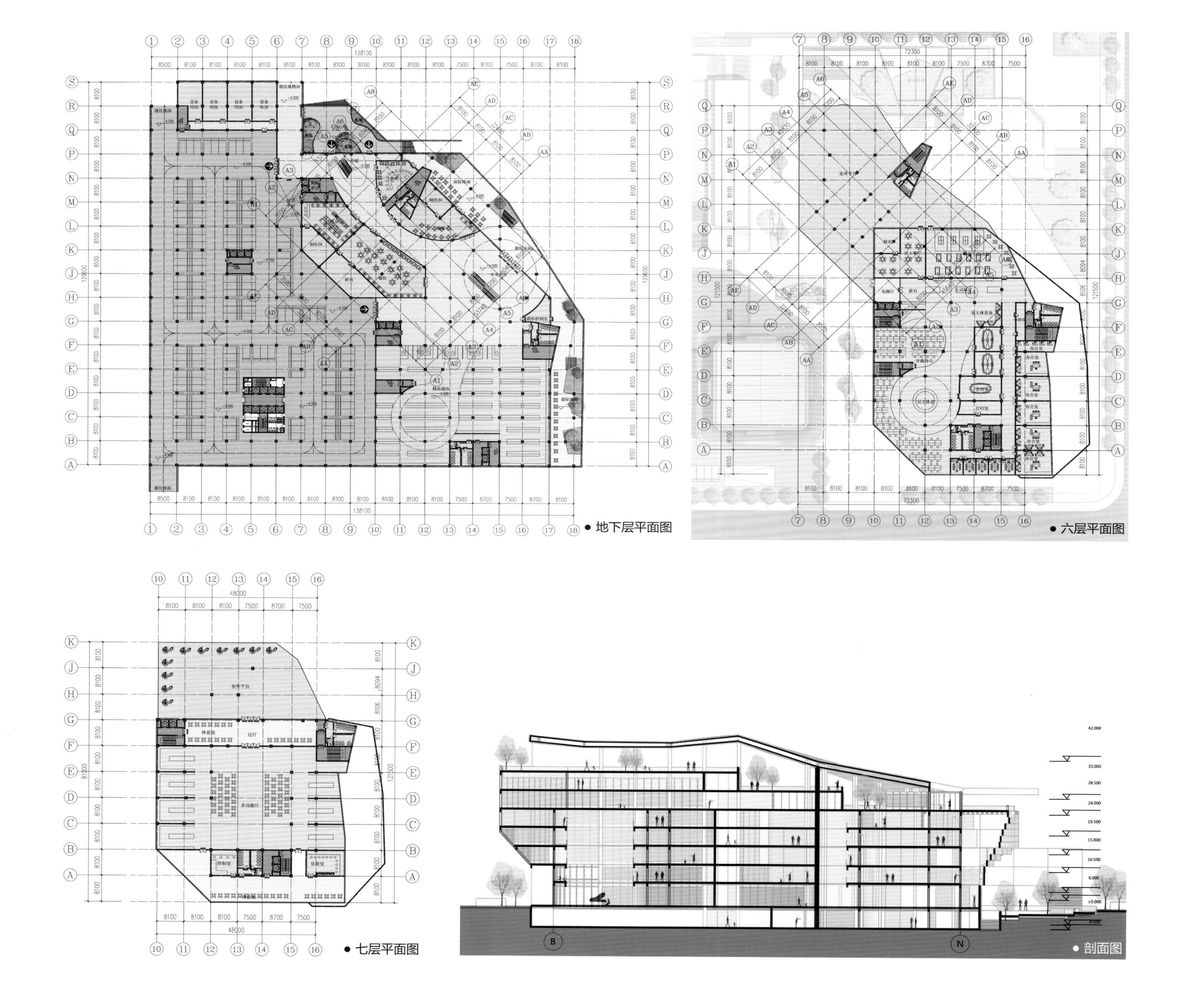

● 地下层平面图

● 六层平面图

● 七层平面图

● 剖面图

● 水平流线分析

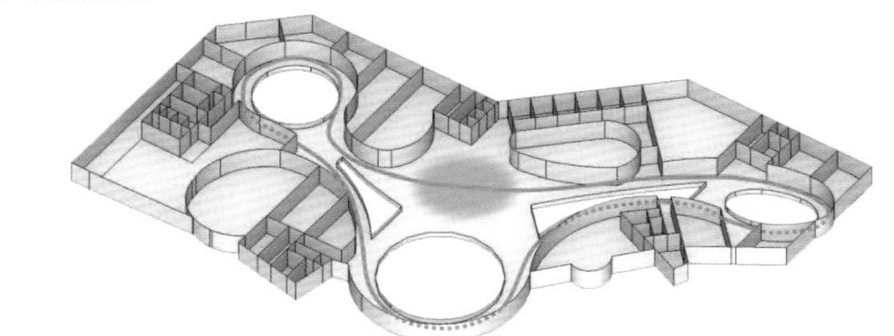

● 竖向流线分析

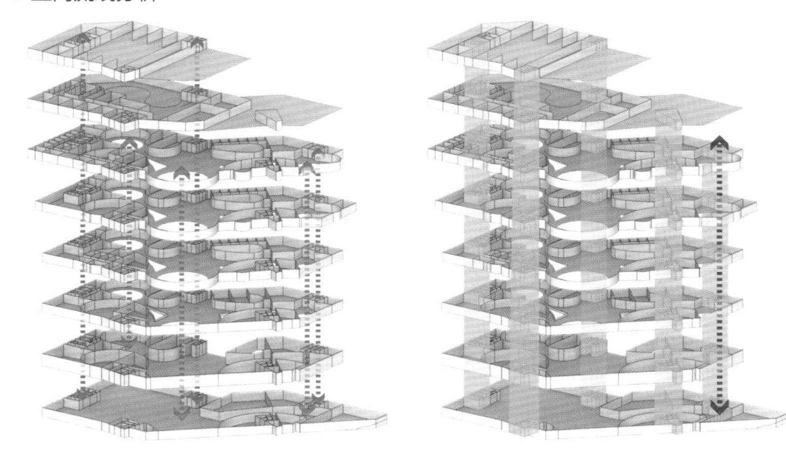

● 与地铁流线分析

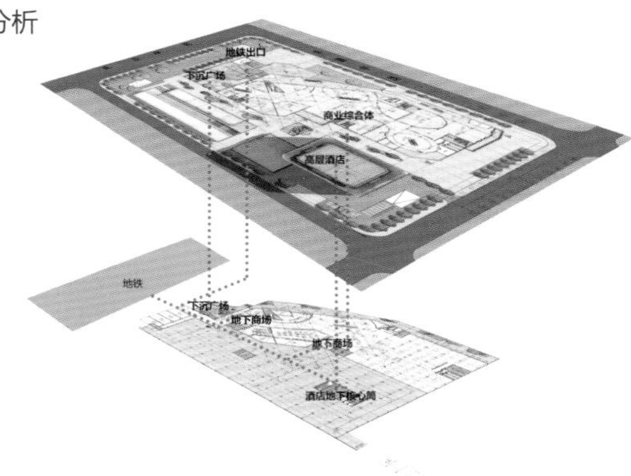

● 雨水净化技术

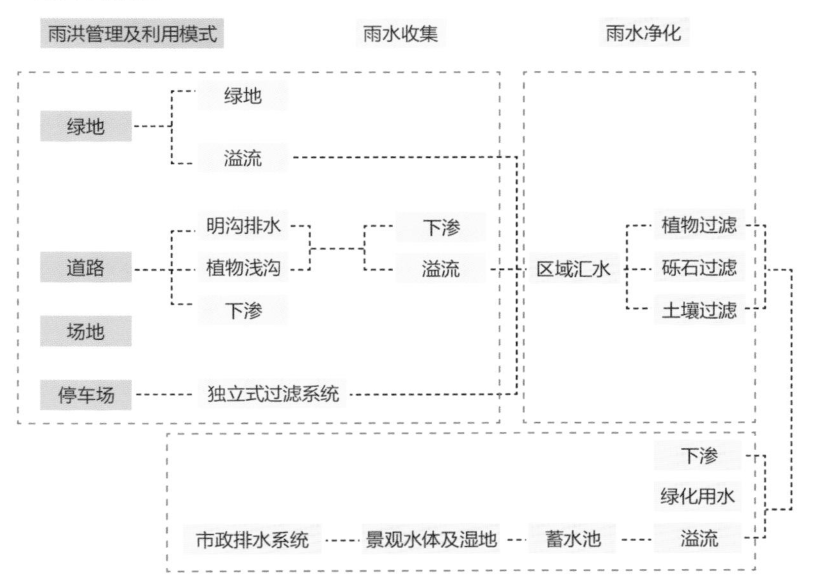

● 屋面绿化技术

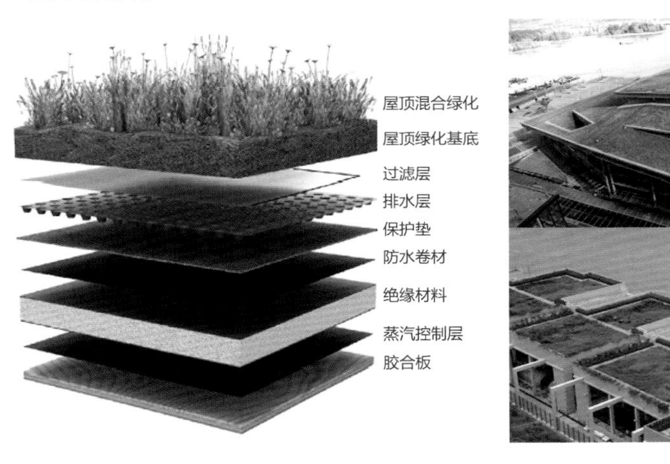

● 北立面图

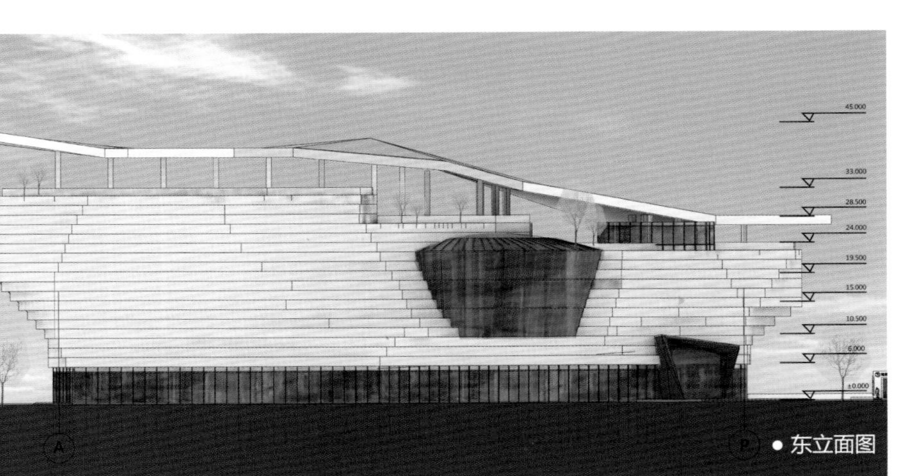

● 东立面图

陈玉婷
Chen Yuting

工业文化博物馆设计

Architecture design of Industrial Culture Museum

指导教师：陆诗亮　张宇

城市设计上，综合考虑原西光厂区的文化要素和绿化环境，将其设计为以工业文化为主题、绿色健身为辅线的工业文化活动公园。建筑设计上，以原有厂房改造为工业文化博物馆。造型设计上，保留原柱网，增加建筑体量，丰富立面，外观形象结合旧有工业元素和现代表皮。功能组织上，通过庭院、展厅、中庭、屋顶平台，衍生多重交融空间。

对现有建筑分级

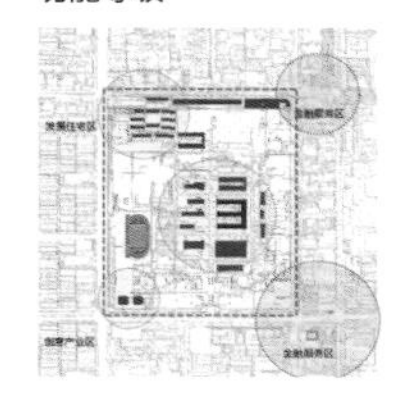

功能等级

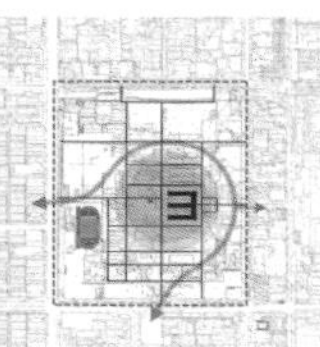

主要交通走向

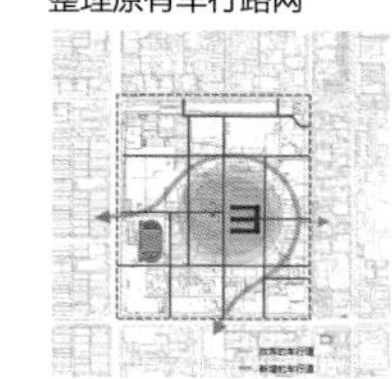

整理原有车行路网

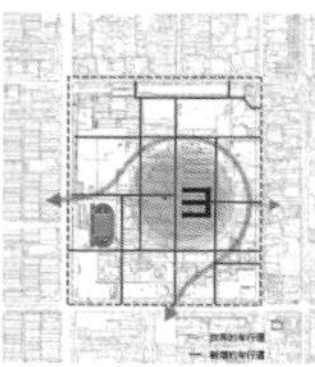

修剪后路网示意

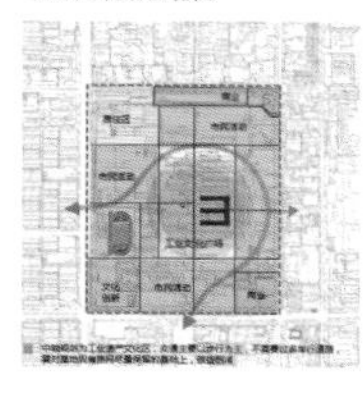

建筑功能划分

● 基地现状

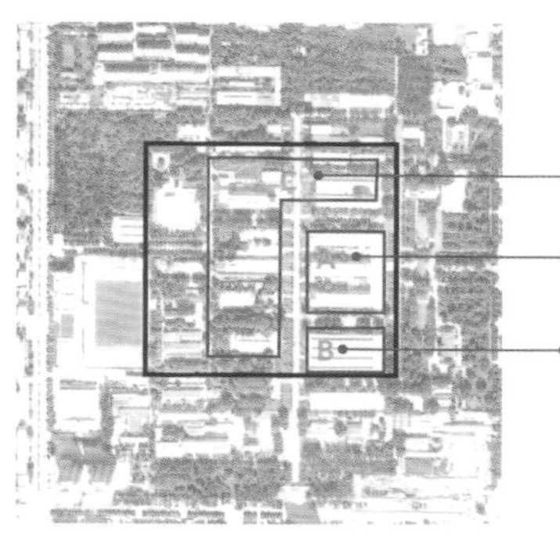

● 建筑区位

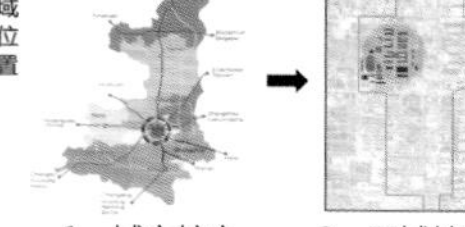

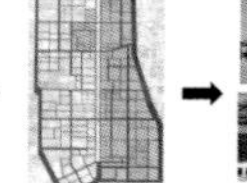

● 功能定位

工业构件 Industry components

最大限度的保留西光厂区的工业构件

工业文化 Industrial culture

遗存工业文化，完成工业文化的记忆挽留

活跃形象 Active Image

博物馆需要活跃独特的外观形象

自由空间 Free Space

博物馆需要自由丰富的内部空间

● 核心区总图

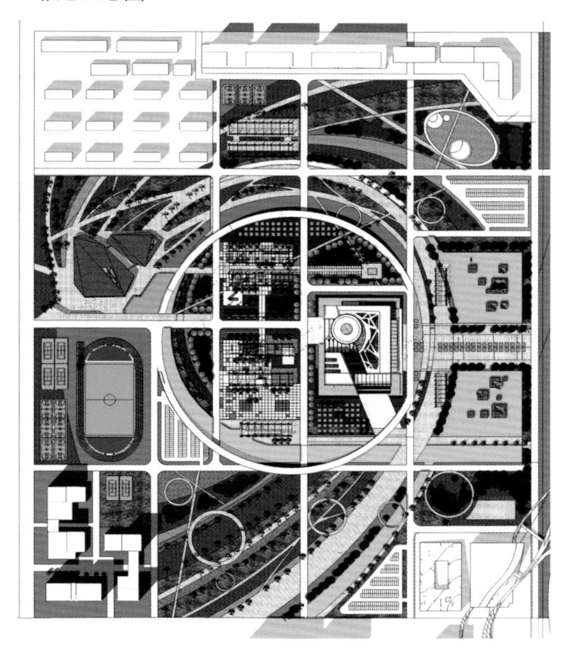

● 场地生成

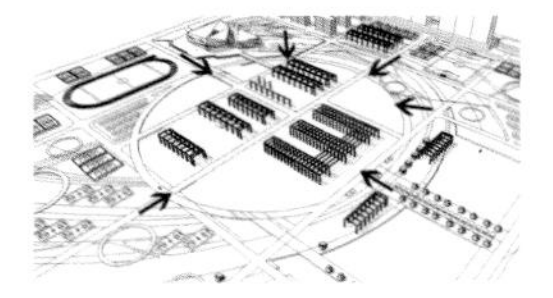

核心区周边场地确定，对场地形成辐射影响，推敲工业文化广场场地形态。

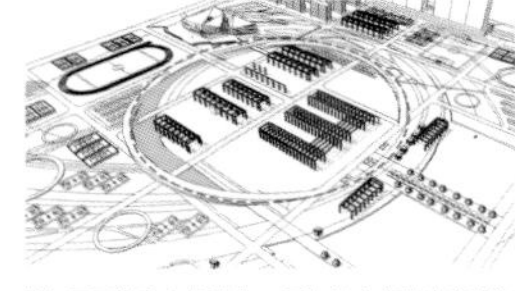

以环形限定场地，形成市民健身路径。同时结合局部水系，丰富环境。

厂房原有建筑构件，作为工业文化装置，结合场地绿化，空间层次多样。

推敲建筑形体，形态上充分融入场地环境。

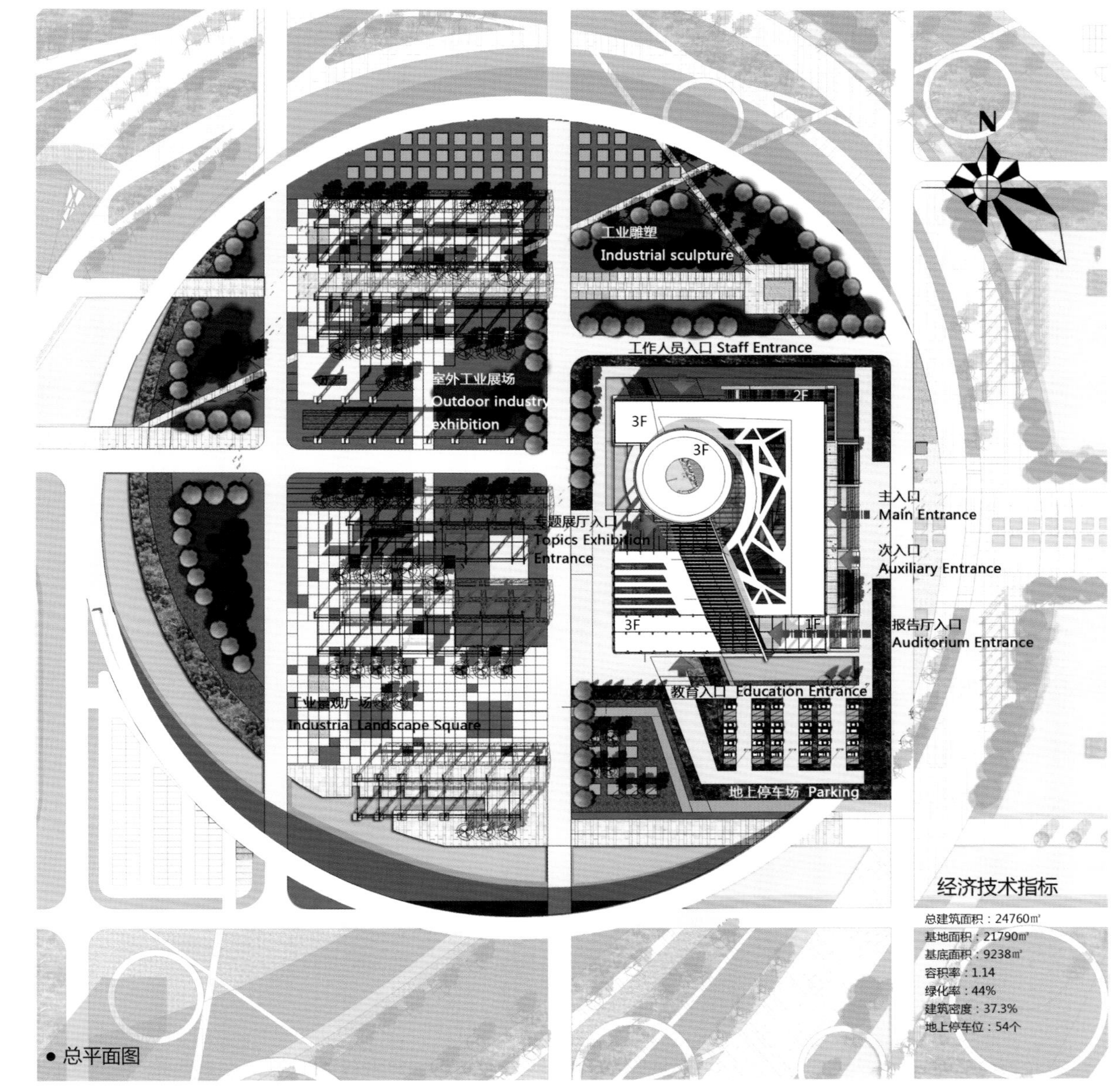

● 总平面图

● 基地分析

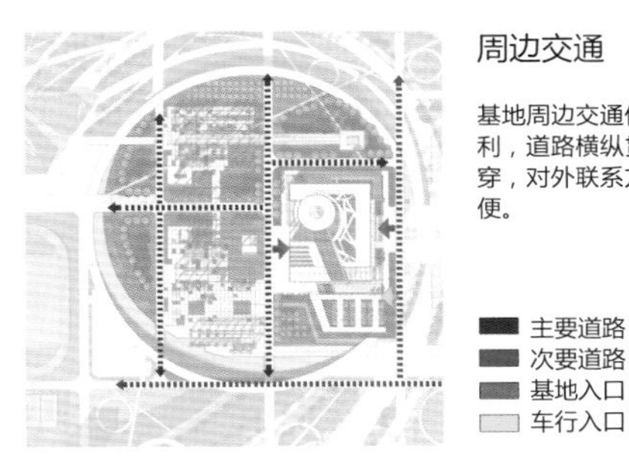

周边交通

基地周边交通便利，道路横纵贯穿，对外联系方便。

主要道路
次要道路
基地入口
车行入口

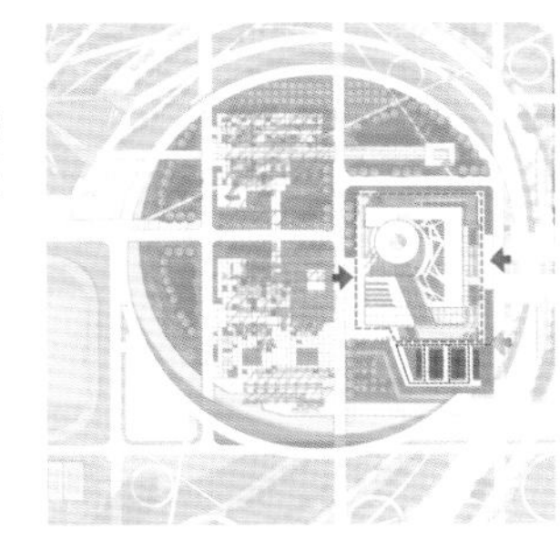

流线&停车

建筑周边形成环路，以利于通行和消防，同时配合地面大量停车位。

建筑环路
地面停车
基地入口
车行入口

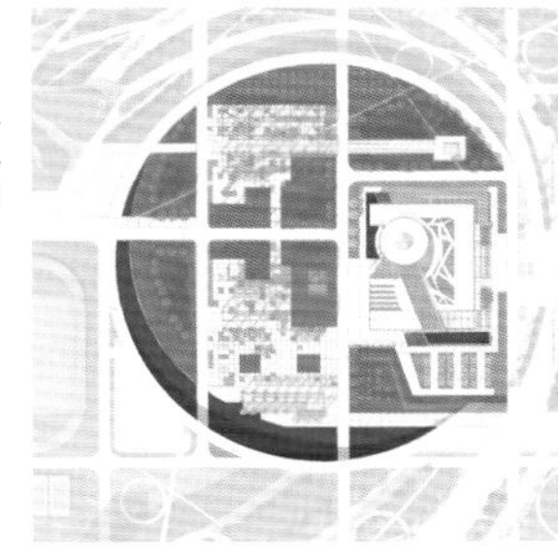

景观分析

保留原场地大面积绿化，结合厂房构件，形成文化广场。同时引入景观水系。

景观水系
景观绿地

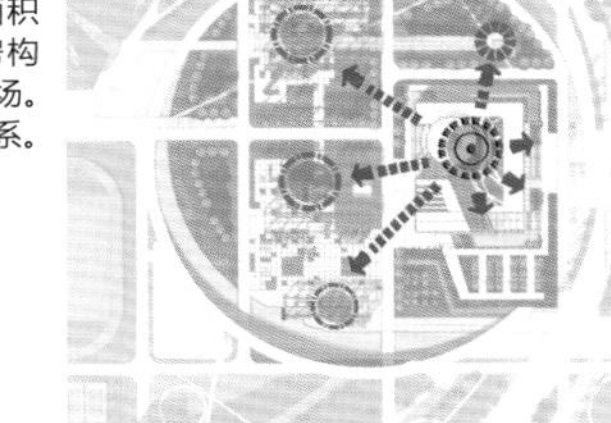

功能分析

以工业文化博物馆为中心，西侧为工业文化广场，北侧为纪念雕塑。

工业文化博物馆
工业文化装置
工业文化雕塑

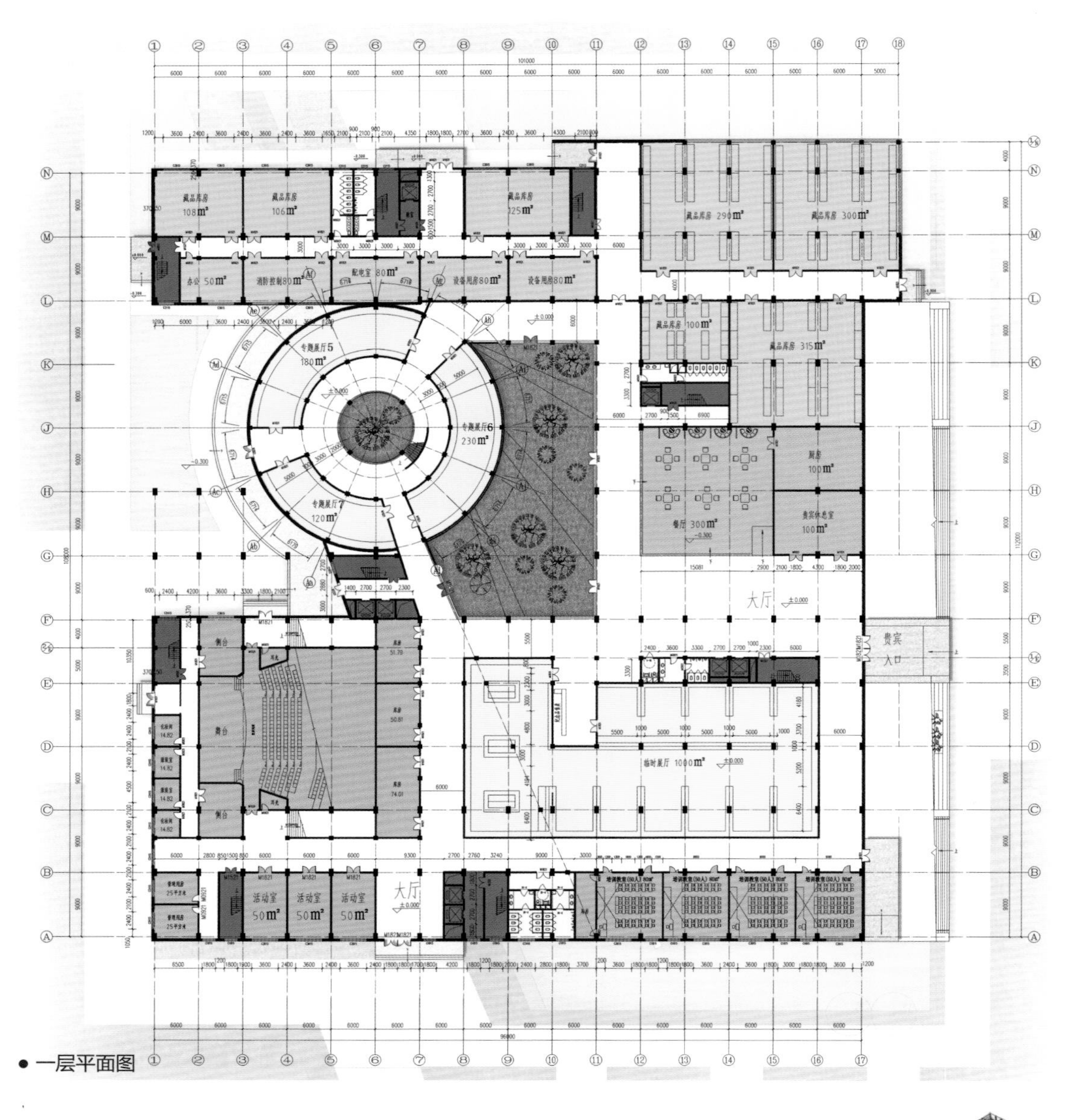

● 一层平面图

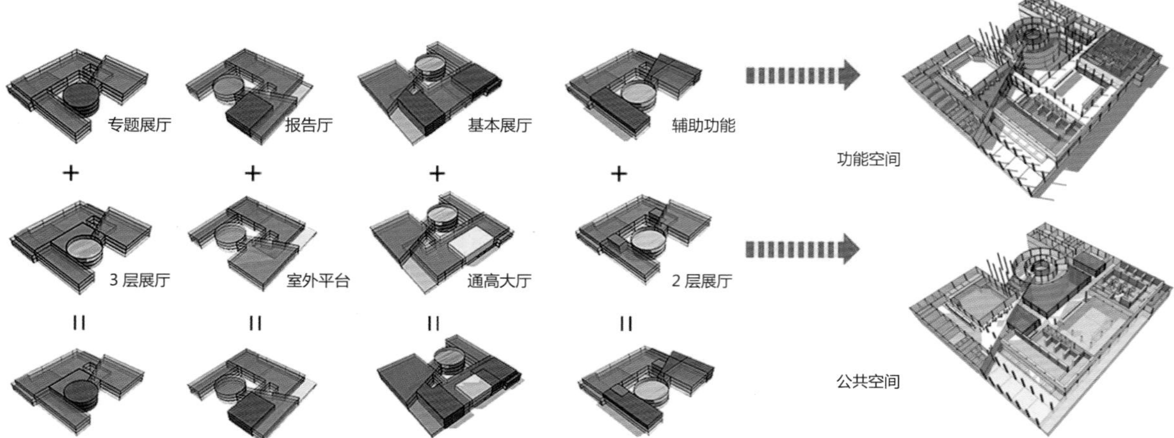

● 功能组合分析

● 建筑改造思路

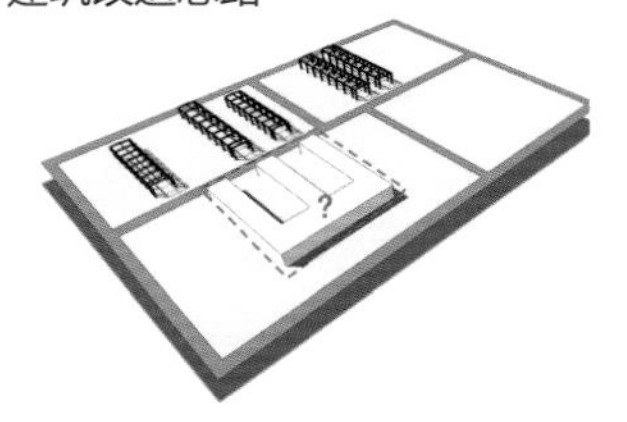

1、原有山字形厂房，在形体和空间上缺乏特点

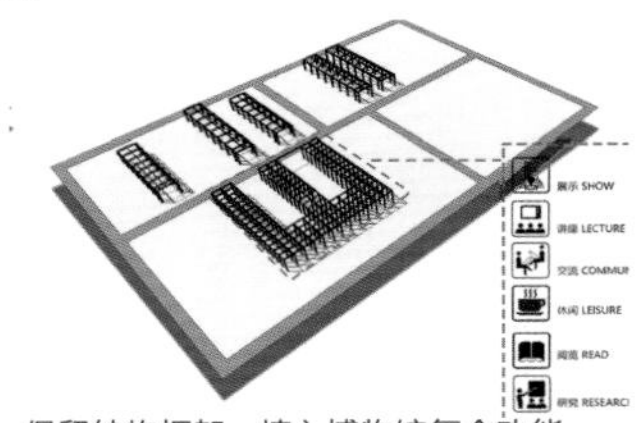

2、保留结构框架，植入博物馆复合功能，完成功能重置

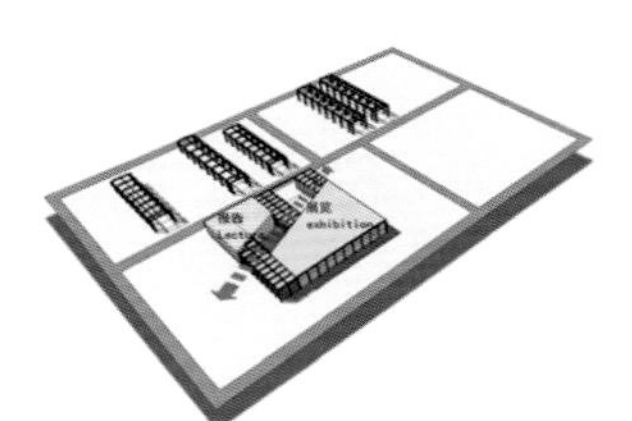

3、根据场地关系，引入轴线，进行功能分区，包括展览和报告厅

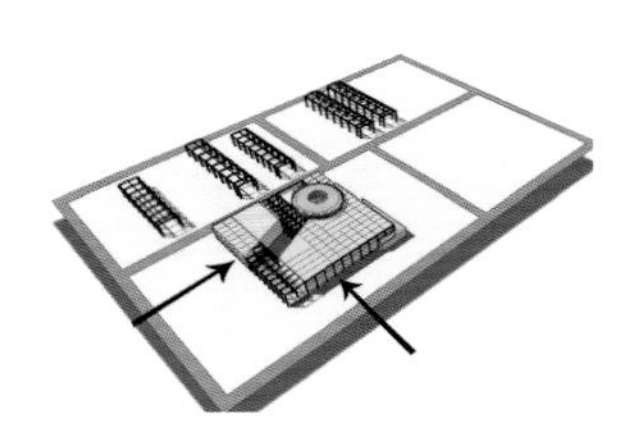

4、增加功能体量，丰富空间形体。配合场地，生成建筑主入口

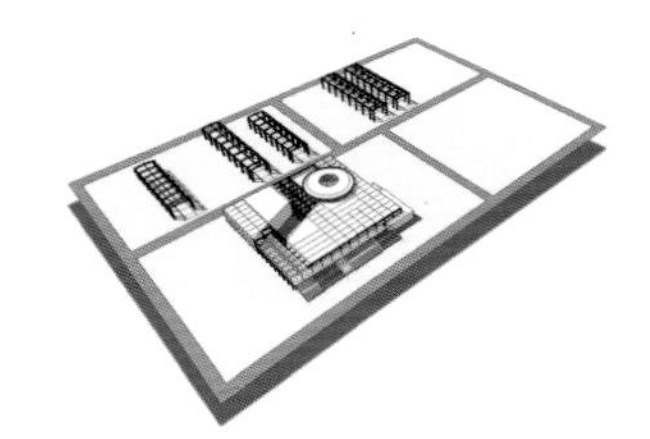

5、引入大台阶和屋顶平台，丰富空间流线，同时引导人群

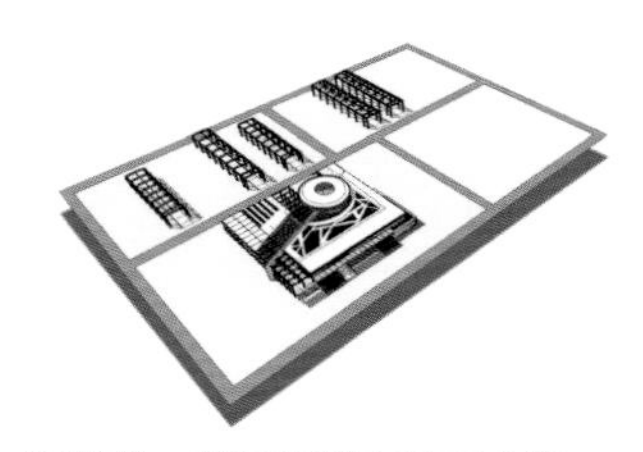

6、细节深入，现代手法配合旧工业框架，生成丰富立面表情

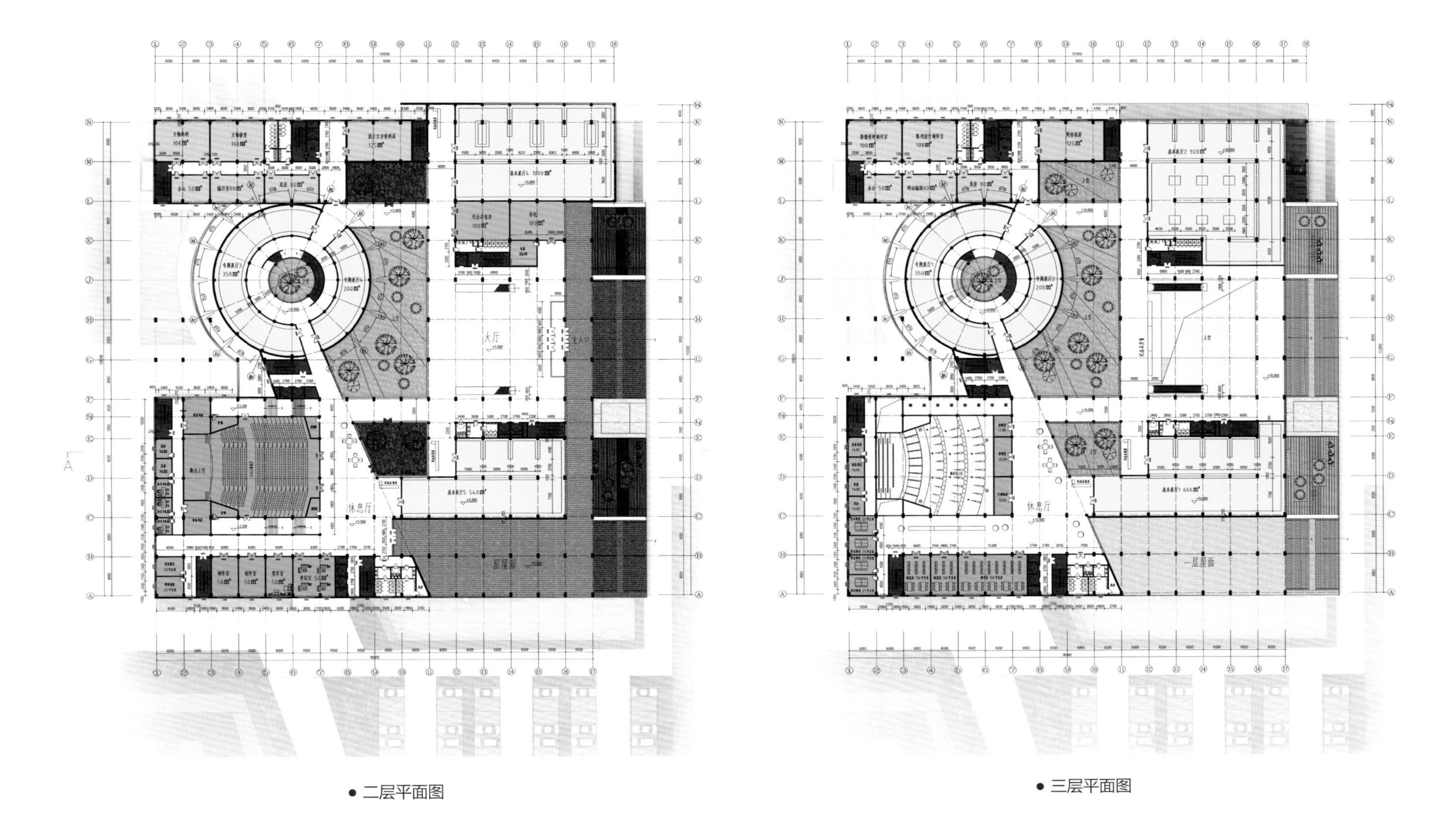

● 二层平面图

● 三层平面图

● 结构体系

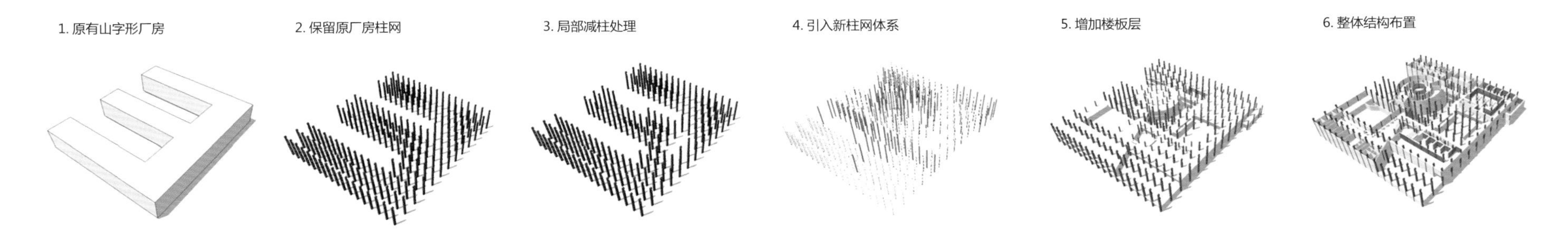

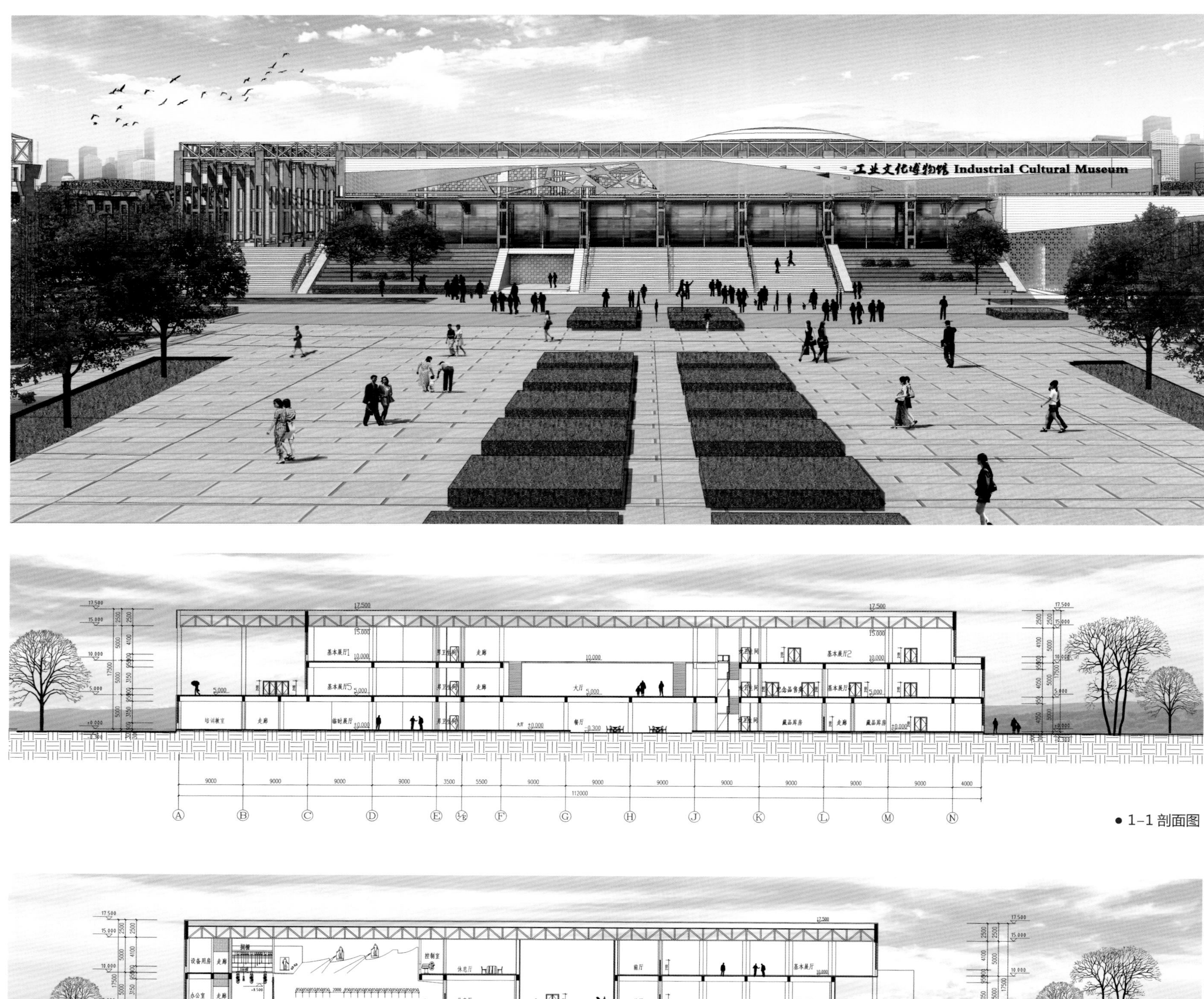

● 1–1 剖面图

● 2–2 剖面图

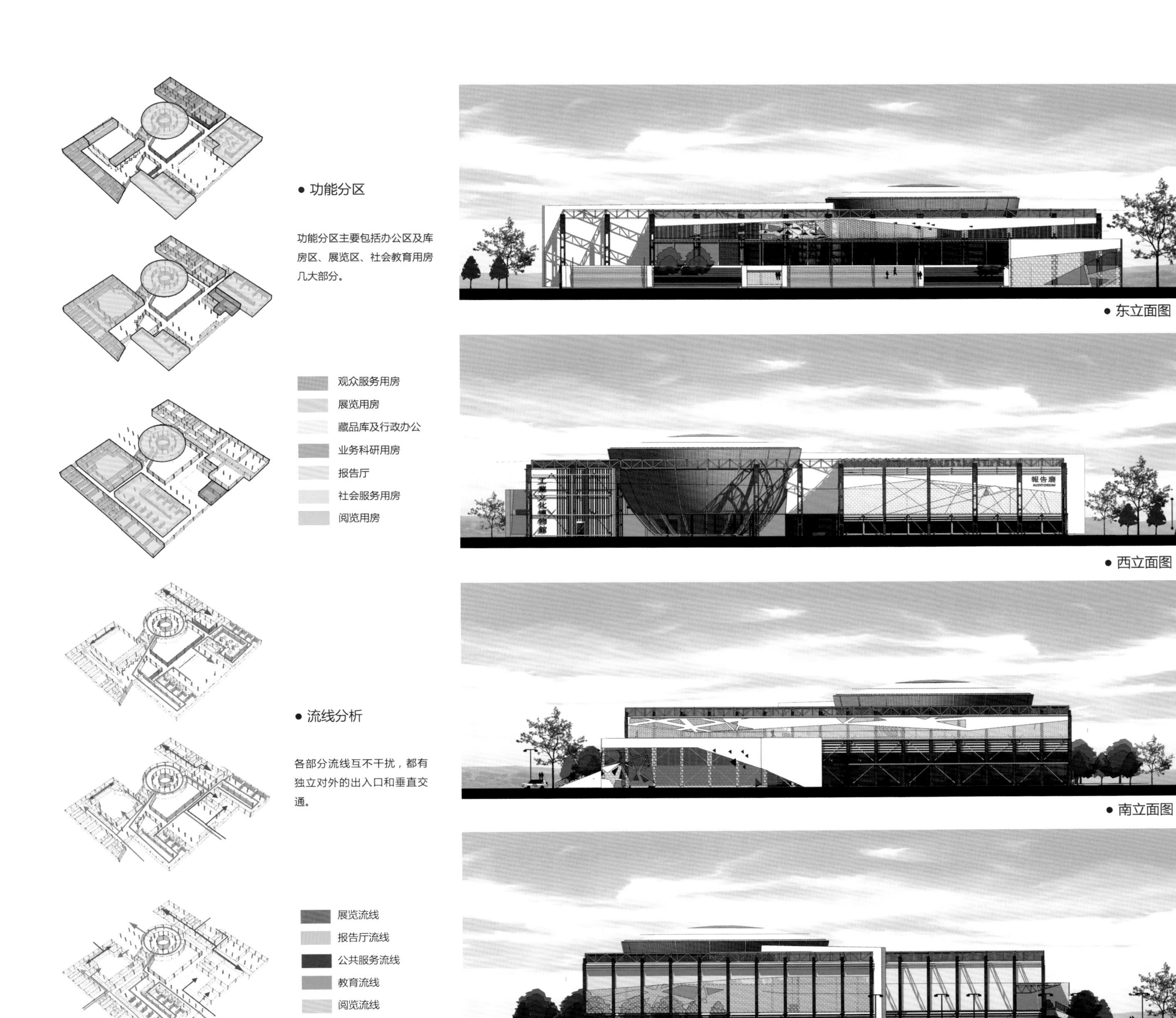

● 东立面图

● 西立面图

● 南立面图

● 北立面图

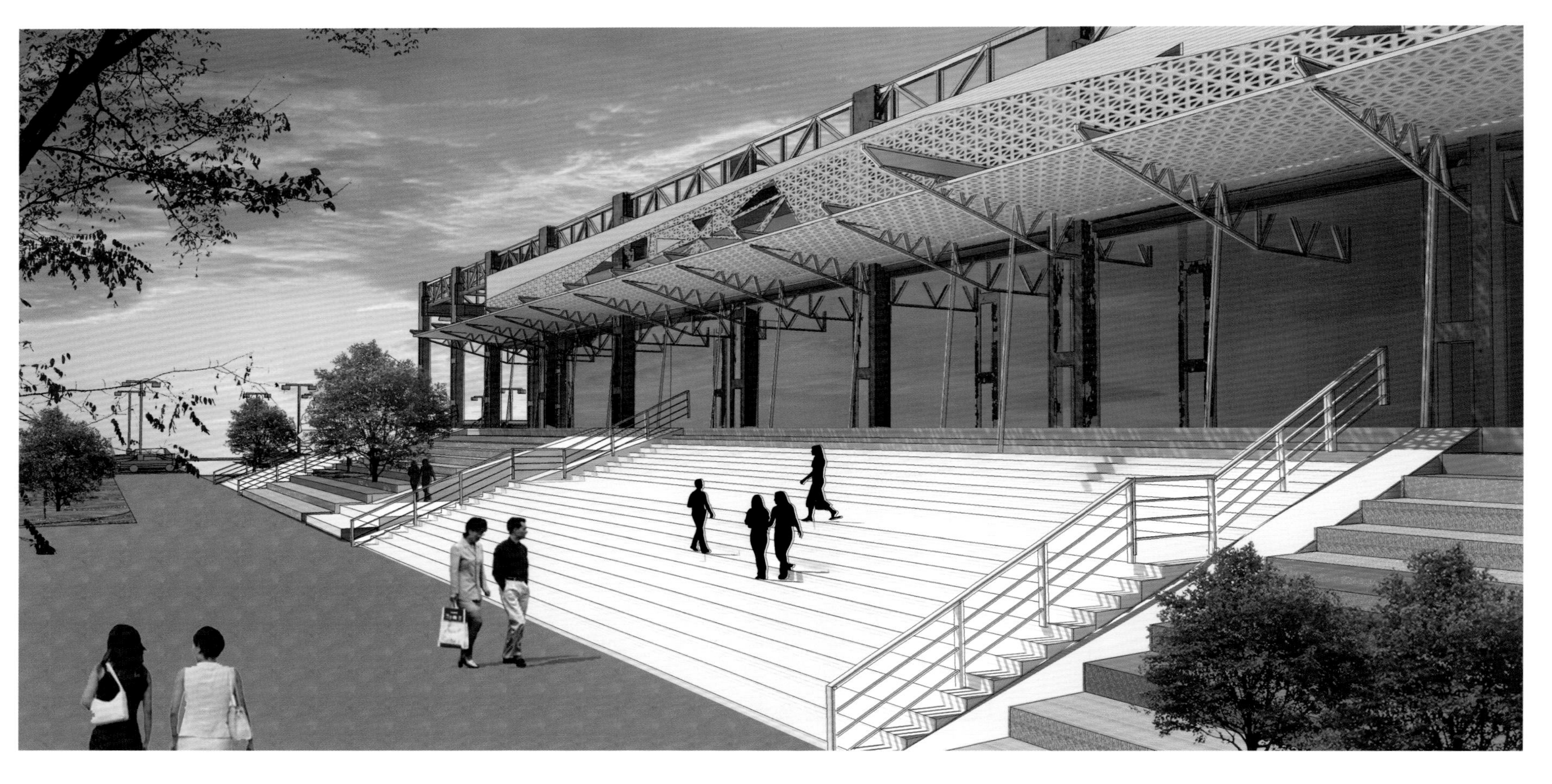

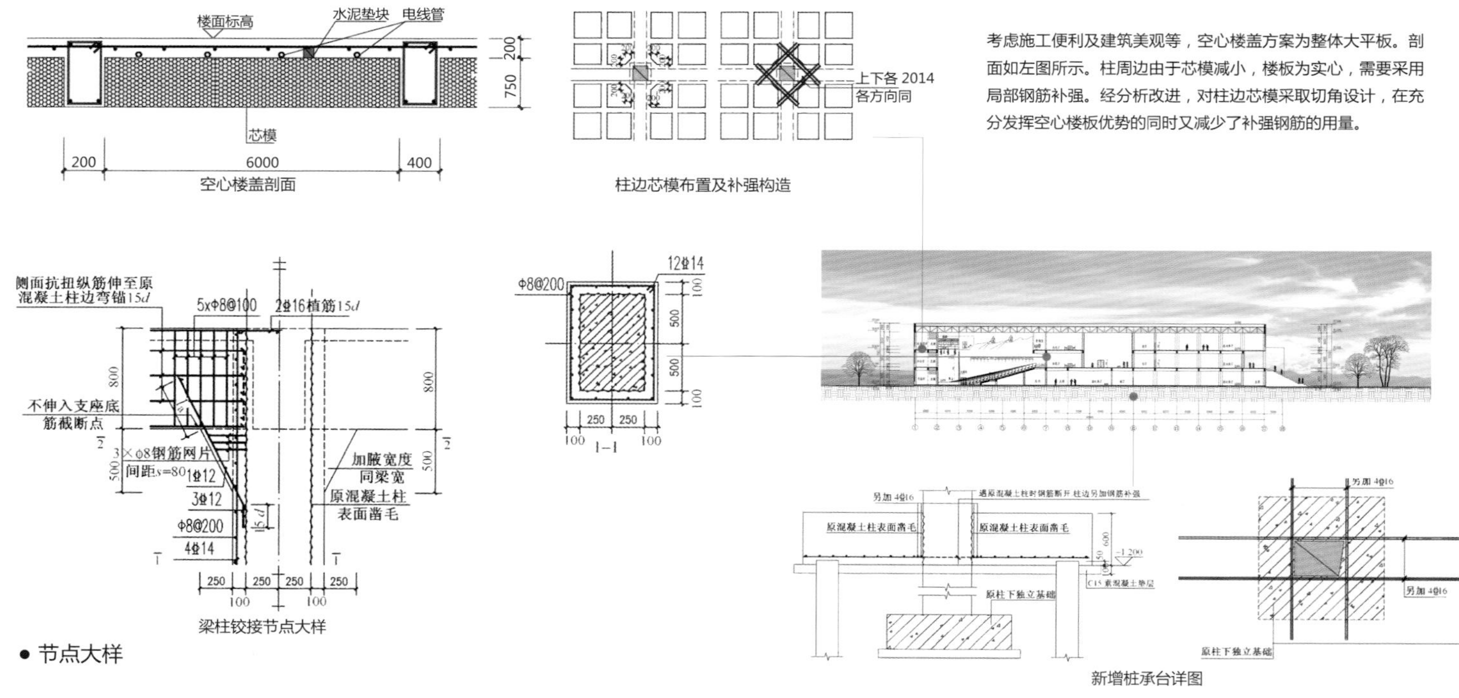

考虑施工便利及建筑美观等，空心楼盖方案为整体大平板。剖面如左图所示。柱周边由于芯模减小，楼板为实心，需要采用局部钢筋补强。经分析改进，对柱边芯模采取切角设计，在充分发挥空心楼板优势的同时又减少了补强钢筋的用量。

● 照度分析

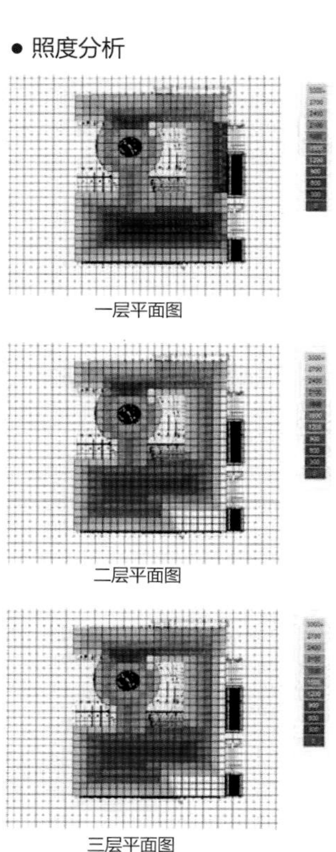

一层平面图

二层平面图

三层平面图

● 节点大样

新增主梁跨中按两端铰接计算承载力，并适当加强配筋，以确保该部分结构安全可靠。为保证新增主梁与原结构的可靠连接，结合原结构柱网较大的特点，先将原框架柱底层周边有新增结构时每侧均放大 100mm，适当放大支撑面。

考虑到原厂房地坪完好，新增基础或原基础扩大需增加开挖工作量，对现有地坪破坏严重，经反复权衡，最终采用柱下承台桩基础，既有效减少基础开挖量，又能控制新增加荷载引起的结构沉降，避免结构开裂。

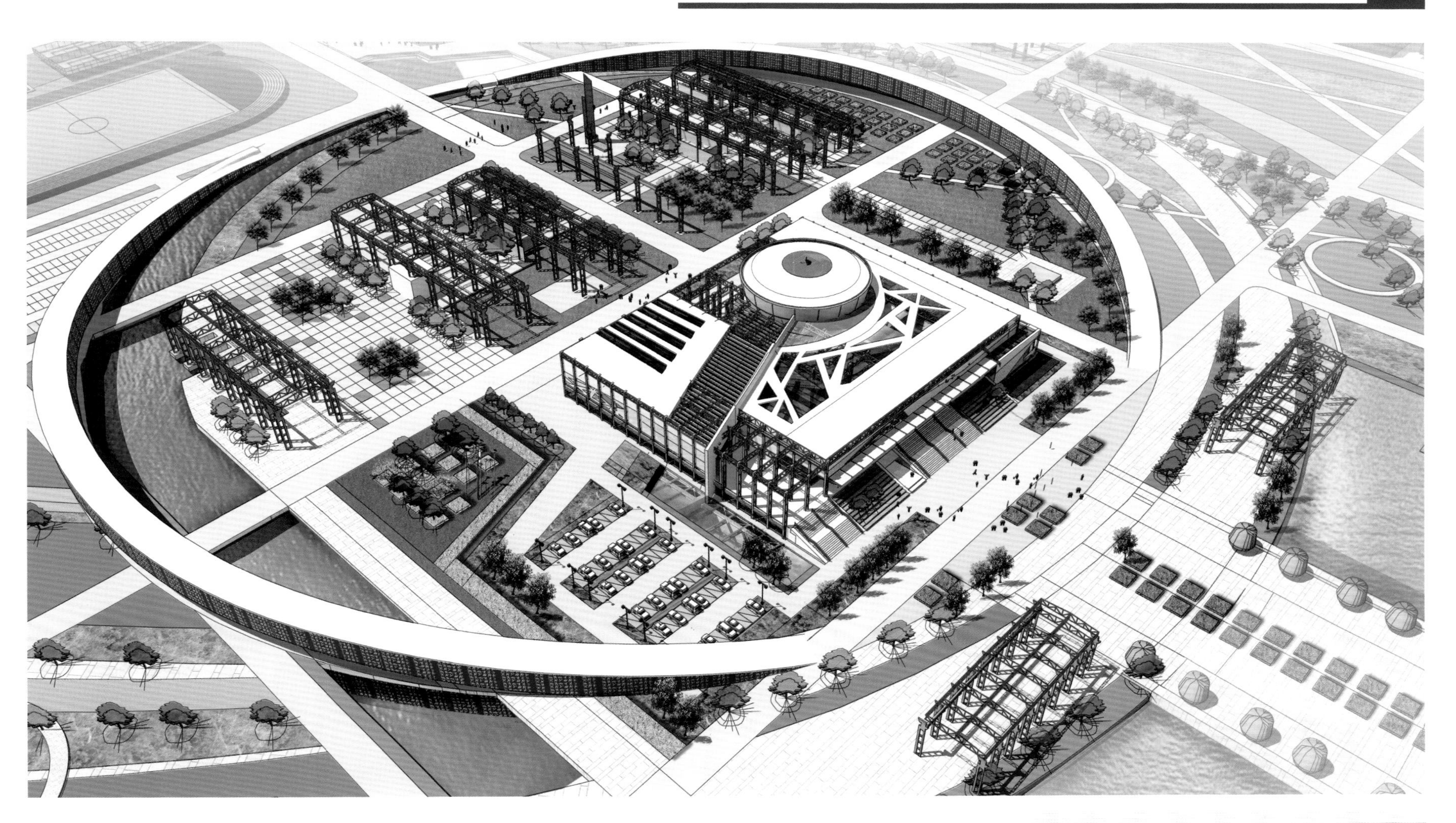

● 可变穿孔板百叶

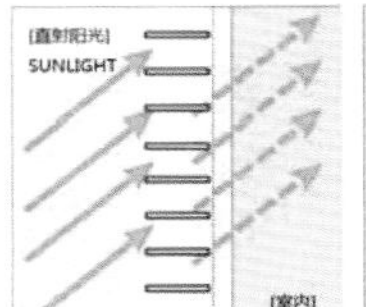

穿孔板表皮遮阳示意

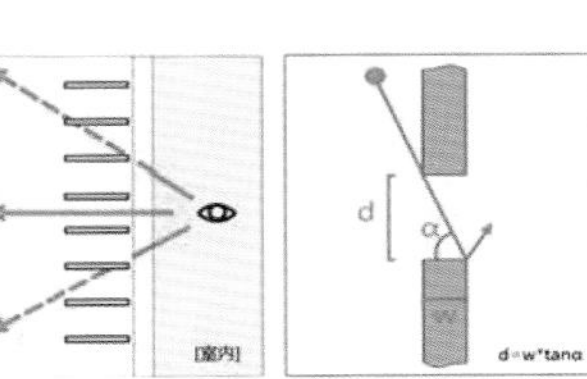

穿孔板表皮视线示意　穿孔板孔径板厚与太阳高度角计算公式

玻璃幕墙外，设置可变穿孔板百叶，可根据阳光智能调整变化，以实现最优室内环境。

夏季通风与采光图解

冬季通风与保温图解

● 场地微环境调节

树木影响微气候，冬季弱化通风

墙体双层玻璃以及中庭促进夏季风流通

利用水的比热容调整气候

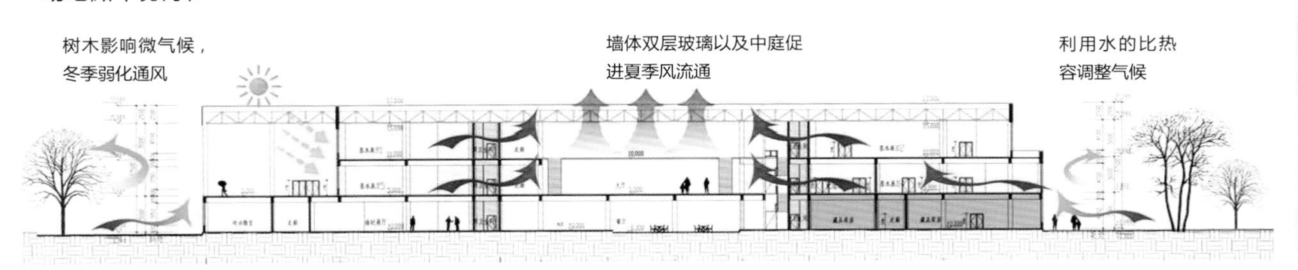

孙江顺
Sun Jiangshun

黑龙江省旅游集散中心建筑设计

Architectural design of tourism center of Heilongjiang Province

指导教师：孙清军

本设计为黑龙江省旅游集散中心建筑设计，功能包括游客集散与信息服务中心、旅游产品博览中心、旅游宾馆、旅游美食广场四个区块。建筑形体上运用曲面，表达哈尔滨东方小巴黎、东方莫斯科的浪漫主义气息，旅游时自由的状态以及冰雪柔和的感官体验。建筑外立面运用金属铝板表皮表达现代技术的时代感和地标性。建筑内部空间设计两个中庭空间，应用曲面墙体将两者连接，增加内部空间的动感，增强内部空间层次的丰富性。

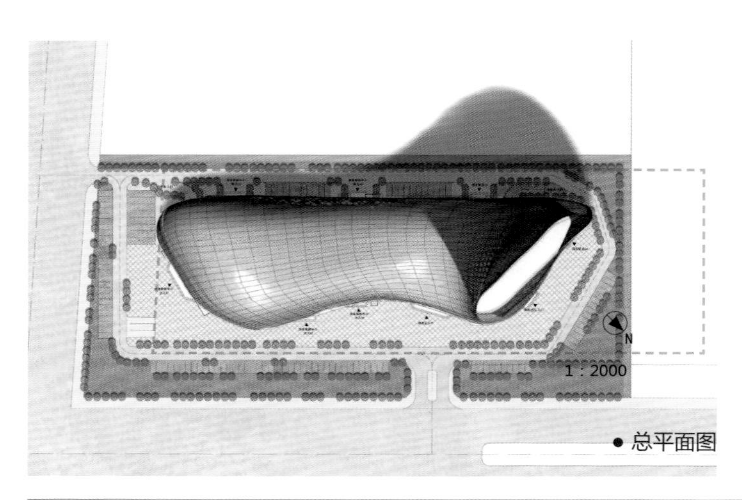

● 总平面图

● 形体构成

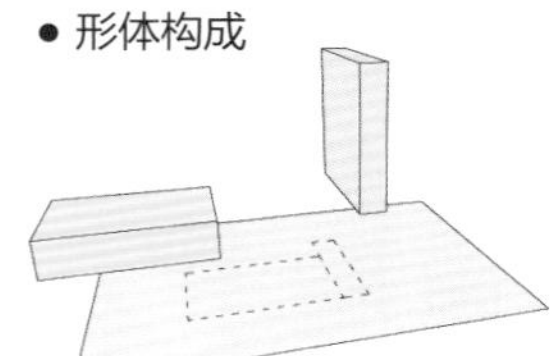

将功能分为酒店和游客服务中心两个部分，根据与城市的关系，分别置入基地内。

两部分功能区块通过连廊和灰空间连接。

将中间部分压低，目的在于减少主入口北广场的阴影时间。

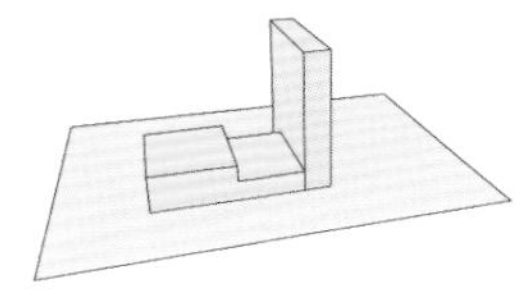

将塔楼扭转一定角度，能够更大面积的接受日照。

● 对应日照

计算日期：大寒日
计算时间：9:00~15:00
计算高度：900mm
计算地点：哈尔滨
计算标准：国标

：0 小时
：1 小时
：2 小时
：3 小时
：4 小时

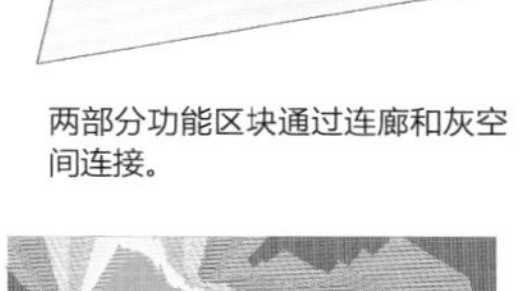

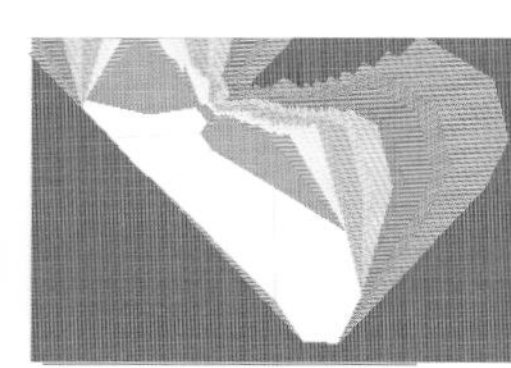

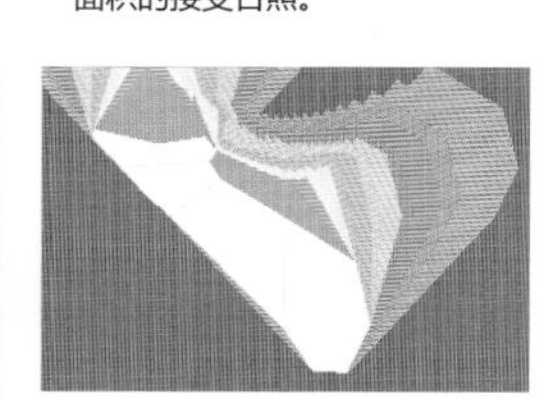

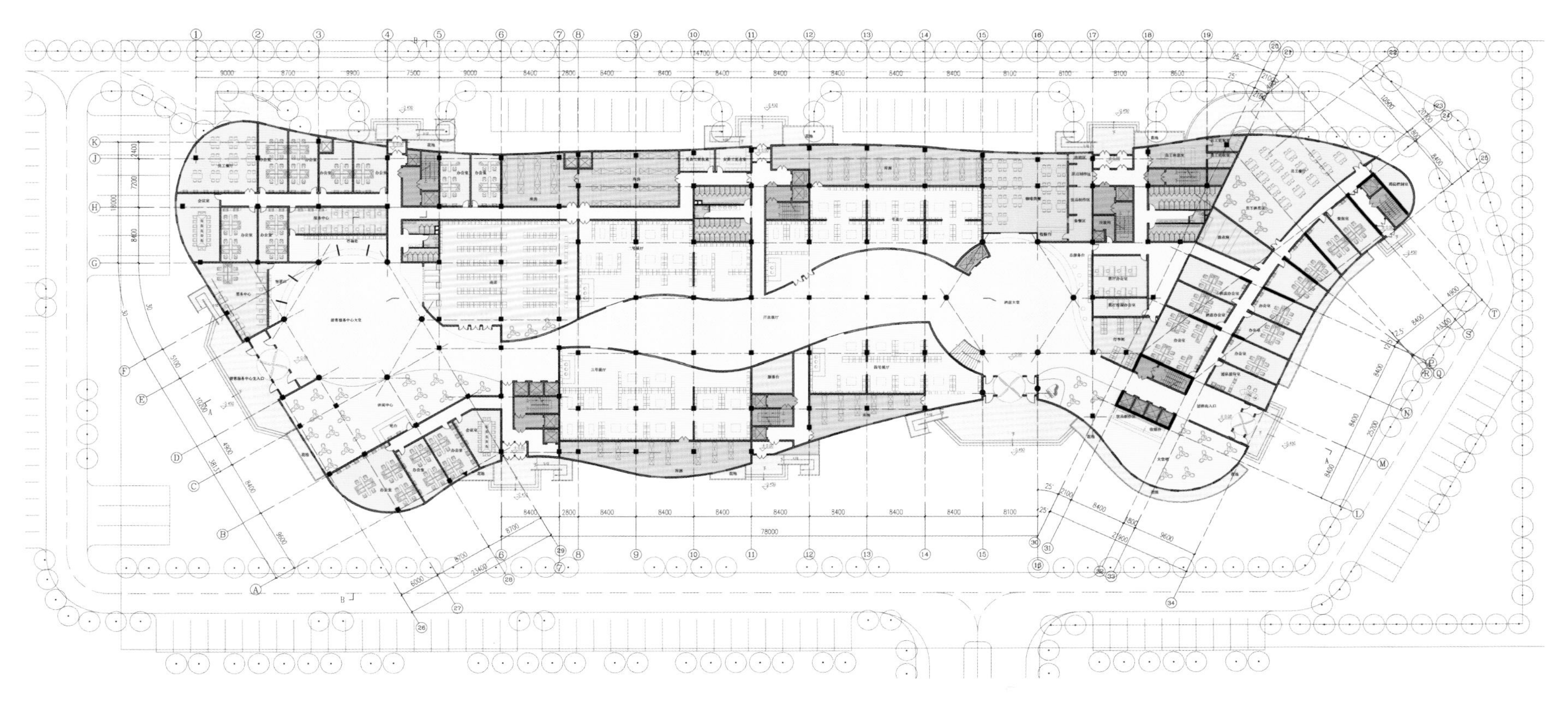

● 一层平面图

● 中庭分析

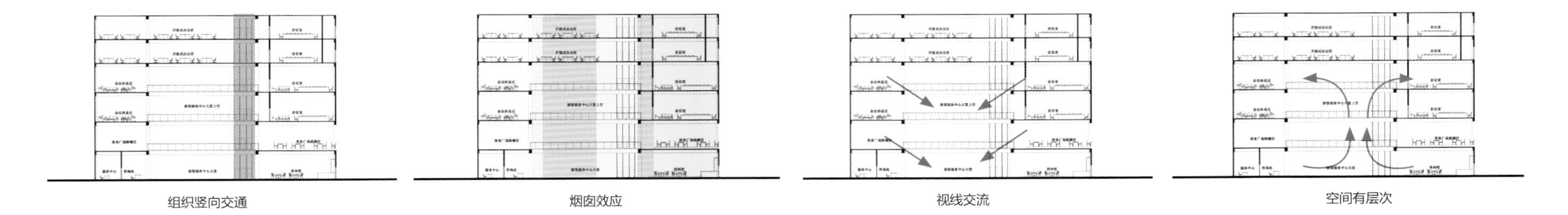

组织竖向交通　　烟囱效应　　视线交流　　空间有层次

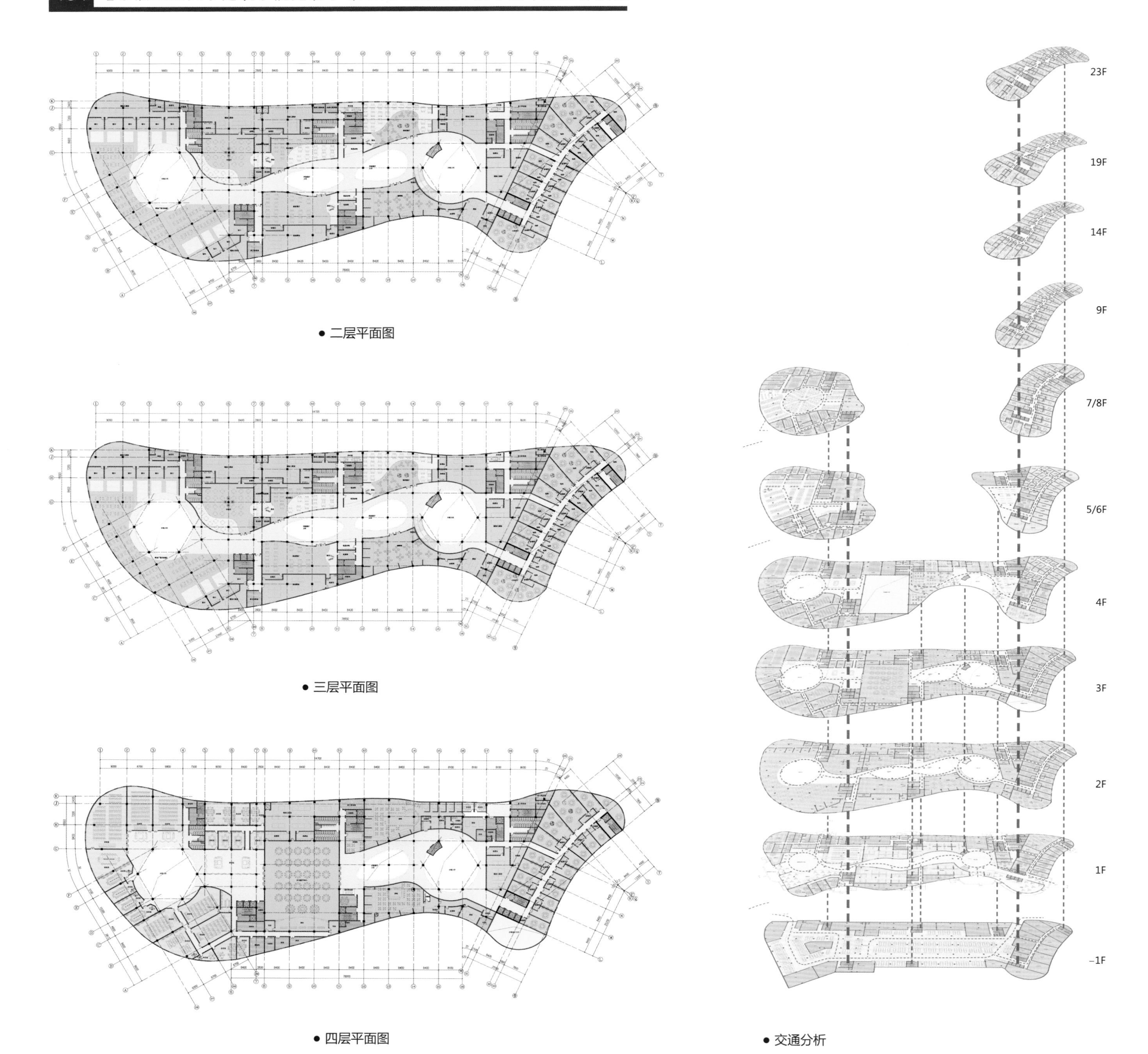

● 二层平面图

● 三层平面图

● 四层平面图

● 交通分析

● 塔楼平面图

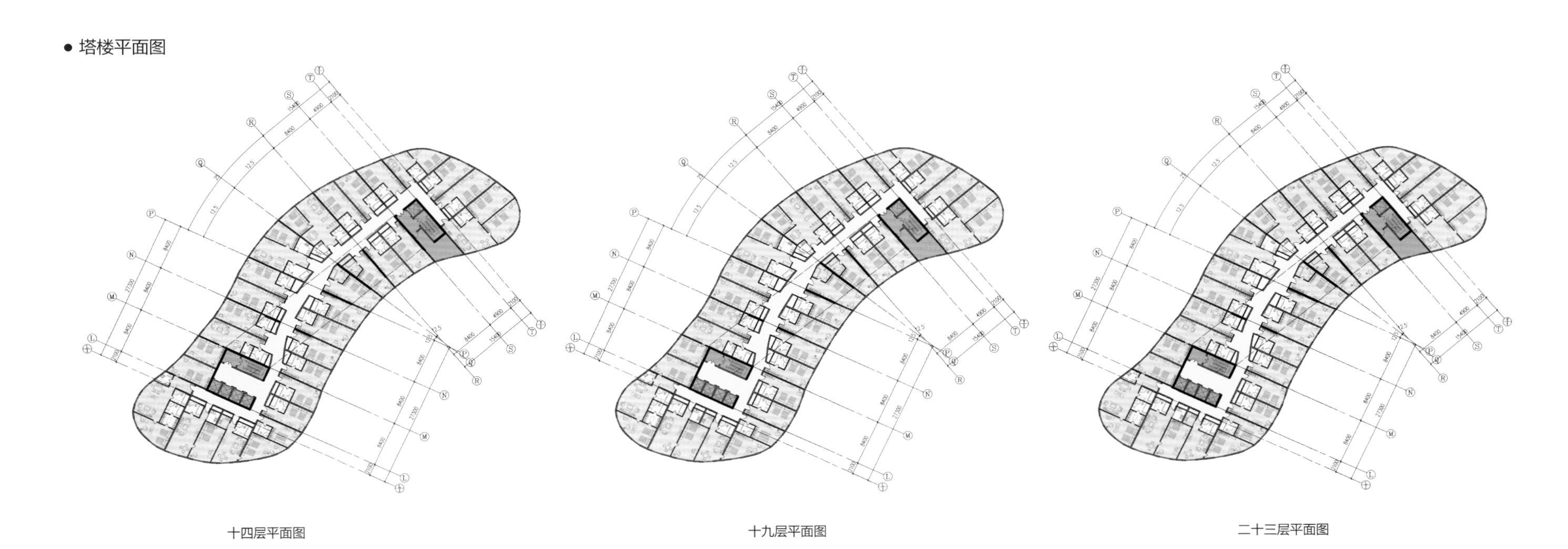

十四层平面图

十九层平面图

二十三层平面图

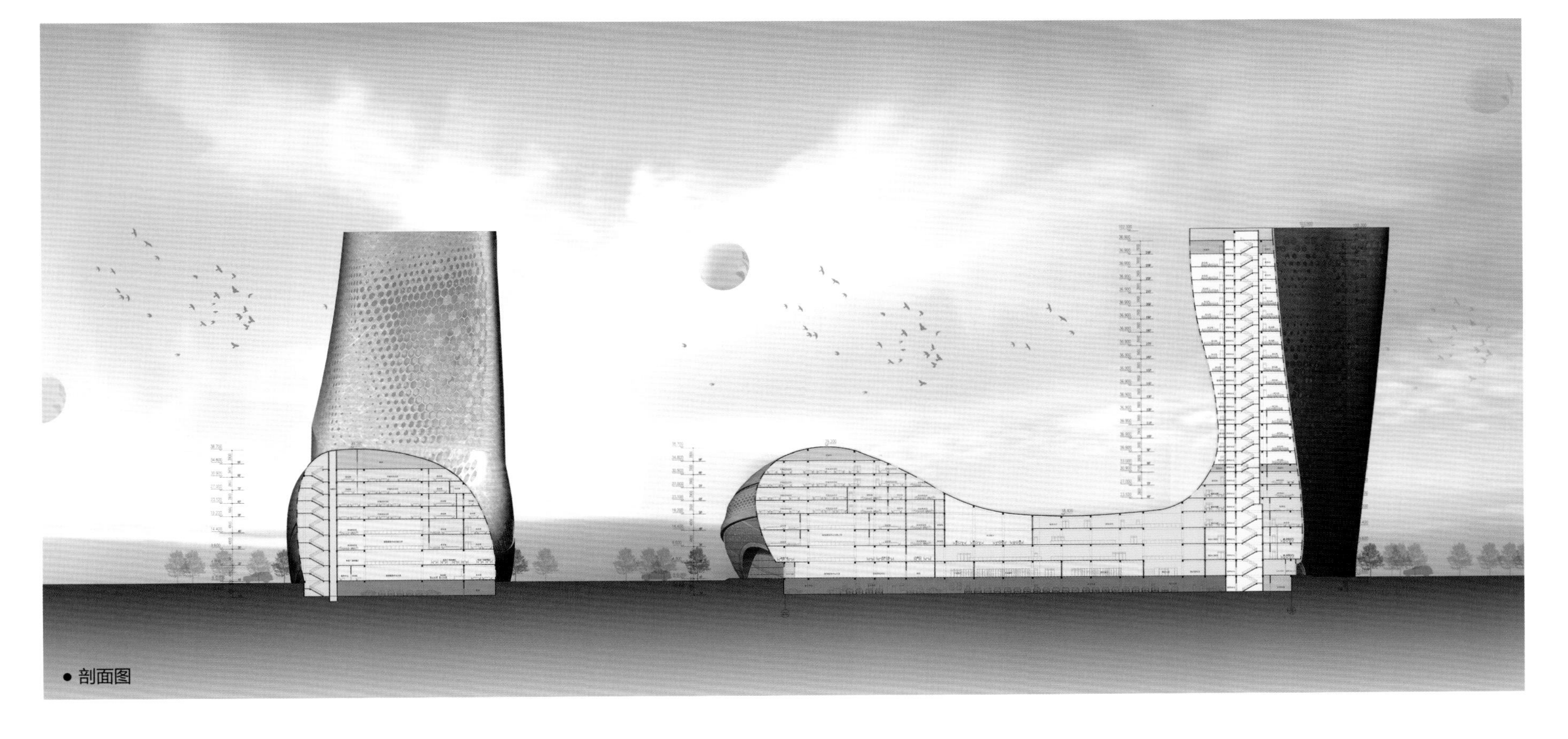

● 剖面图

- **塔楼结构分析**

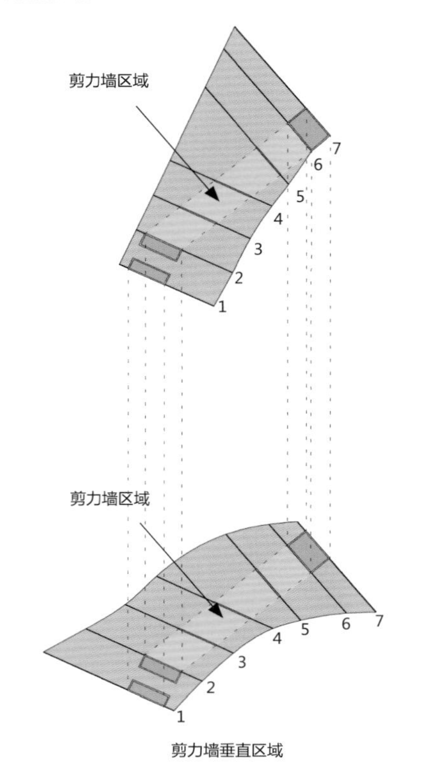

剪力墙垂直区域

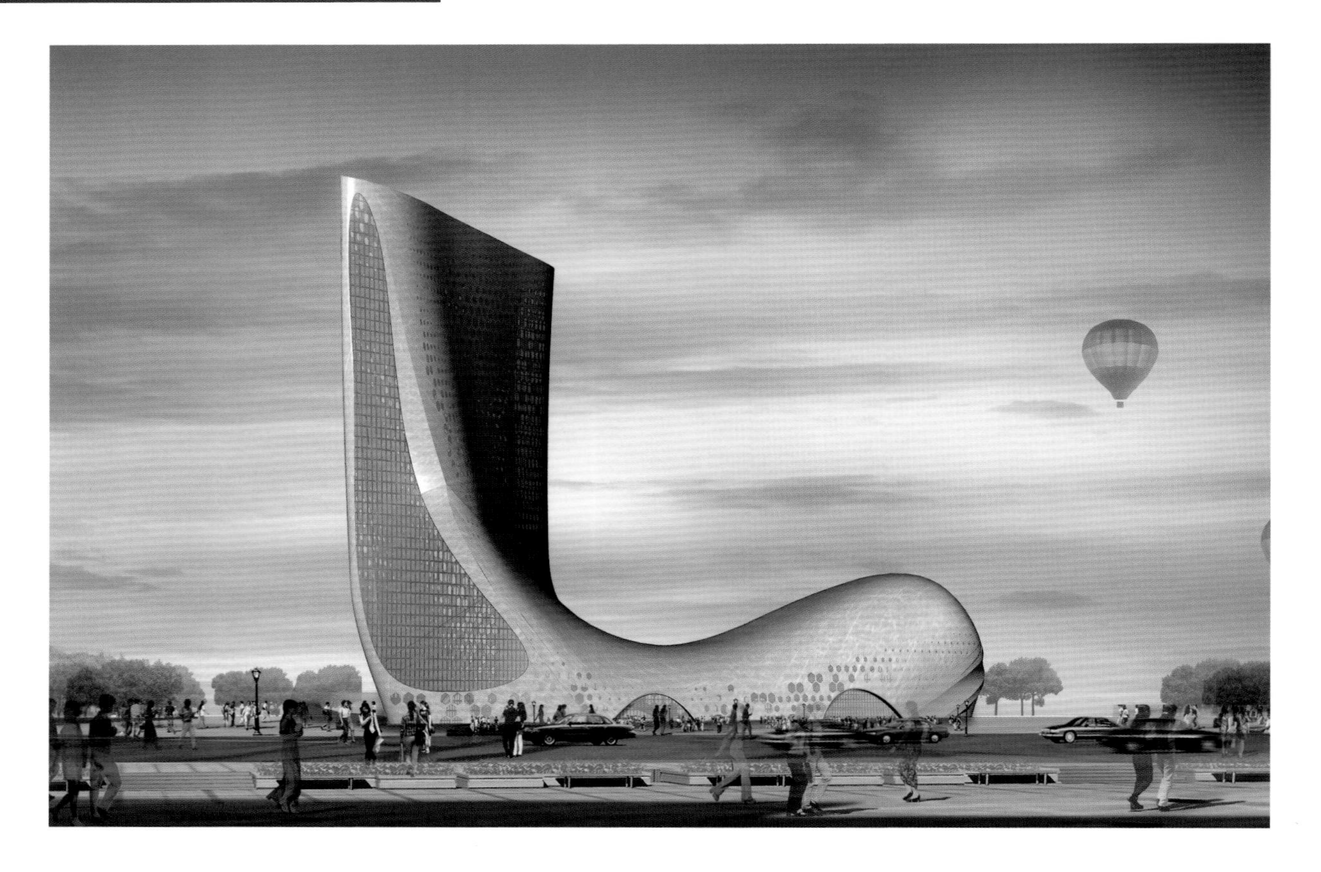

剪力墙
楼梯间
围护墙

剪力墙空间分布

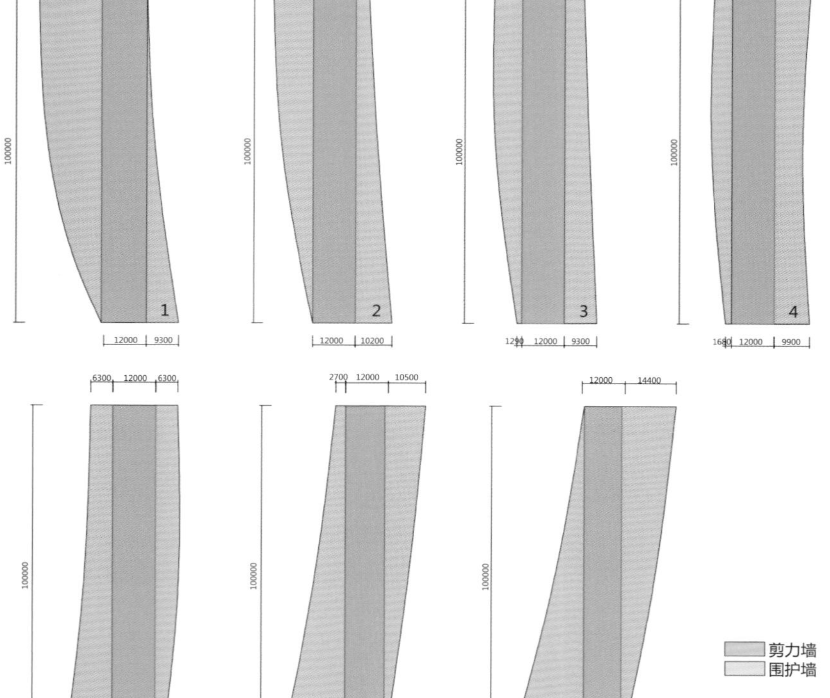

剪力墙
围护墙

剪力墙立面

- **塔楼结构说明**

由于在建筑设计过程中，想要让客房部分更多的利用阳光，将塔楼扭转了一个角度，使之与正南方向垂直，形体上更加突出浪漫自由的气息。

根据这个形体，塔楼部分采用了"剪力墙组"的结构，利用七片 12m 宽的剪力墙作为主体结构，抵抗竖向和横向的荷载。两个核心筒的两段分布，对结构起到了稳定的作用。外围的分散剪力墙，起到了辅助支撑的作用。每隔 3.9m 一层的楼板，对建筑的结构起到了稳定的作用。

剪力墙部分的形态，宽为 12m 高为 100m，即左侧图红色部分，为垂直分布；蓝色部分为维护墙体与剪力墙相连，其形态，根据不同的形体要求，进行进退关系的变化。

通过以上几部分的结构设计，满足了扭转形体抵抗竖向荷载和水平荷载。

• 立面开口分析

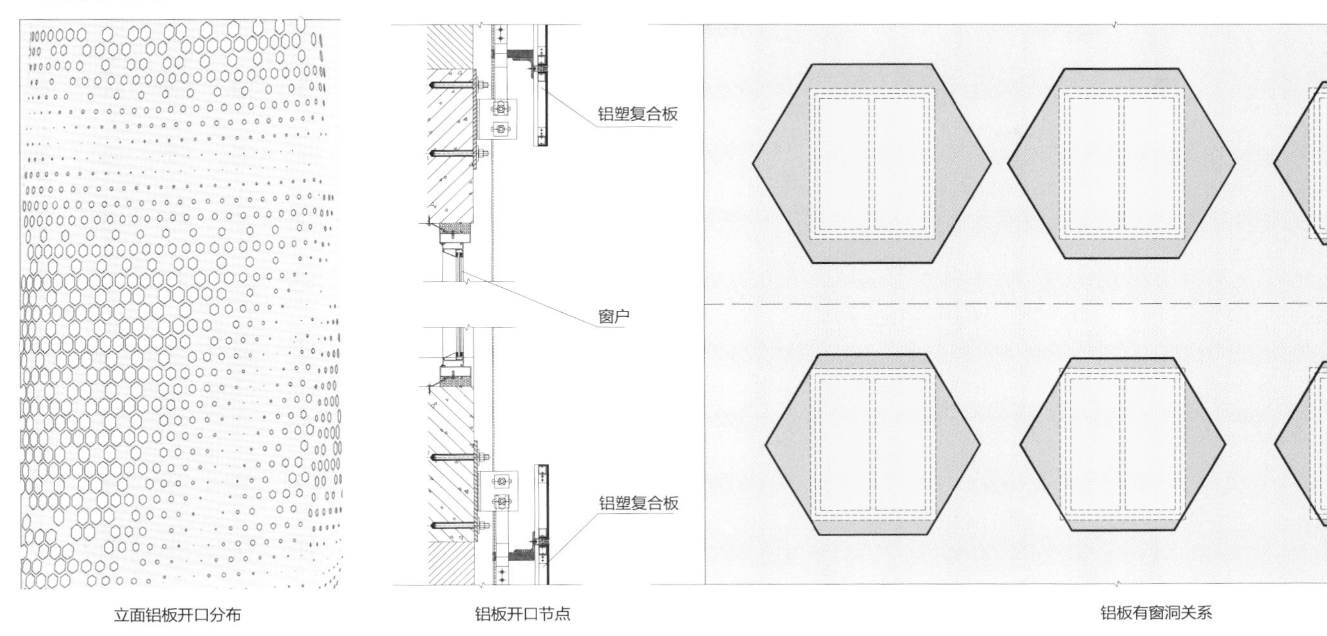

立面铝板开口分布　　铝板开口节点　　铝板有窗洞关系

• 立面开口说明

立面的开口设计，通过Grasshopper运算曲线干扰，表达一种有序的渐变，通过调整表皮六边形开口的大小，来丰富建筑的立面。

铝板幕墙的节点大样，采用钢龙骨结构干挂的形式，并且适当开口。

建筑立面为主体结构干挂铝板。构造中，对铝板开口与建筑内部空间所需要窗洞大小的关系，进行了初步的设想。

周凡
Zhou Fan

哈尔滨历史街区艺术园区及博物馆改造设计

Harbin historical block transformation into creative industry park & museum and research center

指导教师：卜冲

With the urbanization, more and more historic urban areas face new challenges. On the one hand the economic development is necessary, on the other hand the protection of historice distrcicts is in emergency. The collision between development and protection is not only a contradiction, but also an opportunity for designers.
As the most important city among Middle East Railway, Harbin is facing difficulties in the process of urbanization. Harbin has special chatacteristics, which is different from the other Chinese cities. However, constrained by "history", this city is often overcautious during the development.
The site of this project epitomizes the contradiction between urban development and historical districts protection.

CIP

The project is located in the junction of three main distrcts in central Harbin city. The Holly Iveron Icon orthodox Church and its subsidiary orphanage stand in the site, accompanied by a series of heavy factories of Harbin Locomotive Vehicle Accessories Factory and a section of the Middle East Railway.
The Church, factories and the other whice are buildings in the site are destroyed or discarded, due to the traffic isolation and spescial historical impacts. This area is marginalized, showing an enclosed and negative atmosphere in center of the city.
Meanwhile, the special qualities of the site meet the conditions of the Creative Industry Parks (CIP): abundant space types, clear boudaries and cheap rent .

Red Bricks

The Church and the factories, houses. are almost constructed by the same building material – red bricks. This becomes the nexus of the buildings in the whole park.

1908–2014

Keeping Red Brick Buildings

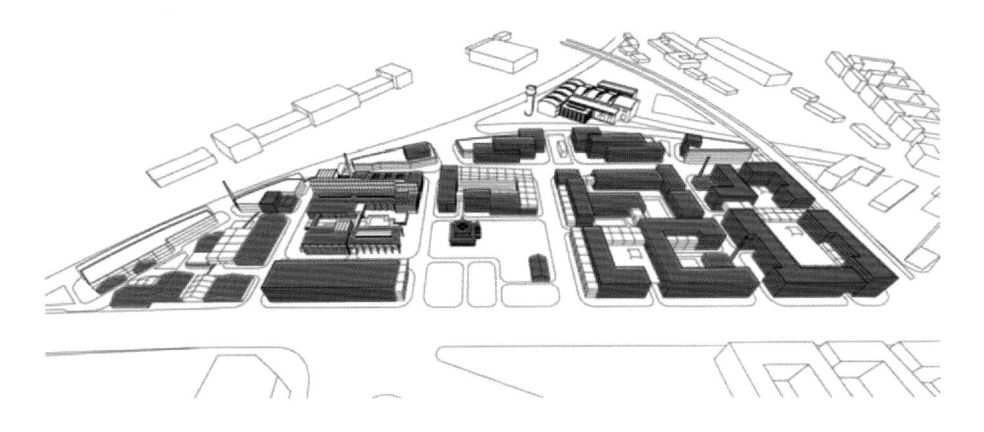

Location: Junction of Dist.Daoli, Dist.Daowai and Dist.Nangang in Harbin
Boundary: Haicheng Bridge, Jihong Bridge, Harbin Railway Station

Public Space

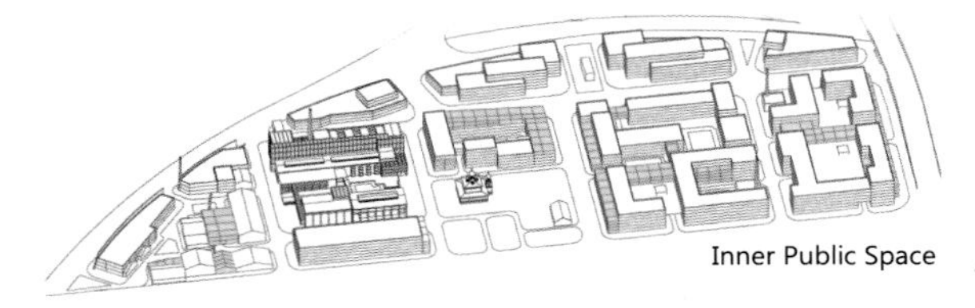

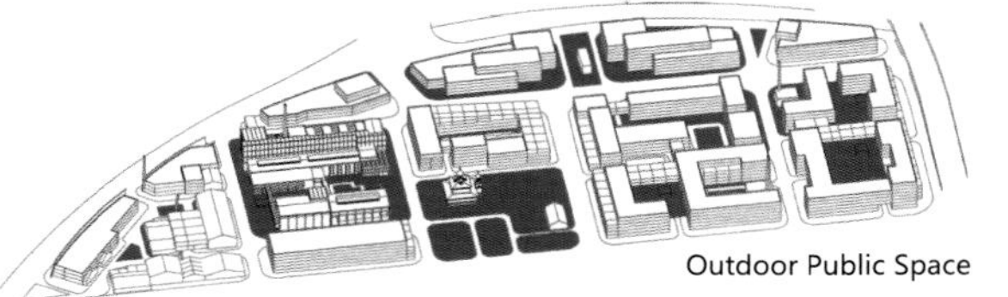

Sight & Height

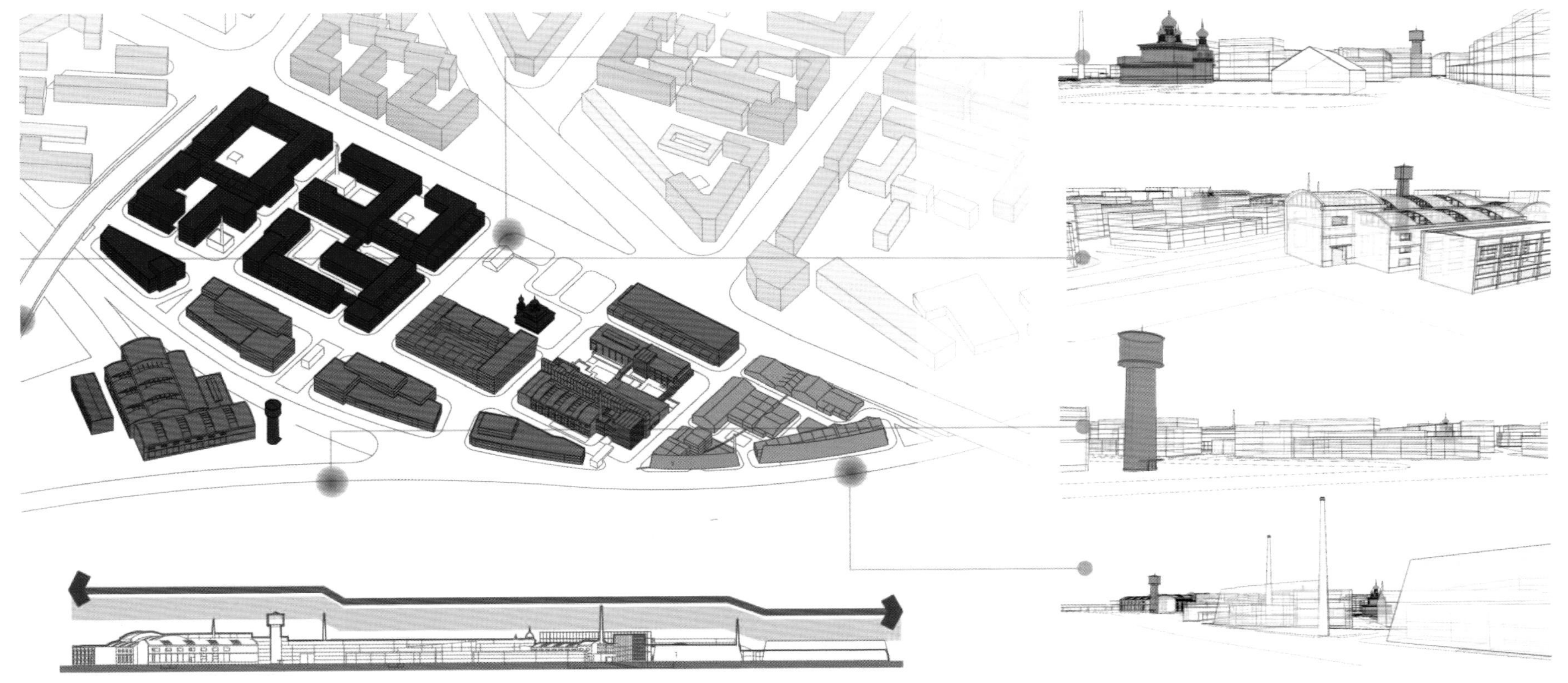

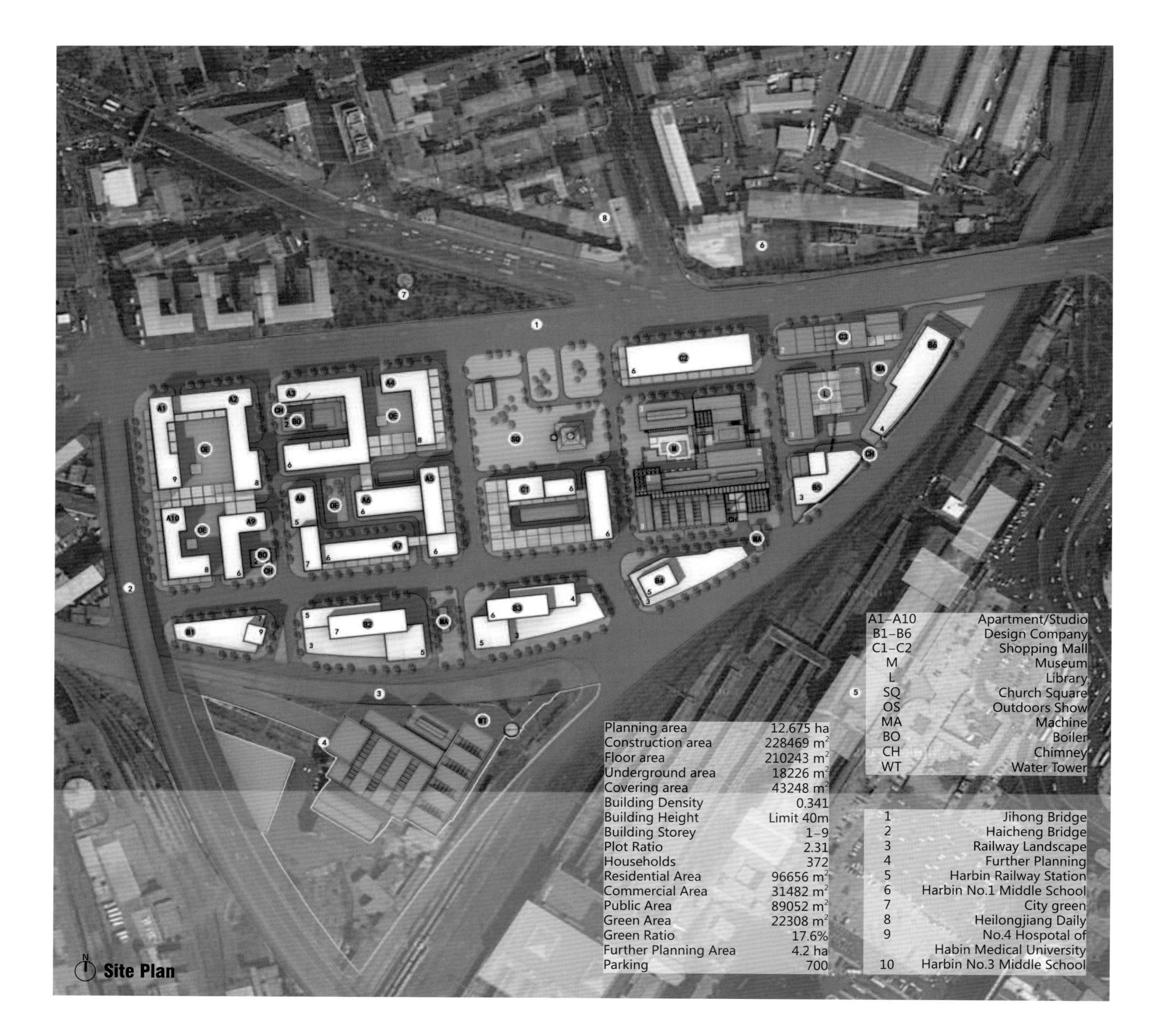

Planning area 12.675 ha
Construction area 228469 m2
Floor area 210243 m2
Underground area 18226 m2
Covering area 43248 m2
Building Density 0.341
Building Height Limit 40m
Building Storey 1–9
Plot Ratio 2.31
Households 372
Residential Area 96656 m2
Commercial Area 31482 m2
Public Area 89052 m2
Green Area 22308 m2
Green Ratio 17.6%
Further Planning Area 4.2 ha
Parking 700
A1–A10 Apartment/Studio
B1–B6 Design Company
C1–C2 Shopping Mall
M Museum
L Library
SQ Church Square
OS Outdoors Show
MA Machine
BO Boiler
CH Chimney
WT Water Tower
1 Jihong Bridge
2 Haicheng Bridge
3 Railway Landscape
4 Further Planning
5 Harbin Railway Station
6 Harbin No.1 Middle School
7 City green
8 Heilongjiang Daily
9 No.4 Hospotal of Habin Medical University
10 Harbin No.3 Middle School
Site Plan

Dynamic Traffic

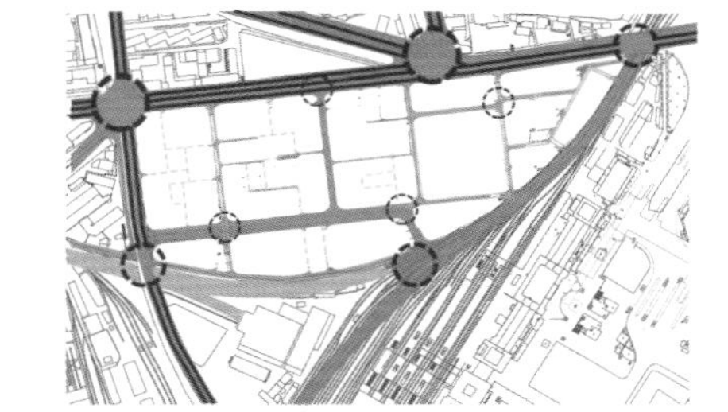

- Main Roads
- Sub-Roads
- Branches
- Pedestrian
- Traffic Nodes

Static Traffic

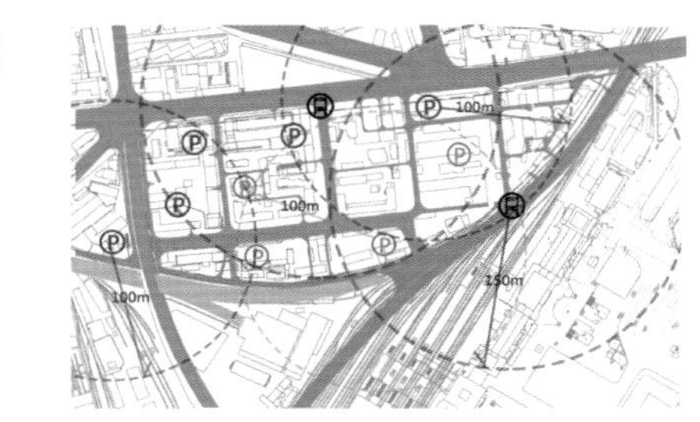

- On Ground
- Underground
- Bus Stop

Landscape

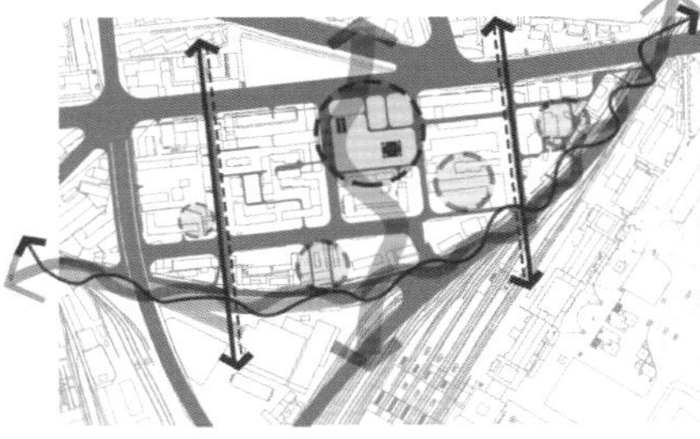

Landscape Nodes

Sight

Railway Landscape

Green System

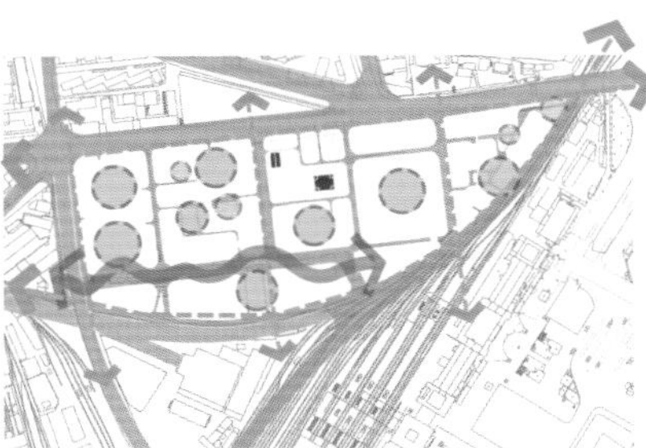

Historical Building

Green

Landscape Axises

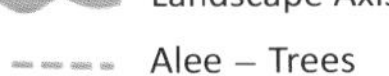

Alee - Trees

Railway Park

Step1. Beautify the abandoned railway, as the main lanscape

Step2. Combined with the further planing area, to be a whole block

Step3. Build up new constructions, whose cubages equal to the factory towards the railway

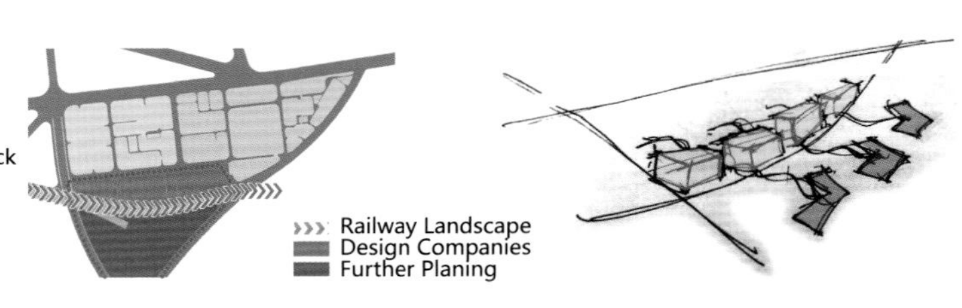

Factory

Step1. Reserve factories with good quality

Step2. Reset the traffic net

Step3. Reconstruct the factory

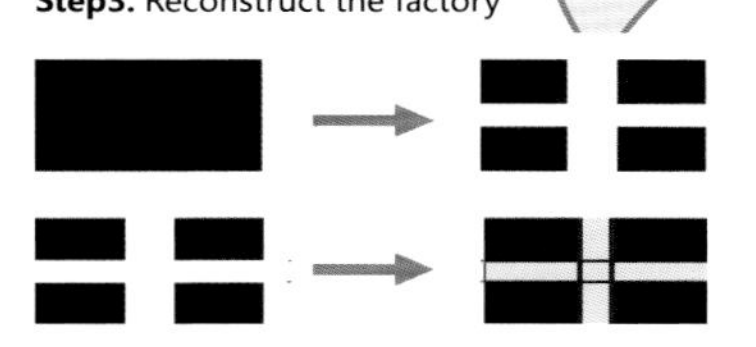

Crowd

Currently

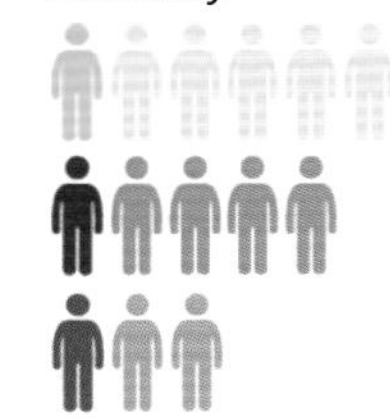

Adjustment

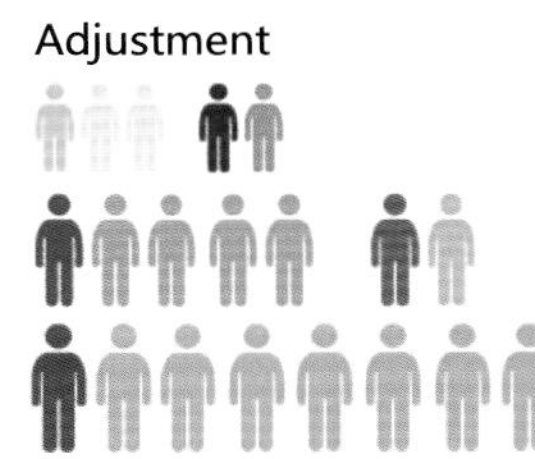

Restructure

- Workers
- Staffs
- Tenants
- Visitors
- Artists & Freelancers

Residence

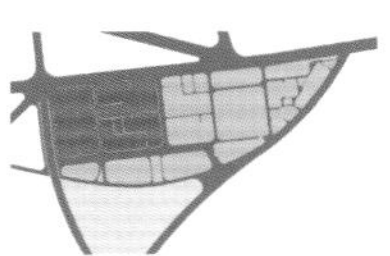

Request of Artists

1. Safe space for art activities
2. Parking and goods transporting
3. Community services

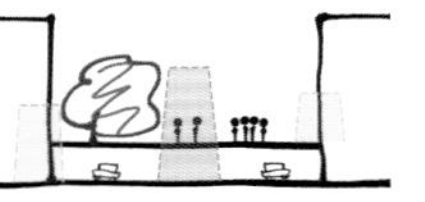

Step1. lift up the yard

Step2. Parking under the yard

Step3. Put Service Block in

Church Square

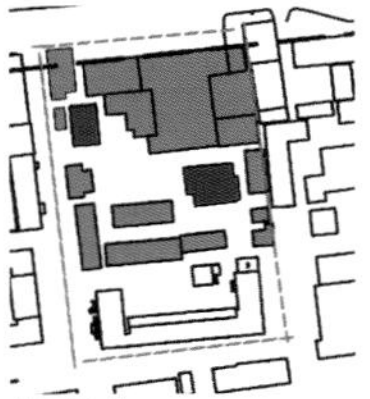

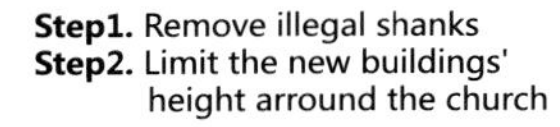

Step1. Remove illegal shanks

Step2. Limit the new buildings' height arround the church

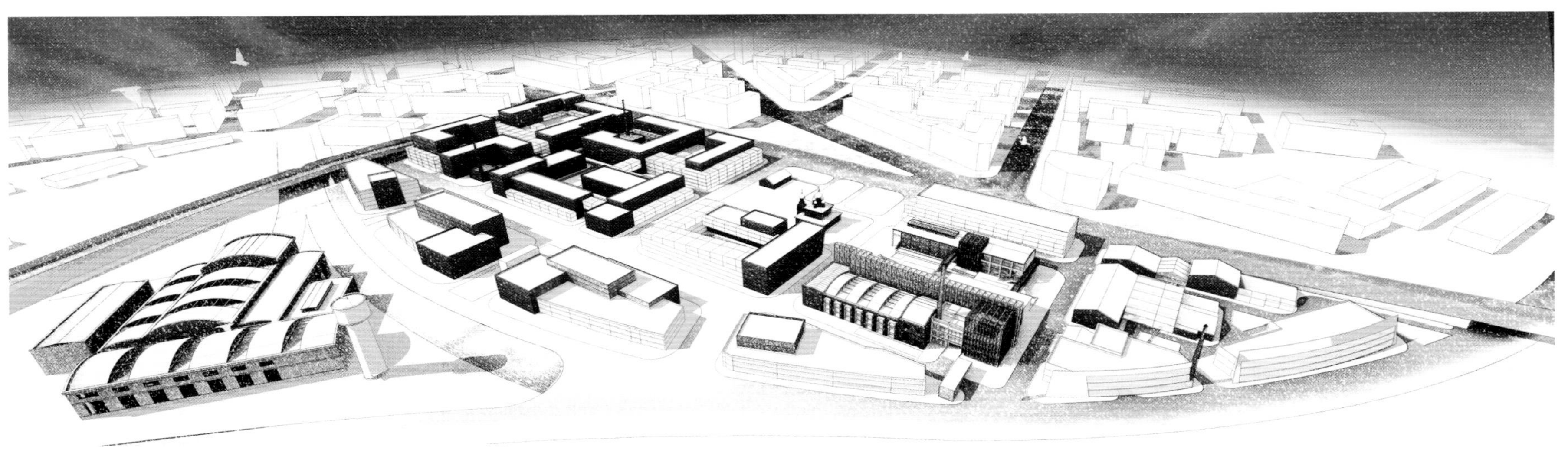

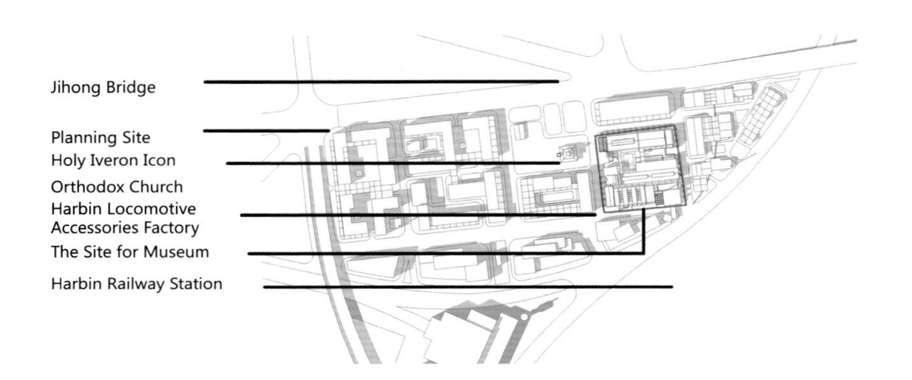

The Museum is located in the east of the Park, transformed from old buildings of Harbin Locomotive Accessories Factory, next to Holy Iveron Icon Orthodox Church.
A series of heavy industry factories, including 4 single–floor and 2 multi–floor plants with truss structure would be rebuilt into a museum and a research center.

Space Transformation

The original structure and space are fully used by various of measures, such as strengthening the truss, adding layers, arranging network frame, hanging floors, etc. The industrial heritages are upgraded in structure, image and function, into a museum and a reasearch center.
New buildings are totally integrated with the old factories. The characteristics of the whole block and the plants are reserved – red bricks. A more flexible system are added into the building. The steel scaffolding and glass curtain wall change the original heavy visual, making the construction more lightsome. Meanwhile, the industrial atmosphere is also emphasized.

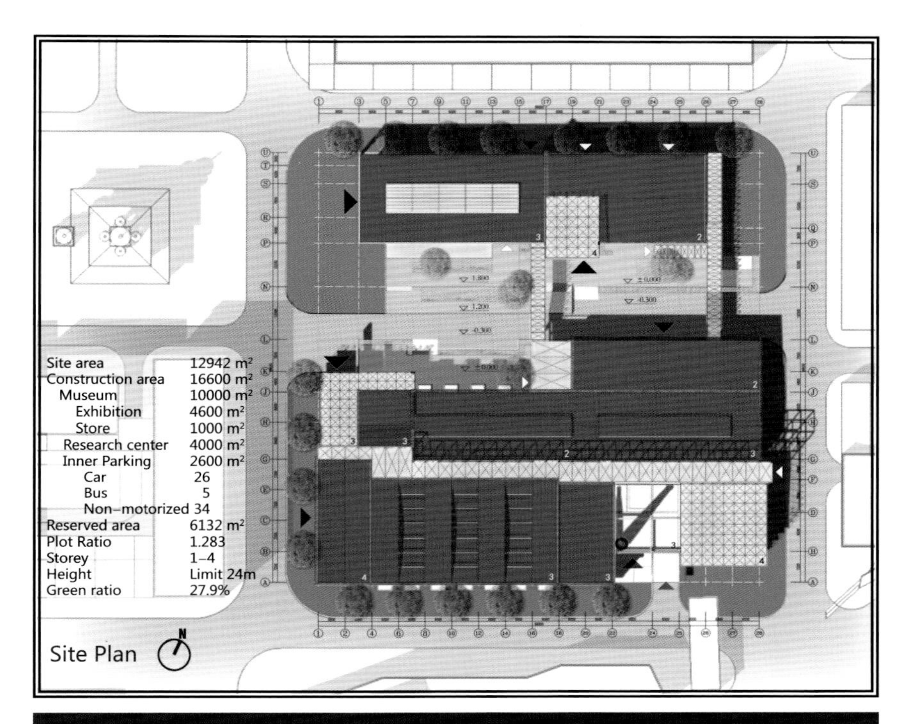

Site area 12942 m²
Construction area 16600 m²
Museum 10000 m²
Exhibition 4600 m²
Store 1000 m²
Research center 4000 m²
Inner Parking 2600 m²
Car 26
Bus 5
Non-motorized 34
Reserved area 6132 m²
Plot Ratio 1.283
Storey 1-4
Height Limit 24m
Green ratio 27.9%
Site Plan

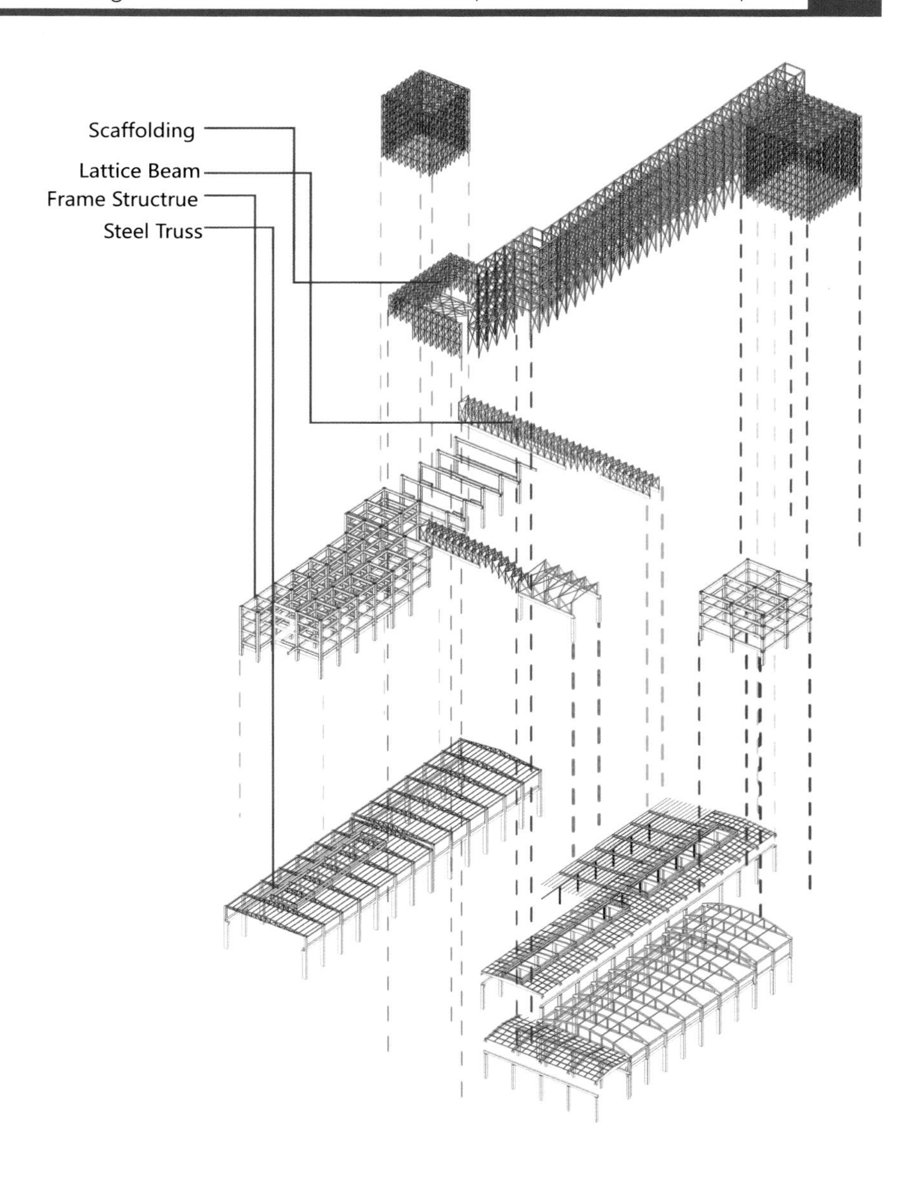

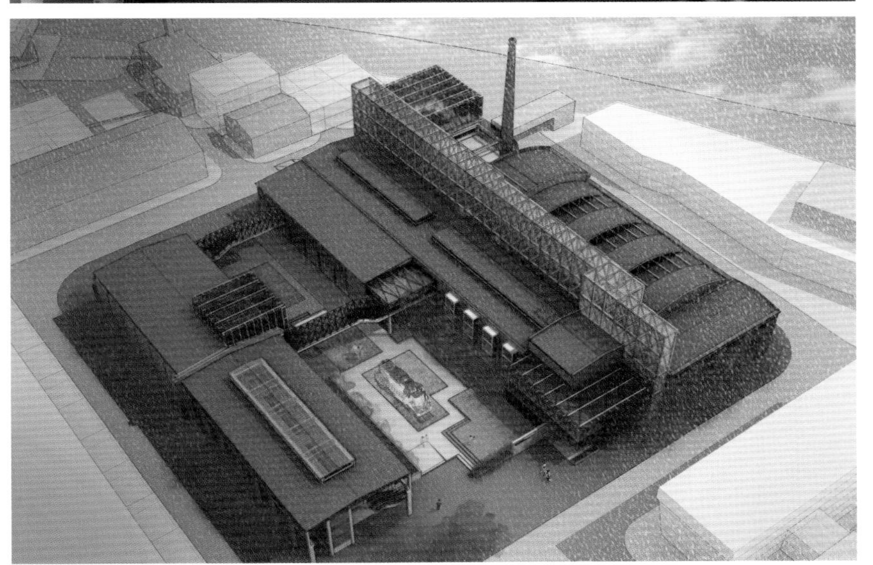

Function Combination

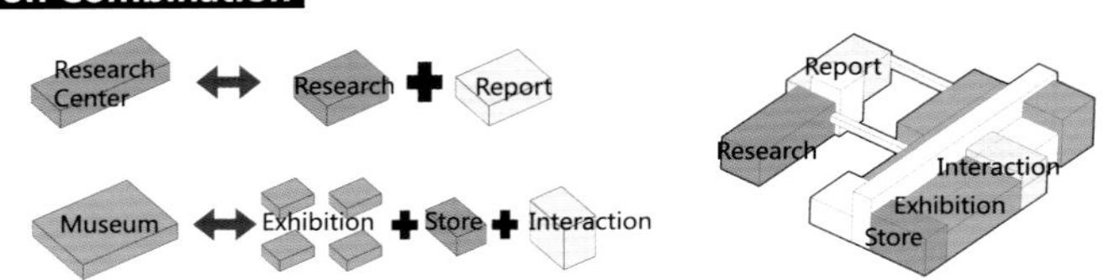

Venue Design

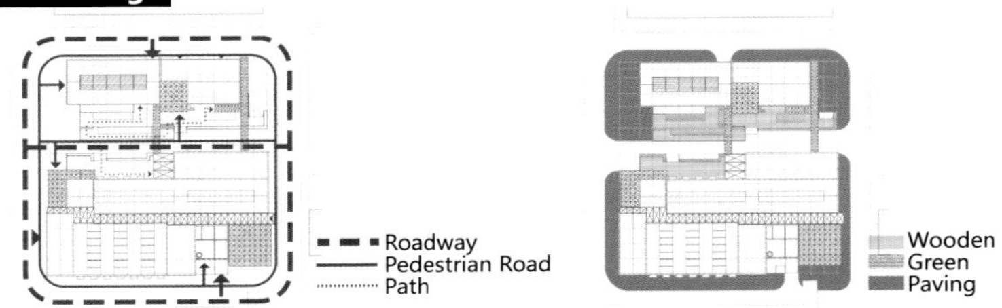

Ground Floor
2nd Floor
3rd Floor
Underground Floor

Structure Transformation

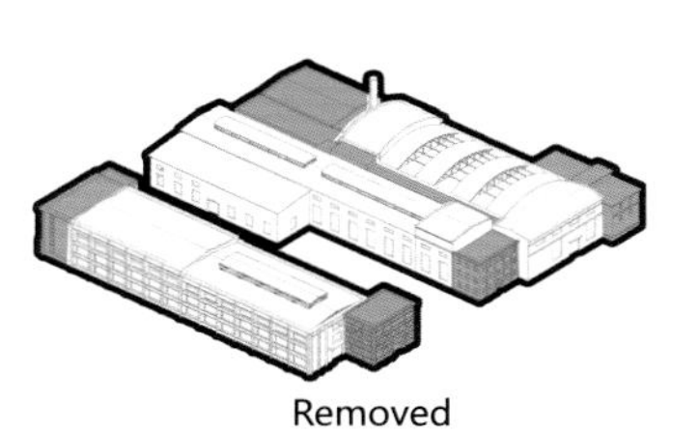

Removed

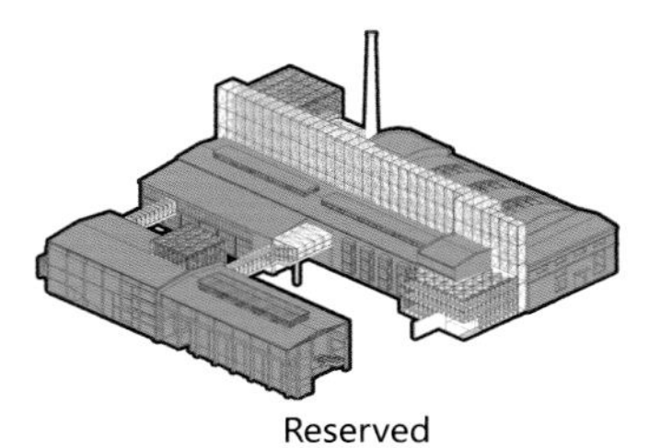

Reserved

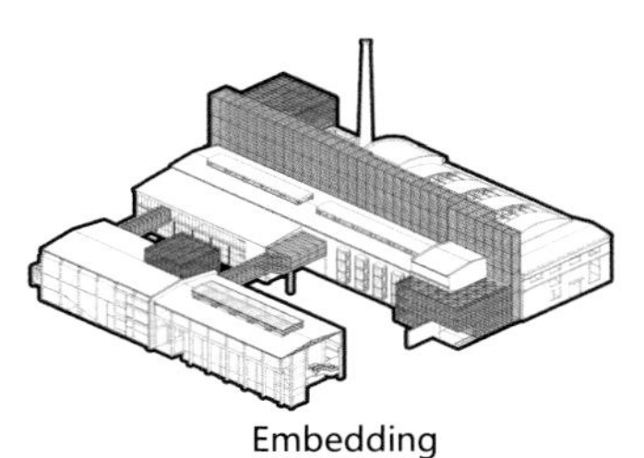

Embedding

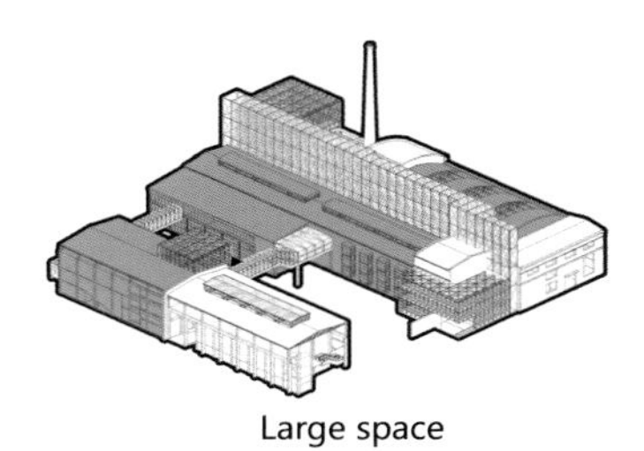

Large space

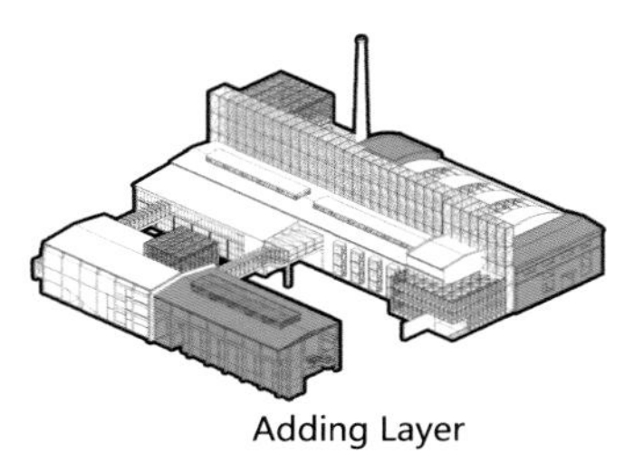

Adding Layer

Space Transformation

Feature: Sunlight shine through trusses into the factory.
Atmosphere: Sunshine divide the plant room into spaces, parallel to the truss.
Measure: Corridors are put into the factory parallel to the truss, forming some small exhibition room, boundaried by glass walls.
Structure: The cooridors are hinge joined with the original steel truss column.

Feature: Single layer, large space.
Measure: Reinforce the original steel structure and decorate the room.
Structure: The celling is hanged directly to the strenthened structure.

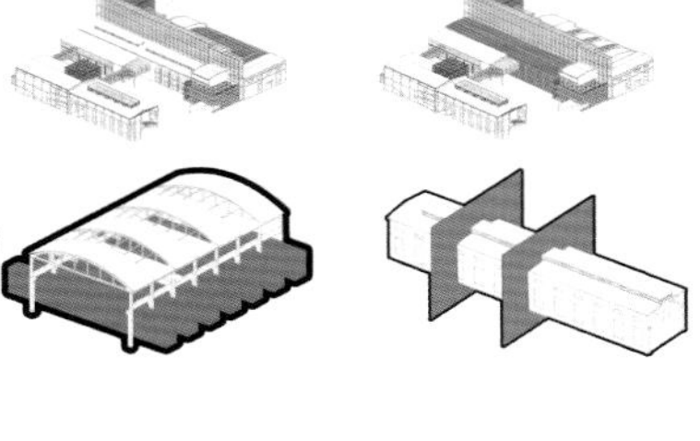

Feature: Large depth, 7 times to the bay
Atmosphere: Continuous truss stretch, forming a holy environment; The space is difficult to use directly, due to the excessive depth.
Measure:
1. The whole long space is devided into 3 parts by adding ring corridors.
2. The corridors surround several large space, displaying large exhibits.
3. The truss series is remained viewable, pilgrimaging to the industrial tradition.
Structure: The cooridors are hinge joined with the original steel truss column.

Feature: Skylight
Measure: Transform into the Research Center, divide the space into single room.
Structure: Due to the heavy load, independent foundation and framework are disconnected with the original structure.

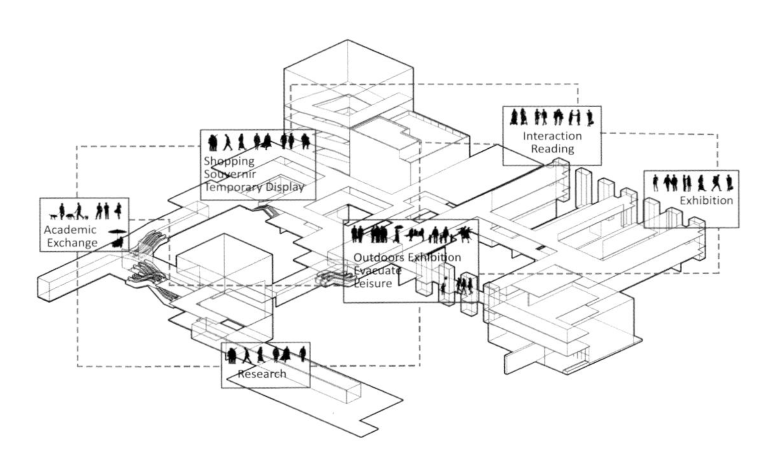

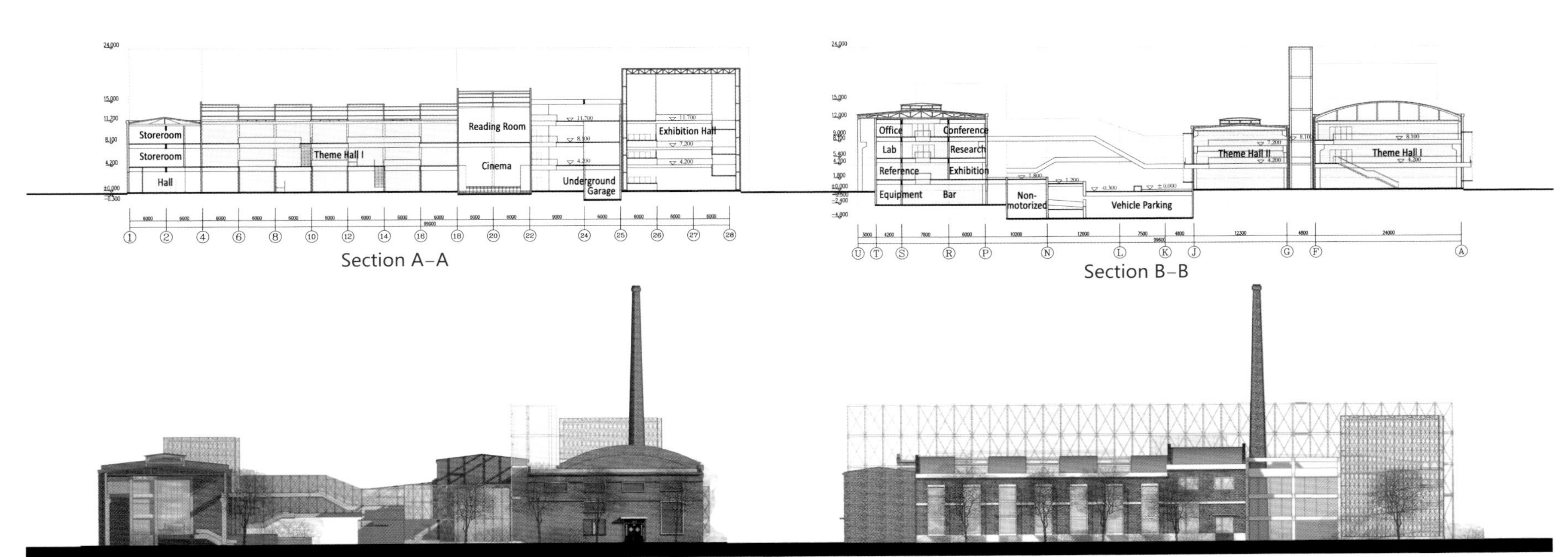

Section A–A

Section B–B

West Fassade

South Fassade

陈析浠
Chen Xixi

西班牙维戈市 La Artistica 旧厂区改建设计

Update of La Artistica old industry area in Vigo, Spain

指导教师：周立军　吴健梅

设计基地位于西班牙维戈市废弃的工业厂区，我们需要通过设计来参与城市产业的转型，提高城市活力，探索未来城市空间与生活的多种可能性。在本方案设计中，着重分析了工业对城市发展带来的影响：工业厂房与机械设施阻隔了城市与海洋的关系，公共空间的缺失与尺度的不适。在设计中尽量使用简单的形态与明确的体量关系去应对不规则和拥挤的基地空间，新的建筑元素与空间构成在联系基地内外的同时，给予原有老厂房应有的尊重，并利用一条人行桥去编织不同的空间情节，倡导人们走向海洋，回归自然，寻找城市精神。

The site is located in the abandoned industrial area in Vigo of Spain. We need to design to continue the industry transformation , improve the city vitality and explore the possibility of city space and diversity of life in the future. By the analysis of the influences of industry area to the city development , we found that industrial buildings and facilities break the relationship between city and ocean and cause the lack of public space and discomfort of the space scale. The new architectural elements and space composition will contact inside and outside of the site and give the old buildings respect. Meanwhile, the pedestrian bridge makes up the space story. The purpose is to lead people to go to the sea ,return to nature and find the spirit of the city.

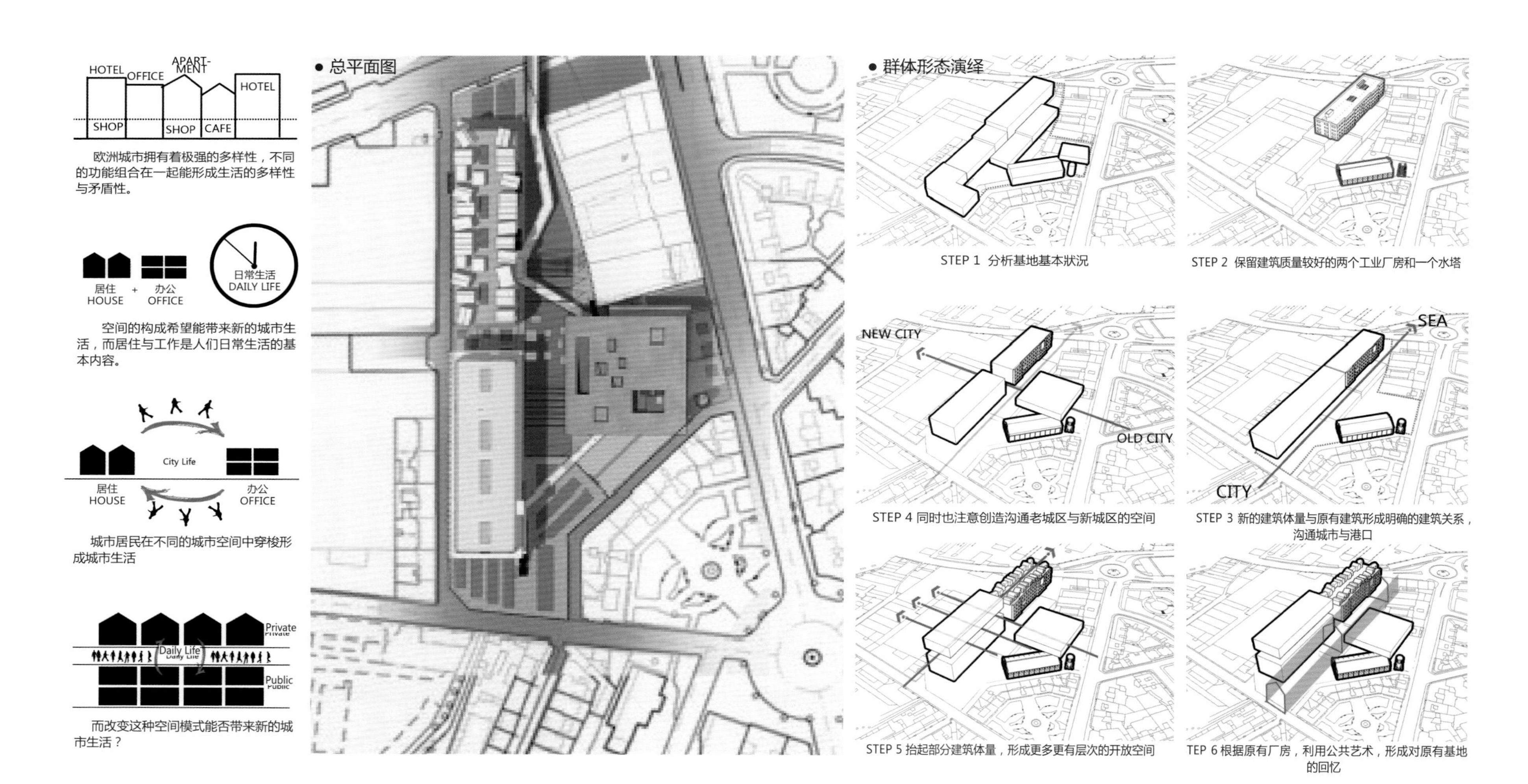

基地附近周围有着较为复杂的城市空间，而且不同的城市空间对应对不同的城市人群，城市空间的相对比例影响着城市空间的定位以及未来的城市建筑的功能设定与城市发展。

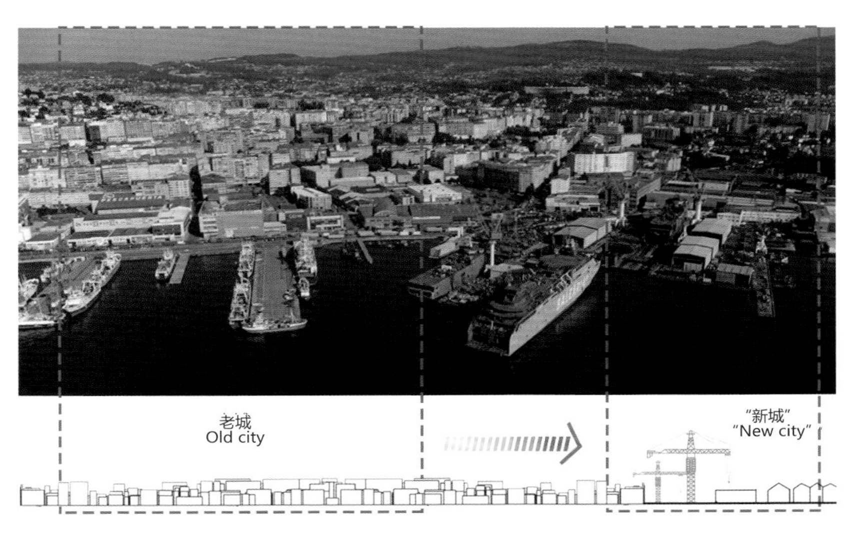

维戈市也正在面临城市转型的挑战，我们看到的是一块工业区域被荒弃之后如何接受新的城市发展，并且与新的城市生活相适应，创造新的城市空间与原有空间形成有机的联系。

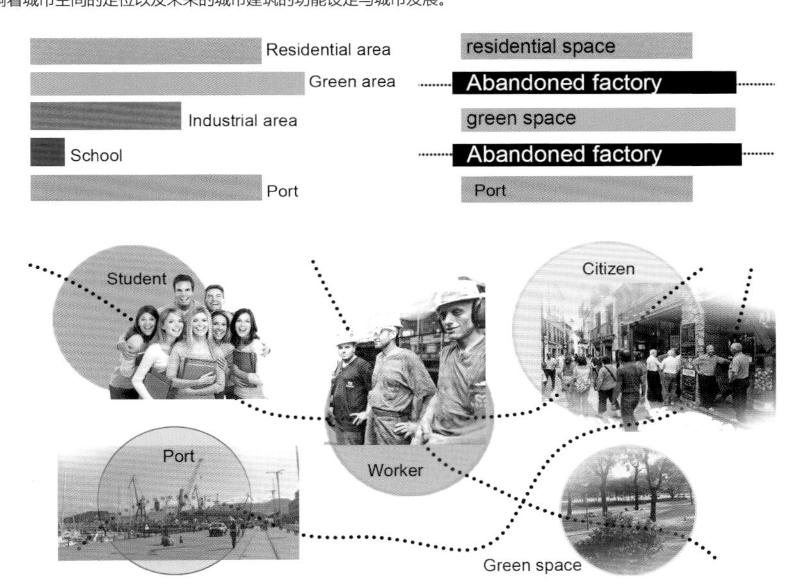

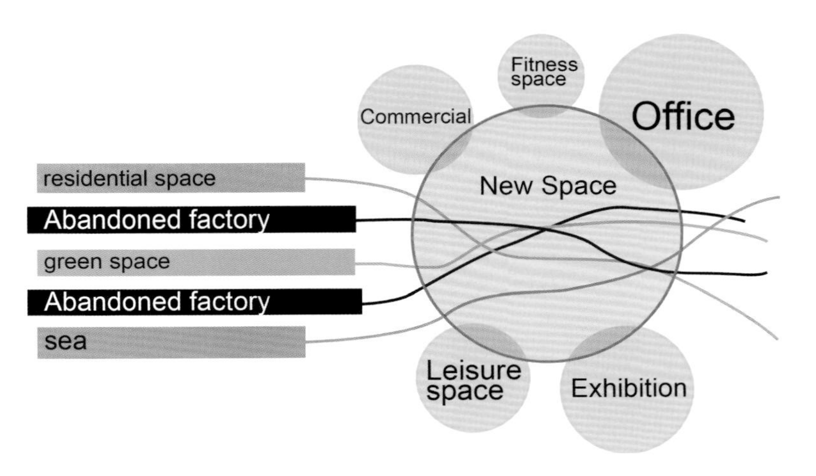

为解决基地因废弃的工厂造成的城市空间的割裂，我们希望创造一种新的城市空间能将原有空间整合起来，并植入新的功能，提升空间的多样化。

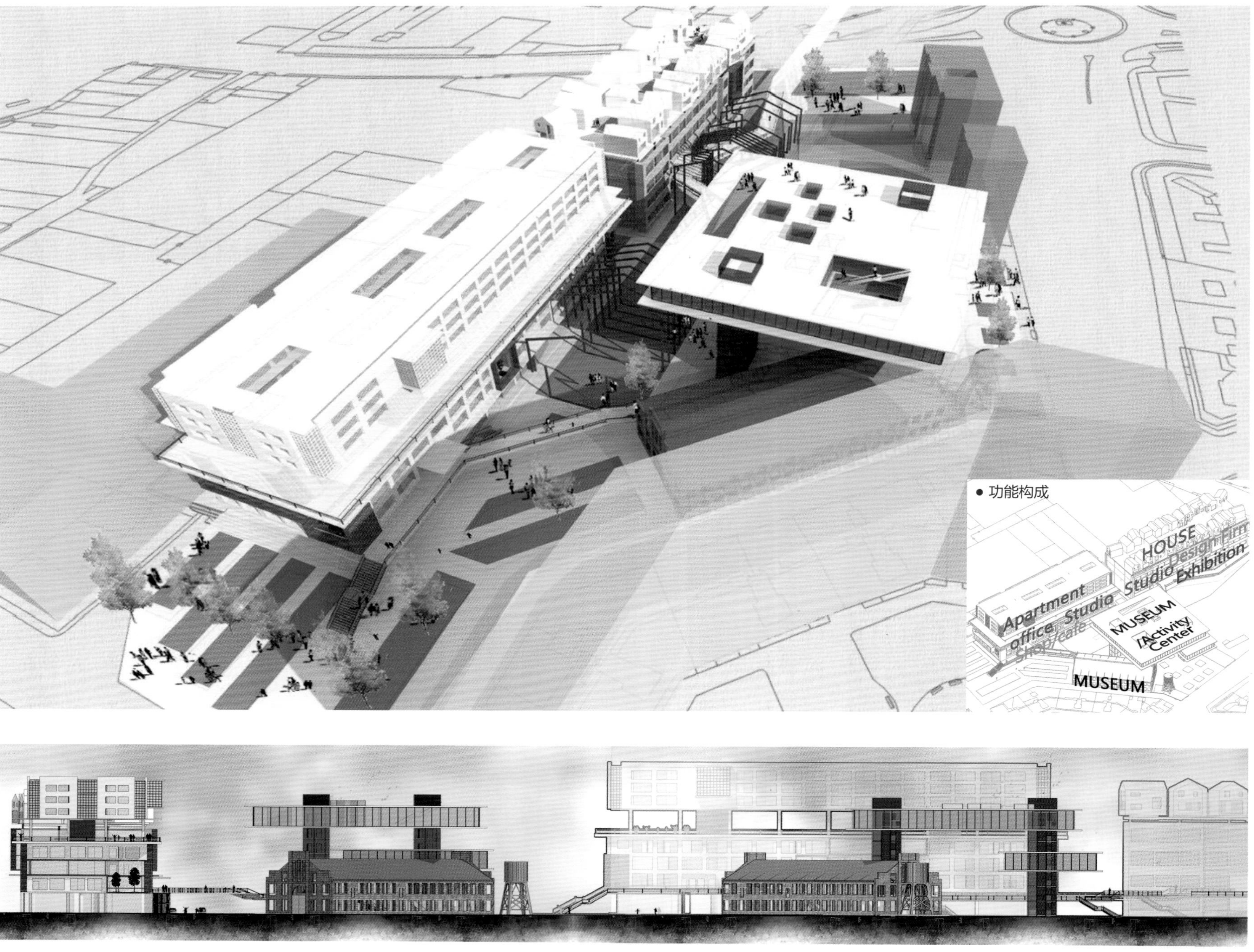

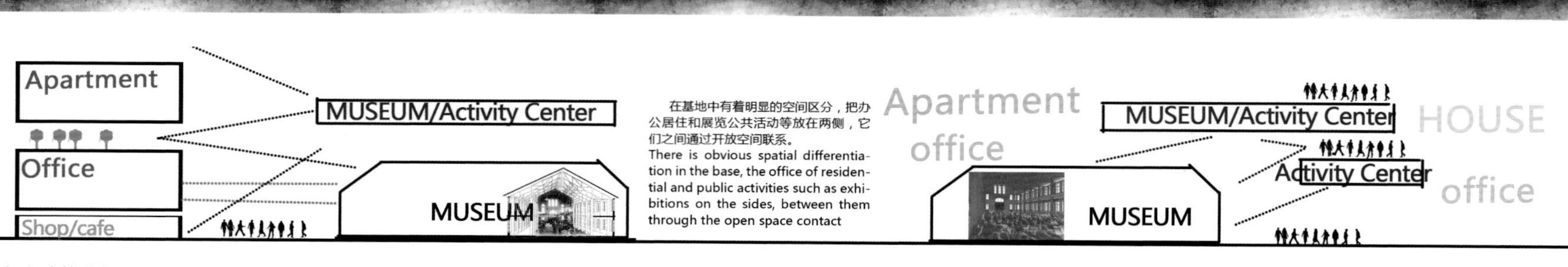

在基地中有着明显的空间区分，把办公居住和展览公共活动等放在两侧，它们之间通过开放空间联系。

There is obvious spatial differentiation in the base, the office of residential and public activities such as exhibitions on the sides, between them through the open space contact

● 竖向功能分析图

● 结构方案

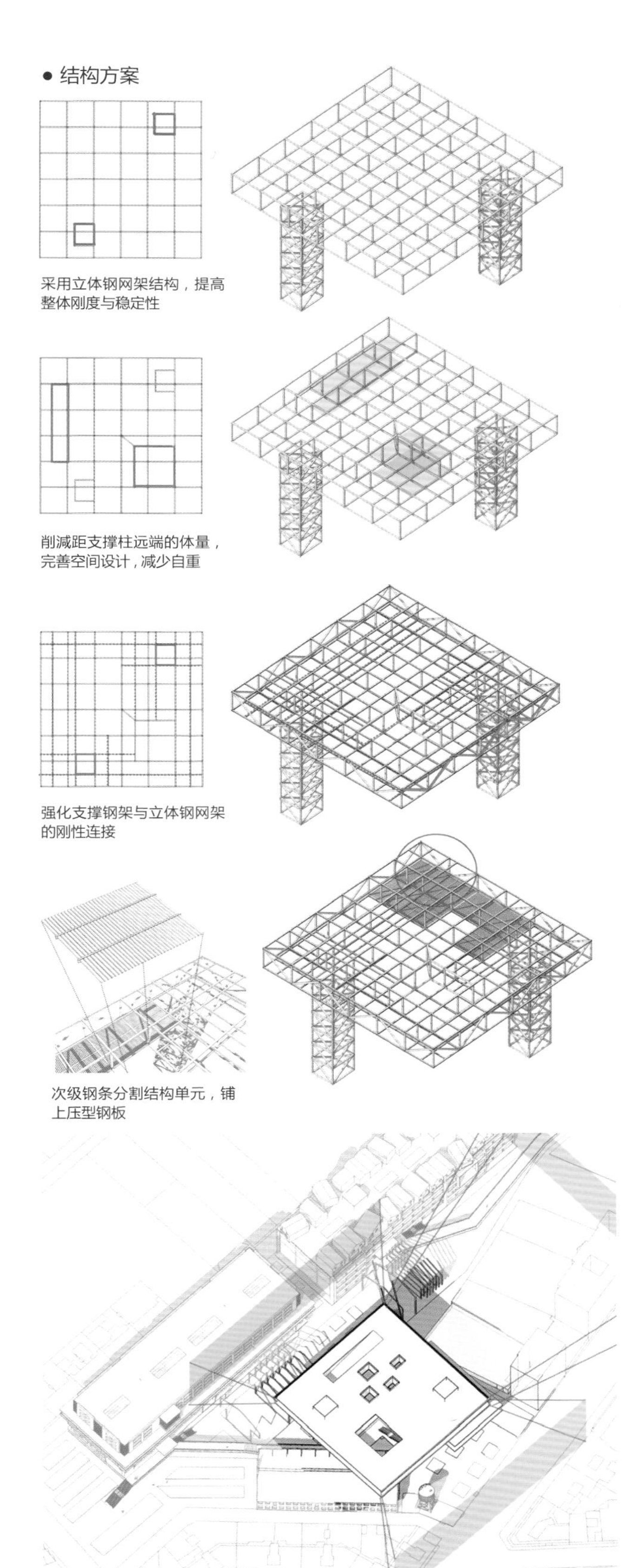

采用立体钢网架结构，提高整体刚度与稳定性

削减距支撑柱远端的体量，完善空间设计，减少自重

强化支撑钢架与立体钢网架的刚性连接

次级钢条分割结构单元，铺上压型钢板

抬起来的建筑像一个城市的取景器或者照相机，让身处其中的人感受到城市的不同一面

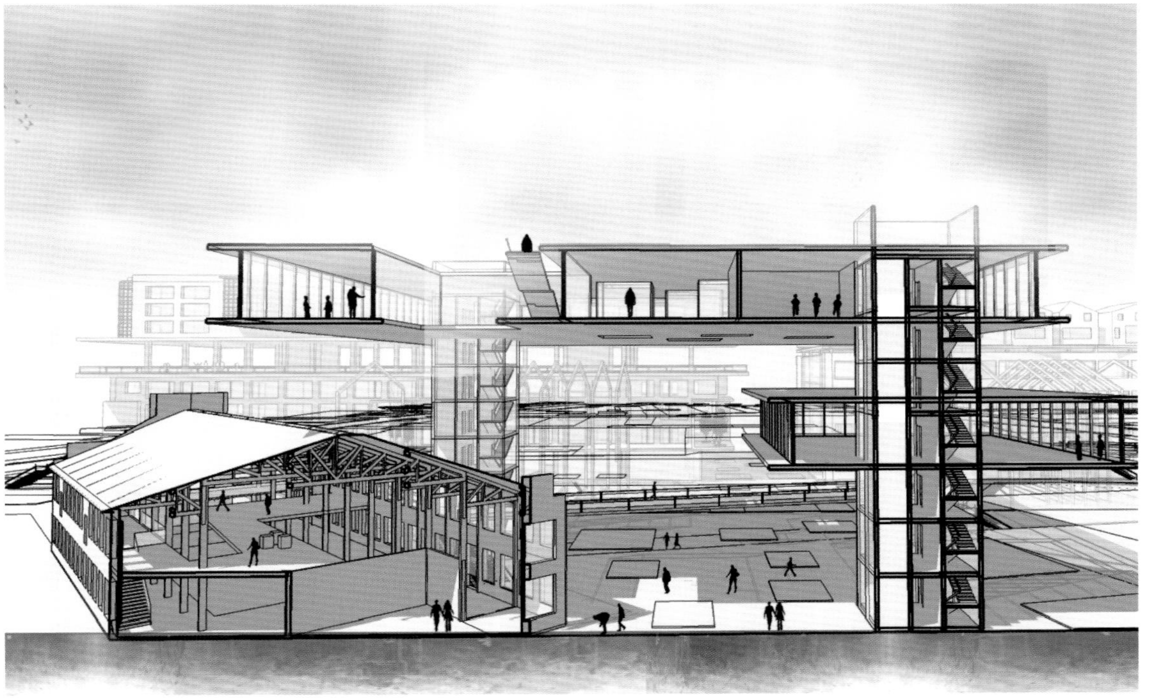

● 剖透视

• 一层平面图

• 二层平面图

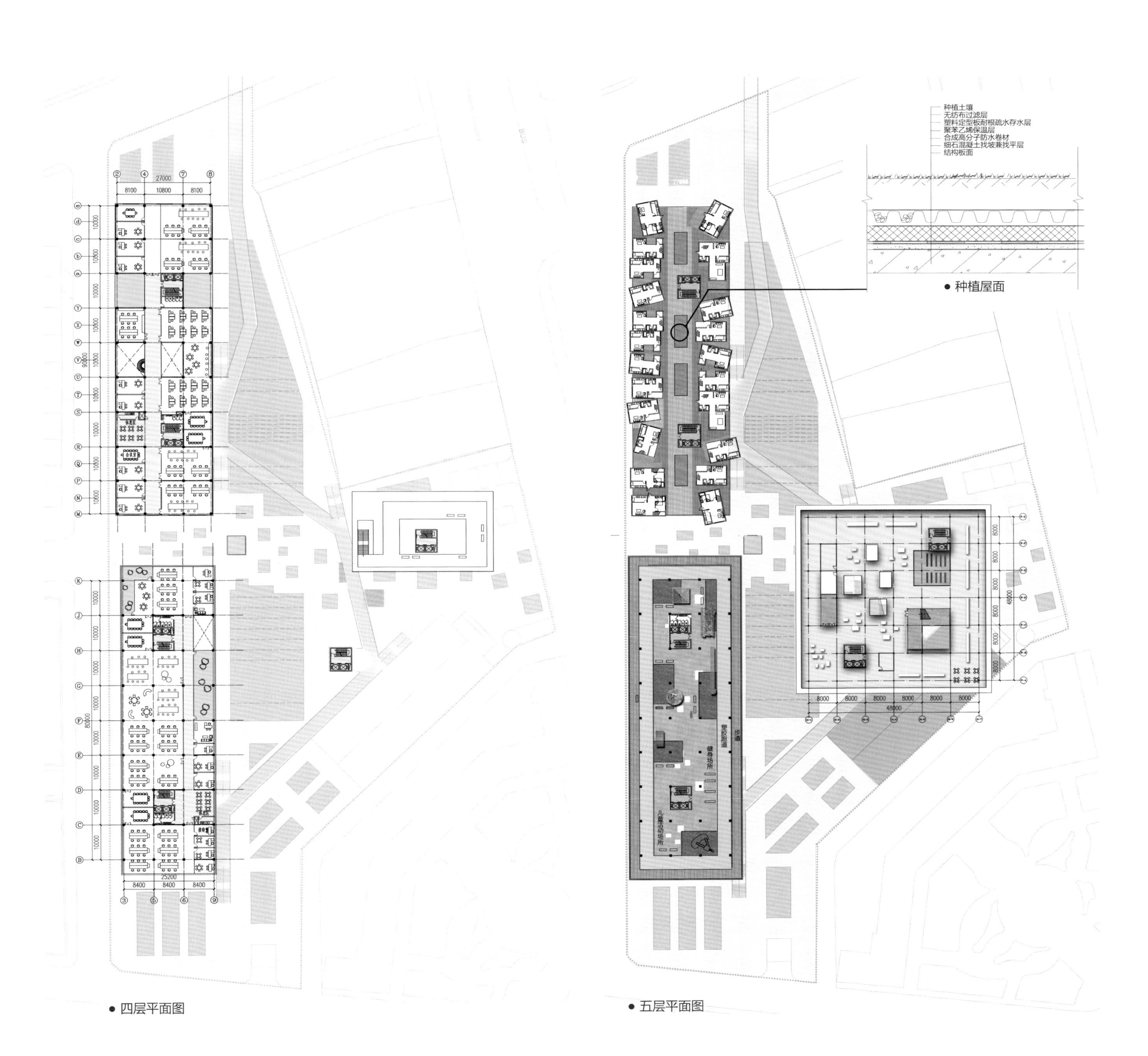

• 种植屋面

• 四层平面图

• 五层平面图

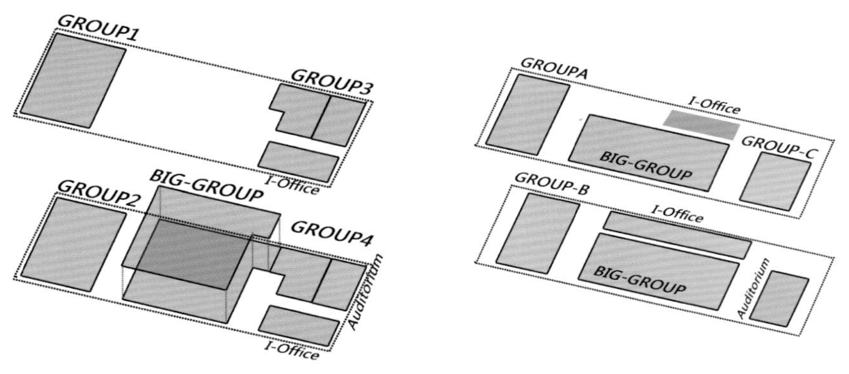

● 办公空间划分

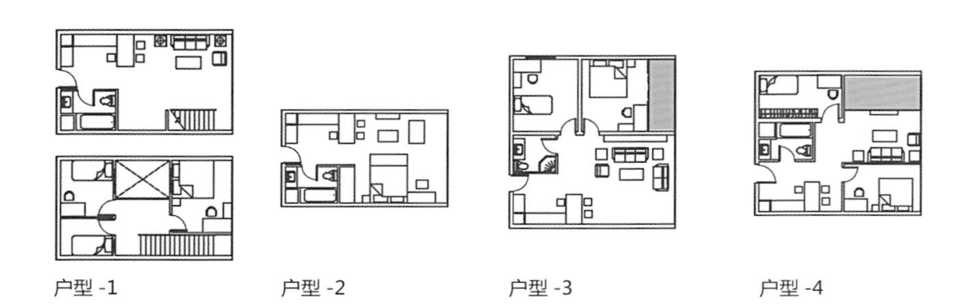

户型 -1　户型 -2　户型 -3　户型 -4

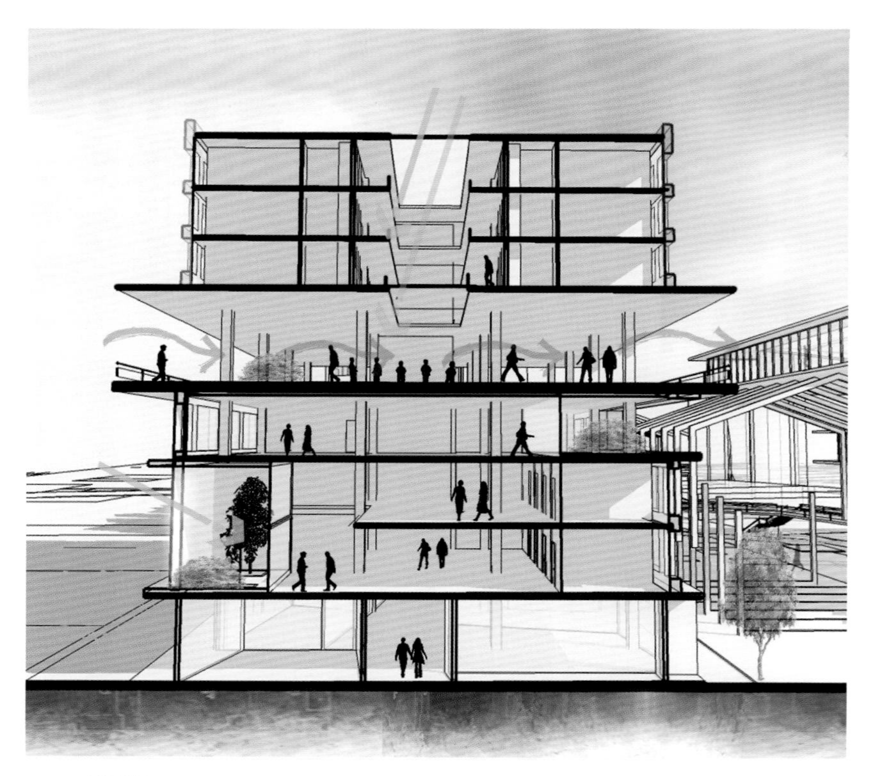

● 剖透视

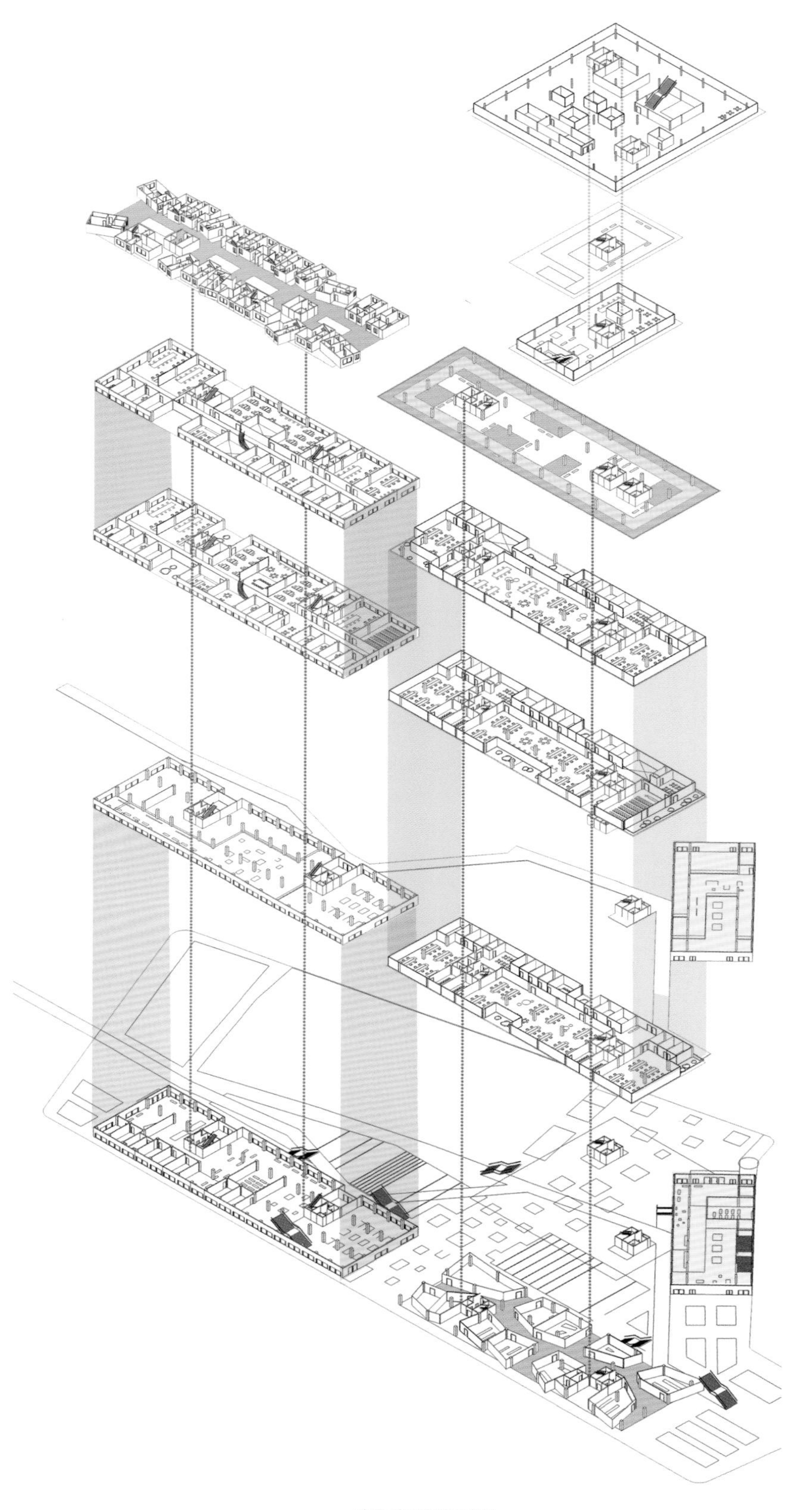

● 空间与流线示意

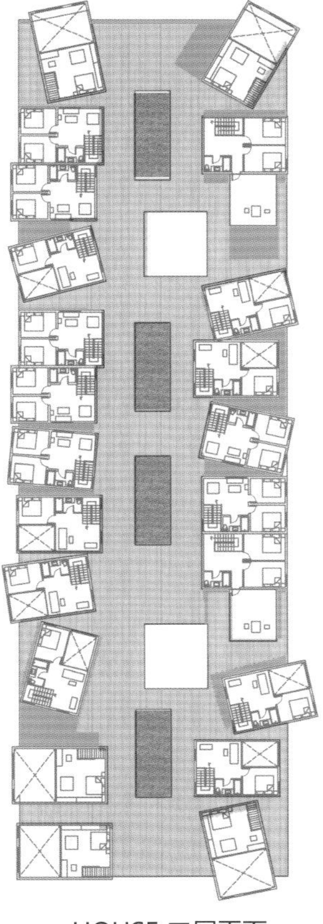

● HOUSE 二层平面

● 公寓平面

陈星月
Chen Xingyue

西班牙维戈市 La Artistica 旧厂区改建设计

Update of La Artistica old industry area in Vigo, Spain

指导教师：周立军　吴健梅

本设计是基于西班牙维戈地区一临港口旧工业区的改建设计，利用参数化工具分析城市以及建筑空间。在设计阶段完成了基地周边城市设计——“维戈之眼”以及建筑基地内城市综合体设计——“凌空漫游”。以“折叠”和新老建筑相结合的方式重新激活老工业厂区，将此区域打造为一个结合商业、居住和文化的综合区。

The site is located in the abandoned industrial area in Vigo of Spain. In the design process I tried to find different possible ways to analysis urban area and architectural space by parametric tools. The whole design consists of two parts. The urban design part 'Vigo's Eye' and the urban complex design ' Space Odyssey'. I used a 'Folding' way to combine the old and new building and activate the old industrial area to make this plot a new complex of commercial, residential and cultural use.

Traditional Urban Complex: Large space
传统城市综合体：整合的大空间

33000m²

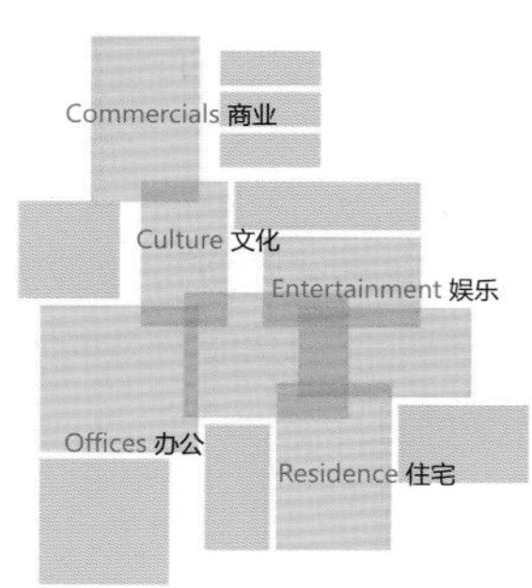

Odyssey: By establishing street blocks which are similar to the scale of context in the urban area, this project enforces a new spatial texture of decentralization compared to those conventional large scale development.
通过类似城市肌理的“小街区”模式形成分散的空间布局

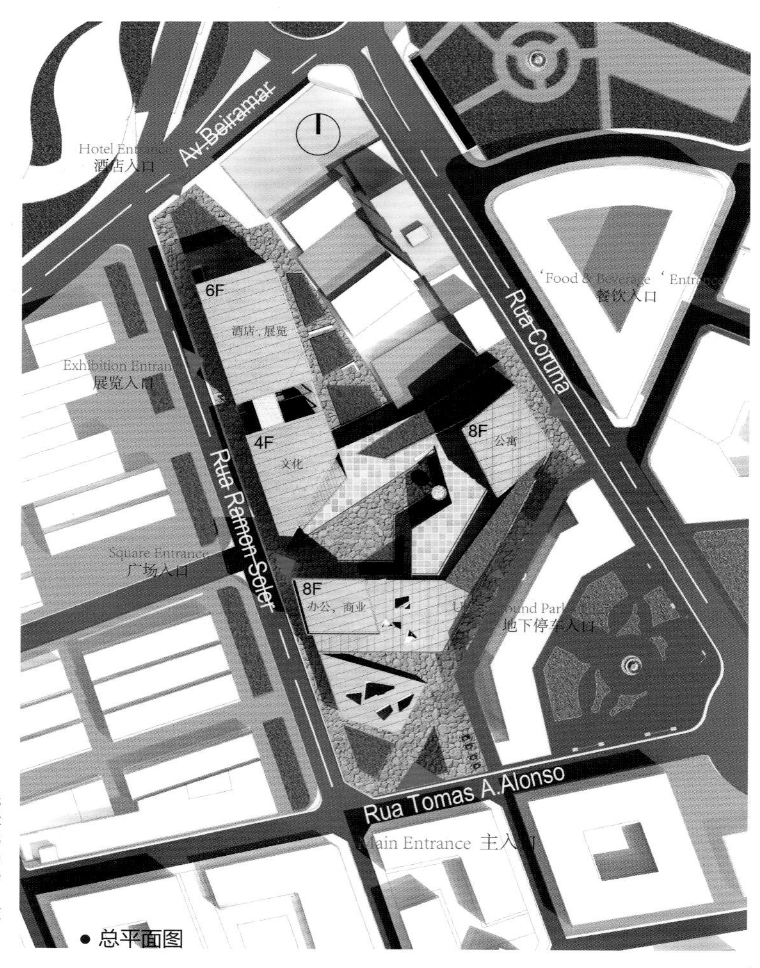

● 总平面图

● 功能预期

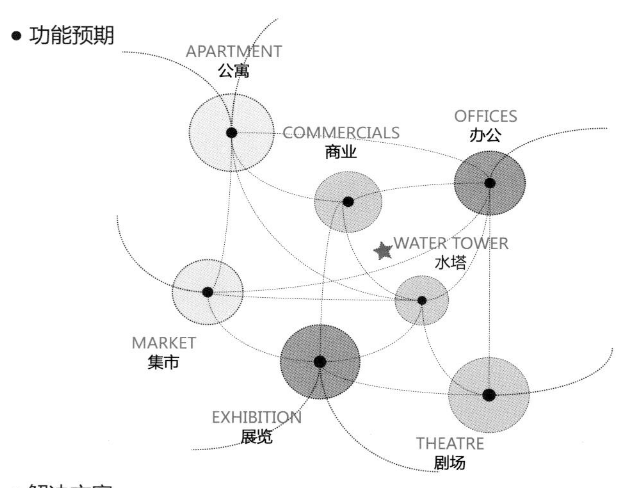

● 解决方案

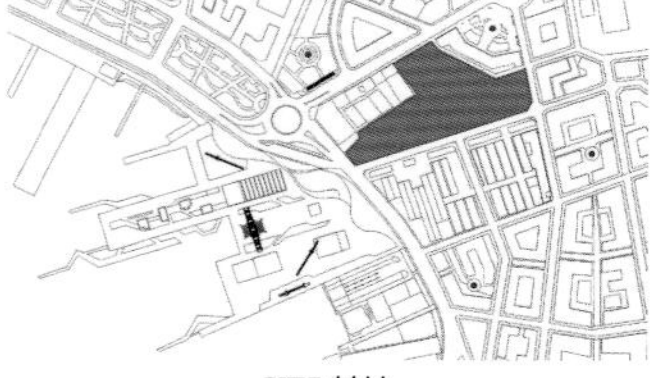

SITE 基地

KEEP TWO 保留厂房和水塔

ENCLOSING 围合

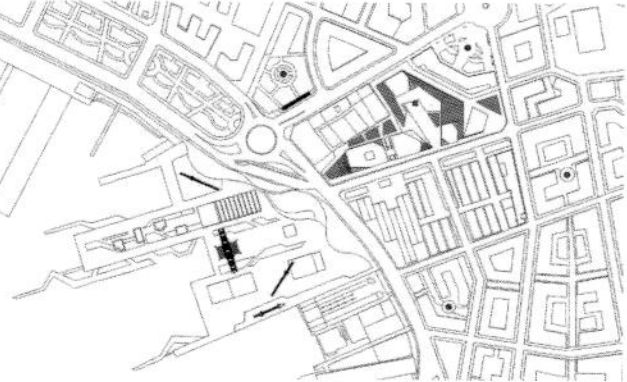

GREEN SPACES 绿岛

Water tower
水塔

Make a public square around the water tower, it is also performed as the center of the plot and the circulation joint.
围绕水塔设计一个公共广场，同时作为基地中心和交通节点

● 基地交通流线分析

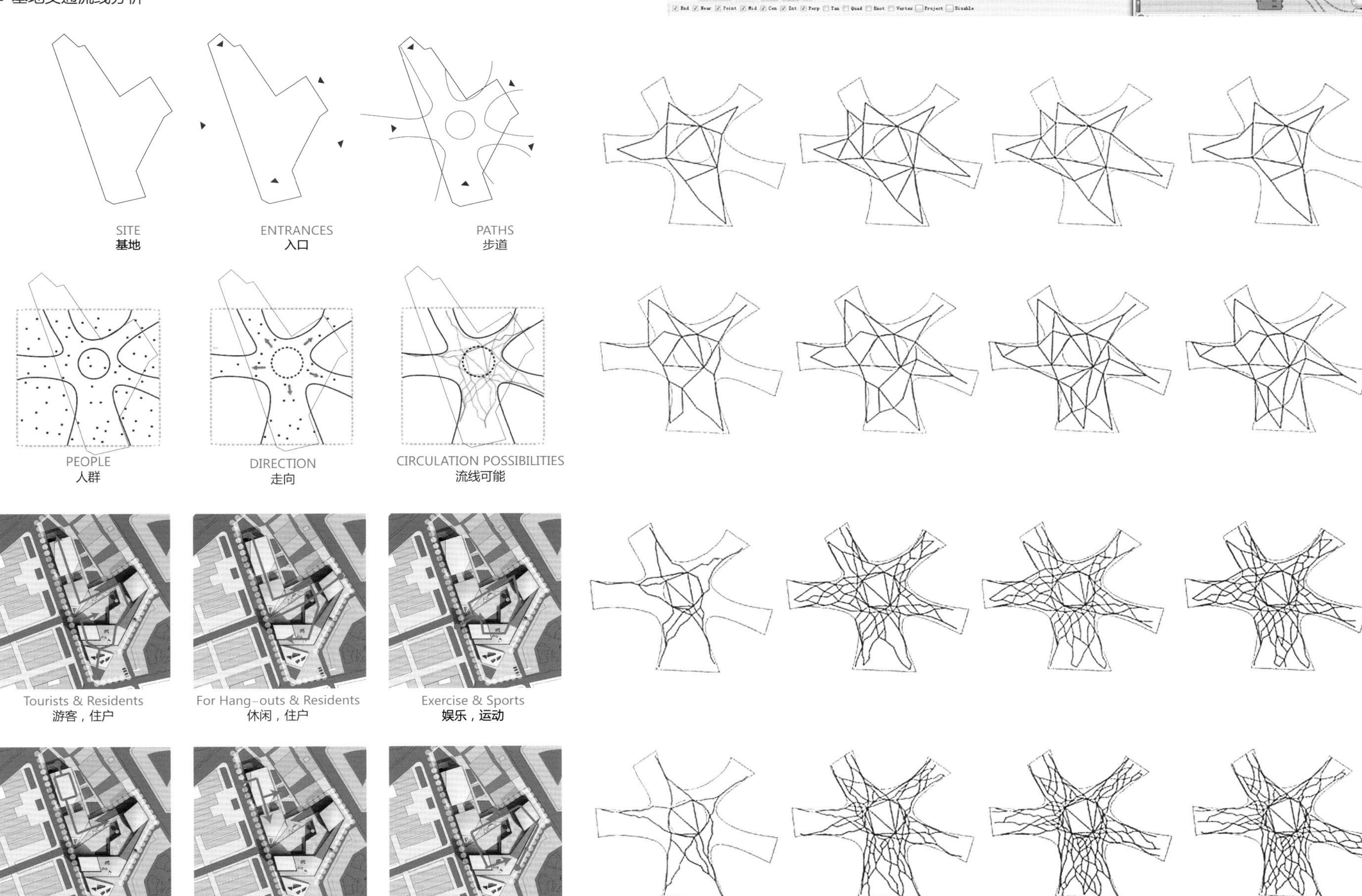

SITE
基地

ENTRANCES
入口

PATHS
步道

PEOPLE
人群

DIRECTION
走向

CIRCULATION POSSIBILITIES
流线可能

Tourists & Residents
游客，住户

For Hang-outs & Residents
休闲，住户

Exercise & Sports
娱乐，运动

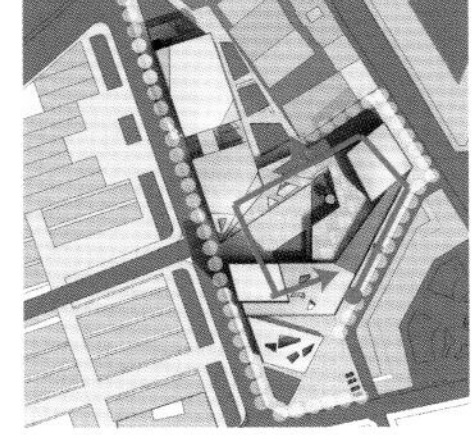

Hotel Guests
酒店住户

Museum Visitors
参观者

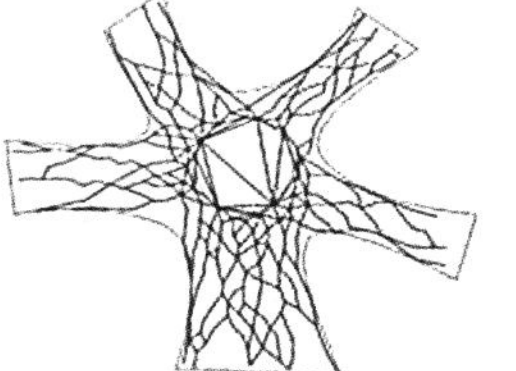

Parking
停车

● 参数化建模

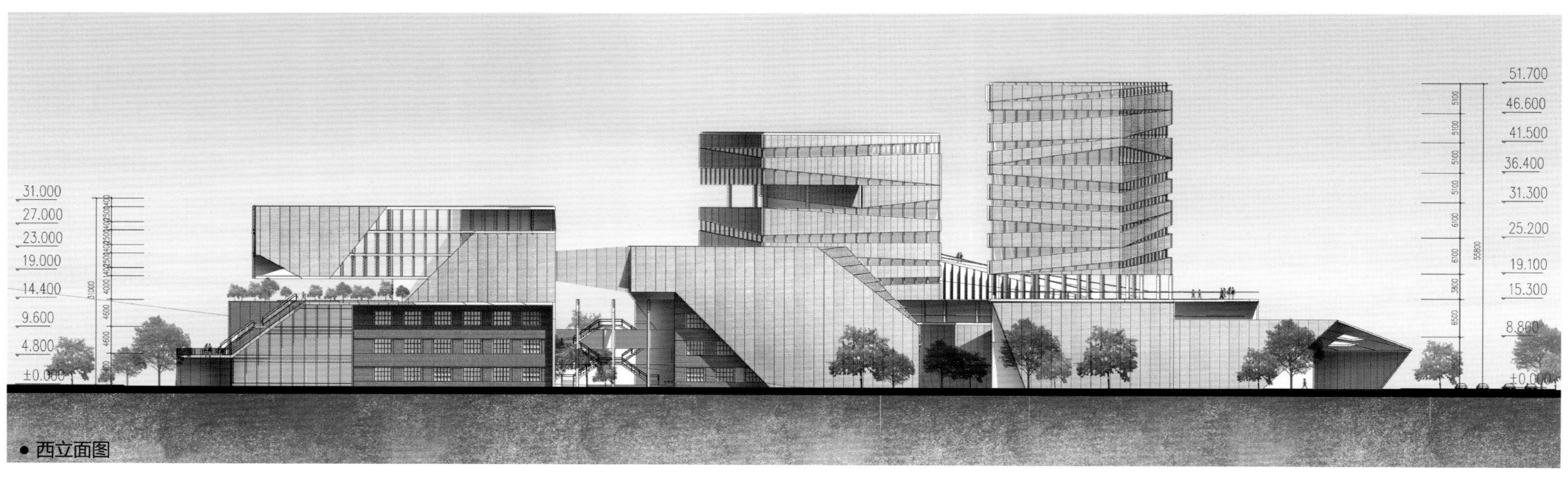
31.000
27.000
23.000
19.000
14.400
9.600
4.800
±0.000
51.700
46.600
41.500
36.400
31.300
25.200
19.100
15.300
8.800
±0.000

● 西立面图

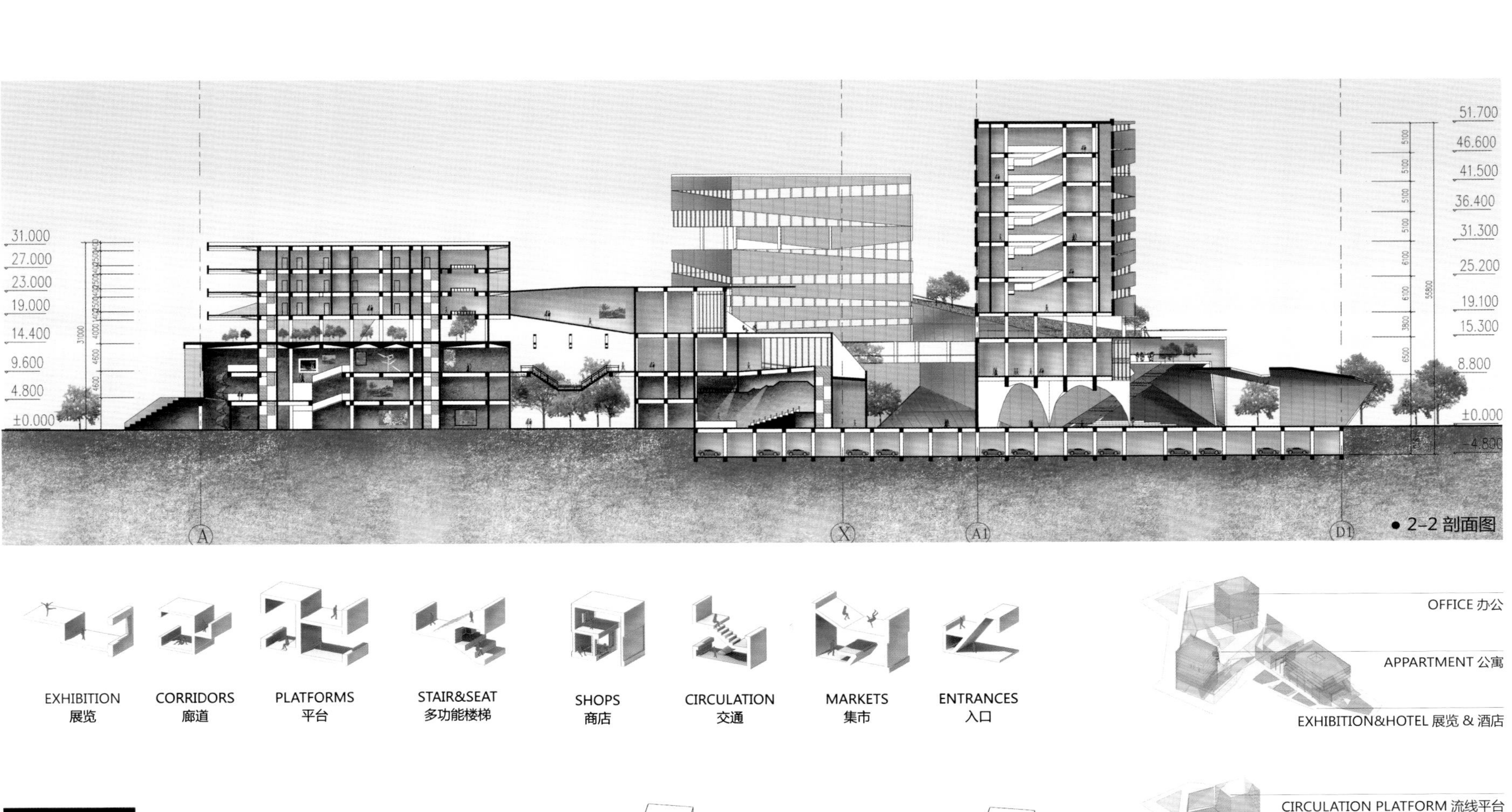

● 2-2 剖面图

FOLDS
折叠

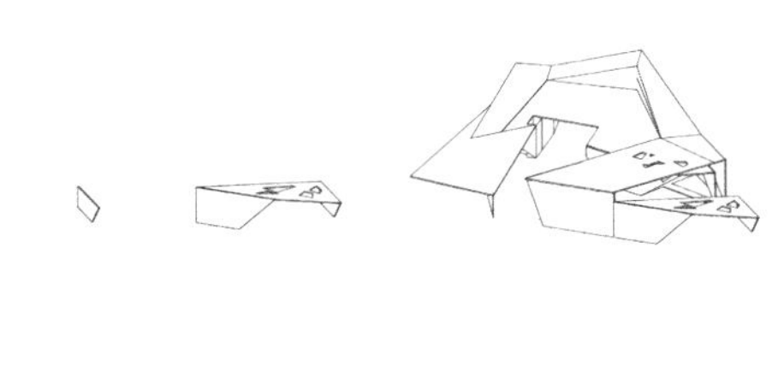

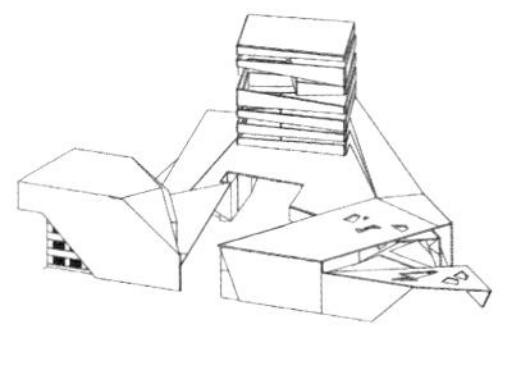

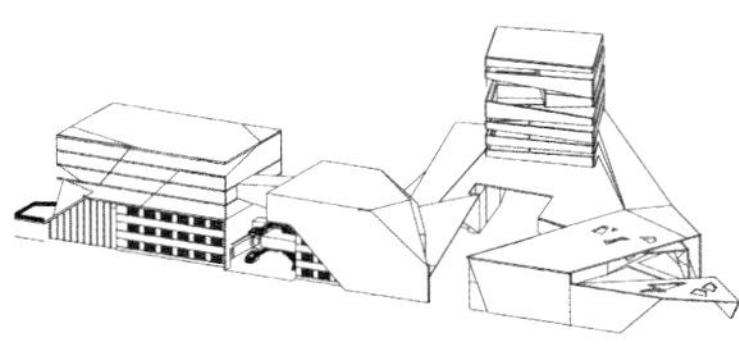

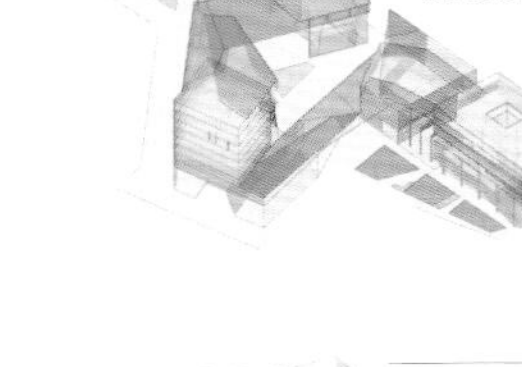

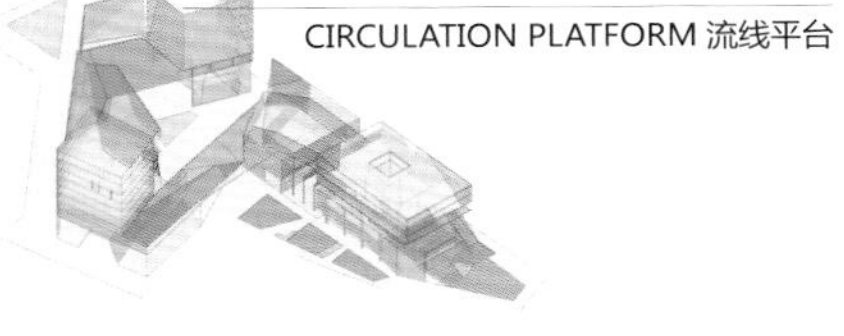

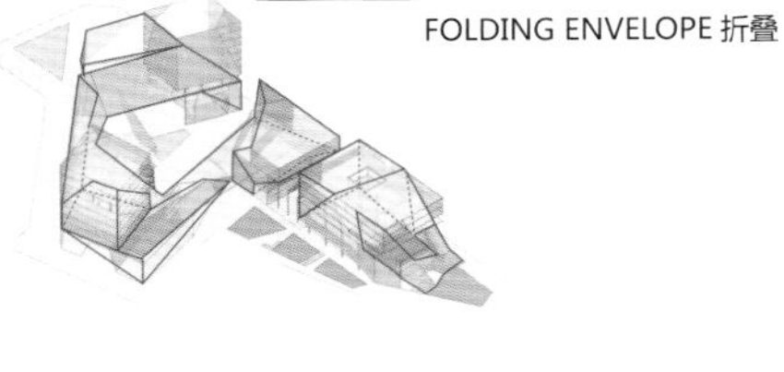

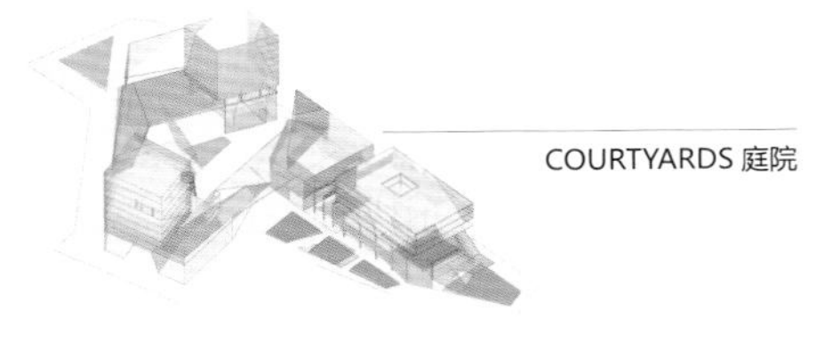

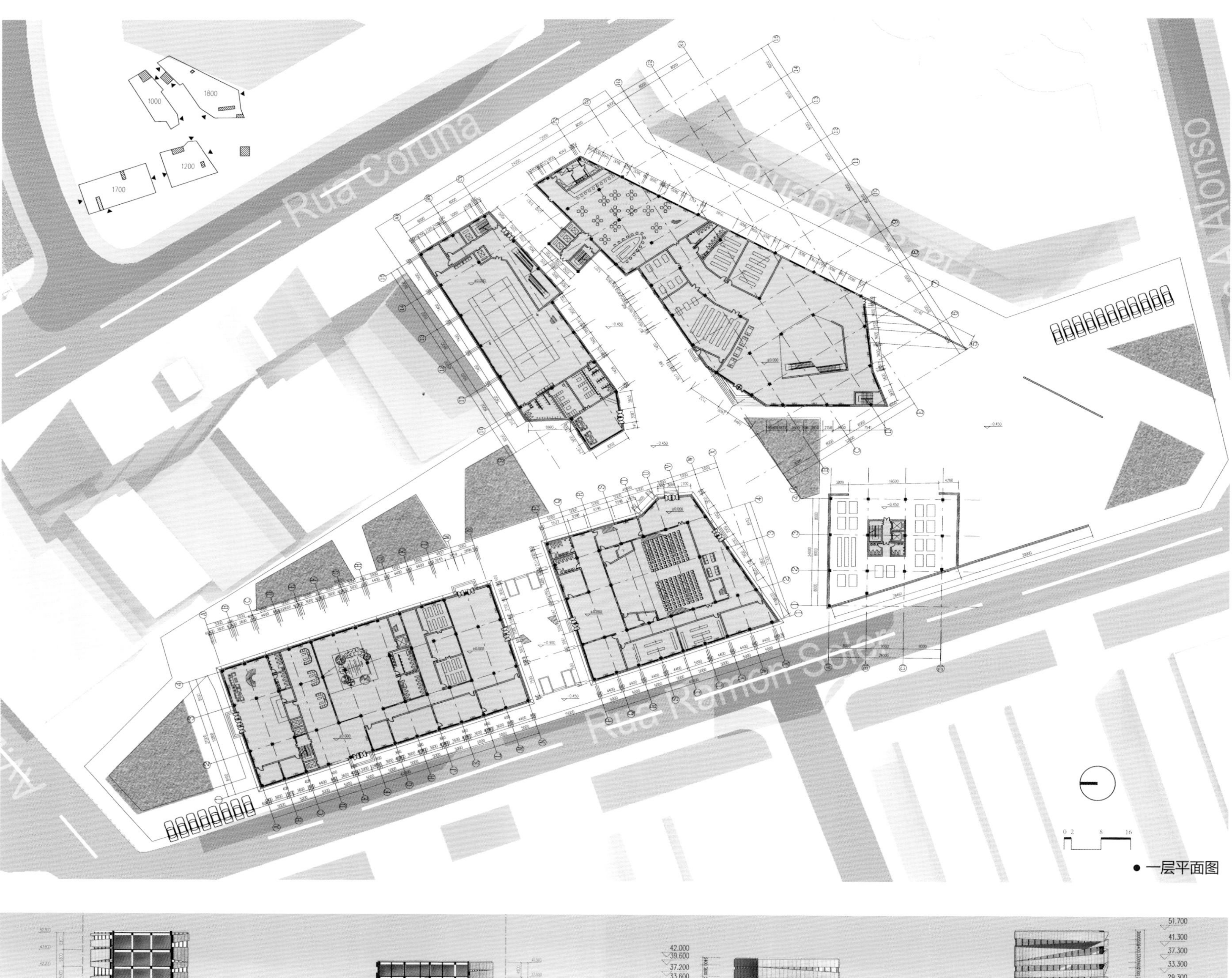

● 一层平面图

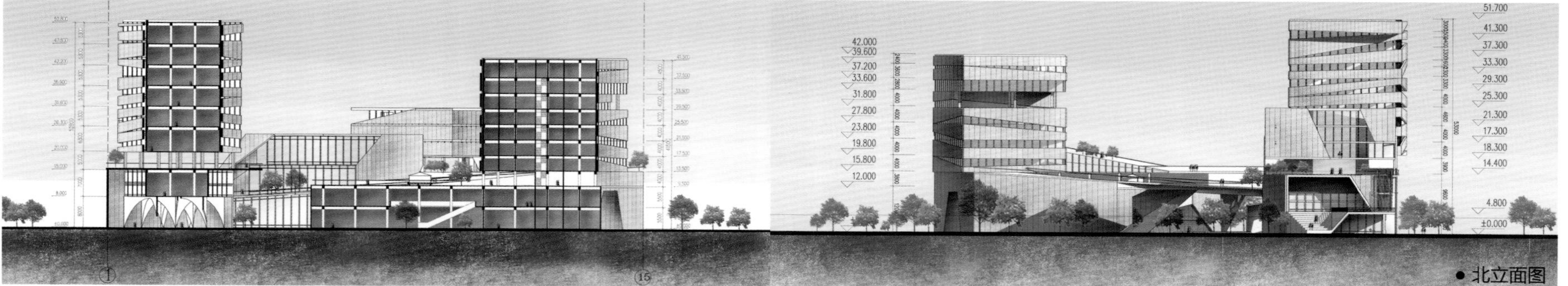

● 北立面图

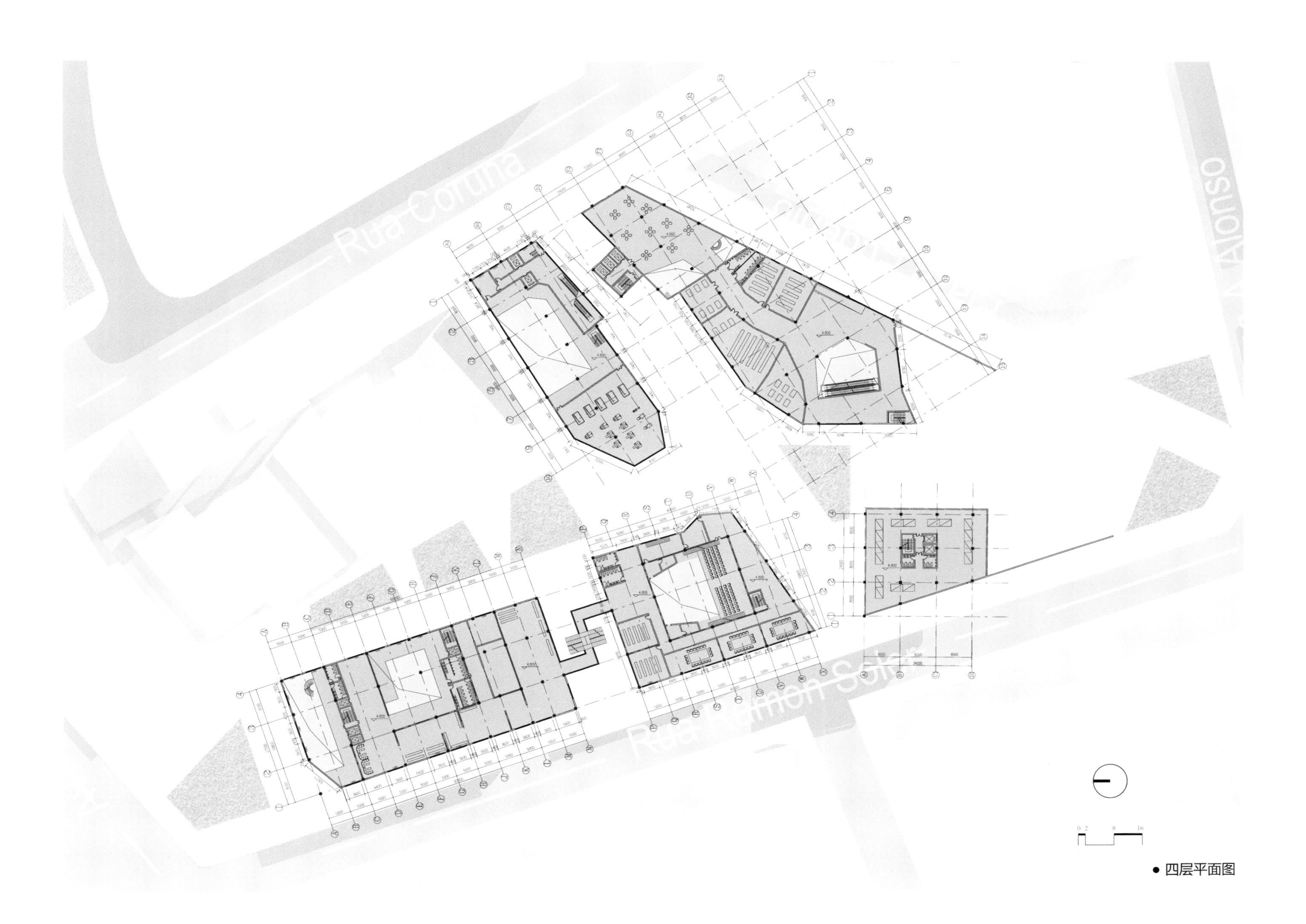

● 四层平面图

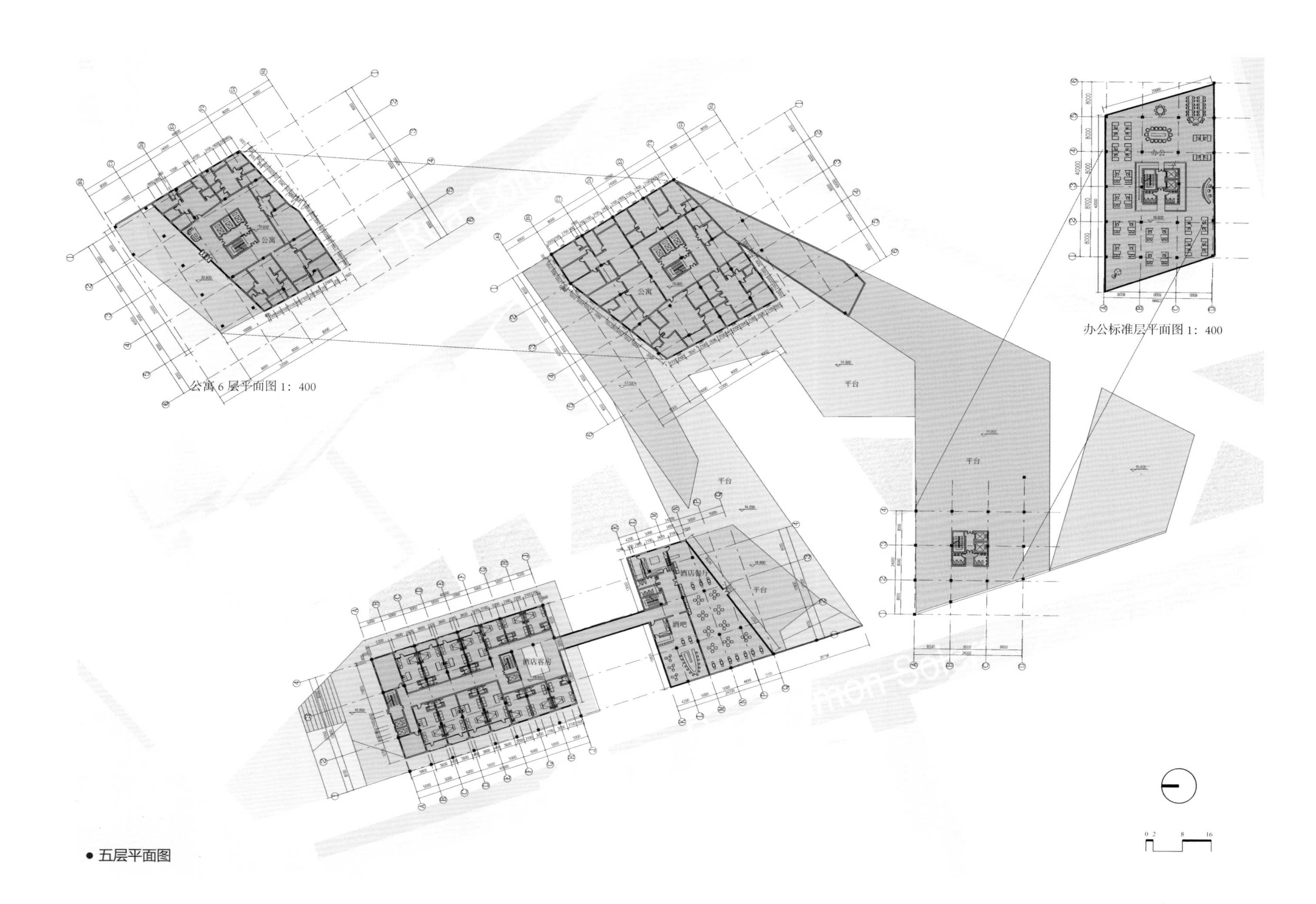

● 五层平面图

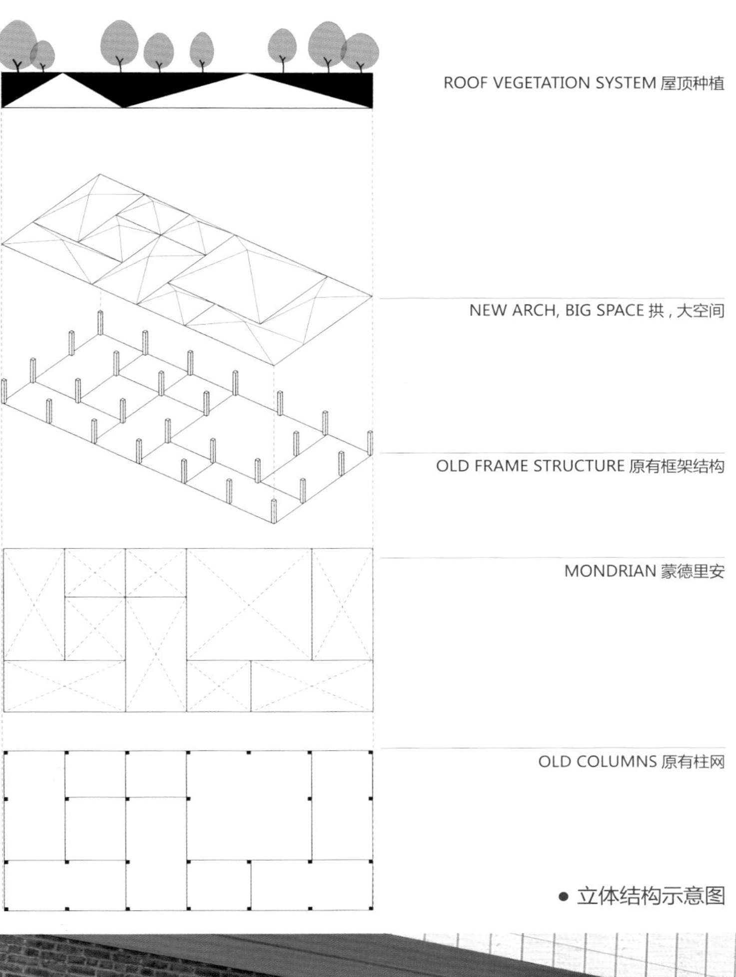
ROOF VEGETATION SYSTEM 屋顶种植
NEW ARCH, BIG SPACE 拱，大空间
OLD FRAME STRUCTURE 原有框架结构
MONDRIAN 蒙德里安
OLD COLUMNS 原有柱网

● 立体结构示意图

杜鹏飞
Du Pengfei

西班牙维戈市 La Artistica 旧厂区改建设计

Update of La Artistica old industry area in Vigo, Spain

指导教师：周立军　吴健梅

维戈是一个海港城市，渔业和造船业一度是其核心产业。长久以来的经济转移使得基地中的建筑功能发生变更。在设计中试图对老厂房的功能进行置换，形成新的城市活力核心，带动周边发展。在老厂房上空架起新的建筑体量，成为浮在空中的城池，酒店式公寓的功能定位可以让人在云端享受城市街景与海港风貌。基地北侧的旧厂房转化为商业空间，补足整个街区缺少的核心业态，也让原有梁柱结构满足新的功能要求。东南侧精致的小厂房具有时代记忆，完整保留并开发为博物馆，场地和建筑的设计从多个层次与小厂房产生互动。

● 选题背景 Background of The Subject

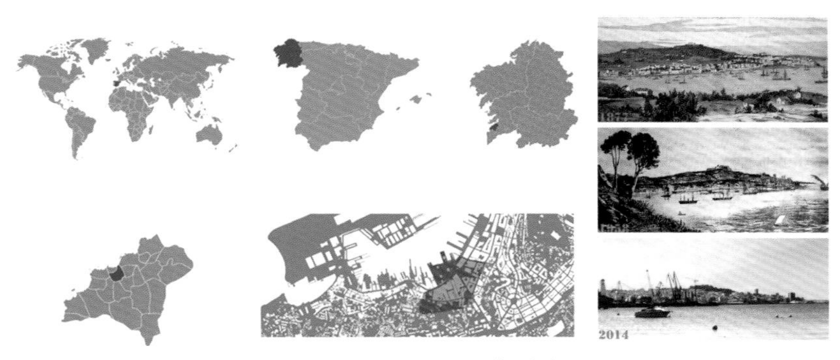

维戈位于西班牙半岛，是西班牙西北部的一座港城，加利西亚自治区第一大城
Vigo lie on Spain peninsula, as a seaport, is the biggest city of Galicia

基地位于维戈港旁边，维戈港湾口有谢斯群岛为屏障，港口防护避风好，是一个天然良港，是西班牙加利西亚西部的主要港口，又是重要的商业中心之一。
Site is located in the Vigo port side, Vigo harbour is a natural harbor, and is the main port of Spain, as well as, one of the important commercial center.

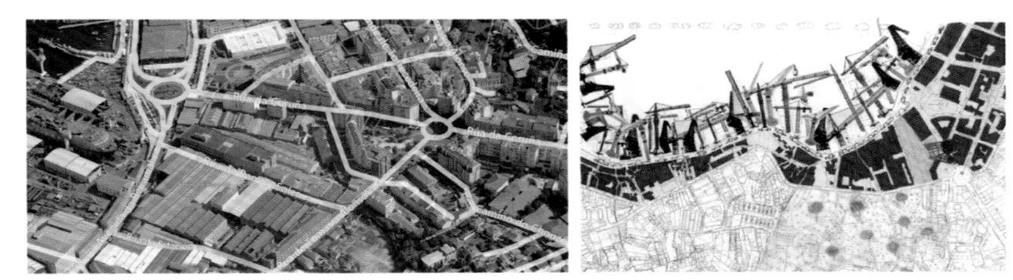

基地内除了其他配套单位，还有四个工业厂房共同围合形成三个广场一个内部街道。这个工厂在 1996 年关闭，厂区保存状况良好，机械和工业遗产都被很好的保存。
It is composed of four industrial buildings beside other complementary units, forming three squares and an internal street. The factory in Beiramar shut down in 1996. It is in good condition, and still preserves machinery and industrial remains.

拆除损坏度较高、内部空间不明确、改造性小的厂房。大厂房梁柱结构具有较好的结构承载力，小厂房反映出工业时代的历史记忆。
Remove the factories with higher damaged degree ,and their internal space is not clear, the transformation is small. Large factory beam structure has good load force and more freedom for space. This small factory reflects the conditions of industrial age.

● 城市研究 Urban research

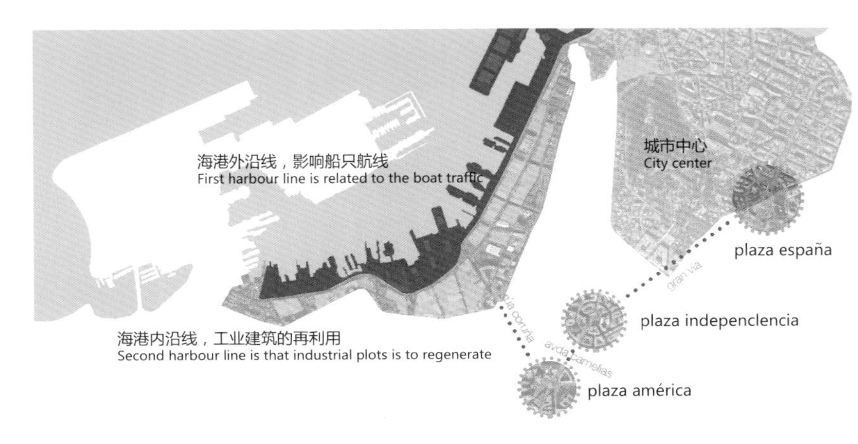

在宏观城市关系上来看，基地所处的海港正在慢慢的革新变化
In the macro city relations , the harbour which the site is located in is innovation change in the future

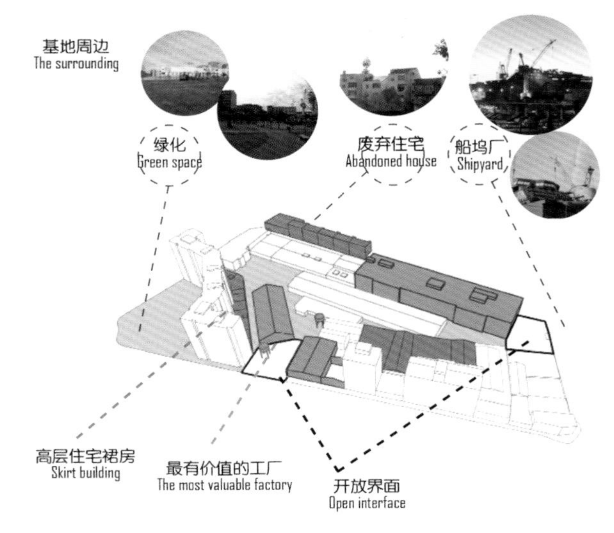

在微观基地周边上来看，基地周围环境复杂，功能多样化
In the microcosmic base relations, the environment around the base is complex and functional diversification

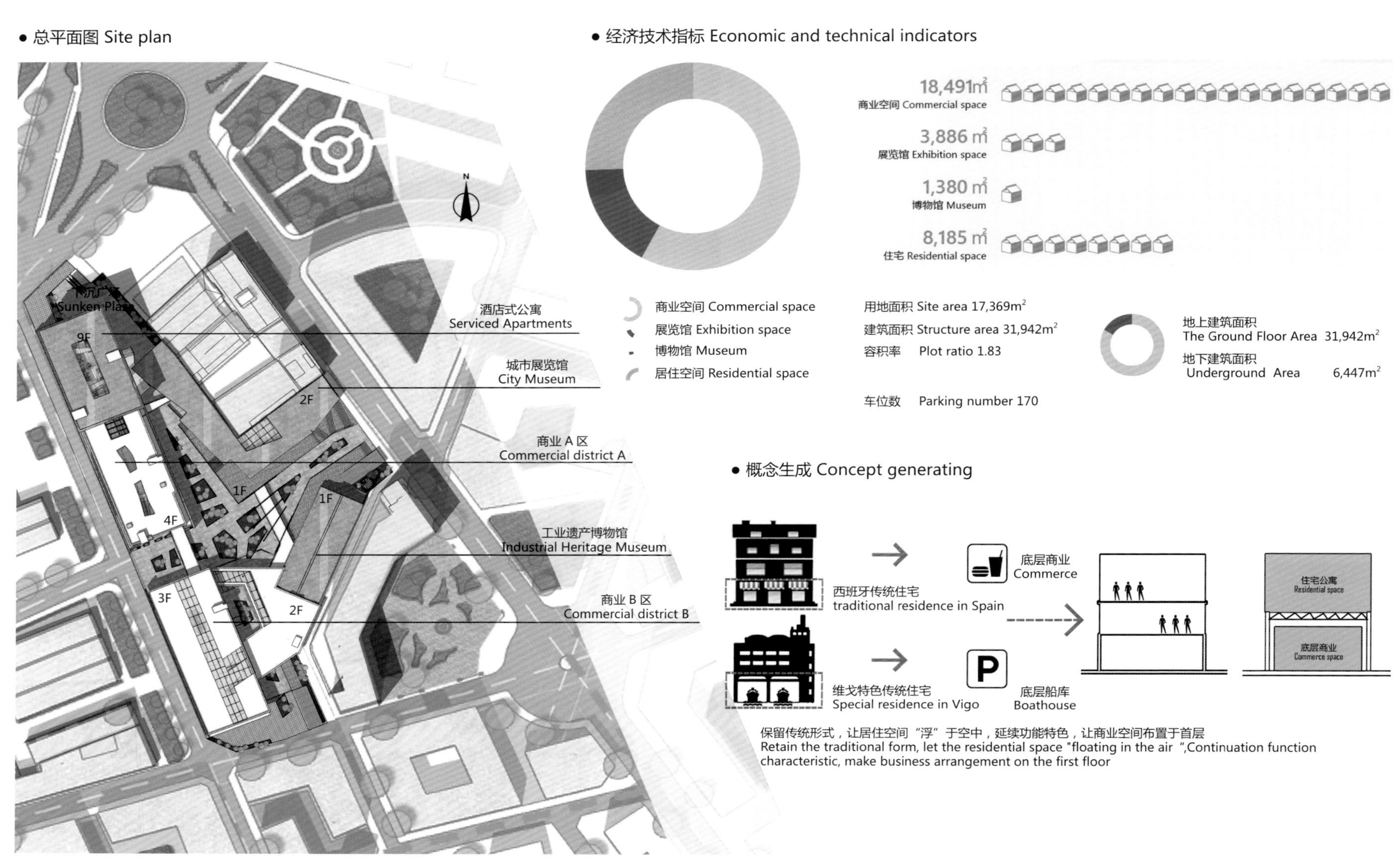

● 方案草图 Draft design

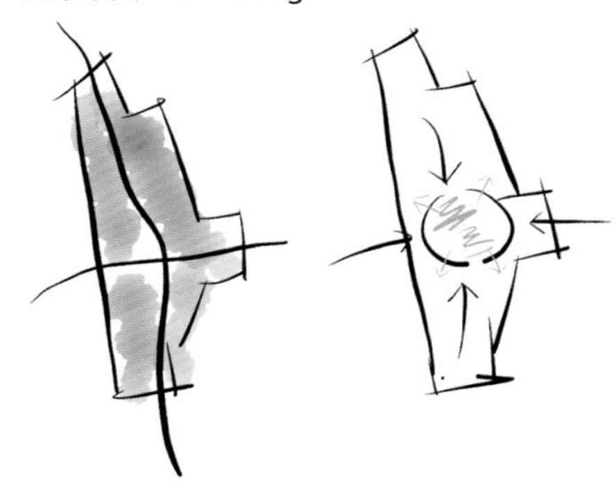

基地根据肌理划分区域，在城市空间设计的基础上定位功能
Site is divided into four areas according to skin texture ,decide function on the basis of the urban space

城市人口流向基地，在基地中聚拢，然后作用于基地内建筑功能
Urban population flow to the base, gather in the plaza, and then contribute to building function

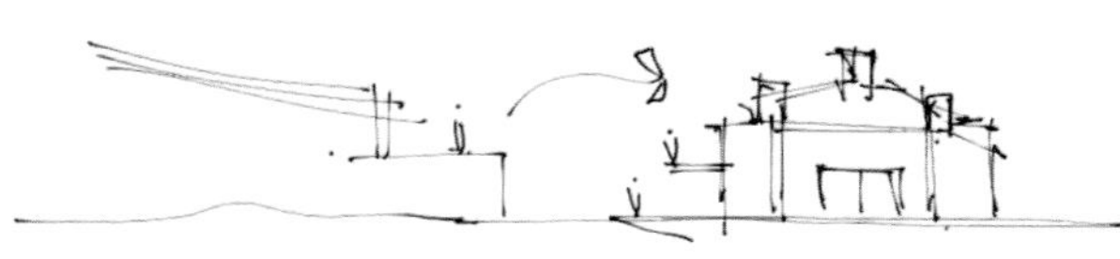

工厂转化为一种景观资源，在更开放的空间中多层次体验
Factory is transformed into landscape resource, thus can make multi-level experience in more open space

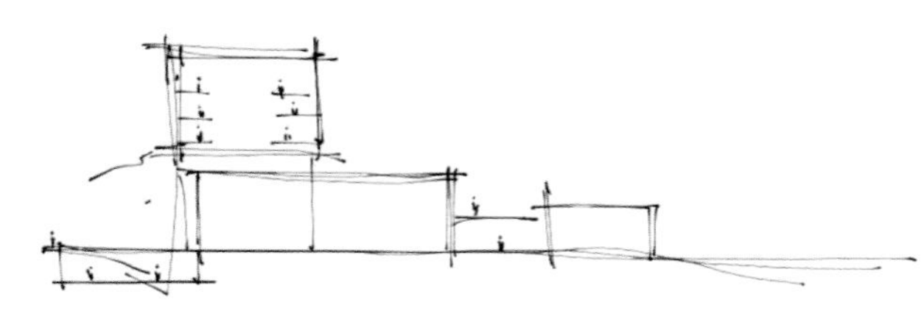

在不同标高提供可以使用的功能，享受不同的空间感官
Provide various function in different elevation to enjoy the space of different senses

● 手绘商业空间效果图 Sketch of the commerical space

● 体块演变 Volume evolution

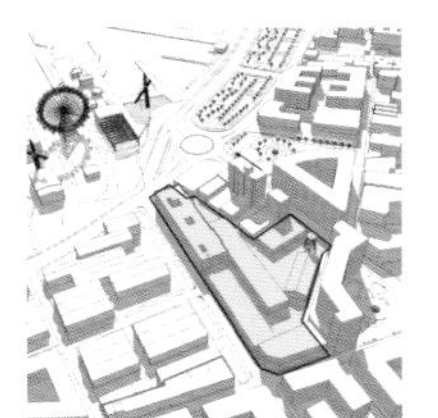
工厂原本场地拥挤杂乱
The original factory is crowded and mess

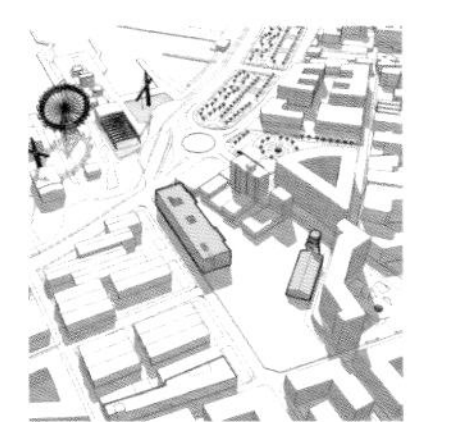
基地内存留可以改造再生的废弃工厂
Keeping some obsolete plants for transformation

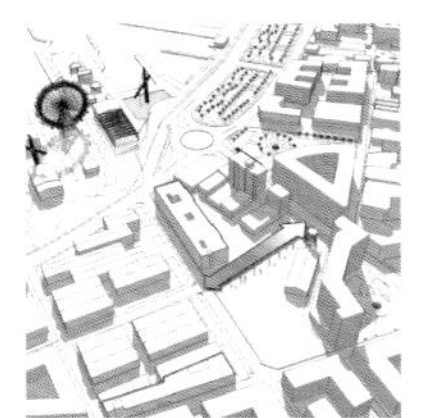
紧贴基地留有多层建筑产生不利的影区
The proximate multi-story building makes adverse shadows

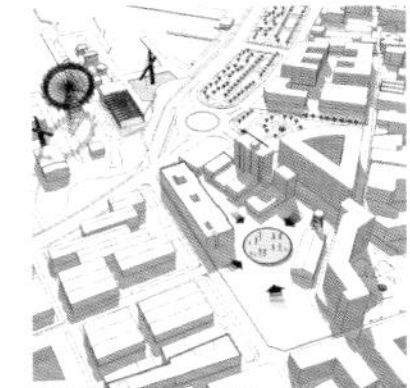
顺应城市道路可能带来的人流方向
Conforming to the direction of the stream of people

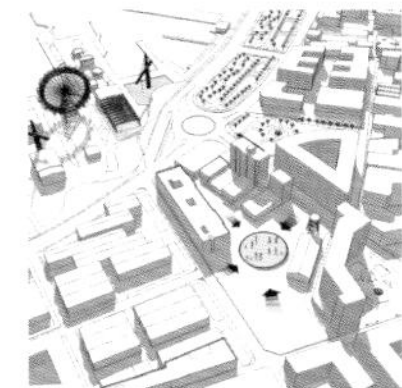
研究城市肌理，市民活动空间聚拢的趋势
Researching city texture ,to create a space for gather citizens

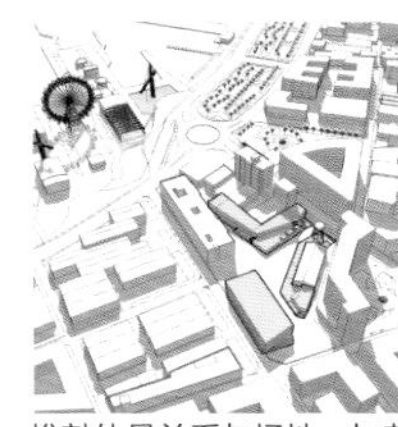
推敲体量关系与场地，与老建筑发生关系

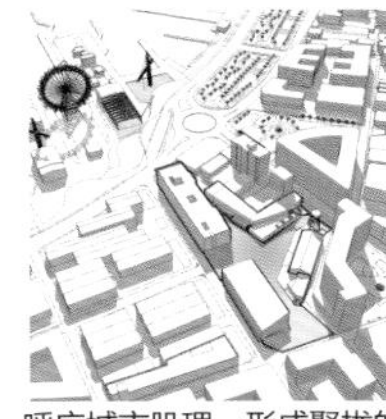
呼应城市肌理，形成聚拢的广场开放式活动空间

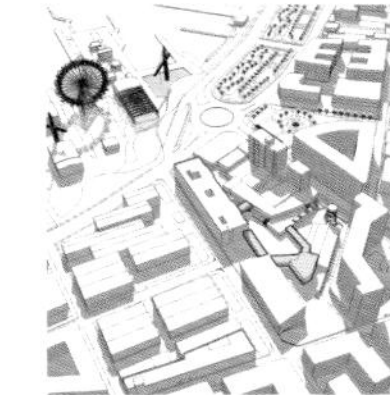
联系各建筑，使建筑间发生关系但保持相对独立

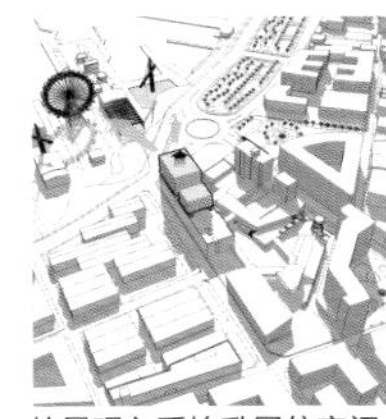
从景观入手抬升居住空间，获得更好的视野

● 改造策略（立面） Reconstruction strategy

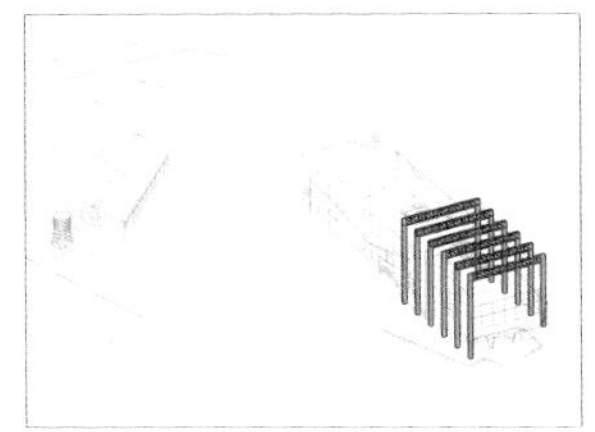
放置桁架，支撑住宅结构
Place the truss to support residential structure

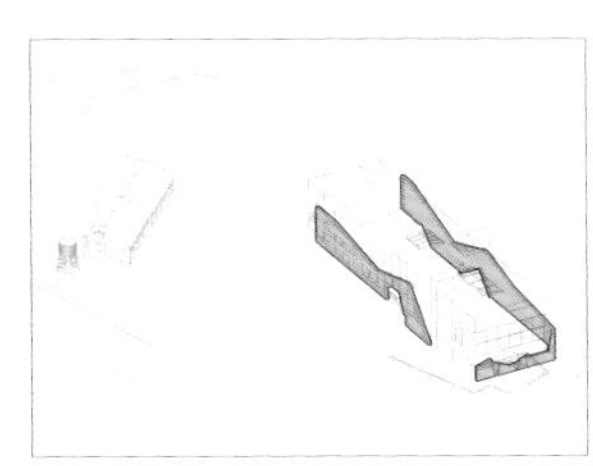

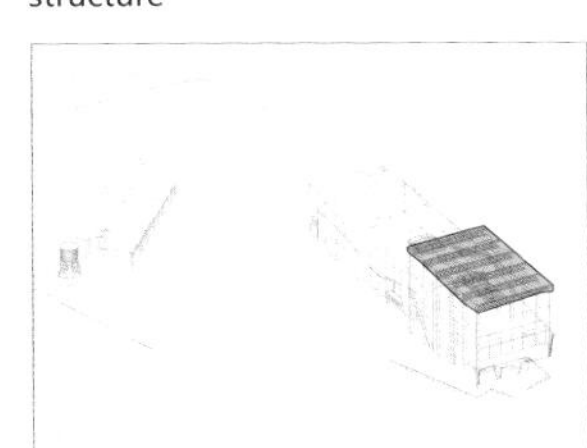
包裹桁架，起到对结构的保护作用
Encase truss to protect the structure

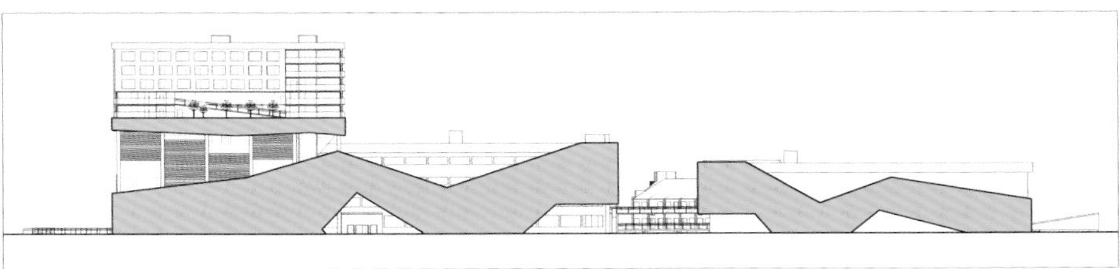
强调虚实对比，并且新老建筑在立面上具备延续性
Emphasize the contrast,and the new and old building have continuity in the facade

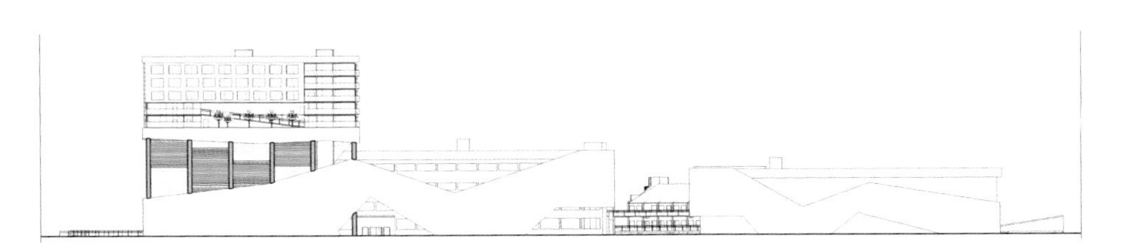
结构部分遮蔽，并可以在横向结构铺设广告牌，达到商业氛围
Structure is partially obscured,and it can hang the billboard in horizontal structure to achieve commerical atmosphere

● 西立面图 West elevation

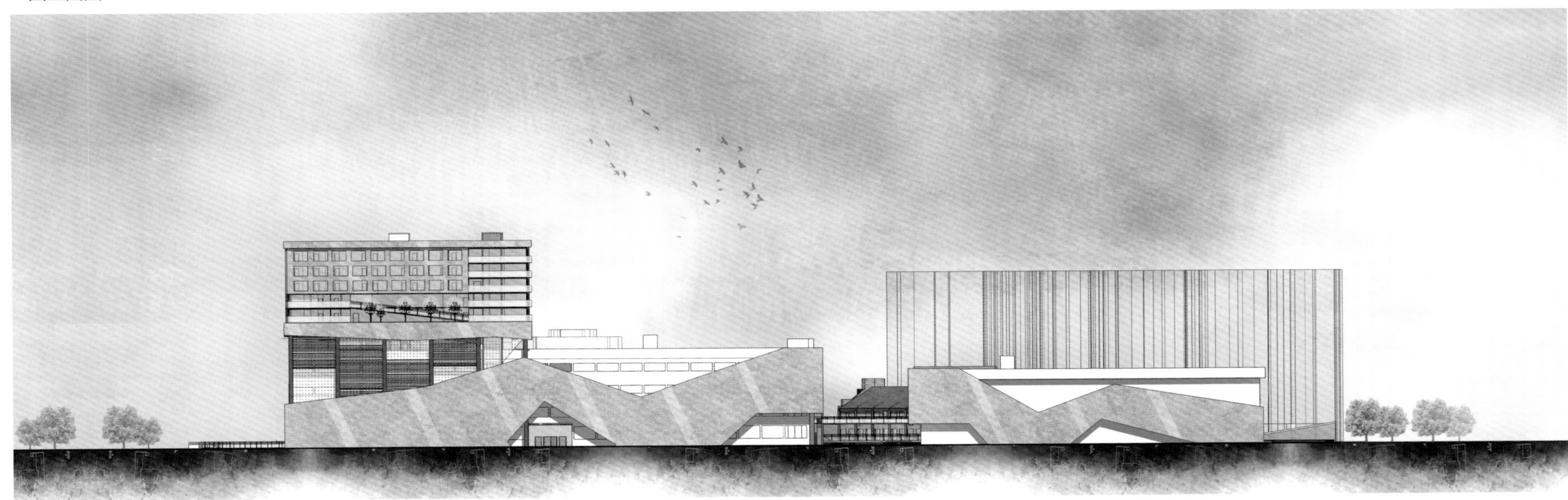

● 改造策略（结构） Reconstruction strategy

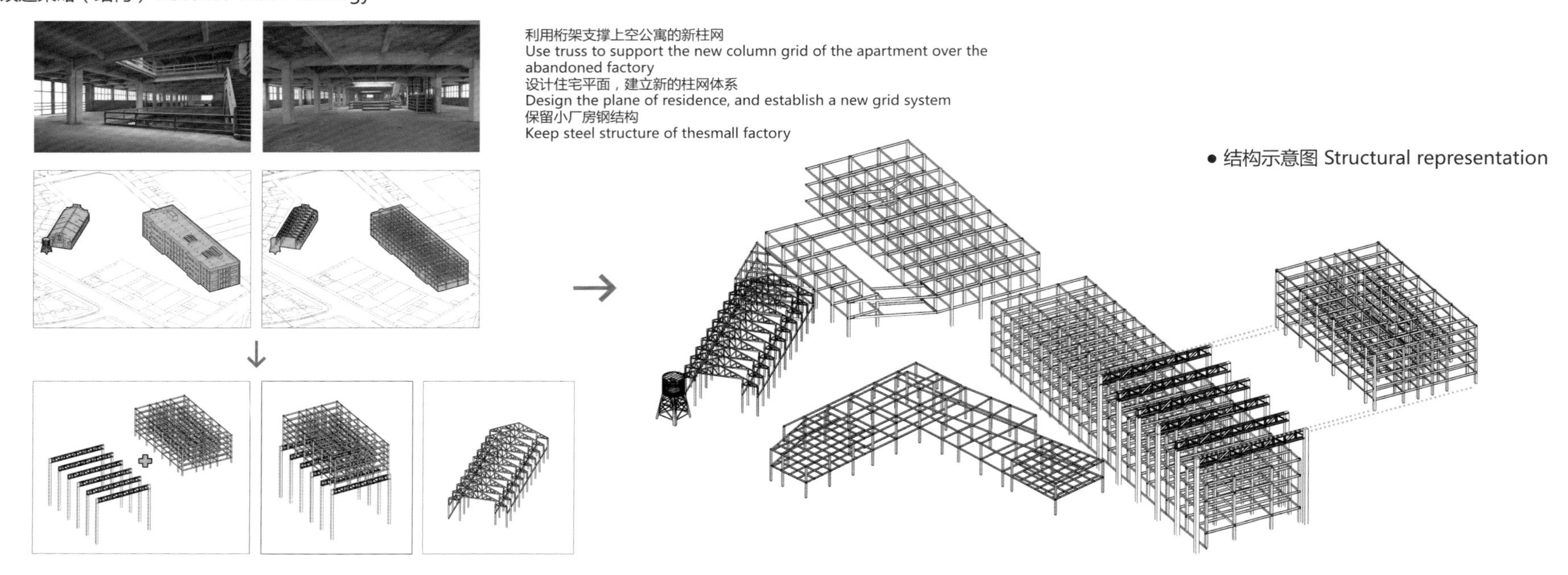

利用桁架支撑上空公寓的新柱网
Use truss to support the new column grid of the apartment over the abandoned factory
设计住宅平面，建立新的柱网体系
Design the plane of residence, and establish a new grid system
保留小厂房钢结构
Keep steel structure of thesmall factory

● 结构示意图 Structural representation

● 改造策略（空间） Reconstruction strategy

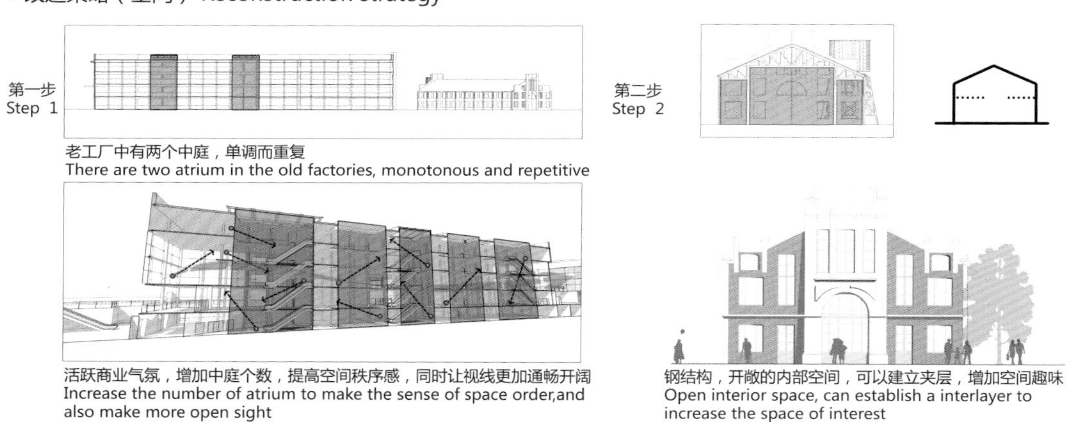

第一步
Step 1

老工厂中有两个中庭，单调而重复
There are two atrium in the old factories, monotonous and repetitive

活跃商业气氛，增加中庭个数，提高空间秩序感，同时让视线更加通畅开阔
Increase the number of atrium to make the sense of space order,and also make more open sight

第二步
Step 2

钢结构，开敞的内部空间，可以建立夹层，增加空间趣味
Open interior space, can establish a interlayer to increase the space of interest

● A–A 剖面图 A–A section

• 一层平面图 The ground floor

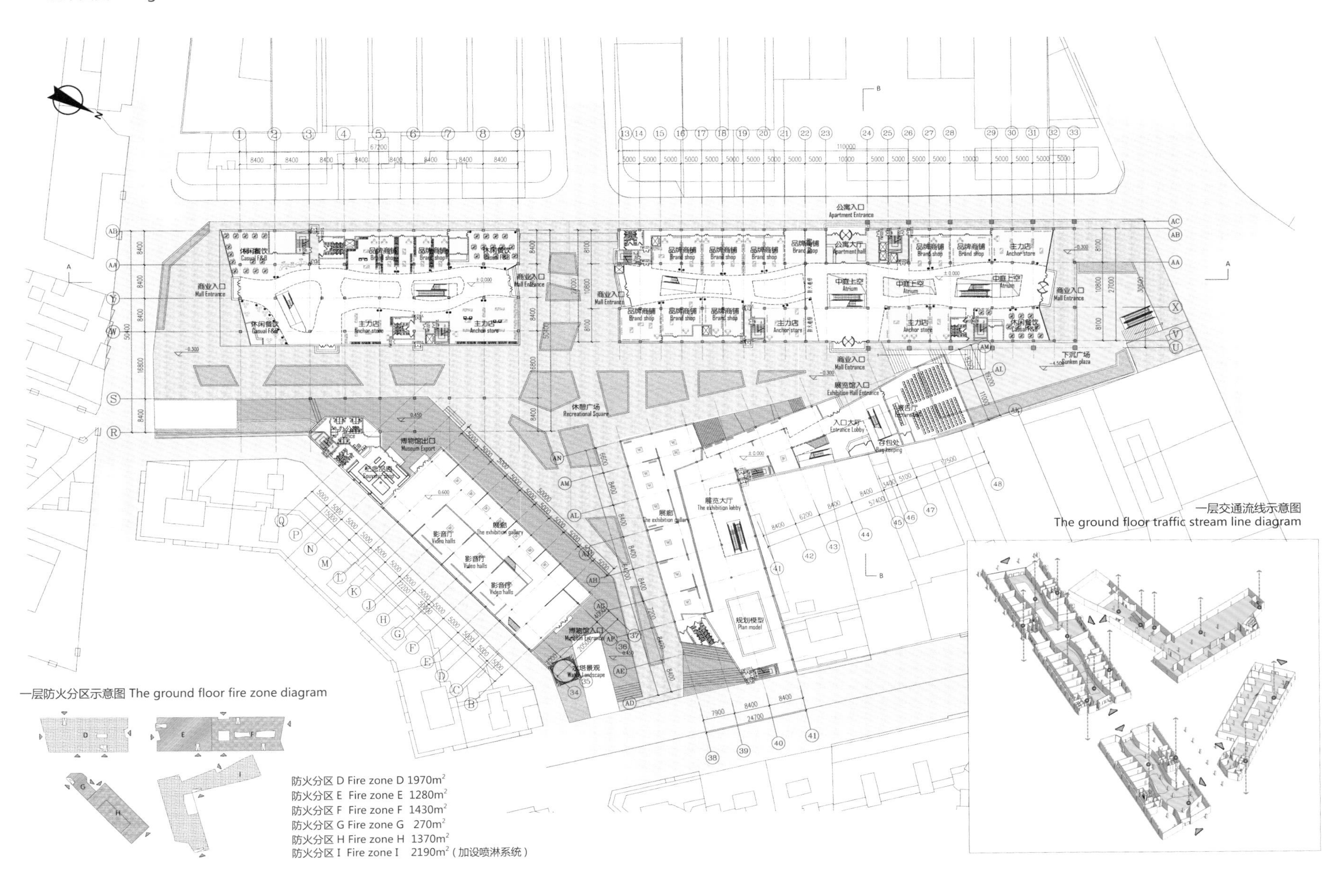

• 南立面图 South elevation

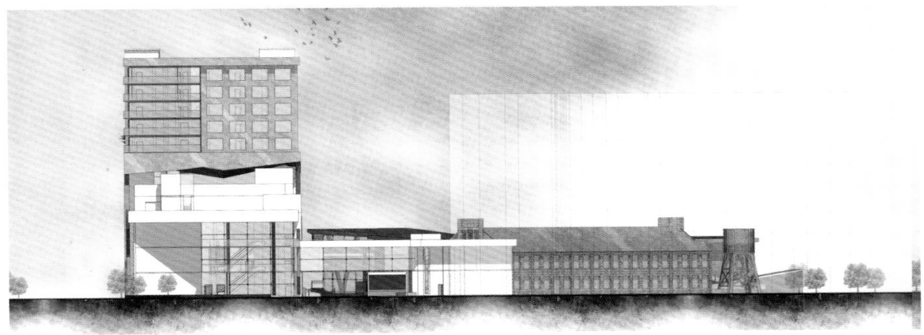

• 北立面图 North elevation

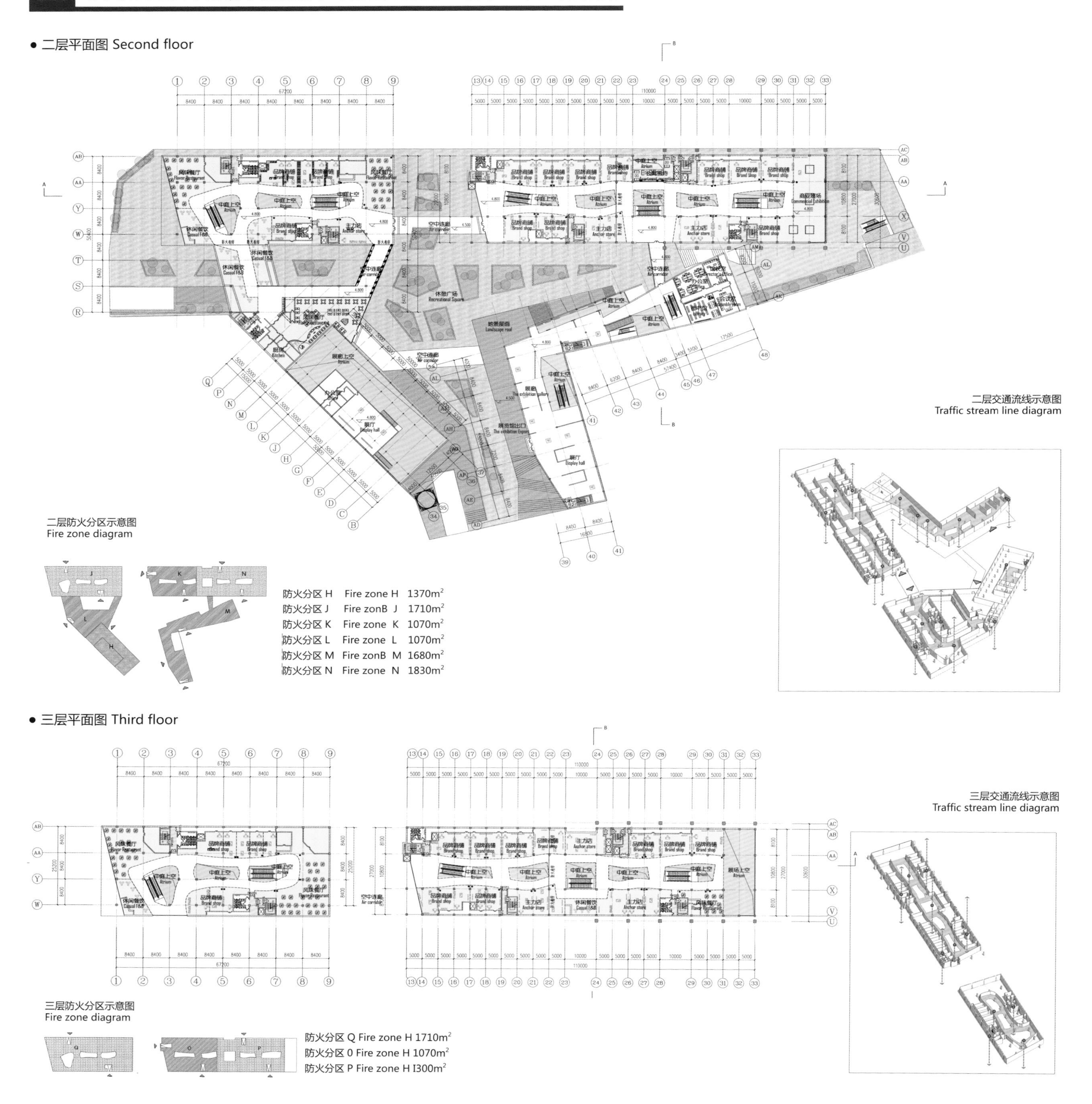
二层平面图 Second floor
二层交通流线示意图
Traffic stream line diagram
二层防火分区示意图
Fire zone diagram
防火分区 H　Fire zone H　1370m²
防火分区 J　Fire zonB　J　1710m²
防火分区 K　Fire zone　K　1070m²
防火分区 L　Fire zone　L　1070m²
防火分区 M　Fire zonB　M　1680m²
防火分区 N　Fire zone　N　1830m²
三层平面图 Third floor
三层交通流线示意图
Traffic stream line diagram
三层防火分区示意图
Fire zone diagram
防火分区 Q Fire zone H 1710m²
防火分区 0 Fire zone H 1070m²
防火分区 P Fire zone H I300m²

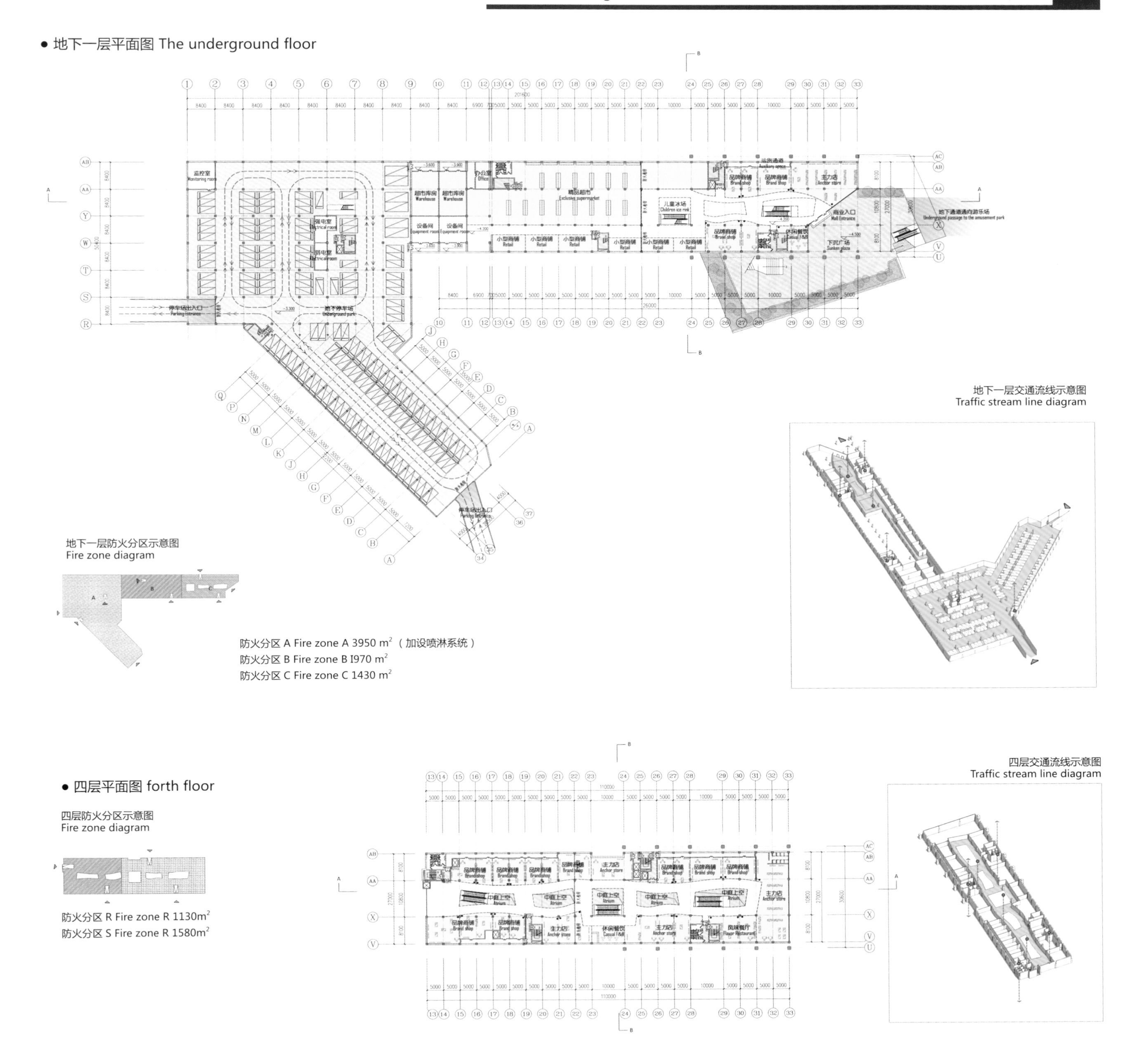
● 地下一层平面图 The underground floor
地下一层交通流线示意图
Traffic stream line diagram
地下一层防火分区示意图
Fire zone diagram
防火分区 A Fire zone A 3950 m2（加设喷淋系统）
防火分区 B Fire zone B I970 m2
防火分区 C Fire zone C 1430 m2
● 四层平面图 forth floor
四层防火分区示意图
Fire zone diagram
防火分区 R Fire zone R 1130m2
防火分区 S Fire zone R 1580m2
四层交通流线示意图
Traffic stream line diagram

郭起燊
Guo Qishen

黑龙江省旅游集散中心建筑设计

Architectural design of tourism center of Heilongjiang Province

指导教师：孙清军

作为哈尔滨的地标性建筑设计方案，要体现哈尔滨的文化风情，同时要满足城市综合体的复杂功能要求，在多方限制因素下，本方案以冰雪文化和场地高差作为突破口，以变化的曲线造型契合哈尔滨的浪漫气质，同时丰富功能空间，以满足旅游集散中心建筑综合性、复杂性的需要。

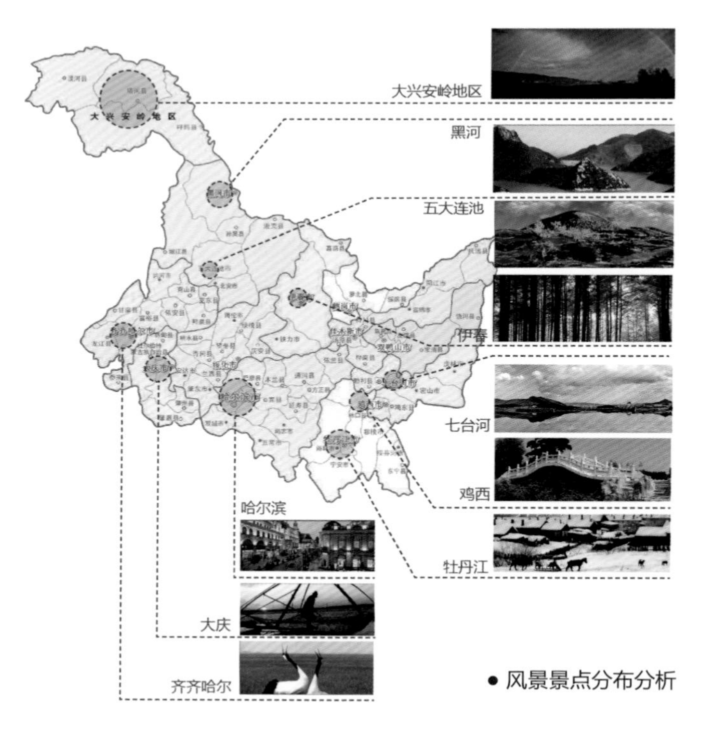

● 风景景点分布分析

● 基地周边功能分区

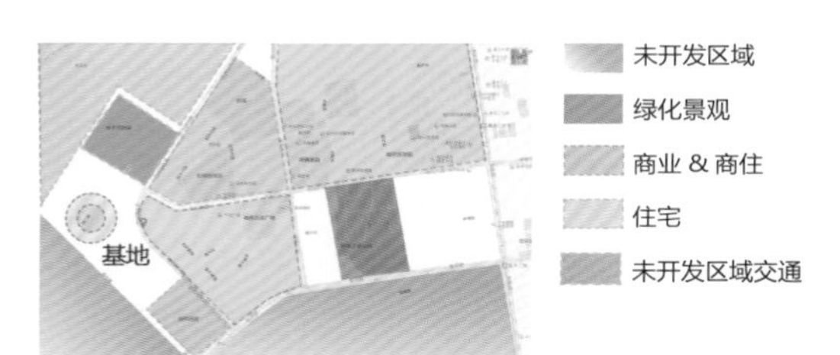

● 基地周边景观分析

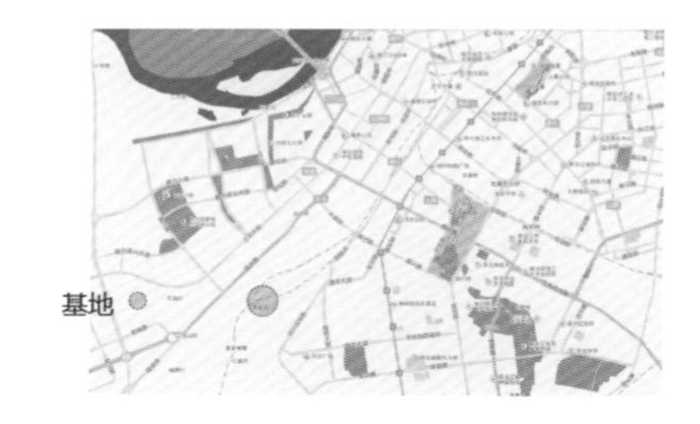

● 基地周边主要街道分析

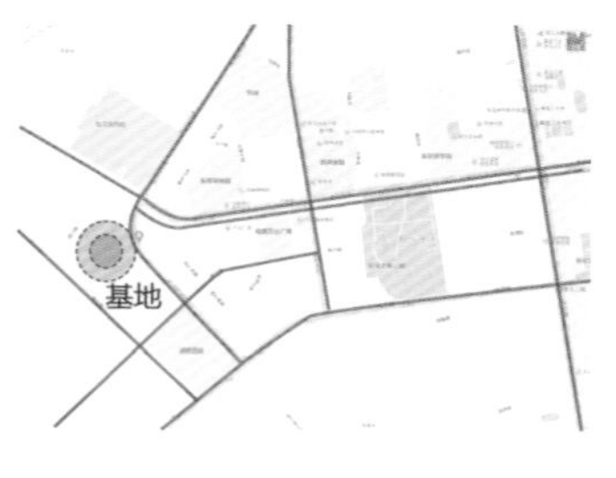

涉及街道包括：中兴大街、西站大街、发展大道、和谐街、伊春路、哈尔滨大街、南兴街等几大重要街道。从图中可以看出，基地位置处于城市重要干道交接的重要节点。这也正符合项目建成后，将成为城市副中心和主要的交通枢纽，交通枢纽的地位也将为旅游集散中心带来更多的发展。

● 主要车流来向

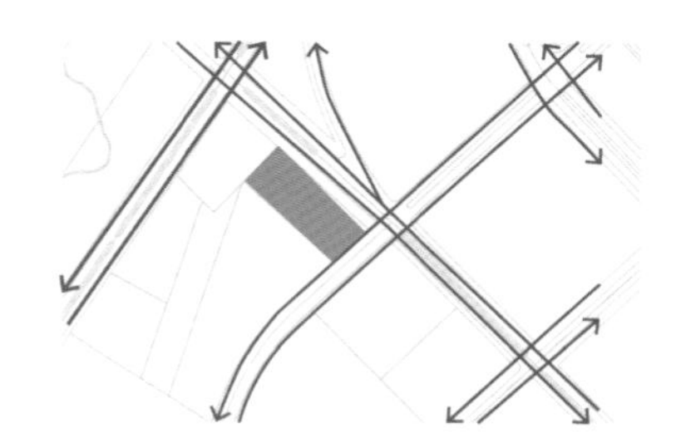

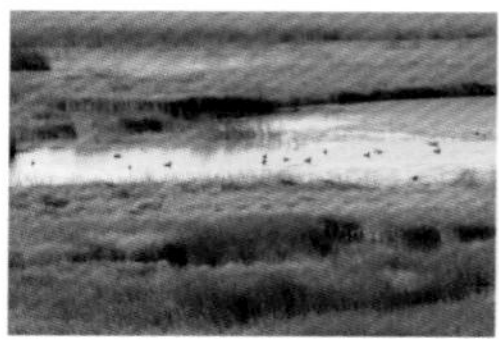

丰富的自然资源：湿地、冰雪

特色的文化活动：冰雪节

冰雪运动：滑雪、滑冰、冰壶

人文古迹：索菲亚、731

民族文化：鄂伦春、哈萨克

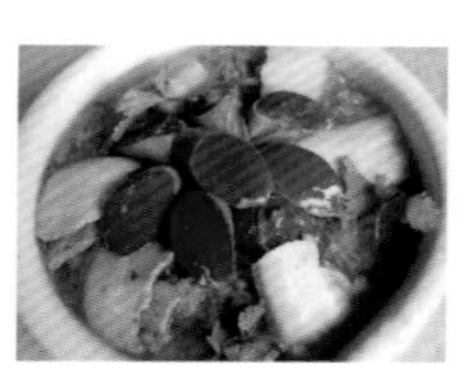

东北美食文化：杀猪菜

东北民俗文化：二人转、扭秧歌

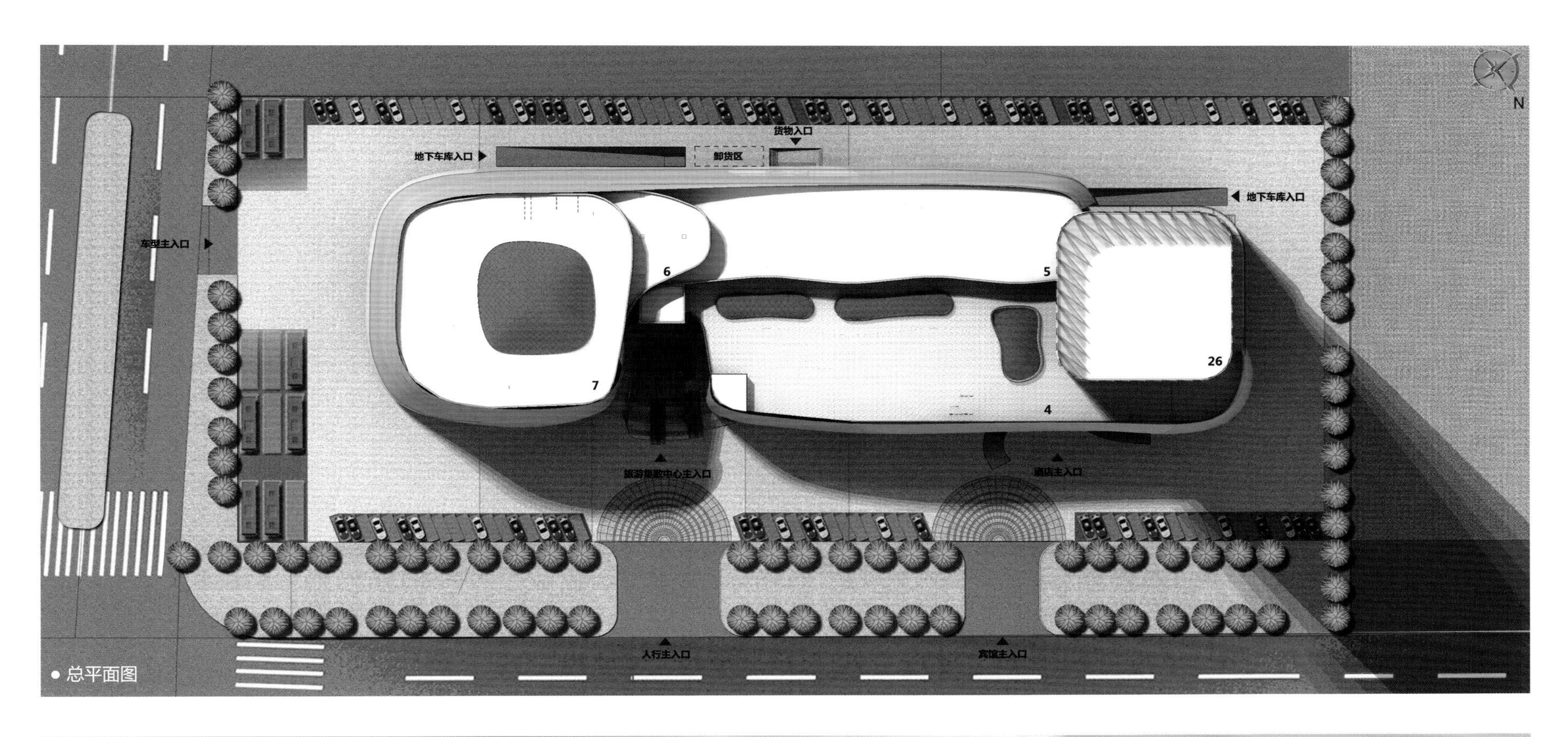
N
地下车库入口
货物入口
卸货区
地下车库入口
6
5
7
26
4
旅游集散中心主入口
酒店主入口
人行主入口
宾馆主入口

● 总平面图

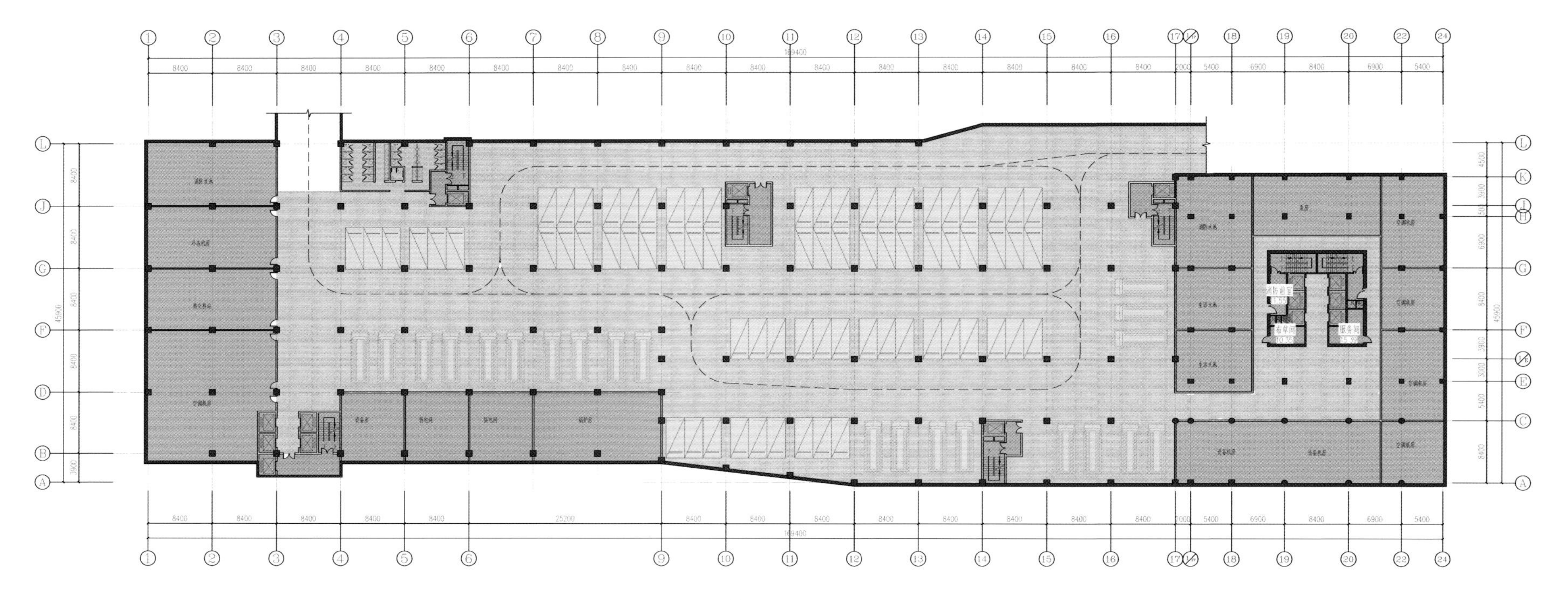

● 地下一层平面图

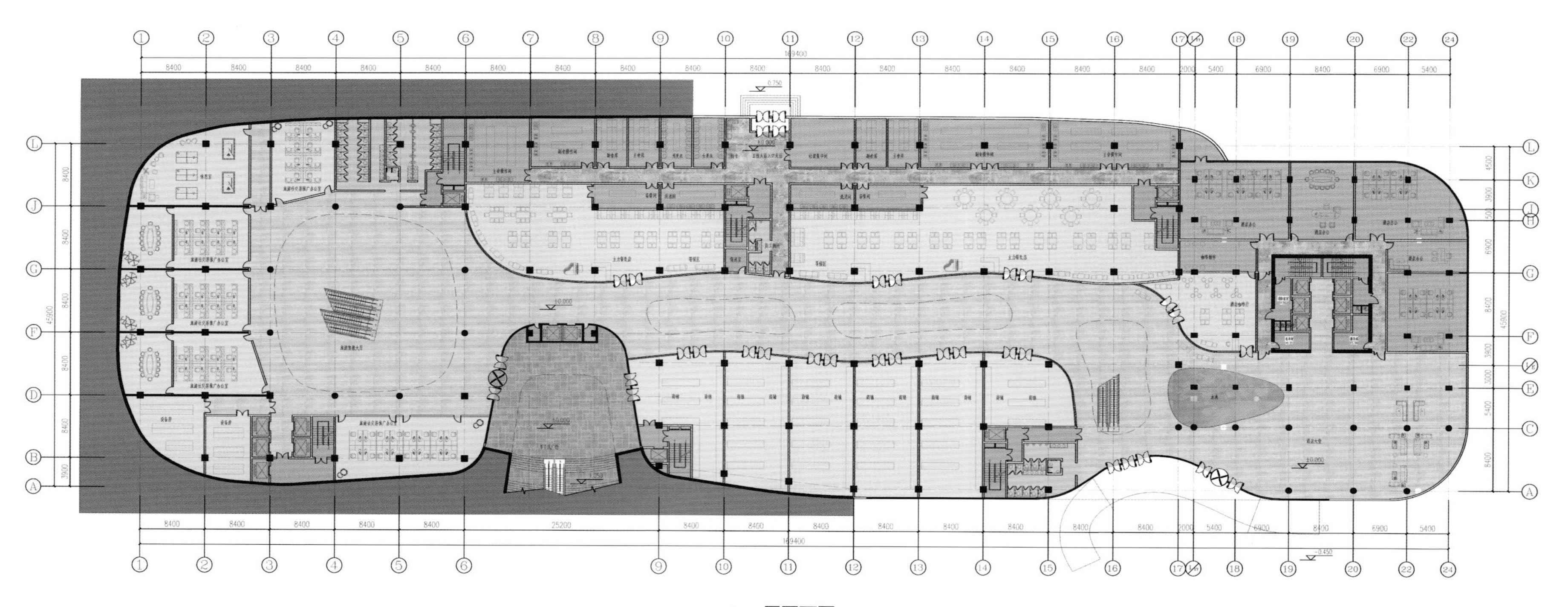

● 一层平面图

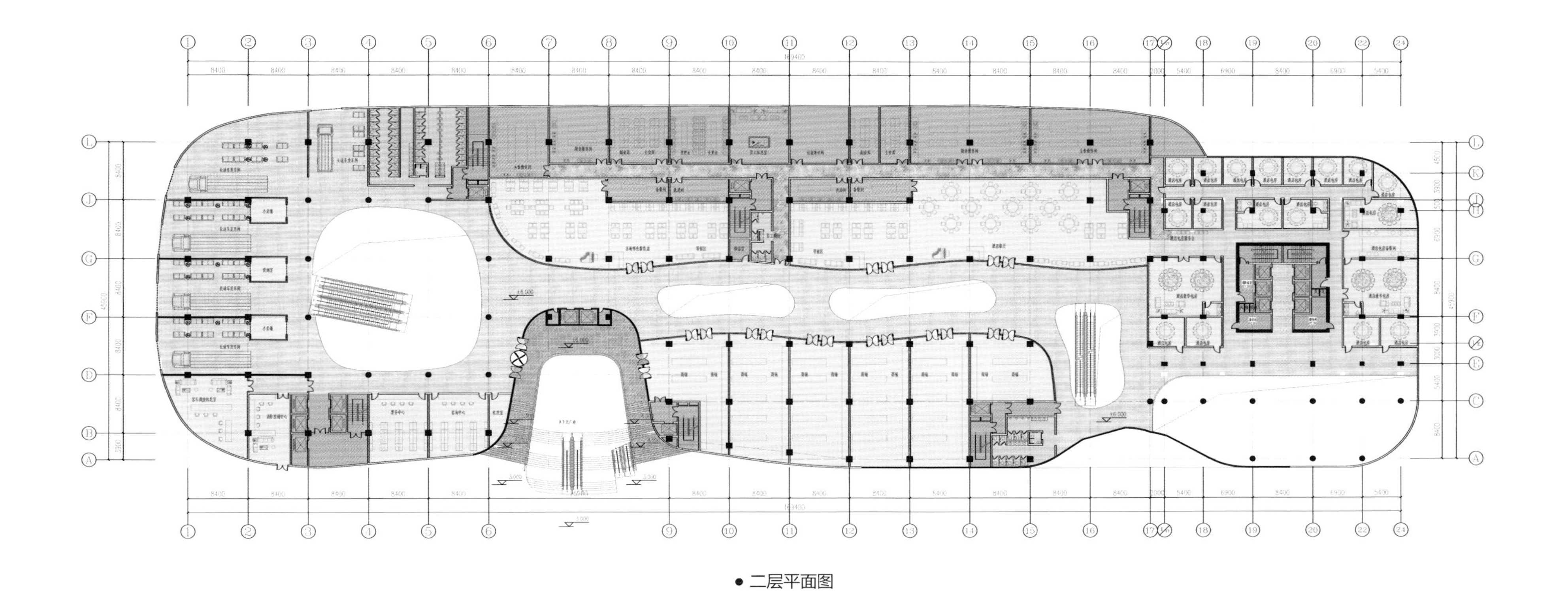

• 二层平面图

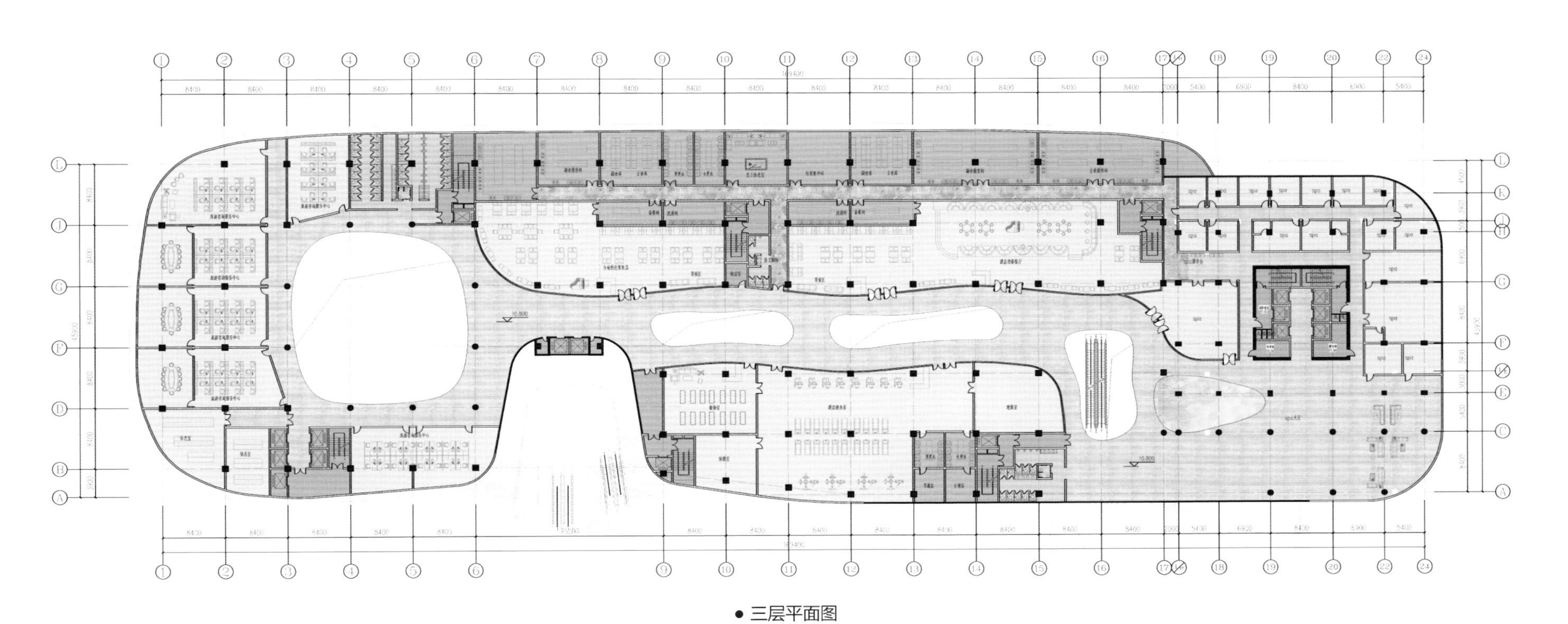

• 三层平面图

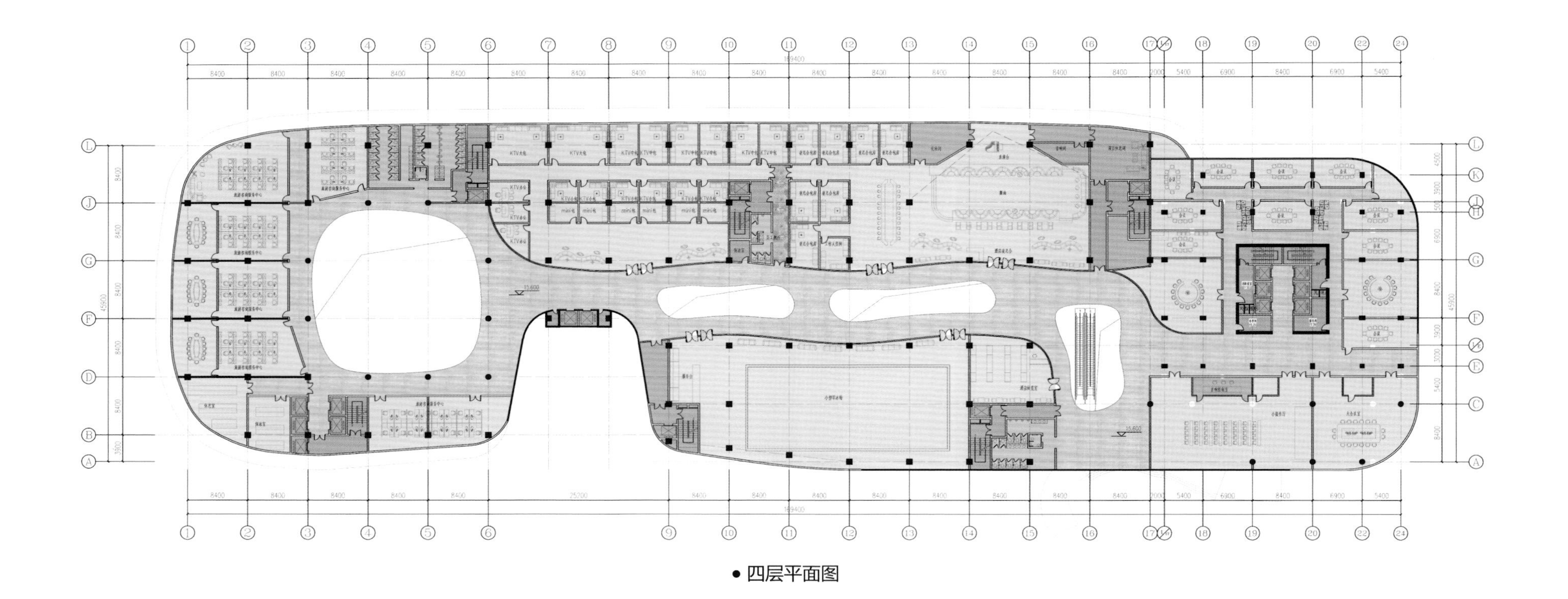

• 四层平面图

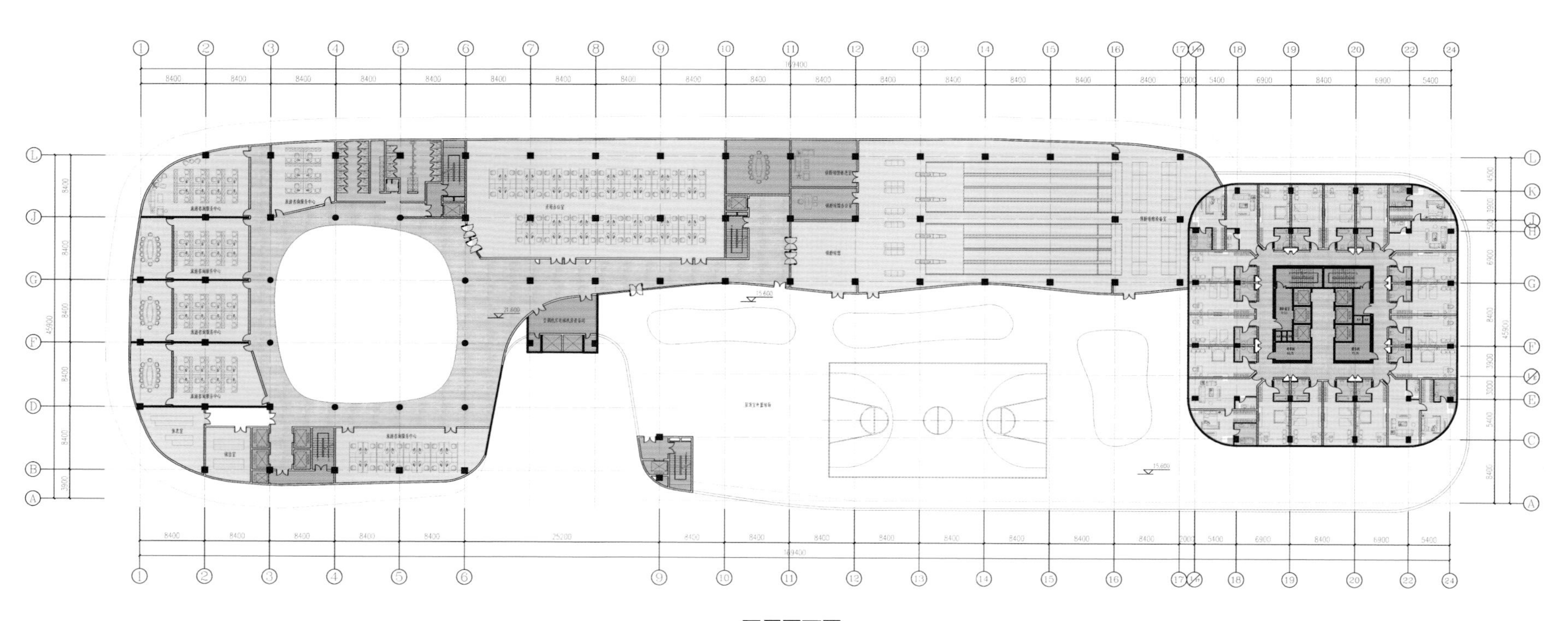

• 五层平面图

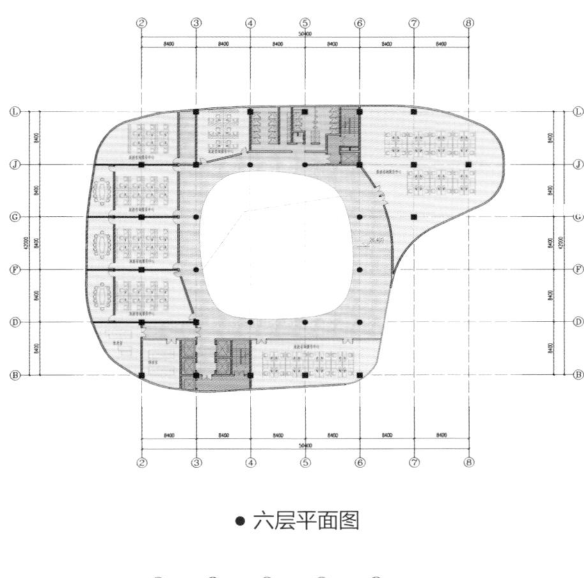

● 六层平面图

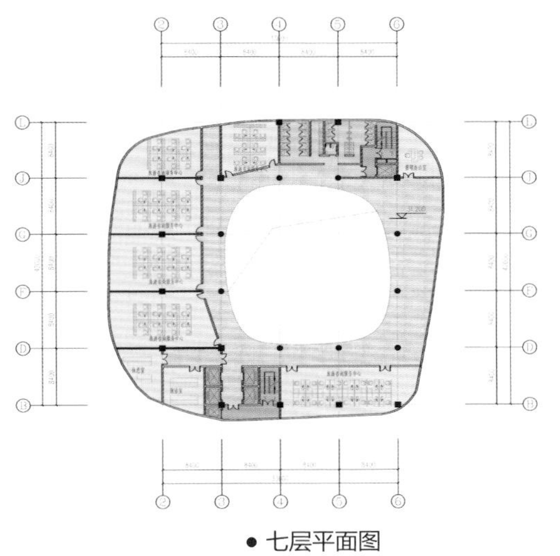

● 七层平面图

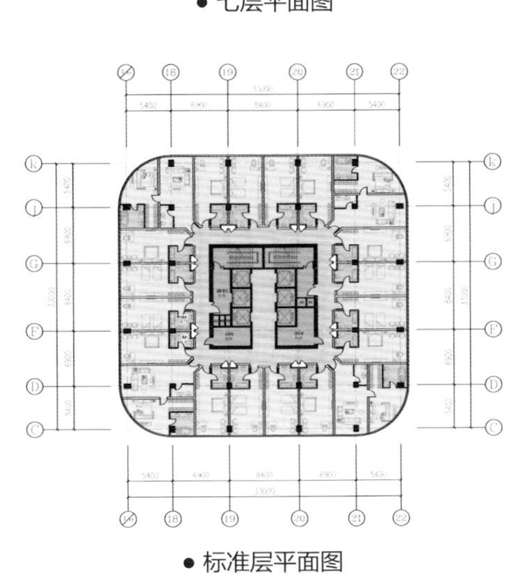

● 标准层平面图

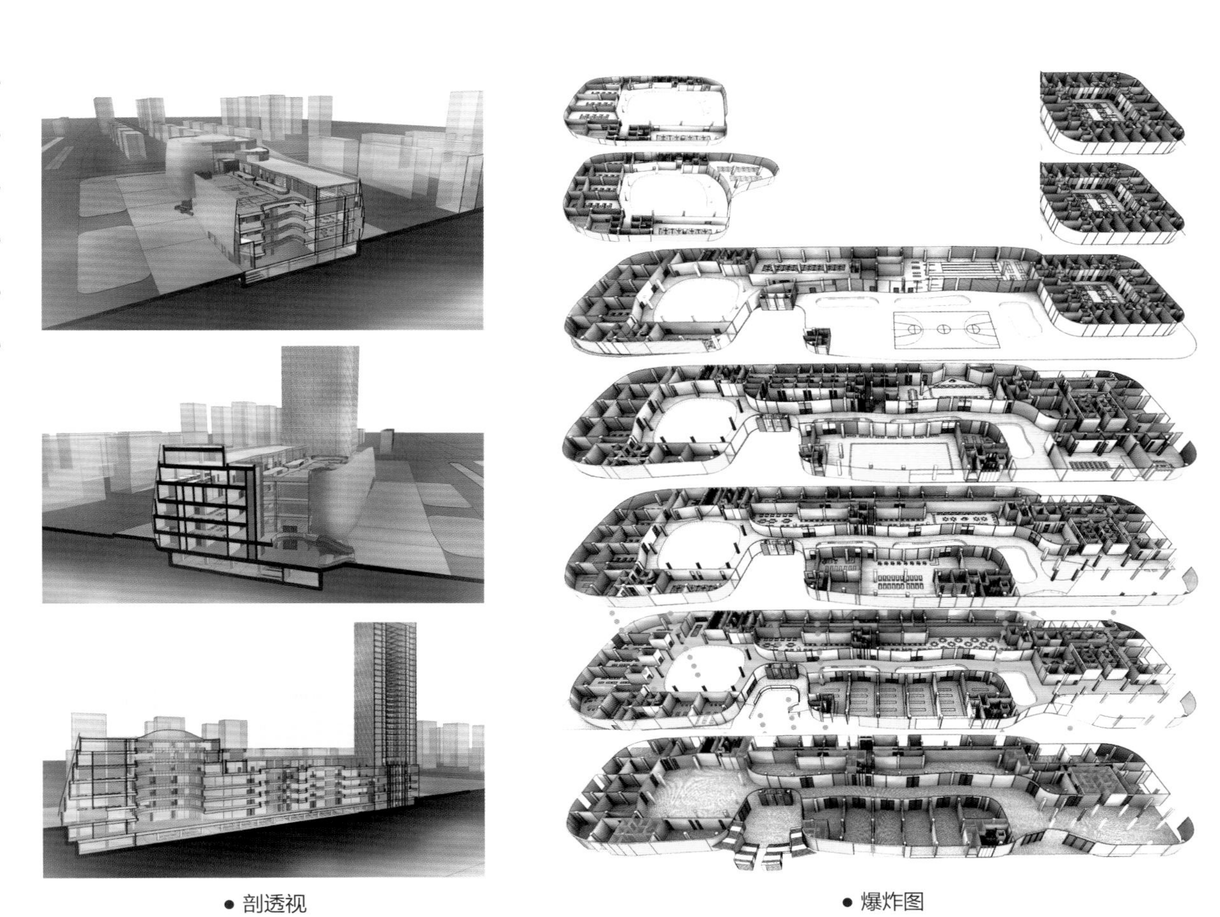

● 剖透视

● 爆炸图

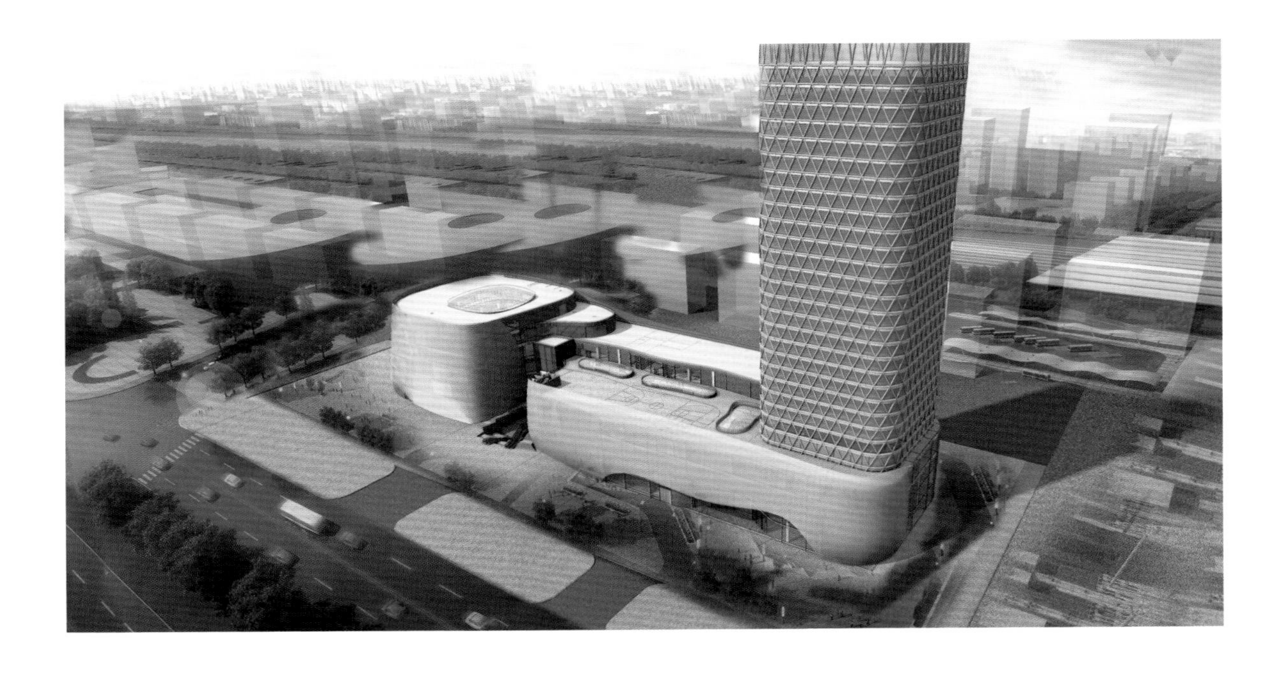

谢媛雯
Xie Aiwen

LINK——西班牙维戈市旧厂区改建及文化中心单体设计

LINK-Update of industry area and design of community center in Vigo,Spain

指导教师：周立军　吴健梅

本方案基地位于西班牙加利西亚省维戈市港口附近的“La Artistica” 区，旧厂区内有几座废弃的旧厂房，但内部空间和结构有再利用的价值。方案保留了其中两座老厂房的大部分内部空间和结构，将新建部分与老建筑有机地结合在一起。方案定义此区域为片区文化中心，其中包括图书馆、自习室、教室、展览、教育活动、SOHO 办公、餐饮娱乐等复合式功能。整体建筑尊重城市公共自然资源，面朝海港，背向城市绿地，高度由城市绿地向海港逐级递减，以保证城市资源被市民最大化分享。基地内部还有很多适于休闲交流的户外空间，以满足人们喜爱阳光喜爱交谈的要求。

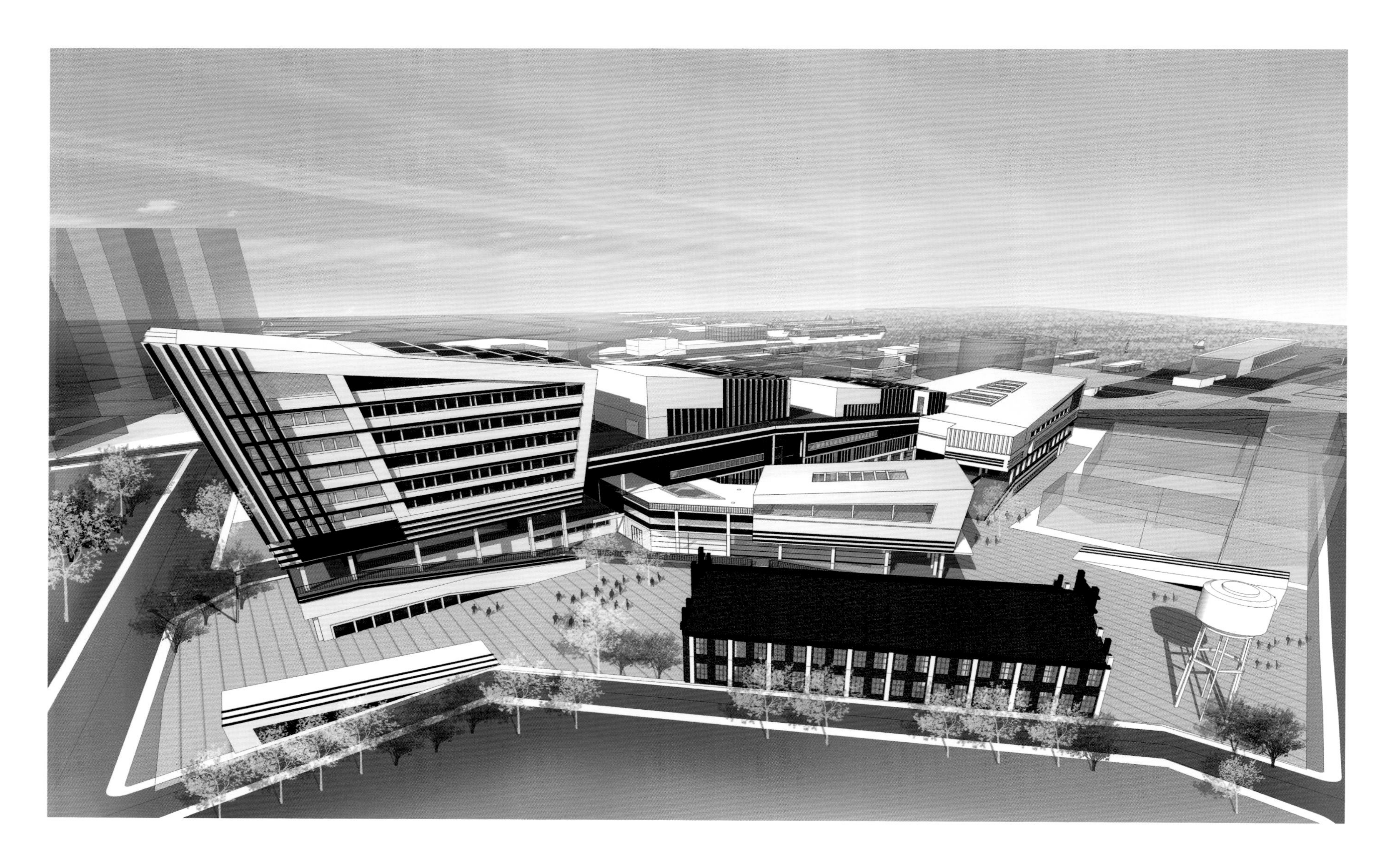

• 城市发展 Development

• 定位分析 Function

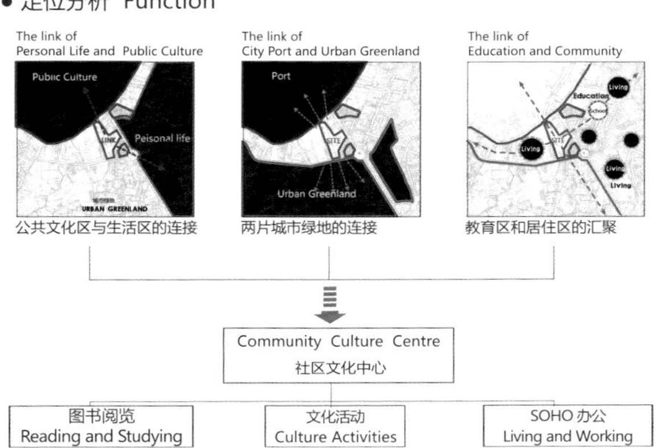

• 主题分析 Concept

Link——链接、链环

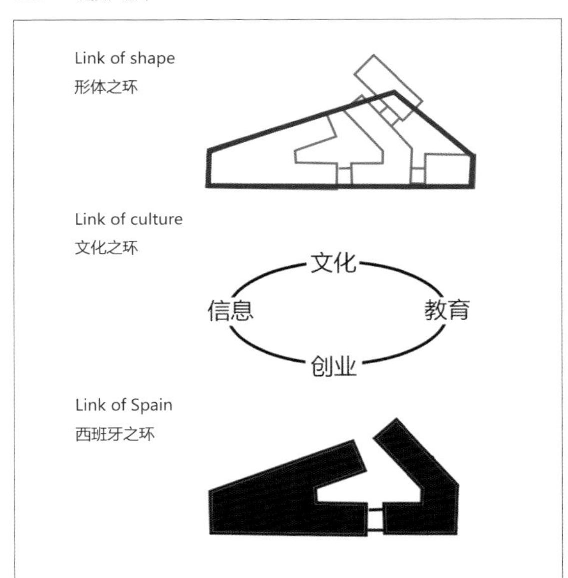

• 围合式空间 Enclosure group space

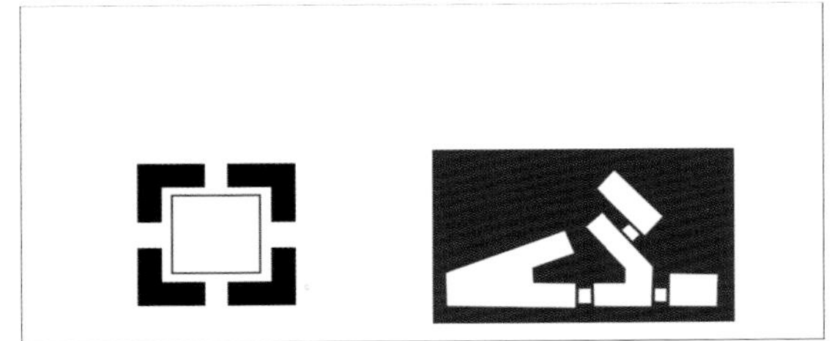

• 发展愿景 Purpose

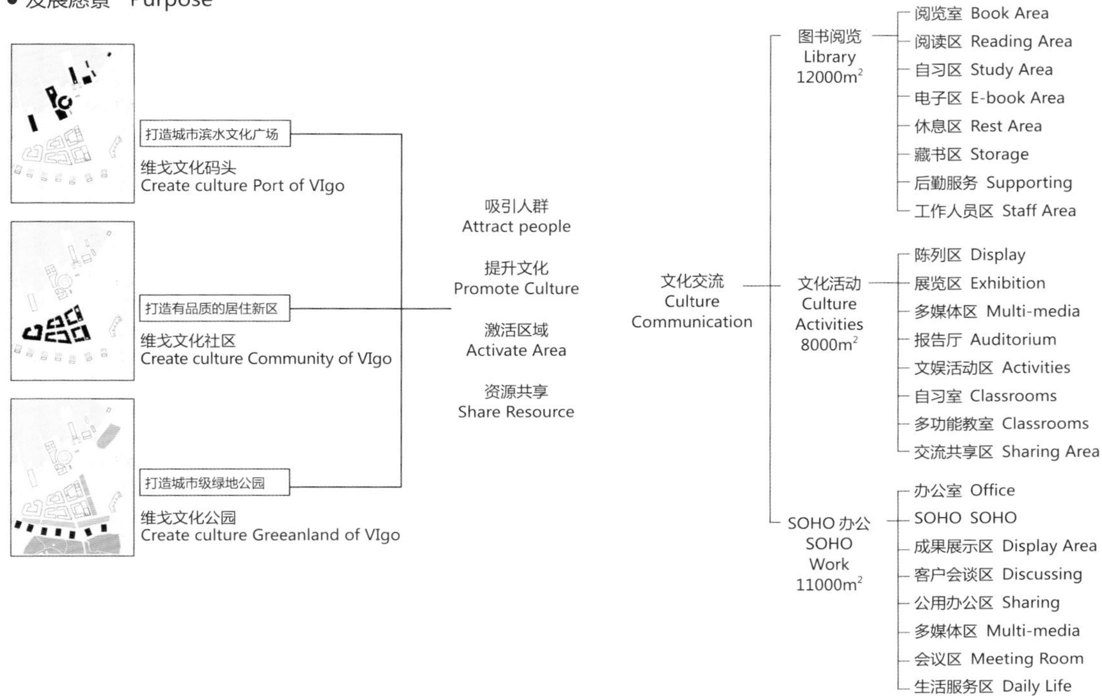

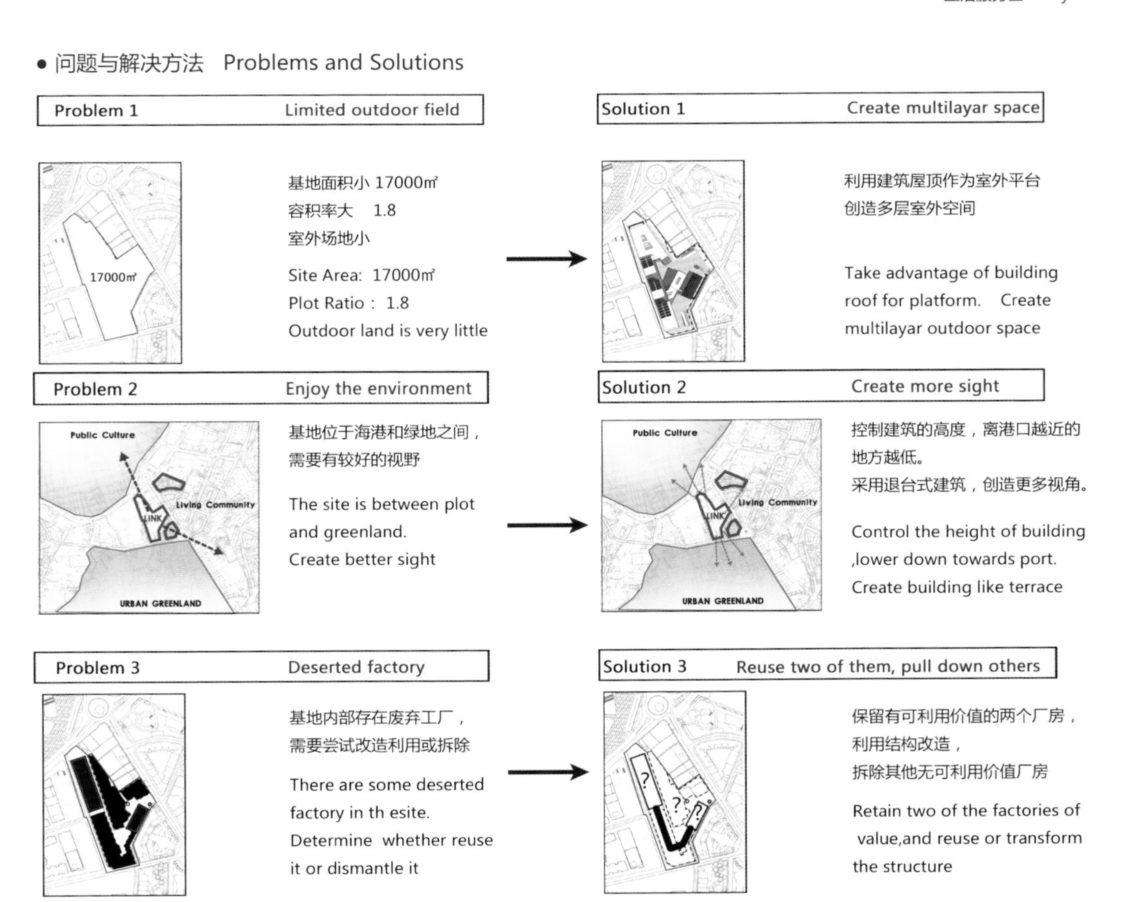

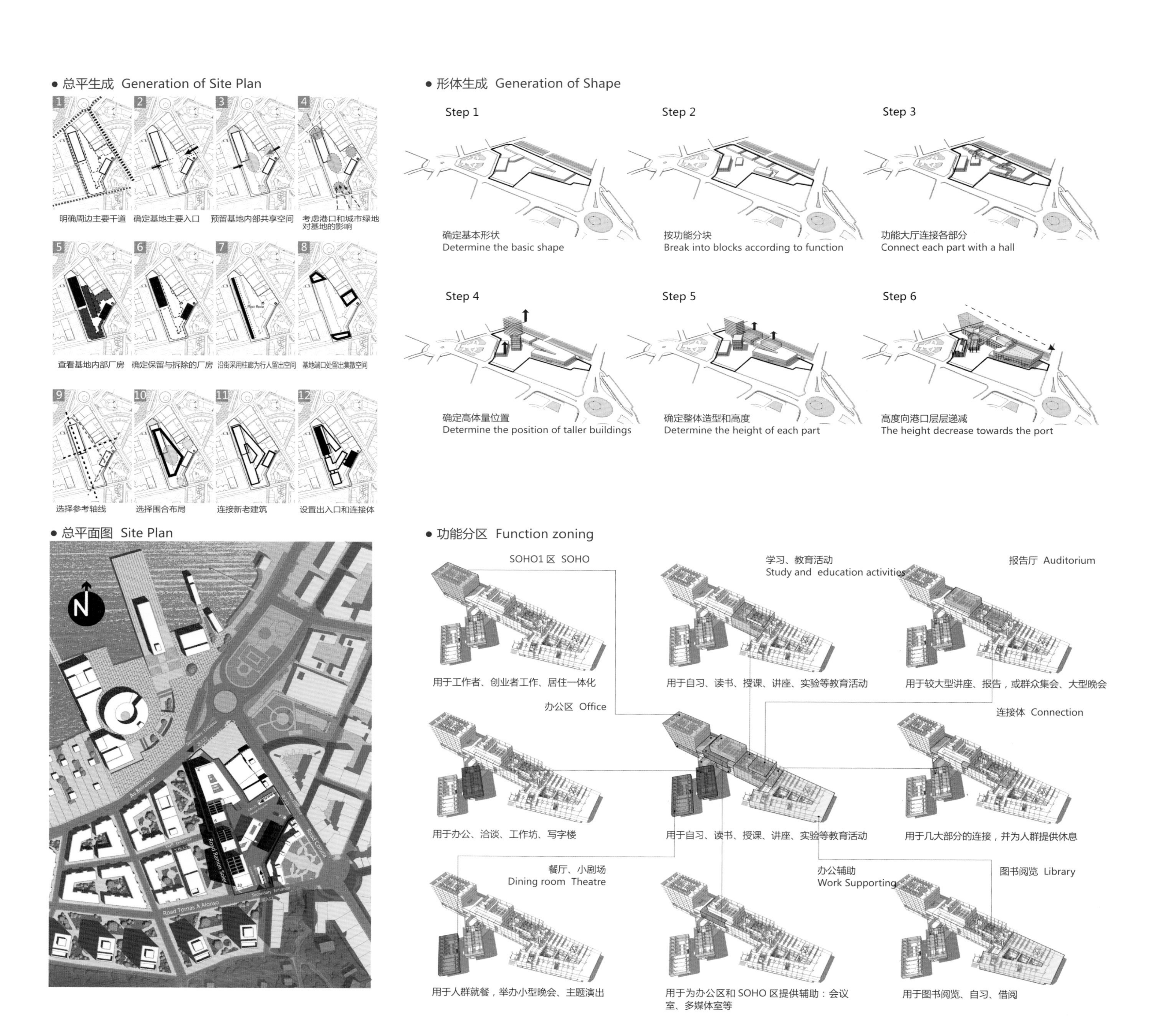
● 总平生成 Generation of Site Plan
明确周边主要干道
确定基地主要入口
预留基地内部共享空间
考虑港口和城市绿地对基地的影响
查看基地内部厂房
确定保留与拆除的厂房
沿街采用柱廊为行人留出空间
基地端口处留出集散空间
选择参考轴线
选择围合布局
连接新老建筑
设置出入口和连接体
● 形体生成 Generation of Shape
Step 1
确定基本形状
Determine the basic shape
Step 2
按功能分块
Break into blocks according to function
Step 3
功能大厅连接各部分
Connect each part with a hall
Step 4
确定高体量位置
Determine the position of taller buildings
Step 5
确定整体造型和高度
Determine the height of each part
Step 6
高度向港口层层递减
The height decrease towards the port
● 总平面图 Site Plan
● 功能分区 Function zoning
SOHO1 区 SOHO
用于工作者、创业者工作、居住一体化
学习、教育活动
Study and education activities
用于自习、读书、授课、讲座、实验等教育活动
报告厅 Auditorium
用于较大型讲座、报告，或群众集会、大型晚会
办公区 Office
用于办公、洽谈、工作坊、写字楼
用于自习、读书、授课、讲座、实验等教育活动
连接体 Connection
用于几大部分的连接，并为人群提供休息
餐厅、小剧场
Dining room Theatre
用于人群就餐，举办小型晚会、主题演出
办公辅助
Work Supporting
用于为办公区和 SOHO 区提供辅助：会议室、多媒体室等
图书阅览 Library
用于图书阅览、自习、借阅

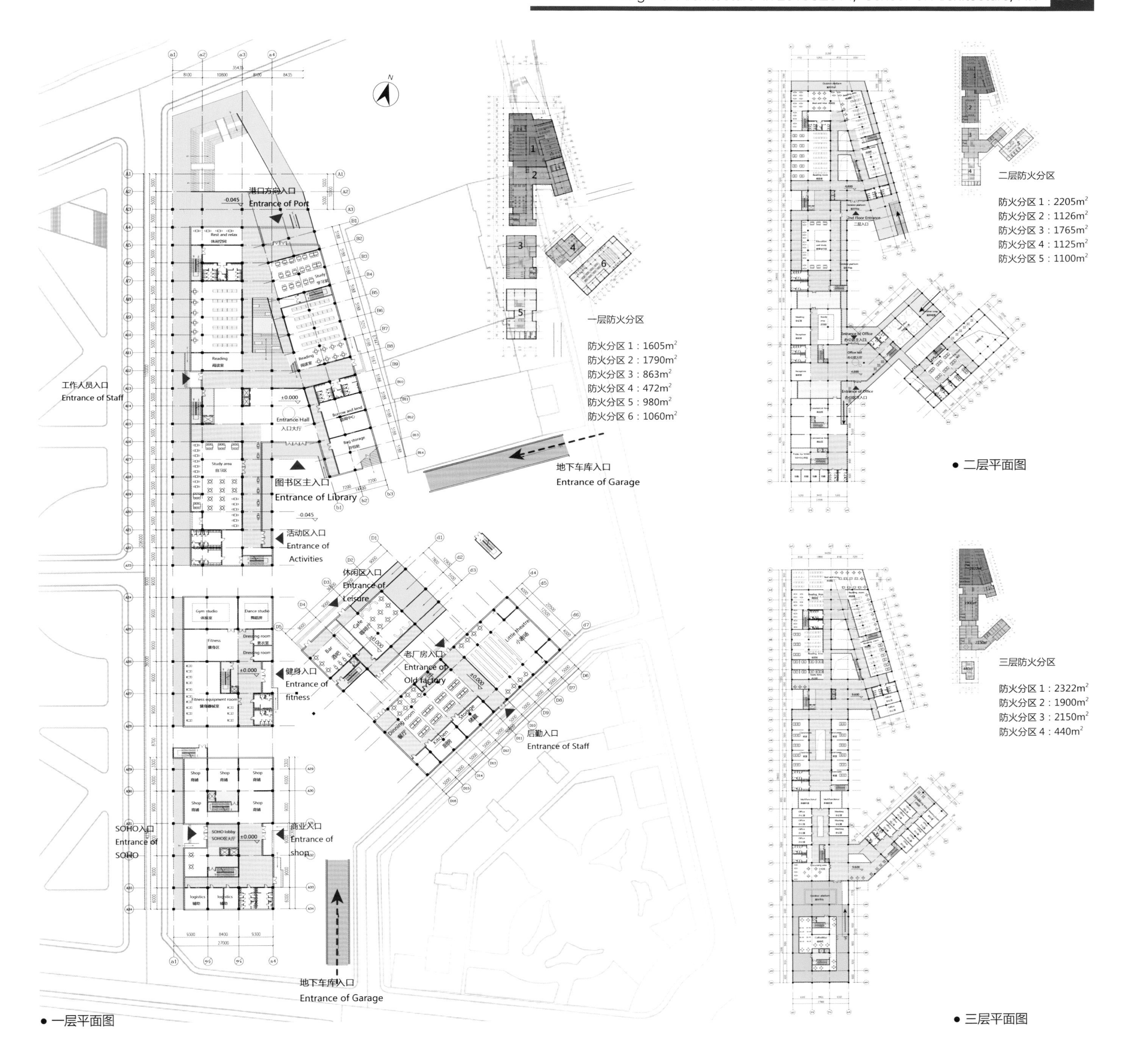

• 一层平面图

• 二层平面图

• 三层平面图

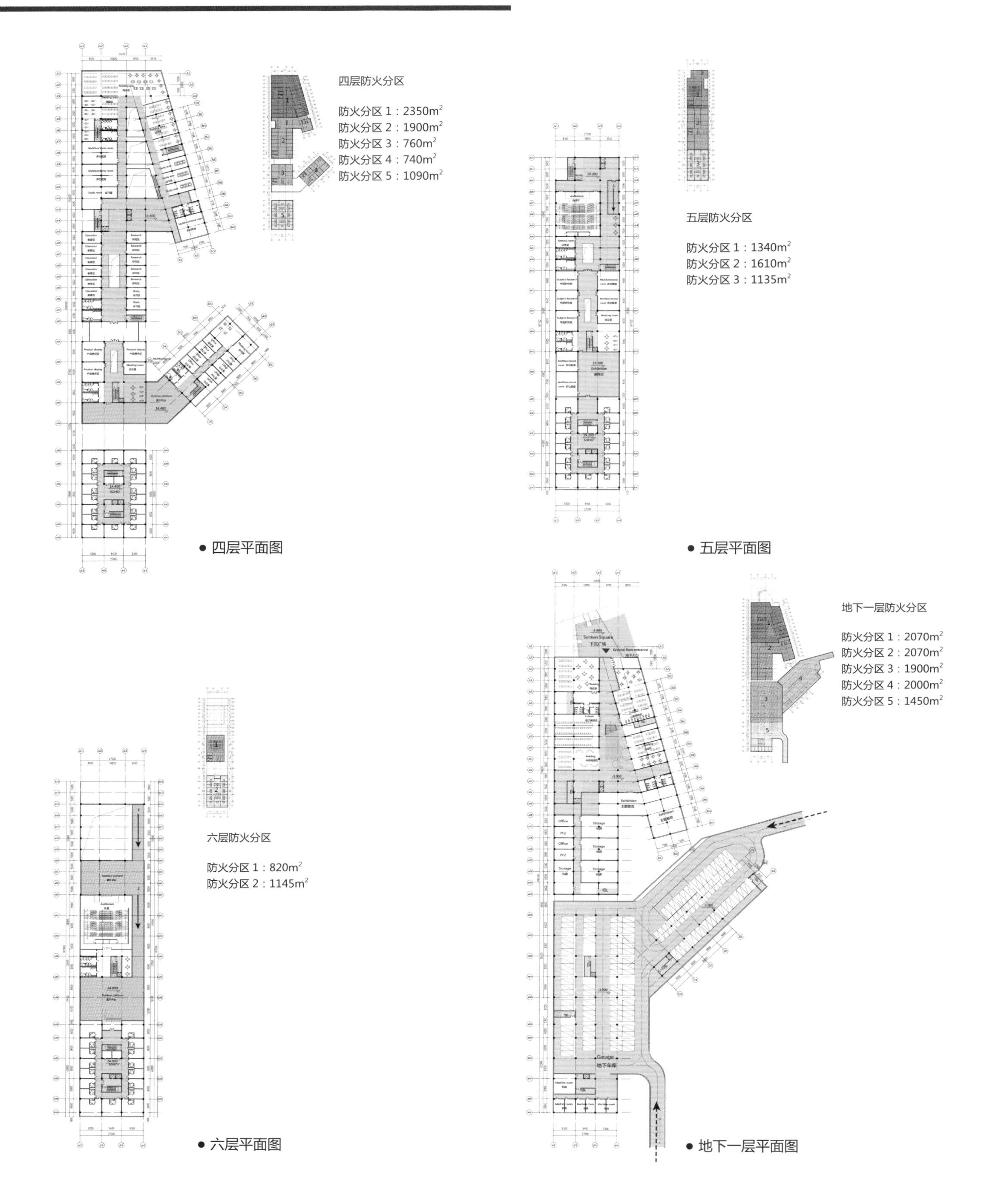

● 四层平面图

● 五层平面图

● 六层平面图

● 地下一层平面图

• 构成分析 Analysis of structure

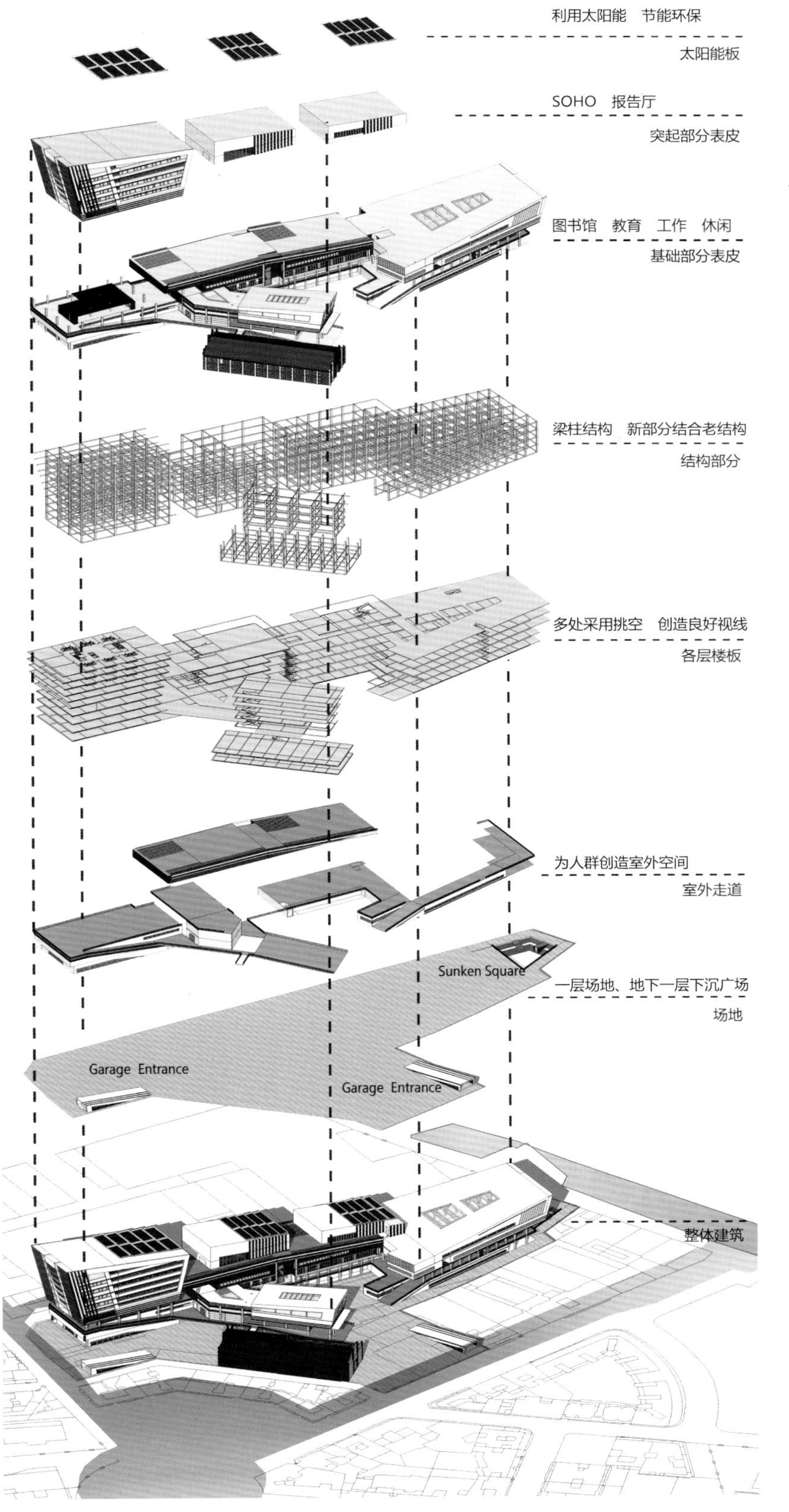

• 剖面分析 Analysis of section

功能分区

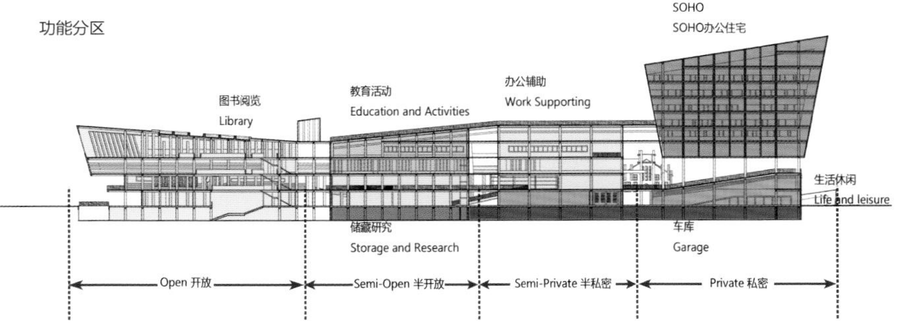

视线流线

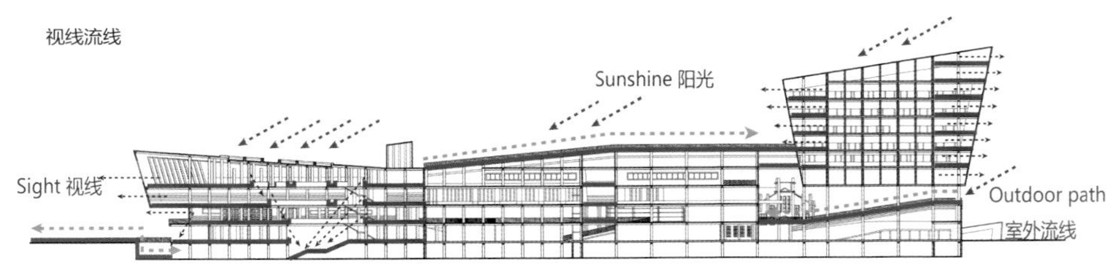

内外渗透

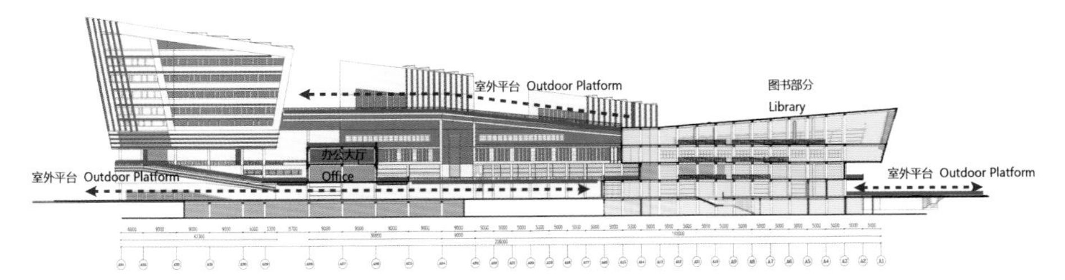

生态节能

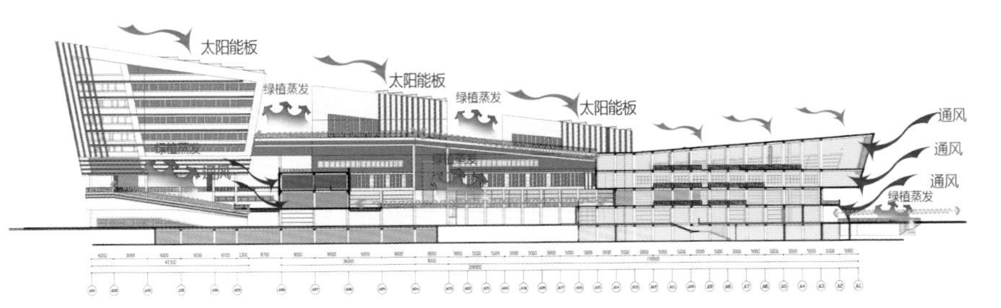

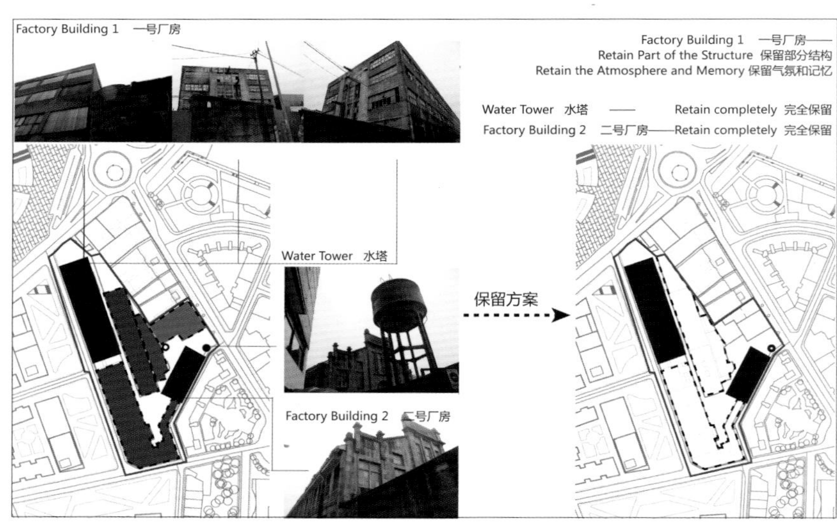

方法一 Solution1

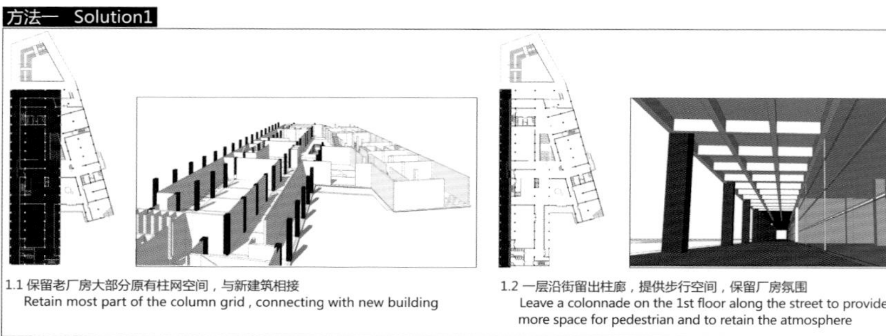

1.1 保留老厂房大部分原有柱网空间，与新建筑相接
Retain most part of the column grid , connecting with new building

1.2 一层沿街留出柱廊，提供步行空间，保留厂房氛围
Leave a colonnade on the 1st floor along the street to provide more space for pedestrian and to retain the atmosphere

方法二 Solution2

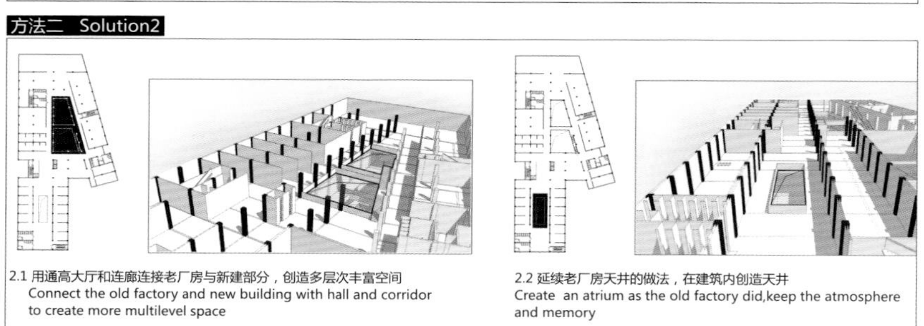

2.1 用通高大厅和连廊连接老厂房与新建部分，创造多层次丰富空间
Connect the old factory and new building with hall and corridor to create more multilevel space

2.2 延续老厂房天井的做法，在建筑内创造天井
Create an atrium as the old factory did,keep the atmosphere and memory

方法三 Solution3

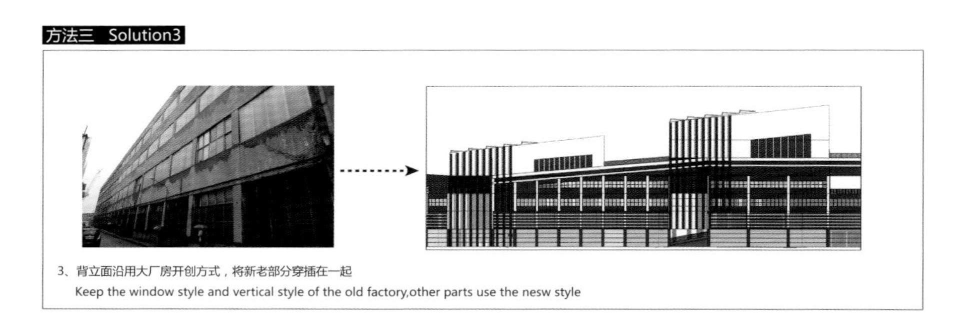

3、背立面沿用大厂房开创方式，将新老部分穿插在一起
Keep the window style and vertical style of the old factory,other parts use the nesw style

方法四 Solution4

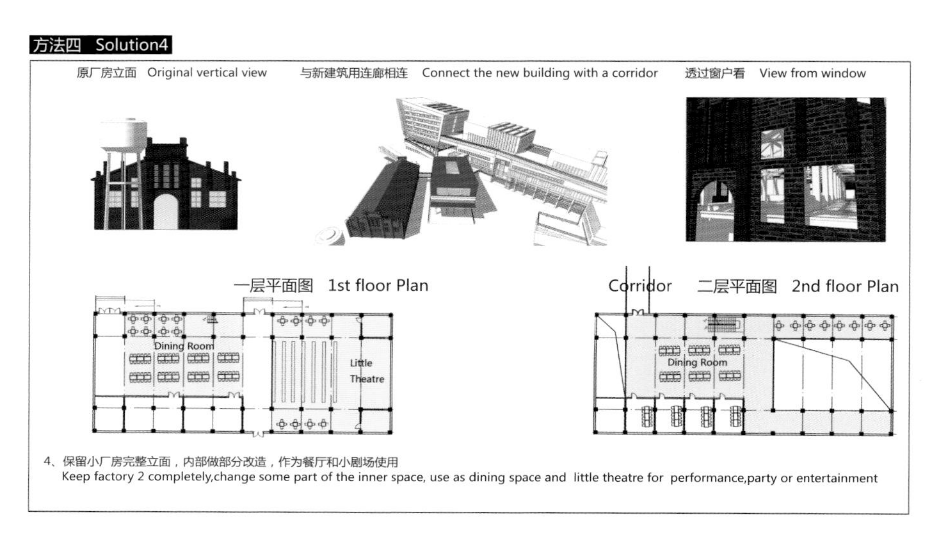

4、保留小厂房完整立面，内部做部分改造，作为餐厅和小剧场使用
Keep factory 2 completely,change some part of the inner space, use as dining space and little theatre for performance,party or entertainment

方法五 Solution5

5、保留小厂房完整立面，内部做部分改造，作为餐厅和小剧场使用
Keep factory 2 completely,reform some part of the inner space, using as dining room and little theatre for performance,party or entertainment

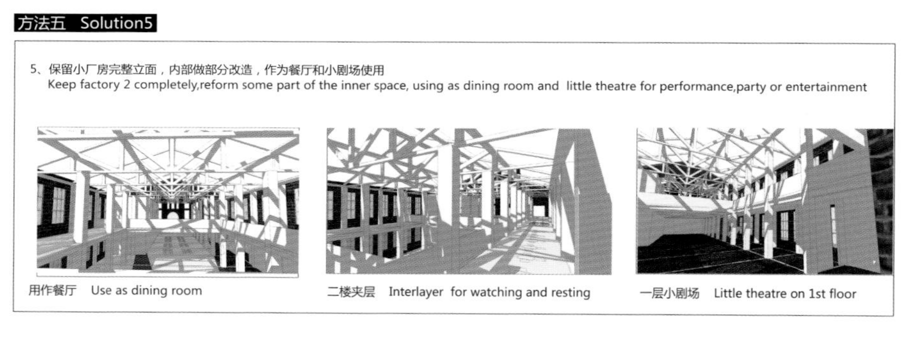

用作餐厅 Use as dining room

二楼夹层 Interlayer for watching and resting

一层小剧场 Little theatre on 1st floor

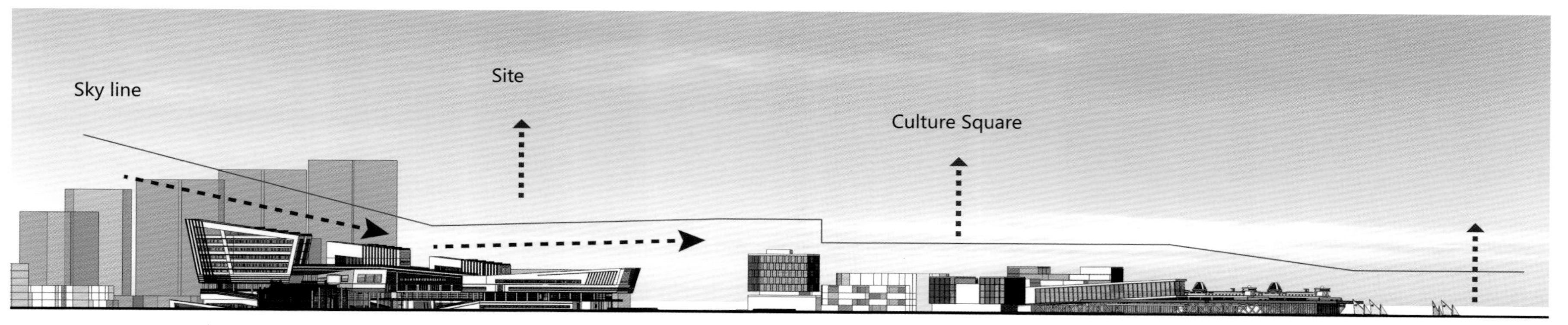

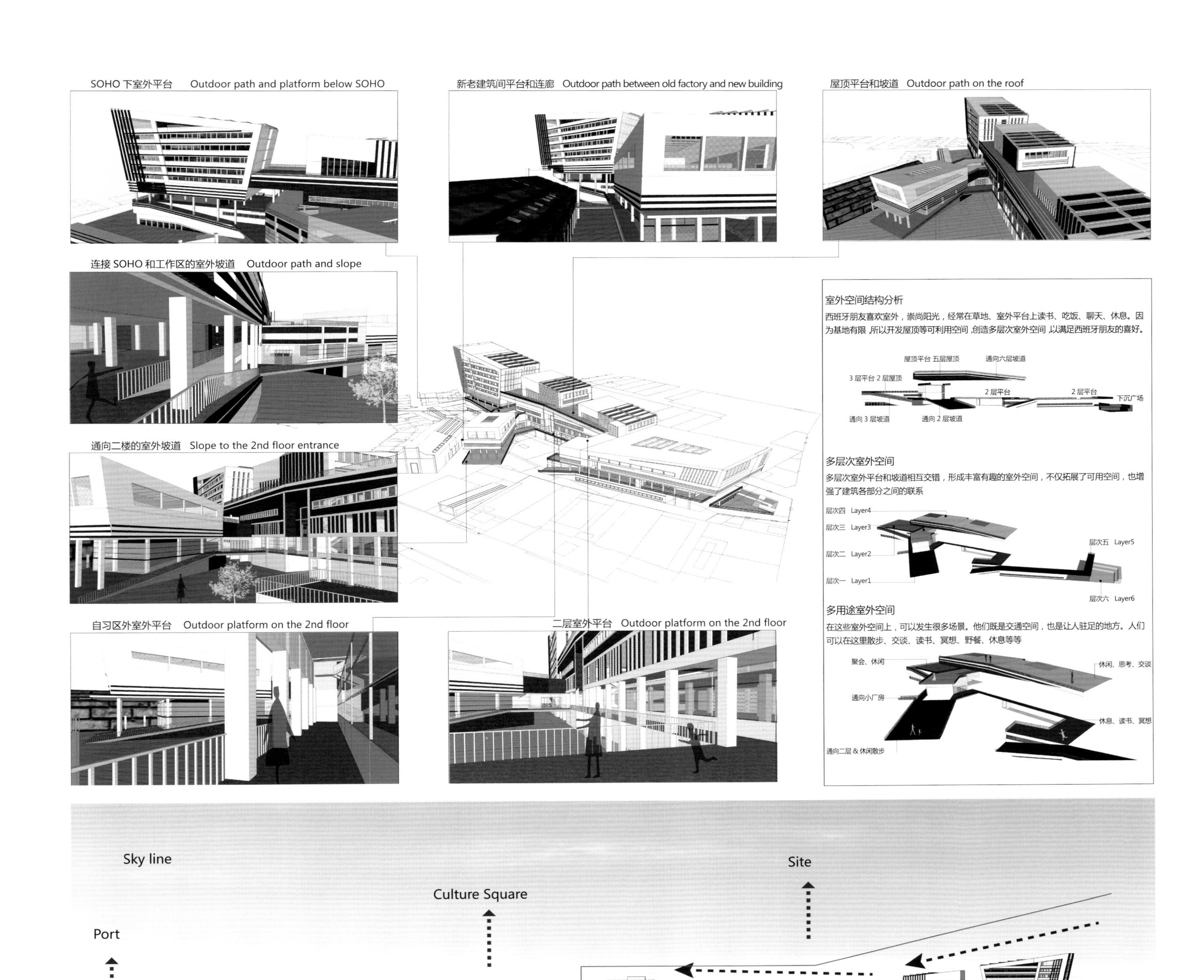
SOHO 下室外平台　Outdoor path and platform below SOHO
新老建筑间平台和连廊　Outdoor path between old factory and new building
屋顶平台和坡道　Outdoor path on the roof
连接 SOHO 和工作区的室外坡道　Outdoor path and slope
通向二楼的室外坡道　Slope to the 2nd floor entrance
自习区外室外平台　Outdoor platform on the 2nd floor
二层室外平台　Outdoor platform on the 2nd floor
室外空间结构分析
西班牙朋友喜欢室外，崇尚阳光，经常在草地、室外平台上读书、吃饭、聊天、休息。因为基地有限 ,所以开发屋顶等可利用空间 ,创造多层次室外空间 ,以满足西班牙朋友的喜好。
屋顶平台 五层屋顶
通向六层坡道
3 层平台 2 层屋顶
2 层平台
2 层平台
下沉广场
通向 3 层坡道
通向 2 层坡道
多层次室外空间
多层次室外平台和坡道相互交错，形成丰富有趣的室外空间，不仅拓展了可用空间，也增强了建筑各部分之间的联系
层次四　Layer4
层次三　Layer3
层次二　Layer2
层次一　Layer1
层次五　Layer5
层次六　Layer6
多用途室外空间
在这些室外空间上，可以发生很多场景。他们既是交通空间，也是让人驻足的地方。人们可以在这里散步、交谈、读书、冥想、野餐、休息等等
聚会、休闲
休闲、思考、交谈
通向小厂房
休息、读书、冥想
通向二层 & 休闲散步
Sky line
Site
Culture Square
Port

张黛妍
Zhang Daiyan

长春拖拉机厂综合展览中心设计

Architecture design of display center of Changchun Tractor Factory

指导教师：徐洪澎　唐家骏

本设计基于总体城市设计的原则，继续创造富有生气的城市公共空间，改造厂区入口处的老厂房建筑，拆除场地内东侧的部分跨，新建大体量的悬挑建筑，赋予综合展览的功能，着重塑造二层入口空间，联通园区内部，设计两条流线合理组织人流。所谓“飞 · 渡”，具有双关的涵义。既是指建筑处理上多处运用“跨越”，“悬挑”，“架空”等手段；也是指老厂区在更新换代过程中的飞跃性过渡。

● 概念图解

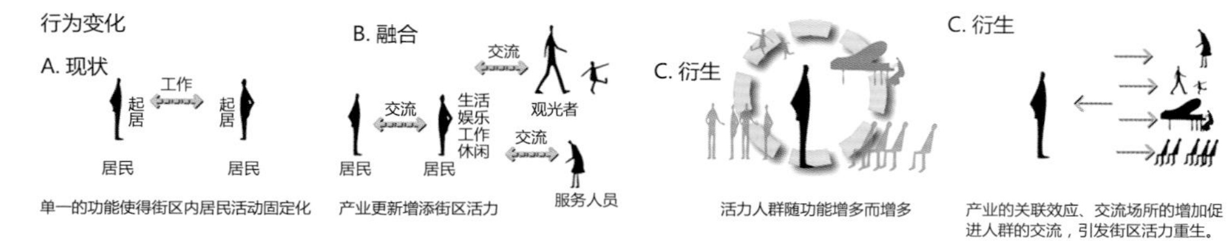

● 概念生成

设计意在深度挖掘基地内老工业历史文化，并以历史文 化点和线贯穿于整个街区面域中，让穿梭于街区的人们 倍感浓郁的老工业氛围。

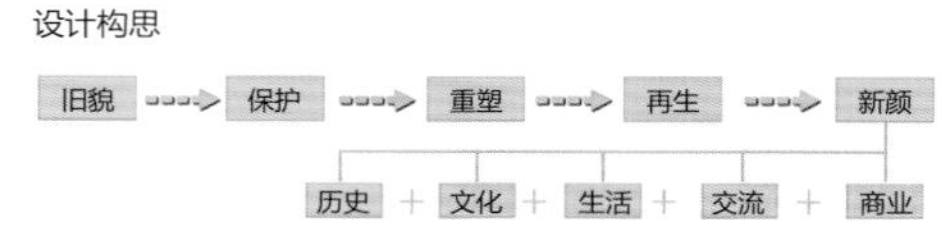

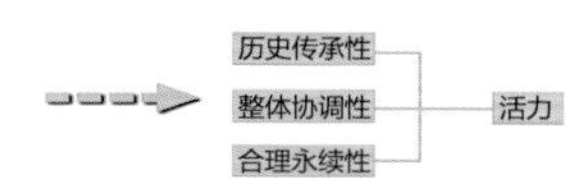

- 规划结构

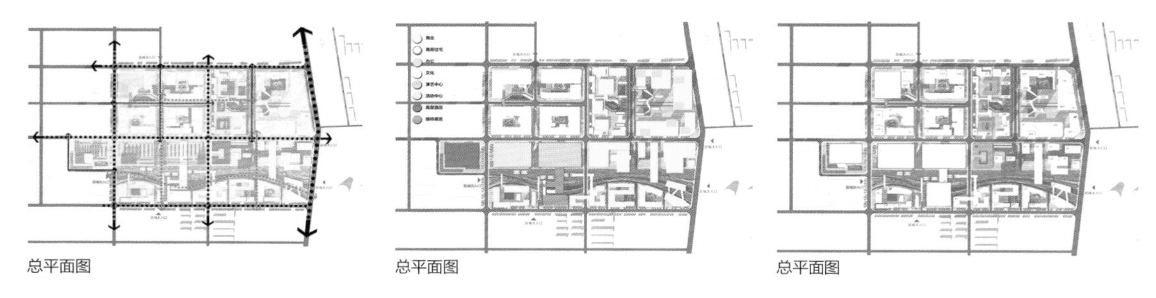

总平面图　　总平面图　　总平面图

- 群体行为演绎

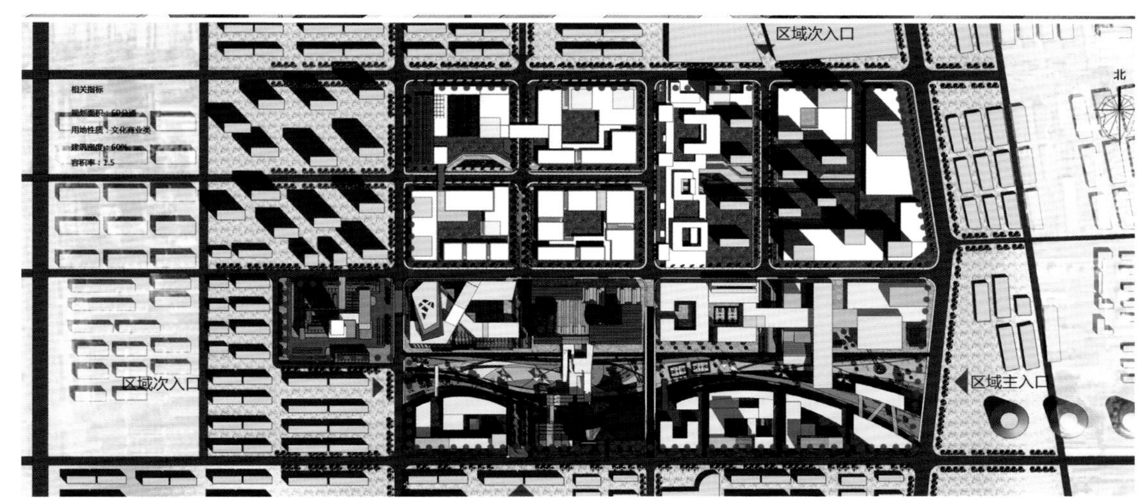

- 总平面图

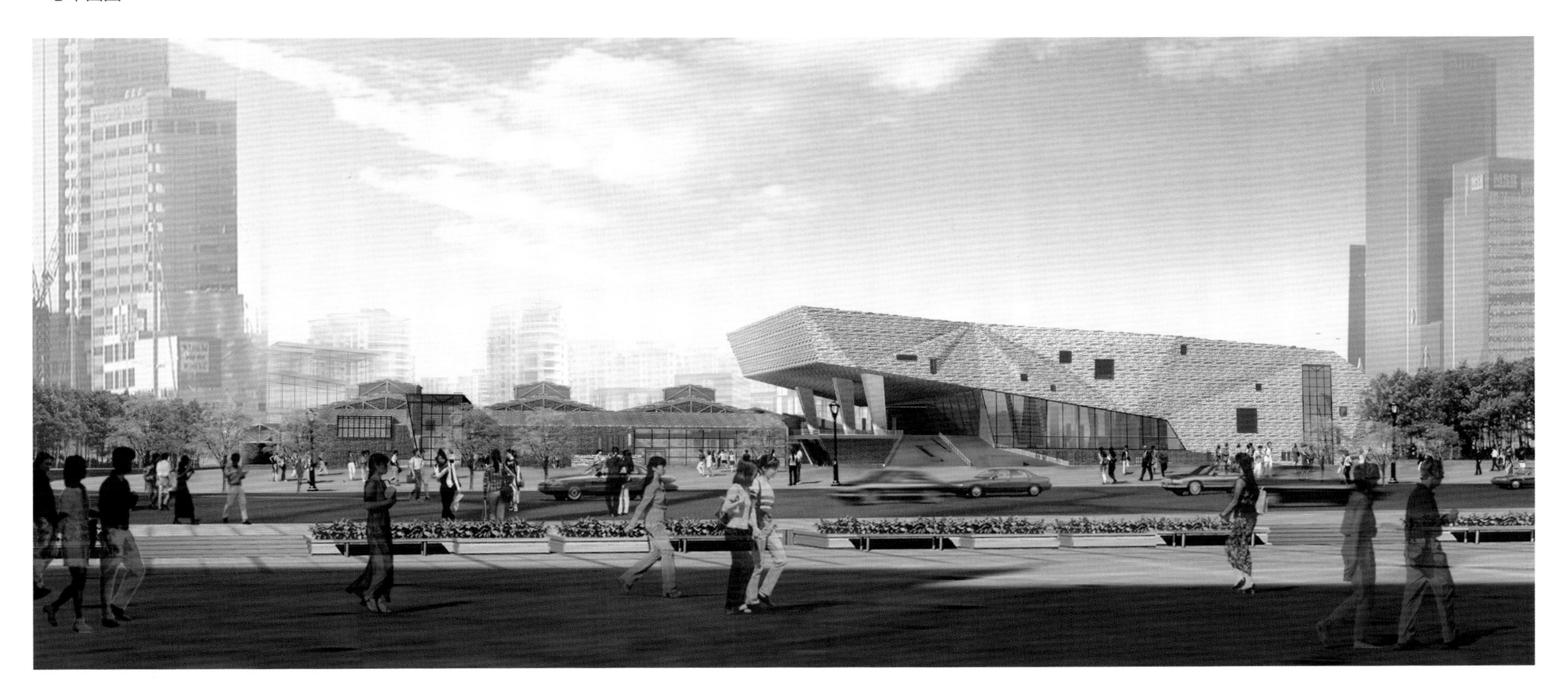

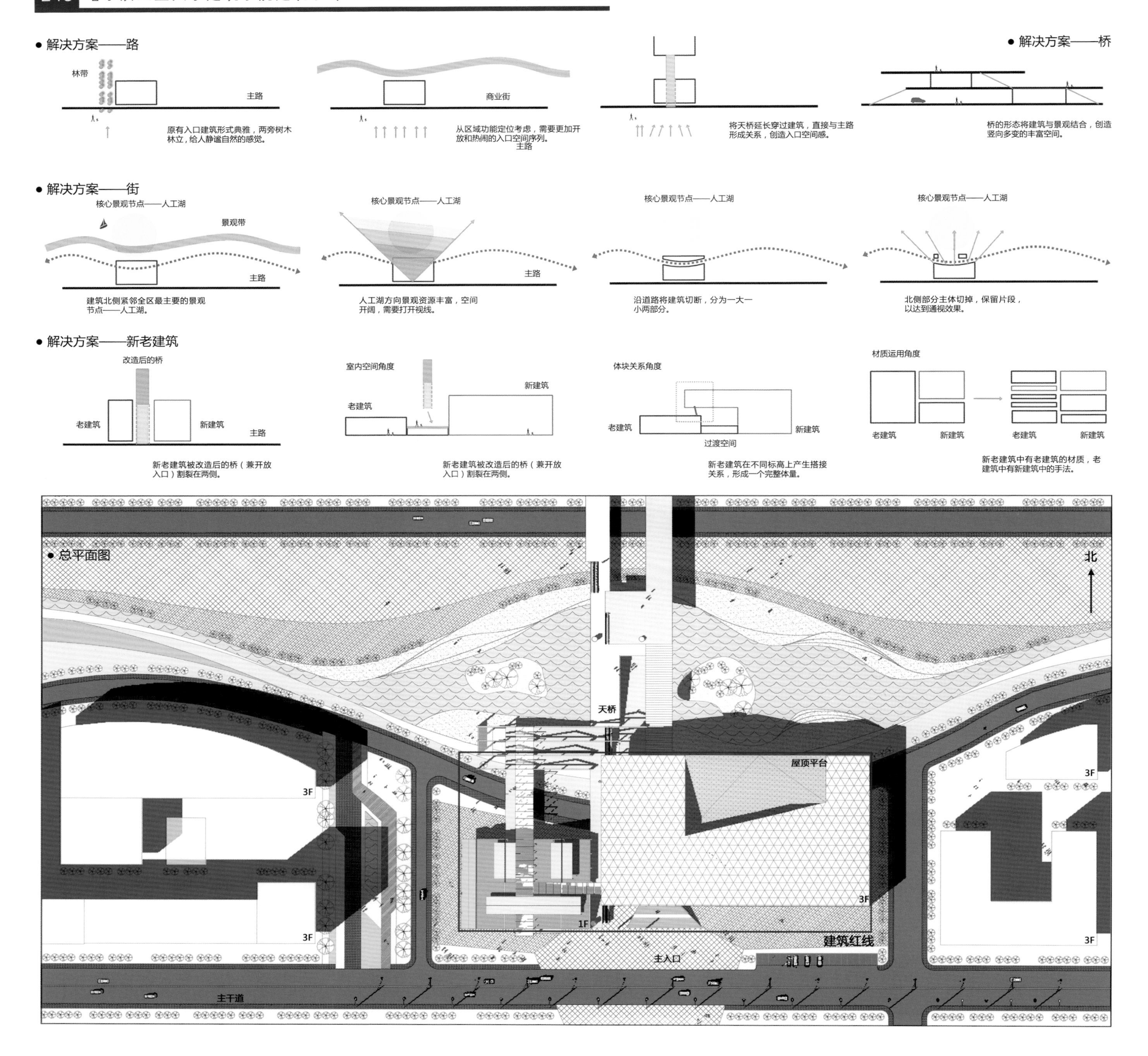

● 解决方案——路
林带
主路
原有入口建筑形式典雅，两旁树木林立，给人静谧自然的感觉。
商业街
从区域功能定位考虑，需要更加开放和热闹的入口空间序列。
主路
将天桥延长穿过建筑，直接与主路形成关系，创造入口空间感。
● 解决方案——桥
桥的形态将建筑与景观结合，创造竖向多变的丰富空间。
● 解决方案——街
核心景观节点——人工湖
景观带
主路
建筑北侧紧邻全区最主要的景观节点——人工湖。
核心景观节点——人工湖
主路
人工湖方向景观资源丰富，空间开阔，需要打开视线。
核心景观节点——人工湖
沿道路将建筑切断，分为一大一小两部分。
核心景观节点——人工湖
北侧部分主体切掉，保留片段，以达到通视效果。
● 解决方案——新老建筑
改造后的桥
老建筑
新建筑
主路
新老建筑被改造后的桥（兼开放入口）割裂在两侧。
室内空间角度
新建筑
老建筑
新老建筑被改造后的桥（兼开放入口）割裂在两侧。
体块关系角度
老建筑
新建筑
过渡空间
新老建筑在不同标高上产生搭接关系，形成一个完整体量。
材质运用角度
老建筑
新建筑
老建筑
新建筑
新老建筑中有老建筑的材质，老建筑中有新建筑中的手法。
● 总平面图
北
天桥
屋顶平台
3F
3F
3F
1F
3F
3F
建筑红线
主入口
主干道

● 老建筑保留策略

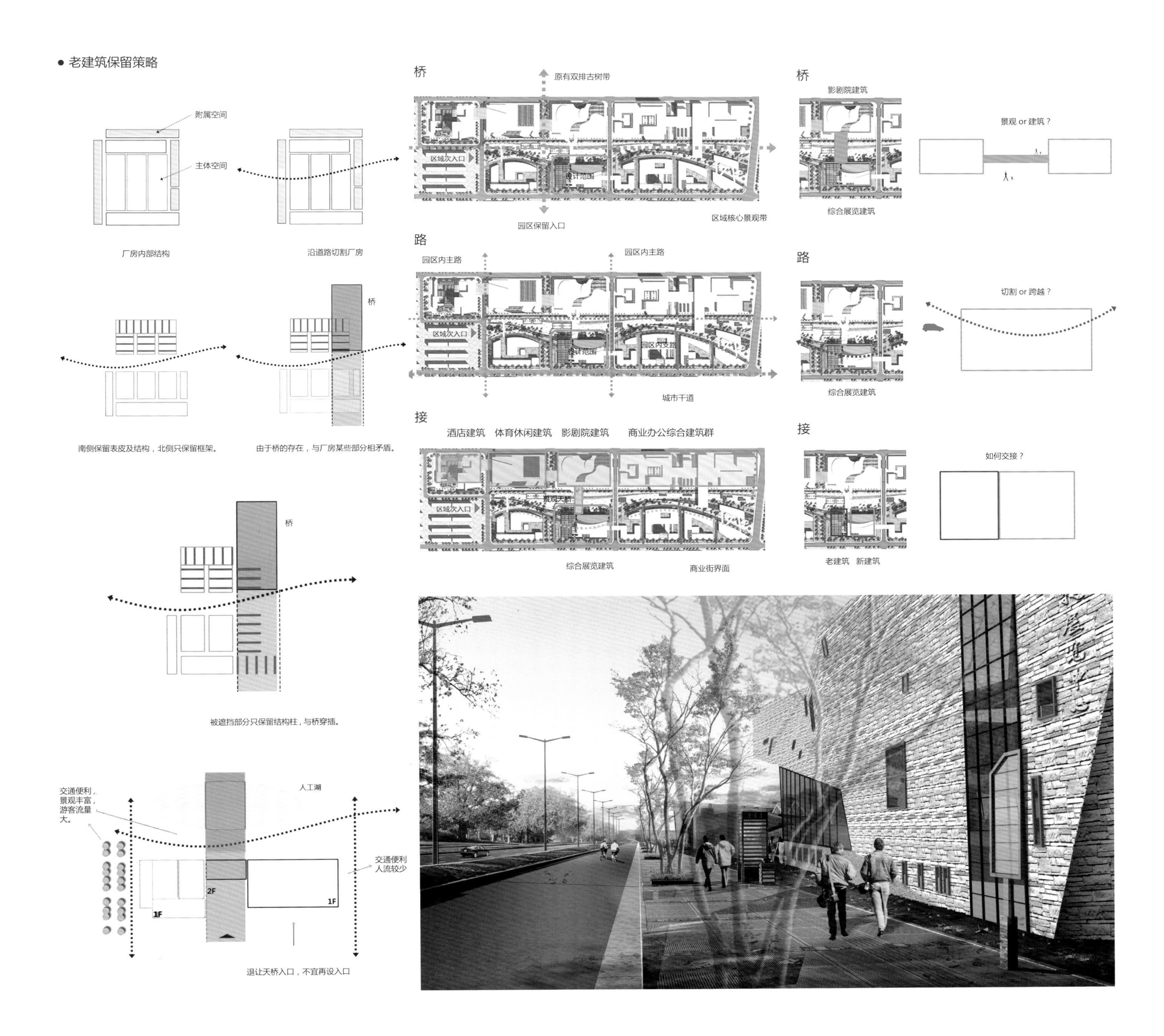
附属空间
主体空间
厂房内部结构
沿道路切割厂房
桥
南侧保留表皮及结构，北侧只保留框架。
由于桥的存在，与厂房某些部分相矛盾。
桥
被遮挡部分只保留结构柱，与桥穿插。
交通便利，景观丰富，游客流量大。
人工湖
交通便利 人流较少
2F
1F
1F
退让天桥入口，不宜再设入口
桥
原有双排古树带
区域次入口
设计范围
园区保留入口
区域核心景观带
路
园区内主路
园区内主路
区域次入口
设计范围
园区内支路
城市干道
接
酒店建筑 体育休闲建筑 影剧院建筑 商业办公综合建筑群
景观天桥
区域次入口
综合展览建筑
商业街界面
桥
影剧院建筑
综合展览建筑
景观 or 建筑？
路
综合展览建筑
切割 or 跨越？
接
老建筑 新建筑
如何交接？

● 一层平面图

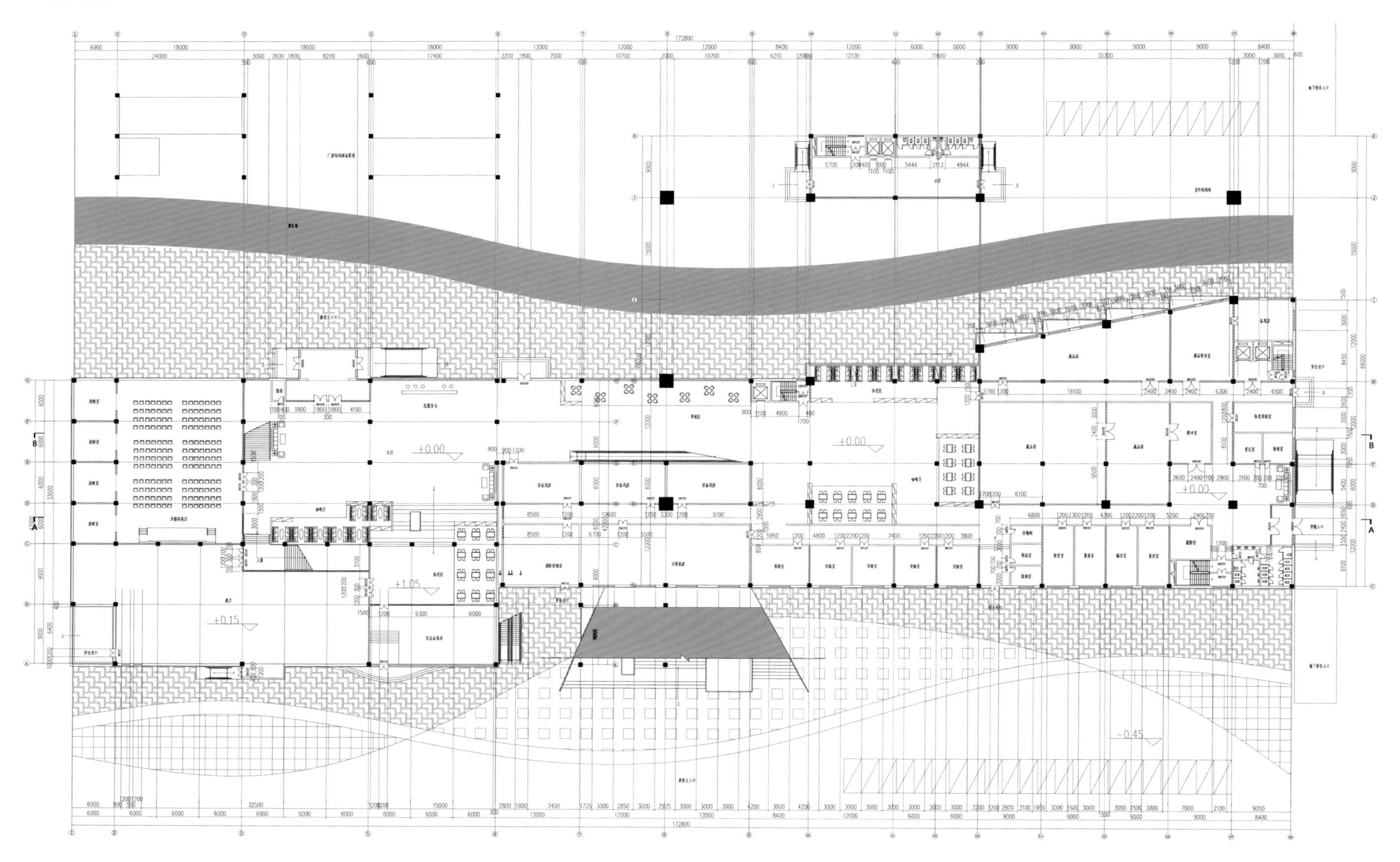

● 南立面图

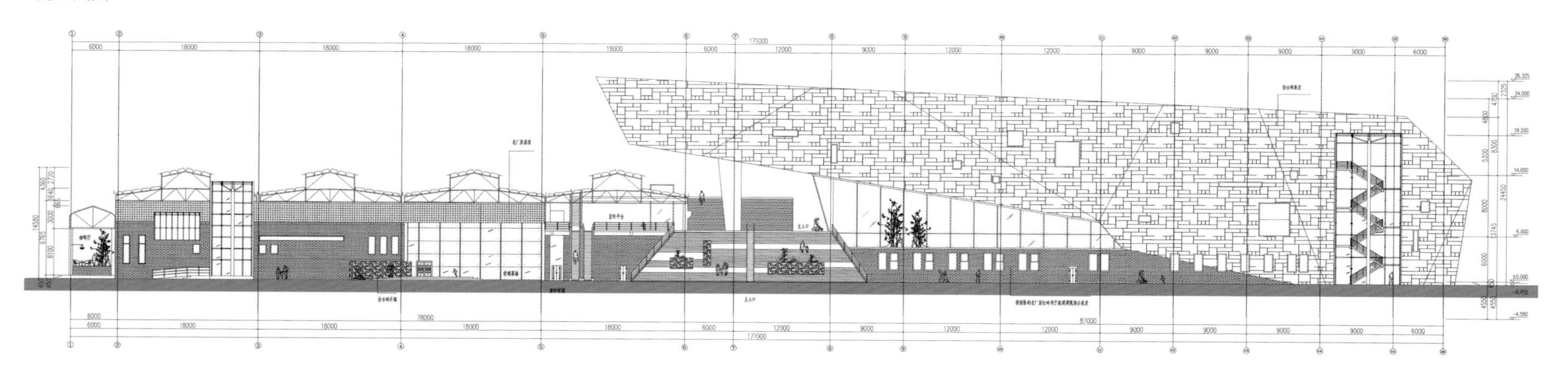

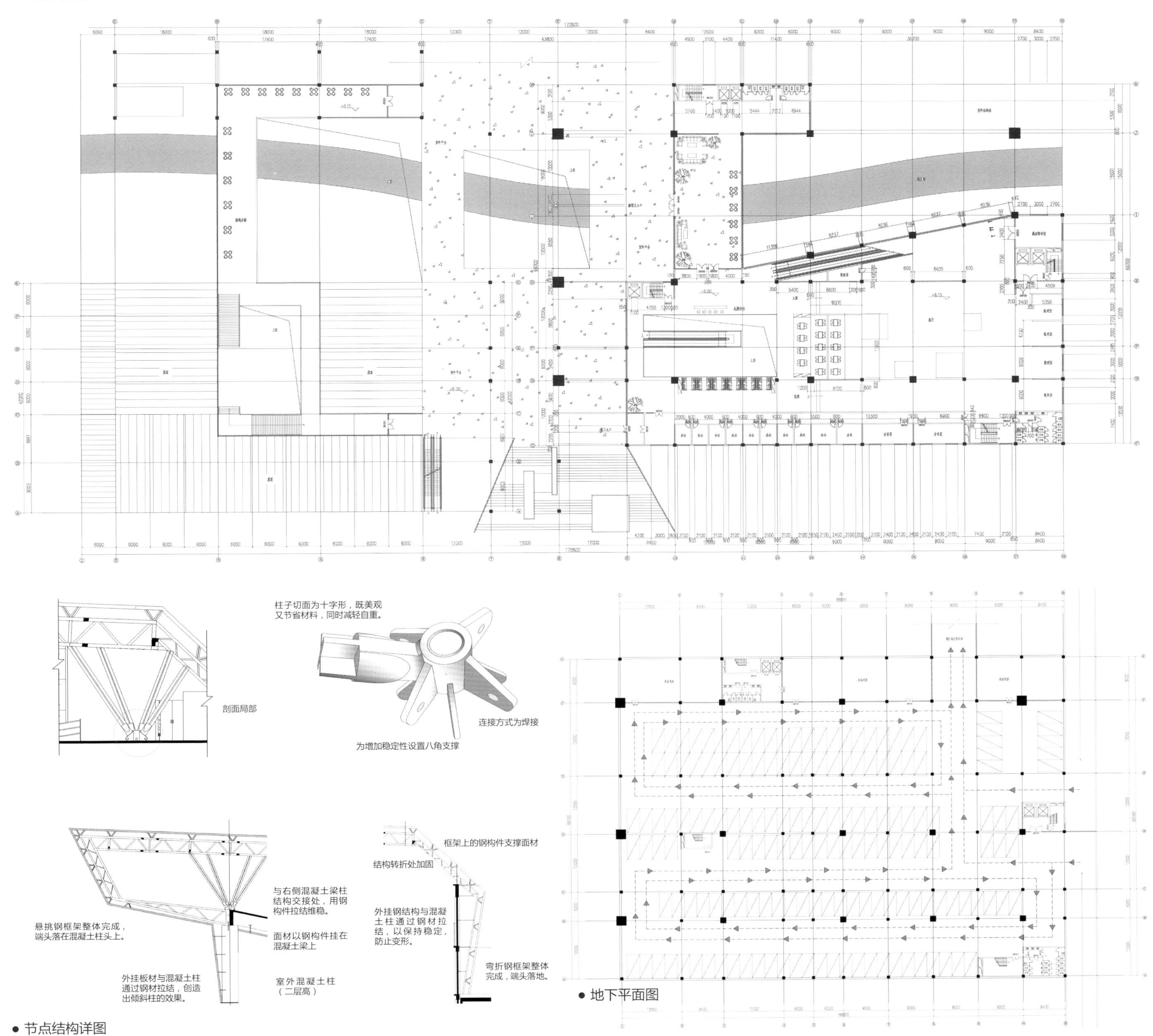
● 二层平面图
剖面局部
柱子切面为十字形，既美观
又节省材料，同时减轻自重。
连接方式为焊接
为增加稳定性设置八角支撑
悬挑钢框架整体完成，
端头落在混凝土柱头上。
与右侧混凝土梁柱
结构交接处，用钢
构件拉结维稳。
面材以钢构件挂在
混凝土梁上
外挂板材与混凝土柱
通过钢材拉结，创造
出倾斜柱的效果。
室外混凝土柱
（二层高）
框架上的钢构件支撑面材
结构转折处加固
外挂钢结构与混凝
土柱通过钢材拉
结，以保持稳定，
防止变形。
弯折钢框架整体
完成，端头落地。
● 节点结构详图
● 地下平面图

● A–A 剖面图

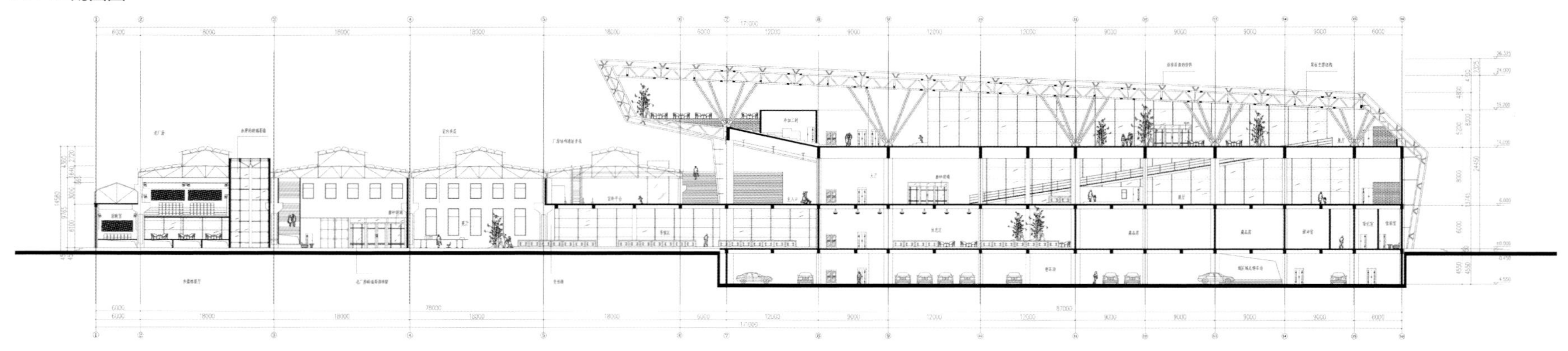

● B–B 剖面图

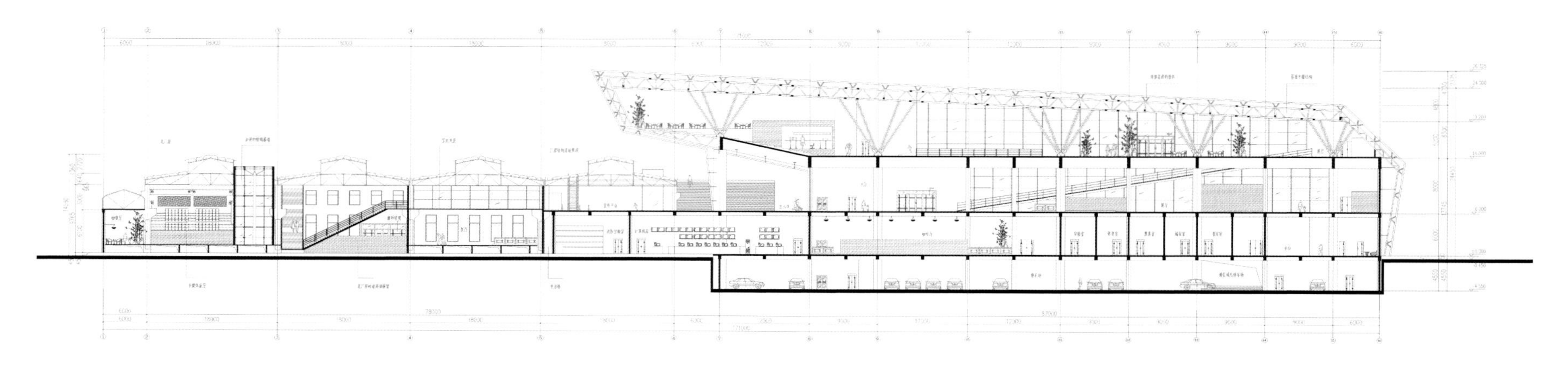

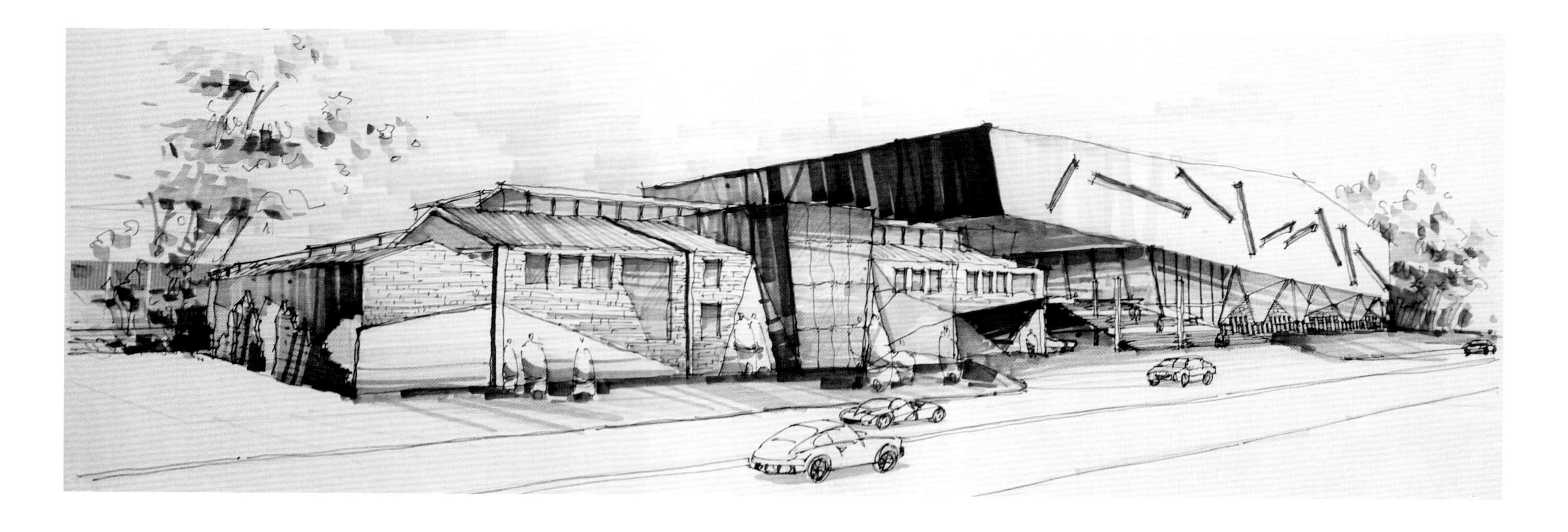

● 建筑节能分析

光照利用示意图

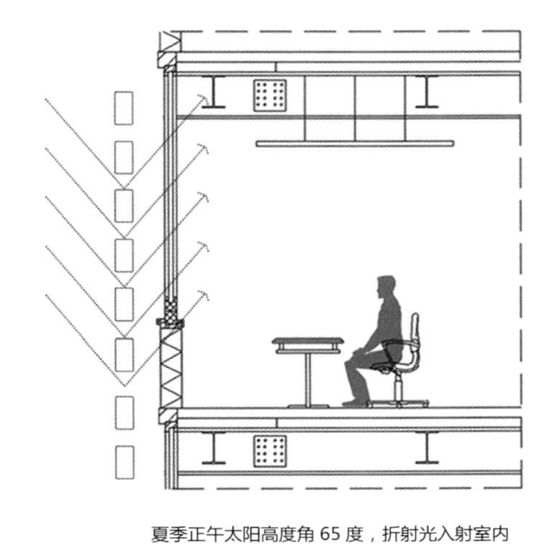

夏季正午太阳高度角 65 度，折射光入射室内

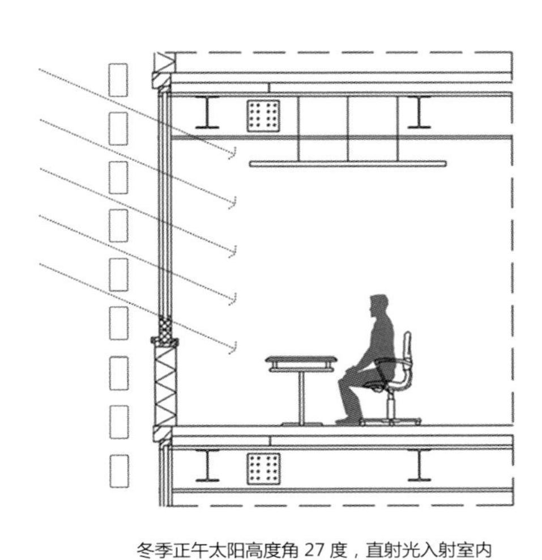

冬季正午太阳高度角 27 度，直射光入射室内

太阳墙工作示意图

太阳辐射

已被加热的空气

建筑外墙

室外空气

空腔

多孔金属板

人工通风示意图

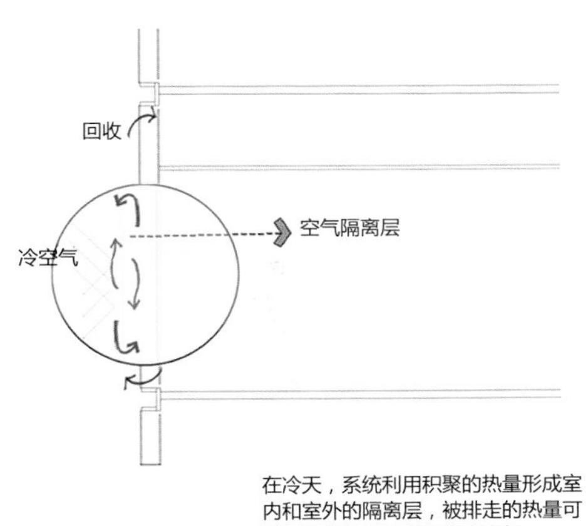

在冷天，系统利用积聚的热量形成室内和室外的隔离层，被排走的热量可以回收用于加热水和室内空气。

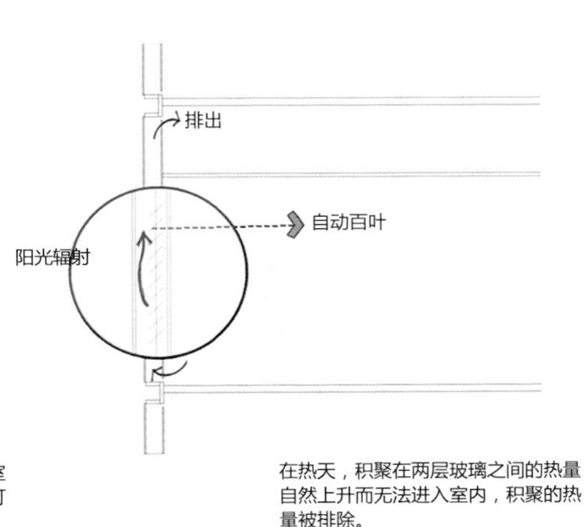

在热天，积聚在两层玻璃之间的热量自然上升而无法进入室内，积聚的热量被排除。

1　2　3　4　5　6　7

1、基层墙体
2、界面剂、专用粘结砂浆
3、EPS 保温板
4、专用聚合物抗裂砂浆
5、耐碱玻纤网格布增强层
6、聚合物抗裂防水砂浆罩面
7、饰面层

自然通风示意图

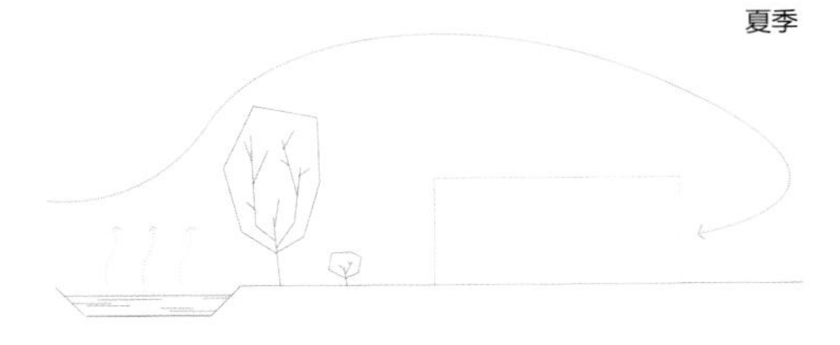

夏季高大树木迎风，改变风向使建筑背风面得到自然风，带走室内热气

可动式组合窗示意图

南向窗工作原理

利用冬季太阳光的辐射可以一定程度上减少室内采暖能耗，但在夏季南向光照过强会增加室内空调系统负担。

因此设置了可开合的组合窗，根据时节和光照情况的不同调节开窗的角度，在保证室内采光的情况下减少能耗。

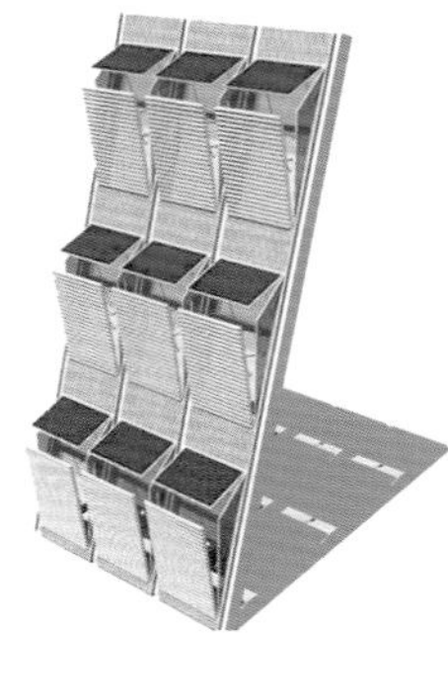

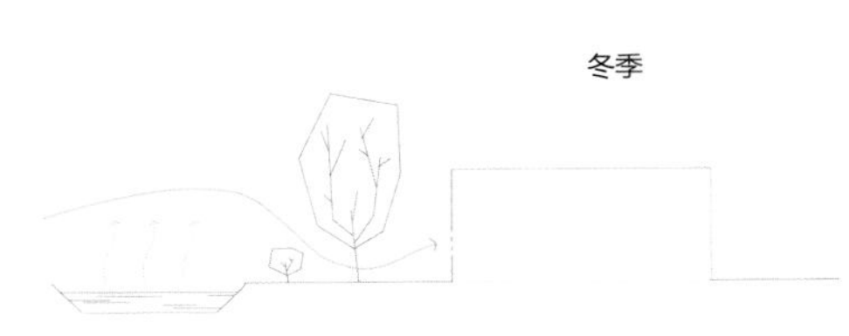

冬季低矮树木迎风，将湖面风带入室内，净化室内空气

利用建筑周边环境中的水景观，结合树木等植被的配置，考虑冬夏两季的不同需求进行自然通风 设计，是建筑最大限度的利用自然资源，从而达到节约能源的效果。

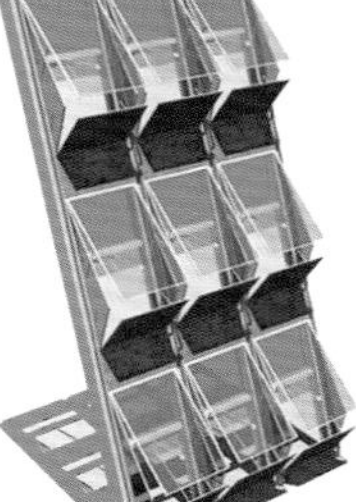

北向窗工作原理

北方地区冬季太阳光直射时间短，强度低，太阳辐射产生的能量不高，相比之下，由窗口散发的热量却很大。

因此设置了双层中空可开合的组合窗，形成热量缓冲空间，夏季减少热辐射，冬季降低热流失，从而降低能耗。

张之洋
Zhang Zhiyang

西安幸福林带核心区城市设计及青年人服务中心设计

Youth center design and urban design in Xi'an xingfulin district

指导教师：陆诗亮　张宇

本设计旨在用微创的方式，以互助社区的手段归还由于大规模开发而消失的原本属于居民的幸福生活。在城市设计层面，在社区内部利用剩余空间组织步行公共活动空间，为居民提供活动交往的场所，同时加强社区的联系。在社区中央形成一条“幸福林”，以人性的尺度归还幸福于民。绿环直通幸福总部，以老中青三代互帮互助的方式抵御各种问题。在建筑层面，通过对原有村落进行乌托邦式的复原，归还人们失去的本应属于他们的幸福于生活，唤起记忆。

● 议题背景

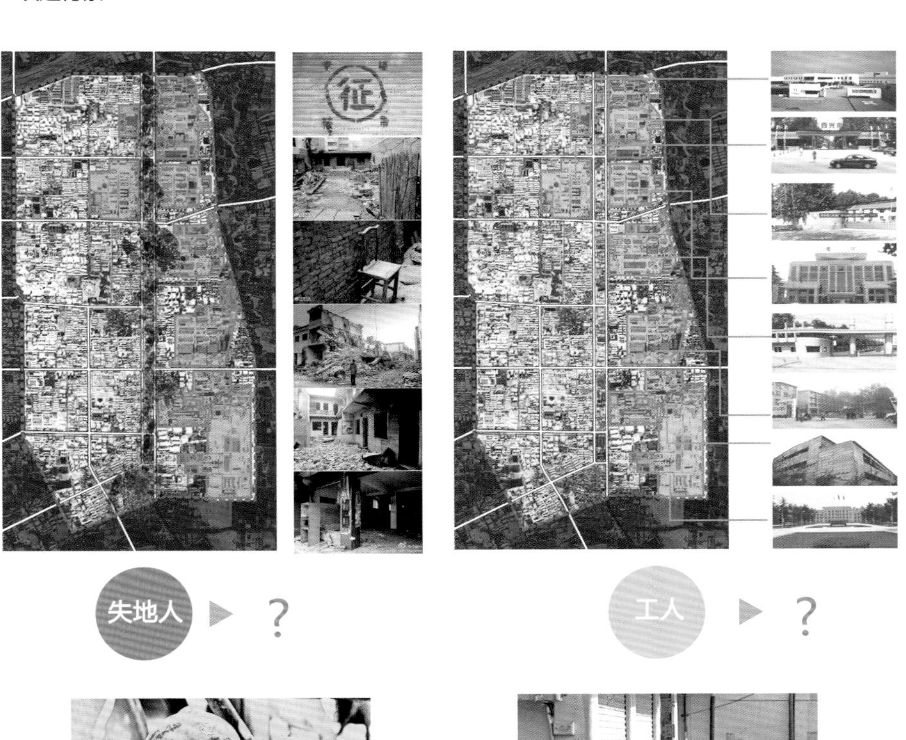

【征地拆迁】　　【产业置换】

● 城市剥夺性重构

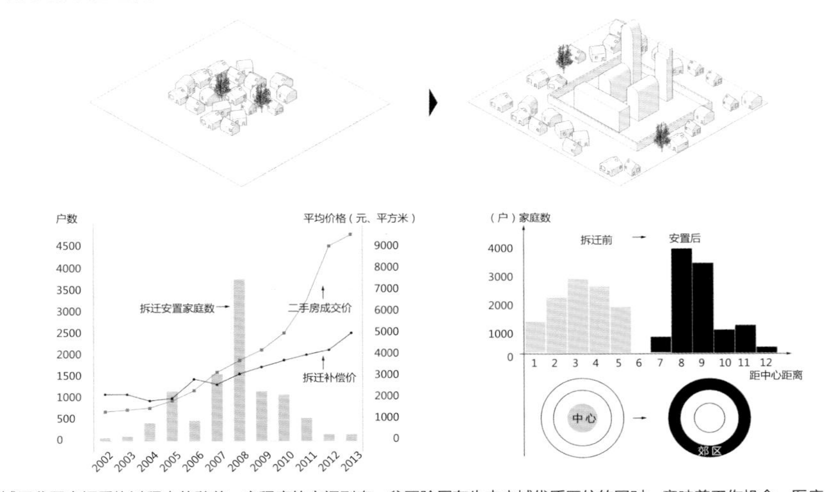

内城区贫困空间重构过程中伴随着一定程度的空间剥夺，贫困阶层在失去内城优质区位的同时，意味着工作机会、医疗服务、子女教育和公共交通等市民权利被部分剥夺与侵占。城市旧城改造消除了类似西方国家曾经出现的内城贫民窟隐患，但实际上贫困群体数量并未减少，而是通过难以逆转的空间迁移方式将他们集中安置在城市边缘，并埋下了“新贫困空间”的种子。

● 概念生成

琥珀是数千万年前的树脂被埋藏于地下，经过一定的化学变化后形成的一种树脂化石，是一种有机的似矿物。琥珀的形状多种多样，表面常保留着当初树脂流动时产生的纹路，内部经常可见气泡及古老昆虫或植物碎屑。

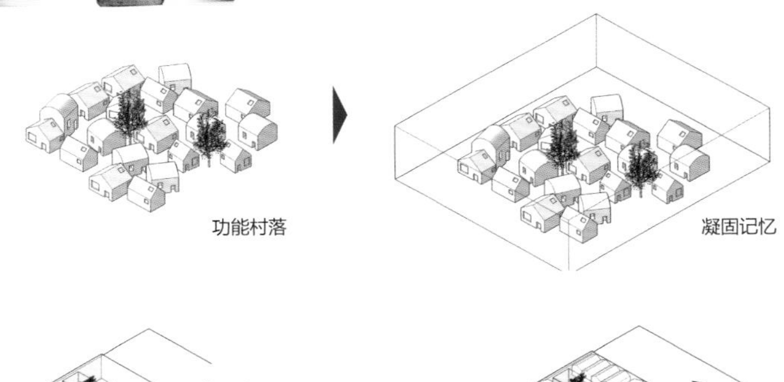

功能村落　　凝固记忆

● 生成过程

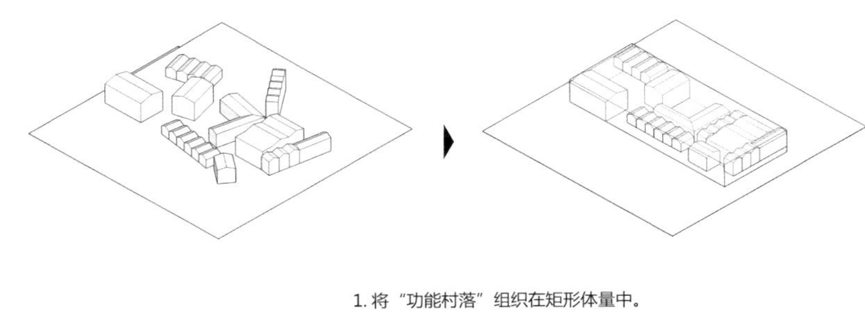

1. 将“功能村落”组织在矩形体量中。

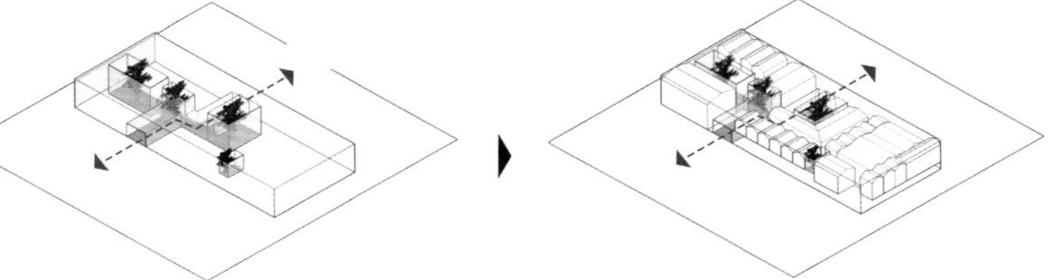

3. 连接前广场与后广场形成通廊

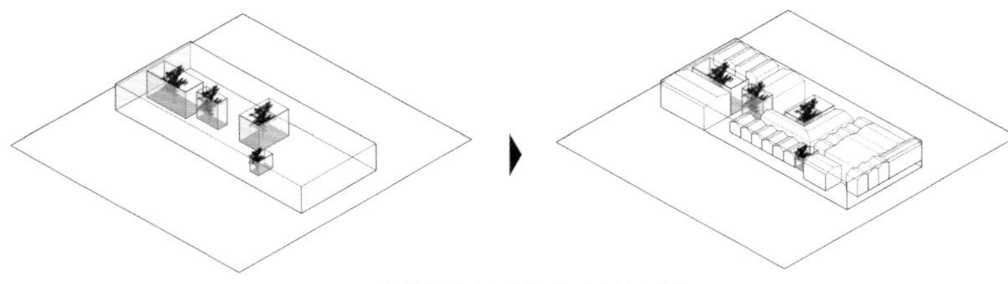

2. 植入庭院，组织院落空间与序列

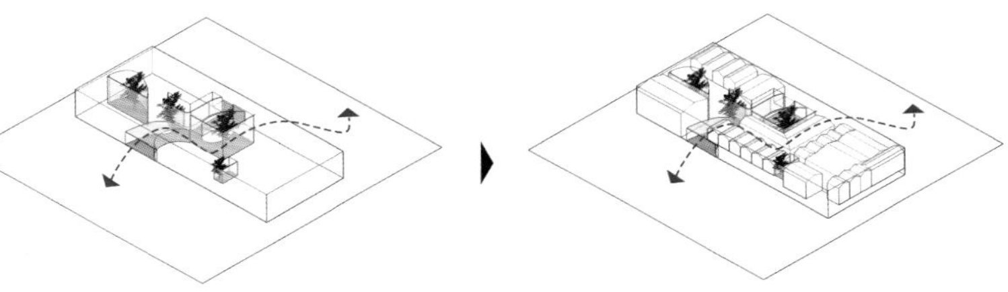

4. 软化曲线，优化空间效果。

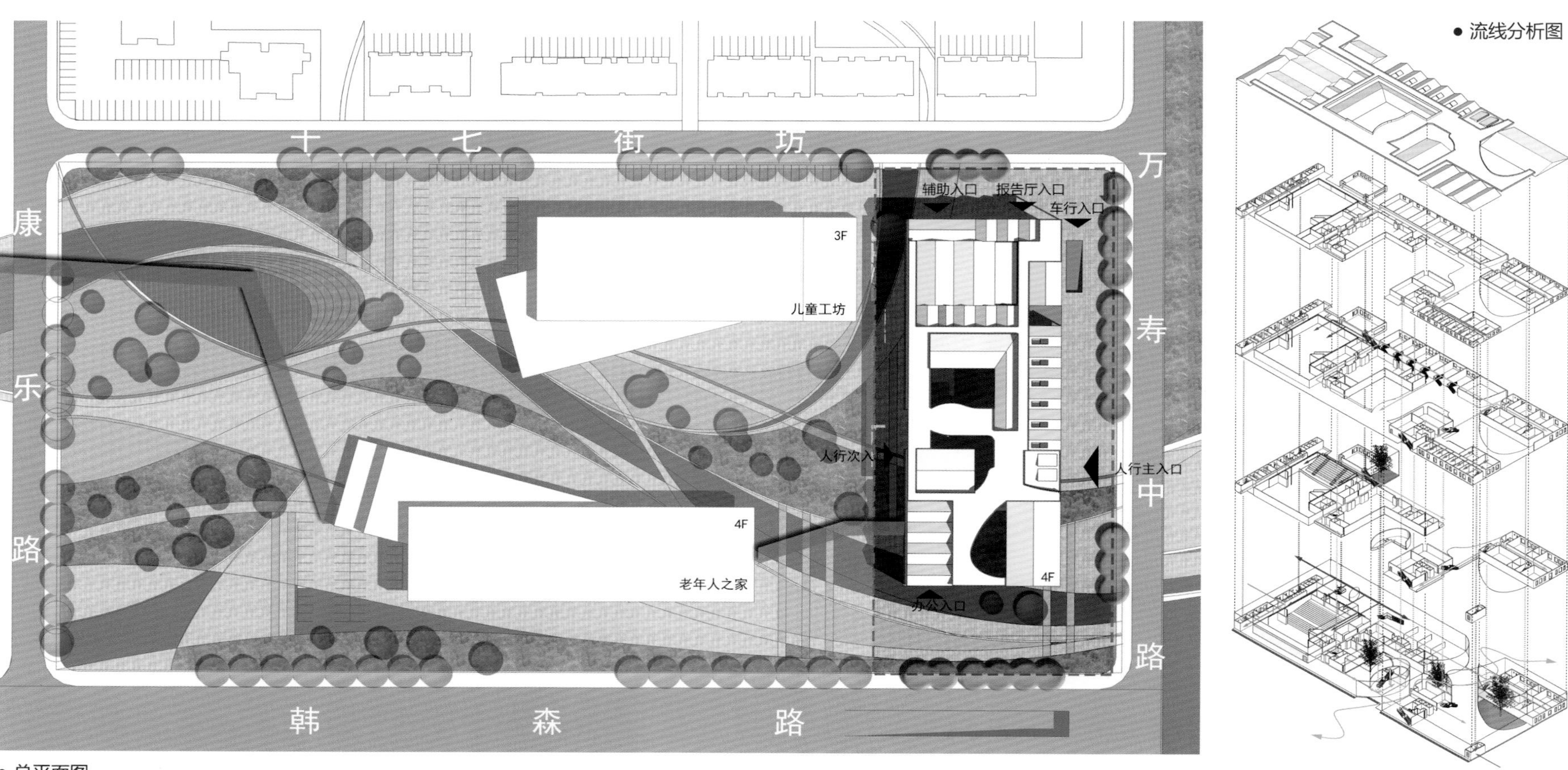

● 流线分析图

● 总平面图

● 西立面图

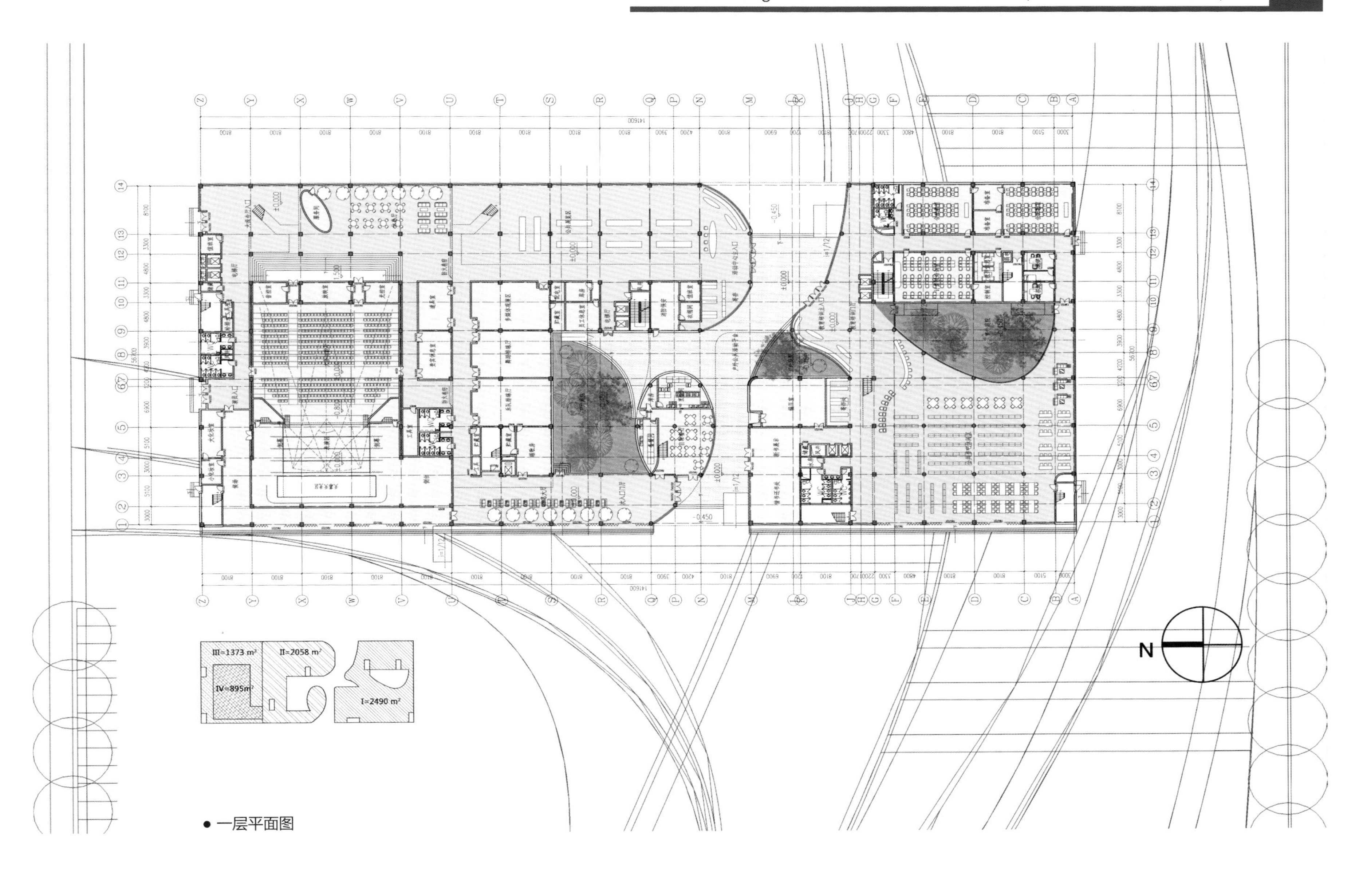

● 一层平面图

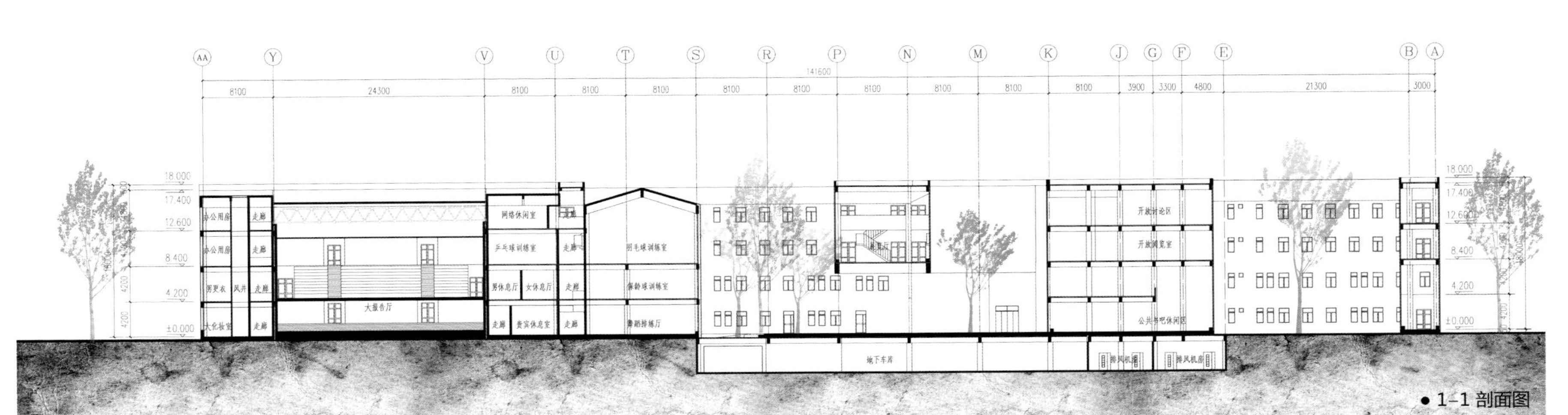

● 1-1 剖面图

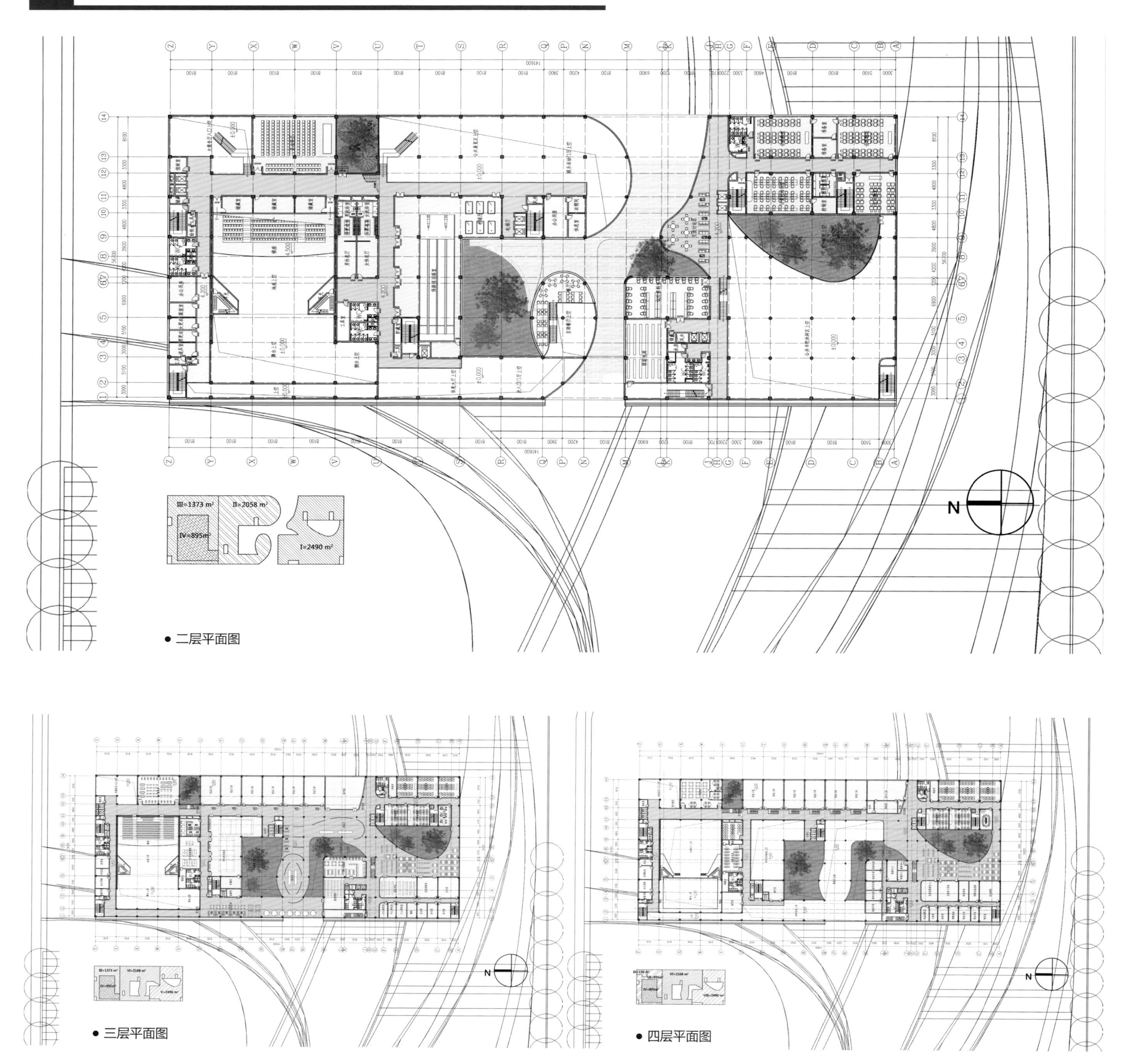

● 二层平面图

● 三层平面图

● 四层平面图

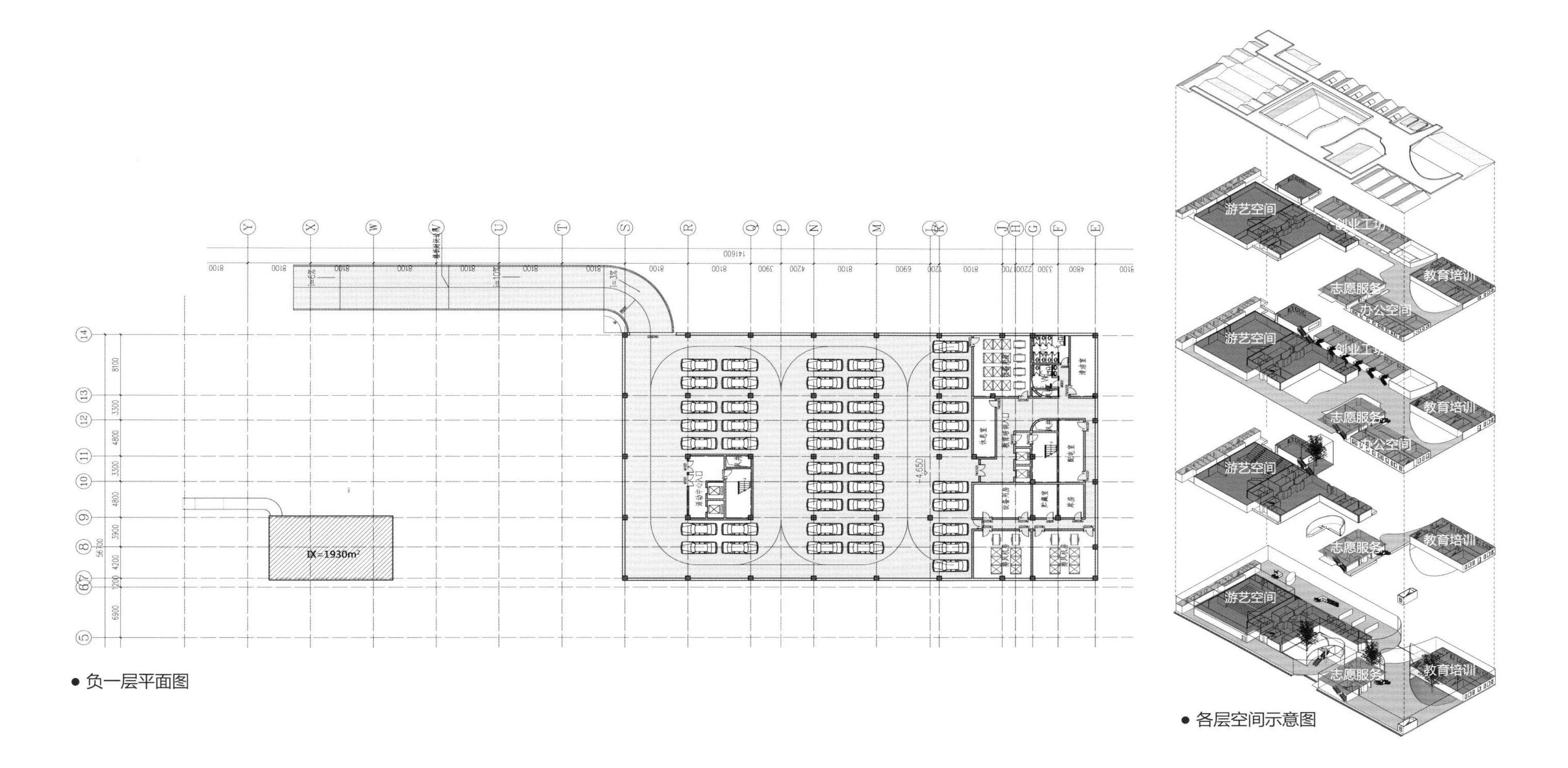

● 负一层平面图

● 各层空间示意图

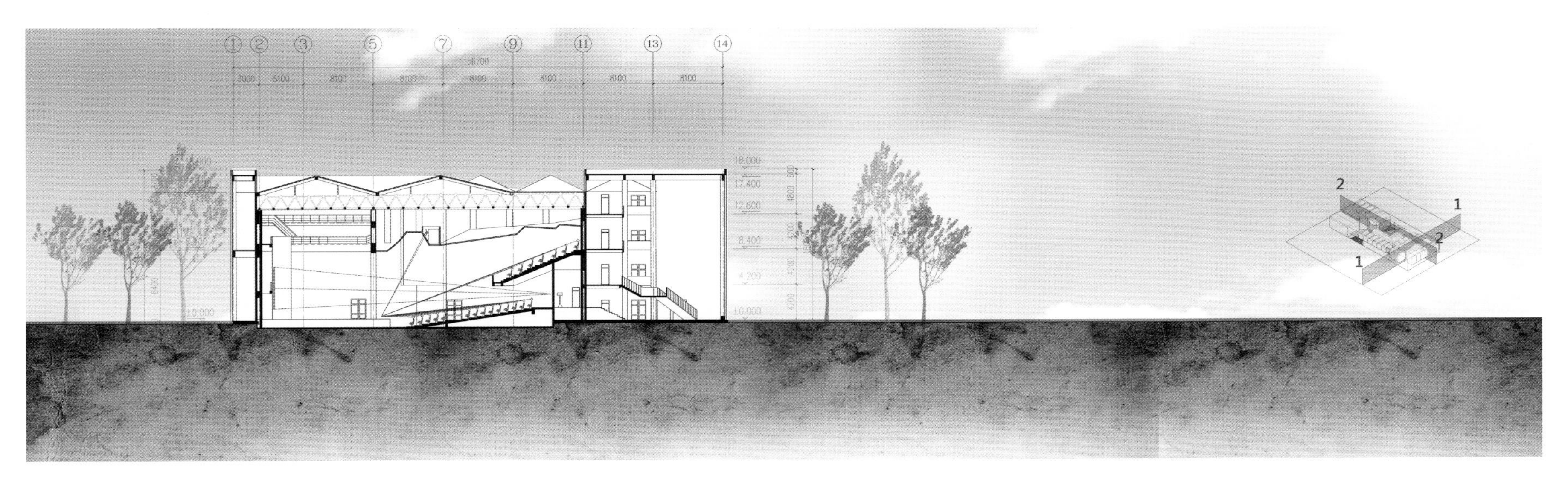

● 2-2 剖面图

陶斯玉潇
Tao Siyuxiao

大庆市市民活动中心建筑设计

Architectural design of Daqing City Civic Activity Center

指导教师：卫大可　梁静

该项目为大庆市市民活动中心建筑，它是集体育、剧场、会所、餐饮、影院等多种休闲、娱乐功能的综合体。地段处于城市较为边缘的区域，通过对地段周边进行分析，按城市空间的整体性以及城市区域功能性的要求，适宜建设一座标志性的建筑。在设计中，将不同功能整合成为三大体块，各大功能之间通过附属空间进行联系。由于基地地处北方，因此建筑形式采取了集中式，同时结合地形对场地进行了设计。本次设计较为完整地表达了设计的初衷，大体量建筑呈现出非常整体的形式感，而局部突出的较小体量以及主体建筑的坡屋顶化解了大型建筑单体的厚重之感，并增添了建筑的标志性。

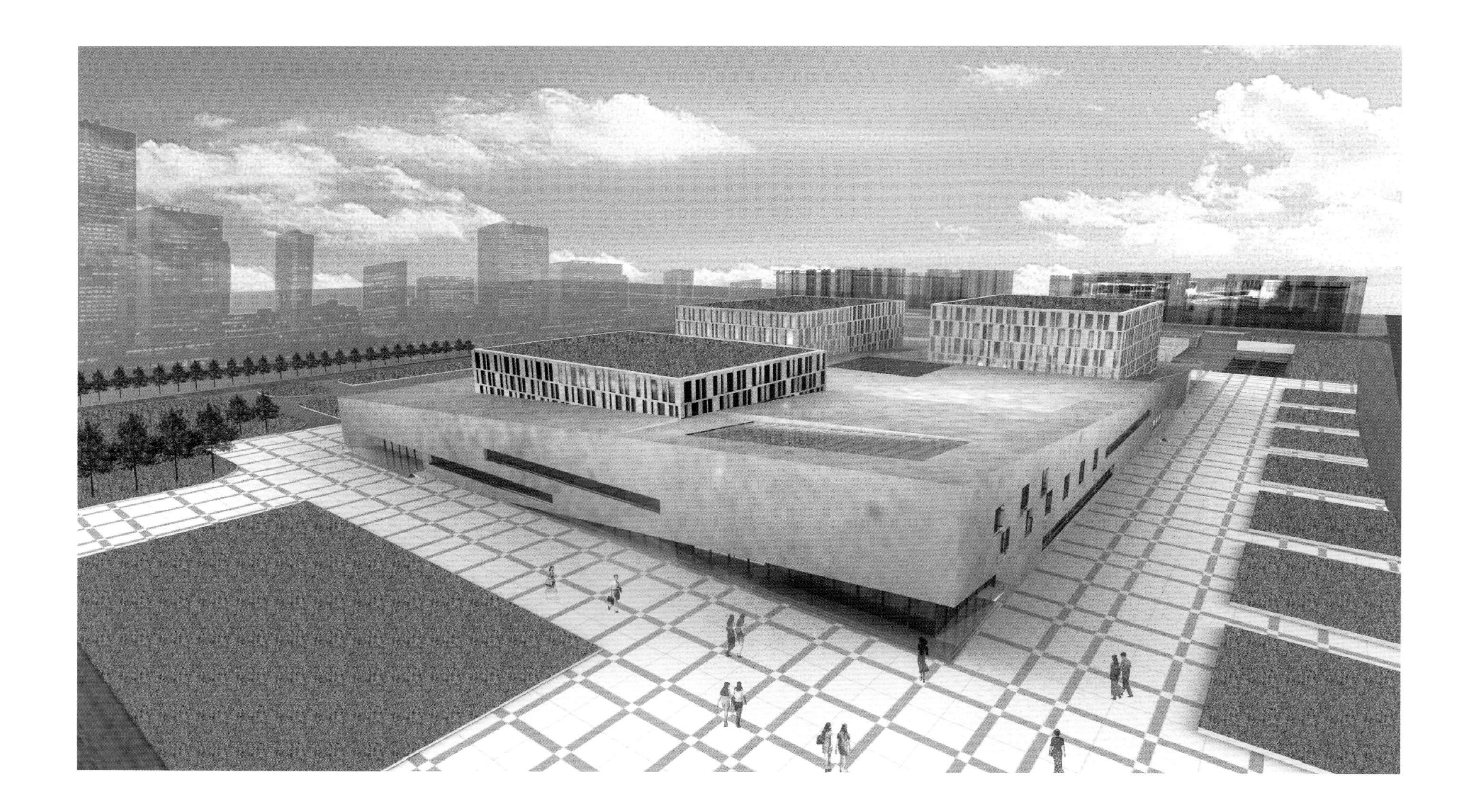

- 体块生成分析

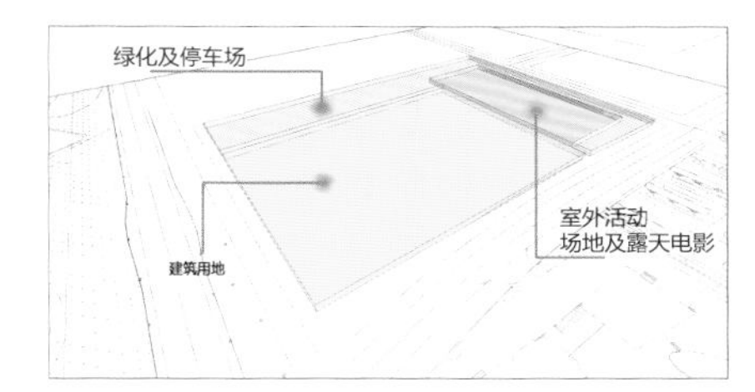

将地段分为三大部分：建筑用地、绿化及停车场、室外活动空间。

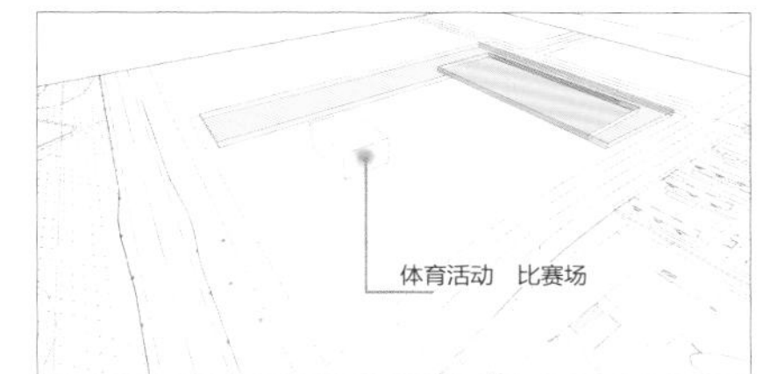

在建筑用地部分进行主要的体块布置。

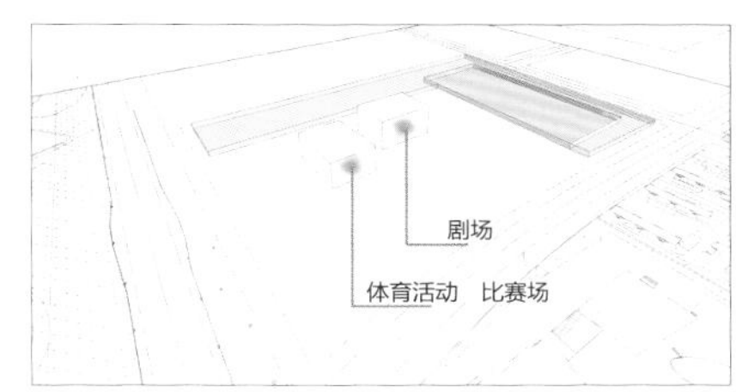

在建筑用地部分进行主要的体块布置。

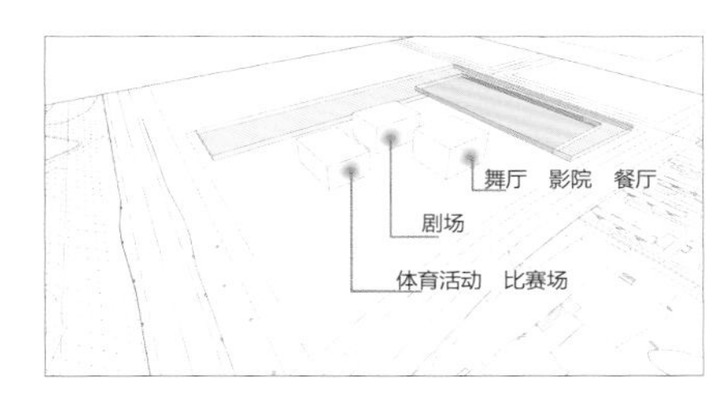

在建筑用地部分进行主要的体块布置。

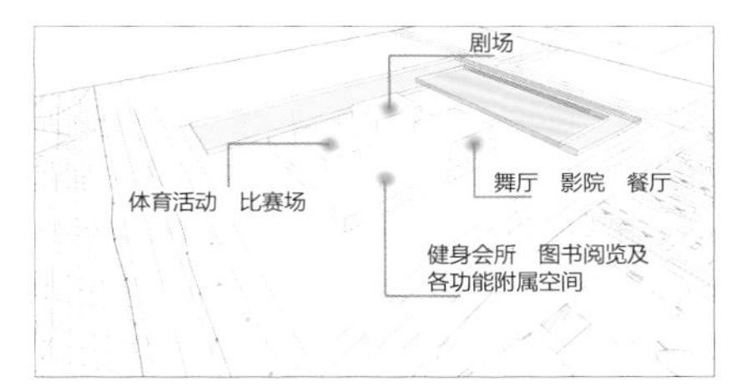

在三大主要体块周边布置各个功能的辅助空间。

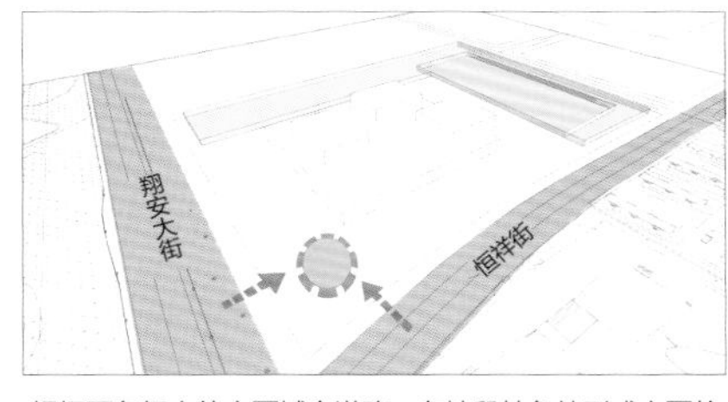

根据两条相交的主要城市道路，在地段转角处形成主要的入口空间。

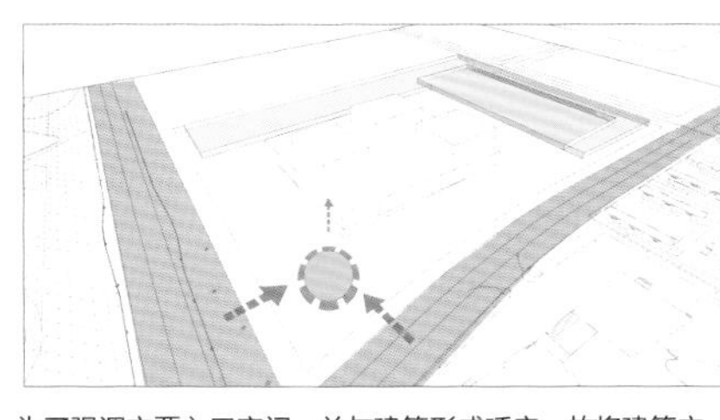

为了强调主要入口空间，并与建筑形成呼应，故将建筑主入口部分的形象进行抬高，以达到强调的目的。

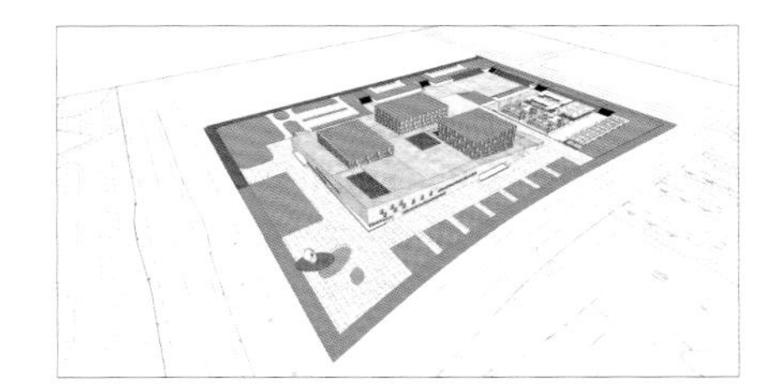

最后进行细致的场地布置及建筑设计。

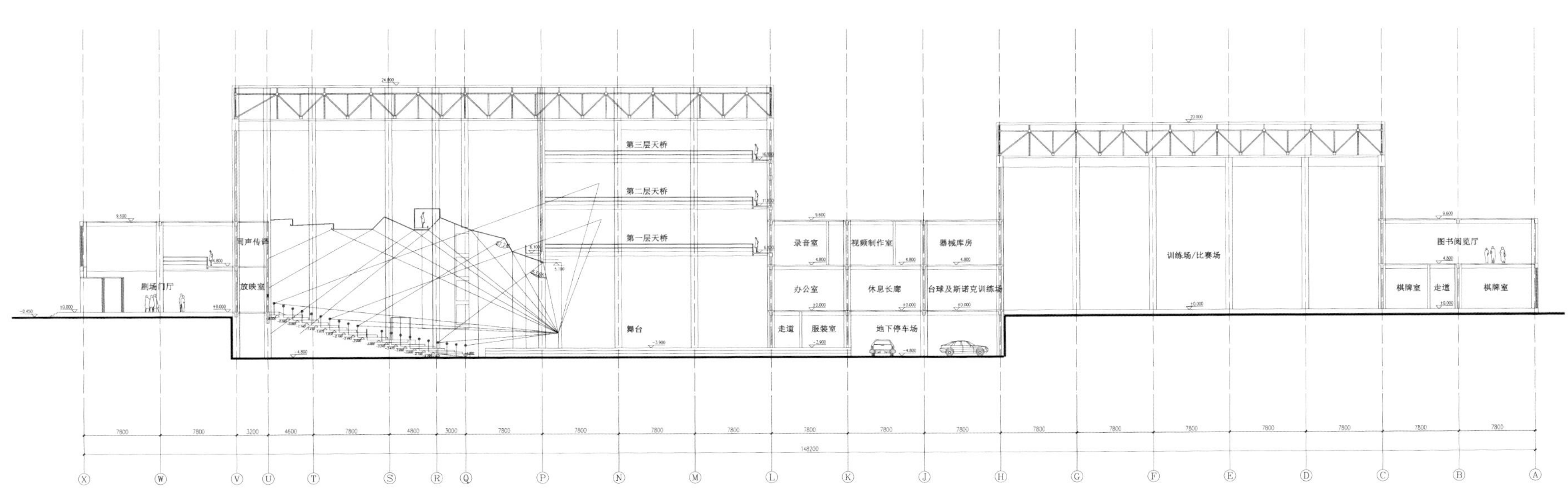

- 2-2 剖面图

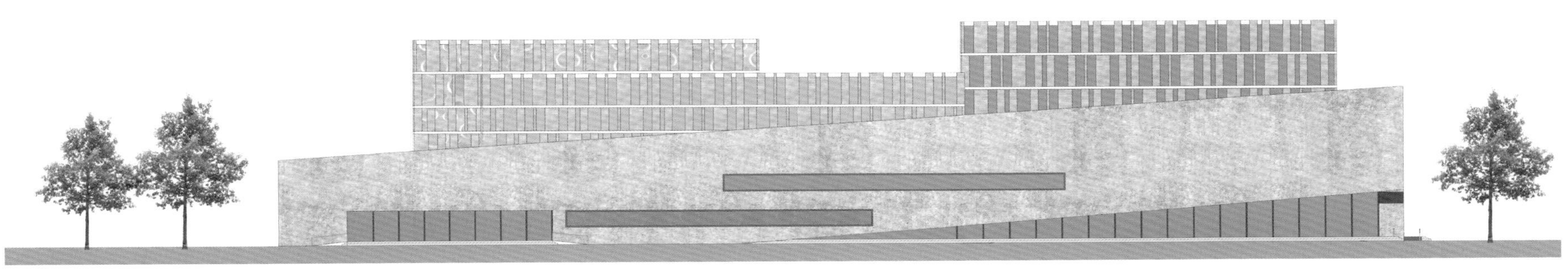

- 北立面图

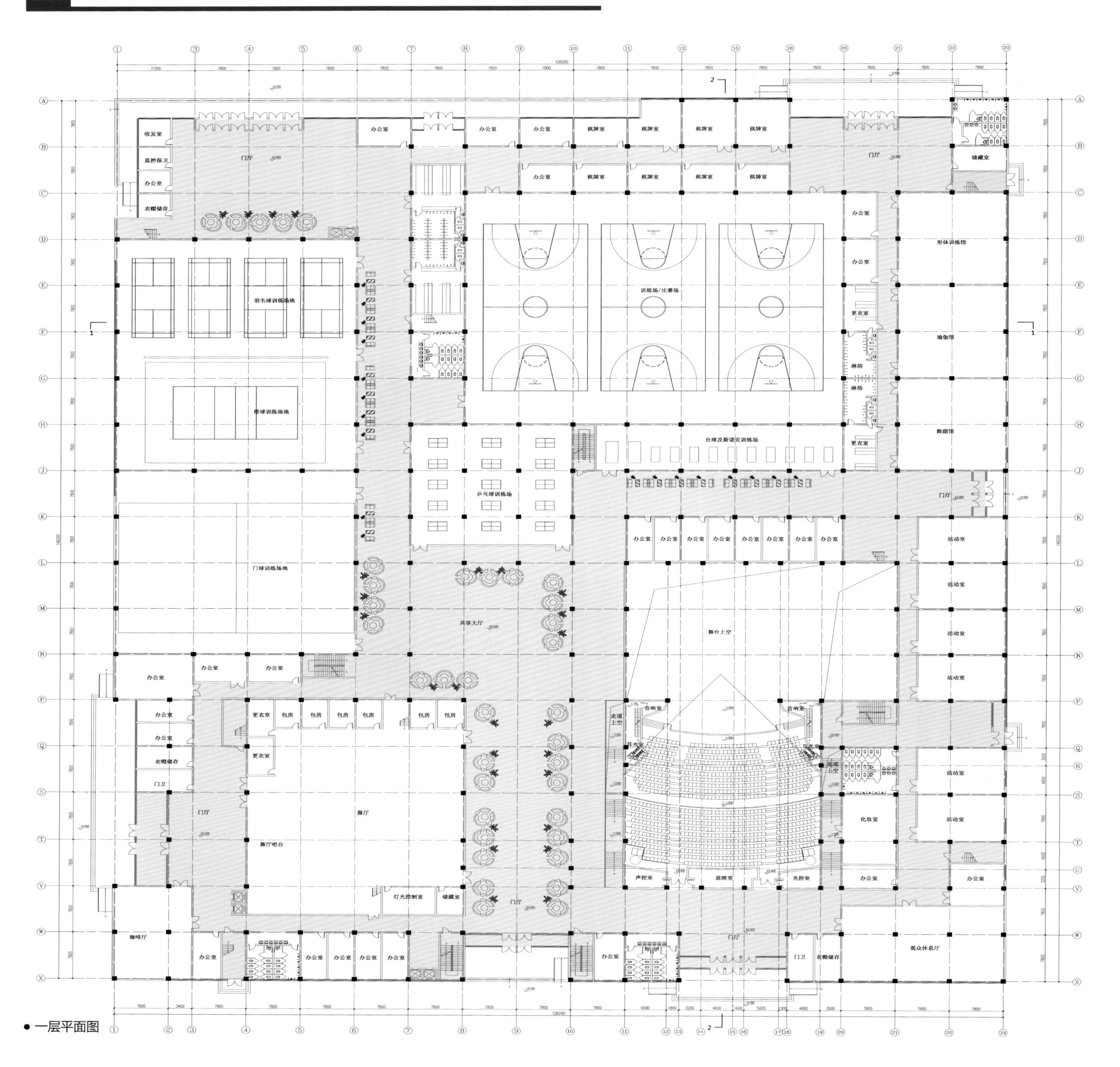
收发室
监控保卫
办公室
衣帽储存
门厅
办公室
棋牌室
储藏室
羽毛球训练场地
排球训练场地
门球训练场地
训练场/比赛场
乒乓球训练场
台球及斯诺克训练场
形体训练馆
瑜伽馆
舞蹈馆
更衣室
淋浴
共享大厅
舞台上空
活动室
舞厅
舞厅吧台
包房
灯光控制室
音响室
声控室
放映室
光控室
化妆室
咖啡厅
门卫
观众休息厅

● 一层平面图

● 体育场馆多功能场地布置示意图

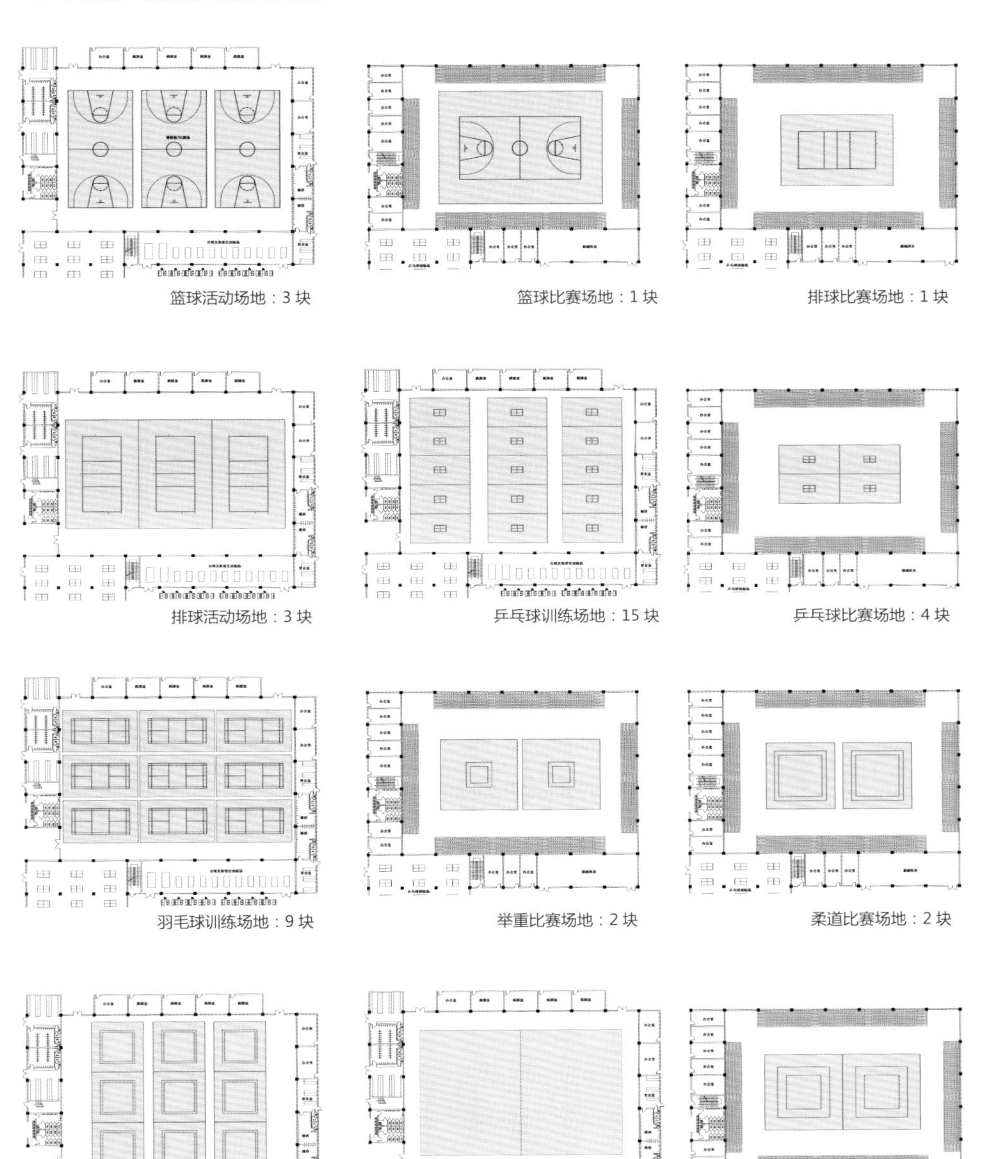

● 功能组织分析

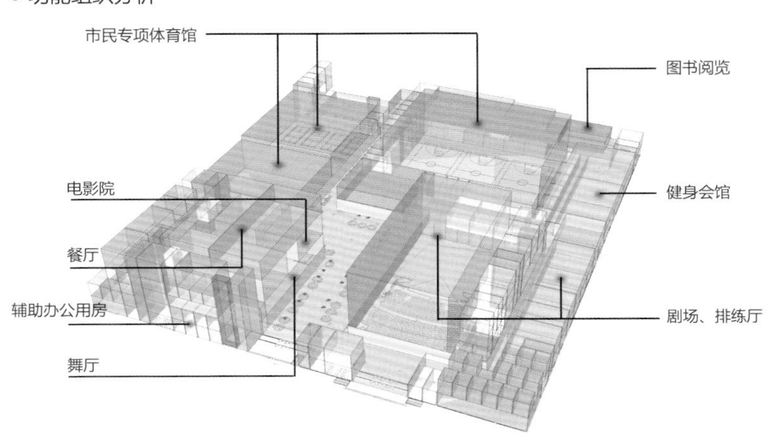

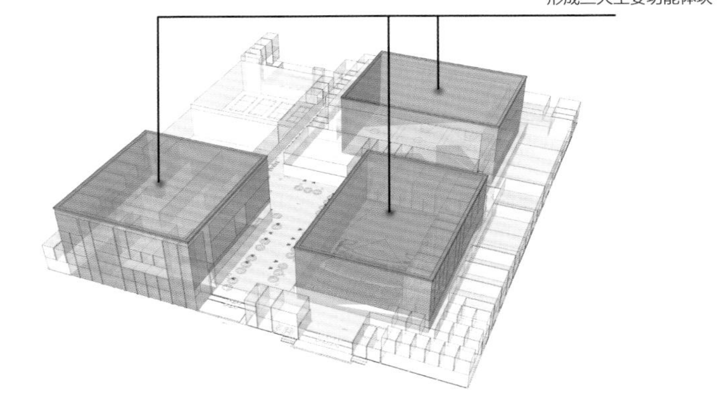

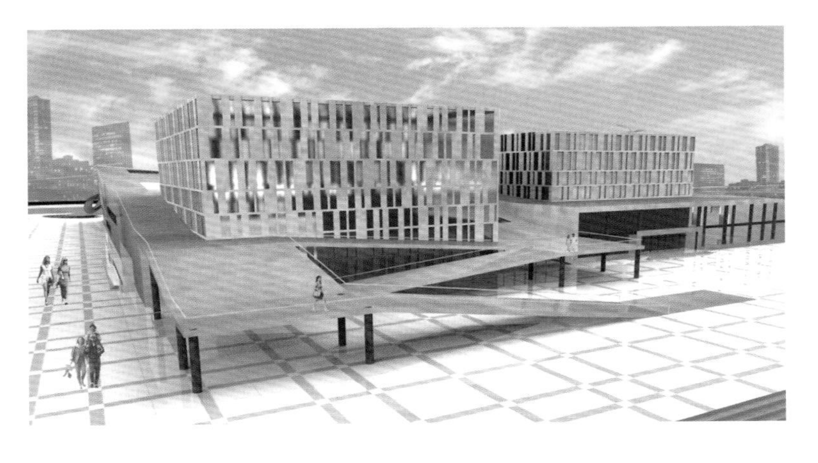

黄茜
Huang Xi

松北康复疗养中心建筑设计

Architecture design of Songbei Rehabilitation and Recuperation Center

指导教师：张姗姗　薛名辉

项目基地位于哈尔滨松花江北岸，毗邻哈尔滨著名的太阳岛风景区，环境优美舒适。项目为“医”“养”结合型新康复疗养建筑。基地西侧为综合诊疗楼，中部为疗养康复区，最东侧为森林浴吧和后期拟建的疗养别墅区。建筑从疗养的“居住”特性入手，参照中国传统居住形式，尝试把街巷、院落、折顶为基本元素的传统建筑与特定的康复疗养功能相结合，创造出舒适如民居的疗养空间、多重空间感受的康复诊疗空间。建筑立面上也突出传统民居特点，黑、白、灰三重色调的应用体现出建筑多变的空间层次。同时设计如山的折顶，如民居村落的疗养聚落，辅之水塘和借景的松花江，创造最佳的舒适环境。

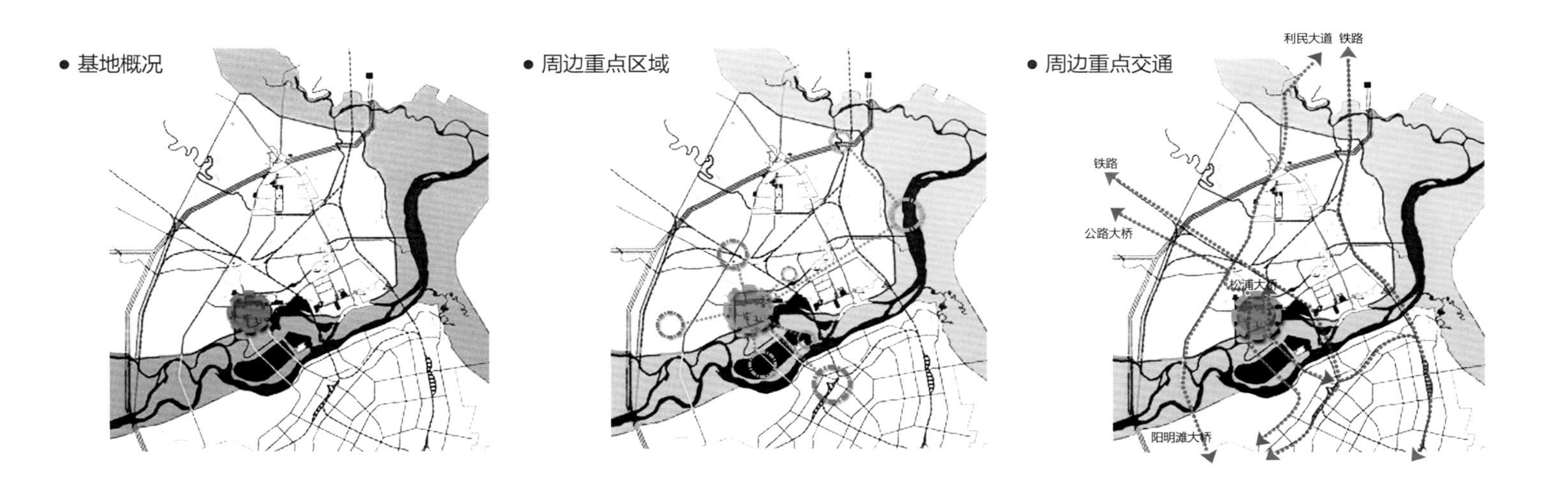

经济技术指标

用地面积：	58000m²
总建筑面积：	27050m²
其中：	
医疗部分建筑面积：	7006m²
康复部分建筑面积：	800m²
疗养部分建筑面积：	15000m²
后勤及服务部分建筑面积：	4210m²
容积率：	0.47
绿化率：	41%
建筑密度：	34%
室外停车位：	87 个

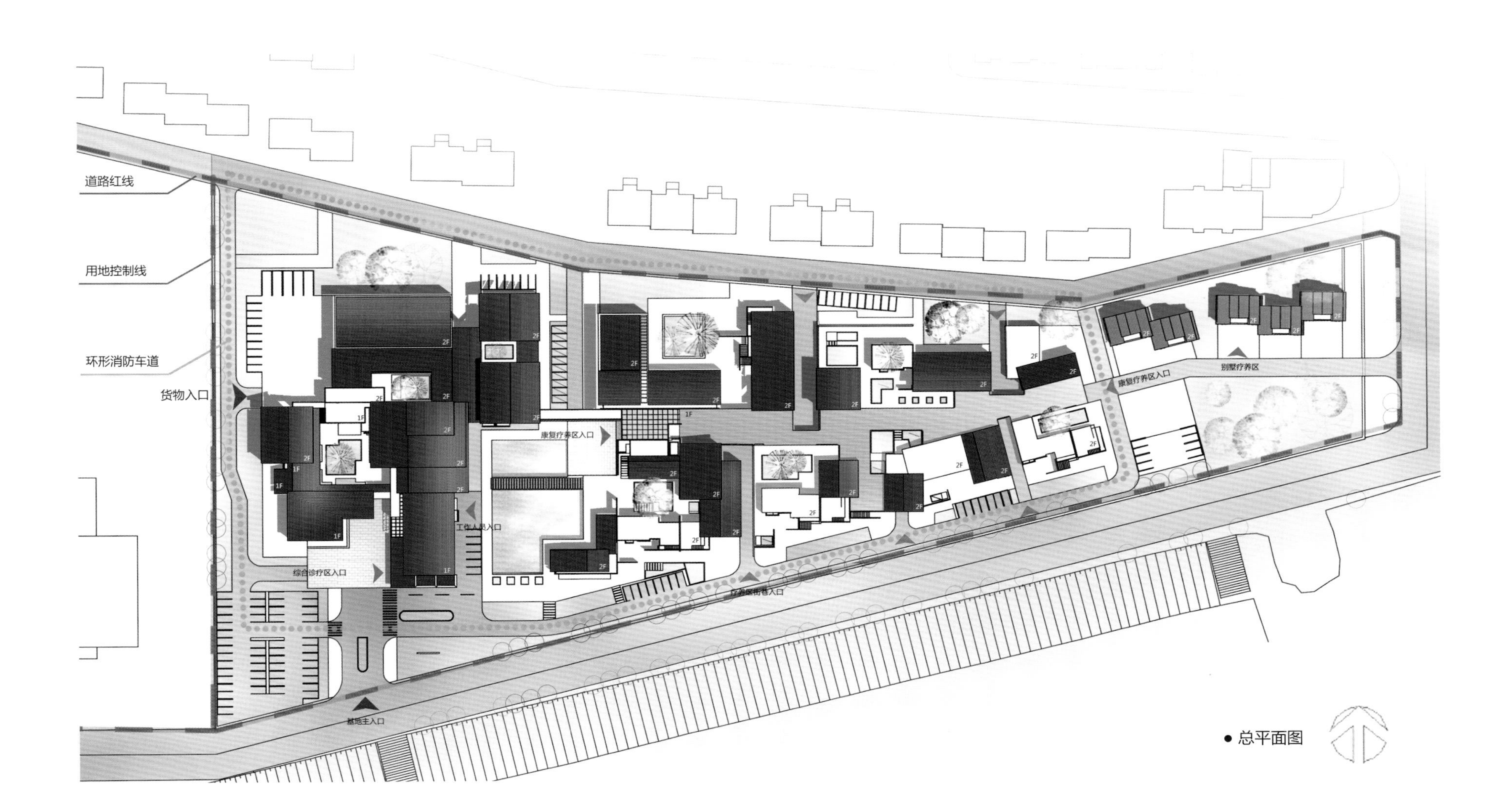

● 总平面图

● 设计概念生成：

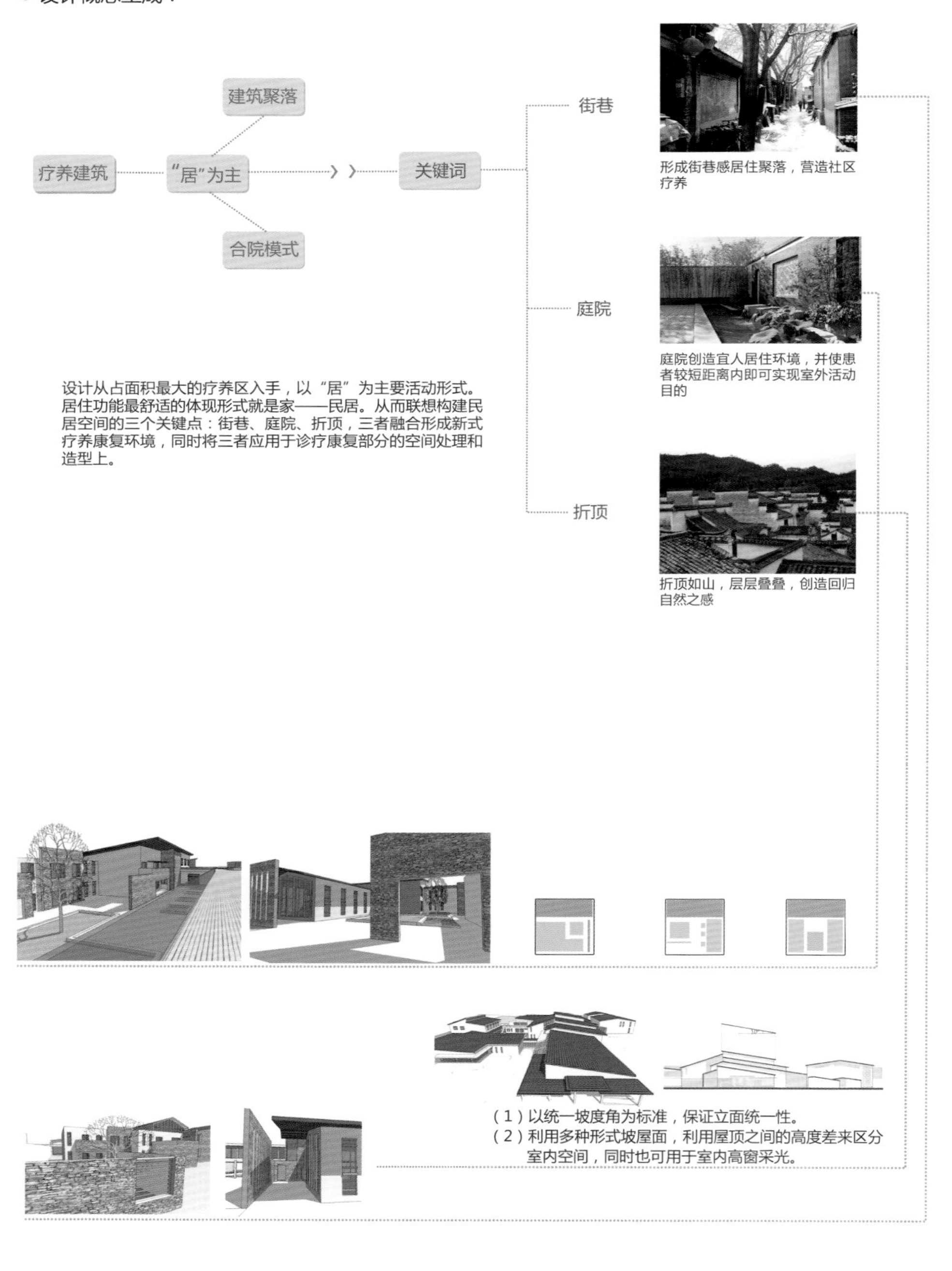

建筑聚落
疗养建筑
"居"为主
合院模式
关键词
街巷
形成街巷感居住聚落，营造社区疗养
庭院
庭院创造宜人居住环境，并使患者较短距离内即可实现室外活动目的
折顶
折顶如山，层层叠叠，创造回归自然之感
（1）以统一坡度角为标准，保证立面统一性。
（2）利用多种形式坡屋面，利用屋顶之间的高度差来区分室内空间，同时也可用于室内高窗采光。

设计从占面积最大的疗养区入手，以"居"为主要活动形式。居住功能最舒适的体现形式就是家——民居。从而联想构建民居空间的三个关键点：街巷、庭院、折顶，三者融合形成新式疗养康复环境，同时将三者应用于诊疗康复部分的空间处理和造型上。

● 场地分层设计

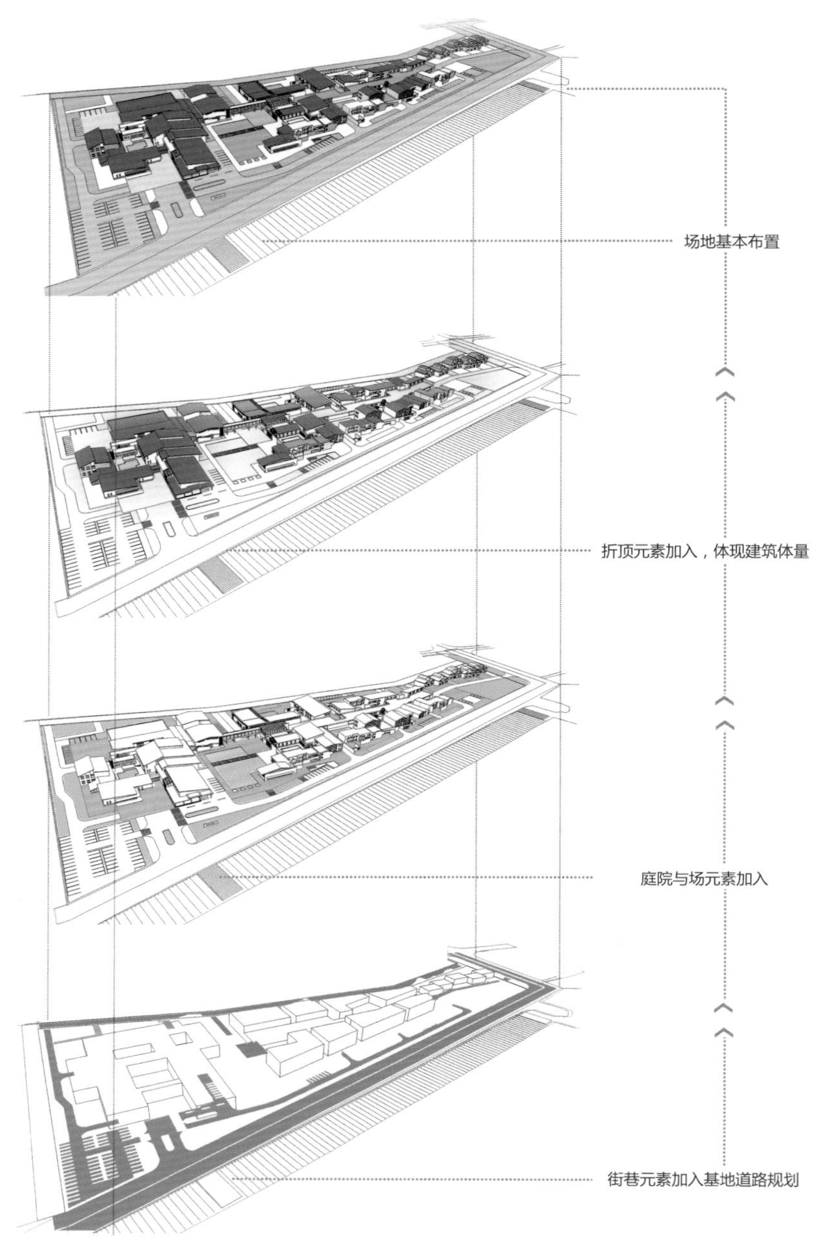

场地基本布置
折顶元素加入，体现建筑体量
庭院与场元素加入
街巷元素加入基地道路规划

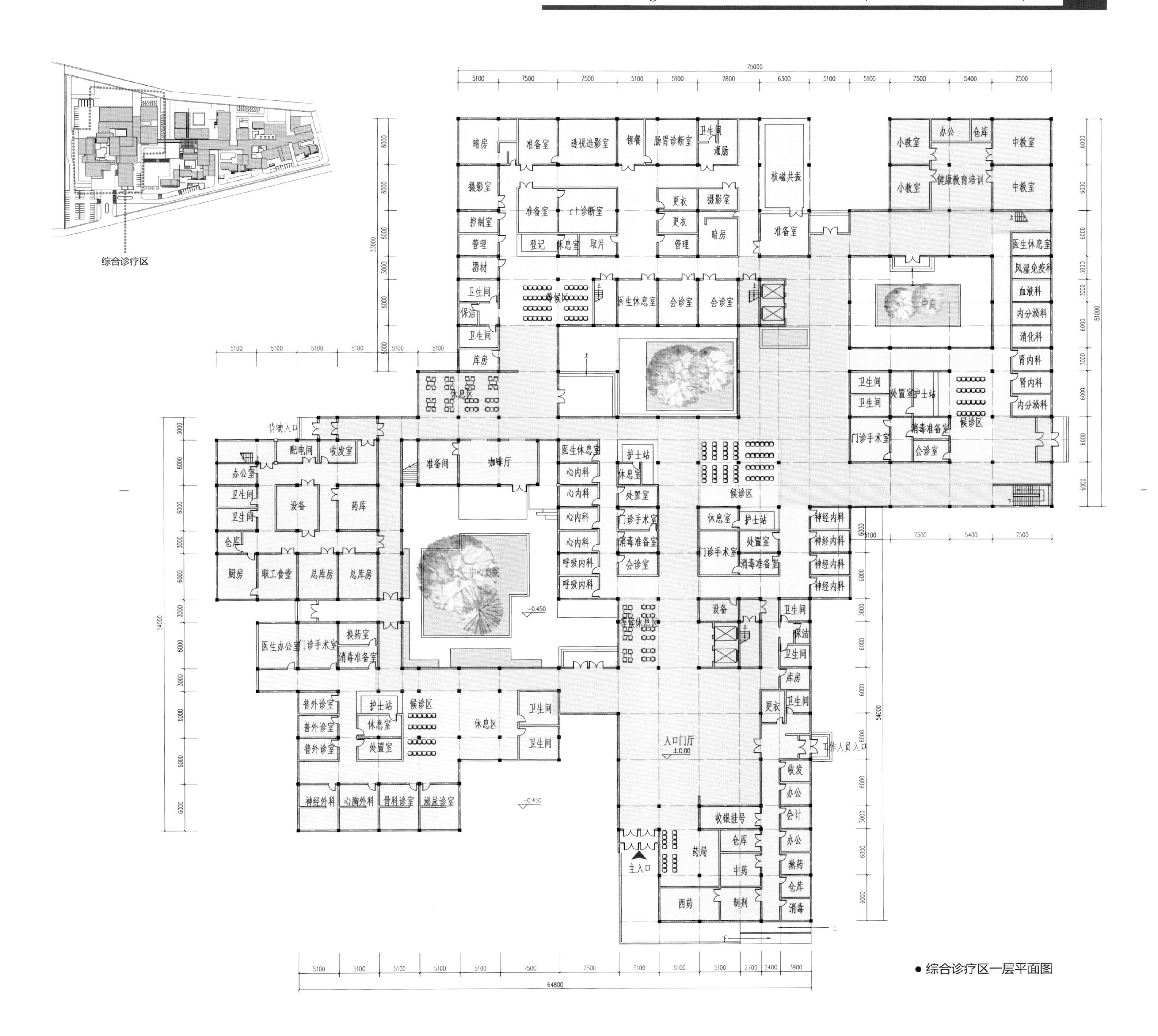
综合诊疗区
75000
64800
54000
51000
33000
暗房
准备室
透视造影室
钡餐
肠胃诊断室
卫生间
灌肠
核磁共振
摄影室
控制室
管理
器材
卫生间
保洁
卫生间
库房
准备室
ct诊断室
登记
休息室
取片
更衣
更衣
摄影室
暗房
管理
准备室
候诊区
医生休息室
会诊室
会诊室
小教室
办公
仓库
中教室
小教室
健康教育培训
中教室
医生休息室
风湿免疫科
血液科
内分泌科
消化科
肾内科
肾内科
内分泌科
中庭
卫生间
卫生间
处置室
护士站
门诊手术室
消毒准备室
会诊室
候诊区
休息区
货物入口
配电间
收发室
办公室
卫生间
卫生间
仓库
设备
药库
厨房
职工食堂
总库房
总库房
准备间
咖啡厅
中心庭院
-0.450
医生休息室
心内科
心内科
心内科
心内科
呼吸内科
呼吸内科
护士站
休息室
处置室
门诊手术室
消毒准备室
会诊室
候诊区
休息室
护士站
门诊手术室
处置室
消毒准备室
神经内科
神经内科
神经内科
神经内科
设备
卫生间
保洁
卫生间
库房
候诊休息区
医生办公室
门诊手术室
换药室
消毒准备室
普外诊室
普外诊室
普外诊室
护士站
休息室
处置室
候诊区
休息区
卫生间
卫生间
神经外科
心胸外科
骨科诊室
泌尿诊室
-0.450
更衣
卫生间
入口门厅
±0.00
工作人员入口
收发
办公
会计
办公
熬药
仓库
消毒
收银挂号
药局
仓库
中药
西药
制剂
主入口

● 综合诊疗区一层平面图

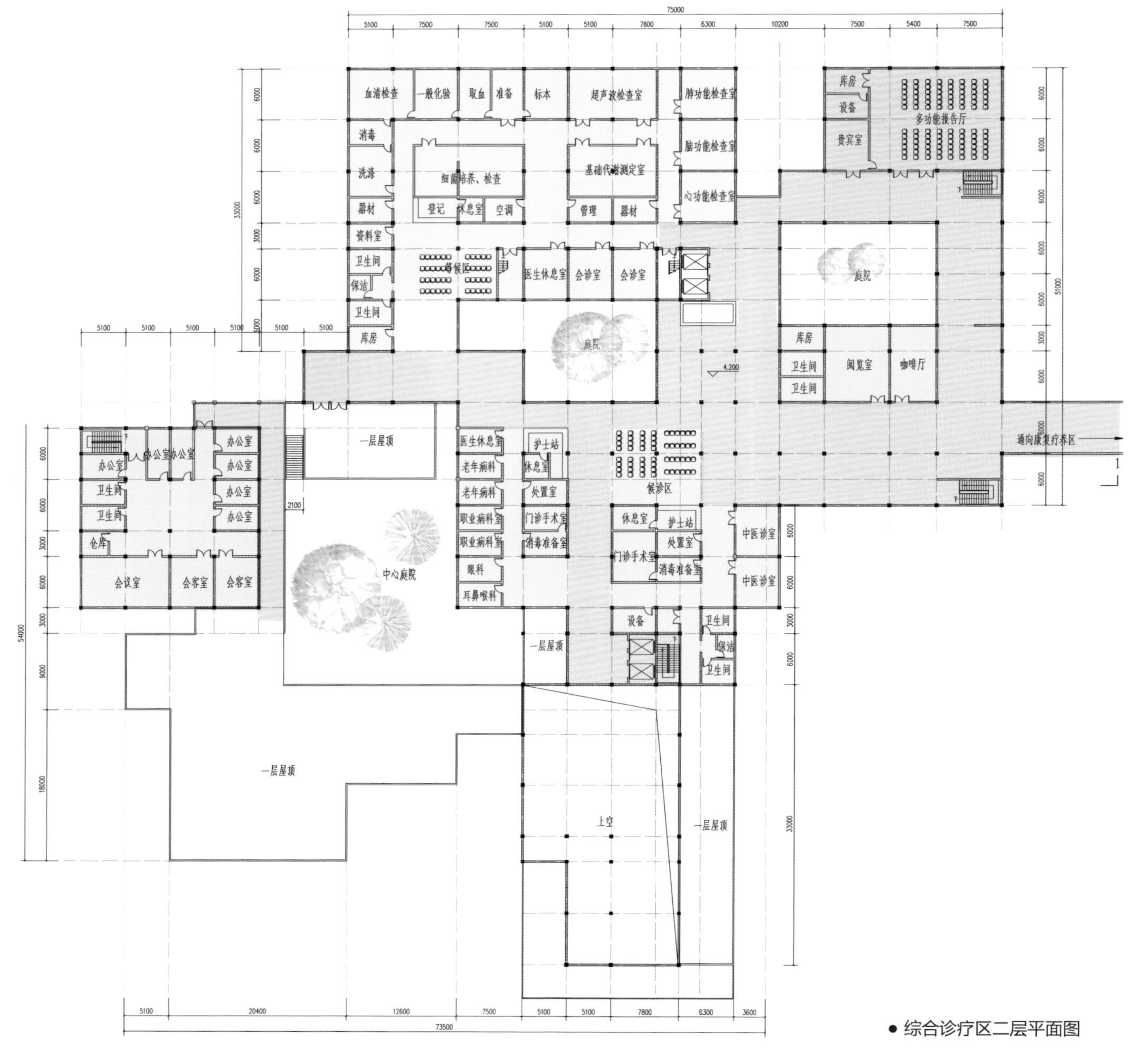

● 综合诊疗区二层平面图

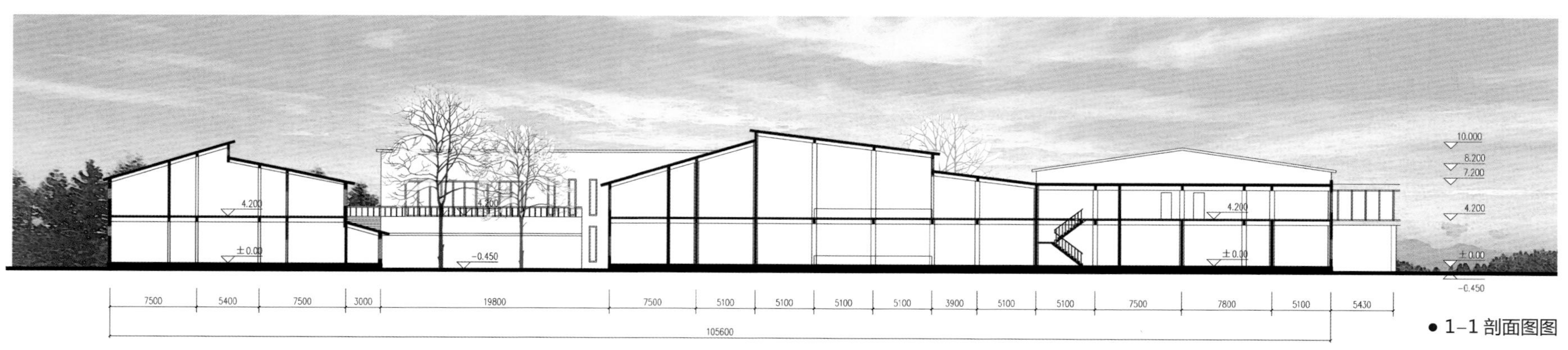

● 1–1 剖面图图

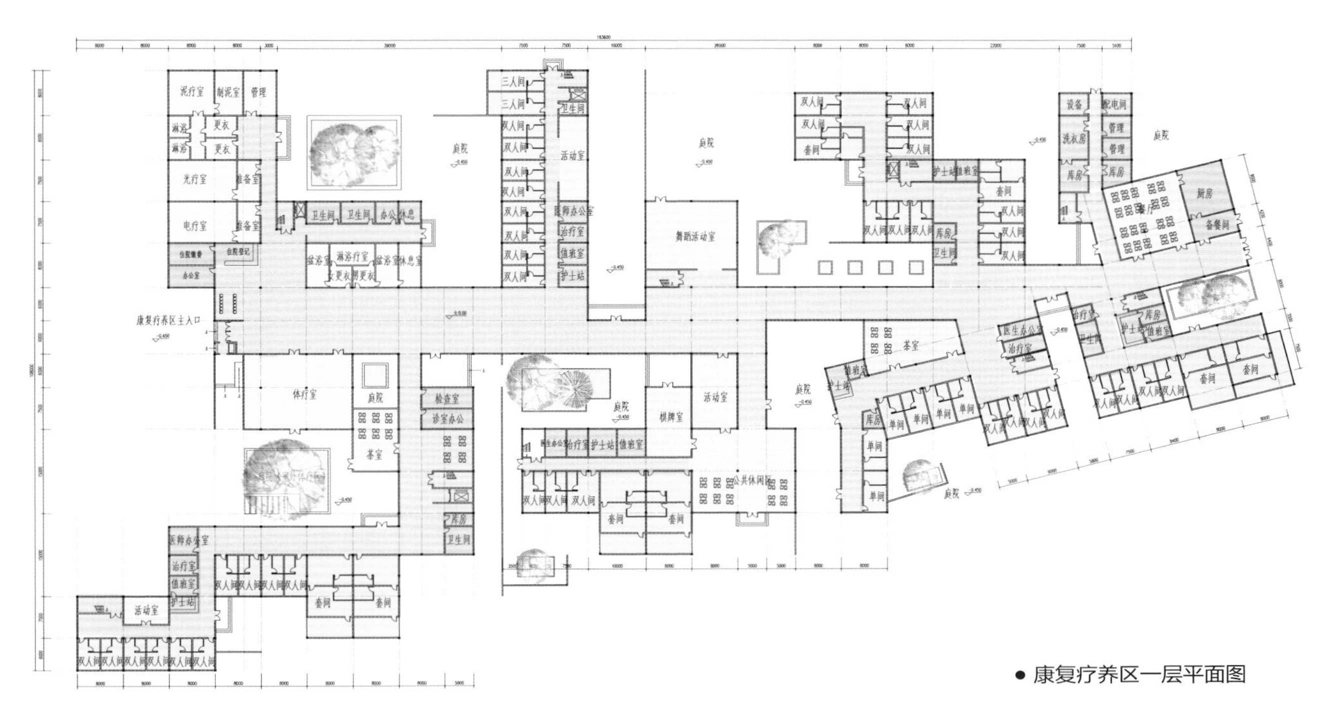

● 康复疗养区一层平面图

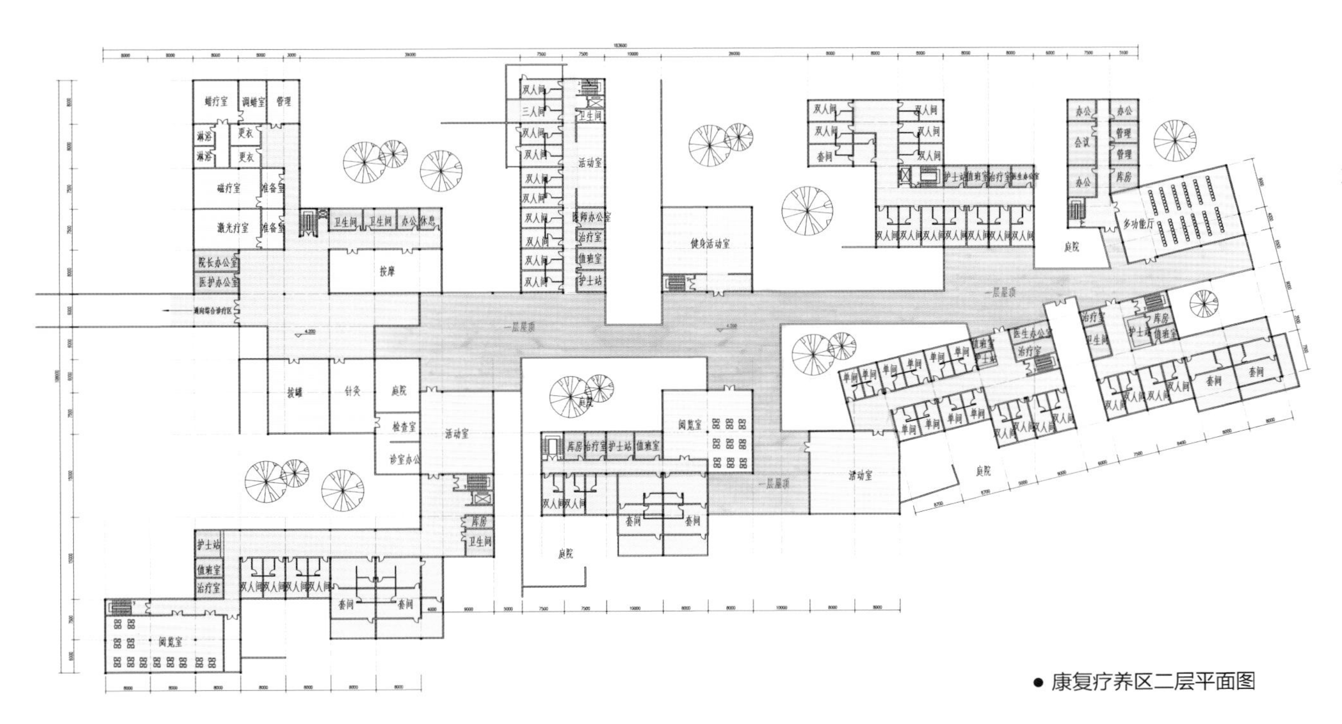

● 康复疗养区二层平面图

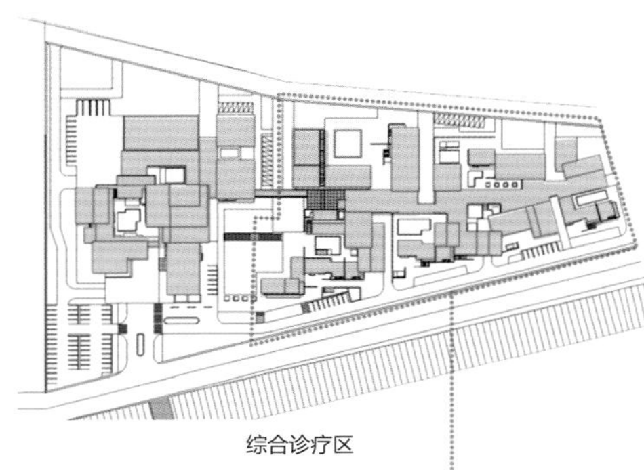

● 功能分区示意图

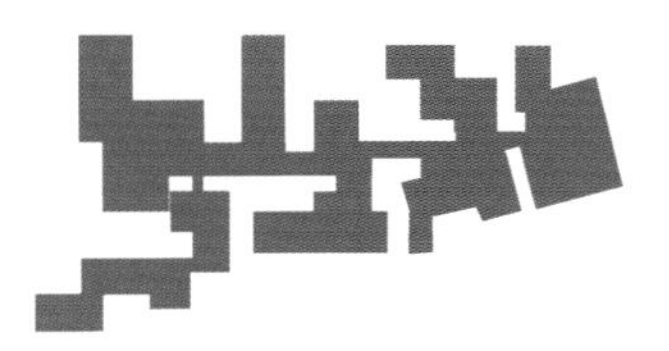

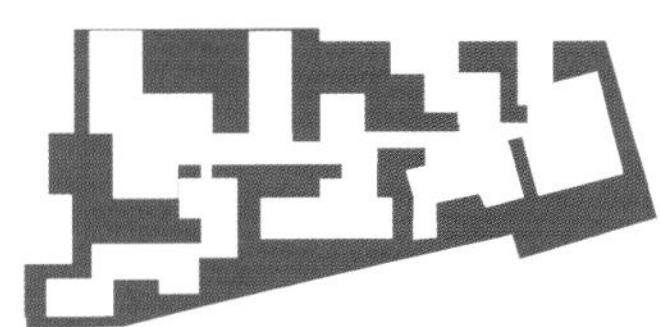

从图底关系很容易看出设计产生的围合庭院与狭长街巷，建筑与庭院、街巷是互相交织的是互相围合限定的关系。

● 屋顶平台与庭院关系

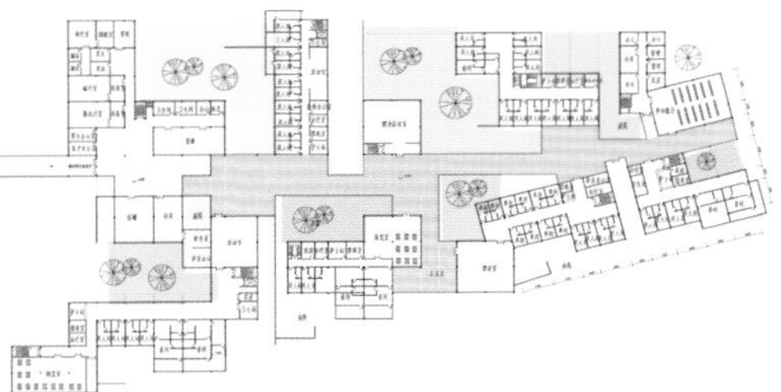

● 庭院封闭性示意

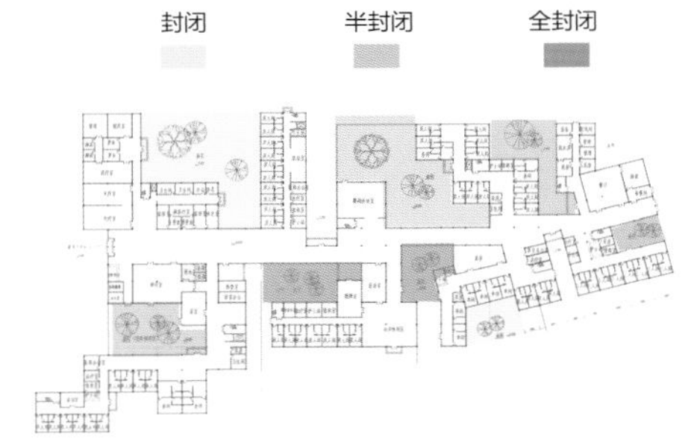

甄琪
Zhen Qi

长春拖拉机厂演艺中心设计

Architecture design of Media Center of Changchun Tractor Factory

指导教师：徐洪澎 唐家骏

本设计保留原有四跨厂房及其外墙，继续发挥其本身特有的大空间属性，用作中庭和多功能厅。在其东侧新建观演部分建筑及其附属空间。观众厅和舞台上方用柱子支撑网架。观众厅分为池座和楼座，其中楼座又分为主楼座和侧楼座。保留的厂房旧墙进行外保温改造，使其符合公共建筑使用要求。门厅的个别部分改造成玻璃幕墙，具有现代感和良好的透光性。新建部分以石材为主，与原有砖墙呼应，形成鲜明对比，截然不同的两种材料能够交接在一起，代表着建筑的新老过渡。

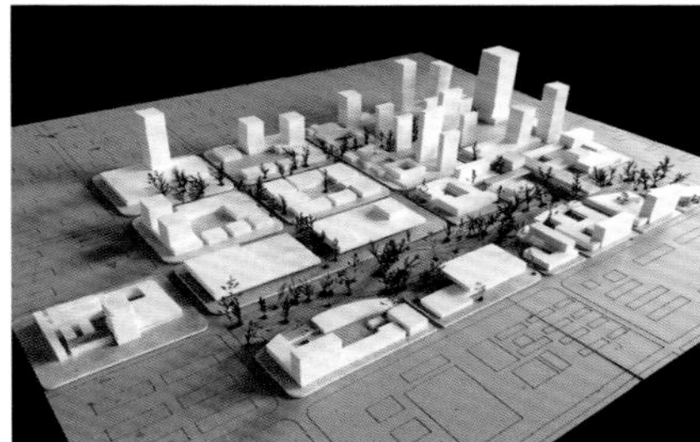

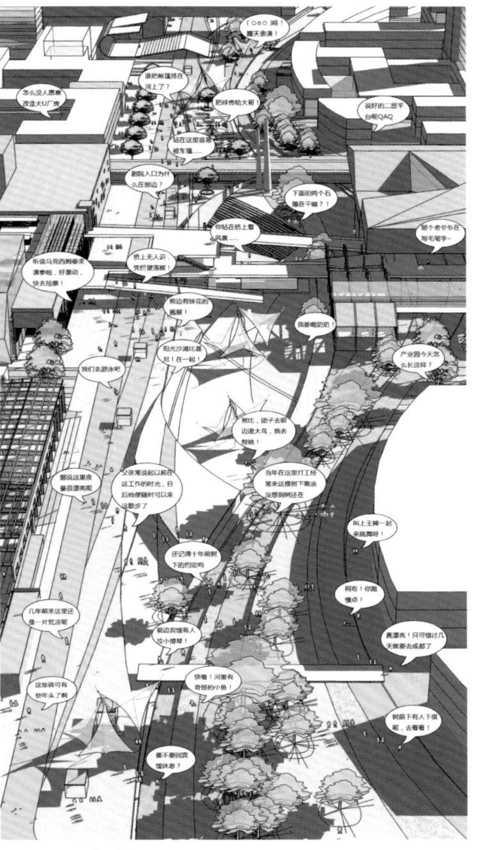

● 群体行为演绎

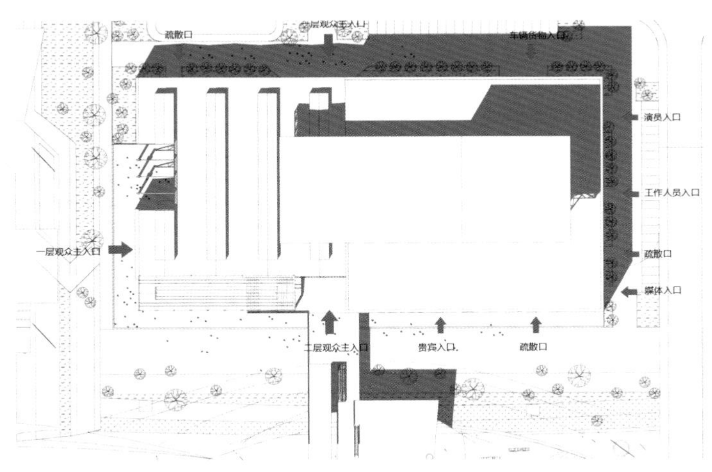

● 总平面图

经济技术指标

总用地面积	25000m^2
建筑占地面积	13636m^2
总建筑面积	32980m^2
其中：	
地上建筑面积	30951m^2
地下建筑面积	8029m^2
容积率	1.32
绿化率	31%
地上泊车位	46 个
剧场观众席	1270 座
其中：	
池座观众席	890 座
楼座观众席	380 座

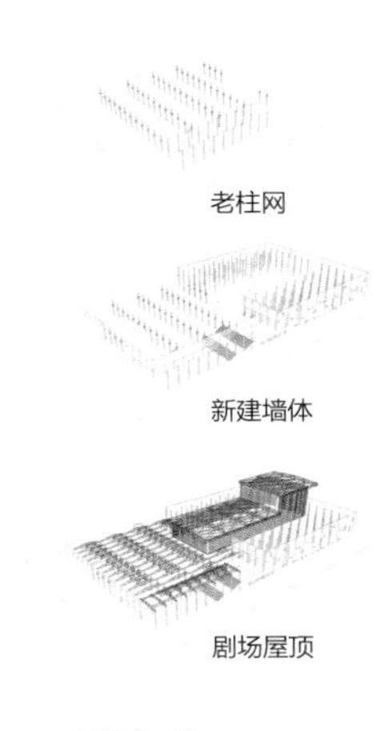

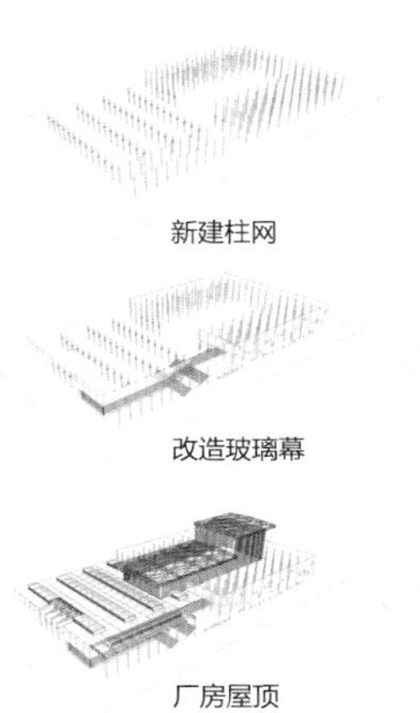

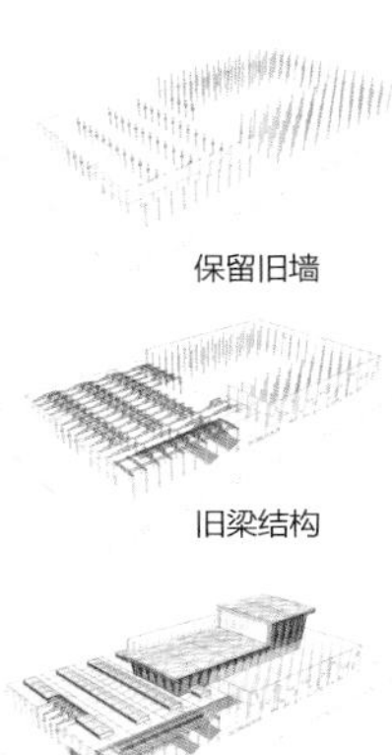

● 建筑生成

● 一层平面图

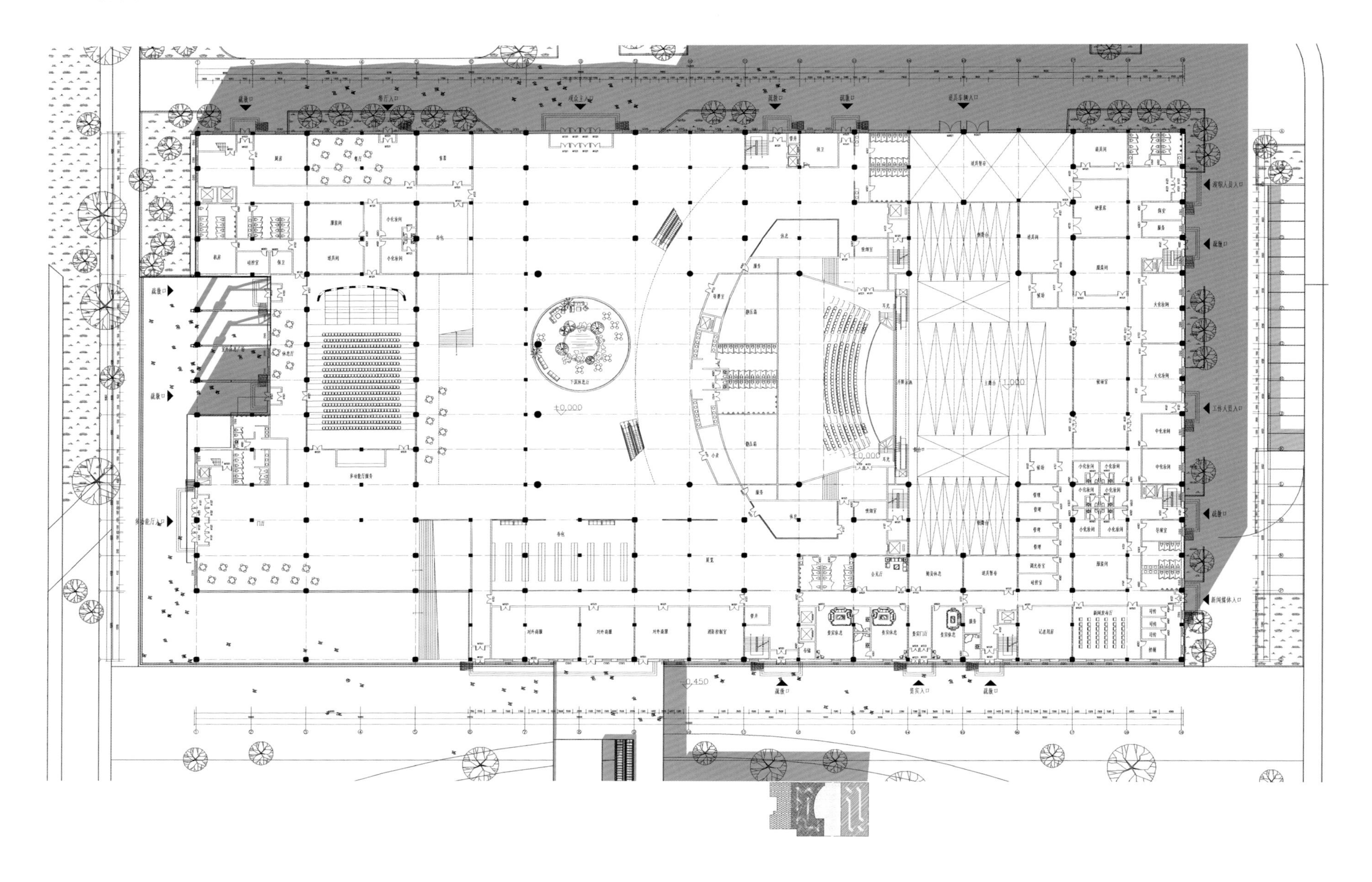

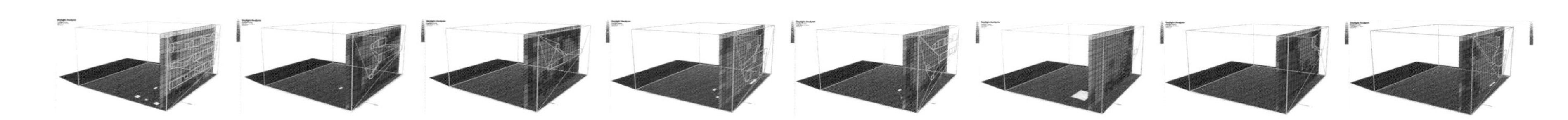

● 立面开窗模拟采光分析

● 二层平面图

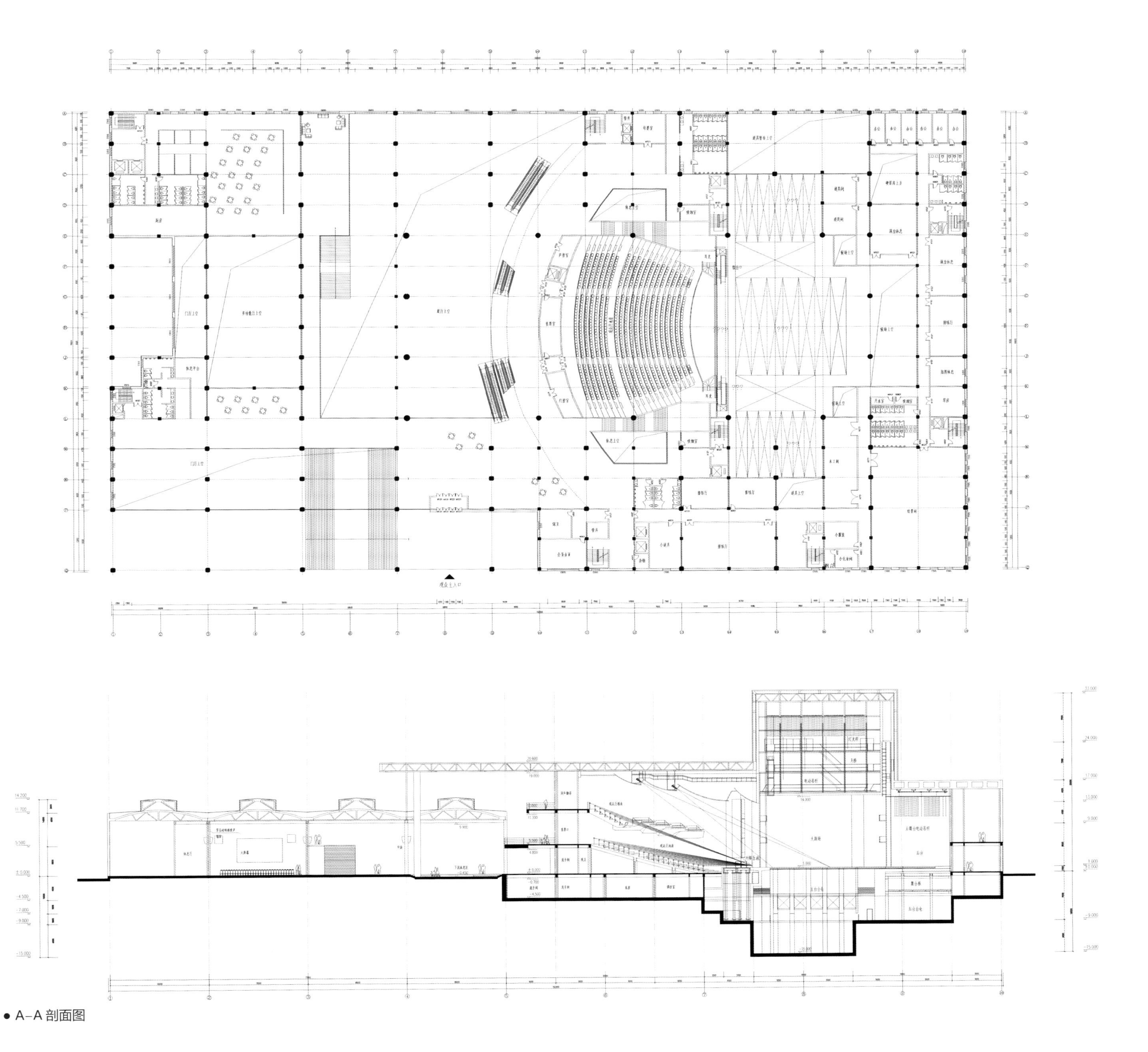

● A–A 剖面图

● 地下一层平面图　　● 三层平面图

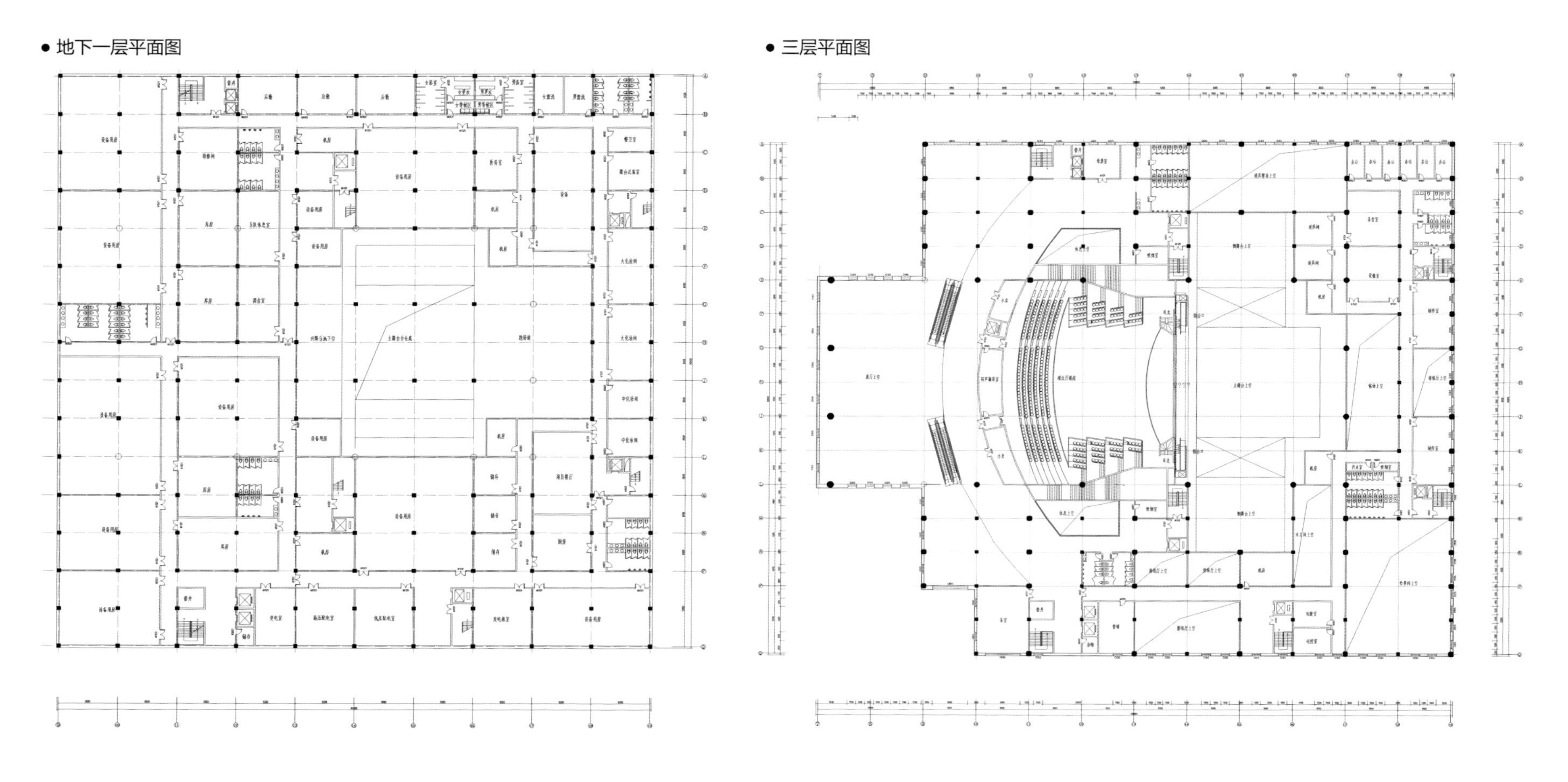

● 功能分区

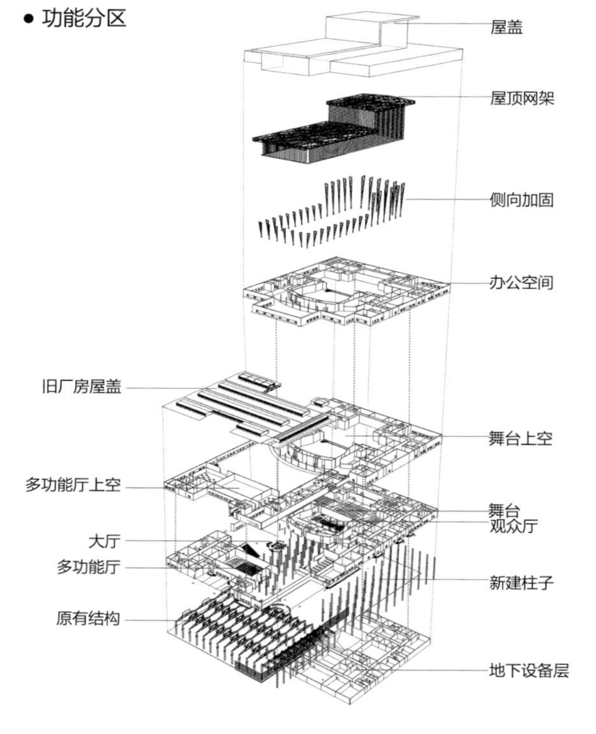

● 剧场视线分析

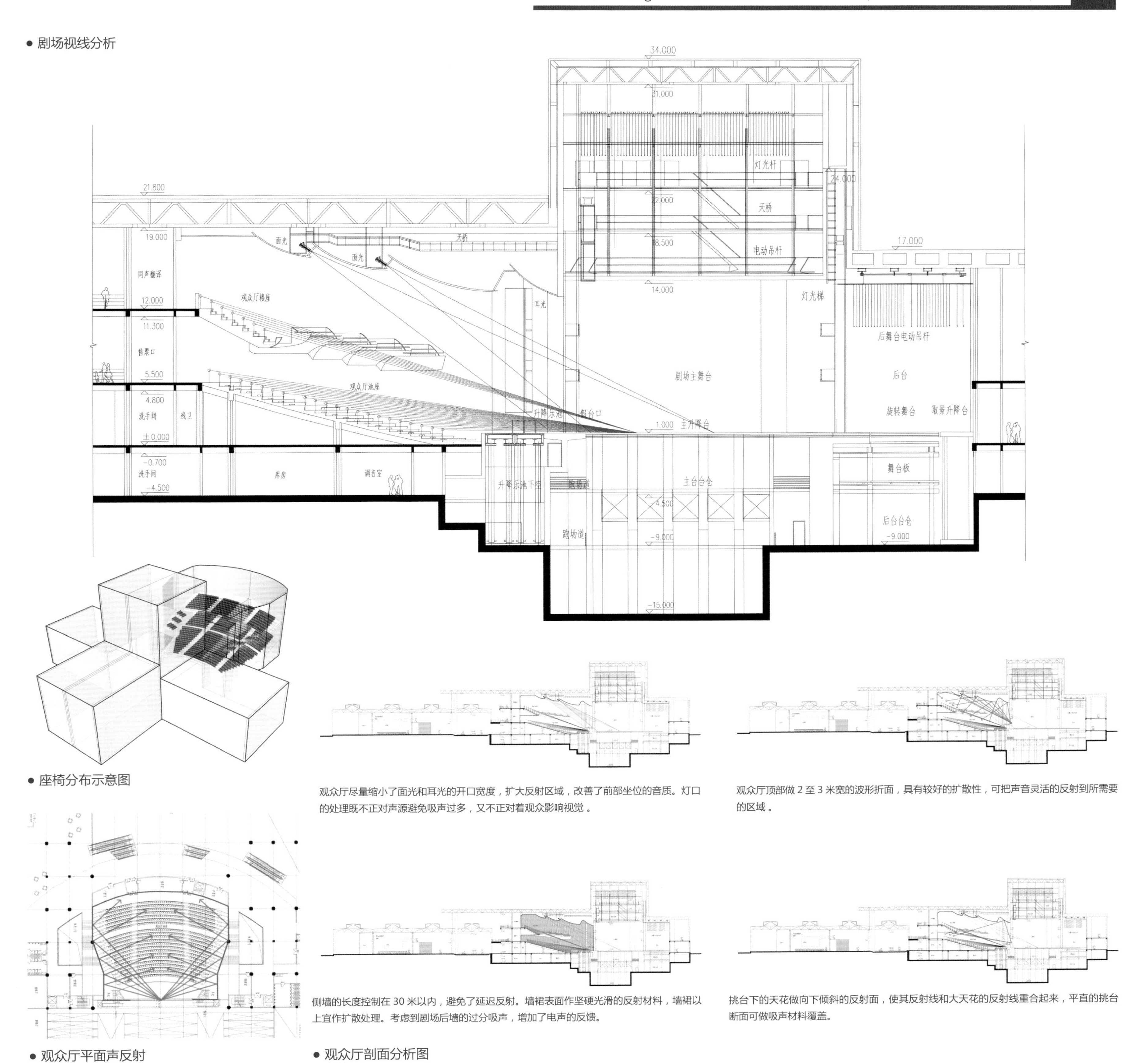

● 座椅分布示意图

观众厅尽量缩小了面光和耳光的开口宽度，扩大反射区域，改善了前部坐位的音质。灯口的处理既不正对声源避免吸声过多，又不正对着观众影响视觉。

观众厅顶部做 2 至 3 米宽的波形折面，具有较好的扩散性，可把声音灵活的反射到所需要的区域。

侧墙的长度控制在 30 米以内，避免了延迟反射。墙裙表面作坚硬光滑的反射材料，墙裙以上宜作扩散处理。考虑到剧场后墙的过分吸声，增加了电声的反馈。

挑台下的天花做向下倾斜的反射面，使其反射线和大天花的反射线重合起来，平直的挑台断面可做吸声材料覆盖。

● 观众厅平面声反射

● 观众厅剖面分析图

李磊
Li Lei

西班牙维戈市拉亚提斯提克厂区更新设计之维戈文化航母

Transformation of factory La Artistica,Vigo,Spain Vigo culture carrier

指导教师：周立军　吴健梅

本方案为维戈市规划了一片城市新区，通过对这片新区进行开发以提升其周边区域的价值，主体建筑定位为文化旅游功能。方案保留了基地中原有的两处工业厂房，一栋改造为西班牙传统市场，市场结合室外广场为市民提供了更多的户外公共空间；另一栋改造为文化中心。此外，基地内新建了一栋酒店，形成集文化中心、市场买卖与酒店为一体的城市休闲娱乐场所。方案造型力求现代，为城市提供一种新的视觉感受，并使得该建筑综合体成为区域焦点。

● 概念阐述

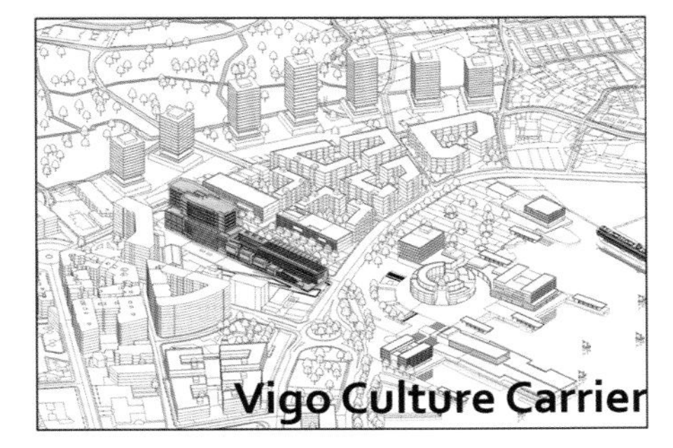
Vigo Culture Carrier

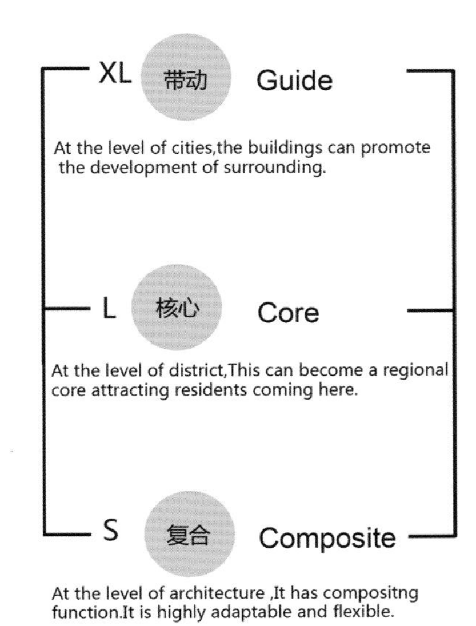
XL 带动 Guide
At the level of cities,the buildings can promote the development of surrounding.
L 核心 Core
At the level of district,This can become a regional core attracting residents coming here.
S 复合 Composite
At the level of architecture ,It has compositng function.It is highly adaptable and flexible.

● 功能分析

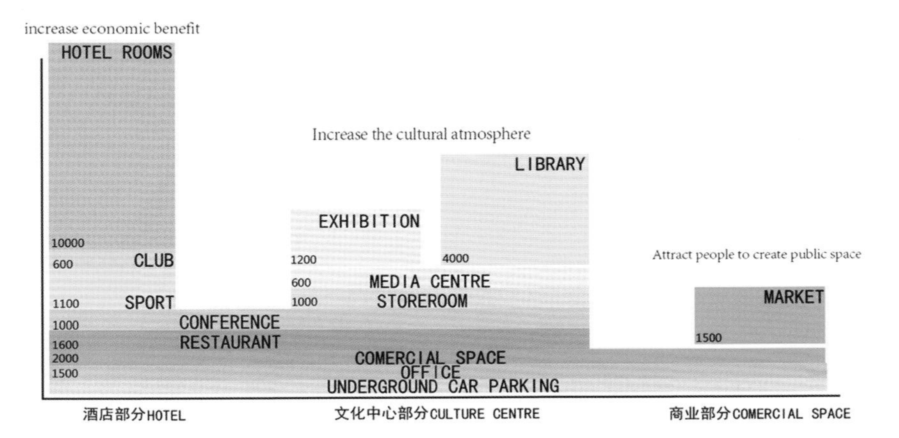
increase economic benefit
HOTEL ROOMS
Increase the cultural atmosphere
LIBRARY
EXHIBITION
Attract people to create public space
CLUB
SPORT
MEDIA CENTRE
STOREROOM
MARKET
CONFERENCE
RESTAURANT
COMERCIAL SPACE
OFFICE
UNDERGROUND CAR PARKING
酒店部分HOTEL
文化中心部分CULTURE CENTRE
商业部分COMERCIAL SPACE

HOTEL
CLUB
SPORTS
SWIMMING
EXHIBITION
LIBRARY
MADIA CENTER
LIBRARY
OFFICE
STOREROOM
RESTAURANT
UNDERGROUND CAR PARK

● 总平面图

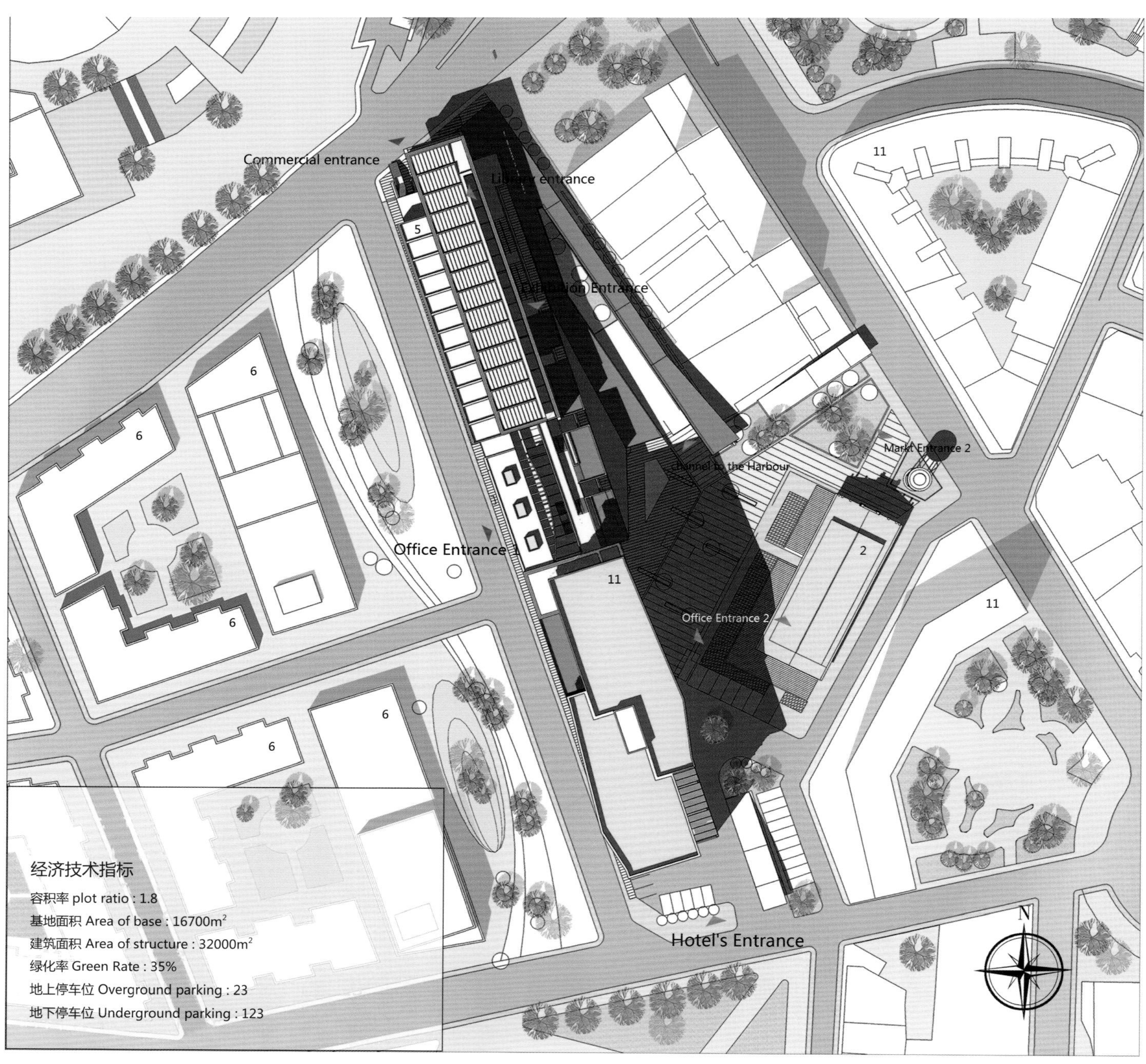

● 建筑生成分析

STEP1

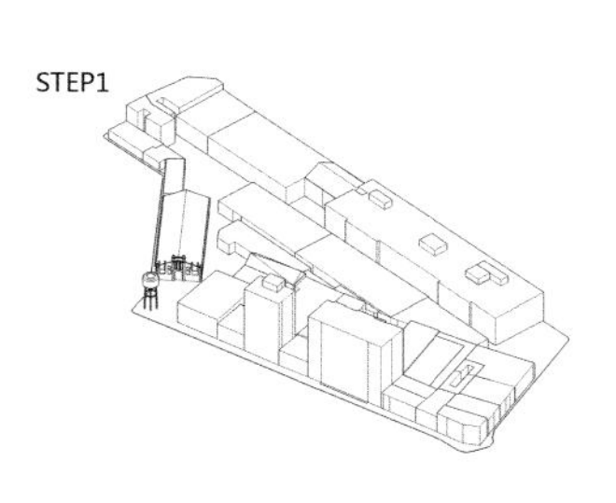

STEP2

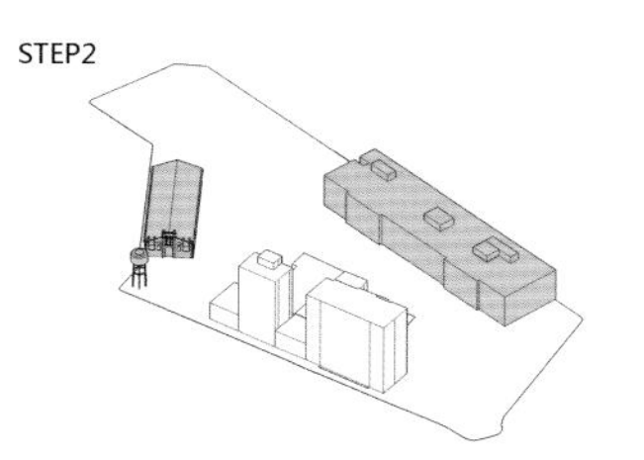

STEP3

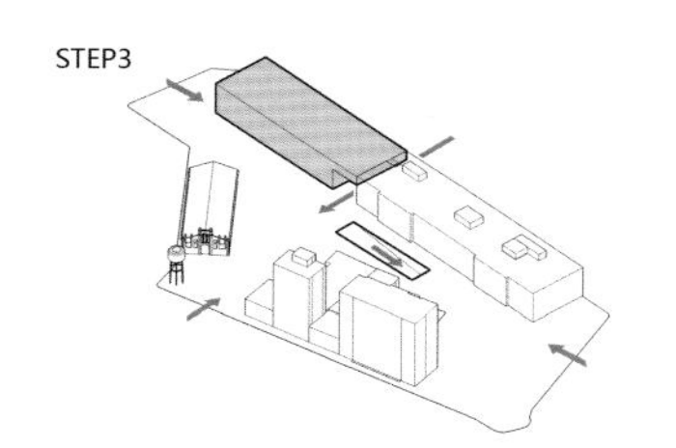

STEP4

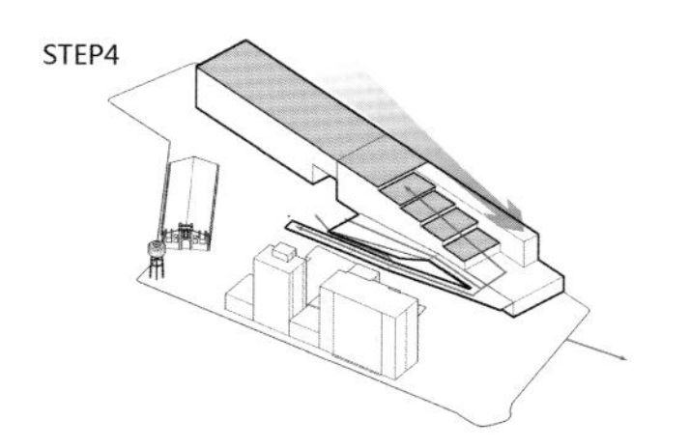

STEP5

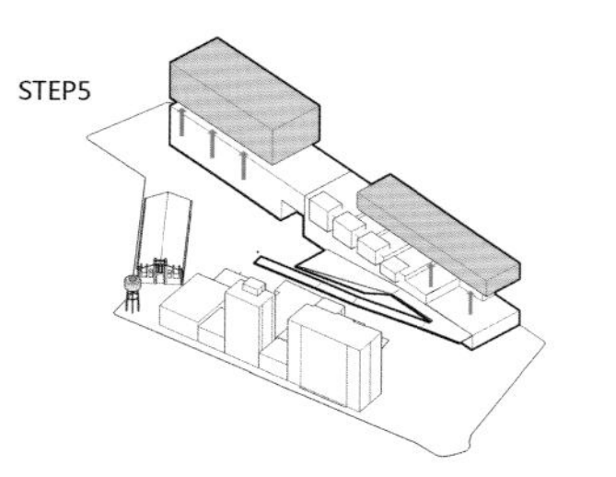

STEP6

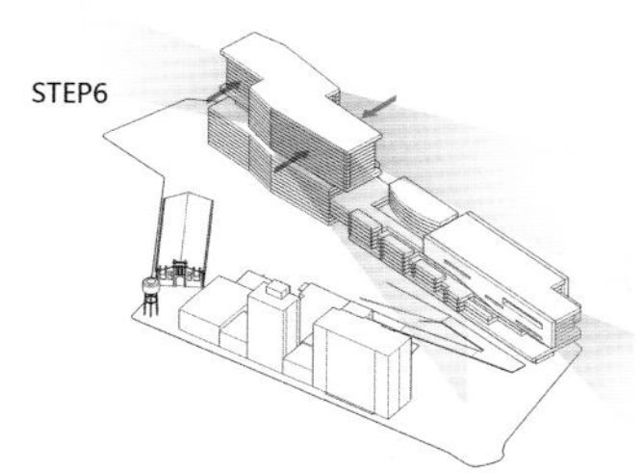

● 总图分析

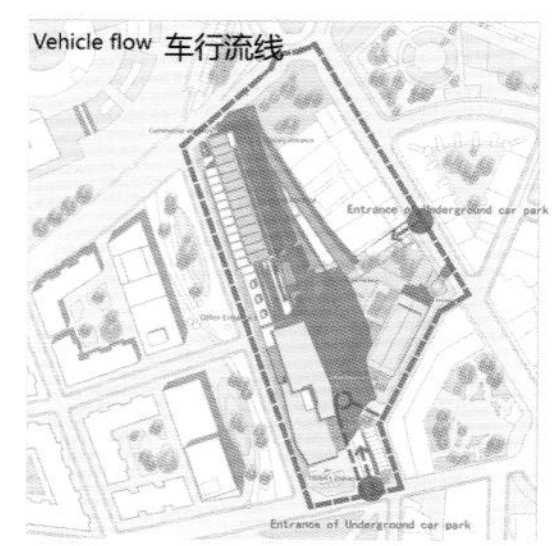

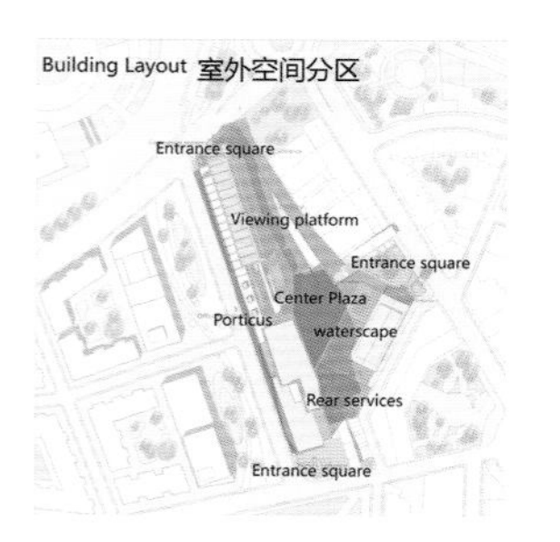

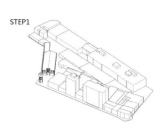

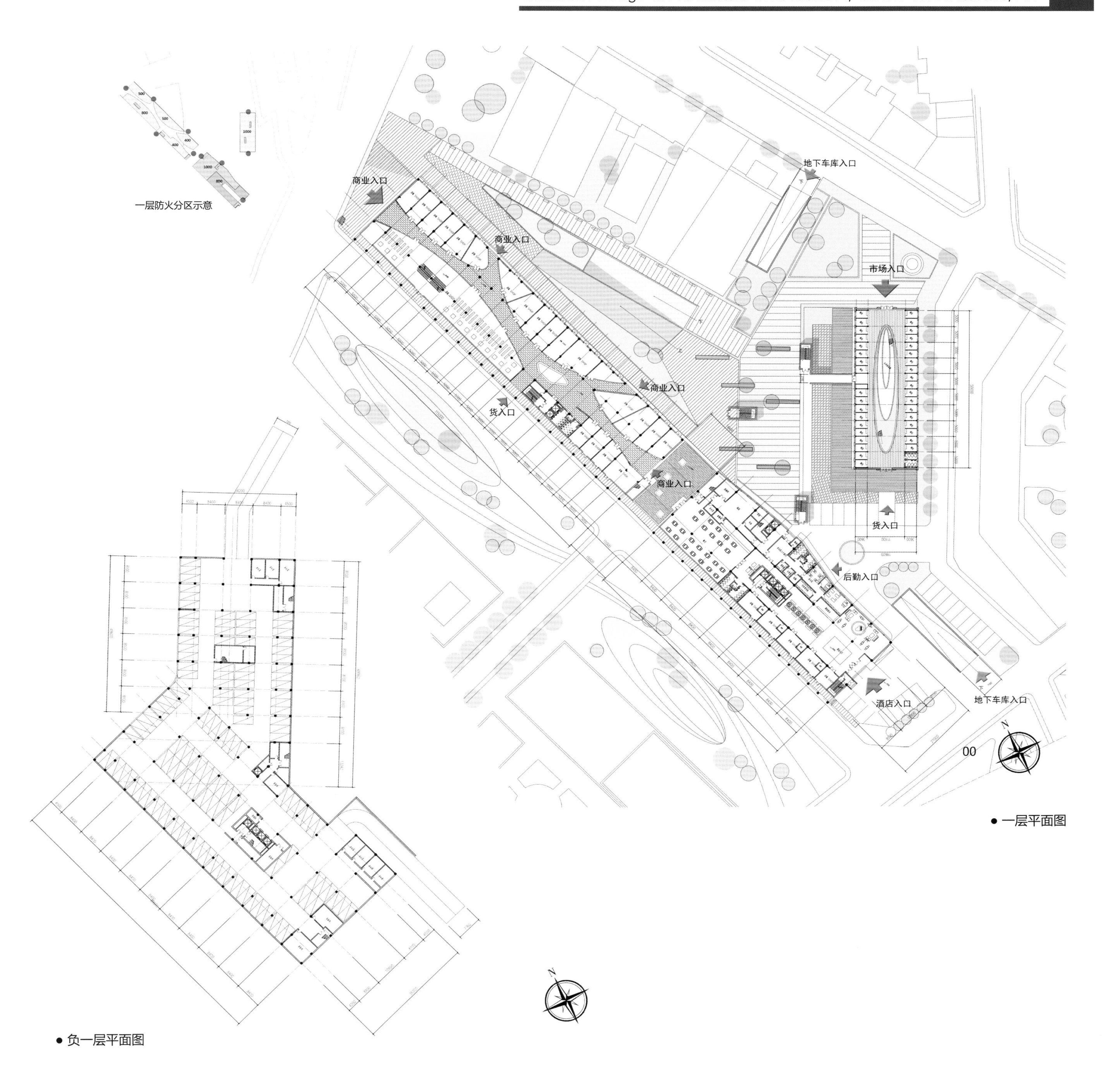

● 一层平面图

● 负一层平面图

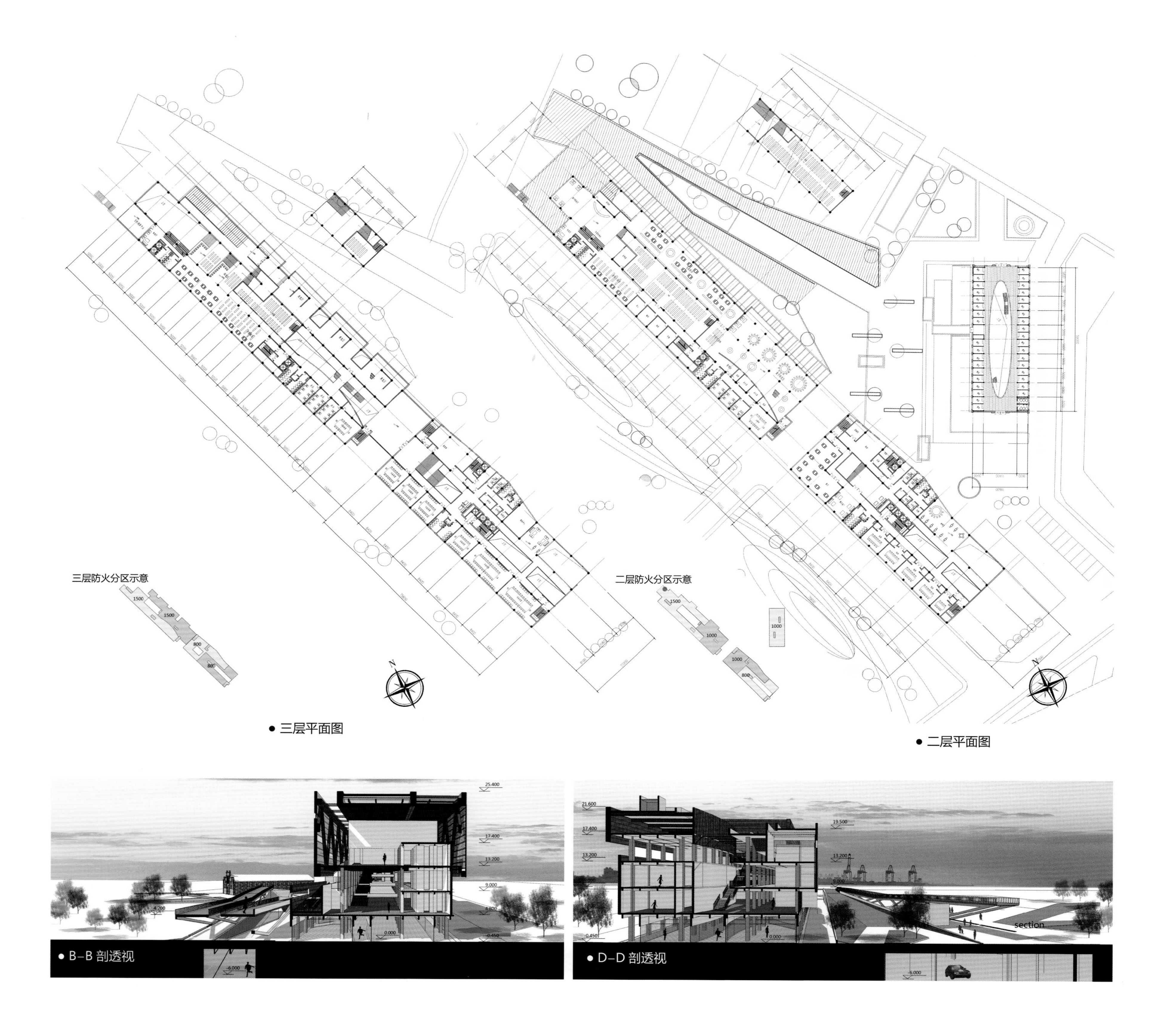

● 三层平面图

● 二层平面图

● B–B 剖透视

● D–D 剖透视

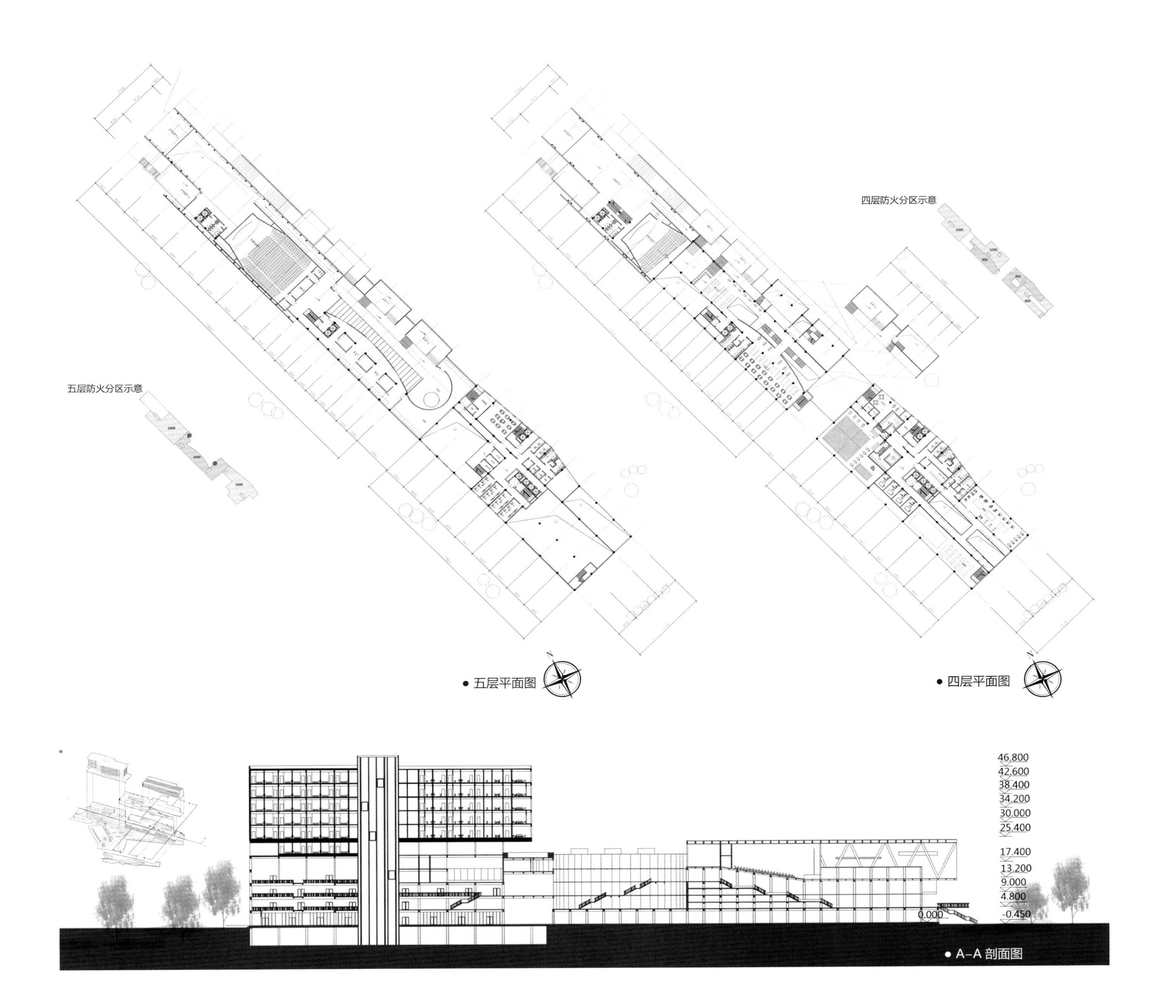

● 五层平面图

● 四层平面图

● A–A 剖面图

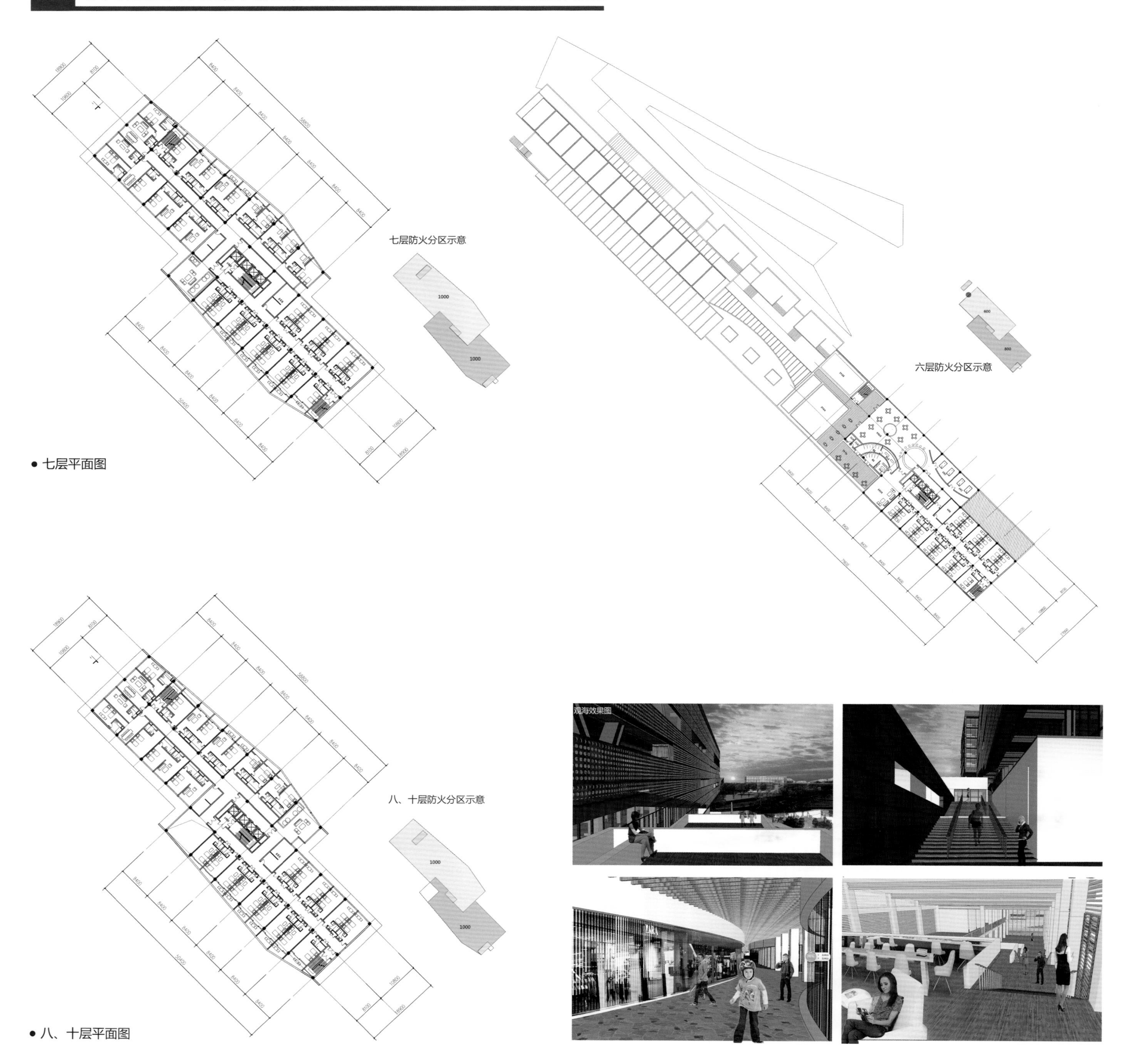

• 七层平面图

• 八、十层平面图

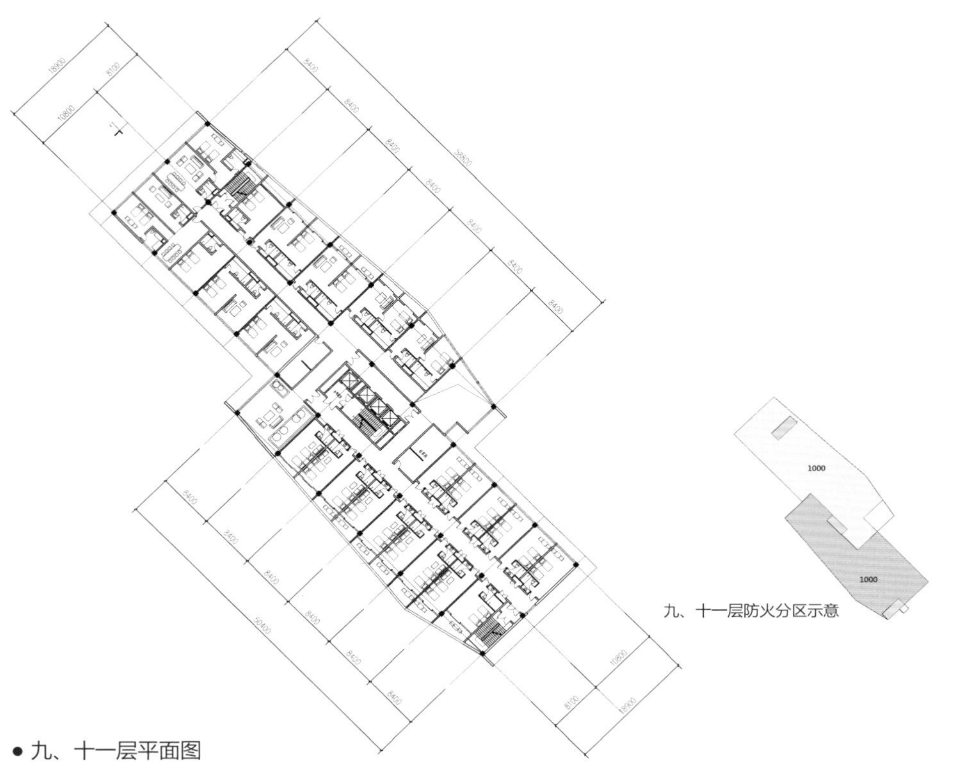

● 九、十一层平面图

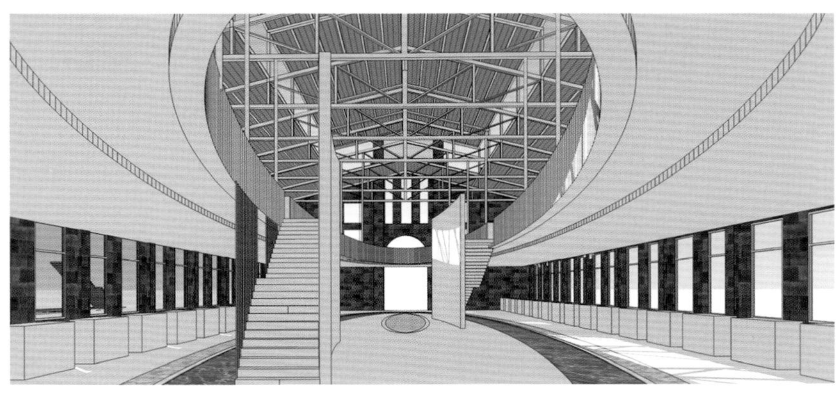

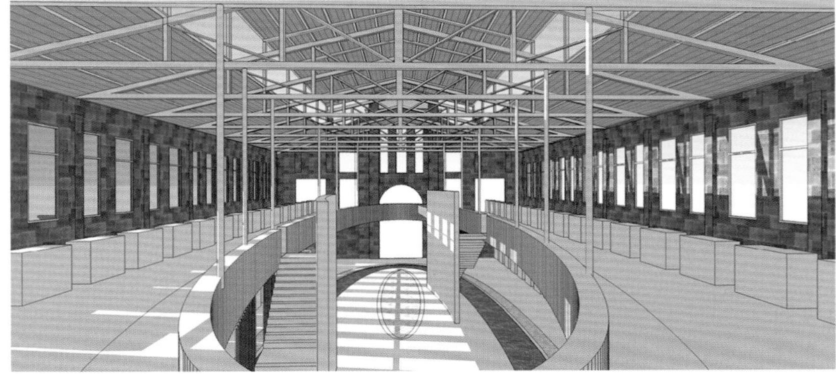

● A 厂房改造分析

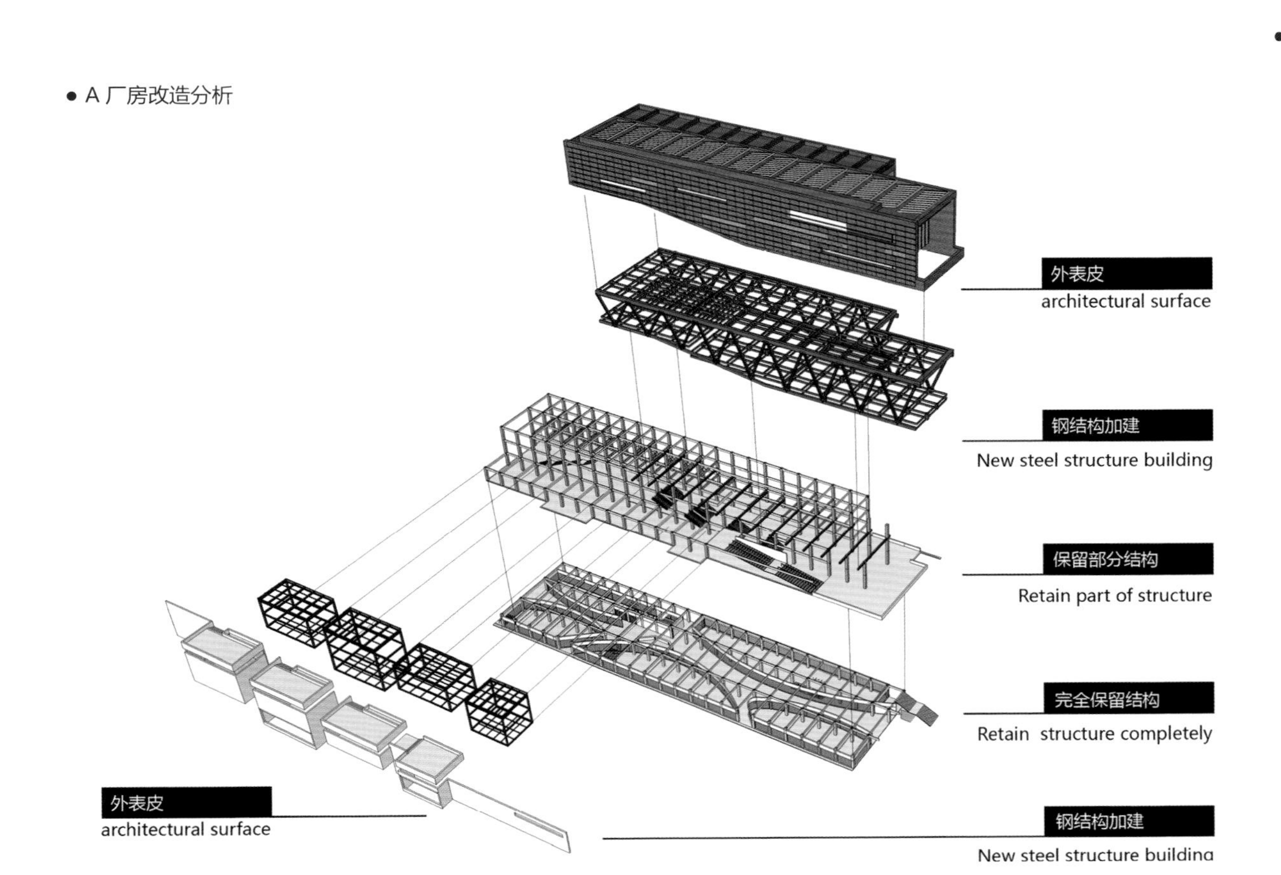

● B 厂房改造分析

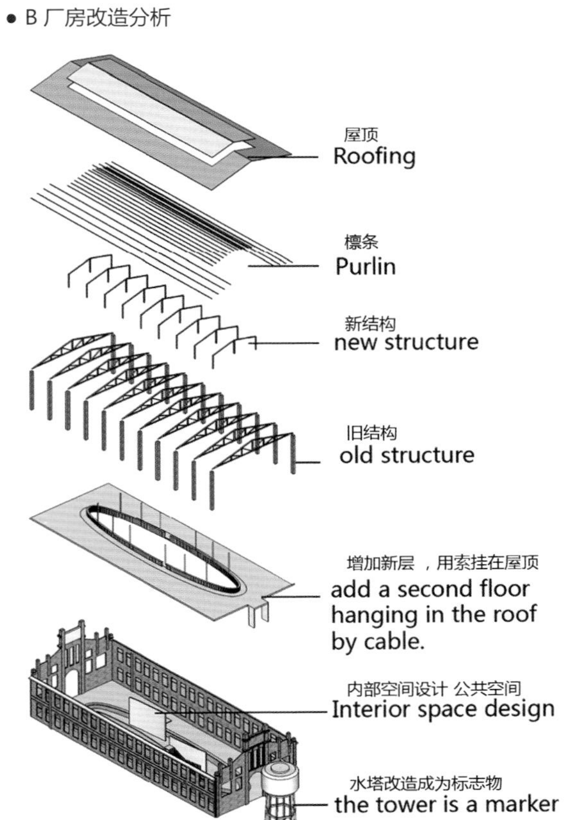

附录 1 2013 年毕业设计获奖作品介绍

Appendix 1 The introduction of awarded graduation projects in 2013

学科竞赛获奖介绍

序号	获奖项目	奖励名称	等级	授予单位	获奖者姓名	指导教师	获奖时间
1	迭代时空：重庆特钢生态体育艺术文化市民活动中心	第 22 届俄罗斯国际建筑设计资格大赛	一等奖 永久优秀作业	俄联邦建筑协会	曲大刚	陆诗亮 张　宇	2013.09
2	哈尔滨老城区马家河滨水空间的改造与建筑设计	第 22 届俄罗斯国际建筑设计资格大赛	一等奖	俄联邦建筑协会	王墨晗	徐洪澎 朱　莹	2013.09
3	延续与发展——重庆特钢厂片区空间城市设计与特钢工业文化中心建筑单体建筑设计	第 22 届俄罗斯国际建筑设计资格大赛	一等奖	俄联邦建筑协会	金盈盈	陆诗亮 张　宇	2013.09
4	“四维反应场”催化剂——文化艺术工场	第 22 届俄罗斯国际建筑设计资格大赛	一等奖	俄联邦建筑协会	王　宇	陆诗亮 张　宇	2013.09
5	“四维反应场”催化剂——文化艺术工厂	TEAM20 两岸建筑新人奖暨城市发展策略与方法研讨会——两岸建筑学专业学生毕业设计作品展	优秀奖	台湾都市计划协会	王　宇	陆诗亮 张　宇	2013.08
6	哈尔滨老城区马家河滨水空间的改造与建筑设计	TEAM20 两岸建筑新人奖暨城市发展策略与方法研讨会——两岸建筑学专业学生毕业设计作品展	优秀奖	台湾都市计划协会	王墨晗	徐洪澎 朱　莹	2013.08
7	延续与发展——重庆特钢厂片区空间城市设计与特钢工业文化中心建筑单体建筑设计	第十一届中国环境设计学年奖 / 建筑设计最佳设计奖	银奖	中国环境设计学年奖组委会	金盈盈	陆诗亮 张　宇	2013.09
8	“连立方”——重庆特钢厂活动中心	第十一届中国环境设计学年奖 / 建筑设计最佳设计奖	铜奖	中国环境设计学年奖组委会	张　岩	陆诗亮 张　宇	2013.09

学科竞赛获奖介绍							
序号	获奖项目	奖励名称	等级	授予单位	获奖者姓　名	指导教师	获奖时间
9	哈尔滨中东铁路历史文化中心设计	第十一届中国环境设计学年奖 / 建筑设计最佳设计奖	铜奖	中国环境设计学年奖组委会	顾丽丽	吴健梅 刘　滢	2013.09
10	新生重生	第十一届中国环境设计学年奖 / 建筑设计最佳设计奖	铜奖	中国环境设计学年奖组委会	王墨晗	徐洪澎 朱　莹	2013.09
11	无域之滨——莲塘 / 香园围口岸联检大楼设计	第十一届中国环境设计学年奖 / 建筑设计最佳设计奖	铜奖	中国环境设计学年奖组委会	王鲁丽	于　戈	2013.09
12	“四维反应场”催化剂——文化艺术工场	第十一届中国环境设计学年奖 / 建筑设计最佳设计奖	优秀奖	中国环境设计学年奖组委会	王　宇	陆诗亮 张　宇	2013.09
13	迭代时空：重庆特钢生态体育艺术文化市民活动中心	第十一届中国环境设计学年奖 / 建筑设计最佳设计奖	优秀奖	中国环境设计学年奖组委会	曲大刚	陆诗亮 张　宇	2013.09
14	重庆巴渝文化博物馆设计	第十一届中国环境设计学年奖 / 建筑设计最佳设计奖	优秀奖	中国环境设计学年奖组委会	刘　琦	陆诗亮 张　宇	2013.09
15	北方当代艺术中心设计	第十一届中国环境设计学年奖 / 建筑设计最佳设计奖	优秀奖	中国环境设计学年奖组委会	于洪晶	徐洪澎 朱　莹	2013.09
16	线性回归	第十一届中国环境设计学年奖 / 建筑设计最佳设计奖	优秀奖	中国环境设计学年奖组委会	王新宇	唐家骏	2013.09

附录 2 2014 年毕业设计获奖作品介绍

Appendix 2 The introduction of awarded graduation projects in 2014

学科竞赛获奖介绍							
序号	获奖项目	奖励名称	等级	授予单位	获奖者姓　名	指导教师	获奖时间
1	寒地地景式医疗建筑探索——康复疗养建筑设计	第十二届中国环境设计学年奖 / 建筑设计最佳创意奖	金奖	中国环境设计学年奖组委会	李庆植	张姗姗 薛名辉	2014.09
2	长春拖拉机厂商业转型调整及文化商业综合体改建研究	第十二届中国环境设计学年奖 / 建筑设计最佳创意奖	优秀奖	中国环境设计学年奖组委会	刘柏良	徐洪澎 唐家骏	2014.09
3	2014 凌空漫游	第十二届中国环境设计学年奖 / 建筑设计最佳创意奖	优秀奖	中国环境设计学年奖组委会	陈星月	周立军 吴健梅	2014.09
4	慢・漫・蔓 文化建筑广场——西安幸福林带核心区城市设计与教育培训中心设计	第十二届中国环境设计学年奖 / 建筑设计最佳创意奖	优秀奖	中国环境设计学年奖组委会	肖健夫	陆诗亮 张　宇	2014.09
5	微幸福——幸福林带核心区城市设计及青年人服务中心设计	第十二届中国环境设计学年奖 / 建筑设计最佳创意奖	优秀奖	中国环境设计学年奖组委会	张之洋	陆诗亮 张　宇	2014.09
6	西安眼——幸福林带西广厂区更新改造及工业文化博物馆设计	第十二届中国环境设计学年奖 / 建筑设计最佳设计奖	银奖	中国环境设计学年奖组委会	陈玉婷	陆诗亮 张　宇	2014.09
7	长春市老拖拉机厂遗址展览馆设计	第十二届中国环境设计学年奖 / 建筑设计最佳设计奖	铜奖	中国环境设计学年奖组委会	张黛妍	徐洪澎 唐家骏	2014.09
8	相依相存：街巷 院落 折顶——康复医疗建筑设计	第十二届中国环境设计学年奖 / 建筑设计最佳设计奖	铜奖	中国环境设计学年奖组委会	黄茜	张姗姗 薛名辉	2014.09

学科竞赛获奖介绍							
序号	获奖项目	奖励名称	等级	授予单位	获奖者姓名	指导教师	获奖时间
9	微幸福——幸福林带核心区城市设计与教育培训中心设计	第十二届中国环境设计学年奖/建筑设计最佳设计奖	铜奖	中国环境设计学年奖组委会	胡晓婷	陆诗亮 张　宇	2014.09
10	西班牙维戈市“La Artistica”厂区更新设计	第十二届中国环境设计学年奖/建筑设计最佳设计奖	优秀奖	中国环境设计学年奖组委会	李　磊	周立军 吴健梅	2014.09
11	玩出幸福——西安幸福林带核心区城市设计及体验式休闲商业综合体设计	第十二届中国环境设计学年奖/建筑设计最佳设计奖	优秀奖	中国环境设计学年奖组委会	王静辉	陆诗亮 张　宇	2014.09
12	“浮城”废弃工厂与城市综合体的功能置换	第十二届中国环境设计学年奖/建筑设计最佳设计奖	优秀奖	中国环境设计学年奖组委会	杜鹏飞	周立军 吴健梅	2014.09
13	长春拖拉机厂演艺中心设计	第十二届中国环境设计学年奖/建筑设计最佳设计奖	优秀奖	中国环境设计学年奖组委会	甄　琪	徐洪澎 唐家骏	2014.09
14	微幸福——西安幸福林带核心区城市设计及儿童工坊设计	第十二届中国环境设计学年奖/建筑设计最佳设计奖	优秀奖	中国环境设计学年奖组委会	刘春瑶	陆诗亮 张　宇	2014.09
15	微积分——上海交通大学地铁站室内改造设计	第十二届中国环境设计学年奖/室内设计最佳设计奖	优秀奖	中国环境设计学年奖组委会	王子君 李　畅 智晓芳	马　辉 周立军	2014.09

图书在版编目（CIP）数据

哈尔滨工业大学建筑学院建筑学专业2013&2014届学生毕业设计选集 / 哈尔滨工业大学建筑学院建筑学专业毕业设计教研组编著.—哈尔滨：哈尔滨工业大学出版社，2015.4

ISBN 978-7-5603-5201-5

Ⅰ.①哈… Ⅱ.①哈… Ⅲ.①建筑学—毕业实践—高等学校—文集 Ⅳ.①TU-53

中国版本图书馆CIP数据核字(2015)第052594号

责任编辑　杨　桦
出版发行　哈尔滨工业大学出版社
社　　址　哈尔滨市南岗区复华四道街10号　邮编 150006
传　　真　0451-86414749
网　　址　http://hitpress.hit.edu.cn
印　　刷　哈尔滨市石桥印务有限公司
开　　本　889mm × 1194mm　1/12　印张　24
版　　次　2015 年 6 月第 1 版　2015 年 6 月第 1 次印刷
书　　号　ISBN 978-7-5603-5201-5
定　　价　150.00元

ISBN 978-7-5603-5201-5

9 787560 352015 >